"十三五"全国统计规划教材

普通高等教育"十一五"国家级规划教材

（第四版）

概率论
与数理统计

茆诗松　周纪芗　张日权　主编

中国统计出版社

China Statistics Press

图书在版编目(CIP)数据

概率论与数理统计/茆诗松,周纪芗,张日权编著

. ——4版. ——北京:中国统计出版社,2020.10(2022.2重印)

ISBN 978-7-5037-9345-5

Ⅰ.①概… Ⅱ.①茆… ②周… ③张… Ⅲ.①概率论

—高等学校—教材②数理统计—高等学校—教材 Ⅳ.

①O21

中国版本图书馆 CIP 数据核字(2020)第 207269 号

概率论与数理统计(第四版)

作　　者/茆诗松　周纪芗　张日权
责任编辑/梁　超　熊丹书
封面设计/张　冰
责任印制/王建生
出版发行/中国统计出版社有限公司
通信地址/北京市丰台区西三环南路甲 6 号　邮政编码/100073
电　　话/邮购(010)63376909　书店(010)68783171
网　　址/http://www.zgtjcbs.com
印　　刷/河北鑫兆源印刷有限公司
经　　销/新华书店
开　　本/787×1092mm　1/16
字　　数/708 千字
印　　张/29.25
版　　别/2020 年 10 月第 4 版
版　　次/2022 年 2 月第 2 次印刷
定　　价/78.00 元

国家统计局
全国统计教材编审委员会第七届委员会

出 版 说 明

　　全国统计教材编审委员会成立于 1988 年，是国家统计局领导下的全国统计教材建设工作的最高指导机构和咨询机构。自编审委员会成立以来，分别制定并实施了"七五"至"十三五"全国统计教材建设规划，共组织编写和出版了"七五"至"十二五"六轮"全国统计教材编审委员会规划教材"，这些规划教材被全国各院校师生广泛使用，对中国的统计和教育事业作出了积极贡献。自本轮规划教材起，"全国统计教材编审委员会规划教材"更名为"全国统计规划教材"，将以全新的面貌和更积极的精神，继续服务全国院校师生。

　　《国家教育事业发展"十三五"规划》指出，要实行产学研用协同育人，探索通识教育和专业教育相结合的人才培养方式，推动高校针对不同层次、不同类型人才培养的特点，改进专业培养方案，构建科学的课程体系和学习支持体系。强化课程研发、教材编写、教学成果推广，及时将最新科研成果、企业先进技术等转化为教学内容。加快培养能够解决一线实际问题、宽口径的高层次复合型人才。提高应用型、技术技能型和复合型人才培养比重。

　　《"十三五"时期统计改革发展规划纲要》指出，"十三五"时期，统计改革发展的总体目标是：形成依靠创新驱动、坚持依法治统、更加公开透明的统计工作格局，逐步实现统计调查的科学规范，统计管理的严谨高效，统计服务的普惠优质，统计运作效率、数据质量和服务水平明显提升，建立适应全面建成小康社会要求的现代统计调查体系，保障统计数据真实准确完整及时，为实现统计现代化打下坚实基础。

　　围绕新时代中国特色社会主义教育事业和统计事业新特点，全国统计教材编审委员会将组织编写和出版适应新时代特色、高质量、高水平的优秀统计规划教材，以培养出应用型、复合型、高素质、创新型的统计人才。

　　2015 年 9 月，经李克强总理签批，国务院印发了《促进大数据发展行动纲要》，系统部署大数据发展工作，我国各项工作进入大数据时代，拉开了统计教育和统计教材建设的大数据新时代。因此，在完成以往传统统计专业规划教材的编写和出版外，本轮规划教材要把编写大数据内容统计规划教材作为重点工作，以培养新一代适应大数据时代需要的统计人才。

　　为了适应新时代对统计人才的需要，组织编写出版高质量、高水平教材，本轮规划教材在组织编写和出版中，将坚持以下原则：

　　1. 坚持质量第一的原则。本轮规划教材将从内容编写、装帧设计、排版印刷等各环节把好质量关，组织编写和出版高质量的统计规划教材。

2. 坚持高水平原则。本轮规划教材将在作者选定、选题编写内容确定、编辑加工等环节上严格把关，确保规划教材在专业内容和写作水平等各方面，保证高水平高标准，坚决杜绝在低水平上重复编写。

3. 坚持创新的原则。无论是对以往规划教材进行修订改版，还是组织编写新编教材，本轮规划教材将把统计工作、统计科研、统计教学以及教学方法、方式的新内容融合在教材中，从规划教材的内容和传播方式上，实行创新。

4. 坚持多层次、多样性规划的原则。本轮规划教材将组织编写出版专科类、本科类、研究生和职业教育类等不同层次的统计教材，并可以考虑根据需要组织编写社会培训类教材；对于同一门课程，鼓励教师编写若干不同风格和适应不同专业培养对象的教材。

5. 坚持教材编写与教材研讨并重的原则。本轮规划教材将注重帮助院校师生学习和使用这些教材，使他们对教材中一些重要概念进一步理解，使教材内容的安排与学生的认知规律相符，发挥教材对统计教学的指导作用，进一步加强统计教材研讨工作，对教材进行分课程的研讨，以促进统计教材的向前发展。

6. 坚持创品牌、出精品、育经典的原则。本轮规划教材将继续修订改版已经出版的优秀规划教材，使它们成为精品，乃至经典，与此同时，将有意识地培养优秀的新作者和新内容规划教材，为以后培养新的精品教材打下基础，把"全国统计规划教材"打造成国内具有巨大影响力的统计教材品牌。

7. 坚持向国际优秀统计教材学习和看齐的原则。不论是修订改版教材还是新编教材，本轮规划教材将坚持与国际接轨，积极吸收国内外统计科学的新成果和统计教学改革的新成就，把这些优秀内容融进去。

8. 坚持积极利用新的教学方式和教学科技成果的原则。本轮规划教材将积极利用数据和互联网发展成果，适应院校教学方式、教学方法以及教材编写方式的重大变化，立体发展纸介质和利用数据、互联网传播方式的统计规划教材内容，适应新时代发展需要。

总之，全国统计教材编审委员会将不忘初心，牢记使命，积极组织各院校统计专家学者参与编写和评审本轮规划教材，虚心听取读者的积极建议，努力组织编写出版好本轮规划教材，使本轮规划教材能够在以往的基础上，百尺竿头，更进一步，为我国的统计和教育事业作出更大贡献。

国家统计局
全国统计教材编审委员会

第四版序言

自 2007 年本书第三版出版发行以来，作者和出版社陆续收到了很多读者来信，他们提出了许多宝贵建议。结合时代发展和读者建议，作者对全书做了全面的修订，主要包括：不再使用"基本空间"这一名称，统一改为"样本空间"；不再讲授有限可加性情况下的概率定义，直接给出严格的概率公理化定义；删除了很少使用的正态概率纸部分及其所涉及的内容；增加了均值已知情况下，单个总体方差的置信区间估计和检验，两个总体方差比的置信区间估计和检验。同时，修订了一些印刷排版错误。此外，作者还对配套的《习题与解答》做了相应的修订。

在修订过程中，得到了华东师范大学统计学院许忠好老师和曾林蕊老师的大力帮助，在此表示谢意。

茆诗松　周纪芗　张日权
2020 年 8 月

第三版序言

我们正在修订《概率论与数理统计（第二版）》时，得知本书被教育部列入普通高等教育"十一五"国家级规划教材，这使我们信心倍增，同时也感到责任重大，定要同心协力修订好这本书，使其能反映近几年这门课在教学改革和课程建设上的新气象，以适应祖国日益发展的经济形势的需要。

这次修订我们的精力主要用于以下两个方面：一是概念和结论的解释和叙述上，二是收集富于启发性的生动活泼的例子上。我们觉得这两方面有很大的改进余地。

陈希孺院士生前曾建议"要重视分位数的教学"，这一点在以往教材和教学中是容易被忽视的，这次我们在总体分位数和样本分位数上都作了较详尽的叙述。在假设检验部分，我们把注意力放在建立拒绝域上，特别是建立显著性水平为 α 的拒绝域上。另外在偏度与峰度、联合分布函数、协方差、抽样分布、方差齐性检验、成对数据比较等方面的叙述上也作了一些新的尝试。其目的就是要引起学生学习概率统计的兴趣，使这门课不仅有数学味，还有概率味和统计味，而后者正是当前教学中较为缺乏的。

这次修订仍保留第二版教材的框架，只删去了"广义似然比检验"，增加了"样本量的确定"与"成对数据的比较"。另外，在第二版中，教材与习题是分册出版的，如今《习题与解答》经修订后仍分册出版，但从中选出一部分习题附在每节之后，其中部分习题的答案集中在书末，这样安排可方便教学。但新版《习题与解答》还是值得一读的，它是教材的延续。它不仅可以回答学习中产生的一些问题，还可以从有关习题的注释和讨论中得到新的启发。

本书的前三章由茆诗松修订，后四章由周纪芗修订，全书由茆诗松统稿。这本书的出版得到华东师范大学统计系广大教师的支持，得到国家统计局统计教育中心的关心，也和中国统计出版社同志的努力是分不开的，在此一并致谢。最后还希望听到广大师生的批评和建议，使本书在不断改进中继续前进。

茆诗松　周纪芗

2007 年 1 月

第二版序言

本书是按经济类统计专业本科生教科书的要求编写的，出版后反映尚可，肯定了我们在与经济、管理相结合上所做的努力，意见主要集中在内容深浅和多少上，说深的也有，说浅的也有，但都认为内容过多。内容深浅确难于掌握，为适应将来的应用和研究生入学考试的需要，内容不宜过浅，为使多数学生能达到基本要求，通过合格考试，内容又不宜过深。根据教师和学生的这些意见，我们对全书作了较大的变动。

首先是减少内容，突出基础部分，把原来的十章压缩为七章。把极限定理一章压缩为一节（§3.5），把方差分析和回归分析压缩成为一章，把贝叶斯统计初步压缩为一节（§5.7），然后在每章中或多或少地删去一些内容，或把一些内容转入习题。估计讲完全书可能需要 72～80 节课。为了适应不同的课时计划，我们又在一些章节打上"＊"号，以示可以不讲或少讲。假如把这些打上"＊"号的章节都不讲授的话，那么本书还可以作为经济类和管理类各专业使用的《概率论与数理统计》课程的教材。

其次，我们力图通过例子和习题把概率论与数理统计的基本内容渗透到经济和管理各专业中去，为此我们把自己经受过的实例和看到的国内外例子经过改写大量地引入本书，目的是使学生认识到手中有无概率统计工具对自己今后学习、工作和发展将会有重要影响，掌握了这个工具至少对先进的成果你能听懂或看懂，不至于"坐飞机"。

最后一个大的变动就是把习题分节设置，另立成册，并附答案，部分题目给提示或详细解答，这样习题的针对性强了，习题数量也明显增多，几乎增加了 40％左右，但增加的习题大多为基本题，大多能为学生做出，以期引起学生动手的兴趣，提高学生学好这一门课的信心。

原书中的一些特色仍被保留，用学生熟知的一些事实来引进每个基本概念，启发和培养概率统计的思维方式，在推理和演算上仍坚持严谨，能证则证。此外，对零概率事件（几乎处处）、渐近分布、描述性统计、检验的 p 值等基本概念也加重了笔墨，力图把基本思想讲清楚，今后敢于去使用它们。

以上这些想法，我们努力去做，做得如何还要广大教师和同学评议，欢迎批评，我们将进一步改进。趁此机会，我们对批评过第一版书的教师和同学表示深深的感谢，没有他们的意见，我们不会下决心改成这个样子。同时还要感谢仔细审阅新版手稿的北京大学陈家鼎教授、耿直教授和中国人民大学倪加勋教授，由于采纳了他们的改进意见，使本书质量提高了一步。最后对国家统计局教育中心教材处和统计出版社表示感谢，没有他们的热心指导和出色的组织工作不可能使本书新版迅速问世。

茆诗松　周纪芗

1999 年 12 月 26 日

第一版序言

本书是按照全国统计教材编审委员会制定的《概率论与数理统计教学大纲》编写的，是供全国高等学校统计专业本科生学习用的教科书。全书十章分二部分，前四章是概率论部分，主要讲述概率论的基本概念和基本结论，其中心内容是随机变量及其分布，后六章是数理统计部分，主要讲述数理统计基本概念和常用统计方法，其中心内容是统计推断的三个内容：抽样分布、参数估计和假设检验。

学习这门课的读者主要是着眼于社会、经济管理领域中的应用，因此我们尽量用社会、经济、管理方面的例子讲述各种基本概念、基本理论和基本方法，努力说明其丰富的实际背景、特有的思维方式、广泛的应用范围。虽然全书有 200 个例子，为数不少，但毕竟有限，为了今后能很好应用统计方法，现在要把学习重点放在对概念、定理和方法的直观理解和数学表达上，只有理解了的东西才能更深刻地感觉它，从而才能正确地使用它，准确的数学表达是检验你是否理解了，基于这个考虑，我们在叙述上尽量启发你的思维，推理和演算上坚持严谨，能证则证，这一种严格训练对进一步学习后继的统计课程和今后的应用是十分必须的。书中部分节与段打 * 号，在教学中可以删去，因为这都是扩大和加深知识面的内容。

本书各章后都附有大量习题，其中大部分是练习性的，以巩固本书内容为主要目的，真正有难度的题目只占少部分，独立地完成这些题目对掌握这门课程是必不可少的。如果在做习题上不肯花功夫，有畏难情绪，那今后在应用中遇到困难时，怎能有攻关的勇气和能力呢？

本书的编写自始至终得到国家统计局统计干部培训中心的关心和帮助，中国人民大学倪加勋教授耐心细致地审阅全书也使本书增色不少，中国统计出版社副总编谢鸿光先生为编辑出版此书花了很多心血，尤进红亦为本书提供大量习题，在此一并表示衷心的感谢。

由于编者水平有限，错谬之处在所难免，恳请国内同行和广大读者批评指正。

茆诗松　周纪芗

1996 年 2 月 6 日

目　　录

第一章　随机事件及其概率

§1.1　随机事件及其运算 ……………………………………………… 1

　　1.1.1　随机现象 …………………………………………………… 1

　　1.1.2　样本空间 …………………………………………………… 2

　　1.1.3　随机事件 …………………………………………………… 3

　　1.1.4　必然事件与不可能事件 …………………………………… 4

　　1.1.5　事件间的关系 ……………………………………………… 4

　　1.1.6　事件的运算 ………………………………………………… 5

　　习题 1.1 …………………………………………………………… 7

§1.2　事件的概率 ……………………………………………………… 9

　　1.2.1　事件的概率 ………………………………………………… 9

　　1.2.2　排列与组合概要 …………………………………………… 10

　　1.2.3　古典方法 …………………………………………………… 11

　　1.2.4　频率方法 …………………………………………………… 16

　　1.2.5　主观方法 …………………………………………………… 18

　　习题 1.2 …………………………………………………………… 20

§1.3　概率的性质 ……………………………………………………… 21

　　习题 1.3 …………………………………………………………… 26

§1.4　独立性 …………………………………………………………… 27

　　1.4.1　两个事件的独立性 ………………………………………… 27

　　1.4.2　多个事件的独立性 ………………………………………… 29

　　1.4.3　试验的独立性 ……………………………………………… 31

　　1.4.4　n 重贝努里试验 …………………………………………… 31

　　习题 1.4 …………………………………………………………… 33

§1.5　条件概率 ………………………………………………………… 34

　　1.5.1　条件概率 …………………………………………………… 34

　　1.5.2　条件概率的性质 …………………………………………… 37

　　1.5.3　全概率公式 ………………………………………………… 40

1.5.4 贝叶斯公式 ·· 43

习题1.5 ·· 46

第二章 随机变量及其概率分布

§2.1 随机变量 ··· 49

　　2.1.1 随机变量 ·· 49

　　2.1.2 随机变量的分布函数 ·· 51

　　习题2.1 ··· 54

§2.2 离散随机变量 ·· 55

　　2.2.1 离散随机变量的分布列 ··· 55

　　2.2.2 离散随机变量的数学期望 ·· 57

　　2.2.3 二项分布 ·· 61

　　2.2.4 泊松分布 ·· 65

　　*2.2.5 超几何分布 ·· 69

　　习题2.2 ··· 70

§2.3 连续随机变量 ·· 72

　　2.3.1 连续随机变量的概率密度函数 ··································· 72

　　2.3.2 连续随机变量的分布函数 ·· 75

　　2.3.3 随机变量函数的分布 ·· 77

　　2.3.4 连续随机变量的数学期望 ·· 80

　　2.3.5 正态分布 ·· 82

　　2.3.6 伽玛分布 ·· 87

　　2.3.7 贝塔分布 ·· 89

　　习题2.3 ··· 91

§2.4 方差 ·· 93

　　2.4.1 随机变量函数的数学期望 ·· 93

　　2.4.2 方差 ·· 97

　　2.4.3 方差的性质 ··· 100

　　2.4.4 切比晓夫不等式 ·· 101

　　2.4.5 贝努里大数定律 ·· 103

　　习题2.4 ··· 104

§2.5 随机变量的其他特征数 ··· 105

　　2.5.1 矩 ··· 106

　　2.5.2 变异系数 ·· 107

　　*2.5.3 偏度 ··· 107

    ＊2.5.4   峰度 ･･ 109

    2.5.5   中位数 ･･･ 110

    2.5.6   分位数 ･･･ 111

    ＊2.5.7   众数 ･･･ 115

    习题 2.5 ･･･ 116

第三章　多维随机变量

§3.1   多维随机变量及其联合分布 ･････････････････････････ 118

    3.1.1   多维随机变量 ･･･････････････････････････････････ 118

    3.1.2   联合分布函数 ･･･････････････････････････････････ 119

    3.1.3   多维离散随机变量 ･･･････････････････････････････ 121

    3.1.4   多维连续随机变量 ･･･････････････････････････････ 124

    习题 3.1 ･･･ 129

§3.2   随机变量的独立性 ･･･････････････････････････････････ 132

    3.2.1   随机变量的独立性 ･･･････････････････････････････ 132

    3.2.2   随机变量函数的独立性 ･･･････････････････････････ 134

    3.2.3   最大值与最小值的分布 ･･･････････････････････････ 136

    3.2.4   卷积公式 ･･･････････････････････････････････････ 138

    习题 3.2 ･･･ 144

§3.3   多维随机变量的特征数 ･･･････････････････････････････ 145

    3.3.1   多维随机变量函数的数学期望 ･･･････････････････ 145

    3.3.2   数学期望与方差的运算性质 ･･･････････････････････ 147

    3.3.3   协方差 ･･･････････････････････････････････････ 149

    3.3.4   相关系数 ･･･････････････････････････････････････ 153

    习题 3.3 ･･･ 157

＊§3.4   条件分布与条件期望 ･･･････････････････････････････ 159

    3.4.1   条件分布的概念 ･･･････････････････････････････ 159

    3.4.2   离散随机变量的条件分布 ･･･････････････････････ 160

    3.4.3   连续随机变量的条件分布 ･･･････････････････････ 162

    3.4.4   构造联合分布 ･･･････････････････････････････････ 164

    3.4.5   条件期望 ･･･････････････････････････････････････ 165

    习题 3.4 ･･･ 169

§3.5   中心极限定理 ･･･････････････････････････････････････ 171

    3.5.1   一个重要现象 ･･･････････････････････････････････ 171

    3.5.2   独立同分布下的中心极限定理 ･･････････････････ 174

3.5.3　二项分布的正态近似 ……………………………… 175

*3.5.4　独立不同分布下的中心极限定理 ………………… 180

习题 3.5 …………………………………………………………… 183

第四章　统计量及其分布

§4.1　总体与样本 …………………………………………… 185

4.1.1　总体与个体 ………………………………………… 185

4.1.2　样本 ………………………………………………… 188

4.1.3　从样本去认识总体 ………………………………… 190

习题 4.1 ……………………………………………………… 196

§4.2　统计量与抽样分布 …………………………………… 199

4.2.1　统计量及其分布 …………………………………… 199

4.2.2　样本均值及其分布 ………………………………… 199

4.2.3　样本方差与样本标准差 …………………………… 202

*4.2.4　样本的高阶矩 …………………………………… 207

习题 4.2 ……………………………………………………… 209

§4.3　次序统计量及其分布 ………………………………… 210

4.3.1　次序统计量的概念 ………………………………… 210

4.3.2　次序统计量的抽样分布 …………………………… 212

4.3.3　样本极差 …………………………………………… 215

4.3.4　样本中位数与 p 分位数 ………………………… 217

4.3.5　箱线图 ……………………………………………… 219

*4.3.6　用随机模拟方法寻找统计量的近似分布 ……… 220

习题 4.3 ……………………………………………………… 222

第五章　参数估计

§5.1　矩法估计 ……………………………………………… 225

5.1.1　矩法估计 …………………………………………… 225

5.1.2　分布中未知参数的矩法估计 ……………………… 226

习题 5.1 ……………………………………………………… 228

§5.2　点估计优劣的评价标准 ……………………………… 229

5.2.1　无偏性 ……………………………………………… 229

5.2.2　有效性 ……………………………………………… 232

5.2.3　均方误差准则 ……………………………………… 233

5.2.4　相合性 ……………………………………………… 234

习题 5.2 ……………………………………………………… 235

§5.3　极大似然估计 ………………………………………… 236

　5.3.1　极大似然估计的思想与概念 ……………………… 236

　5.3.2　求极大似然估计的方法 …………………………… 238

　5.3.3　极大似然估计的不变原则 ………………………… 241

　5.3.4　极大似然估计的渐近正态性 ……………………… 242

习题 5.3 ……………………………………………………… 243

§5.4　区间估计 ……………………………………………… 245

　5.4.1　置信区间的概念 …………………………………… 245

　5.4.2　枢轴量法 …………………………………………… 246

　5.4.3　正态均值 μ 的置信区间(σ 已知) ……………… 247

　5.4.4　正态均值 μ 的置信区间(σ 未知) ……………… 249

＊5.4.5　样本量的确定 ……………………………………… 251

　5.4.6　正态方差 σ^2 与标准差 σ 的置信区间 ………… 253

　5.4.7　两个正态均值差的置信区间 ……………………… 255

　5.4.8　两个正态方差比的置信区间 ……………………… 258

习题 5.4 ……………………………………………………… 261

§5.5　单侧置信限 …………………………………………… 263

　5.5.1　单侧置信限的概念 ………………………………… 263

　5.5.2　基于连续分布函数构造置信限 …………………… 264

　5.5.3　基于阶梯分布函数构造置信限 …………………… 267

习题 5.5 ……………………………………………………… 271

§5.6　比率 p 的置信区间 …………………………………… 272

　5.6.1　小样本场合下 p 的置信区间 …………………… 272

　5.6.2　大样本场合下 p 的近似置信区间 ……………… 275

习题 5.6 ……………………………………………………… 277

＊§5.7　贝叶斯估计 ………………………………………… 277

　5.7.1　统计推断中的三种信息 …………………………… 277

　5.7.2　贝叶斯公式的密度函数形式 ……………………… 279

　5.7.3　共轭先验分布 ……………………………………… 281

　5.7.4　贝叶斯点估计 ……………………………………… 285

　5.7.5　贝叶斯区间估计 …………………………………… 288

习题 5.7 ……………………………………………………… 290

第六章　假设检验

§6.1　假设检验的概念与步骤 ······················· 293

6.1.1　假设检验问题 ······························· 293

6.1.2　假设检验的基本步骤 ······················· 294

6.1.3　检验函数与势函数 ························· 298

习题 6.1 ·· 299

§6.2　正态总体参数的假设检验 ······················· 300

6.2.1　关于正态均值的 u 检验(σ 已知) ········· 300

6.2.2　关于正态均值的 t 检验(σ 未知) ········· 303

6.2.3　样本量的确定 ······························· 305

6.2.4　关于正态方差的检验 ······················· 307

6.2.5　关于两个正态方差比的检验 ················· 309

6.2.6　关于两个正态均值差的检验 ················· 311

6.2.7　成对数据的比较 ··························· 315

习题 6.2 ·· 316

§6.3　比率 p 的检验 ······························· 319

6.3.1　关于比率 p 的检验 ······················· 319

6.3.2　两个比率的比较 ··························· 322

习题 6.3 ·· 324

*§6.4　泊松分布参数 λ 的检验 ················· 324

习题 6.4 ·· 327

§6.5　检验的 p 值 ······························· 327

习题 6.5 ·· 329

§6.6　χ^2 拟合优度检验 ······················· 330

6.6.1　总体可分为有限类,且总体分布不含未知参数 ··· 330

6.6.2　总体可分为有限类,且总体分布含有未知参数 ··· 331

6.6.3　总体为连续分布的情况 ····················· 333

6.6.4　列联表的独立性检验 ······················· 334

习题 6.6 ·· 338

§6.7　正态性检验 ······························· 340

6.7.1　小样本($8 \leqslant n \leqslant 50$)场合的 W 检验 ········· 340

6.7.2　EP 检验 ······························· 342

习题 6.7 ·· 343

第七章　方差分析和回归分析

　　§7.1　单因子方差分析 ·································· 344

　　　　7.1.1　问题的提出 ································ 344

　　　　7.1.2　单因子方差分析的统计模型 ·········· 345

　　　　7.1.3　检验方法 ································ 346

　　　　7.1.4　效应与误差方差的估计 ·············· 351

　　　　7.1.5　重复数相同的方差方析 ·············· 353

　　　　习题 7.1 ···································· 356

　　§7.2　多重比较 ·································· 358

　　　　7.2.1　重复数相等场合的 T 法 ·············· 359

　　　　7.2.2　重复数不等场合的 S 法 ·············· 360

　　　　习题 7.2 ···································· 362

＊§7.3　方差齐性检验 ·································· 362

　　　　7.3.1　样本容量相等场合 ···················· 363

　　　　7.3.2　样本容量不等场合 ···················· 364

　　　　习题 7.3 ···································· 365

　　§7.4　一元线性回归 ·································· 366

　　　　7.4.1　一元线性回归模型 ···················· 366

　　　　7.4.2　回归系数的最小二乘估计 ·············· 367

　　　　7.4.3　最小二乘估计的性质 ·················· 369

　　　　7.4.4　回归方程的显著性检验 ·············· 372

　　　　7.4.5　利用回归方程作预测 ·················· 376

　　　　7.4.6　重复观察（试验）的情况 ·············· 378

　　　　习题 7.4 ···································· 381

　　§7.5　可化为一元线性回归的曲线回归 ·········· 383

　　　　7.5.1　模型的确定 ···················· 383

　　　　7.5.2　参数估计 ···················· 385

　　　　7.5.3　回归曲线的比较 ···················· 386

　　　　习题 7.5 ···································· 387

附录：统计用表

　　附表 1　二项分布表 ···························· 390

　　附表 2　泊松分布表 ···························· 400

　　附表 3　标准正态分布函数表 ·················· 405

附表 4　t 分布分位数 $t_{1-\alpha}(n)$ 表 ··· 406

附表 5　χ^2 分布的 α 分位数表 ··· 407

附表 6　F 分布分位数 $F_{1-\alpha}(f_1, f_2)$ 表 ·· 408

附表 7　随机数表 ··· 416

附表 8　正态性检验统计量 W 的系数 $a_i(n)$ 的值 ································· 417

附表 9　正态性检验统计量 W 的 α 分位数表 ··································· 419

附表 10　正态性检验统计量 T_{EP} 的 $1-\alpha$ 分位数表 ······················ 419

附表 11　多重比较的 $q_{1-\alpha}(r, f)$ 表 ·· 420

附表 12　F_{max} 的分位数表 ··· 423

附表 13　G_{max} 的分位数表 ·· 424

附表 14　检验相关系数 $\rho = 0$ 的临界值表 ··· 426

习题答案 ·· 427

参考文献 ·· 444

第一章

随机事件及其概率

§ 1.1　随机事件及其运算

1.1.1　随机现象

随机现象是概率论与数理统计的研究对象。

在一定条件下，并不总是出现相同结果的现象称为**随机现象**。从这个定义可见，随机现象的结果至少要有两个；至于哪一个出现，人们事先并不知道。这两点就是随机性的特征。

抛硬币、掷骰子是两个最简单的随机现象，也是概率论早期研究的随机现象，如抛一枚硬币，可能出现正面，也可能出现反面，至于哪一面出现，事先并不知道。又如掷一颗骰子，可能出现 1 点到 6 点中某一个，至于哪一点出现，事先并不知道。随机现象在人们的生活、生产和经济交往中到处可见。

例 1.1.1　随机现象的例子。

（1）一天内进入某超市的顾客数；

（2）一位顾客在超市购买的商品件数；

（3）一位顾客在超市排队等候付款的时间；

（4）一颗麦穗上的麦粒个数；

（5）一台电视机的寿命（从开始使用到第一次维修的时间）；

（6）某城市一天内发生交通事故的次数；

（7）测量某物理量（长度、重量等）的误差。

读者还可列举很多有趣的随机现象。

很多随机现象是可以大量重复的，如抛一枚硬币可以无限次重复，不同麦穗上的麦粒数可以大量观察等，这种可重复的随机现象又称为**随机试验**，简称试验。以后常把检查一件产品看作一次试验，观察一颗麦穗上的麦粒数也看作一次试验。也有很多随机现象是不能重复的，明年世界经济是增长还是衰退，一场足球赛的输赢都是不能重复的随机现象。本书主要研究能大量重复的随机现象，但也十分注意研究不能重复的随机现象。因为后者在我们经济生活中占有重要地位。

1.1.2　样本空间

认识一个随机现象首要的是能罗列出它的一切可能发生的基本结果，这里"**基本结果**"是指随机现象的最简单的结果，如抛一枚硬币就有两个基本结果：

$$正面，\quad 反面$$

掷一颗骰子就有六个基本结果：

$$1点，2点，3点，4点，5点，6点$$

随机现象所有基本结果的全体称为这个随机现象的**样本空间**。常用 $\Omega=\{\omega\}$ 表示，其中元素 ω 就是基本结果。在统计学中，基本结果 ω 将是抽样的基本单元，故基本结果又称为**样本点**，如抛一枚硬币的样本空间为

$$\Omega_1=\{\omega_0,\omega_1\}=\{正面，反面\}$$

其中，ω_0 表示正面，ω_1 表示反面。又如掷一颗骰子的样本空间为

$$\Omega_2=\{\omega_1,\omega_2,\omega_3,\omega_4,\omega_5,\omega_6\}=\{1,2,3,4,5,6\}$$

样本空间可以由有限个（至少二个）基本结果组成（如 Ω_1 和 Ω_2 那样），也可由无限个基本结果组成，对有限的样本空间要注意其中基本结果的个数，对无限的样本空间要注意区分其中基本结果是可列个，还是不可列个。

例 1.1.2　例 1.1.1 中 7 个随机现象的样本空间有如下三种：

（1）"一天内进入某超市的顾客数"的样本空间 Ω_3 可用非负整数集表示，即

$$\Omega_3=\{0,1,2,\cdots,500,\cdots,10^5,\cdots\}$$

这是一个含有可列个基本结果的样本空间，其中"0"表示"无人光顾超市"。这在流行性感冒盛行的日子里，"超市无人光顾"不是没有可能发生的，为了不遗漏任一种可能结果，应把"0"作为基本结果放入样本空间。另外，该样本空间还含有"十万""百万"等基本结果，当然，"一天内有十万人进入该超市"是不可想象的，但我们仍把它放入样本空间 Ω_3，原因有二：一是我们不能确切地说出一天进入超市的最多人数，若随便说一个很大的数，那它与十万也无本质差别，因为对超市来说，都可当作无穷多人数了；二是数学抽象的需要，这会使数学处理方便，而又不失真。

类似地可以看出，例 1.1.1 中的第 2、第 4、第 6 个随机现象都可用样本空间 Ω_3 来描述。

（2）"一台电视机的寿命"的样本空间可用非负实数集表示，即

$$\Omega_4=\{x:x\geqslant 0\}$$

其中"0"表示电视机在开始使用时就发生故障需要维修，"10000"表示电视机工作 10000 小时发生故障需要维修，类似地可以看出，"一位顾客在超市排队等候付款的时间"的样本空间也可用 Ω_4 描述，这两个随机现象的样本空间相同，但它们最可能发生的时间段有很大差别，电视机寿命常在 1 万到 10 万小时内，而排队等候付款时间常在 10 分钟以内。

（3）"测量某物理量的误差"的样本空间常用整个实数集表示，即

$$\Omega_5=\{x:-\infty<x<\infty\}$$

因为测量误差可正可负、可大可小，具体是多少，人们事先无法知道，以后会看到，用Ω_5作测量误差的样本空间会给数学处理带来很多方便，但又不会失真。

1.1.3　随机事件

随机现象的某些基本结果组成的集合称为**随机事件**，简称**事件**，常用大写字母A、B、C等表示，如掷一颗骰子，"出现奇数点"是一个事件，它是由1点、3点、5点等三个基本结果组成，若记这个事件为A，则有$A=\{1,3,5\}$。

从这个定义可见，事件有如下几个特征：

（1）任一事件A是相应样本空间Ω中的一个子集，在概率论中常用一个长方形示意样本空间Ω，用其中一个圆（或其他几何图形）示意事件A，见图1.1.1，这类图形称为**维恩（Venn）图**。

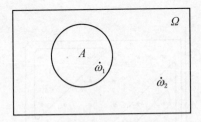

图 1.1.1　事件 A 的维恩图

（2）事件A在某次随机试验中发生了，当且仅当该随机试验出现的结果ω包含在A中。也可以说，当$\omega\in A$，则称事件A发生；当$\omega\notin A$，则称A不发生。

（3）事件A的表示可用集合，也可用语言，但所用语言要使大家明白无误。

例 1.1.3　抛两枚硬币的样本空间Ω由下列四个基本结果组成：

$$\omega_1=（正，正）\qquad \omega_2=（正，反）$$
$$\omega_3=（反，正）\qquad \omega_4=（反，反）$$

下面几个事件可用集合形式表示，也可用语言形式表示。

$$A="至少出现一个正面"=\{\omega_1,\omega_2,\omega_3\}$$
$$B="最多出现一个正面"=\{\omega_2,\omega_3,\omega_4\}$$
$$C="恰好出现一个正面"=\{\omega_2,\omega_3\}$$
$$D="出现两面相同"=\{\omega_1,\omega_4\}$$

例 1.1.4　掷一颗骰子，"出现6点""出现偶数点""出现点数不超过2""出现点数不等于3"都是事件，若依次记为A、B、C、D，那它们都可以用其样本空间$\Omega=\{1,2,3,4,5,6\}$的某个子集表示。

$$A=\{6\}\qquad B=\{2,4,6\}$$
$$C=\{1,2\}\qquad D=\{1,2,4,5,6\}$$

可以设想你处在这样一种情况，在掷骰子前约定，出现偶数点（事件B）就中奖。若掷的结果出现4点，你就中奖了（事件B发生了），若掷出2点或6点，你也中奖了，这说明，事件B虽由三个基本结果组成，但只要其中任一个出现就说事件B发生了。

假如掷二颗骰子，这时基本结果可用一个数对(x,y)表示，其中x表示第一颗骰子出现

的点数，y 表示第二颗骰子出现的点数，这一随机现象的样本空间为

$$\Omega_1 = \{(x,y): x, y = 1,2,3,4,5,6\}$$

它含有 36 个基本结果（见图 1.1.2）。下列事件都可看作 Ω_1 的某个子集。

$A_1 =$ "点数之和等于 2" $= \{(1,1)\}$。

$B_1 =$ "点数之和等于 5" $= \{(1,4),(2,3),(3,2),(4,1)\}$。

$C_1 =$ "点数之和超过 9" $= \{(4,6),(5,5),(6,4),(5,6),(6,5),(6,6)\}$。

$D_1 =$ "点数之和不小于 4，也不超过 6"

$= \{(1,3),(2,2),(3,1),(1,4),(2,3),(3,2),(4,1),(1,5),(2,4),(3,3),(4,2),$
$(5,1)\}$。

上述事件 A_1, B_1, C_1, D_1 都是样本空间 Ω_1 的子集。它们可用图 1.1.2 直观地表示出来。

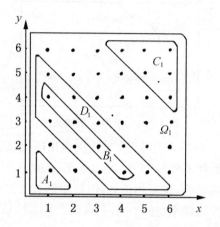

图 1.1.2　样本空间 Ω_1 与某些事件的示意图

1.1.4　必然事件与不可能事件

任一个样本空间 Ω 都有一个最大子集（样本空间本身 Ω）和一个最小子集（空集 ϕ），最大子集称为**必然事件**，仍用 Ω 表示，最小子集称为**不可能事件**，用空集符号 ϕ 表示。

如掷一颗骰子，"出现点数不超过 6" 就是一个必然事件，因为它含有样本空间 $\Omega = \{1,2,3,4,5,6\}$ 中一切可能的基本结果，任何一个基本结果 ω 出现必导致 Ω 发生，由此可见必然事件是肯定要发生的事件。又如掷一颗骰子，"出现 7 点" 就是一个不可能事件，因为它不含有样本空间 Ω 中任一个基本结果，即它是 Ω 的空集，由此可见，不可能事件 ϕ 是肯定不会发生的事件。

1.1.5　事件间的关系

为以后的概率计算化繁就简，需要研究事件间的关系与事件的运算规则，这里先研究事件间关系，事件间关系与集合间关系一样主要有以下三种：

（1）**事件的包含**　设在同一个试验里有两个事件 A 与 B，若事件 A 中任一基本结果必在 B 中，则称 A 被包含在 B 中，或称 B 包含 A，记为 $A \subset B$ 或 $B \supset A$，这时事件 A 的发

生必导致事件 B 的发生,如图 1.1.3 所示。如掷一颗骰子,事件 $A=$"出现 4 点"的发生必导致事件 $B=$"出现偶数点"的发生,故 $A \subset B$。

显然,对任何一个事件 A,必有 $\Omega \supset A \supset \phi$。

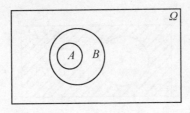

图 1.1.3 $B \supset A$

(2)**事件的相等** 设在同一试验里有两个事件 A 与 B。若 A 中任一基本结果必在 B 中($A \subset B$),而 B 中任一基本结果也必在 A 中($B \subset A$),则称事件 A 与 B 相等,记为 $A=B$,这时 A 与 B 必含有相同的基本结果。如掷两颗骰子的基本结果记为 (x,y),其中 x 与 y 分别为第一和第二颗骰子出现的点数,定义如下两个事件:

$$A=\text{"}x+y=\text{奇数"}$$
$$B=\text{"}x \text{ 与 } y \text{ 的奇偶性不同"}$$

现在来证明这两个事件相等。若 $(x,y) \in A$,即 $x+y=$ 奇数,则 x 与 y 中必是一个奇数,另一个是偶数,这表明 x 与 y 的奇偶性不同,即 $(x,y) \in B$,亦即 $A \subset B$。反之,若 $(x,y) \in B$,即 x 与 y 的奇偶性不同,则其和必为奇数,这又有 $(x,y) \in A$,即 $B \subset A$,这样我们就证明了 $A=B$。

(3)**事件的互不相容性** 在同一个试验里,若两个事件 A 与 B 没有相同的基本结果,则称事件 A 与 B 互不相容,或互斥。这时事件 A 与 B 不可能同时发生,见图 1.1.4(a)。如在电视机寿命试验中,"电视机寿命小于 1 万小时"与"电视机寿命大于 5 万小时"是两个互不相容事件,因为它们不可能同时发生。

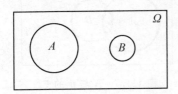

图 1.1.4(a) A 与 B 互不相容

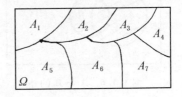

图 1.1.4(b) 多个事件互不相容

两个事件间的互不相容性可以推广到多个事件间的互不相容性。设在同一个试验里有 n 个事件 $A_1,A_2,\cdots,A_n$,若其中任意两个事件都是互不相容的,则称这 n 个事件互不相容,见图 1.1.4(b)。

1.1.6 事件的运算

事件的基本运算有四种:对立、并、交和差。它们与集合的余、并、交和差是完全一样的。

(1)**对立事件** 设 A 为一个试验里的事件,则由不在 A 中的一切基本结果组成的事

件称为 A 的对立事件,记为 $\overline{A}$。图 1.1.5 上的阴影部分就表示 A 的对立事件 $\overline{A}$。可见,$\overline{A}$ 就是"A 不发生"。如在掷一颗骰子的试验中,事件 $A=$"出现偶数点"的对立事件 $\overline{A}=$"出现奇数点"。因为不出现偶数点必出现奇数点。

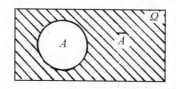

图 1.1.5　A 的对立事件 $\overline{A}$

对立事件是相互的,A 的对立事件是 $\overline{A}$,$\overline{A}$ 的对立事件必是 A,即 $\overline{\overline{A}}=A$。特别,必然事件 Ω 与不可能事件 ϕ 互为对立事件。即 $\overline{\Omega}=\phi$,$\overline{\phi}=\Omega$。

（2）**事件 A 与 B 的并**　它是由事件 A 与 B 中所有基本结果（相同的只计入一次）组成的一个新事件,记为 $A\bigcup B$。在掷一颗骰子的试验中,事件 $A=$"出现奇数点"$=\{1,3,5\}$ 与事件 $B=$"出现点数不超过 3"$=\{1,2,3\}$ 的并为 $A\bigcup B=\{1,2,3,5\}$。可见,事件 A 与 B 中重复元素只需记入其并事件一次。图 1.1.6 是事件 A 与 B 的并的示意图。从图上可见,并事件 $A\bigcup B$ 发生意味着"事件 A 与 B 中至少一个发生"。

从对立事件的定义（见图 1.1.5）可见:$A\bigcup \overline{A}=\Omega$。即在一次试验中 A 与 $\overline{A}$ 必出现一个。

（3）**事件 A 与 B 的交**　它是由事件 A 与 B 中公共的基本结果组成的一个新事件,记为 $A\bigcap B$ 或 AB。如在掷一颗骰子的试验里,$A=$"出现奇数点"$=\{1,3,5\}$ 与事件 $B=$"出现点数不超过 3"$=\{1,2,3\}$ 的交 $AB=\{1,3\}$。可见,若交事件 AB 发生,则事件 A 与 B 必同时发生,反之亦然。图 1.1.7 是交事件 AB 的示意图。

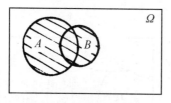

图 1.1.6　A 与 B 的并

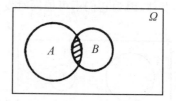

图 1.1.7　A 与 B 的交

若事件 A 与 B 互不相容,则 $AB=\phi$,反之亦然。

（4）**事件 A 对 B 的差**　它是由在事件 A 中而不在事件 B 中的基本结果组成的一个新事件,记为 $A-B$ 或 $A\backslash B$。如在掷一颗骰子试验里,事件 $A=$"出现奇数点"$=\{1,3,5\}$ 对事件 $B=$"出现点数不超过 3"$=\{1,2,3\}$ 的差事件是 $A-B=\{5\}$。而 B 对 A 的差事件 $B-A=\{2\}$。这是两个不同的差事件。可见,差事件 $A-B$ 是表示事件 A 发生而事件 B 不发生这样一个事件。图 1.1.8(a) 与 (b) 是两种场合下差事件的示意图。从图 1.1.8 可以看出,$A-B=A-AB=A\Omega-AB=A(\Omega-B)=A\overline{B}$。其中交对差的分配律是成立的,见习题 1.1.10。

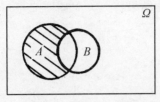

图 1.1.8(a) $A-B$

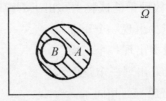

图 1.1.8(b) $A-B(A\supset B)$

(5)事件的并和交可以推广到更多个事件上去(见图 1.1.9)

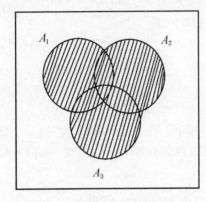

图 1.1.9(a) $A_1\cup A_2\cup A_3$

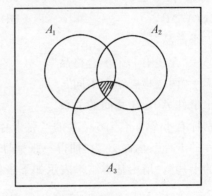

图 1.1.9(b) $A_1 A_2 A_3$

"n 个事件 $A_1, A_2, \cdots, A_n$ 中至少有一个发生"称为此 **n 个事件的并**,记为 $A_1\cup A_2\cup \cdots\cup A_n$ 或 $\bigcup\limits_{i=1}^{n}A_i$。类似可定义可列个事件的并,以及任意多个事件的并。

"n 个事件 $A_1, A_2, \cdots, A_n$ 同时发生"称为此 **n 个事件的交**,记为 $A_1 A_2\cdots A_n$ 或 $\bigcap\limits_{i=1}^{n}A_i$。类似可定义可列个事件的交,以及任意多个事件的交。

例 1.1.5 设 A,B,C 是某个试验中的三个事件,则

(1)事件"A 与 B 发生,C 不发生"可表示为 $AB\bar{C}$。

(2)事件"A,B,C 中至少有一个发生"可表示为 $A\cup B\cup C$。

(3)事件"A,B,C 中至少有两个发生"可表示为 $AB\cup BC\cup AC$。

(4)事件"A,B,C 中恰好发生两个"可表示为 $AB\bar{C}\cup A\bar{B}C\cup \bar{A}BC$。

(5)事件"A,B,C 中有不多于一个事件发生"可表示为 $\bar{A}\bar{B}\bar{C}\cup A\bar{B}\bar{C}\cup \bar{A}B\bar{C}\cup \bar{A}\bar{B}C$。

习题 1.1

1. 写出下列随机现象的样本空间:

(1)抛三枚硬币;

(2)掷三颗骰子;

(3)连续抛一枚硬币,直至出现正面为止(提示:记正面为 1,反面为 0);

(4)在某十字路口每小时通过的机动车辆数;

(5)某城市一天中诞生的婴儿数;

(6)下一个交易日的上海证券交易所的综合指数。

2. 在抛三枚硬币的试验中写出下列事件所含的基本结果：

　　$A=$"至少出现一个正面"，

　　$B=$"最多出现一个正面"，

　　$C=$"恰好出现一个正面"，

　　$D=$"出现三面相同"。

3. 对任意二个事件 A 与 B，使等式 $A \cup B = A$ 成立的条件是什么？

4. 若事件 A 与 B 为互不相容，请在下列结论中选择正确项：

　　(a)$A \cup B = \Omega$，　　　　　　(b)A 与 B 为对立事件，

　　(c)$\overline{A} \supset B$，　　　　　　　(d)$\overline{A} \cup \overline{B} = \Omega$。

5. 检查二个产品，记

　　事件 $A=$"至少有一个不合格品"，

　　事件 $B=$"两次检查结果不同"。

　　请指出事件 A 与 B 之间的关系。

6. 在分别标有 1，2，3，4，5，6，7，8 的八张卡片中任取一张。设事件 A 为"抽得一张标号不大于 4 的卡片"；事件 B 为"抽得一张标号为偶数的卡片"；事件 C 为"抽得一张标号为奇数的卡片"。请用基本结果表示如下事件：

$$A \cup B, AB, \overline{B}, A-B, B-A, BC, \overline{B \cup C}, (A \cup B)C$$

7. 一位工人生产四个零件，以事件 A_i 表示他生产的第 i 个零件是不合格品，$i=1,2,3,4$。请用 A_i 表示如下事件：

　　(1)全是合格品；

　　(2)全是不合格品；

　　(3)至少有一个零件是不合格品；

　　(4)仅仅有一个零件是不合格品。

8. 请叙述下述事件的对立事件：

　　(1)$A=$"掷二枚硬币，皆为正面"；

　　(2)$B=$"射击三次，皆命中目标"；

　　(3)$C=$"加工四个产品，至少有一个正品"。

9. 某建筑公司在三个地区各承建一个项目，定义如下三个事件：

$$E_i=\text{"地区 } i \text{ 的项目可按合同期完成"}, i=1,2,3$$

这三个事件间的关系可用下面维恩图表示。

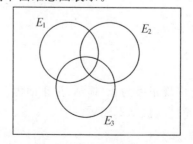

习题 1.1.9 的维恩图

用维恩图上的阴影区域分别表示下列事件:

A = "至少一个项目可按期完成";

B = "所有项目都可按期完成";

C = "没有一个项目可按期完成";

D = "仅仅地区 1 的项目可按期完成";

E = "三个项目中只有一项可按期完成";

F = "或者仅地区 1 的项目按期完成或者另二个项同时按期完成"。

10. 事件是集合,事件的运算性质完全与集合的运算性质相同。现罗列如下,请用维恩图来验证这些性质(提示:等式两端各画一张维恩图):

$$(1)\text{交换律}:A \cup B = B \cup A \qquad\qquad (\text{并的交换律})$$

$$AB = BA \qquad\qquad (\text{交的交换律})$$

$$(2)\text{结合律}:(A \cup B) \cup C = A \cup (B \cup C) \qquad (\text{并的结合律})$$

$$(AB)C = A(BC) \qquad\qquad (\text{交的结合律})$$

$$(3)\text{分配律}:A(B \cup C) = AB \cup AC \qquad (\text{交对并的分配律})$$

$$A \cup (B \cap C) = (A \cup B) \cap (A \cup C) \qquad (\text{并对交的分配律})$$

$$A(B - C) = AB - AC \qquad (\text{交对差的分配律})$$

$$(4)\text{对偶原理}:\overline{A \cup B} = \overline{A} \cap \overline{B}$$

$$\overline{A \cap B} = \overline{A} \cup \overline{B}$$

§ 1.2 事件的概率

1.2.1 事件的概率

随机事件的发生是带有偶然性的。但随机事件发生的可能性还是有大小之别的,是可以设法度量的。在生活、生产和经济活动中人们很关心一个随机事件发生的可能性大小。譬如:

(1)抛一枚硬币,出现正面与出现反面的可能性是相同的。足球裁判就是用抛硬币的方法让双方队长选择场地,以示机会均等。

(2)某厂试制成功一种新止痛片在未来市场的占有率是多少呢? 市场占有率高,就应多生产,获得更多利润;市场占有率低,就不能多生产,否则会造成积压,不仅影响资金周转,而且还要花钱去贮存与保管。市场占有率对厂长组织生产太重要了。

(3)购买彩券的中奖机会有多少呢? 如 1993 年 7 月发行的青岛啤酒股票的认购券共出售 287347740 张,其中有 180000 张认购券会中签。中签率是 6.264/10000(见 1993 年 7 月 30 日上海证券报)。

上述机会、市场占有率、中签率以及常见的废品率、命中率、男婴儿出生率等都是用来度量随机事件发生的可能性大小。尽管用的术语不同,但其共同点是用 0 到 1 间的一个数(也称为比率)来表示一个随机事件发生的可能性大小。在概率论中,这种比率就是概率的原形。为了使这种比率真正成为概率,以致在今后概率运算中不引起麻烦,还需对这种比率增加某些要求。具体请看下面给出的概率定义。

定义 1.2.1　　在一个随机现象中,用来表示任一个随机事件 A 发生可能性大小的实数(即比率)称为该事件的概率,记为 $P(A)$,并规定:

(1)非负性公理　对任一事件 A,必有 $P(A) \geqslant 0$。

(2)正则性公理　必然事件的概率 $P(\Omega) = 1$。

(3)可列可加性公理　若 $A_1, A_2, \cdots$ 是一列互不相容事件,则有

$$P(\bigcup_{n=1}^{\infty} A_n) = \sum_{n=1}^{\infty} P(A_n)$$

这就是著名的**概率的公理化定义**。在这个定义出现之前,曾有过概率的古典定义、概率的统计定义、概率的主观定义。这些定义各适合一类随机现象。那么适合一切随机现象的概率的最一般定义应如何给出呢? 很多人思索过这个问题。1900 年大数学家希尔伯特(1862～1943)在巴黎第二届国际数学家大会上公开提出要建立概率的公理化体系,即从概率的少数几条性质出发来刻画概率的概念。直到 1933 年,苏联数学家柯莫哥洛夫(1903～1987)在他的《概率论基本概念》(丁寿田译,1952)一书中首次提出上述概率的公理化定义。这个定义概括了历史上几种概率定义中的共同特性,又避免了各自的局限性和含混之处,不管什么随机现象,只有满足定义中的三条公理才能说它是概率。这一公理化体系的出现迅速获得举世公认。为现代概率论发展打下坚实基础,从此数学界才承认概率论是数学的一个分支。有了这个公理化体系之后,概率论得到很大发展。这个公理化体系是概率论发展史上的一个里程碑。

概率的公理化定义虽刻画了概率的本质,但没有告诉人们如何去确定概率。历史上概率的古典定义、概率的统计定义和概率的主观定义都有各自确定概率的方法。所以,在有了公理化定义之后,把它们看作确定概率的三种方法倒是很恰当的。下面先介绍排列与组合公式,然后将分别叙述这些方法。

1.2.2　排列与组合概要

排列与组合是两类计数公式。它们的推导都基于如下两条计数原理:

(1)**乘法原理**　如果某件事需经 k 个步骤才能完成,做第一步有 m_1 种方法,做第二步有 m_2 种方法,$\cdots$,做第 k 步有 m_k 种方法,那么完成这件事共有 $m_1 \times m_2 \times \cdots \times m_k$ 种方法。

譬如,甲城到乙城有 3 条旅游线路,由乙城到丙城有 2 条旅游线路,那么从甲城经乙城去丙城共有 $3 \times 2 = 6$ 条旅游线路。

(2)**加法原理**　如果某件事可由 k 类不同办法之一去完成,在第一类办法中又有 m_1 种完成方法,在第二类办法中又有 m_2 种完成方法,$\cdots$,第 k 类办法中又有 m_k 种完成方法,那么完成这件事共有 $m_1 + m_2 + \cdots + m_k$ 种方法。

例如,由甲城到乙城去旅游有三类交通工具:汽车、火车和飞机。而汽车有 5 个班次,火车有 3 个班次,飞机有 2 个班次,那么从甲城到乙城共有 $5 + 3 + 2 = 10$ 个班次供旅游者选择。

基于以上乘法原理和加法原理可得如下几种排列与组合公式:

(1)**排列**　从 n 个不同元素中任取 $r(r \leqslant n)$ 个元素排成一列称为一个排列,按乘法原

理,此种排列共有 $n \times (n-1) \times \cdots \times (n-r+1)$ 个,记为 P_n^r。若 $r=n$,称为**全排列**,全排列数共有 $n!$ 个,记为 P_n。

(2)**重复排列** 从 n 个不同元素中每次取出一个,放回后再取下一个,如此连续取 r 次所得的排列称为重复排列,此种重复排列数共有 n^r 个。注意,这里的 r 允许大于 n。

(3)**组合** 从 n 个不同元素中任取 $r(r \leqslant n)$ 个元素并成一组(不考虑其间顺序)称为一个组合,按乘法原理,此种组合总数为

$$\binom{n}{r} = \frac{P_n^r}{r!} = \frac{n(n-1)\cdots(n-r+1)}{r!} = \frac{n!}{r!(n-r)!}$$

并规定 $0!=1$ 和 $\binom{n}{0}=1$,这里的 $\binom{n}{r}$ 还是二项式展开式的系数,即

$$(a+b)^n = \sum_{r=0}^{n} \binom{n}{r} a^r b^{n-r}$$

若在上式中令 $a=b=1$,可得一重要组合恒等式:

$$\binom{n}{0} + \binom{n}{1} + \cdots + \binom{n}{n} = 2^n$$

另一个重要的组合恒等式是:

$$\binom{n}{r} = \binom{n}{n-r}$$

(4)**重复组合** 从 n 个不同元素中每次取出一个,放回后再取下一个,如此连续取 r 次所得的组合称为重复组合。此种重复组合总数为 $\binom{n+r-1}{r}$。

上述四种排列与组合的计算公式将在古典概率计算中经常使用,这里不再举例说明,但应指出,在使用中要注意识别有序与无序、重复与不重复。

1.2.3 古典方法

古典方法是在经验事实的基础上对被考察事件发生可能性进行符合逻辑分析后得出该事件的概率的一种方法。这种方法简单、直观、不需要做试验,但只能在一类特定随机现象中使用。其基本思想如下:

(1)**所涉及的随机现象只有有限个基本结果**。不妨设样本空间 $\Omega = \{\omega_1, \omega_2, \cdots, \omega_n\}$,其中 n 为其基本结果的总数。

(2)**每个基本结果出现的可能性是相同的(简称等可能性)**。确定一个随机现象的每个基本结果是等可能的,常凭经验和事实进行符合逻辑的分析。譬如在掷骰子试验中,如果骰子是均匀的正六面体,那就没有理由认为其中一面出现机会比另一面更多一些,故认为骰子各面出现的机会是等可能的。

(3)**假如被考察的事件 A 含有 k 个基本结果,则事件 A 的概率就是**

$$P(A) = \frac{k}{n} = \frac{A \text{ 中含基本结果的个数}}{\Omega \text{ 中基本结果总数}} \qquad (1.2.1)$$

这种确定概率的方法曾是概率论发展初期的主要方法,故所得概率又称为古典概率。

下面一些例子说明如何用(1.2.1)式去计算古典概率。这要涉及一些排列与组合的知识。

例 1.2.1(扑克游戏) 一副标准的扑克牌由 52 张组成,它有两种颜色、四种花式和 13 种牌形。具体分布如表 1.2.1 所示。

表 1.2.1 标准扑克牌的分布

黑桃	红心	黑草花	红方块
A	A	A	A
K	K	K	K
Q	Q	Q	Q
J	J	J	J
10	10	10	10
9	9	9	9
8	8	8	8
7	7	7	7
6	6	6	6
5	5	5	5
4	4	4	4
3	3	3	3
2	2	2	2

假如 52 张牌的大小、厚度和外形完全一样(一般的扑克牌都满足这一条件),那么 52 张牌中任一张被抽出的可能性是相同的。我们来研究下面一些事件的概率:

(1)事件 A＝"抽出一张红牌"。在抽一张牌试验中,共有 52 种等可能基本结果,其中红牌有 26 张(13 张红心和 13 张红方块)。故事件 A 的概率为

$$P(A) = \frac{26}{52} = 0.5$$

(2)事件 B＝"抽出一张不是红心"。在这个抽牌试验中,亦有 52 种等可能基本结果,但不是红心的牌只有 39 张,故事件 B 的概率为

$$P(B) = \frac{39}{52} = \frac{3}{4} = 0.75$$

(3)事件 C＝"抽出二张红心牌"。在这个抽二张牌的试验中,共有 $\binom{52}{2}$ 个等可能基本结果。其中二张牌全是红心必须在 13 张红心牌中抽取才能使事件 C 发生。故事件 C 所包含的基本结果总数为 $\binom{13}{2}$ 个。由此

$$P(C) = \frac{\binom{13}{2}}{\binom{52}{2}} = \frac{13 \times 12}{52 \times 51} = \frac{1}{17} = 0.05882$$

(4)事件 $D=$"抽出二张不同颜色的牌"。在这个抽二张牌的试验中,亦有 $\binom{52}{2}$ 个等可能基本结果,要获得二张不同颜色的牌(即事件 D 发生)可以设想分两步完成此事,第一步从 26 张红牌中任取 1 张,第二步再从 26 张黑牌中任取 1 张。依据乘法原则,要获二张不同颜色的牌共有 26×26 种基本结果,故

$$P(D)=\frac{26\times26}{\binom{52}{2}}=\frac{26}{51}=0.5098$$

可见,事件 D 比事件 C 发生的概率要高达 7.7 倍。

(5)事件 $E=$"抽出二张同花式的牌"。在这个抽二张牌的试验中,仍有 $\binom{52}{2}$ 个等可能基本结果。要获得二张同花式的牌可以有四种方式得到:

第一种方式,从 13 张黑桃中任取二张,共有 $\binom{13}{2}$ 种可能;

第二种方式,从 13 张红心中任取二张,共有 $\binom{13}{2}$ 种可能;

第三种方式,从 13 张草花中任取二张,共有 $\binom{13}{2}$ 种可能;

第四种方式,从 13 张方块中任取二张,共有 $\binom{13}{2}$ 种可能;

依据加法原则,要获得二张同花式的牌共有 $\binom{13}{2}+\binom{13}{2}+\binom{13}{2}+\binom{13}{2}=4\times\binom{13}{2}$ 种基本结果,故

$$P(E)=\frac{4\times\binom{13}{2}}{\binom{52}{2}}=\frac{4}{17}=0.2353$$

(6)事件 $F=$"抽出 5 张,恰好是同花顺"。在这个抽 5 张牌的试验中,共有 $\binom{52}{5}$ 个等可能基本结果。要获得 5 张同花顺的牌可以有四种方式(即四种花式)得到,并且这四种方式获得的同花顺的基本结果数是相同的,现以黑桃花式为例。要得到同花顺,只有以下 10 种基本结果:

```
A  K  Q  J 10      K  Q  J 10 9      Q  J 10 9 8
J 10 9  8  7      10 9 8 7 6        9 8 7 6 5
8  7  6  5  4      7 6 5 4 3        6 5 4 3 2
5  4  3  2  A
```

依据加法原则,要获得 5 张同花顺的牌共有 $4\times10=40$ 种基本结果。故

$$P(F) = \frac{40}{\binom{52}{5}} = 0.00001539$$

这个概率是很小的,仅有 10 万分之 1.5。此类事件被称为稀有事件。

(7)事件 $G=$ "抽出 13 张同花式的牌"。在这个抽 13 张牌的试验中,共有 $\binom{52}{13}$ 个等可能基本结果。其中同花式的只有 4 种,即全是黑桃、全是红桃、全是草花、全是方块,故

$$P(G) = \frac{4}{\binom{52}{13}} = 0.1587 \times 10^{-12}$$

这个概率是非常小的,几乎不可能发生。假如在一次扑克游戏中,事件 G 发生了,在惊讶之余有人会怀疑在做牌,这种怀疑不是没有道理的。

在扑克游戏中会遇到很多有趣的随机事件。读者可以举出很多例子,并试算它们的概率。

例 1.2.2(随机抽样) 一批产品共有 N 个,其中不合格品有 M 个,现从中随机取出 n 个,问事件 $A_m=$ "恰好有 m 个不合格品"的概率是多少?

从 N 个产品中随机取出 n 个共有 $\binom{N}{n}$ 种基本结果。其中"随机取出"必导致这 $\binom{N}{n}$ 种基本结果是等可能的。以后对"随机"一词亦可作同样理解。下面我们先计算事件 A_0, A_1 的概率,然后再计算一般事件 A_m 的概率。

事件 $A_0=$ "恰好有 0 个不合格品" = "全是合格品"。要使取出的 n 个产品全是合格品,那必须从 $N-M$ 个合格品中抽取,这有 $\binom{N-M}{n}$ 种取法,故事件 A_0 的概率为

$$P(A_0) = \frac{\binom{N-M}{n}}{\binom{N}{n}}$$

事件 $A_1=$ "恰好有 1 个不合格品",要使取出的 n 个产品中只有一个不合格品,其他 $n-1$ 个是合格品,那要分两步抽取。第一步从 M 个不合格品中随机取出 1 个,共有 $\binom{M}{1}$ 种取法;第二步从 $N-M$ 个合格品中随机取出 $n-1$ 个,共有 $\binom{N-M}{n-1}$ 种取法。依据乘法原则,要使 A_1 出现共有 $\binom{M}{1}\binom{N-M}{n-1}$ 种基本结果。故事件 A_1 的概率为

$$P(A_1) = \frac{\binom{M}{1}\binom{N-M}{n-1}}{\binom{N}{n}}$$

要使事件 A_m 发生,必须从 M 个不合格品中抽 m 个,而从 $N-M$ 个合格品中抽

$n-m$ 个,依据乘法原则,要使 A_m 发生的基本结果共有 $\binom{M}{m}\binom{N-M}{n-m}$ 个,故事件 A_m 的概率是

$$P(A_m)=\frac{\binom{M}{m}\binom{N-M}{n-m}}{\binom{N}{n}}$$

这里 m 可以取 $0,1,\cdots,r$,其中 $r=\min(n,M)$,这是因为 m 既不应超过不合格品总数 M,又不应超过取出的产品总数 n。

假如给定 $N=10,M=2,n=4$,我们来计算 A_m 的概率:

$$P(A_0)=\binom{10-2}{4}\Big/\binom{10}{4}=0.3333$$

$$P(A_1)=\binom{2}{1}\binom{10-2}{4-1}\Big/\binom{10}{4}=0.5333$$

$$P(A_2)=\binom{2}{2}\binom{10-2}{4-2}\Big/\binom{10}{4}=0.1334$$

而 A_3,A_4 等都是不可能事件。因为 10 个产品中只有 2 个不合格品,而要从中抽出 3 件或 4 件不合格品,这是不可能的。

例 1.2.3(放回抽样) 抽样有二种方式:不放回抽样与放回抽样。例 1.2.2 谈的是不放回的抽样,每次抽取一个,不放回,再抽第二个,这相当于 n 个同时取出。因此可不论其次序。放回抽样(又称还原抽样)是抽一个,放回后,再抽下一个。这时要讲究次序,现对例 1.2.2 采取放回抽样讨论事件 $B_m=$"恰好有 m 个不合格品"的概率。

从 N 个产品中每次抽一个检查,放回后再抽第二个,直至抽出第 n 个检查,每次各有 N 种可能,n 次共有 N^n 种等可能的基本结果。

事件 $B_0=$"全是合格品"发生必须从 $N-M$ 个合格品中用放回抽样抽 n 次,共有 $(N-M)^n$ 种基本结果,故

$$P(B_0)=\frac{(N-M)^n}{N^n}=\left(1-\frac{M}{N}\right)^n$$

事件 $B_1=$"恰好有 1 件不合格品"发生必须从 $N-M$ 个合格品中用放回抽样抽 $n-1$ 次,从 M 个不合格品中抽一次。这样就有 $M\cdot(N-M)^{n-1}$ 种取法。再考虑到不合格品可能在第一次抽样中出现,也可能在第二次抽样中出现,$\cdots\cdots$,也可能在第 n 次抽样中出现,故总的基本结果共有 $n\cdot M\cdot(N-M)^{n-1}$。故

$$P(B_1)=\frac{nM(N-M)^{n-1}}{N^n}=n\cdot\frac{M}{N}\left(1-\frac{M}{N}\right)^{n-1}$$

事件 B_m 的发生共有 $\binom{n}{m}M^m(N-M)^{n-m}$ 个基本结果。其中二项式系数 $\binom{n}{m}$ 是由于考虑到 m 个不合格品可能出现在 n 次放回抽样中任何 m 次所致。故

$$P(B_m) = \binom{n}{m} \left(\frac{M}{N}\right)^m \left(1 - \frac{M}{N}\right)^{n-m}$$

这里 m 可以取 $0, 1, \cdots, n$。特别当 $m = n$ 时，$P(B_n) = (M/N)^n$。

假如给定 $N = 10, M = 2, n = 4$。我们来计算 B_m 的概率：

$$P(B_0) = \left(1 - \frac{2}{10}\right)^4 = 0.8^4 = 0.4096$$

$$P(B_1) = 4 \times 0.2 \times 0.8^3 = 0.4096$$

$$P(B_2) = 6 \times 0.2^2 \times 0.8^2 = 0.1536$$

$$P(B_3) = 4 \times 0.2^3 \times 0.8 = 0.0256$$

$$P(B_4) = 0.2^4 = 0.0016$$

可见，在放回抽样中，B_0 和 B_1 发生的可能性最大，而 B_4 发生的可能性要小得多，在一千次中还不到两次。

1.2.4　频率方法

频率方法是在大量重复试验中用频率去获得概率近似值的一个方法。它是最常用，也是最基本的获得概率的方法。频率方法的基本思想如下：

(1) 与考察事件 A 有关的随机现象是允许进行大量重复试验的。

(2) 假如在 N 次重复试验中，事件 A 发生 K_N 次，则事件 A 发生的频率为

$$P_N^*(A) = \frac{K_N}{N} = \frac{\text{事件 } A \text{ 发生的次数}}{\text{重复试验次数}} \tag{1.2.2}$$

频率 $P_N^*(A)$ 确能反映事件 A 发生可能性的大小，$P_N^*(A)$ 大意味着 A 发生的可能性大，$P_N^*(A)$ 小反映着 A 发生的可能性小。另外，频率还具有非负性，必然事件 Ω 的频率必为 1，而对任意两个互不相容事件 A_1 与 A_2，若在 N 次重复试验中，A_1 出现 $K_N^{(1)}$ 次，A_2 出现 $K_N^{(2)}$ 次，那么并事件 $A_1 \cup A_2$ 在这 N 次重复试验中必出现 $K_N^{(1)} + K_N^{(2)}$ 次，从而其频率有

$$P_N^*(A_1 \cup A_2) = \frac{K_N^{(1)} + K_N^{(2)}}{N} = P_N^*(A_1) + P_N^*(A_2)$$

这些说明频率亦具有非负性、正则性和可加性。

(3) **频率 $P_N^*(A)$ 依赖于重复次数 N**。不同的 N，事件 A 的频率会不同，但人们的长期实践表明，随着重复次数 N 的增加，频率 $P_N^*(A)$ 会稳定在某一常数附近（见例 1.2.4），这个频率的稳定值已与 N 无关，它就是事件 A 发生的概率 $P(A)$。由频率的性质可以看到其稳定值（即概率）亦有类似性质。

(4) 在现实世界里，我们无法把一个试验无限次地重复下去，因此要获得事件 A 发生的频率的稳定值 $P(A)$ 是件很难的事情。但在重复次数 N 较大时，频率 $P_N^*(A)$ 就很接近概率 $P(A)$。在统计学中把**频率称为概率的估计值**，譬如，在足球比赛中，罚点球是一个扣人心弦的场面，若记事件 $A = $ "罚点球射中破门"，A 的概率，即判罚点球的命中率 $P(A)$ 是多少？ 这可以通过重复试验所得数据资料计算频率而得概率估计值，曾经有人对

1930 年至 1988 年世界各地 53274 场重大足球比赛作了统计,在判罚的 15382 个点球中,有 11172 个射中破门,频率为 $11172/15382 = 0.726$,这就是罚点球命中概率 $P(A)$ 的估计值。

例 1.2.4 说明频率稳定性的例子。

(1)在掷一枚均匀硬币时,古典概率已给出,出现正面的概率为 0.5。为了验证这一点,每个人都可以做大量的重复试验。图 1.2.1 记录了前 400 次掷硬币试验中频率 P^*(正面)的波动情况,在重复次数 N 较小时,P^* 波动剧烈,随着 N 的增大,P^* 波动的幅度在逐渐变小。历史上有不少人做过更多次重复试验。其结果(见表 1.2.2)表明,正面出现的频率逐渐稳定在 0.5。这个 0.5 就是频率的稳定值,也是正面出现的概率。这与用古典方法计算的概率是相同的。

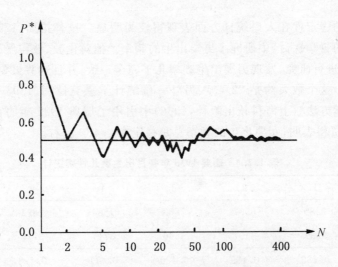

图 1.2.1 掷一枚硬币,正面出现频率的趋势(横轴为对数尺度)

表 1.2.2 掷一枚硬币,正面出现的频率

实验者	掷硬币次数	正面出现次数	频率
蒲 丰	4040	2048	0.5069
皮尔逊	12000	6019	0.5016
皮尔逊	24000	12012	0.5005

注:此表引自格涅坚科《概率论教程》,高等教育出版社,1957。

(2)在英语中某些字母出现的频率远高于另外一些字母。人们对各类典型的英语书刊中字母出现的频率进行了统计。发现各个字母的使用频率相当稳定。其使用频率见表 1.2.3。这项研究对计算机键盘设计(在方便的地方安排使用频率较高的字母键)、印刷铅字的铸造(使用频率高的字母应多铸一些)、信息的编码(使用频率高的字母用较短的码)、密码的破译等方面都是十分有用的。

表 1.2.3　英语字母使用频率

字母	频率	字母	频率	字母	频率
E	0.130	D	0.044	G	0.014
T	0.090	L	0.036	B	0.013
O	0.081	C	0.029	V	0.010
A	0.078	F	0.028	K	0.004
N	0.073	U	0.028	X	0.003
I	0.068	M	0.026	J	0.001
R	0.067	P	0.022	Q	0.001
S	0.065	Y	0.015	Z	0.001
H	0.058	W	0.015		

注：引自 L. Birllouin，Science and Information Theory，New York，1956。

（3）频率的稳定性在人口统计方面表现得较为明显。拉普拉斯（1794～1827）在他的名著《概率论的哲学探讨》中研究了男婴出生的频率。他对伦敦、彼得堡、柏林和全法国的大量人口资料进行研究，发现男婴出生频率几乎完全一致，并且这些男婴出生频率总在一个数左右波动，这个数大约是 22/43。另外一位统计学家克拉梅（1893～1985）在他的名著《统计学数学方法》（上海科技出版社，1966）中引用了瑞典 1935 年的官方统计资料（见表 1.2.4），该资料表明，女婴出生的频率总是稳定在 0.482 左右。

表 1.2.4　瑞典 1935 年各月出生婴儿性别统计

月份	1	2	3	4	5	6
总数	7280	6957	7883	7884	7892	7609
女婴	3537	3407	3866	3711	3775	3665
频率	0.486	0.489	0.490	0.471	0.478	0.482

月份	7	8	9	10	11	12	全年
总数	7585	7393	7203	6903	6552	7132	88273
女婴	3621	3596	3491	3391	3160	3371	42591
频率	0.462	0.484	0.485	0.491	0.482	0.473	0.4825

1.2.5　主观方法

在现实世界里有一些随机现象是不能重复的或不能大量重复的，这时有关事件的概率如何确定呢？

统计界有一个贝叶斯（1702～1761）学派，他们在研究了这些随机现象后认为：**一个事件的概率是人们根据经验对该事件发生可能性所给出的个人信念**。这样给出的概率称为**主观概率**。譬如：

一个企业家认为"一项新产品在未来市场上畅销"的概率是 0.8。这里的 0.8 是根据他自己多年经验和当时的一些市场信息综合而成的个人信念。

一位投资者认为"购买某种股票能获得高收益"的概率是 0.6，这里的 0.6 是投资者根据自己多年股票生意经验和当时股票行情综合而成的个人信念。

一位脑外科医生要对一位病人动手术,他认为成功的概率是 0.9,这是他根据手术的难易程度和自己的手术经验而对"手术成功"所给出的把握程度。

一位教师认为甲学生考取大学的概率是 0.95,而乙学生考取大学的概率是 0.5。这是教师根据自己多年的教学经验和甲乙两位学生的学习情况而分别给出的个人信念。

这样的例子在我们生活、生产和经济活动中也是常见的。他们给出的主观概率绝不是随意的,而是要求当事人对所考察的事件有较透彻的了解和丰富的经验,甚至是这一行的专家,并能对周围信息和历史信息进行仔细分析,在这个基础上确定的主观概率就能符合实际。所以应把主观概率与主观臆造、瞎说一通区别开来。在某种意义上,不利用这些丰富的经验去确定概率也是一种浪费。

对主观概率的批评也是有的,50 年代苏联数学家格涅坚科在他的《概率论教程》中说:"把概率看作是认识主体对事件的信念的数量测度,则概率论成了类似心理学部门的东西,这种纯主观的概率主张贯彻下去的话,最后总不可避免要走到主观唯心论的路上去。"这种担心不能说不存在,但以经验为基础的主观概率与纯主观还是不同的,何况主观概率也要受到实践检验,也要符合概率的三条公理,通过实践检验和公理验证,人们会接受其精华,去其糟粕。

自主观概率提出以来,使用的人越来越多,特别在日常生活、经济领域和决策分析中使用较为广泛,因为在那里遇到的随机现象大多是不能大量重复,无法用频率方法去确定(一次性)事件概率,在这个意义上看,主观概率至少是频率方法和古典方法的一种补充,有了主观概率至少使人们在频率观点不适用时也能谈论概率,使用概率与统计方法。

主观概率的确定除根据自己的经验外,还可利用别人经验和历史资料在对比中形成主观概率,下面两个例子具体说明这种方法。

例 1.2.5　有一项带有风险的生意,欲估计成功的概率(记为 A)。为此决策者去拜访这方面的专家(如董事长、银行家等),向专家提这样的问题:"如果这种生意做 100 次,你认为会成功几次?"专家回答:"成功次数不会太多,大约 60 次。"这里 $P(A)=0.6$ 是专家的主观概率,可此专家还不是决策者。但决策者很熟悉这位专家,认为他的估计往往是偏保守的,过分谨慎的。决策者决定修改专家的估计,把 0.6 提高到 0.7。这样 $P(A)=0.7$ 就是决策者的主观概率。

这种用专家意见来确定主观概率的方法是常用的。当决策者对某事件了解甚少时,就可去征求专家意见。这里要注意两点:一是向专家提的问题要设计好,既要使专家易懂,又要使专家的回答不是模棱两可;二是要对专家本人较为了解,以便作出修正,形成决策者自己的主观概率。

例 1.2.6　某公司经营儿童玩具多年,今设计了一种新式玩具将投入市场。现要估计此新式玩具在未来市场上的销售状况。经理查阅了本公司过去 37 种新式玩具的销售记录,得知销售状态是畅销(A_1)、一般(A_2)、滞销(A_3)分别有 29、6、2 种,于是算得过去新式玩具的三种销售状态的概率分别为:

$$\frac{29}{37}=0.784, \quad \frac{6}{37}=0.162, \quad \frac{2}{37}=0.054$$

考虑到这次设计的新玩具不仅外形新颖,而且在开发儿童智力上有显著突破,经理认为此

种新玩具会更畅销一些,滞销可能性更小,故对上述概率作了修改,提出自己的主观概率如下:

$$P(A_1)=0.85, \quad P(A_2)=0.14, \quad P(A_3)=0.01$$

这个例子表明,假如有历史数据,要尽量利用,帮助形成初步概念,然后做一些对比、修正,再形成个人信念,这对给出主观概率大有好处。

依据经验和历史资料等先验信息给出的主观概率没有什么固定的模式,但所确定的主观概率都必须满足概率的三条公理,发现与三条公理及其性质有不和谐之处,必须立即修正,直到和谐为止。这时给出的主观概率才能称得上概率(详见例 1.3.5)。

习题 1.2

1. 对下述五个事件发生可能性的文字描述找出相应的数值答案:

        文字描述   数值答案

  (1)事件 A 发生与不发生的可能性一样   (a)0

  (2)事件 B 很可能发生,但不一定发生   (b)0.1

  (3)事件 C 肯定不发生   (c)0.5

  (4)事件 D 能够发生,但不大可能   (d)0.9

  (5)事件 E 无疑会发生   (e)1.0

2. 从 52 张扑克牌中任取 4 张,求下列事件的概率:

  (1)全是红色;

  (2)两张红色,两张黑色;

  (3)两张黑桃;

  (4)同花;

  (5)没有两张同一花色;

  (6)同花顺;

  (7)两对(如两张 A 和两张 K 等);

  (8)四条(四张牌形相同,如 4 张 A 等);

  (9)一对;

  (10)四张同色。

3. 设 5 个产品中有 3 个正品、2 个次品。从中有返回地和无返回地随机抽取 2 个,求抽出的 2 个产品中全是次品、仅有一个次品和没有次品的概率各为多少?

4. 假如近期内有如下分娩信息:

分娩类型	分娩次数
单胞胎	41500000
双胞胎	500000
三胞胎	5000
四胞胎	100

随机地选一位健康的怀孕妇女,请利用上述信息确定下列事件发生的概率的近似值:

A. 她将分娩双胞胎;

B. 她将分娩四胞胎;

C. 她将生下多于一个婴儿。

5. 一个试验仅有四个互不相容的结果:A、B、C 和 D。请检查下面各组概率是否是允许的。

(1) $P(A)=0.38$, $P(B)=0.16$, $P(C)=0.11$, $P(D)=0.35$;

(2) $P(A)=0.31$, $P(B)=0.27$, $P(C)=0.28$, $P(D)=0.16$;

(3) $P(A)=0.32$, $P(B)=0.27$, $P(C)=-0.06$, $P(D)=0.47$;

(4) $P(A)=1/2$, $P(B)=1/4$, $P(C)=1/8$, $P(D)=1/16$;

(5) $P(A)=5/18$, $P(B)=1/6$, $P(C)=1/3$, $P(D)=2/9$。

6. 把一个各面都涂上红色的立方体,均分为一千个小立方体。把小立方体混乱后,从中随机取出一个小立方体。问四面涂有红色、三面涂有红色、二面涂有红色、一面涂有红色和没有一面涂有红色的概率各是多少?

7. 一位姑娘把 6 根草握在手掌中,只露出其头与尾。然后请她的男友把 6 根头两两连结,6 根尾也两两连结。姑娘放开手后,若 6 根草恰好连成一个环的话,她就愿嫁给他。求姑娘愿嫁给他的概率。

8. 把 r 个不同的球随机放入 n 个格子(如箱子),假如每个格子能放很多球,每个球落入每个格子的可能性相同,若 $n \geqslant r$,求下列事件的概率:

(1) 事件 $A=$"恰有 r 个格子中各有一球",

(2) 事件 $B=$"至少有一个格子有不少于两个球"。

9. 求 r 个人中至少有 2 个人的生日相同的概率。当 $r=10,20,30,40,50$ 时,相应的概率各是多少?(提示:把生日看作 365 个格子,把人看作球)

10. 若设 1 个人的生日是等可能地分布在 12 个月中,求 6 个人的生日恰好集中在一月和二月内的概率。

11. 5 人在第一层进入八层楼的电梯,假如每人以相同的概率走出任一层(从第二层开始),求此 5 人在不同层走出的概率是多少?

12. 橱内有 10 双皮鞋。从中任取 4 只。求其中恰好成 2 双、只有 2 只成双和没有 2 只成双的概率各为多少?

13. 用主观方法确定:大学生中戴眼镜的概率是多少?

§1.3　概率的性质

利用概率的三条公理可以推出概率的所有性质,这里把一些常用性质推导出来,还有一些性质在以后章节中逐步导出。

定理 1.3.1　不可能事件 ϕ 的概率为 0,即 $P(\phi)=0$。

证:因为 $\Omega = \Omega \cup \phi \cup \phi \cup \phi \cup \cdots$

由可列可加性公理
$$P(\Omega)=P(\Omega)+\sum_{n=2}^{\infty}P(\phi)$$

又 $P(\Omega)=1$，故 $P(\phi)=0$。

定理 1.3.2 对任一事件 A，有

$$P(\overline{A})=1-P(A)$$

证：因为 A 与 $\overline{A}$ 互不相容，且 $A\bigcup\overline{A}=\Omega$，

$$\Omega=A\bigcup\overline{A}\bigcup\phi\bigcup\phi\bigcup\cdots$$

由可列可加性公理及定理 1.3.1

$$P(\Omega)=P(A)+P(\overline{A})+P(\phi)+P(\phi)+\cdots$$

即

$$1=P(A)+P(\overline{A})$$

移项后即得所要结果。

例 1.3.1 抛两枚硬币，至少出现一个正面（记为事件 A_2）的概率是多少？

解：抛两枚硬币共有四个等可能基本结果：

$$（正，正），（正，反），（反，正），（反，反）$$

事件 A_2 含有其中前三个基本结果，故 $P(A_2)=3/4$。作为讨论，我们来考察 A_2 的对立事件 $\overline{A}_2$，它的含义是

$$\overline{A}_2=\text{“抛两枚硬币，都出现反面”}。$$

它只含一个基本结果（反，反），于是 $P(\overline{A}_2)=1/4$，再用定理 1.3.1，可得

$$P(A_2)=1-P(\overline{A}_2)=1-\frac{1}{4}=0.75$$

由此可见，两条不同思路获得相同结果，但相比之下，后一条思路更容易实现些，因为 $\overline{A}_2$ 所含的基本结果比 A_2 所含基本结果要少一些，从而计算也容易一些，这种思路在抛更多枚硬币时更易显露出其方便的特点，譬如在抛五枚硬币时，至少出现一个正面（记为 A_5）的概率为

$$P(A_5)=1-P(\overline{A}_5)=1-\frac{1}{2^5}=0.9688$$

因为对立事件 $\overline{A}_5$ 表示“五枚硬币都出现反面”，它在 $2^5=32$ 个等可能结果中仅含其中一个，故很易算得 $P(\overline{A}_5)=2^{-5}$。

定理 1.3.3 对 n 个互不相容事件 $A_1,\cdots,A_n$，有

$$P(\bigcup_{i=1}^{n}A_i)=\sum_{i=1}^{n}P(A_i)$$

证：在 $n=3$ 时，任意三个互不相容事件的并可改写为

$$A_1\bigcup A_2\bigcup A_3=(A_1\bigcup A_2)\bigcup A_3$$

并且并事件 $A_1\bigcup A_2$ 与 A_3 仍为互不相容的事件，于是由可加性公理得

$$P(A_1\bigcup A_2\bigcup A_3)=P(A_1\bigcup A_2)+P(A_3)$$
$$=P(A_1)+P(A_2)+P(A_3)$$

一般地,通过上面那样进行合并及反复运用可加性公理就可推得上述一般结论。

例 1.3.2　一批产品共 100 件,其中有 5 件不合格品,现从中随机抽出 10 件,其中最多有 2 件不合格品的概率是多少?

解:设 A_i 表示事件"抽出 10 件中恰有 i 件不合格品"。于是所求事件 $A=$"最多有 2 件不合格品"可表示为

$$A=A_0 \bigcup A_1 \bigcup A_2$$

并且 A_0, A_1, A_2 为三个互不相容事件,由定理 1.3.3 知,若能获得 A_0, A_1, A_2 等事件的概率,那么很快就能算得事件 A 的概率,用古典方法可算得 A_i 的概率为

$$P(A_i)=\frac{\binom{5}{i}\binom{95}{10-i}}{\binom{100}{10}}, \qquad i=0,1,2$$

其中

$$P(A_0)=\frac{\binom{95}{10}}{\binom{100}{10}}=\frac{95!}{10! \ 85!} \cdot \frac{10! \ 90!}{100!}$$

$$=\frac{90 \cdot 89 \cdot 88 \cdot 87 \cdot 86}{100 \cdot 99 \cdot 98 \cdot 97 \cdot 96}=0.5837$$

类似可算得

$$P(A_1)=0.3394, \qquad P(A_2)=0.0702$$

于是所求的概率为

$$\begin{aligned} P(A)&=P(A_0)+P(A_1)+P(A_2) \\ &=0.5837+0.3394+0.0702 \\ &=0.9933 \end{aligned}$$

定理 1.3.4　对任意两个事件 A 与 B,若 $A \supset B$,则

(1) $P(A-B)=P(A)-P(B)$

(2) $P(A) \geqslant P(B)$　(概率的单调性)

证:由于 $A \supset B$,故可把 A 分为两个互不相容事件 B 与 $A-B$ 之并,即 $A=B \bigcup(A-B)$。由可加性公理得

$$P(A)=P(B)+P(A-B)$$

移项即得(1)。再因非负性公理,$P(A-B) \geqslant 0$,由(1)可得(2)。

定理 1.3.5　对任一事件 A,有 $0 \leqslant P(A) \leqslant 1$。

证:对任一事件 A,总有如下包含关系

$$\phi \subset A \subset \Omega$$

由概率的单调性即可得 $P(\phi) \leqslant P(A) \leqslant P(\Omega)$,再由 $P(\phi)=0, P(\Omega)=1$ 就可获得上述

结论。

这个性质告诉我们,凡是概率出现 1.2,7/5,200% 或 −0.3 都说明有错误发生了,必须检查和纠正。

定理 1.3.6 对任意两个事件 A 与 B,有

(1)$P(A \cup B) = P(A) + P(B) - P(AB)$

(2)$P(A \cup B) \leqslant P(A) + P(B)$

证:由于并事件 $A \cup B$ 可改写为两个互不相容事件 A 与 $B - AB$ 的并,从可加性公理可得

$$P(A \cup B) = P(A) + P(B - AB)$$

考虑到 $B \supset AB$,由定理 1.3.4(1)可得 $P(B - AB) = P(B) - P(AB)$,把此式代回原式即得(1)。再因 $P(AB) \geqslant 0$,由(1)立即推得(2)。

上述定理 1.3.6(1)称为概率的加法公式,当事件 A 与 B 为互不相容事件时,$P(AB) = 0$,它就是可加性公理,当事件 A 与 B 相容时,$P(AB) > 0$,这时加法公式中最后一项不可少,因为前二项之和 $P(A) + P(B)$ 中 $P(AB)$ 重复计算了一次,对任意三个事件也有类似的加法公式。

定理 1.3.7 对任意三个事件 A、B、C,有

(1)$P(A \cup B \cup C) = P(A) + P(B) + P(C)$
$$- P(AB) - P(AC) - P(BC) + P(ABC)$$

(2)$P(A \cup B \cup C) \leqslant P(A) + P(B) + P(C)$

证:利用结合律 $A \cup B \cup C = (A \cup B) \cup C$ 和定理 1.3.6(1)可得

$$P(A \cup B \cup C)$$
$$= P(A \cup B) + P(C) - P((A \cup B)C)$$
$$= P(A) + P(B) - P(AB) + P(C) - P(AC \cup BC)$$
$$= P(A) + P(B) + P(C) - P(AB) - P(AC) - P(BC) + P(ABC)$$

这就证得(1),由于 $BC \supset ABC$,故 $P(BC) - P(ABC) \geqslant 0$,故舍去(1)中最后四项将导致右端有可能被放大,这说明(2)亦成立。

例 1.3.3 掷两颗骰子,至少有一颗骰子的点数大于 3 的概率是多少?

解:设 A_i 为事件"第 i 颗骰子的点数大于 3",$i = 1,2$,那么事件"掷两颗骰子,至少有一颗骰子的点数大于 3"可表示为 $A_1 \cup A_2$(见图 1.3.1)。

从图上可看出

$$P(A_1) = P(A_2) = \frac{1}{2}, \qquad P(A_1 A_2) = \frac{1}{4}$$

由定理 1.3.6 可知,所求概率为

$$P(A_1 \cup A_2) = P(A_1) + P(A_2) - P(A_1 A_2)$$
$$= \frac{1}{2} + \frac{1}{2} - \frac{1}{4} = \frac{3}{4}$$

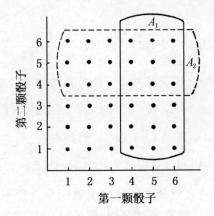

图 1.3.1 掷两颗骰子的样本空间

作为讨论,我们来研究事件"掷三颗骰子,至少有一颗骰子的点数大于 3"的概率,该事件可表示为 $A_1 \cup A_2 \cup A_3$。其中 A_3 表示事件"第三颗骰子的点数大于 3"。用古典方法容易算得

$$P(A_i) = \frac{1}{2}, \qquad i = 1, 2, 3$$

$$P(A_i A_j) = \frac{1}{4}, \quad i \neq j$$

$$P(A_1 A_2 A_3) = \frac{1}{8}$$

于是由定理 1.3.7,可得

$$P(A_1 \cup A_2 \cup A_3) = P(A_1) + P(A_2) + P(A_3) - P(A_1 A_2) - P(A_1 A_3)$$
$$- P(A_2 A_3) + P(A_1 A_2 A_3)$$
$$= \frac{3}{2} - \frac{3}{4} + \frac{1}{8} = \frac{7}{8}$$

例 1.3.4 设 $P(A) = 1/3, P(B) = 1/2$。

(1)若事件 A 与 B 互不相容,求 $P(B\overline{A})$;

(2)若 $A \subset B$,求 $P(B\overline{A})$;

(3)若 $P(AB) = 1/8$,求 $P(B\overline{A})$。

解:(1)若 A 与 B 互不相容,则有 $B \subset \overline{A}$,从而 $B\overline{A} = B$,因此

$$P(B\overline{A}) = P(B) = 1/2$$

(2)若 $A \subset B$,则有 $B - A = B\overline{A}$,则由定理 1.3.4 可得

$$P(B\overline{A}) = P(B - A) = P(B) - P(A) = \frac{1}{2} - \frac{1}{3} = \frac{1}{6}$$

(3)在一般场合,由事件运算性质知

$$B\overline{A} = B - A = B - AB$$

由于 $B \supset AB$，故有

$$P(B\bar{A}) = P(B) - P(AB) = \frac{1}{2} - \frac{1}{8} = \frac{3}{8}$$

例 1.3.5 某人对事件 A、B 及其并 $A \cup B$ 分别给出主观概率如下：

$$P(A) = 1/3, \quad P(B) = 1/3, \quad P(A \cup B) = 3/4$$

按概率性质，应有 $P(A \cup B) \leqslant P(A) + P(B)$。然而现在

$$P(A \cup B) = 3/4, \quad P(A) + P(B) = 2/3$$

这个性质不满足，这个不和谐之处是由于这组主观概率给定不恰当而引起的，必须修正。此人重新审定这三个事件的主观概率，发现并事件 $A \cup B$ 的主观概率应为 3/5。再检查就没有此种不和谐现象了。

习题 1.3

1. 抛四枚硬币，至少出现一个正面的概率是多少？

2. 一批产品分为一、二、三级品，其中一级品是二级品的二倍，三级品是二级品的一半。从这批产品中随机抽取一件，试求取到二级品的概率。

3. 已知事件 A、B、$A \cup B$ 的概率分别为 0.4、0.3、0.6，求 $P(A\bar{B})$。

4. 一批产品总数为 1000 件，其中有 10 件不合格品，现从中随机抽出 20 件，问其中有不合格品的概率是多少？

5. 某足球队在第一场比赛中获胜的概率是 1/2，在第二场比赛中获胜的概率是 1/3，如果在两场比赛中都获胜的概率是 1/6，那么在这两场比赛中至少有一场获胜的概率是多少？

6. 设事件 A 与 B 互不相容，且 $P(A) = p, P(B) = q$，求下列事件的概率：

$$P(AB), P(A \cup B), P(A\bar{B}), P(\bar{A}B)$$

7. 在 200 名学生中选修统计学的有 137 名，选修经济学的有 50 名，选修计算机的有 124 名。还知道，同时选修统计与经济的学生有 33 名，同时选经济与计算机的有 29 名，同时选统计与计算机的有 92 名。三门课都选修的学生有 18 人。试求 200 名学生中有多少学生在这三门课中至少选修一门。

8. 某城市有三种报纸 A, B, C。该城市中有 60% 的家庭订阅 A 报，40% 的家庭订阅 B 报，30% 的家庭订阅 C 报。又知有 20% 的家庭同时订阅 A 报与 B 报，有 10% 的家庭同时订阅 A 报和 C 报，有 20% 的家庭同时订阅 B 报和 C 报，有 5% 的家庭三份报都订阅。试求该城市中有多少家庭一份报也没订。

9. 掷两颗骰子，至少有一颗骰子的点数小于 3 的概率是多少？

10. 掷三颗骰子，至少有一颗骰子的点数小于 3 的概率是多少？

11. 对任意两个事件 A 与 B，证明：$P(A) = P(AB) + P(A\bar{B})$。

§1.4 独立性

独立性是概率论的一个重要概念,我们先讨论两个事件之间的独立性,然后讨论多个事件之间的相互独立性,最后再讨论两个试验之间的独立性。

1.4.1 两个事件的独立性

两个事件之间的独立性是指一个事件的发生不影响另一个事件的发生,譬如在掷两颗骰子的试验中,我们考察如下两个事件:

$$A = \text{“第一颗骰子出现 1 点”}$$
$$B = \text{“第二颗骰子出现偶数点”}$$

经验事实告诉我们,第一颗骰子出现的点数不会影响第二颗骰子出现的点数,假如规定第二颗骰子出现偶数点可得奖,那么不管第一颗骰子出现什么点都不会影响你得奖的机会,这时就可以说:事件 A 与 B 独立。

从概率角度看,两个事件之间的独立性与这两个事件同时发生的概率有密切关系,譬如在上面掷两颗骰子的试验中,事件 A 与 B 的概率分别是 $P(A) = 1/6, P(B) = 1/2$,而这两个事件同时发生 AB 含有三个基本结果:$(1,2), (1,4), (1,6)$,故 $P(AB) = 3/36 = 1/12$,于是有等式 $P(AB) = P(A)P(B)$。这不是偶然的,而是两独立事件的共同特征,即两独立事件同时发生的概率等于它们各自概率的乘积,这就引出两事件独立的一般定义。

定义 1.4.1 对任意两个事件 A 与 B,若有 $P(AB) = P(A)P(B)$,则称**事件 A 与 B 相互独立**,简称 A 与 B 独立。否则称事件 A 与 B 不独立。

例 1.4.1 (1)从一副扑克牌中任取一张,"出现黑桃"的事件 A 与"出现 A"的事件 B 是独立的,因为它们的概率分别是 1/4 与 1/13,而它们同时出现(即"黑桃 A 出现")的概率确是 1/52。

(2)考虑有三个小孩的家庭,并设所有八种情况:

$$bbb, \ bbg, \ bgb, \ gbb, \ bgg, \ gbg, \ ggb, \ ggg$$

是等可能的,其中 b 表示男孩,g 表示女孩。我们来考察如下两个事件:令 A 是"家中男女孩都有"的事件;令 B 是"家里至多一个女孩"的事件。它们的概率分别是

$$P(A) = 6/8, \quad P(B) = 4/8$$

而事件 AB 是指"家中恰有一个女孩",其概率为

$$P(AB) = 3/8 = P(A)P(B)$$

于是,在家庭中有三个小孩的情况下,这两个事件是独立的。但是,当所考察的家庭有两个或有四个小孩时,事件 A 与 B 就不再独立了,如家中有两个小孩的情况,共有四种等可能结果:bb,bg,gb,gg。这时

$$P(A) = 2/4, \quad P(B) = 3/4, \quad P(AB) = 2/4$$

由于没有等式 $P(AB)=P(A)P(B)$，所以 A 与 B 不独立，这说明了两事件是否具有独立性并不总是显然的。

两事件独立是相互的，即若事件 A 与 B 独立，则 B 与 A 也独立。独立性还有如下性质。

定理 1.4.1 若事件 A 与 B 独立，则事件 A 与 $\bar{B}$ 独立；$\bar{A}$ 与 B 独立；$\bar{A}$ 与 $\bar{B}$ 独立。

证：由事件的运算性质知

$$A\bar{B}=A(\Omega-B)=A-AB$$

其中 $A\supset AB$，再由 A 与 B 的独立性知

$$\begin{aligned}
P(A\bar{B})&=P(A)-P(AB)\\
&=P(A)-P(A)P(B)\\
&=P(A)[1-P(B)]\\
&=P(A)P(\bar{B})
\end{aligned}$$

这表明 A 与 $\bar{B}$ 独立，类似可证明 $\bar{A}$ 与 $\bar{B}$ 独立，$\bar{A}$ 与 B 独立。

例 1.4.2 一台戏有两位主要演员甲与乙，考察如下两个事件

$$A=\text{“演员甲准时到达排练场”}$$
$$B=\text{“演员乙准时到达排练场”}$$

并设 A 与 B 独立(直观上看，这是一个很合理的假设，一位演员的行为举止不会被另一位演员的行为举止所影响)，假如 $P(A)=0.95,P(B)=0.70$，那么

$$\begin{aligned}
P(AB)&=P(\text{两位演员都准时到场})\\
&=P(A)P(B)=0.95\times0.70=0.665\\
P(\bar{A}\bar{B})&=P(\text{两位演员都未准时到场})\\
&=P(\bar{A})P(\bar{B})=(1-0.95)(1-0.70)=0.015\\
P(A\bar{B}\bigcup\bar{A}B)&=P(\text{两演员中仅有一位准时到场})\\
&=P(A\bar{B})+P(\bar{A}B)\\
&=P(A)P(\bar{B})+P(\bar{A})P(B)\\
&=0.95\times0.3+0.05\times0.7=0.32
\end{aligned}$$

在实际问题中，判定两事件独立可从定义 1.4.1 出发，但更多的是根据经验事实去判定。譬如，甲乙两门高炮同时打飞机，"甲高炮命中"与"乙高炮命中"是两个相互独立事件，因为经验事实告诉我们，甲高炮是否命中与乙高炮是否命中是互不影响的。

顺便指出，"两事件独立"与"两事件不相容"是两个不同的概念，前者用概率等式 $P(AB)=P(A)P(B)$ 判断，后者用事件等式 $AB=\phi$ 判断。前者是为简化概率的乘法运算而设立的，后者是为简化概率的加法运算而设立的。这两个概念并无什么联系，两个独立事件可以相容，也可以不相容。可是实际中遇到的两个独立事件常常是相容，如上述两门高炮打飞机，"甲高炮命中"与"乙高炮命中"是独立事件，但又是相容事件。因为它们可以同时发生。

1.4.2 多个事件的独立性

首先研究三个事件的相互独立性。设 A、B、C 是三个事件，我们说它们相互独立，首先要求它们两两独立，即

$$P(AB) = P(A)P(B)$$
$$P(AC) = P(A)P(C)$$
$$P(BC) = P(B)P(C)$$

但这还不够，因为从这三个概率等式推不出 AB 与 C 独立、$A \cup B$ 与 C 独立。假如再添加一个概率等式

$$P(ABC) = P(A)P(B)P(C)$$

就能保证 AB 与 C 独立、$A \cup B$ 与 C 独立。而且还能保证用 A 和 B 运算所表示的事件均与 C 独立。所以刻画 A、B、C 三个事件相互独立要用上述四个概率等式。由此可以看出，对于三个以上事件的相互独立需要用更多个概率等式去认定。

定义 1.4.2 设有 n 个事件 $A_1, A_2, \cdots, A_n$，假如对所有可能的 $1 \leqslant i < j < k < \cdots \leqslant n$，以下等式均成立：

$$P(A_i A_j) = P(A_i)P(A_j)$$
$$P(A_i A_j A_k) = P(A_i)P(A_j)P(A_k)$$
$$\vdots$$
$$P(A_1 A_2 \cdots A_n) = P(A_1)P(A_2) \cdots P(A_n)$$

则称此 n 个事件 $A_1, A_2, \cdots, A_n$ 相互独立。

从上述定义可以看出 n 个相互独立事件中任一部分（一个或几个）与另一部分（一个或几个）都是独立的。并且还可证明：将相互独立事件中任一部分换为对立事件，所得的诸事件仍为相互独立事件。

在实际问题中，要判定诸事件相互独立时很少从定义 1.4.2 出发，通常只要根据经验事实来判定即可。譬如多台机床生产零件，彼此各不相干，则各自是否生产出废品（或生产出多少废品）这类事件是相互独立的。独立性概念在概率论及其应用中都起重要作用，本书中大部分结果都是在独立性假设下得到的。利用独立性概念和事件的运算可以计算一些较复杂事件的概率。

例 1.4.3 某航空公司上午 10 时左右从北京飞往上海、广州、沈阳各有一个航班，记 A、B、C 为如下三个事件：

$$A = \text{“飞往上海的航班满座”}$$
$$B = \text{“飞往广州的航班满座”}$$
$$C = \text{“飞往沈阳的航班满座”}$$

假设这三个事件相互独立，且 $P(A) = 0.9, P(B) = 0.8, P(C) = 0.6$，现求如下几个事件的概率：

（1）三个航班都满座的概率

$$P(ABC) = P(A)P(B)P(C) = 0.9 \times 0.8 \times 0.6 = 0.432$$

（2）至少有一个航班是满座的概率

$$
\begin{aligned}
P(A \cup B \cup C) &= 1 - P(\overline{A \cup B \cup C}) \\
&= 1 - P(\overline{A}\,\overline{B}\,\overline{C}) \\
&= 1 - (1-0.9)(1-0.8)(1-0.6) \\
&= 1 - 0.008 = 0.992
\end{aligned}
$$

（3）仅有一个航班是满座的概率

$$
\begin{aligned}
P(A\overline{B}\,\overline{C} \cup \overline{A}B\overline{C} \cup \overline{A}\,\overline{B}C) &= P(A\overline{B}\,\overline{C}) + P(\overline{A}B\overline{C}) + P(\overline{A}\,\overline{B}C) \\
&= 0.9 \times 0.2 \times 0.4 + 0.1 \times 0.8 \times 0.4 + 0.1 \times 0.2 \times 0.6 \\
&= 0.072 + 0.032 + 0.012 = 0.116
\end{aligned}
$$

例 1.4.4 一架飞机有两个发动机，向该机射击时，仅当击中驾驶舱或同时击中两个发动机时，飞机才被击落。若记"击中驾驶舱"的事件为 A，击中第一和第二个发动机的事件分别记为 B_1 和 B_2，则"飞机被击落"这个事件 E 可表示为

$$E = A \cup B_1 B_2$$

设 A、B_1、B_2 三事件相互独立，且它们的概率依次记为 p_0、p_1、p_2，利用概率的加法公式，可得

$$P(E) = P(A) + P(B_1 B_2) - P(AB_1 B_2)$$

再利用独立性，立即可得

$$P(E) = p_0 + p_1 p_2 - p_0 p_1 p_2$$

例 1.4.5 用晶体管装配某仪表要用 128 个元器件，改用集成电路元件后，只要用 12 个就够了，如果每个元器件能用 2000 小时以上的概率是 0.996，假如只有当每一个元器件都完好时，仪表才能正常工作，试分别求出上面两种场合下仪表能正常工作 2000 小时的概率。

解：设事件 A 为"仪表正常工作 2000 小时"，事件 A_i 为"第 i 个元器件能工作到 2000 小时"。

（1）使用晶体管装配仪表时，应有 $A = A_1 A_2 \cdots A_{128}$，考虑到诸元器件工作状态的独立性，有

$$P(A) = P(A_1) \cdots P(A_{128}) = (0.996)^{128} = 0.599$$

（2）使用集成电路装配仪表时，应有 $A = A_1 A_2 \cdots A_{12}$，考虑到独立性，有

$$P(A) = P(A_1) \cdots P(A_{12}) = (0.996)^{12} = 0.953$$

比较上面两个结果可以看出，改进设计，减少元器件数能提高仪表正常工作的概率。

例 1.4.6 某彩票每周开奖一次，每次提供百万分之一的赢得大奖的机会，若你每周买一张彩票，尽管你坚持十年（每年 52 周）之久，你从未赢过的机会是多少？

解：按假设，每次赢的机会是 10^{-6}，于是每次输的机会是 $1 - 10^{-6}$，另外，十年中你共

购买彩票 520 次,每次开奖都是相互独立的,故十年中你从未赢过(每次都输)的机会是

$$P=(1-10^{-6})^{520}=0.99948$$

这个很大的概率表明十年中你没得一次大奖是很正常的事。

1.4.3　试验的独立性

利用事件的独立性可以定义两个或更多个试验的独立性。设有两个试验 E_1 和 E_2,假如试验 E_1 的任一个结果(事件)与试验 E_2 的任一个结果(事件)都是相互独立事件,则**称这两个试验相互独立**。譬如掷一枚硬币(试验 E_1)和掷一颗骰子(试验 E_2)是相互独立的,因为硬币出现正面与反面与骰子出现 1 至 6 点中任一点都是相互独立的事件。类似可以定义 n 个试验 $E_1,E_2,\cdots,E_n$ 的相互独立性,假如 E_1 的任一结果、E_2 的任一结果、$\cdots$、E_n 的任一结果都是相互独立的事件,则称**试验 $E_1,E_2,\cdots,E_n$ 相互独立**,如果这 n 个试验还是相同的,则称其为 n **重独立重复试验**。譬如掷 n 枚硬币、掷 n 颗骰子、检查 n 个产品等都是 n 重独立重复试验。

1.4.4　n 重贝努里试验

n 重贝努里试验是一类常见的随机模型,下面我们从贝努里试验开始分几点叙述这个模型。

(1)**贝努里试验**　只有两个结果(成功与失败,或记为 A 与 $\overline{A}$)的试验称贝努里试验。譬如,抛一枚硬币(正面与反面)、检查一个产品(合格与不合格)、一次射击打靶(命中与不命中)、诞生一个婴儿(男与女)、检查一个男人的眼睛(色盲与不色盲)等都可看作一次贝努里试验,再也没有比贝努里试验更简单的随机试验了,最简单的常常是用得最频繁的。

(2)在一次贝努里试验中,设成功的概率为 p,即

$$P(A)=p, \quad P(\overline{A})=1-p$$

其中 $0<p<1$。不同的 p 可用来描述不同的贝努里试验,譬如在检查一个产品时,有

$$P(合格品)=0.9, \quad P(不合格品)=0.1$$

假如我们的兴趣在研究不合格品上,那可假设 $p=0.1$,而把不合格品的出现看作"成功",当然,也可假设 $p=0.9$,这时我们的注意力将转到合格品的出现上,把合格品的出现看作"成功",这两种设定都是可以的,但一定要明确,"成功"的含义是什么?

(3)n **重贝努里试验**　由 n 个(次)相同的、独立的贝努里试验组成的随机试验称为 n 重贝努里试验。譬如,抛 3 枚硬币(或一硬币抛 3 次)、检查 7 个产品、打 10 次靶、诞生 100 个婴儿等都是多重贝努里试验。

n 重贝努里试验的基本结果可用长为 n 的 A 与 $\overline{A}$ 的序列表示,譬如在 5 重贝努里试验中的几个基本结果:

$AA\overline{A}\,\overline{A}\,\overline{A}$　表示前二次成功,后三次失败。

$A\overline{A}\,\overline{A}\,\overline{A}A$　表示第一和第五次成功,其余三次失败。

$\overline{A}\,\overline{A}\,\overline{A}\,\overline{A}\,\overline{A}$　表示五次都失败。

根据独立性可以算得上述几个基本结果发生的概率：

$$P(AA\overline{A}\overline{A}\overline{A})=P(A\overline{A}\overline{A}\overline{A}A)=p^2(1-p)^3$$
$$P(\overline{A}\overline{A}\overline{A}\overline{A}\overline{A})=(1-p)^5$$

在 n 重贝努里试验中，人们最关心的是成功次数（或 A 的个数）。因为成功次数是基本结果中所含的最重要信息，而 A 与 $\overline{A}$ 的排列次序在实际中往往是不感兴趣的信息。若记

$$B_{n,k}=\text{"}n\text{ 重贝努里试验中 }A\text{ 出现 }k\text{ 次"}$$

譬如，$B_{n,0}$ 表示事件"n 重贝努里试验中 A 出现 0 次"，言下之意，$\overline{A}$ 出现 n 次，即 $B_{n,0}=\{\overline{A}\overline{A}\cdots\overline{A}\}$，它的概率为

$$P(B_{n,0})=(1-p)^n$$

又如，$B_{n,1}$ 表示事件"n 重贝努里试验中 A 出现 1 次"，即

$$B_{n,1}=\{A\overline{A}\cdots\overline{A},\overline{A}A\overline{A}\cdots\overline{A},\cdots,\overline{A}\overline{A}\cdots\overline{A}A\}$$

其中共有 n 个基本结果，每个基本结果的概率为 $p(1-p)^{n-1}$，故

$$P(B_{n,1})=np(1-p)^{n-1}$$

一般地，事件 $B_{n,k}$ 中的基本结果是由 k 个 A 和 $n-k$ 个 $\overline{A}$ 组成的序列，由于它们位置上的差别，此种基本结果共有 $\binom{n}{k}$ 个，每个发生的概率皆为 $p^k(1-p)^{n-k}$，所以

$$P(B_{n,k})=\binom{n}{k}p^k(1-p)^{n-k} \tag{1.4.1}$$

其中 k 可取 $0,1,\cdots,n$，这就是"n 重贝努里试验中成功 k 次"的概率的一般计算公式，在实际中很常用。

例 1.4.7 一位射手打靶，命中率为 0.9，6 次打靶就是 6 重贝努里试验，记 $B_{6,k}=\text{"}6$ 次打靶中命中 k 次"，显然，k 可以为 $0,1,2,3,4,5,6$ 等 7 个值，由(1.4.1)式可算得

$$P(B_{6,0})=P(6\text{ 次打靶，都没命中})=0.1^6=0.0000$$

$$P(B_{6,1})=P(6\text{ 次打靶，仅命中 }1\text{ 次})=6\times0.9\times0.1^5=0.0001$$

$$P(B_{6,2})=P(6\text{ 次打靶，命中 }2\text{ 次})=\binom{6}{2}\times0.9^2\times0.1^4=0.0012$$

$$P(B_{6,3})=\binom{6}{3}0.9^3\times0.1^3=0.0146$$

$$P(B_{6,4})=\binom{6}{4}\times0.9^4\times0.1^2=0.0984$$

$$P(B_{6,5})=\binom{6}{5}\times0.9^5\times0.1=0.3543$$

$$P(B_{6,6})=\binom{6}{6}\times0.9^6=0.5314$$

由上述 7 个概率可计算很多事件的概率,譬如

$$P(6 \text{ 次打靶,至少命中 } 4 \text{ 次}) = P(B_{6,4}) + P(B_{6,5}) + P(B_{6,6})$$
$$= 0.0984 + 0.3543 + 0.5314 = 0.9841$$
$$P(6 \text{ 次打靶,最多命中 } 2 \text{ 次}) = P(B_{6,0}) + P(B_{6,1}) + P(B_{6,2})$$
$$= 0.0000 + 0.0001 + 0.0012 = 0.0013$$

可见该射手在 6 次打靶中至少命中 4 次的把握很大。假如换一位射手,他命中概率为 0.6,在 6 次打靶中他至少命中 4 次的把握就没有这么高,而为

$$P(B_{6,4} \bigcup B_{6,5} \bigcup B_{6,6}) = \binom{6}{4} \times 0.6^4 \times 0.4^2 + \binom{6}{5} \times 0.6^5 \times 0.4 + \binom{6}{6} \times 0.6^6$$
$$= 0.3110 + 0.1866 + 0.0467 = 0.5443$$

习题 1.4

1. 某建筑公司投标两个不同的项目,记 $A_1 =$ "投标第一个项目获得成功",$A_2 =$ "投标第二个项目获得成功",现设 $P(A_1) = 0.4, P(A_2) = 0.5$,且 A_1 与 A_2 是独立事件。
   (1)该公司投标的两个项目都获得成功的概率是多少?
   (2)该公司投标的两个项目没有一个获得成功的概率是多少?
   (3)该公司投标的两个项目中至少有一项获得成功的概率是多少?

2. 据 1891 年英格兰和威尔士居民的资料研究父亲与儿子的眼睛是黑色的之间的联系,记事件 A 为父亲眼睛是黑色,事件 B 为儿子眼睛是黑色,请验证它们之间是否独立。
   已有的资料如下:
   黑眼睛的父亲和黑眼睛的儿子(AB)共占 5%,
   黑眼睛的父亲和非黑眼睛的儿子($A\bar{B}$)共占 7.9%,
   非黑眼睛的父亲和黑眼睛的儿子($\bar{A}B$)共占 8.9%,
   非黑眼睛的父亲和非黑眼睛的儿子($\bar{A}\bar{B}$)共占 78.2%。

3. 常言道"三个臭皮匠,顶个诸葛亮",如今有三位"臭皮匠"受某公司之请各自独立地去解决某问题,公司负责人据过去的业绩,估计他们能解决此问题的概率分别是 0.45, 0.55, 0.60。据此,该问题能被解决的概率是多少?

4. 某商店出售两种牌子(B_1 与 B_2)的洗碗碟用的洗洁精,每种牌子都有三种不同规格:小(S)、中(M)、大(L),两种牌子和三种规格的洗洁精的销售比例列在如下的列联表边上。假设任一种牌子与任一规格都是相互独立的,请把任一牌子与规格下的六种洗洁精的销售比例填写在空白处。

5. 设有若干架高射炮,每架击中飞机的概率均是 0.6。现用两架高射炮同时打一架敌机,其命中敌机的概率是多少? 欲以 99% 的概率把敌机打下,问需要多少架高射炮?

6. 某产品是经过三道工序加工而成。第一、第二、第三道工序的不合格品率分别是 0.2,0.15,0.1。若各道工序互不影响,试求该产品的不合格品率。

7. 工人看管 A、B、C 三台机床。在一小时内每台机床不需要照看的概率分别为 0.9,0.85,0.8。求下列事件概率:

(1)三台机床都不需要工人照看;

(2)至少有一台机床需要工人照看;

(3)三台机床都需工人照看。

8. 一辆重型货车去边远山区送货。修理工告诉司机,由于汽车上 6 个轮胎都是旧的。前面二个轮胎损坏的概率都是 0.1,后面四个轮胎损坏的概率都是 0.2,你能告诉司机,此车在途中因轮胎损坏而发生故障的概率是多少吗?

9. 某特效药的临床有效率为 95%,今有 4 人服用,记 B_k = "4 人中有 k 人被治愈",写出概率 $P(B_k)$ 的计算公式,并计算 4 人中至少有 3 人被治愈的概率是多少?

10. 有 10 道判别对错的测验题,一人随意猜答,他答对不少于 6 道题的概率是多少?

11. 有 10 道选择型测验题,要求从每题的 5 种答案中选出一种正确的答案,如果一人随意猜答,他答对不少于 6 道题的概率是多少?

12. 有一赌徒,他赢一元钱的机会是 0.3,输二角五分的机会为 0.7,他连赌 20 次,问他至少赢 3 元钱的概率是多少?

13. 某城市有 1% 色盲者,问从这个城市里选出多少人,才能使得里面至少有一位色盲者的概率不小于 0.95。

§ 1.5 条件概率

条件概率是概率论中的一个基本概念,也是概率论中的一个重要工具,它既可以帮助我们认识更复杂的随机事件,也可帮助我们计算一些复杂事件的概率。

1.5.1 条件概率

条件概率要涉及两个事件 A 与 B,在事件 B 已发生的条件下,事件 A 再发生的概率称为条件概率,记为 $P(A|B)$,它与前面讲的事件 A 的(无条件)概率 $P(A)$ 是两个不同的概念,为了说清楚条件概率概念,我们先来考察一个例子。

例 1.5.1 某温泉开发商通过网状管道向 25 个温泉浴场供应矿泉水,每个浴场要安装一个阀门,这 25 个阀门购自两家生产厂,其中部分还是有缺陷的,具体见如下二维列联表:

	$\bar{B}$:无缺陷	B:有缺陷	
A:生产厂 1	10	5	15
$\bar{A}$:生产厂 2	8	2	10
	18	7	25

为做试验,随机地从 25 个阀门选出一个,考察如下两个事件:

$$A = \text{“选出的阀门来自生产厂 1”}$$
$$B = \text{“选出的阀门是有缺陷的”}.$$

利用二维列联表提供的信息,容易算得事件 A、B 及 AB 的概率:

$$P(A) = \frac{15}{25}, \quad P(B) = \frac{7}{25}, \quad P(AB) = \frac{5}{25}$$

其中 AB 表示事件“选出的阀门是来自生产厂 1,并有缺陷”。

现我们转而考察如下问题:当已知事件 B 发生的条件下,事件 A 再发生的概率是多少? 事件 B 的发生给人们带来新的信息:B 的对立事件 $\bar{B} = $“选出的阀门是无缺陷的”是不能发生了,因此 $\bar{B}$ 中的 18 个基本结果立即从考察中剔去,所有可能发生的基本结果仅限于 B 中的 7 个基本结果(见图 1.5.1),这意味着,事件 B 的发生改变了样本空间,从原样本空间 Ω(含有 25 个基本结果)缩减为新的样本空间 $\Omega_B = B$(含有 7 个基本结果),这时事件 A 所含的基本结果在 Ω_B 中所占的比率为 5/7,这就是在事件 B 已发生下,事件 A 的条件概率,即 $P(A \mid B) = 5/7$。

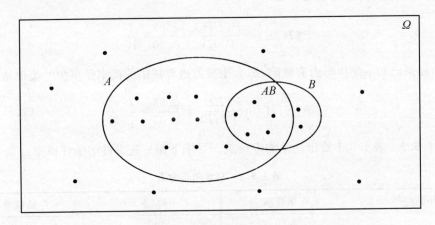

图 1.5.1 例 1.5.1 的维恩图(每个点表示一个阀门)

我们继续考察这个例子,条件概率 $P(A \mid B) = 5/7$ 中的分母是事件 B 中的基本结果数,记为 $N(B) = 7$。分子是交事件 AB 中的基本结果数,记为 $N(AB) = 5$,若分子与分母都同时除以原样本空间 Ω 中的基本结果数 $N(\Omega) = 25$,则有如下关系式:

$$P(A \mid B) = \frac{N(AB)}{N(B)} = \frac{N(AB)/N(\Omega)}{N(B)/N(\Omega)} = \frac{P(AB)}{P(B)} \tag{1.5.1}$$

这表明:条件概率可用两个特定的无条件概率之商表示。(1.5.1)式不仅在等可能场合成立,在一般场合也是合理的,以至于把(1.5.1)式公认为条件概率的定义,但要保证(1.5.1)式中的分母不为零,这样我们就得到条件概率的一般定义。

定义 1.5.1 设 A 与 B 是样本空间 Ω 中的两个事件,且 $P(B) > 0$,在事件 B 已发生的条件下,事件 A 的条件概率 $P(A \mid B)$ 定义为 $P(AB)/P(B)$,即

$$P(A \mid B) = \frac{P(AB)}{P(B)}$$

其中 $P(A \mid B)$ 也称为**给定事件 B 下事件 A 的条件概率**。

例 1.5.2 某市的一项调查表明：该市有 30% 的学生视力有缺陷，7% 的学生听力有缺陷，3% 的学生视力与听力都有缺陷，记

$$E = \text{"学生视力有缺陷"}, \quad P(E) = 0.30$$
$$H = \text{"学生听力有缺陷"}, \quad P(H) = 0.07$$
$$EH = \text{"学生视力与听力都有缺陷"}, \quad P(EH) = 0.03$$

现在来研究下面三个问题：

（1）事件 E 与 H 是否独立？由于

$$P(E)P(H) = 0.30 \times 0.07 = 0.021 \neq P(EH)$$

所以事件 E 与 H 不独立，即该市学生中视力缺陷与听力缺陷有关联。

（2）如果已知一学生视力有缺陷，那么他听力也有缺陷的概率是多少？这要求计算条件概率 $P(H \mid E)$，由定义 1.5.1 知

$$P(H \mid E) = \frac{P(EH)}{P(E)} = \frac{0.03}{0.30} = \frac{1}{10}$$

（3）如果已知一学生听力有缺陷，那么他视力也有缺陷的概率是多少？类似地可算得

$$P(E \mid H) = \frac{P(EH)}{P(H)} = \frac{0.03}{0.07} = \frac{3}{7}$$

例 1.5.3 表 1.5.1 给出乌龟的寿命表。寻求下面一些事件的条件概率：

表 1.5.1 乌龟的寿命表

年龄（岁）	存活概率	年龄（岁）	存活概率
0	1.00	140	0.70
20	0.92	160	0.61
40	0.90	180	0.51
60	0.89	200	0.39
80	0.87	220	0.08
100	0.83	240	0.004
120	0.78	260	0.0003

（1）活到 60 岁的乌龟再活 40 年的概率是多少？

记 A_x 表示"乌龟活到 x 岁"这样的事件，要求的概率是条件概率 $P(A_{100} \mid A_{60})$，按条件概率定义

$$P(A_{100} \mid A_{60}) = \frac{P(A_{60}A_{100})}{P(A_{60})}$$

由于活到 100 岁的乌龟一定活到 60 岁，所以 $A_{100} \subset A_{60}$，于是 $A_{60}A_{100} = A_{100}$，从而

$$P(A_{100} \mid A_{60}) = \frac{P(A_{100})}{P(A_{60})} = \frac{0.83}{0.89} = 0.93$$

即 100 只活到 60 岁的乌龟大约有 93 只能活到 100 岁。

(2)120 岁的乌龟能活到 200 岁的概率是多少？

用前面的记号可得

$$P(A_{200} \mid A_{120}) = \frac{P(A_{120}A_{200})}{P(A_{120})} = \frac{P(A_{200})}{P(A_{120})} = \frac{0.39}{0.78} = 0.50$$

即活到 120 岁的乌龟中大约有一半能活到 200 岁。

(3)20 岁的乌龟能活到 90 岁的概率是多少？

类似可得

$$P(A_{90} \mid A_{20}) = \frac{P(A_{90})}{P(A_{20})} = \frac{0.85}{0.92} = 0.92$$

其中 $P(A_{90}) = 0.85$ 是对乌龟寿命表运用线性内插法获得的。

(4)20 岁的乌龟活到 x 岁的概率是 $1/2$，试问 x 是多少？

$$P(A_x \mid A_{20}) = \frac{P(A_x)}{P(A_{20})} = \frac{1}{2}$$

$$P(A_x) = \frac{1}{2} \times P(A_{20}) = 0.46$$

从表 1.5.1 可以看到答数应在 180 岁到 200 岁之间。利用线性内插法可算得 $x = 188$ 岁。

即 20 岁的乌龟中大约有一半能活到 188 岁。

1.5.2　条件概率的性质

首先指出，条件概率是概率，即由定义 1.5.1 给出的条件概率满足概率的三条公理：

(1)非负性：$P(A \mid B) \geqslant 0$

(2)正则性：$P(\Omega \mid B) = 1$

(3)可列可加性：假如事件列 $\{A_n, n \geqslant 1\}$ 互不相容，且 $P(B) > 0$，则

$$P(\bigcup_{n=1}^{\infty} A_n \mid B) = \sum_{n=1}^{\infty} P(A_n \mid B)$$

其中非负性与正则性是显然的，下面我们来证明可加性，由条件概率定义知

$$P(\bigcup_{n=1}^{\infty} A_n \mid B) = \frac{P((\bigcup_{n=1}^{\infty} A_n)B)}{P(B)} = \frac{P(\bigcup_{n=1}^{\infty} A_n B)}{P(B)}$$

由于 $\{A_n, n \geqslant 1\}$ 互不相容，故 $\{A_n B, n \geqslant 1\}$ 也互不相容，由概率的可列可加性公理可推出条件概率的可加性，即

$$P(\bigcup_{n=1}^{\infty} A_n \mid B) = \frac{\sum_{n=1}^{\infty} P(A_n B)}{P(B)} = \sum_{n=1}^{\infty} P(A_n \mid B)$$

由此可知,条件概率也具有三条公理导出的一切性质。如

$$P(\phi|B)=0$$
$$P(\overline{A}|B)=1-P(A|B)$$
$$P(A_1\bigcup A_2|B)=P(A_1|B)+P(A_2|B)-P(A_1A_2|B)$$

特别,当 $B=\Omega$ 时,条件概率转化为无条件概率,因此把无条件概率看作特殊场合下的条件概率也未尝不可。

除此以外,条件概率还有一些特殊性质,这些性质将可帮助我们计算一些复杂事件的概率。

定理 1.5.1(乘法公式) 对任意两个事件 A 与 B,有

$$P(AB)=P(A|B)P(B)=P(B|A)P(A)$$

其中第一个等式成立要求 $P(B)>0$,第二个等式成立要求 $P(A)>0$。

利用条件概率定义立即可得上式,它表明任意两个事件的交的概率等于一事件的概率乘以在这事件已发生条件下另一事件的条件概率,只要它们的概率都不为零即可。

定理 1.5.2 假如事件 A 与 B 独立,且 $P(B)>0$,则 $P(A|B)=P(A)$,反之亦然。

利用两事件的独立性定义立即可得上式。这个性质表明,若两事件独立,则其条件概率就等于其概率,这里事件 B 的发生对事件 A 是否发生没有任何影响,反之,若有 $P(A|B)=P(A)$,则由乘法公式立即可得出 $P(AB)=P(A)P(B)$,故 A 与 B 独立,故亦可用 $P(A|B)=P(A)$ 来定义事件 A 与 B 的独立性,我们之所以采用 $P(AB)=P(A)P(B)$ 来定义事件 A 与 B 独立,是因为这样的定义可以解除 $P(B)>0$ 的约束。

定理 1.5.3(一般乘法公式) 对任意三个事件 A_1、A_2 和 A_3,有

$$P(A_1A_2A_3)=P(A_1)P(A_2|A_1)P(A_3|A_1A_2)$$

其中 $P(A_1A_2)>0$。

证:由于 $P(A_1A_2)>0$,由乘法公式可得

$$P(A_1A_2A_3)=P(A_1A_2)P(A_3|A_1A_2)$$

由于 $A_1\supset A_1A_2$,故由定理 1.3.4 知 $P(A_1)\geqslant P(A_1A_2)>0$,再一次对 $P(A_1A_2)$ 使用乘法公式即得此定理。

定理 1.5.3 可以推广到四个或更多个事件的交上去。

例 1.5.4 在例 1.5.2 的调查数据下我们曾研究过三个问题,现在我们继续研究另外几个问题。

(4)随意找一个学生,他视力没缺陷但听力有缺陷的概率是多少?这要求计算交事件 $\overline{E}H$ 的概率,由乘法公式知

$$
\begin{aligned}
P(\overline{E}H)&=P(\overline{E}|H)P(H)\\
&=[1-P(E|H)]P(H)\\
&=\left(1-\frac{3}{7}\right)\times0.07=0.04
\end{aligned}
$$

(5)随意找一个学生,他视力有缺陷但听力没有缺陷的概率是多少?类似地可算得

$$P(E\overline{H})=P(\overline{H}|E)P(E)$$
$$=(1-0.1)\times0.3=0.27$$

（6）随意找一个学生，他的视力和听力都无缺陷的概率是多少？这要求计算交事件 $\overline{E}\,\overline{F}$ 的概率，利用对偶原理（见习题1.1.10）知 $\overline{E}\,\overline{H}=\overline{E\cup H}$，故有

$$P(\overline{E}\,\overline{H})=P(\overline{E\cup H})=1-P(E\cup H)$$
$$=1-[P(E)+P(H)-P(EH)]$$
$$=1-(0.30+0.07-0.03)=0.66$$

把上述计算结果整理成如下二维列联表，它可检查计算是否有误。

	H	$\overline{H}$	
E	0.03	0.27	0.30
$\overline{E}$	0.04	0.66	0.70
	0.07	0.93	1.00

例 1.5.5 罐子模型。设罐中有 b 个黑球和 r 个红球，每次随机取出一个球，把原球放回，还加进（与取出的球）同色球 c 个和异色球 d 个，这里 c 与 d 都是已知整数。若 B_i 表示"第 i 次取出是黑球"这样一个事件，R_j 表示"第 j 次取出是红球"这样一个事件，我们来研究下列事件的概率：

$$P(B_1R_2R_3)=P(B_1)P(R_2|B_1)P(R_3|B_1R_2)$$
$$=\frac{b}{b+r}\cdot\frac{r+d}{b+r+c+d}\cdot\frac{r+d+c}{b+r+2c+2d}$$
$$P(R_1B_2R_3)=P(R_1)P(B_2|R_1)P(R_3|R_1B_2)$$
$$=\frac{r}{b+r}\cdot\frac{b+d}{b+r+c+d}\cdot\frac{r+c+d}{b+r+2c+2d}$$
$$P(R_1R_2B_3)=P(R_1)P(R_2|R_1)P(B_3|R_1R_2)$$
$$=\frac{r}{b+r}\cdot\frac{r+c}{b+r+c+d}\cdot\frac{b+2d}{b+r+2c+2d}$$

这三个概率是不同的，这表明黑球出现的次序在影响着概率。

下面我们来研究几种特殊情况：

（1）$c>0,d=0$。这意味着：每次取出球后会增加下一次也取到同色球的概率，这是一个传染病模型。每次发现一个传染病患者，以后都会增加再传染的概率。在这种情况下，上述三个概率分别为

$$P(B_1R_2R_3)=\frac{b}{b+r}\cdot\frac{r}{b+r+c}\cdot\frac{r+c}{b+r+2c}$$
$$P(R_1B_2R_3)=\frac{r}{b+r}\cdot\frac{b}{b+r+c}\cdot\frac{r+c}{b+r+2c}$$
$$P(R_1R_2B_3)=\frac{r}{b+r}\cdot\frac{r+c}{b+r+c}\cdot\frac{b}{b+r+2c}$$

这三个概率相同,这表明,在 $d=0$ 场合,上述概率只与黑球红球出现的次数有关,而与出现的顺序无关。这一现象在取更多个球时也是这样。

(2)$c=0,d>0$。这是一个安全模型。每当发生了事故(如红球被取出),安全工作就抓紧一些,下次再发生事故的概率就会减少;而当没有事故发生时,安全工作就会放松一些,于是发生事故的概率就增大。在这种场合下,上述三个概率分别为

$$P(B_1R_2R_3)=\frac{b}{b+r}\cdot\frac{r+d}{b+r+d}\cdot\frac{r+d}{b+r+2d}$$

$$P(R_1B_2R_3)=\frac{r}{b+r}\cdot\frac{b+d}{b+r+d}\cdot\frac{r+d}{b+r+2d}$$

$$P(R_1R_2B_3)=\frac{r}{b+r}\cdot\frac{r}{b+r+d}\cdot\frac{b+2d}{b+r+2d}$$

这三个概率不相同。这表明:在 $c=0$ 场合,上述概率不仅与黑球与红球出现的次数有关,还与出现的顺序有关。

(3)$c=0,d=0$。这是放回抽样,前次抽取结果不会影响后次抽取结果,故上述三个概率相等,并都等于 $br^2/(b+r)^3$。

(4)$c=-1,d=0$。这是不放回抽样,每次抽出的球不再放回罐中,这时前次抽取结果会影响后次抽取结果,但只要抽取的黑球与红球的个数相同,其概率是不依赖其抽出球的顺序,它们的概率相同,并且都为 $br(r-1)/(b+r)(b+r-1)(b+r-2)$。

1.5.3 全概率公式

全概率公式是概率论中的一个基本公式。它使一个复杂事件的概率计算问题化繁就简,得以解决。下面来叙述获得全概率公式的简单形式和一般形式。

定理 1.5.4(全概率公式的简单形式) 设 A 与 B 是任意二个事件,假如 $0<P(B)<1$,则

$$P(A)=P(A|B)P(B)+P(A|\bar{B})P(\bar{B})$$

证:由 $B\cup\bar{B}=\Omega$ 和事件运算性质知

$$A=A\Omega=A(B\cup\bar{B})=AB\cup A\bar{B}$$

显然 AB 与 $A\bar{B}$ 是互不相容事件,由加法公式和乘法公式知

$$P(A)=P(AB)+P(A\bar{B})$$
$$=P(A|B)P(B)+P(A|\bar{B})P(\bar{B})$$

由于 $P(B)\neq0,1$,所以 $P(\bar{B})>0$,从而上述两个条件概率 $P(A|B)$ 与 $P(A|\bar{B})$ 都是有意义的。

例 1.5.6 设在 n 张彩票中有一张奖券。求第二人摸到奖券的概率是多少?

解:设 A_i 表示"第 i 人摸到奖券"这样一个事件。如今要求 $P(A_2)$,直接计算 $P(A_2)$ 相当困难,但大家知道,A_2 的发生与 A_1 是否发生关系很大,若 A_1 已发生,则 A_2 再发生的条件概率 $P(A_2|A_1)=0$。若 A_1 不发生(即 $\bar{A}_1$ 发生),则 A_2 再发生的条件概

率 $P(A_2 \mid \overline{A_1}) = \dfrac{1}{n-1}$。而 A_1 与 $\overline{A_1}$ 是样本空间中两个概率大于 0 的事件，且 $P(A_1) = \dfrac{1}{n}$，$P(\overline{A_1}) = \dfrac{n-1}{n}$。于是由全概率公式知：

$$P(A_2) = P(A_1)P(A_2 \mid A_1) + P(\overline{A_1})P(A_2 \mid \overline{A_1})$$

$$= \frac{1}{n} \cdot 0 + \frac{n-1}{n} \cdot \frac{1}{n-1} = \frac{1}{n}$$

用类似方法亦可算得第三人、第四人、…，摸到奖券的概率仍为 $\dfrac{1}{n}$。这说明，摸彩不论先后，中奖的机会是均等的。类似的，在体育比赛中抽签不论先后，机会也是均等的。

例 1.5.7（敏感性问题的调查） 学生阅读黄色书刊和看黄色影像会严重影响学生身心健康发展，但这些都是避着教师与家长进行的，属个人隐私行为，要调查观看黄色书刊或影像的学生在全体学生中所占比率 p 是一件难事，这里的关键是要设计一个调查方案，使被调查者愿意作出真实回答又能保守个人秘密，经过多年研究与实践，一些心理学家和统计学家设计了一种调查方案，这个方案的核心是如下两个问题：

问题 A：你的生日是否在 7 月 1 日之前？

问题 B：你是否看过黄色书刊或影像？

被调查者只需回答其中一个问题，至于回答哪一个问题由被调查者事先从一个罐中随机抽一只球，看过颜色后再放回，若抽出白球则回答问题 A；若抽出红球则回答问题 B，罐中只有白球与红球，且红球的比率 π 是已知的，即

$$P(红球) = \pi, \qquad P(白球) = 1 - \pi。$$

被调查者无论回答问题 A 或问题 B，只需在下面答卷上认可的方框内打钩，然后把答卷放入一只密封的投票箱内。

上述抽球与答卷都在一间无人的房间内进行，任何外人都不知道被调查者抽到什么颜色的球和在什么地方打钩，如果向被调查者讲清这个方案的做法，并严格执行，那么就容易使被调查者确信他（她）参加这次调查不会泄露个人秘密，从而愿意参加调查。

当有较多的人（譬如 1000 人以上）参加调查后，就可打开投票箱进行统计。设有 n 张答卷，其中 k 张答"是"，于是回答"是"的比率是 φ，可用频率 $\hat{\varphi} = k/n$ 去估计，记为

$$P(是) = k/n$$

这里答"是"有两种情况：一种是摸到白球后对问题 A 答"是"，这是一个条件概率，它是"生日在 7 月 1 日前"的概率，一般认为是 0.5，即

$$P(是 \mid 白球) = 0.5$$

另一种是摸到红球后对问题 B 答"是"，这也是一个条件概率，它不是别的，就是看黄色

书刊或影像的学生在全体学生中的比率 p，即

$$P(是｜红球)=p$$

最后利用全概率公式把上述各项概率(或其估计值)联系起来

$$P(是)=P(是｜白球)P(白球)+P(是｜红球)P(红球)$$
$$\hat{\varphi}=0.5(1-\pi)+p\cdot\pi$$

由此可获得感兴趣的比率 p

$$p=[\hat{\varphi}-0.5(1-\pi)]/\pi$$

假如在这项调查中罐中有 50 个球，其中红球 30 个，即 $\pi=0.6$，另外学校在五天内安排 31 个班的学生共 1583 名参加调查，最后开箱统计，全部有效，其中回答"是"的有 389 张，据此可算得

$$p=\left[\frac{389}{1583}-\frac{1}{2}\times0.4\right]\Big/0.6=0.0762$$

这表明全校约有 7.62% 的学生看过黄色书刊或黄色影像。

像这类敏感性问题的调查是社会调查中的一类，如一群人中参加赌博的比率、吸毒人的比率、个体经营者的偷税漏税户的比率、学生中考试的作弊率等都可参照此方法组织调查，获得感兴趣的比率。

现在我们转入讨论全概率公式的一般形式，为此需要一个"分割"的概念。

定义 1.5.2 把样本空间 Ω 分为 n 个事件 $B_1,B_2,\cdots,B_n$(见图 1.5.2)，假如

(1) $P(B_i)>0,i=1,2,\cdots,n$

(2) $B_1,B_2,\cdots,B_n$ 互不相容

(3) $\bigcup\limits_{i=1}^{n}B_i=\Omega$

则称事件组 **$B_1,B_2,\cdots,B_n$** 为样本空间 **Ω** 的一个分割。

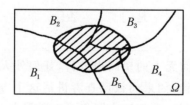

图 1.5.2 Ω 的一个分割

其中阴影部分为事件 A。

假如事件 B 的概率 $P(B)$ 满足 $0<P(B)<1$，则 B 与 $\bar{B}$ 就是相应样本空间 Ω 的一个最简单的分割。

定理 1.5.5(全概率公式) 设 $B_1,B_2,\cdots,B_n$ 是样本空间 Ω 的一个分割，则对 Ω 中任一事件 A，有

$$P(A)=\sum_{i=1}^{n}P(A｜B_i)P(B_i)$$

证:由事件运算知(见图 1.5.2)

$$A = A\Omega = A(\bigcup_{i=1}^{n} B_i) = \bigcup_{i=1}^{n} AB_i$$

由 $B_1, B_2, \cdots, B_n$ 互不相容可导出 $AB_1, AB_2, \cdots, AB_n$ 亦互不相容,再由可加性和乘法公式可得

$$P(A) = \sum_{i=1}^{n} P(AB_i) = \sum_{i=1}^{n} P(A \mid B_i) P(B_i)$$

这个性质的运用关键在于寻找一个合适的分割,使概率 $P(B_i)$ 和条件概率 $P(A \mid B_i)$ 容易求得。

例 1.5.8　一批产品来自三个工厂,要求这批产品的合格率。为此对这三个工厂的产品进行调查,发现甲厂产品合格率为 95%,乙厂产品合格率为 80%,丙厂产品合格率为 65%。这批产品中有 60% 来自甲厂,30% 来自乙厂,余下 10% 来自丙厂。

若记事件 A="产品合格",B_1="产品来自甲厂",B_2="产品来自乙厂",B_3="产品来自丙厂"。由上述调查可知

$$P(A \mid B_1) = 0.95, \quad P(A \mid B_2) = 0.80, \quad P(A \mid B_3) = 0.65$$
$$P(B_1) = 0.60, \quad P(B_2) = 0.30, \quad P(B_3) = 0.10$$

最后由全概率公式知

$$P(A) = P(A \mid B_1)P(B_1) + P(A \mid B_2)P(B_2) + P(A \mid B_3)P(B_3)$$
$$= 0.95 \times 0.60 + 0.80 \times 0.30 + 0.65 \times 0.10$$
$$= 0.875$$

这批产品的合格率为 0.875。

1.5.4　贝叶斯公式

在全概率公式的基础上立即可推得一个很著名的贝叶斯公式。

定理 1.5.6(贝叶斯公式)　设事件 $B_1, B_2, \cdots, B_n$ 是样本空间 Ω 的一个分割,且它们各自概率 $P(B_1), P(B_2), \cdots, P(B_n)$ 皆已知且为正,又设 A 是 Ω 中的一个事件,$P(A) > 0$,且在 B_i 给定下事件 A 的条件概率 $P(A \mid B_1), P(A \mid B_2), \cdots, P(A \mid B_n)$ 可通过试验等手段获得,则在 A 给定下,事件 B_k 的条件概率为

$$P(B_k \mid A) = \frac{P(A \mid B_k)P(B_k)}{\sum_{i=1}^{n} P(A \mid B_i)P(B_i)}, \quad k = 1, 2, \cdots, n$$

证:因 $P(B_i) > 0$ 和 $P(A) > 0$,由乘法公式知

$$P(B_k \mid A)P(A) = P(A \mid B_k)P(B_k)$$

其中 $P(A)$ 用全概率公式代入即得上述贝叶斯公式。

仔细分析,在贝叶斯公式里涉及三组概率,已知两组概率 $\{P(B_i)\}$ 和 $\{P(A \mid B_i)\}$,可求出第三组概率 $\{P(B_i \mid A)\}$。下面结合例子来说明这三组概率的含义和贝叶斯公式的

作用。

  例 1.5.9 为了提高某产品的质量,公司经理考虑增加投资来改进生产设备,预计需投资 90 万元。但从投资效果看,下属部门有两种意见:

$$B_1:改进生产设备后,高质量产品可占 90\%$$
$$B_2:改进生产设备后,高质量产品可占 70\%$$

  经理当然希望 B_1 发生,公司的效益可得到很大提高。但是根据下属两个部门过去建议被采纳的情况,经理认为 B_1 的可信程度只有 40%,B_2 的可信程度是 60%。即

$$P(B_1)=0.4,\quad P(B_2)=0.6$$

这两个都是经理的主观概率。经理不想仅用过去的经验来决策此事,想慎重一些,通过小规模试验后,观其结果再定。为此做了一项试验,试验结果(记为 A)如下:

  A:试制了五个产品,全是高质量产品。

  经理对此试验结果很高兴,希望用此试验结果来修改他原先对 B_1 和 B_2 的看法,即要求条件概率 $P(B_1|A)$ 和 $P(B_2|A)$。这项工作可用贝叶斯公式来完成。为此需要两组概率 $\{P(B_i)\}$ 和 $\{P(A|B_i)\}$,其中第一组概率就是经理本人的主观概率;第二组概率可以通过计算获得。譬如,$P(A|B_1)$ 是表示每个产品是高质量的概率为 $0.9(B_1)$ 的条件下,连续五个产品都是高质量(A)的条件概率。试验 A 可看作五重独立重复试验,每次试验成功的概率为 0.9。故 5 次都成功的概率为 $P(A|B_1)=0.9^5=0.590$。类似可算得 $P(A|B_2)=0.7^5=0.168$。再利用全概率公式算得 $P(A)=P(B_1)P(A|B_1)+P(B_2)\cdot P(A|B_2)=0.4\times0.590+0.6\times0.168=0.337$。最后用贝叶斯公式可算得

$$P(B_1|A)=\frac{P(A|B_1)P(B_1)}{P(A)}=\frac{0.236}{0.337}=0.700$$

$$P(B_2|A)=\frac{P(A|B_2)P(B_2)}{P(A)}=\frac{0.101}{0.337}=0.300$$

这表明,经理根据试验 A 的信息调整了自己看法,把对 B_1 与 B_2 的可信程度由 0.4 和 0.6 调整到 0.7 和 0.3,经理往后的决策就不用 0.4 和 0.6,而要用 0.7 和 0.3。因为 0.4 与 0.6 仅是经理个人的主观概率,而 0.7 和 0.3 是综合了经理的主观概率和试验结果而获得的,要比主观概率更有吸引力。这就是贝叶斯公式的作用。

  经过试验 A 后,经理对增加投资改进产品质量的兴趣增大。但因投资额大,还想再做一次小规模试验,观其结果再作决策。为此又做了一项试验,试验结果(记作 C)如下:

  C:试制 10 个产品,有 9 个是高质量产品。

  经理对此试验结果更为高兴。希望用此试验结果再一次修改对 B_1 和 B_2 的看法。把 0.7 和 0.3 作为经理的看法。即

$$P(B_1)=0.7,\qquad P(B_2)=0.3$$

再把试验 C 看作十重独立重复试验。可算得

$$P(C|B_1)=10(0.9)^9(0.1)=0.387$$
$$P(C|B_2)=10(0.7)^9(0.3)=0.121$$

由此可算得 $P(C)=P(B_1)P(C|B_1)+P(B_2)P(C|B_2)=0.7\times0.387+0.3\times0.121=0.307$。最后,由贝叶斯公式可算得 $P(B_1|C)=0.883$,$P(B_2|C)=0.117$。经理看到,经二次试验,B_1 的概率已上升到 0.883,到可以下决心的时候了。他能以接近 0.9 的概率保证此项投资能取得较大效益。

例 1.5.10 据调查某地区居民的肝癌发病率为 0.0004,若记"该地区居民患肝癌"为事件 B_1,并记 $B_2=\bar{B}_1$,则

$$P(B_1)=0.0004,\ P(B_2)=0.9996$$

现用甲胎蛋白法检查肝癌。若呈阴性,表明不患肝癌,若呈阳性,表明患肝癌。由于技术和操作不完善以及种种特殊原因,是肝癌者未必检出阳性,不是患者也有可能呈阳性反应。据多次实验统计,这两种错误发生的概率为

$$P(A|B_1)=0.99,\quad P(A|B_2)=0.05$$

其中事件 A 表示"阳性"。因此 $\bar{A}$ 表示"阴性",由此得 $P(\bar{A}|B_1)=0.01$。它是"肝癌患者未必检出阳性"的概率。

现设某人已检出阳性,问他患肝癌的概率 $P(B_1|A)$ 是多少? 这里已知的第一组概率 $\{P(B_i)\}$ 是从调查得知,第二组概率 $\{P(A|B_i)\}$ 是从试验得知,于是可用贝叶斯公式算得要求概率

$$P(B_1|A)=\frac{0.99\times0.0004}{0.99\times0.0004+0.05\times0.9996}$$
$$=\frac{0.000396}{0.000396+0.04998}=0.00786$$

这表明,在已检查出呈阳性的人中,真患肝癌的人不到 1%。这个结果可能会使人吃惊,但仔细分析一下,就可以理解了。因为肝癌发病率很低,在 10000 人中,只有 4 人左右。而约有 9996 人不患肝癌。如对这 10000 人用甲胎蛋白法进行检查。按其错检的概率可知,4 位患肝癌的都呈阳性,而 9996 位不患肝癌人中约有 $9996\times0.05=500$ 个呈阳性。在总共 504 个呈阳性者中,真患肝癌的 4 人占总阳性中不到 1%,其中大部分人(500 人)是属"虚报"。从这个例子看出,减少"虚报"是提高检验精度的关键。这在实际中往往是不容易的事。在实际中,医生常用另一些简单易行的辅助方法先进行初查,排除大量明显不是肝癌的人,当医生怀疑某人有可能患肝癌时,才建议用甲胎蛋白法检验。这时在被怀疑的对象中,肝癌的发病率已显著提高了,比如说,$P(B_1)=0.4$。这时再用贝叶斯公式进行计算,可得

$$P(B_1|A)=\frac{0.99\times0.4}{0.99\times0.4+0.05\times0.6}=0.9296$$

这样就大大提高了甲胎蛋白法的准确率了。

例 1.5.11 伊索寓言"孩子与狼"讲的是一个小孩每天到山上放羊,山里有狼出没,第一天他在山上喊:"狼来了! 狼来了!"山下的村民们闻声便去打狼,可到了山上,发现狼没有来;第二天仍是如此;第三天,狼真的来了,可无论小孩怎么喊叫,也没有人来救他,因为前二次他说了谎话,人们不再相信他了。

现用贝叶斯公式来分析这个寓言中村民的心理活动，为此先要做一些假设。首先假设村民们对这个小孩的印象一般，他说谎话（记为 A_1）和说真话（记为 A_2）的概率相同，即设

$$P(A_1) = \frac{1}{2}, \qquad P(A_2) = \frac{1}{2}$$

另外再假设：说谎话喊狼来了（记为 B）时，狼来的概率为 $1/3$，说真话喊狼来了时，狼来的概率为 $3/4$，即设

$$P(B|A_1) = \frac{1}{3}, \qquad P(B|A_2) = \frac{3}{4}$$

当第一次村民上山打狼，发现狼没有来（$\bar{B}$ 发生了）时，村民们对说谎话小孩的认识集中体现在条件概率 $P(A_1|\bar{B})$ 上，根据上述假设，利用贝叶斯公式不难算得

$$P(A_1|\bar{B}) = \frac{P(\bar{B}|A_1)P(A_1)}{P(\bar{B}|A_1)P(A_1) + P(\bar{B}|A_2)P(A_2)}$$

$$= \frac{\frac{2}{3} \times \frac{1}{2}}{\frac{2}{3} \times \frac{1}{2} + \frac{1}{4} \times \frac{1}{2}} = \frac{8}{11} = 0.7273$$

类似地可算得 $P(A_2|\bar{B}) = 3/11 = 0.2727$，这表明村民们对这个小孩说谎话的概率由 0.5 调整到 0.7273，可记

$$P(A_1) = \frac{8}{11}, \qquad P(A_2) = \frac{3}{11}$$

在此基础上，村民第二次上山打狼，仍没看见狼，这时村民再一次调整对这个小孩说谎话的认识，即再一次计算条件概率 $P(A_1|\bar{B})$，即

$$P(A_1|\bar{B}) = \frac{\frac{2}{3} \times \frac{8}{11}}{\frac{2}{3} \times \frac{8}{11} + \frac{1}{4} \times \frac{3}{11}} = \frac{64}{73} = 0.8767$$

这表明：村民们经过两次上当，对这个小孩说谎话的概率从 0.5 上升到 0.8767，即十句话中有近九句话在说谎，给村民留下这种印象，他们听到第三次呼叫时怎么再会上山打狼呢？

习题 1.5

1. 下面维恩图上每一点表示等可能的基本结果，求下列条件概率：

    (1) $P(A|B)$

    (2) $P(B|A)$

(3) $P(A|\bar{B})$

(4) $P(B|\bar{A})$

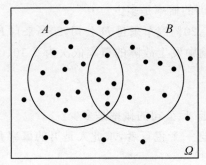

习题 1.5.1 的维恩图

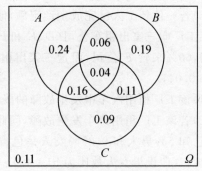

习题 1.5.2 的维恩图

2. 与事件 A、B、C 有关事件的概率标明在上面的维恩图上,求下列条件概率:

(1) $P(A|B)$

(2) $P(B|\bar{C})$

(3) $P(AB|C)$

(4) $P(B\cup C|\bar{A})$

(5) $P(A|B\cup C)$

(6) $P(A|BC)$

(7) $P(ABC|BC)$

(8) $P(ABC|B\cup C)$

3. 某人有一笔资金,他投入基金的概率为 0.58,购买股票的概率为 0.28,两项投资都做的概率为 0.19。

(1) 已知他已投入基金再购买股票的概率是多少?

(2) 已知他已购买股票,再投入基金的概率是多少?

4. 掷两颗骰子,其结果用 (x_1, x_2) 表示,其中 x_1 与 x_2 分别表示第一与第二颗骰子出现的点数。若设事件

$$A = \{(x_1, x_2) : x_1 + x_2 = 10\}$$
$$B = \{(x_1, x_2) : x_1 > x_2\}$$

求条件概率 $P(B|A)$ 和 $P(A|B)$。

5. 设某种动物由出生活到 20 岁的概率为 0.8,而活到 25 岁的概率为 0.4。问现年为 20 岁的这种动物能活到 25 岁的概率是多少?

6. 12 个乒乓球都是新的。每次比赛时取出 3 个,用完后放回去,求第三次比赛时取出的 3 个球都是新球的概率。

7. 某产品的合格率是 0.96。有一检查系统,对合格品进行检查能以 0.98 的概率判为合格品,对不合格品进行检查时,仍以 0.05 的概率判为合格品。求该检查系统发生错检的概率。

8. 一电子器件工厂从过去经验得知,一位新工人参加培训后能完成生产定额的概率为 0.86,而不参加培训能完成生产定额的概率为 0.35,假如该厂中 80% 的工人参加过

培训。

(1)一位新工人完成生产定额的概率是多少？

(2)若一位新工人已完成生产定额，他参加过培训的概率是多少？

9. 某工厂向三家出租车公司(D、E 和 F)租用汽车，20％汽车来自 D 公司，20％来自 E 公司，60％来自 F 公司，而这三家出租公司在运输中发生故障的概率依次为 0.10、0.12 和 0.04，

(1)该工厂租用汽车中发生故障的概率是多少？

(2)若该工厂租用汽车发生故障，问此汽车是来自 F 公司的概率是多少？

10. 已知 5％男人和 0.25％女人是色盲者。随机选一个色盲者，求此人是男的概率是多少？（假设男女人数比为 51：49）

11. 某车间有甲，乙，丙三台机器生产螺丝钉，它们的产量各占 25％、35％、40％，其不合格品率分别为 5％、4％、2％。现发现一只不合格的螺丝钉，问此不合格品是机器甲、乙、丙生产的概率各为多少？

第二章

随机变量及其概率分布

§ 2.1 随机变量

2.1.1 随机变量

用来表示随机现象结果的变量就是随机变量,常用大写字母 X,Y,Z 等表示,而随机变量所取的值常用小写字母 x,y,z 等表示。若用等号或不等号把 X 与 x 联系起来就可以表示很多有趣的事件,如"$X=x$","$Y\leqslant y$","$z_1<Z\leqslant z_2$"都是事件。

例 2.1.1 用随机变量表示事件的例子。

(1)抛一枚硬币,正面出现次数 X 是一个随机变量,它仅可能取 0 与 1 两个值;

"$X=0$"表示事件"出现反面";

"$X=1$"表示事件"出现正面";

"$X\leqslant 1$"是必然事件;

"$X\geqslant 2$"是不可能事件。

(2)检查 10 个产品,其中不合格品数 Y 是一个随机变量,它可取 $0,1,\cdots,10$ 等 11 个值。

"$Y=0$"表示事件"10 个产品全是合格品";

"$Y=1$"表示事件"10 个产品中仅有 1 个不合格品";

"$Y\leqslant 2$"表示事件"10 个产品中有不多于 2 个不合格品",这个事件还可分解为三个互不相容事件之并,即

$$\text{"}Y\leqslant 2\text{"}=\text{"}Y=0\text{"}\bigcup\text{"}Y=1\text{"}\bigcup\text{"}Y=2\text{"}。$$

(3)电视机的寿命 T(单位:小时)是一个在 $[0,\infty)$ 上取值的随机变量。

"$T>10000$"表示事件"电视机寿命超过 10000 小时";

"$T<20000$"与"$T\geqslant 20000$"互为对立事件;

"$T\leqslant 40000\bigcap T>15000$"="$15000<T\leqslant 40000$"。

上述例子表明,有了随机变量后,事件的表示简洁方便了。人们会进一步发问:为什么能用随机变量表示事件呢? 这是因为在设置随机变量时就在随机变量的取值 x 与随机现象的基本结果 ω 间建立了对应关系。下面例子说明了这种对应关系:

例 2.1.2 取暖器有两种：一种是用电作动力的（记为 E），另一种是用煤气作动力的（记为 G）。有三位顾客到大型商场去各购买一台取暖器。若定义如下一个随机变量：

$$X = 三位顾客共购买煤气取暖器的台数$$

而随机现象（三位顾客购买取暖器）的基本结果有多种，如第一、第三位顾客买的是煤气取暖器，而第二位顾客买的是电取暖器，此时基本结果可表示为 GEG，对此基本结果，随机变量 X 的取值为2。类似地可把全部基本结果及 X 相应取值罗列如下：

基本结果	EEE	EEG	EGE	GEE	EGG	GEG	GGE	GGG
X 取值	0	1	1	1	2	2	2	3

这就在8个基本结果 ω 与 X 的4个取值 x 间建立了对应关系：一个 ω 对应一个 x，不同的 ω 可以对应同一个 x。这种对应关系就是函数关系，其自变量是基本结果 ω，因变量是实数 x，记为 $X = X(\omega)$。这个函数从图 2.1.1 上看得更明白。

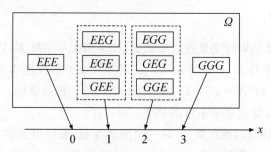

图 2.1.1　随机变量 X 是定义在 Ω 上的实值函数，
这里 X 是三位顾客购买煤气取暖器的台数

这个例子说明："用来表示随机现象结果的变量"就是"定义在样本空间 Ω 上的一个实值函数"。而后者正是揭露了随机变量的实质，可作为随机变量的定义。

定义 2.1.1　定义在样本空间 Ω 上的实值函数 $X = X(\omega)$ 称为**随机变量**。在实数轴上仅取有限个或可列个孤立点（见图 2.1.2）的随机变量称为离散随机变量；可能取值充满实数轴上一个区间 (a,b)（见图 2.1.3）的随机变量称为连续随机变量，其中 a 可以是 $-\infty$，b 可以是 $+\infty$。

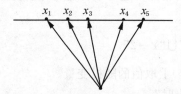

图 2.1.2　离散随机变量的可能取值

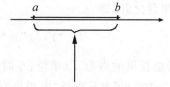

图 2.1.3　连续随机变量的可能取值

据此定义，"随机变量 X 的取值为 x"就是满足等式 $X(\omega) = x$ 的一切 ω 组成的集合，简记为"$X = x$"。它是 Ω 的一个子集，即

$$"X = x" = \{\omega : X(\omega) = x\} \subset \Omega$$

类似地,有

$$``X\leqslant x"=\{\omega:X(\omega)\leqslant x\}\subset\Omega$$

今后遇到的事件大多都是用随机变量表示。

例 2.1.3 认识一个随机变量首先要从它的取值来区分它是离散随机变量,还是连续随机变量。

(1)检查 n 个产品,不合格品数 X 是可能取 $0,1,\cdots,n$ 等 $n+1$ 个值的随机变量,"$X=x$"表示"n 个产品中有 x 个不合格品"。类似地,n 台车床中需要维修的车床数 Y 也是可能取 $0,1,\cdots,n$ 等 $n+1$ 个值的随机变量,"$Y=y$"表示"n 台车床中有 y 台需要维修"。

(2)一匹布上疵点的个数 X 是可能取 $0,1,\cdots$ 等一切非负整数的随机变量,"$X=x$"表示"一匹布上有 x 个疵点"。类似地,一本书上错别字的个数、城市的十字路口一分钟内通过的机动车辆数、顾客在超市中购买商品件数都可看作取一切非负整数的随机变量。

以上都是离散随机变量,离散随机变量常常与计数过程联系在一起。而连续随机变量常常与测量过程联系在一起。下面是一些连续随机变量的例子:

(3)测量误差 X 是可在 $(-\infty,\infty)$ 上取值的随机变量。"$|X|\leqslant1$"表示"测量误差 X 在 $[-1,1]$ 内"。

(4)电视机的寿命 Y(单位:小时)是 $[0,\infty)$ 上取值的随机变量,"$Y>10000$"表示"电视机寿命超过 10000 小时"。类似地,小客车每公里的耗油量 Y(单位:升)也可看作在 $[0,\infty)$ 上取值的随机变量。"$Y\leqslant0.5$"表示"小客车每公里的耗油量不超过半升"。

2.1.2 随机变量的分布函数

认识一个随机变量 X 除了要知道 X 可能取哪些值或在哪个区间上取值外,还要认识 X 取这些值的概率是多少。知道这两点,就对随机变量 X 有了全面的认识。

关于随机变量的取值在上一小节已讨论过了,这里着重讨论随机变量 X 取某些值的概率。对离散随机变量 X,只要对可能取值 x_i 确定形如"$X=x_i$"事件的概率即可,而对一般随机变量 X,要确定它取值的概率,就要对任意实数 x,确定形如"$X\leqslant x$"事件的概率,而这类事件的概率 $P(X\leqslant x)$ 是 x 的函数,它随 x 变化而变化。若把这个函数记为 $F(x)$,并能确定这个函数,则形如"$X\leqslant x$"的事件的概率也随之确定。这个函数 $F(x)$ 称为分布函数,它是概率论中的一个重要概念,也是计算随机变量 X 有关事件的概率的重要工具,它的一般定义如下。

定义 2.1.2 设 X 为一个随机变量,对任意实数 x,事件"$X\leqslant x$"的概率是 x 的函数,记为

$$F(x)=P(X\leqslant x)$$

这个函数称为 **X 的累积概率分布函数**,简称分布函数。

在上述定义中并没有限定随机变量 X 是离散的或是连续的。不论离散随机变量还是连续随机变量都可谈论分布函数,都有各自的分布函数。从分布函数定义容易看出它的一些基本性质:

(1)$0\leqslant F(x)\leqslant1$。要记住,分布函数值是特定形式事件"$X\leqslant x$"的概率,而概率总在 0 与 1 之间。

(2) $F(-\infty) = \lim\limits_{x \to -\infty} F(x) = 0$。这是因为事件"$X < -\infty$"是不可能事件之故。

(3) $F(+\infty) = \lim\limits_{x \to +\infty} F(x) = 1$，这是因为事件"$X < +\infty$"是必然事件之故。

(4) $F(x)$是非降函数，即对任意 $x_1 < x_2$，有 $F(x_1) \leqslant F(x_2)$。这是因为事件"$X \leqslant x_2$"包含事件"$X \leqslant x_1$"之故。

(5) $F(x)$是右连续函数，即 $F(x) = F(x+0)$，其中 $F(x+0)$ 是函数在点 x 处的右极限，对任意给定的 x，取一个下降数列 $\{x_n\}$，使其极限为 x，即

$$x_1 > x_2 > \cdots > x_n > \cdots \to x \quad (n \to \infty)$$

则

$$F(x+0) = \lim\limits_{x_n \to x} F(x_n)$$

这一点将结合下面例子给予说明。

例 2.1.4 在三位顾客购买取暖器的例子（例 2.1.2）中，已命 X 是三位顾客购买煤气取暖器的台数。若从市场调研知，在欲购取暖器的顾客中 60% 要购电取暖器，40% 要购煤气取暖器，即 $P(E) = 0.6$，$P(G) = 0.4$，假如三位顾客购买取暖器是相互独立的，则可算得每个基本结果发生的概率，譬如

$$P(EEE) = 0.6^3 = 0.216$$
$$P(EEG) = 0.6^2 \times 0.4 = 0.144$$

于是又可算得 X 取 $0, 1, 2, 3$ 等四个值的概率

$$P(X=0) = P(EEE) = 0.216$$
$$P(X=1) = P(EEG \cup EGE \cup GEE) = 3 \times 0.144 = 0.432$$
$$P(X=2) = P(EGG \cup GEG \cup GGE) = 3 \times 0.6 \times 0.4^2 = 0.288$$
$$P(X=3) = P(GGG) = 0.4^3 = 0.064$$

上述四个概率之和恰好为 1，这样的一组概率在概率论中称为一个概率分布，或分布列，并可表示如下：

X	0	1	2	3
P	0.216	0.432	0.288	0.064

利用分布列可以算得一些更复杂事件的概率，譬如，事件"三位顾客中最多有一位购买煤气取暖器"可用"$X \leqslant 1$"表示，相应概率为

$$P(X \leqslant 1) = P(X=0) + P(X=1) = 0.648$$

类似地，可以计算其他一些事件的概率

$$P(X \geqslant 1) = P(X=1) + P(X=2) + P(X=3) = 0.784$$
$$P(1 \leqslant X \leqslant 2) = P(X=1) + P(X=2) = 0.720$$

最后，利用这个分布列容易写出 X 的分布函数

$$F(x)=P(X{\leqslant}x)=\begin{cases}0, & x<0 \\ 0.216, & 0{\leqslant}x<1 \\ 0.648, & 1{\leqslant}x<2 \\ 0.936, & 2{\leqslant}x<3 \\ 1, & 3{\leqslant}x\end{cases}$$

这是定义在整个实数轴上的函数,其图形(见图 2.1.4)是阶梯函数,它的间断点正好是 X 可能取的四个值,在这些间断点上的函数值等于该函数的右极限,所以这个函数是右连续的,另外,在间断点上函数 $F(x)$ 的跃度从低到高依次为 X 取 $0,1,2,3$ 的概率。

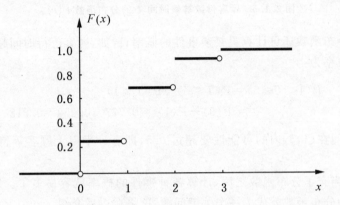

图 2.1.4 仅取 $0,1,2,3$ 四个值的随机变量 X(例 2.1.2)的分布函数

例 2.1.5 在超市顾客排队等候付款时间(简称等候时间)T 是在 $[0,\infty)$ 上取值的连续随机变量,某超市对顾客等候时间的大量观察和研究后得到如下结果:顾客等候时间不超过 $t(\geqslant0)$ 分钟的概率 $P(T{\leqslant}t)$ 可用指数函数 $1-e^{-\lambda t}$ 计算,而当 $t<0$ 时,事件"$T{\leqslant}t$"是不可能事件,这表明,顾客等候时间 T 的分布函数为

$$F(t)=\begin{cases}0, & t<0 \\ 1-e^{-\lambda t}, & t{\geqslant}0\end{cases}$$

其中 $\lambda>0$ 是待定参数,它根据超市具体情况而定,若设 $\lambda=0.3$,可以算得一些分布函数的值

$$F(2)=P(T{\leqslant}2)=0.451$$
$$F(4)=P(T{\leqslant}4)=0.699$$
$$F(6)=P(T{\leqslant}6)=0.834$$
$$F(8)=P(T{\leqslant}8)=0.909$$

这些概率表明,在 1000 名顾客中排队付款的等待时间不超过 2 分钟的约有 451 人左右,不超过 4 分钟的约有 699 人左右,不超过 6 分钟的约有 834 人左右,不超过 8 分钟的约有 909 人左右,把这些概率点在坐标纸上,可以画出分布函数 $F(t)$ 的曲线。在 $t<0$ 时,$F(t)=0$;在 $t{\geqslant}0$ 时,$F(t)$ 是一条连续上升的曲线(图 2.1.5),但上升速度逐渐减慢,最后以 $F(t)=1$ 为渐近线。

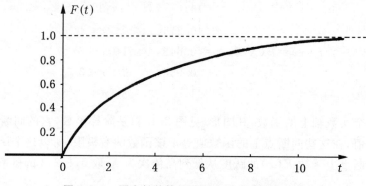

图 2.1.5　顾客付款等候时间 T 的分布函数 $F(t)$

利用这个分布函数还可计算更复杂事件的概率,譬如,顾客等待时间超过 1 分钟但不超过 5 分钟的概率为

$$P(1 < T \leqslant 5) = P(T \leqslant 5) - P(T \leqslant 1)$$
$$= F(5) - F(1) = 0.777 - 0.259 = 0.518$$

这表明,等待时间在 $(1,5]$ 内的可能性要超过 0.5,即有一半以上顾客等待时间在 1 分钟到 5 分钟之间。

由此可见,当有了分布函数之后,计算各种事件的概率就容易多了。这样一来,确定一个随机变量的分布函数就成为一个关键问题,这将在以后介绍。

习题 2.1

1. 指出下列随机变量是离散的还是连续的:
   (1)一卷磁带上伤痕的个数;
   (2)某药品的有效期;
   (3)某地区的年降雨量;
   (4)一台车床一天内发生的故障次数;
   (5)一台拖拉机发生故障后的修理时间;
   (6)某大公司一月内发生的重大事故次数;
   (7)每升汽油可使小汽车行驶的里程;
   (8)某台电视机从开始使用到首次需要维修的时间。

2. 向一单位正方形(见下图)内随机投掷一点,从正方形左下角 A 点到落点 X 的距离可能取哪些值? 它是离散的还是连续的随机变量?

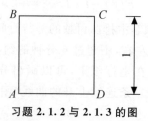

习题 2.1.2 与 2.1.3 的图

3. 一人站在正方形的左下角 A（见上图）并抛一枚硬币，若出现正面，则按顺时针方向移动到 B；若出现反面，则按逆时针方向移动到 D，这个过程一直进行下去，直到返回 A 处才停止，设 Y 表示抛硬币的次数，那么 Y 可能取哪些值？ Y 是离散的还是连续的随机变量？

4. 一个盒里有四张纸条，上面分别写着 1，2，3 和 4。随机地从盒中不返回地取出两张纸条，请写出下面每个随机变量可能的取值：

(1) X ＝两个数的和；

(2) Y ＝第一个数与第二个数之差；

(3) Z ＝偶数纸条的张数；

(4) W ＝写着 4 的纸条张数。

5. 随机掷两颗骰子，以 X 表示其最小点数，列出 X 可能取的值及其概率，并求 $P(X \geqslant 4)$。

6. 从一副扑克牌（52 张）中有返回地抽一张牌，这个过程一直进行下去，直到抽到黑桃为止，以 Y 表示抽取次数。列出 Y 的可能取值及其概率。并求 $P(Y \leqslant 3)$。

7. 设 X 表示一位顾客进超市购置商品的件数，X 的概率分布如下：

X	0	1	2	3	4	5	6	7	$\geqslant 8$
P	0.01	0.01	0.03	0.09	0.15	0.28	0.26	0.12	0.05

(1) $P(X = 4) = ?$

(2) $P(X \leqslant 4) = ?$

(3) 顾客至少购置 5 件商品的概率是多少？ 多于 5 件的概率是多少？

(4) 计算 $P(3 \leqslant X \leqslant 6)$ 和 $P(3 < X < 6)$，请用语言解释，这两个概率为什么有差别。

8. 对随机变量 X 已知 $P(X > 20) = 0.4$ 和 $P(X \leqslant 15) = 0.15$，求 $P(15 < X \leqslant 20)$。

9. 在打电话中一次通话的时间 X（单位：分钟）是一个随机变量，经调查认为 X 的分布函数为

$$F(x) = \begin{cases} 0, & x \leqslant 0 \\ 1 - e^{-x/3}, & x > 0 \end{cases}$$

当你走进公用电话亭时，某人恰好在你前面开始打电话。求你等待时间不超过 3 分钟的概率是多少？你等待时间超过 5 分钟的概率是多少？

§ 2.2　离散随机变量

2.2.1　离散随机变量的分布列

定义 2.2.1　设 X 是离散随机变量，它的所有可能取值是 $x_1, x_2, \cdots, x_n, \cdots$，假如 X 取 x_i 的概率为

$$P(X = x_i) = p(x_i), \quad i = 1, 2, \cdots, n, \cdots \tag{2.2.1}$$

且满足如下非负性与正则性两个条件：

$$p(x_i) \geqslant 0, \quad \sum_{i=1}^{\infty} p(x_i) = 1$$

则称这组概率$\{p(x_i)\}$为该随机变量 **X 的分布列**，或 **X 的概率分布**，记为 $X \sim \{p(x_i)\}$，读作随机变量 X 服从分布$\{p(x_i)\}$。

若已知离散随机变量 X 的分布列为$\{p(x_i)\}$，容易写出 X 的分布函数

$$F(x) = \sum_{x_i \leqslant x} p(x_i) \tag{2.2.2}$$

但在离散随机变量场合，使用分布列更为方便，故常用分布列表示离散随机变量的概率分布，非必要时不使用分布函数。

离散随机变量 X 的分布列除用(2.2.1)式表示外，还可以用如下列表方式表示，但要注意上下位置对应，不要错位：

X	x_1	x_2	$\cdots$	x_n	$\cdots$
P	$p(x_1)$	$p(x_2)$	$\cdots$	$p(x_n)$	$\cdots$

此外，分布列还有两种图表示法：**线条图**与**概率直方图**（图 2.2.1）。下面将结合例子来介绍这两种图。

例 2.2.1 在例 2.1.2 中有三位顾客在选购电取暖器和煤气取暖器，他们共购买煤气取暖器台数 X 是离散随机变量，在假设购置电取暖器的概率为 0.6，购置煤气取暖器的概率为 0.4 的条件下，获得 X 的如下分布列：

X	0	1	2	3
P	0.216	0.432	0.288	0.064

现用这个分布列来介绍它的线条图与概率直方图。线条图（图 2.2.1(a)）是以垂线长度表示分布列中各个概率，图中各线条长度之和为 1。概率直方图（图 2.2.1(b)）是以长方形面积表示分布列中各个概率，图中各长方形面积之和为 1。无论垂线还是长方形，它们都置于 X 的相应取值之上。但这两张图的纵坐标是有差别的。线条图的纵坐标是概率刻度；概率直方图的纵坐标是以"概率/组距"来标明刻度的，其中组距是长方形底部宽度。使用概率直方图常要求各长方形连成一片，否则就用线条图。上述分布列的线条图与概率直方图如图 2.2.1 所示，这两张图可使分布列给人们留下直观的印象。

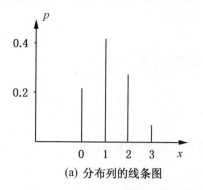

(a) 分布列的线条图

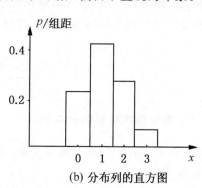

(b) 分布列的直方图

图 2.2.1 分布列的线条图与直方图

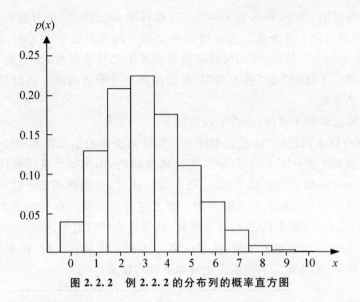

图 2.2.2 例 2.2.2 的分布列的概率直方图

例 2.2.2 消费者协会收到大量的顾客来信,申诉他们购买的空调器中的质量问题。消费者协会对此作了整理后提出空调器重要缺陷数 X 的分布列

X	0	1	2	3	4	5	6	7	8	9	10
P	0.041	0.130	0.209	0.223	0.178	0.114	0.061	0.028	0.011	0.004	0.001

其中这些概率都是用统计方法确定的,其和为 1。此分布列的概率直方图如图 2.2.2 所示。从图可以看出,多数空调器的缺陷数在 1 到 5 之间,而超过 6 个缺陷的空调器是较少的。用此分布可以算得下列事件的概率:

$$P(1 \leqslant X \leqslant 5) = P(1) + P(2) + P(3) + P(4) + P(5) = 0.854$$
$$P(X > 6) = P(7) + P(8) + P(9) + P(10) = 0.044$$

例 2.2.3 检查下面的数列是否能组成一个概率分布:

$(1) p_1(x) = \dfrac{x-2}{2}, \quad x = 1, 2, 3, 4$

$(2) p_2(x) = \dfrac{x^2}{25}, \quad x = 0, 1, 2, 3, 4$

$(3) p_3(x) = 2^{-x}, \quad x = 1, 2, \cdots, n, \cdots$

解:数列(1)不能组成一个概率分布,因为 $p_1(1)$ 为负。

数列(2)也不能组成一个概率分布,因为它的 5 个概率之和为 6/5,大于 1。

数列(3)是一个概率分布,因为其每个数都大于零,其和又恰好为 1。

2.2.2 离散随机变量的数学期望

"期望"在日常生活中常指有根据的希望,或发生可能性较大的希望。譬如,一位人寿保险经纪人告诉我们:"在美国 40 岁的妇女可期望再活 38 年。"这不是说 40 岁的美国妇女都活到 78 岁,然后第二天去世,而是指 40 岁的美国妇女中,有些可再活 20 年,有些再

活 50 年,平均可再活 38 年,即再活 38 年左右(如再活 38±10 年)的可能性大一些;又如,"某种轮胎可期望行驶 6 万公里",也是指此种轮胎平均可行驶 6 万公里,就个别轮胎来说,有的行驶可超过 6 万公里,有的行驶可能不到 6 万公里就报废,而行驶 6 万公里左右的可能性大一些。下面谈及的"数学期望"是指用概率分布算得的一种加权平均,它是概率论中的一个基本概念。

数学期望概念起源于赌博,先看下面的例子。

例 2.2.4(分赌本问题)   17 世纪中叶一位赌徒向法国数学家帕斯卡(1623~1662)提出一个使他苦恼长久的分赌本问题:甲乙两位赌徒相约,用掷硬币进行赌博,谁先赢三次就得全部赌本 100 法郎。当甲赢了二次,乙只赢一次时,他们都不愿再赌下去了,问赌本应如何分呢?这个问题引起不少人的兴趣。有人建议按已赢次数的比例来分赌本,即甲得全部赌本的 2/3,乙得其余的 1/3;有人反对,认为这全然没有考虑每个赌徒必须再赢的次数。1654 年帕斯卡提出如下解法:在甲已赢二次和乙只赢一次时,最多只需再玩二次即可结束这次赌博,而再玩二次可能会出现如下四种结果:

次　数 ＼ 结　果	ω_1	ω_2	ω_3	ω_4
1	甲	甲	乙	乙
2	甲	乙	甲	乙

其中前三种结果 $\omega_1,\omega_2,\omega_3$ 中任一个发生都使甲得 100 法郎,只有当 ω_4 发生,甲得 0 法郎(即乙得 100 法郎),由于这四种结果是等可能的,故甲得 100 法郎的概率为 3/4,而得 0 法郎的概率为 1/4,从而甲应期望得到 100×(3/4)＝75 法郎,完整地说,甲应期望得到

$$100 \times \frac{3}{4} + 0 \times \frac{1}{4} = 75(法郎)$$

这就是帕斯卡的答案,其意指,若再继续此种赌博多次,甲每次平均可得 75 法郎。

帕斯卡的解法引出数学期望概念,从分布的观点看这个问题,甲赢得的法郎数 X 是一个随机变量,它仅可取两个值,$x_1＝100$ 和 $x_2＝0$,取这些值的概率分别为

$$p(x_1)=P(X=x_1)=\frac{3}{4}, \quad p(x_2)=P(X=x_2)=\frac{1}{4}$$

这时甲赢得法郎数的数学期望就是

$$X 的数学期望 = x_1 p(x_1) + x_2 p(x_2)$$

这就是计算数学期望的公式,它的一般定义如下

定义 2.2.2   设离散随机变量 X 的分布列为

$$P(X=x_i)=p(x_i), \quad i=1,2,\cdots,n$$

则和式 $\sum_{i=1}^{n} x_i p(x_i)$ 称为 X 的(或分布的)**数学期望**,记为

$$E(X)=\sum_{i=1}^{n} x_i p(x_i) \tag{2.2.3}$$

若 X 的取值为可列个,且无穷级数 $\sum_{i=1}^{\infty} x_i p(x_i)$ 绝对收敛,则称该无穷级数之和为 **X 的**

（或分布的）**数学期望**，记为

$$E(X) = \sum_{i=1}^{\infty} x_i p(x_i) \qquad (2.2.4)$$

假如上述无穷级数不绝对收敛，则说该随机变量 **X** 的（或分布的）数学期望不存在。当数学期望存在时，常简称它为**期望、期望值、均值**等。

数学期望 $E(X)$ 有一个物理解释。譬如同时抛五颗骰子，6 点出现个数 X 的分布列为：

X	0	1	2	3	4	5
P	0.40188	0.40188	0.16075	0.03215	0.00322	0.00013

$$E(X) = 5 \times \frac{1}{6} = \frac{5}{6}$$

若把概率 $p(x_i) = P(X = x_i)$ 看作点 x_i 上的质量，概率分布看作质量在 x 轴上的分布，则 X 的数学期望 $E(X)$ 就是该质量分布的重心所在位置，详见图 2.2.3。

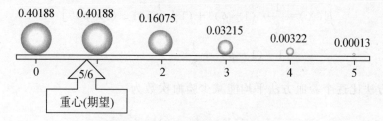

图 2.2.3 概率质量模型：同时抛五颗骰子，6 点出现个数 X 的数学期望
$E(X) = 5/6$ 就是质量重心所在的位置

例 2.2.5 某推销人与工厂约定，用船把一箱货物按期无损地运到目的地可得佣金 10 元，若不按期则扣 2 元，若货物有损则扣 5 元，若既不按期又有损坏则扣 16 元。推销人按他的经验认为，一箱货物按期无损地运到目的地有 60% 把握，不按期到达占 20%，货物有损占 10%，不按期又有损的占 10%。试问推销人在用船运送货物时，每箱期望得到多少钱？

解：设 X 表示该推销人用船运送货物时每箱可得钱数，则按题意，X 的分布为

X	10	8	5	-6
P	0.6	0.2	0.1	0.1

按数学期望定义 2.2.2，该推销人每箱期望所得

$$E(X) = 10 \times 0.6 + 8 \times 0.2 + 5 \times 0.1 - 6 \times 0.1$$
$$= 7.5 \ \text{元}$$

假如推销人一次能押运 200 箱货物，则他期望（平均）得到

$$200 \times E(X) = 200 \times 7.5 = 1500 \ \text{元}$$

例 2.2.6 在有 N 个人的团体中普查某种疾病需要逐个验血,若血样呈阳性,则有此种疾病;呈阴性,则无此种疾病。逐个验血需检验 N 次,若 N 很大,那验血工作量也很大。为了能减少工作量,一位统计学家提出一个想法:把 k 个人($k \geqslant 2$)的血样混合后再检验,若呈阴性,则 k 个人都无此疾病,这时 k 个人只需作一次检验;若呈阳性,则对 k 个人再分别检验,这时为弄明白谁有此种疾病共需检验 $k+1$ 次。若该团体中得此疾病的概率为 p,且得此疾病相互独立。试问此种验血办法能否减少验血次数?若能减少,那能减少多少工作量?

解:令 X 为该团体中每人需要验血次数,则按题意,X 是仅取两个值的随机变量,其分布为

X	$1/k$	$1+1/k$
P	$(1-p)^k$	$1-(1-p)^k$

则每人平均验血次数为

$$E(X) = \frac{1}{k} \cdot (1-p)^k + (1+\frac{1}{k})[1-(1-p)^k]$$

$$= 1-(1-p)^k + \frac{1}{k}$$

而新的验血方法比逐个验血方法平均能减少验血次数为

$$1-E(X) = (1-p)^k - \frac{1}{k}$$

若 $E(X) < 1$,则新方法能减少验血次数。譬如,当 $p=0.1,k=2$ 时,$1-E(X)=0.9^2-0.5=0.31$,即平均每人减少 0.31 次。若该团体有 10000 人,则可减少 3100 次,即减少 31% 的工作量。对 k 为其他值时,亦可类似计算,计算结果列于表 2.2.1 中。

表 2.2.1 平均验血次数($p=0.1$)

k	$E(X)$	$1-E(X)(\%)$
2	0.6900	31.00
3	0.6043	39.57
4	0.5939	40.61
5	0.6095	39.05
6	0.6352	36.48
7	0.6646	33.54
8	0.6954	30.55
10	0.7513	24.87
15	0.8608	13.92
20	0.9264	7.36
25	0.9682	3.18
30	0.9909	0.91
34	1.0015	-0.15

从该表可见,当 $p(=0.1)$ 已知时,可选出一个 $k_0(=4)$,使得 $E(X)$ 最小。此时把 k_0 个人的血样混在一起用新方法检验,可使平均验血次数最少,达到最大的效益。其他的 k 值效益就不是最大,特别在 $p=0.1,k \geqslant 34$ 时反而要增加平均验血次数。

例 2.2.7　有一批产品,其不合格品率为 p,检验员一个接一个地检查产品,直到发现第一个不合格品时才停止检查。若记 X 为首次出现不合格品的检查次数,则 X 是可取 $1,2,3,\cdots$ 等一切自然数的随机变量。事件“$X=5$”表示前 4 次得合格品,而第 5 次得不合格品。考虑到这批产品很多,可认为每次抽检 p 不变,且相互独立,故

$$P(X=5)=p(1-p)^4$$

一般场合,我们有

$$p(x)=P(X=x)=p(1-p)^{x-1}, \quad x=1,2,\cdots$$

这是一个概率分布,因为其每个概率均为正,其和

$$\sum_{x=1}^{\infty} p(1-p)^{x-1}=p \cdot \frac{1}{1-(1-p)}=1$$

这个分布称为**几何分布**,它的数学期望(下设 $q=1-p$)

$$E(X)=\sum_{x=1}^{\infty} xpq^{x-1}=p\sum_{x=1}^{\infty} xq^{x-1}$$

其中 xq^{x-1} 可看作是 q^x 对 q 的导数,再利用求和与求导运算次序的可交换性,可得

$$E(X)=p\sum_{x=1}^{\infty} \frac{\mathrm{d}}{\mathrm{d}q}(q^x)=P\frac{\mathrm{d}}{\mathrm{d}q}\Big[\sum_{x=0}^{\infty} q^x\Big]$$

$$=p\frac{\mathrm{d}}{\mathrm{d}q}\Big(\frac{1}{1-q}\Big)=p \cdot \frac{1}{(1-q)^2}=\frac{1}{p}$$

这表明:几何分布的数学期望为 p^{-1}。若 $p=0.1$,则首次出现不合格品的平均检查次数为 $p^{-1}=10$。

2.2.3　二项分布

离散随机变量的概率分布简称为离散分布。下面将叙述三种在实际中最常用的离散分布,这里先叙述二项分布。

在 §1.4.4 中叙述的 n 重贝努里试验有如下几个特点:

(1)重复进行 n 次相互独立的试验;

(2)每次试验只可能有两个结果:成功与失败;

(3)每次出现成功的概率相同,皆为 p。

在那里我们曾用 $B_{n,k}$ 表示事件“n 重贝努里试验中成功出现 k 次”。如今我们用随机变量来表示这个事件。设 X 为 n 重贝努里试验中成功的次数,则有 $B_{n,k}=$“$X=k$”。其中 X 可能取的值为 $0,1,\cdots,n$,它取这些值的概率为

$$P(X=x)=\binom{n}{x}p^x(1-p)^{n-x}, \quad x=0,1,\cdots,n \qquad (2.2.5)$$

由二项式定理可知，上述 $n+1$ 个概率之和为 1：

$$\sum_{x=0}^{n} P(X=x) = \sum_{x=0}^{n} \binom{n}{x} p^x (1-p)^{n-x}$$

$$= [p + (1-p)]^n = 1$$

这个概率分布称为**二项分布**，记为 $b(n,p)$，它由 n（正整数）和 $p(0<p<1)$ 两个参数唯一确定。在概率论中"随机变量 X 的概率分布为二项分布 $b(n,p)$"常被说成"随机变量 X 服从二项分布 $b(n,p)$"，并记作 $X \sim b(n,p)$。其他分布也类似表示。

二点分布　　$n=1$ 时的二项分布 $b(1,p)$ 又称为二点分布，或称 $0-1$ 分布，其分布为

$$P(X=x) = p^x (1-p)^{1-x}, \quad x=0,1 \tag{2.2.6}$$

其中 X 表示在一次贝努里试验里的成功次数。

二项分布的数学期望　　设 $X \sim b(n,p)$，由数学期望定义知

$$E(X) = \sum_{x=0}^{n} x \binom{n}{x} p^x (1-p)^{n-x}$$

其中

$$x \binom{n}{x} = x \cdot \frac{n!}{x!\,(n-x)!} = n \cdot \frac{(n-1)!}{(x-1)!\,(n-x)!} = n \binom{n-1}{x-1}$$

代回原式后，有

$$E(X) = np \sum_{x=1}^{n} \binom{n-1}{x-1} p^{x-1} (1-p)^{n-x}$$

$$= np \sum_{x=0}^{n-1} \binom{n-1}{x} p^x (1-p)^{n-1-x}$$

$$= np [p + (1-p)]^{n-1}$$

$$= np$$

最后结果表明，二项分布 $b(n,p)$ 的数学期望为 np，即在 n 重贝努里试验中，成功出现的平均次数为 np。

例 2.2.8　　甲、乙、丙三人打靶，各人命中率依次为 0.2、0.5、0.8。若每人各打五次靶，依次记 X、Y、Z 为各人命中次数，则它们都服从二项分布，但参数 p 不同，具体如下：

$$X \sim b(5, 0.2), \quad p(x) = \binom{5}{x} 0.2^x 0.8^{5-x}$$

$$Y \sim b(5, 0.5), \quad p(y) = \binom{5}{y} 0.5^5$$

$$Z \sim b(5, 0.8), \quad p(z) = \binom{5}{z} 0.8^z 0.2^{5-z}$$

容易算出，各人打靶的平均命中次数依次为

$$E(X) = 1, \quad E(Y) = 2.5, \quad E(Z) = 4$$

由于丙的命中率最高,故其平均命中次数也最多,这里平均命中次数是指很多次打靶(每次打五发)的平均值。就某次打靶(各打五发)来讲丙的命中次数可能会低于乙,甚至低于甲的命中次数。虽这种可能性较小,但仍可能发生。

最后,我们来比较这三个二项分布,它们虽都取 0,1,2,3,4,5 等六个值,但各分布取这些值的概率是不同的。表 2.2.2 列出这三个二项分布取值的概率。用这些概率可作出这三个二项分布的概率直方图(见图 2.2.4)。

表 2.2.2 $n=5, p=0.2, 0.5, 0.8$ 的二项分布

取值	0	1	2	3	4	5
$p(x)$	0.3277	0.4096	0.2048	0.0512	0.0064	0.0003
$p(y)$	0.0312	0.1563	0.3125	0.3125	0.1563	0.0312
$p(z)$	0.0003	0.0064	0.0512	0.2048	0.4096	0.3277

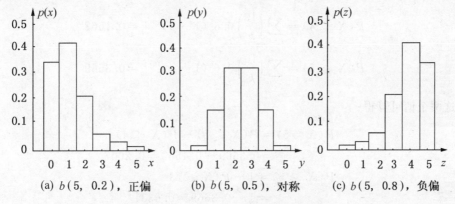

图 2.2.4 二项分布的概率直方图

从图 2.2.4 可以看出,当 $p=0.5$ 时,由于 $\binom{n}{n-y}=\binom{n}{y}$,故有 $p(y)=p(n-y)$,这意味着此种二项分布的概率直方图是对称的,如图 2.2.4(b)所示,当 $p\neq 0.5$ 时,相应二项分布的概率直方图是不对称的,呈偏态状,且带有长尾巴,当 $p<0.5$(如 $p=0.2$ 时),尾巴在右边,此时称为正偏,如图 2.2.4(a)所示;当 $p>0.5$(如 $p=0.8$ 时),尾巴在左边,此时称为负偏,如图 2.2.4(c)所示。概率直方图的形状给我们认识二项分布会带来一些直观信息。

例 2.2.9 甲、乙两棋手约定进行 10 盘比赛,以赢的盘数较多者胜。设在每盘中甲赢的概率为 0.6,乙赢的概率为 0.4,在各盘比赛相互独立的假设下甲胜、乙胜和不分胜负的概率各为多少?

解:这里可把每下一盘棋看作一次贝努里试验,甲赢看作成功,则成功概率为 0.6,若记 X 为 10 盘棋赛中甲赢的盘数,则 $X\sim b(10,0.6)$。按约定,甲只要赢 6 盘或 6 盘以上即可得胜。所以

$$P(甲胜)=P(X\geqslant 6)=\sum_{x=6}^{10}\binom{10}{x}0.6^x 0.4^{10-x}$$

类似地分析,有

$$P(\text{不分胜负}) = P(X = 5) = \binom{10}{5} 0.6^5 0.4^5$$

$$P(\text{乙胜}) = P(X \leqslant 4) = \sum_{x=0}^{4} \binom{10}{x} 0.6^x 0.4^{10-x}$$

完成上述计算可以直接计算每个 x 对应的概率 $P(X = x)$,也可利用附表1给出的**二项分布表**。该表对 x 为非负整数,n 从2至20(间隔1),p 从0.05至0.95(间隔0.05)给出二项分布函数值

$$F(x) = P(X \leqslant x) = \sum_{k=0}^{x} \binom{n}{k} p^k (1-p)^{n-k}, \quad x = 0, 1, \cdots, n$$

譬如,当 $n = 10$,$p = 0.6$ 时,从表中可查得

$$P(X \leqslant 4) = \sum_{k=0}^{4} \binom{10}{k} 0.6^k (1-p)^{10-k} = 0.1662$$

$$P(X \leqslant 5) = \sum_{k=0}^{5} \binom{10}{k} 0.6^k (1-p)^{10-k} = 0.3669$$

利用这两个值可算得

$$\begin{aligned}
P(X = 5) &= P(X \leqslant 5) - P(X \leqslant 4) \\
&= 0.3669 - 0.1662 = 0.2007 \\
P(X \geqslant 6) &= 1 - P(X \leqslant 5) \\
&= 1 - 0.3669 = 0.6331
\end{aligned}$$

由此我们得到结论是:甲胜的概率为0.6331,乙胜的概率为0.1662,甲乙之间不分胜负的概率为0.2007,可见二项分布表可帮助我们迅速无误地完成计算,我们应尽量利用它,但对表中没有列出的值仍需直接计算完成。

例2.2.10 某厂需要12块集成电路装配仪表,要到外地采购。已知该型号集成电路的不合格品率为0.1,问需要采购几块才能以99%的把握保证其中合格的集成电路不少于12只?

解:设 n 为采购数量,X_n 为 n 块集成电路中不合格品个数,按题意,要求 $n - X_n \geqslant 12$,即 $X_n \leqslant n - 12$,其概率

$$P(X_n \leqslant n - 12) = \sum_{k=0}^{n-12} \binom{n}{k} 0.1^k 0.9^{n-k}$$

若取 $n = 15$,由附表1查得 $P(X_{15} \leqslant 3) = 0.9444$,尚未达到99%的把握。再对 $n = 16$ 和17进行类似查表计算,得

$$P(X_{16} \leqslant 4) = 0.9830$$
$$P(X_{17} \leqslant 5) = 0.9953$$

可见,需采购17块集成电路才能以99%的把握保证其中合格的集成电路不少于12只。

2.2.4 泊松分布

在历史上泊松分布是作为二项分布的近似,于 1837 年由法国数学家泊松(Poisson S.D.1781 ~ 1840)首次提出,以后发现,很多取非负整数的离散随机变量都服从泊松分布,这里仍按历史发展次序来介绍泊松分布。

在二项分布 $b(n,p)$ 中,若相对地说,n 大,p 小,而乘积 $\lambda = np$ 大小适中时,二项分布中诸概率有一个很好的近似公式。这就是著名的泊松定理。

定理 2.2.1(泊松定理) 在 n 重贝努里试验中,以 p_n 表示在一次试验中成功发生的概率。且随着 n 增大,p_n 在减小。若 $n \to \infty$ 时有 $\lambda_n = np_n \to \lambda$(正数),则出现 x 次成功的概率

$$\binom{n}{x} p_n^x (1 - p_n)^{n-x} \to \frac{\lambda^x}{x!} e^{-\lambda} \quad (n \to \infty)$$

证:由 $p_n = \lambda_n / n$,可得

$$\binom{n}{x} p_n^x (1 - p_n)^{n-x} = \frac{n(n-1)\cdots(n-x+1)}{x!} \left(\frac{\lambda_n}{n}\right)^x \left(1 - \frac{\lambda_n}{n}\right)^{n-x}$$

$$= \frac{\lambda_n^x}{x!} \left(1 - \frac{1}{n}\right) \left(1 - \frac{2}{n}\right) \cdots \left(1 - \frac{x-1}{n}\right) \left(1 - \frac{\lambda_n}{n}\right)^{n-x}$$

对固定的 x 有

$$\lim_{n \to \infty} \lambda_n = \lambda$$

$$\lim_{n \to \infty} \left(1 - \frac{\lambda_n}{n}\right)^{n-x} = e^{-\lambda}$$

即得

$$\lim_{n \to \infty} \binom{n}{x} p_n^x (1 - p_n)^{n-x} = \frac{\lambda^x}{x!} e^{-\lambda}$$

就证明了本定理。

由于泊松定理是在 $np_n \to \lambda (n \to \infty)$ 条件下获得的,故在使用中要求 n 大,p 小,而 np_n 适中,此时有如下近似公式

$$\binom{n}{x} p_n^x (1 - p_n)^{n-x} \doteq \frac{\lambda^x}{x!} e^{-\lambda} \tag{2.2.7}$$

其中 λ 就取 np_n。

例 2.2.11 在 500 人组成的团体中,恰有 k 个人的生日是在元旦的概率是多少?

解:在该团体中每个人的生日恰好在元旦的概率为 $p = 1/365$,则该团体中生日为元旦的人数 $X \sim b(500, 1/365)$。即

$$P(X = k) = \binom{500}{k} \left(\frac{1}{365}\right)^k \left(1 - \frac{1}{365}\right)^{500-k}, \quad k = 0, 1, \cdots, 500$$

这个概率计算是复杂的,但为了比较,仍对 $k = 0, 1, \cdots, 6$ 进行计算,然后再用近似公式 (2.2.7) 计算,其中 $\lambda = 500/365 = 1.3699$。两者结果都列在表 2.2.3 上。

表 2.2.3　二项分布与泊松近似的比较

k	$\binom{500}{k}\left(\dfrac{1}{365}\right)^k\left(1-\dfrac{1}{365}\right)^{500-k}$	$\dfrac{(1.3699)^k}{k!}e^{-1.3699}$
0	0.2537	0.2541
1	0.3484	0.3481
2	0.2388	0.2385
3	0.1089	0.1089
4	0.0372	0.0373
5	0.0101	0.0102
6	0.0023	0.0023
$\geqslant 7$	0.0006	0.0006

从表 2.2.3 可见，两者的差别都在第四位小数上才显示出来，其近似程度是相当好的。

泊松分布　　泊松定理中的泊松概率 $\lambda^x e^{-\lambda}/x!$ 对一切非负整数 x 都是非负的，且其和恰好为 1，因为

$$\sum_{x=0}^{\infty}\frac{\lambda^x}{x!}e^{-\lambda}=e^{-\lambda}\sum_{x=0}^{\infty}\frac{\lambda^x}{x!}=e^{-\lambda}\cdot e^{\lambda}=1$$

这样一来，泊松概率的全体组成的一个概率分布，称为**泊松分布**，记为 $P(\lambda)$，若随机变量 X 服从泊松分布，即 $X\sim P(\lambda)$，这意味着，X 仅取 $0,1,2,\cdots$ 等一切非负整数，且取这些值的概率为

$$P(X=x)=\frac{\lambda^x}{x!}e^{-\lambda},\quad x=0,1,\cdots$$

其中参数 $\lambda>0$，它的数学期望容易算得，

$$E(X)=\sum_{x=0}^{\infty}x\cdot\frac{\lambda^x}{x!}e^{-\lambda}$$

$$=\lambda e^{-\lambda}\sum_{x=1}^{\infty}\frac{\lambda^{x-1}}{(x-1)!}=\lambda$$

这表明：**泊松分布 $P(\lambda)$ 的数学期望就是参数 λ。**

泊松分布是常用的离散分布之一，现实世界中有很多随机变量都可直接用泊松分布描述，它们之间的差别表现在不同的 λ 上。下面是国内外文献上认可的服从或近似服从泊松分布的随机变量的一些例子：

(1) 在一定时间内，电话总站接错电话的次数；

(2) 在一定时间内，在超级市场排队等候付款的顾客人数；

(3) 在一定时间内，来到车站等候公共汽车的人数；

(4) 在一定时间内，某操作系统发生故障的次数；

(5) 在一个稳定的团体内，活到 100 岁的人数；

(6) 一匹布上，疵点的个数；

(7) 100 页书上，错别字的个数；

（8）一个面包上，葡萄干的个数。

从这些例子可以看出，泊松分布总与计数过程相关联，并且计数是在一定时间内、或一定区域内、或一特定单位内的前提下进行的。下面我们详细地研究第1个例子。

例 2.2.12　一项研究表明：电话总站一天内接错电话的次数 X 是一个服从泊松分布 $P(\lambda)$ 的随机变量（简称泊松变量）。对某电话总站连续观察 100 天，共发现 320 次电话接错，具体数据按接错次数多少整理在表 2.2.4 的前两列上。其中 x 表示一天内接错次数，n_x 表示接错次数为 x 的天数。由此可算得接错次数为 x 的频率为 $p^*(x)=n_x/100$，它放在第 3 列上。最后一列是按 $\lambda=3.2$ 算得的泊松概率 $p(x)=3.2^x e^{-3.2}/x!$。比较表上的最后两列可以看出：这组泊松概率 $p(x)$ 对这组观察频率 $p^*(x)$ 的拟合程度是很好的（在统计部分将进一步说明此种拟合程度）。

表 2.2.4　接错次数的观察频率与泊松概率

接错次数 x	观察天数 n_x	观察频率 $p^*(x)=n_x/100$	泊松概率 $p(x)=3.2^x e^{-3.2}/x!$
0	5	0.05	0.041
1	12	0.12	0.130
2	19	0.19	0.209
3	24	0.24	0.223
4	18	0.18	0.178
5	13	0.13	0.114
6	5	0.05	0.060
7	2	0.02	0.028
8	1	0.01	0.011
9	1	0.01	0.004
10	0	0.00	0.002
	100	1.00	1.000

在实际中，人们常把在一次试验中出现概率很小（如小于 0.05）的事件称为**稀有事件**。由二项分布的泊松近似可以得到：n 重贝努里试验中稀有事件出现次数近似服从泊松分布。下面的例子说明这个现象。

例 2.2.13　为保证设备正常工作，需要配一些维修工，假定各台设备发生故障是相互独立的，且每台设备发生故障的概率都是 0.01。若有 n 台设备，则 n 台设备中同时发生故障的台数 X 服从二项分布 $b(n,0.01)$，由于 $p=0.01$ 很小，故"每台设备发生故障"可看作稀有事件，从而 X 又可近似看作服从泊松分布 $P(\lambda)$，其中 $\lambda=np=n\times0.01$。下面用此看法来讨论几个问题：

（1）若用一名维修工负责维修 20 台设备，求设备发生故障而不能及时维修的概率是多少？

设 X_1 为 20 台设备中同时发生故障的台数，则 $X_1\sim b(20,0.01)$。由于稀有事件之故，可认为 $X_1\sim P(\lambda_1)$，其中 $\lambda_1=20\times0.01=0.2$，这里符号 $\sim$ 表示"近似服从"。于是 20 台设备中因故障得不到及时维修只在同时有 2 台和 2 台以上发生故障时才会出现。故所求概率

$$P(X_1 \geqslant 2) = \sum_{x=2}^{\infty} \frac{0.2^x}{x!} e^{-0.2}$$
$$= 1 - e^{-0.2} - 0.2e^{-0.2}$$
$$= 0.0175$$

这表明，一名维修工负责维修 20 台设备时，因同时发生故障得不到及时维修的概率不到 0.02。

（2）若用三名维修工负责维修 80 台设备，求设备发生故障而不能及时维修的概率是多少？

设 X_2 为 80 台设备中同时发生故障的台数，则 $X_2 \sim b(80, 0.01)$。类似地可认为，$X_2 \sim P(\lambda_2)$，其中 $\lambda_2 = 80 \times 0.01 = 0.8$，于是不能及时维修必须有 4 台或 4 台以上设备同时发生故障，其概率为

$$P(X_2 \geqslant 4) = \sum_{k=4}^{\infty} \frac{0.8^k}{k!} e^{-0.8} = 1 - \sum_{k=0}^{3} \frac{0.8^k}{k!} e^{-0.8}$$

上述概率可以直接算得。这里可查**泊松分布表**获得，附表 2 对 x 为非负整数和 $\lambda =$ 0.02(0.02)0.10(0.05)1.0(0.1)2.0(0.2)8(0.5)15(1)25 给出泊松分布函数值：

$$F(x) = P(X \leqslant x) = \sum_{k=0}^{x} \frac{\lambda^k}{k!} e^{-\lambda}$$

如 $\lambda = 0.8, x = 3$ 时，可查得

$$P(X_2 \leqslant 3) = \sum_{k=0}^{3} \frac{0.8^k}{k!} e^{-0.8} = 0.991$$

利用这个值可算得

$$P(X_2 \geqslant 4) = 1 - P(X_2 \leqslant 3) = 0.009$$

这表明，三名维修工负责维修 80 台设备时，因同时发生故障得不到及时维修的概率为 0.009，几乎为前面的 0.0175 的一半，提高了效率。

（3）若有 300 台设备，需要配多少名维修工，才能使得不到及时维修的概率不超过 0.01。

设 X_3 为 300 台设备中同时发生故障的台数，N 为所需配的维修工的人数，类似地可认为 $X_3 \sim P(\lambda_3), \lambda_3 = 300 \times 0.01 = 3$。于是 N 应满足下列等式：

$$P(X_3 \geqslant N+1) = \sum_{k=N+1}^{\infty} \frac{3^k}{k!} e^{-3} \leqslant 0.01$$

或

$$\sum_{k=0}^{N} \frac{3^k}{k!} e^{-3} \geqslant 0.99$$

从附表 2 查得，当 $N=7$ 和 8 时，有

$$\sum_{k=0}^{7} \frac{3^k}{k!} e^{-3} = 0.988$$

$$\sum_{k=0}^{8} \frac{3^k}{k!} e^{-3} = 0.996$$

故 $N=8$ 时满足要求，即要用 8 名维修工才能使 300 台设备得不到及时维修的概率不超过 0.01。

*2.2.5　超几何分布

从一个有限总体中进行不放回抽样常会遇到超几何分布。

设有 N 个产品组成的总体，其中含有 M 个不合格品。若从中随机不放回地抽取 n 个，则其中含有不合格品的个数 X 是一个离散随机变量。假如 $n \leqslant M$，则 X 可能取 $0,1,\cdots,n$；若 $n > M$，则 X 可能取 $0,1,\cdots,M$。由古典方法容易算得（见例 1.2.2）

$$P(X=x) = \frac{\dbinom{M}{x}\dbinom{N-M}{n-x}}{\dbinom{N}{n}}, \quad x=0,1,\cdots,r \tag{2.2.8}$$

其中 $r=\min(n,M)$，由组合等式

$$\sum_{x=0}^{r} \binom{M}{x}\binom{N-M}{n-x} = \binom{N}{n}$$

可以看出，上述概率之和为 1，即 $\sum_{x=0}^{r} P(X=x) = 1$。故（2.2.8）式所示的一组概率构成一个概率分布，这个分布称为**超几何分布**，它含有三个参数 N,M 和 n，记为 $h(n,N,M)$。

例 2.2.14　20 个产品中有 5 个不合格品，若从中随机取出 8 个，试求其中不合格品数 X 的概率分布。

解：按题意有 $N=20,M=5,n=8$。由（2.2.8）式可算得

$$P(X=0) = \frac{\dbinom{15}{8}}{\dbinom{20}{8}} = \frac{6435}{125970} = 0.0511$$

$$P(X=1) = \frac{\dbinom{5}{1}\dbinom{15}{7}}{\dbinom{20}{8}} = \frac{32175}{125970} = 0.2554$$

$$P(X=2) = \frac{\dbinom{5}{2}\dbinom{15}{6}}{\dbinom{20}{8}} = \frac{50050}{125970} = 0.3973$$

类似地可算得 $X=3,4,5$ 的概率，现都罗列于下：

X	0	1	2	3	4	5
P	0.0511	0.2554	0.3973	0.2384	0.0542	0.0036

这就是 X 的分布。由此分布可算得各种事件的概率,譬如,不合格品不多于 3 个的概率为

$$P(X \leqslant 3) = P(X=0) + P(X=1) + P(X=2) + P(X=3)$$
$$= 0.0511 + 0.2554 + 0.3973 + 0.2384 = 0.9424$$

若设 $X \sim h(N, M, n)$,则其数学期望为

$$E(X) = \sum_{x=0}^{r} x \frac{\binom{M}{x}\binom{N-M}{n-x}}{\binom{N}{n}} = \frac{nM}{N} \sum_{x=1}^{r} \frac{\binom{M-1}{x-1}\binom{N-M}{n-x}}{\binom{N-1}{n-1}} = \frac{nM}{N}$$

当 $n \ll N$(即抽取个数 n 远小于产品总数 N)时,每次抽取后,总体中的不合格品率 $p = M/N$ 改变甚微,这时不放回抽样(见例 1.2.2)可近似看作放回抽样(见例 1.2.3),即超几何分布可用二项分布近似。

习题 2.2

1. 连续四次抛一枚硬币,写出正面出现次数 X 的概率分布。
2. 给出下面数列

$$p(x) = \frac{C}{2^x}, \quad x = 0, 1, 2, 3, 4$$

要使该数列成为一个概率分布,C 应该为多少?
3. 某地方电视台在体育节目中插播广告有三种方案(10 秒,20 秒和 40 秒)供业主选择,据一段时间内的统计,这三种方案被选用的可能性分别是 10%,30% 和 60%。
   (1) 设 X 为业主随机选择的广告时间长度,求 $E(X)$,并说明 $E(X)$ 的含义;
   (2) 假如该电视台在体育节目中插播 10 秒广告售价是 4000 元,20 秒广告售价是 6500 元,40 秒广告售价是 8000 元。若设 Y 为广告价格,请写出 Y 的概率分布,计算 $E(Y)$,并说明 $E(Y)$ 的含义。
4. 某作家写了一本书,约有 30 万字。某出版社接受此书,并告诉作者,稿费有两种支付方案供作者选择:
   (1) 按字数支付,每千字 50 元;
   (2) 按版税制支付,即按定价的 7% 支付。此书预定价 30 元 / 册,作者认为自己这本书的发行量 X(单位:册)有如下分布:

X	3000	5000	10000	20000
P	0.1	0.3	0.5	0.1

据此,该作家选哪一种支付方案对他自己有利?
5. 某试验的成功概率为 $3/4$,失败概率为 $1/4$,若试验一直做下去,直到首次出现成功为止。以 X 表示试验者首次成功所进行的试验次数,写出 X 的概率分布,并求其数学期望。

6. 申请某种许可证需经考试才能获得,许可证考试最多允许考 4 次。设 X 表示一位申请者获得许可证所经过的考试次数,又设 X 的概率分布如下:

X	1	2	3	4
P	0.10	0.20	0.30	0.40

(1) 求一位申请者获得许可证所经过的平均考试次数;

(2) 考试是需要交纳费用的。假如 X 次考试需交费用 Y(单位:元)是 X 的线性函数,$Y = 100X + 30$。写出 Y 的分布,并求一位申请者经过考试的平均费用;

(3) 假如 X 次考试需交费用 Z(单位:元)是 X 的平方的 30 倍,即 $Z = 30X^2$,写出 Z 的分布,并求 $E(Z)$。

7. 射击比赛规定每人打 4 发,全命中得 100 分,中三发得 55 分,中两发得 30 分,中一发得 15,全部不中得 0 分。某人参加比赛,他的命中率为 0.65,问他可期望得多少分?

8. 某仪表厂从供应商购置元器件,双方协商的验货规则是:每批货抽检 18 只,若其中只有 0 或 1 只不合格品,则厂方应接收这批货,其他情况作退货处理。

(1) 若一批货中有 5% 的不合格品,厂方接收概率是多少?

(2) 若一批货中有 10% 的不合格品,厂方接收概率是多少?

(3) 若一批货中有 20% 的不合格品,厂方接收概率是多少?

9. 一枚硬币连抛 20 次,令 X 为出现正面的次数,用下列规则来判断这枚硬币是否是正常的硬币:

若 $5 \leqslant X \leqslant 15$,则判硬币是正常的;

若 $X \leqslant 4$ 或 $X \geqslant 16$,则判硬币是有偏的。

(1) 若硬币是正常的,但判为有偏的概率是多少?

(2) 若 P(正面) $= 0.9$(即硬币是有偏的),而判为正常硬币的概率是多少?

(3) 若 P(正面) $= 0.6$(即硬币是有偏的),而判为正常硬币的概率是多少?

(4) 若判断规则改为:当 $6 \leqslant X \leqslant 16$,判为正常硬币,其他情况判为有偏的,这时(1)(2)(3)中的概率各为多少呢? 这个规则是否比前一个规则好一些?

10. 某厂知道它的产品中 2% 有缺陷,求 100 件产品中 3 件有缺陷的概率。

11. 500 页书上有 50 个错字,在一页上至少有 3 个错字的概率是多少? 在一页上没有错字的概率是多少?

12. 已知送到兵工厂的导火线中平均有 1% 不能导火。求送去 400 根导火线中有 5 根或更多根不能导火的概率。

13. 某厂有车床 200 台,各自独立地工作,每台发生故障的概率是 0.015。若一位修理工一个故障接一个故障地排除,试问该厂需配多少位修理工才能保证车床发生故障而不能及时维修的概率不超过 0.01?

14. 某一山区公路上每天发生交通事故数服从泊松分布,已知平均每天有 0.5 次交通事故发生,计算

(1) 一天内无交通事故的概率;

(2) 一天内至少有 2 次交通事故的概率。

15. 某商店过去的销售记录表明,某种商品每月的销售数可用参数 $\lambda = 10$ 的泊松分布描述,为了以 99% 以上的把握使该种商品不脱销,每月该种产品的库存量为多少件?

§ 2.3 连续随机变量

2.3.1 连续随机变量的概率密度函数

连续随机变量的一切可能取值充满某个区间(a,b)，在这个区间内有无穷不可数个实数。因此描述连续随机变量的概率分布不能再用分布列形式表示，而要改用概率密度函数表示。下面结合一个例子来介绍这个重要概念。

例 2.3.1 加工机械轴的直径的测量值 X 是一个连续随机变量。若我们一个接一个地测量轴的直径，把测量值 x 一个接一个地放到数轴上去，当累积很多测量值 x 时，就形成一定的图形。为了使这个图形得以稳定，我们把纵轴由"单位长度上的频数"改为"单位长度上的频率"。由于频率的稳定性。随着测量值 x 的个数越多，这个图形就越稳定，其外形就显现出一条光滑曲线（见图 2.3.1a）。这条曲线所表示的函数 $p(x)$ 称为概率密度函数，它表示出 X "在一些地方（如中部）取值的机会大，在另一些地方（如两侧）取值机会小"的一种统计规律性。概率密度函数 $p(x)$ 有多种形式，有的位置不同，有的散布不同，有的形状不同（见图 2.3.1b）。这正是反映不同随机变量取值的统计规律性上的差别。

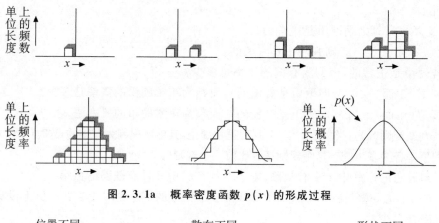

图 2.3.1a 概率密度函数 $p(x)$ 的形成过程

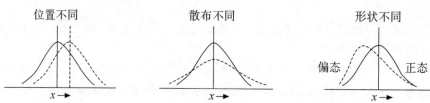

图 2.3.1b 概率密度函数 $p(x)$ 的不同形状

尽管 $p(x)$ 有多种形式，但要使 $p(x)$ 作为概率密度函数还是有正则性与非负性二项基本要求，具体见下面定义。

定义 2.3.1 设 $p(x)$ 是定义在整个实数轴上的一个函数，假如它满足如下二个条件：

(1) 非负性：$p(x) \geqslant 0$ (2.3.1)

(2) 正则性:$\int_{-\infty}^{\infty} p(x)\mathrm{d}x = 1$ (2.3.2)

则称 $p(x)$ 为**概率密度函数**,或**密度函数**,有时还简称**密度**。若随机变量 X 取值的统计规律性可用某个概率密度函数 $p(x)$ 描述,则称 $p(x)$ 为 X 的概率分布,记为 $X \sim p(x)$,读作"X 具有密度函数 $p(x)$"。

若随机变量 $X \sim p(x)$,如何计算概率 $P(a \leqslant x \leqslant b)$ 呢?前面曾提到,在点 x 处,$p(x)$ 值不是概率,而是在 x 处的概率密度,而 x 在小区间 $(x, x + \Delta x)$ 上概率可用下式近似。

$$P(x \leqslant X \leqslant x + \Delta x) \doteq p(x)\Delta x$$

当我们把区间 (a, b) 上所有的小区间上的概率累加起来,并令最大的 Δx 趋于 0,就可得到一个定积分,它就是 $p(x)$ 下,区间 (a, b) 上的曲边梯形的面积,数量上就是如下概率(见图 2.3.2)

$$P(a \leqslant X \leqslant b) = \int_a^b p(x)\mathrm{d}x$$ (2.3.3)

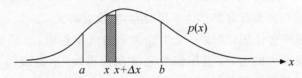

图 2.3.2 $P(a \leqslant X \leqslant b) = (a, b)$ 上曲边梯形面积

下面结合例子来叙述连续随机变量的两个常用分布:均匀分布与指数分布。

例 2.3.2(均匀分布) 某办事员处理一份护照申请书所需的时间 X(单位:分)是一个连续随机变量。假设 X 的密度函数有如下形式:

$$p(x) = \begin{cases} c, & 4 \leqslant x \leqslant 6 \\ 0, & \text{其他} \end{cases}$$

这表明:该办事员在处理一份护照申请书至少需要 4 分钟,最多需要 6 分钟,由于 $p(x)$ 中的 c 是待定常数,为了使它成为 X 的密度函数,按定义 2.3.1,必须要

(1)$p(x) \geqslant 0$,在这里要求 $c \geqslant 0$。

(2)$\int_4^6 p(x)\mathrm{d}x = 1$,在这里要求 $c(6-4) = 1$,即 $c = 0.5$。

当 c 用 0.5 代替后,密度函数 $p(x)$ 的图形如图 2.3.3(a) 所示。

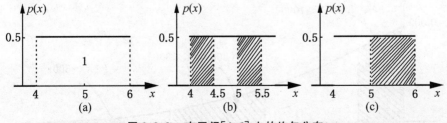

图 2.3.3 在区间 $[4, 6]$ 上的均匀分布

现转入寻求该办事员在 4 到 4.5 分、5 到 5.5 分、5 到 6 分之内处理一份申请书的概

率。这些概率就是图 2.3.3(b) 和(c)上的几块阴影面积。由于它们都是矩形,这些概率很容易求得

$$P(4 \leqslant X \leqslant 4.5) = 0.5(4.5 - 4) = 0.25$$
$$P(5 \leqslant X \leqslant 5.5) = 0.5(5.5 - 5) = 0.25$$
$$P(5 \leqslant X \leqslant 6) = 0.5(6 - 5) = 0.5$$

从图 2.3.3(b) 上可以看出,底边相等的二个矩形面积总是相同的,从而 X 在这两个小区间上取值的机会是相同的。这就是"均匀"的含义,并称此分布为均匀分布。一般地,在有限区间 $[a,b]$ 上为常数,在此区间外为零的密度函数 $p(x)$ 都称为**均匀分布**,并记为 $U(a,b)$,其密度函数为

$$p(x) = \begin{cases} \dfrac{1}{b-a}, & a \leqslant x \leqslant b \\ 0, & \text{其他} \end{cases} \tag{2.3.4}$$

这样一来,本例中的均匀分布可用 $U(4,6)$ 表示,记为 $X \sim U(4,6)$,读作 X 服从区间 $[4, 6]$ 上的均匀分布。均匀分布有时又称为**平顶分布**,它没有峰。

均匀分布在实际中常使用,譬如一个半径为 r 的汽车轮胎,当司机使用刹车时,轮胎接触地面的点要受很大的力,并借用惯性还要向前滑动(不是滚动)一段距离,故这点会有磨损。假如把轮子的圆周标以从 0 到 $2\pi r$,那么刹车时接触地面的点的位置 X 是服从区间 $[0,2\pi r]$ 上的均匀分布,即 $X \sim U(0,2\pi r)$。因为刹车时接触地面的点在轮子的那一个位置上可能性更大一些是说不出的,而在 $(0,2\pi r)$ 上任一个等长的小区间上发生磨损的可能性是相同的,这只要看一看报废轮胎的四周磨损量几乎是相同的就可明白均匀分布的含义了。

例 2.3.3(指数分布) 用如下指数函数表示的密度函数

$$p(x) = \begin{cases} \lambda e^{-\lambda x}, & x \geqslant 0 \\ 0, & x < 0 \end{cases} \tag{2.3.5}$$

称为**指数分布**,记为 $\mathrm{Exp}(\lambda)$。其中 λ 是根据实际背景而定的正参数。假如某连续随机变量 $X \sim \mathrm{Exp}(\lambda)$,则表示 X 仅可能取非负实数。实际中不少产品首次发生故障(需要维修)的时间服从指数分布。譬如,某种锅炉首次发生故障的时间 T(单位:小时)服从指数分布 $\mathrm{Exp}(0.002)$,即 T 的密度函数(图 2.3.3)为

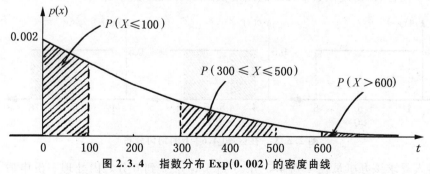

图 2.3.4　指数分布 Exp(0.002) 的密度曲线

$$p(t) = \begin{cases} 0.002e^{-0.002t}, & t \geqslant 0 \\ 0, & t < 0 \end{cases}$$

现转入寻求一些事件的概率。在上述假设下，该种锅炉在 100 小时内需要维修的概率是多少? 在 300 到 500 小时内需要维修的概率是多少? 在 600 小时后需要维修的概率是多少? 这些概率分别是图 2.3.4 上三块阴影面积。具体计算如下:

$$P(X \leqslant 100) = \int_{-\infty}^{100} p(x)dx = \int_0^{100} 0.002e^{-0.002t}dt$$

$$= -e^{-0.002t} \Big|_0^{100} = 1 - e^{-0.2}$$

$$= 0.1813$$

$$P(300 \leqslant X \leqslant 500) = \int_{300}^{500} p(x)dx = \int_{300}^{500} 0.002e^{-0.002t}dt$$

$$= -e^{-0.002t} \Big|_{300}^{500} = e^{-0.6} - e^{-1}$$

$$= 0.1809$$

$$P(X > 600) = \int_{600}^{\infty} p(x)dx = \int_{600}^{\infty} 0.002e^{-0.002t}dt$$

$$= -e^{-0.002t} \Big|_{600}^{\infty} = e^{-1.2}$$

$$= 0.3012$$

2.3.2 连续随机变量的分布函数

按分布函数定义(见定义 2.1.2)，连续随机变量 X 的分布函数 $F(x)$ 可以用其密度函数 $p(x)$ 表示出来，即对任意实数 x，

$$F(x) = P(X \leqslant x) = \int_{-\infty}^{x} p(x)dx \tag{2.3.6}$$

这些积分总是存在的，其中有些可以积出来，用初等函数表示，有的积不出来，只能用积分表示，或用特殊函数表示。

例 2.3.4(均匀分布和指数分布的分布函数) 在区间 $[a,b]$ 上的均匀分布的密度函数 $p(x)$ 如(2.3.4)式所示。再利用积分(2.3.6)式不难获得均匀分布 $U(a,b)$ 的分布函数

$$F(x) = \begin{cases} 0, & x < a \\ \dfrac{x-a}{b-a}, & a \leqslant x \leqslant b \\ 1, & x > b \end{cases} \tag{2.3.7}$$

在进行积分时要分三段进行，因为 $p(x)$ 有两个间断点，且分三段表示的，图 2.3.5 给出了均匀分布 $U(a,b)$ 的 $p(x)$ 与 $F(x)$，从图上可见，这里的 $F(x)$ 虽分三段表示，但接点仍头尾相连，使 $F(x)$ 是一个连续函数。

指数分布 $\text{Exp}(\lambda)$ 的分布函数亦可从(2.3.6)式求得。由密度函数(2.3.5)，分两段积分，即可得

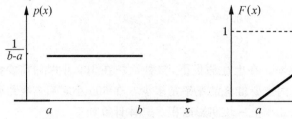
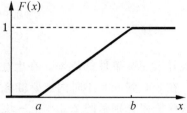

图 2.3.5 　均匀分布 $U(a,b)$ 的密度函数 $p(x)$ 和分布函数 $F(x)$

$$F(x) = \begin{cases} 0, & x < 0 \\ 1 - e^{-\lambda x}, & x \geqslant 0 \end{cases}$$

图 2.3.6 给出了指数分布 $\mathrm{Exp}(\lambda)$ 的 $p(x)$ 与 $F(x)$ 的图形。从图上看，$p(x)$ 有一个间断点，但 $F(x)$ 仍是连续函数。

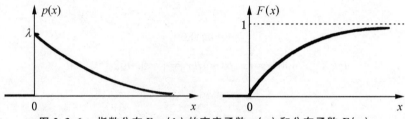

图 2.3.6 　指数分布 $\mathrm{Exp}(\lambda)$ 的密度函数 $p(x)$ 和分布函数 $F(x)$

下面我们来讨论连续随机变量分布函数的一些性质。

（1）连续随机变量 X 的分布函数 $F(x)$ 是直线上的连续函数。

证：对直线上任一点 x 及其一个增量 Δx，分布函数 $F(x)$ 的增量为

$$\Delta F = F(x + \Delta x) - F(x) = \int_x^{x+\Delta x} p(x)\mathrm{d}x$$

当 $\Delta x \to 0$ 时，上式右端的积分趋向于零，从而 $\Delta F \to 0$。这表明 $F(x)$ 在点 x 处连续，由于 x 是直线上任一点，故 $F(x)$ 是直线上的连续函数。

这个性质与我们在例 2.3.4 中看到的现象一致，连续随机变量的名称也由此而得。

（2）连续随机变量 X 仅取一点的概率为零，即 $P(X = x) = 0$。

证：对直线上任一点及其一个增量 Δx，X 仅取一点的概率可表示为下述概率的极限

$$P(X = x) = \lim_{\Delta x \to 0} P(x \leqslant X \leqslant x + \Delta x)$$

$$= \lim_{\Delta x \to 0} \int_x^{x+\Delta x} p(x)\mathrm{d}x = 0$$

在概率论中，概率为零的事件称为**零概率事件**，它与不可能事件 ϕ 还是有差别的。不可能事件 ϕ 是零概率事件，但零概率事件不全是不可能事件。譬如在连续随机变量中，事件"$X = x$"是零概率事件，但这并不意味着事件"$X = x$"是不可能事件。因为连续随机变量取任何一点都是有可能发生的。同样，必然事件的概率为 1（公理 2），但概率为 1 的事件不全是必然事件。在概率论中把概率为 1 的事件称为**几乎必然发生的事件**。认识到这些可使我们对事件与概率的认识更进一步。

由性质(2)立即可得下列性质。

(3) 对连续随机变量 X 和任意实数 a 与 $b(a<b)$,有

$$P(a \leqslant X \leqslant b) = P(a \leqslant X < b)$$
$$= P(a < X \leqslant b) = P(a < X < b)$$
$$= F(b) - F(a)$$

这个性质表明,在计算连续随机变量 X 有关事件概率时,增加和减少一点或数点可不予以计较。这对以后概率计算和事件表示带来方便。

(4) 设 $F(x)$ 和 $p(x)$ 分别是连续随机变量 X 的分布函数和密度函数,则在 $F(x)$ 导数存在的点 x 上有

$$F'(x) = p(x) \tag{2.3.8}$$

证:这可从 $F(x)$ 的积分表达式(2.3.6)看出。

这个性质表明,对连续随机变量 X 而言,当已知其分布函数 $F(x)$ 时,用导数可求得其密度函数 $p(x)$,对 $F(x)$ 导数不存在的那些点上,$p(x)$ 可任意给定常数,因为在有限个点上改变密度函数值不会影响相应分布函数值。譬如,均匀分布 $U(a,b)$ 的分布函数 $F(x)$(见(2.3.7)式)在点 a 和点 b 处是不可导的,于是相应的密度函数 $p(x) = F'(x)$ 在点 a 和点 b 处没有定义,这时可在点 a 和点 b 处对 $p(x)$ 任意给定两个常数即可,因为 X 取这两点的概率皆为零,不会影响任何事件的概率计算。在(2.3.4)式中给出 $p(x)$ 的一种形式,也可如下给出

$$p_1(x) = \begin{cases} \dfrac{1}{b-a}, & a \leqslant x \leqslant b \\ 0, & \text{其他} \end{cases} \qquad p_2(x) = \begin{cases} \dfrac{1}{b-a}, & a < x < b \\ 0, & \text{其他} \end{cases}$$

它们仅在点 a 或点 b 处不等,而 X 取这两点的概率皆为零。或者说 $p_1(x) \neq p_2(x)$ 的概率为 0,即

$$P\{x: p_1(x) \neq p_2(x)\} = P(X=a) + P(X=b) = 0$$

或者说 $p_1(x) = p_2(x)$ 的概率为 1,即

$$P\{x: p_1(x) = p_2(x)\} = 1$$

这种意义下的两个函数相等在概率论中称为**几乎处处相等**,以示区别微积分中的两个函数处处相等(即恒等)。在概率论中,几乎处处相等的两个函数之间的差别可忽略不计,从而可以相互替代。这种忽略零概率事件正是概率论这门学科的特色。在现实世界中要找到两件完全相同的东西是很难的,但要找两个几乎处处相同的东西就容易多了。

2.3.3 随机变量函数的分布

在理论研究和实际应用中经常会遇到这样的问题:已知随机变量 X 的概率分布,要求其某个函数 $g(X)$ 的概率分布,这个问题在离散场合较为容易处理,通过下面的例子就可说明清楚。

例 2.3.5 设 X 是仅可能取 6 个值的离散随机变量,其分布如下:

X	-2	-1	0	1	2	3
P	0.05	0.15	0.20	0.25	0.20	0.15

若设 $Y=2X+1$，则 Y 仍是离散随机变量，它可取 $-3,-1,1,3,5,7$ 等 6 个值。由于它们没有相同的，故 Y 取这些值的概率仍如上述，即 Y 的概率分布为

$Y=2X+1$	-3	-1	1	3	5	7
P	0.05	0.15	0.20	0.25	0.20	0.15

若设 $Z=X^2$，虽 Z 仍是离散随机变量，但它可能取的 6 个值 $(4,1,0,1,4,9)$ 中出现相同的值，Z 取相同值的概率应合并起来，如 $P(Z=1)=P(X=1)+P(X=-1)=0.25+0.15=0.40$，这样我们可得 Z 的分布如下：

$Z=X^2$	0	1	4	9
P	0.20	0.40	0.25	0.15

从这个例子可以看出，在离散场合求随机变量函数的分布时，关键是把新变量取相同值的概率加起来，其他保持对应关系，即可得随机变量函数的分布。

在连续场合求随机变量函数 $Y=g(X)$ 的分布虽复杂一些，但利用分布函数及其性质，按一定步骤也是容易求得的，下面先看两个例子。

例 2.3.6　设 $X \sim \mathrm{Exp}(\lambda)$ 和 $a>0$，求 $Y=aX$ 的概率分布。

解：由于 X 是连续随机变量，$Y=aX$ 也是连续随机变量。如今已知 X 服从参数为 λ 的指数分布，其分布函数与密度函数分别是

$$F_X(x)=\begin{cases}0, & x<0 \\ 1-e^{-\lambda x}, & x\geqslant 0\end{cases} \qquad p_X(x)=\begin{cases}0, & x<0 \\ \lambda e^{-\lambda x}, & x\geqslant 0\end{cases}$$

现要求 $Y=aX$ 的分布函数 $F_Y(y)$ 或密度函数 $p_Y(y)$，为此分下面几步进行。

首先讨论 Y 的可能取值。由 X 不可能取负值，故 Y 也不可能取负值，所以我们有

$$F_Y(y)=P(Y\leqslant y)=0, \quad 当\ y<0$$

其次对 $y\geqslant 0$，从分布函数定义出发，计算 $F_Y(y)$，考虑到 $a>0$，故有

$$F_Y(y)=P(Y\leqslant y)=P(aX\leqslant y)$$
$$=P(X\leqslant \frac{y}{a})=F_X(\frac{y}{a})$$
$$=1-e^{-\lambda y/a}$$

综合上述，可得 Y 的分布函数：

$$F_Y(y)=\begin{cases}0, & y<0 \\ 1-e^{-\lambda y/a}, & y\geqslant 0\end{cases}$$

最后，若有需要，可对 $F_Y(y)$ 求导，即得 Y 的密度函数

$$p_Y(y) = \begin{cases} 0, & y < 0 \\ \dfrac{\lambda}{a} e^{-\lambda y/a}, & y \geqslant 0 \end{cases}$$

这表明,当 $X \sim \mathrm{Exp}(\lambda)$ 时,$Y = aX(a > 0) \sim \mathrm{Exp}(\lambda/a)$。特别,当 $a = \lambda$ 时,$Y = \lambda x \sim \mathrm{Exp}(1)$,这里 $\mathrm{Exp}(1)$ 称为**标准指数分布**,它不含任何未知参数。

例 2.3.7　设 $X \sim U(0,1)$,求 $Y = -\ln X$ 的概率分布。

解:从例 2.3.2 知,均匀分布 $U(0,1)$ 的分布函数与密度函数分别为

$$F_X(x) = \begin{cases} 0, & x \leqslant 0 \\ x, & 0 < x < 1 \\ 1, & x \geqslant 1 \end{cases} \qquad p_X(x) = \begin{cases} 1, & 0 < x < 1 \\ 0, & \text{其他} \end{cases}$$

大家知道,X 仅在 $(0,1)$ 上取值,故 $Y = -\ln X$ 只可能在 $(0, \infty)$ 上取值。所以当 $y \leqslant 0$ 时,$F_Y(y) = 0$;而当 $y > 0$ 时,我们有

$$\begin{aligned} F_Y(y) &= P(Y \leqslant y) = P(-\ln X \leqslant y) \\ &= P(\ln X \geqslant -y) = P(X \geqslant e^{-y}) \\ &= 1 - P(X < e^{-y}) = 1 - F_X(e^{-y}) \\ &= 1 - e^{-y} \end{aligned}$$

综合上述,Y 的分布函数为

$$F_Y(y) = \begin{cases} 0, & y \leqslant 0 \\ 1 - e^{-y}, & y > 0 \end{cases}$$

对其求导,立即得 Y 的密度函数

$$p_Y(y) = \begin{cases} 0, & y \leqslant 0 \\ e^{-y}, & y > 0 \end{cases}$$

可见,当 X 服从区间 $(0,1)$ 上的均匀分布时,$Y = -\ln X$ 将服从参数 $\lambda = 1$ 的标准指数分布,用分布符号表示即为:若 $X \sim U(0,1)$,则 $Y = -\ln X \sim \mathrm{Exp}(1)$。

上面两个例子对寻求随机变量函数分布的方法是有启发的,下面转入较为一般情形的讨论。

定理 2.3.1　设已知随机变量 X 的分布函数为 $F_X(x)$,密度函数为 $p_X(x)$,又设 $Y = g(X)$,其中函数 $g(\cdot)$ 是严格单调函数,且导数 $g'(\cdot)$ 存在,则 Y 的密度函数为

$$p_Y(y) = p_X(h(y)) \, | \, h'(y) \, | \tag{2.3.9}$$

其中 $h(y)$ 是 $y = g(x)$ 的反函数,$h'(y)$ 是其导数。

证:由于 $Y = g(X)$ 是严格单调函数(严增函数或严减函数),故其反函数 $X = h(y)$ 存在。由于 g 可导,从而 h 也可导。

为确定起见,先设 $g(X)$ 是 X 的严增函数,则有

$$F_Y(y) = P(Y \leqslant y) = P(g(X) \leqslant y)$$
$$= P(X \leqslant h(y)) = F_X(h(y))$$
$$p_Y(y) = p_X(h(y)) \cdot h'(y) \tag{2.3.10}$$

如果 $g(X)$ 是严减函数,则事件"$g(X) \leqslant y$"等价于"$X \geqslant h(y)$",所以在严减函数场合,我们有

$$F_Y(y) = P(Y \leqslant y) = P(g(X) \leqslant y)$$
$$= P(X \geqslant h(y)) = 1 - F_X(h(y))$$
$$p_Y(y) = -p_X(h(y)) \cdot h'(y) \tag{2.3.11}$$

因为当 g 为严减函数时,其反函数 h 也是减函数,故 $h'(y) < 0$。这样 $p_Y(y)$ 仍为非负的,综合(2.3.10)和(2.3.11)式,可得定理的结论(2.3.9)。

应用定理 2.3.1 的关键在于写出反函数,找出反函数后,立即可写出随机变量函数的密度函数,譬如:

当 $Y = aX + b \, (a \neq 0)$ 时,反函数 $h(y) = (y-b)/a$,$h'(y) = \dfrac{1}{a}$,于是 Y 的密度函数为

$$p_Y(y) = p_X\left(\frac{y-b}{a}\right) \cdot \frac{1}{|a|}$$

当 $Y = -\ln X$ 时,反函数 $h(y) = e^{-y}$,$h'(y) = -e^{-y}$,于是 $Y = -\ln X$ 的密度函数为

$$p_Y(y) = p_X(e^{-y}) e^{-y}$$

在给出具体的 $p_X(x)$ 后,就可写出 $p_Y(y)$ 的表达式,大家可用例 2.3.6 和例 2.3.7 来验证这些结果。

例 2.3.8 设随机变量 X 的分布函数 $F_X(x)$ 是严增函数,则 $Y = F_X(X)$ 服从区间 $(0,1)$ 上的均匀分布。

为了证明这个结论,首先要看到 $Y = F_X(X)$ 是在区间 $(0,1)$ 上取值的随机变量,所以当 $y \leqslant 0$ 时,$F_Y(y) = 0$;当 $y \geqslant 1$ 时,$F_Y(y) = 1$,而当 $0 < y < 1$ 时,我们有

$$F_Y(y) = P(Y \leqslant y) = P(F_X(X) \leqslant y)$$
$$= P(X \leqslant F_X^{-1}(y))$$
$$= F_X(F_X^{-1}(y)) = y$$

综合上述,$Y = F_X(X)$ 的分布函数为

$$F_Y(y) = \begin{cases} 0, & y \leqslant 0 \\ y, & 0 < y < 1 \\ 1, & y \geqslant 1 \end{cases}$$

这就是在区间 $(0,1)$ 上的均匀分布函数。

2.3.4 连续随机变量的数学期望

连续随机变量的数学期望的定义和含义完全类似于离散随机变量场合,只要在离散

随机变量的数学期望定义(定义 2.2.2)中用密度函数 $p(x)$ 代替分布列 $\{p(x_i)\}$,用积分代替和式,就可把数学期望的定义从离散场合推广到连续场合。

定义 2.3.2 设连续随机变量 X 有密度函数 $p(x)$,如果积分

$$\int_{-\infty}^{\infty} |x| p(x)\mathrm{d}x \tag{2.3.12}$$

有限,则称

$$E(X) = \int_{-\infty}^{\infty} x p(x)\mathrm{d}x \tag{2.3.13}$$

为 **X 的数学期望**,简称**期望**,**期望值**或**均值**。如果积分(2.3.12)无限,则说 X 的数学期望不存在。

连续随机变量 X 的数学期望 $E(X)$ 是在连续场合下的一种加权平均,权就是密度函数。假如 X 表示重量,则 $E(X)$ 表示平均重量;假如 X 表示价格,则 $E(X)$ 表示平均价格;假如 X 表示寿命,则 $E(X)$ 表示平均寿命。从分布观点看数学期望,则数学期望是分布的中心位置,它是分布的位置特征。假如已知某分布的数学期望为 5,则该分布大约在 5 附近散布着。

例 2.3.9(均匀分布的数学期望) 设随机变量 X 服从均匀分布,它的密度函数为

$$p(x) = \begin{cases} \dfrac{1}{b-a}, & a \leqslant x \leqslant b \\ 0, & \text{其他} \end{cases}$$

它的数学期望为

$$\begin{aligned} E(X) &= \int_{-\infty}^{\infty} x p(x)\mathrm{d}x = \int_{a}^{b} x \cdot \frac{1}{b-a}\mathrm{d}x \\ &= \frac{1}{b-a} \left. \frac{x^2}{2} \right|_{a}^{b} = \frac{b^2 - a^2}{2(b-a)} \\ &= \frac{a+b}{2} \end{aligned}$$

可见,均匀分布的数学期望位于区间 $[a, b]$ 的中点。

例 2.3.10(指数分布的数学期望) 设随机变量 X 服从参数为 λ 的指数分布,它的密度函数如(2.3.5)式所示。它的数学期望为

$$E(X) = \int_{-\infty}^{\infty} x p(x)\mathrm{d}x = \int_{0}^{\infty} \lambda x e^{-\lambda x}\mathrm{d}x$$

利用分部积分法,可得

$$E(X) = \int_{0}^{\infty} e^{-\lambda x}\mathrm{d}x = -\frac{1}{\lambda} e^{-\lambda x} \Big|_{0}^{\infty} = \frac{1}{\lambda}$$

可见,指数分布的数学期望为参数 λ 的倒数。譬如,某产品的寿命 T(单位:小时)服从参数为 $\lambda = 0.002$ 的指数分布,则该产品的平均寿命 $E(T) = \lambda^{-1} = (0.002)^{-1} = 500$ 小时。

例 2.3.11 密度函数为

$$p(x) = \frac{1}{\pi(1+x^2)}, \qquad -\infty < x < \infty$$

的分布称为**柯西分布**，其数学期望不存在。这是因为积分

$$\frac{1}{\pi} \int_{-\infty}^{\infty} \frac{|x|}{1+x^2} \mathrm{d}x$$

无限。

2.3.5　正态分布

连续随机变量的概率分布简称为连续分布。前面介绍的均匀分布 $U(a,b)$ 和指数分布 $\mathrm{Exp}(\lambda)$ 就是两个常用的连续分布。下面将介绍另外三种常用的概率分布。这里先介绍正态分布。下面分几点叙述。

2.3.5.1　定义与背景

密度函数为

$$p(x) = \frac{1}{\sqrt{2\pi}\,\sigma} \exp\left\{ -\frac{(x-\mu)^2}{2\sigma^2} \right\}, \quad -\infty < x < \infty \tag{2.3.14}$$

的分布称为**正态分布**，其分布函数用如下积分表示

$$F(x) = \frac{1}{\sqrt{2\pi}\,\sigma} \int_{-\infty}^{x} \exp\left\{ -\frac{(x-\mu)^2}{2\sigma^2} \right\} \mathrm{d}x, \quad -\infty < x < \infty \tag{2.3.15}$$

它含有两个参数 μ 与 σ，$-\infty < \mu < \infty, \sigma > 0$，常记为 $N(\mu, \sigma^2)$。符号 $X \sim N(\mu, \sigma^2)$ 表示随机变量 X 服从参数为 μ 与 σ^2 的正态分布，此时，X 又简称正态变量，$p(x)$ 图形又简称正态曲线（见图 2.3.7(a)），它是一条钟形曲线：中间高、两边低、左右对称，它的分布函数图形（见图 2.3.7(b)）是在 $(-\infty, \infty)$ 上的连续上升曲线。

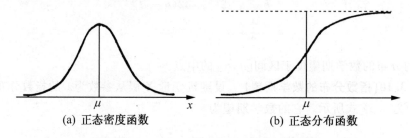

(a) 正态密度函数　　　　　　　(b) 正态分布函数

图 2.3.7　正态分布的密度函数与分布函数

由于正态曲线 $p(x)$ 总位于 x 轴上方，故 $p(x) > 0$。还可证明：$p(x)$ 在 $(-\infty, \infty)$ 上的面积为 1，为此作变换 $t = (x-\mu)/\sigma$，则

$$\frac{1}{\sqrt{2\pi}\,\sigma} \int_{-\infty}^{\infty} \exp\left\{ -\frac{(x-\mu)^2}{2\sigma^2} \right\} \mathrm{d}x = \frac{1}{\sqrt{2\pi}} \int_{-\infty}^{\infty} e^{-\frac{t^2}{2}} \mathrm{d}t$$

若令 I 为上式右边的广义积分，则其平方为

$$I^2 = \int_{-\infty}^{\infty} e^{-x^2/2}\,\mathrm{d}x \int_{-\infty}^{\infty} e^{-y^2/2}\,\mathrm{d}y = \int_{-\infty}^{\infty} \int_{-\infty}^{\infty} e^{-(x^2+y^2)/2}\,\mathrm{d}x\,\mathrm{d}y$$

利用极坐标变换：$x = r\cos\theta$，$y = r\sin\theta$，则

$$I^2 = \int_0^{\infty} \int_0^{2\pi} re^{-r^2/2}\,\mathrm{d}\theta\,\mathrm{d}r = 2\pi \int_0^{\infty} re^{-r^2/2}\,\mathrm{d}r = 2\pi$$

由此可得 $I = \sqrt{2\pi}$，代回原式即说明正态曲线确是密度函数。

2.3.5.2 正态分布的背景

正态分布在概率论与数理统计的理论与应用中都是最重要最常用的分布，这是因为

（1）很多随机现象可以用正态分布描述或近似描述，譬如：

① 测量误差 ε 都是用正态分布描述的，测量误差 ε 是随机变量，时大时小、时正时负，不过误差大的机会少，误差小的机会多，正误差与负误差出现的机会没有理由认为是不等的，这些现象与正态曲线"中间高两边低左右对称"是完全吻合的，所以测量误差 ε 总认为是正态变量；

② 罐头自动包装线上的罐头重量 y 与标准重量 m 总有偏差 δ，此种 δ 也和测量误差 ε 类似，也是正态变量，以后会证明，一个常量与一个正态变量之和 $y = m + \delta$ 仍是正态变量，所以自动包装线上的罐头重量服从正态分布；

③ 大批制造的同一产品的尺寸：长度、宽度、高度、直径等分别都是服从正态分布的随机变量；

④ 同龄人的身高与体重分别都是正态变量；

⑤ 凡人的年收入可近似用正态分布描述，因为在凡人中年收入特大和特小的居少，而中间状态居多；

⑥ 一个地区的年降雨量（单位：mm）是正态变量；

⑦ 超级市场在一周内售出的鸡蛋重量是正态变量；

⑧ 大公司职员一周内超时津贴是正态变量。

（2）许多分布可用正态分布作近似计算，在第三章中的 3.5.3 将要叙述的二项分布的正态近似就是一例。在第三章的中心极限定理表明，在一定条件下，很多随机变量的叠加都可用正态分布近似。

（3）从正态分布可导出一些有用分布，如统计中常用的三大分布：χ^2 分布、t 分布、F 分布都是从正态分布导出的。

可以说，概率论与数理统计的基础部分就是以正态分布为中心建立起来的。

2.3.5.3 正态分布的数学期望

设 $X \sim N(\mu, \sigma^2)$，则 $E(X) = \mu$。

证：在 $E(X)$ 的积分表达式中作变换 $z = (x - \mu)/\sigma$，可得

$$\begin{aligned}
E(X) &= \frac{1}{\sqrt{2\pi}\,\sigma} \int_{-\infty}^{\infty} x \exp\left\{-\frac{(x-\mu)^2}{2\sigma^2}\right\} \mathrm{d}x \\
&= \frac{1}{\sqrt{2\pi}} \int_{-\infty}^{\infty} (\sigma z + \mu)e^{-z^2/2}\,\mathrm{d}z \\
&= \frac{1}{\sqrt{2\pi}} \left[\sigma \int_{-\infty}^{\infty} ze^{-z^2/2}\,\mathrm{d}z + \mu \int_{-\infty}^{\infty} e^{-z^2/2}\,\mathrm{d}z\right]
\end{aligned}$$

由于上式右端第一个积分的被积函数为奇函数,故其积分为 0,第二个积分恰为 $\sqrt{2\pi}$,故得 $E(X) = \mu$ 。

这样我们就明确了正态分布 $N(\mu, \sigma^2)$ 中的第一个参数 μ 的概率含义,它就是数学期望,至于第二个参数 σ 将在下一节介绍,这里先叙述其名称和概率含义。 σ 称为标准差,它是表示正态分布在其期望值 μ 附近集中与分散的程度, σ 愈小,分布愈集中,正态曲线呈高而瘦; σ 愈大,分布愈分散,正态曲线呈矮而胖,详见图 2.3.8。由此可见,正态分布由其期望值 μ 和标准差 σ 唯一确定, μ 决定其位置, σ 决定其散布大小。

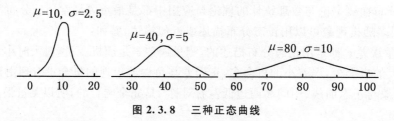

图 2.3.8　三种正态曲线

2.3.5.4　标准正态分布 $N(0,1)$ 及其分布函数表

期望值为 0 且标准差为 1 的正态分布 $N(0,1)$ 称为**标准正态分布**,相应的随机变量叫**标准正态变量**,常用 U 表示,其取值常用 u 表示,其密度函数用 $\phi(u)$ 表示,分布函数用 $\Phi(u)$ 表示,即

$$\phi(u) = \frac{1}{\sqrt{2\pi}} e^{-u^2/2}, \quad -\infty < u < \infty \tag{2.3.16}$$

$$\Phi(u) = \frac{1}{\sqrt{2\pi}} \int_{-\infty}^{u} e^{-x^2/2} \,\mathrm{d}x, \quad -\infty < u < \infty \tag{2.3.17}$$

用变量替换法可以证明:对任意实数 u ,有

$$\Phi(-u) = 1 - \Phi(u) \tag{2.3.18}$$

此结论亦可从 $\phi(u)$ 关于纵轴对称中直接看出(见图 2.3.9)。

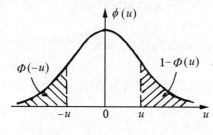

图 2.3.9　$\Phi(-u) = 1 - \Phi(u)$

标准正态分布函数 $\Phi(u)$ 是正态分布计算的基础。人们对 $\Phi(u)$ 编制了函数值表,附表 3 对 u 从 0 至 2.99(间隔 0.01),3.0 至 6.0(间隔 0.1)列出了 $\Phi(u)$ 的值,对负值可用 (2.3.18) 式算得,譬如:

$$\Phi(1) = 0.8413, \quad \Phi(1.64) = 0.9495$$
$$\Phi(-0.83) = 1 - \Phi(0.83) = 1 - 0.7967 = 0.2033$$

2.3.5.5 正态变量的线性变换

利用定理 2.3.1 可知,当 $X \sim N(\mu,\sigma^2)$ 时,$U = \dfrac{X-\mu}{\sigma}$ 的密度函数为

$$p_U(u) = p_X(\mu + \sigma u) \cdot \sigma = \frac{1}{\sqrt{2\pi}} e^{-u^2/2} = \phi(u)$$

这表明,当 $X \sim N(\mu,\sigma^2)$ 时,$U = (X-\mu)/\sigma$ 是标准正态变量,即 $U \sim N(0,1)$。

在概率论中,把随机变量 X 减去自己的均值 μ,再除以自己的标准差 σ,所得到新变量 $U = (X-\mu)/\sigma$ 称为原变量 X 的**标准化变换**,或称为 X 的**标准化随机变量**。上述计算结果表明:任一正态变量经过标准化变换后都是标准正态变量。譬如在图 2.3.10 上,X_1 与 X_2 是不同的两个正态变量,但经过各自的标准化后,$U_1 = \dfrac{X_1 - 10}{2}$ 与 $U_2 = \dfrac{X_2 - 2}{0.3}$ 都是标准正态变量。

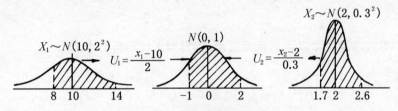

图 2.3.10　正态变量的标准化

2.3.5.6 正态分布的计算

现在转入正态分布的计算,正态分布计算主要有如下几种形式:

(1) 设 $X \sim N(\mu,\sigma^2)$,则

$$F(a < X < b) = \Phi\left(\frac{b-\mu}{\sigma}\right) - \Phi\left(\frac{a-\mu}{\sigma}\right) \qquad (2.3.19)$$

由此,当 $a = -\infty$ 或 $b = +\infty$ 时,有

$$P(X < b) = \Phi\left(\frac{b-\mu}{\sigma}\right) \qquad (2.3.20)$$

$$P(X > a) = 1 - \Phi\left(\frac{a-\mu}{\sigma}\right) \qquad (2.3.21)$$

事实上,由 $X \sim N(\mu,\sigma^2)$ 知,$U = \dfrac{X-\mu}{\sigma}$ 是标准正态变量。故

$$P(a < X < b) = P\left(\frac{a-\mu}{\sigma} < U < \frac{b-\mu}{\sigma}\right)$$

$$= P\left(U < \frac{b-\mu}{\sigma}\right) - P\left(U \leqslant \frac{a-\mu}{\sigma}\right)$$

$$= \Phi\left(\frac{b-\mu}{\sigma}\right) - \Phi\left(\frac{a-\mu}{\sigma}\right)$$

例 2.3.12　设 $X_1 \sim N(10,2^2)$,$X_2 \sim N(2,0.3^2)$,试求下列概率:$P(8 < X_1 < 14)$,

$P(1.7 < X_2 < 2.6)$。

解：$P(8 < X_1 < 14) = P\left(\dfrac{8-10}{2} < U_1 < \dfrac{14-10}{2}\right)$

$$= \Phi(2) - \Phi(-1)$$
$$= 0.9772 - (1 - 0.8413)$$
$$= 0.8185$$

$$P(1.7 < X_2 < 2.6) = P\left(\dfrac{1.7-2}{0.3} < U_2 < \dfrac{2.6-2}{0.3}\right)$$
$$= \Phi(2) - \Phi(-1) = 0.8185$$

这两个概率相等已在图 2.3.10 上表示出来。

（2）设 $X \sim N(\mu, \sigma^2)$，则

$$P(|X - \mu| < k\sigma) = \Phi(k) - \Phi(-k)$$
$$= 2\Phi(k) - 1 \tag{2.3.22}$$

这只要在不等式两端各除以 σ 后就可看出，特别当 $k = 1, 2, 3$ 时，有

$$P(|X - \mu| < k\sigma) = \begin{cases} 0.6826, & k = 1 \\ 0.9544, & k = 2 \\ 0.9973, & k = 3 \end{cases} \tag{2.3.23}$$

可见，正态变量 X 取值位于均值 μ 附近的密集程度可用标准差 σ 为单位来度量。图 2.3.11 把（2.3.23）式具体表示出来。

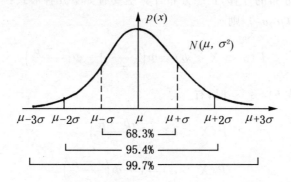

图 2.3.11　正态变量在均值附近取值的概率

（3）设 $X \sim N(\mu, \sigma^2)$，若已知 $P(X < c) = p$，求 c。这里 c 是 X 的 p 分位数，将在 2.5.6 节讨论。

例 2.3.13　某公司职员每周的超时津贴服从正态分布，其均值为 42.5 元，标准差为 10.4 元，试问每周超时津贴超过 60 元的职工在全公司中占多少比例？

解：设 X 是该公司职工每周的超时津贴，则 $X \sim N(42.5, 10.4^2)$。所求的概率为

$$P(X > 60) = 1 - P(X \leqslant 60)$$
$$= 1 - \Phi\left(\dfrac{60 - 42.5}{10.4}\right) = 1 - \Phi(1.68)$$

$$=1-0.9535=0.0465$$

这表明,每周得 60 元超时津贴的职工占全公司职工的 4.65%。

2.3.6　伽马分布

(1) 伽马函数:含参数 α 的积分

$$\Gamma(\alpha)=\int_0^\infty x^{\alpha-1}e^{-x}\,\mathrm{d}x,\quad \alpha>0$$

称为伽马函数。它有如下性质:

① $\Gamma(1)=1,\Gamma\left(\dfrac{1}{2}\right)=\sqrt{\pi}$;

② 递推公式:$\Gamma(\alpha+1)=\alpha\Gamma(\alpha)$(用分部积分法可得)。特别地,对自然数 n,$\Gamma(n+1)=n!$;

③ $\displaystyle\int_0^\infty x^{\alpha-1}e^{-\lambda x}\,\mathrm{d}x=\Gamma(\alpha)/\lambda^\alpha$(用变量替换法可得)。

(2) 伽马分布:密度函数为

$$p(x)=\begin{cases}\dfrac{\lambda^\alpha}{\Gamma(\alpha)}x^{\alpha-1}e^{-\lambda x},&x>0\\0,&x\leqslant0\end{cases}\tag{2.3.24}$$

的概率分布称为**伽马分布**,它含有两个正参数 α 与 λ。其中 $\alpha>0$ 称为形状参数,$\lambda>0$ 称为尺度参数。图 2.3.12 画出了若干条 α 不同的伽马密度函数曲线,从图上可见,$\alpha>1$ 时,伽马密度函数是单峰,峰值位于 $x=(\alpha-1)/\lambda$;对 $1<\alpha\leqslant2$,其密度函数是先上凸,后下凸;对 $\alpha>2$,其密度是先下凸,中间上凸,最后又下凸。

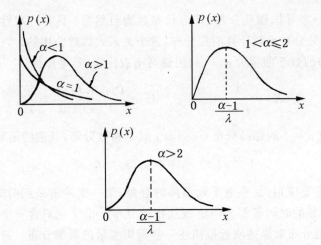

图 2.3.12　λ 固定,不同 α 的伽马密度函数曲线

伽马分布记为 $Ga(\alpha,\lambda)$,它的密度函数简写为

$$p(x) = \frac{\lambda^\alpha}{\Gamma(\alpha)} x^{\alpha-1} e^{-\lambda x}, \quad x > 0 \qquad (2.3.25)$$

而把 $p(x) = 0$ 的部分略去，以后都是这样去理解密度函数，略去的部分均为零。

例 2.3.14 某电子产品能经受外界若干次冲击，可当第 k 次冲击来到时，产品就失效了，这样，该产品的寿命就是第 k 次冲击来到的时刻。假如在 $(0, t)$ 时间内，产品受到的冲击次数 X 服从参数为 λt 的泊松分布

$$P(X = x) = \frac{(\lambda t)^x}{x!} e^{-\lambda t}, \quad x = 0, 1, \cdots$$

则该产品的寿命 T 服从参数 k 和 λ 的伽马分布，即 $T \sim Ga(k, \lambda)$。

证：设该产品寿命 T 的分布函数为 $F(t) = P(T \leqslant t)$，其中事件"$T \leqslant t$"表示产品寿命 T 不超过时间 t，也即在 $(0, t)$ 内有不少于 k 个冲击发生，这表明：事件"$T \leqslant t$"与事件"$X \geqslant k$"等价，于是

$$F(t) = P(T \leqslant t) = P(X \geqslant k) = \sum_{x=k}^{\infty} \frac{(\lambda t)^x}{x!} e^{-\lambda t}$$

用分部积分法可以验证下列等式

$$1 - F(t) = \sum_{x=0}^{k-1} \frac{(\lambda t)^x}{x!} e^{-\lambda t} = \frac{\lambda^k}{\Gamma(k)} \int_t^\infty x^{k-1} e^{-\lambda x} dx \qquad (2.3.26)$$

由此可得

$$F(t) = \frac{\lambda^k}{\Gamma(k)} \int_0^t x^{k-1} e^{-\lambda x} dx$$

这表明：$T \sim Ga(k, \lambda)$。

上述由泊松分布导出伽马分布（其形状参数为自然数）具有一般性。其中 $(2.3.26)$ 式也表明，可用伽马分布函数计算泊松分布，这个关系式以后会用的。

（3）伽马分布的数学期望为 α/λ，利用伽马函数性质，不难算得

$$E(X) = \frac{\lambda^\alpha}{\Gamma(\alpha)} \int_0^\infty x^\alpha e^{-\lambda x} dx = \frac{\Gamma(\alpha+1)}{\Gamma(\alpha)} \frac{1}{\lambda} = \frac{\alpha}{\lambda}$$

（4）形状参数 $\alpha = 1$ 的伽马分布 $Ga(1, \lambda)$ 就是指数分布，其密度函数为

$$p(x) = \lambda e^{-\lambda x}, \quad x > 0$$

指数分布有重要应用，某些电子元器件的寿命、第一次冲击来到的时间、电话的通话时间、排队等候服务的时间等都常假定服从指数分布。由于它只含一个参数，计算简单，实际中常使用指数分布来描述或近似描述一些随机变量的概率分布。指数分布有如下重要性质：

定理 2.3.2 设随机变量 $X \sim \mathrm{Exp}(\lambda)$，则对任意实数 $s > 0, t > 0$ 有

$$P(X > s + t \mid X > s) = P(X > t) \qquad (2.3.27)$$

先说明此定理的含义，然后再证明它。假如把 X 看作寿命，则 $(2.3.27)$ 式左端表明，

若已知寿命长于 s 年,则再活 t 年的概率与已活年龄 s 无关。这个性质称为"**无记忆性**"。

定理 2.3.2 的证明:容易写出 X 的分布函数

$$F(x) = 1 - e^{-\lambda x}, \quad x > 0$$

其中"$x \leqslant 0$ 时,$F(x) = 0$"省略了,于是 $P(X > s) = e^{-\lambda s}$。对任意正实数 s 和 t,事件"$X > s + t$"发生必导致事件"$X > s$"发生,即

$$\text{"}X > s + t\text{"} \subset \text{"}X > s\text{"}$$

于是条件概率

$$P(X > s + t \mid X > s) = \frac{P(X > s + t)}{P(X > s)} = \frac{e^{-\lambda(s+t)}}{e^{-\lambda s}}$$
$$= e^{-\lambda t} = P(X > t)$$

这就证明了(2.3.27)式。

(5) 尺度参数 $\lambda = \dfrac{1}{2}$,形状参数 $\alpha = \dfrac{n}{2}$(n 为自然数)的伽马分布 $Ga\left(\dfrac{n}{2}, \dfrac{1}{2}\right)$ 称为**自由度为 n 的 χ^2 分布**,读作卡方分布,记为 $\chi^2(n)$。若设 $X \sim \chi^2(n)$,则其数学期望 $E(X) = n$。自由度为 n 的 χ^2 分布的密度函数为

$$p(x) = \frac{1}{\Gamma\left(\dfrac{n}{2}\right) 2^{\frac{n}{2}}} x^{\frac{n}{2}-1} e^{-\frac{x}{2}}, \quad x > 0 \tag{2.3.28}$$

χ^2 分布是统计中最重要的三大分布之一,统计中不少结论与此分布有关,它首先是由英国统计学家 $K \cdot$ 皮尔逊(1857—1936) 提出的。"自由度为 n"的含义将在以后解释。

2.3.7　贝塔分布

(1) 贝塔函数:含参数 a 与 b 的积分

$$\beta(a, b) = \int_0^1 x^{a-1}(1-x)^{b-1} \mathrm{d}x, \quad a > 0, \quad b > 0$$

称为贝塔函数,它有如下性质:

① $\beta(a, b) = \beta(b, a)$;

② 贝塔函数与伽马函数间有如下关系

$$\beta(a, b) = \frac{\Gamma(a)\Gamma(b)}{\Gamma(a+b)} \tag{2.3.29}$$

证:由伽马函数定义知

$$\Gamma(a)\Gamma(b) = \int_0^\infty \int_0^\infty x^{a-1} y^{b-1} e^{-(x+y)} \mathrm{d}x \, \mathrm{d}y$$

作变量替换 $x = uv, y = u(1-v)$,其雅可比行列式 $J = -u$。故

$$\Gamma(a)\Gamma(b) = \int_0^\infty \int_0^1 (uv)^{a-1} \left[u(1-v)\right]^{b-1} e^{-u} u \, \mathrm{d}u \, \mathrm{d}v$$

$$= \int_0^\infty u^{a+b-1} e^{-u} \mathrm{d}u \int_0^1 v^{a-1} (1-v)^{b-1} \mathrm{d}v$$
$$= \Gamma(a+b)\beta(a,b)$$

这就证明了(2.3.29)。

（2）贝塔分布：密度函数为

$$p(x) = \frac{\Gamma(a+b)}{\Gamma(a)\Gamma(b)} x^{a-1}(1-x)^{b-1}, \quad 0 \leqslant x \leqslant 1 \tag{2.3.30}$$

（在其他 x 处 $p(x)=0$，这里省略了）的概率分布称为**贝塔分布**，记为 $Be(a,b)$，其中 a 与 b 都是形状参数，且都为正。a 与 b 取不同的值，贝塔密度函数形状有较大差异。图 2.3.13 列出了几种典型的贝塔密度函数曲线，譬如，当 $a>1, b>1$ 时，$p(x)$ 是单峰曲线，且在 $x_1=(a-1)/(a+b-2)$ 处达到最大值；当 $a<1, b<1$ 时，$p(x)$ 为 U 形曲线，且在 $x_2=(1-a)/(2-a-b)$ 处达到最小值（见图 2.3.13(a)）。当 $a \geqslant 1, b<1$ 时，$p(x)$ 为 J 形曲线；当 $a<1, b \geqslant 1$ 时，$p(x)$ 为反 J 形曲线（见图 2.3.13(b)）。

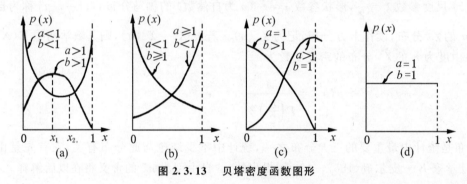

图 2.3.13 贝塔密度函数图形

若随机变量 $X \sim Be(a,b)$，则 X 一定是仅在 $[0,1]$ 上取值的随机变量。不合格品率、机器的维修率、打靶的命中率、市场的占有率等各种比率都会随时变化的，选用贝塔分布作为它们的概率分布是恰当的，只是参数 a 与 b 不同罢了。譬如大规模集成电路的成品率不很稳定，它有 150 道工序，从原材料到工人情绪都会对成品质量产生影响，但全是不合格品和全是合格品都极为少见，此时用 $a>1, b>1$ 的贝塔分布去描述它是妥当的。又如股票买卖的成功率为 0 和 1 都是有可能的，不输不赢的股票买卖是少见的，这时用 $a<1$，$b<1$ 的贝塔分布去描述它也是适当的。

例 2.3.15 某城市的公路分成很多段，设在一年中需要维修的公路段的比率 X 服从贝塔分布 $Be(3,2)$。要求在任一年中有一半以上的公路段需要维修的概率。

解：由(2.3.30)式容易写出贝塔分布 $Be(3,2)$ 的密度函数

$$p(x) = 12x^2(1-x), \quad 0 < x < 1$$

而所要求的概率为

$$P\left(X > \frac{1}{2}\right) = \int_{1/2}^1 12x^2(1-x)\mathrm{d}x = \frac{11}{16} = 0.6875$$

（3）贝塔分布的数学期望为 $a/(a+b)$，这是因为

$$E(X) = \frac{\Gamma(a+b)}{\Gamma(a)\Gamma(b)} \int_0^1 x^{a+1-1}(1-x)^{b-1}\mathrm{d}x$$

$$= \frac{\Gamma(a+b)}{\Gamma(a)\Gamma(b)} \cdot \frac{\Gamma(a+1)\Gamma(b)}{\Gamma(a+b+1)}$$

$$= \frac{a}{a+b}$$

(4)$a=b=1$ 时贝塔分布 $Be(1,1)$ 就是在$[0,1]$上的均匀分布,其密度函数(见图 2.3.13(d))为

$$p(x) = \begin{cases} 1, & 0 \leqslant x \leqslant 1 \\ 0, & \text{其他} \end{cases}$$

均匀分布的一个重要性质是:设随机变量 $X \sim Be(1,1)$,则 X 在长为 Δx 的小区间上取值的概率等于 Δx,而与区间的二个端点位置无关。这一性质告诉我们,当已知一个随机变量仅在$[0,1]$上取值,而说不出在哪一个小区间上取值的可能性更大一些时,使用均匀分布去描述它是较为妥当的。

习题 2.3

1. 设随机变量 X 服从均匀分布$U(7.5,20)$,
   (1) 写出 X 的密度函数 $p(x)$,并作图;
   (2) X 不超过 12 的概率是多少?
   (3) X 介于 10 到 15 之间的概率是多少,介于 12 到 17 之间的概率是多少? 为什么这两个概率相等?

2. 长条木材要锯成长为 m 厘米的段材,木工加工时尽量向目标值 m 接近,但误差 $X=$(木材实际长度)$-$ m 不可避免会存在。设 X 的密度函数 $p(x)$ 及其图形如下:

$$p(x) = \begin{cases} 0.75(1-x^2), & -1 \leqslant x \leqslant 1 \\ 0, & \text{其他} \end{cases}$$

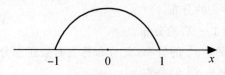

习题 2.3.2 的图

   (1) 计算概率 $P(X < 0.5)$;
   (2) 计算概率 $P(|X| < 0.5)$;
   (3) 写出分布函数 $F(x) = P(X \leqslant x)$。

3. 包裹的特快专递(EMS)规定:每包不得超过 1 公斤。令 X 为任选一个包裹的重量,其密度函数为

$$p(x) = \begin{cases} 0.5 + x, & 0 < x \leqslant 1 \\ 0, & \text{其他} \end{cases}$$

（1）这类包裹的重量 X 至少为 3/4 公斤的概率是多少？

（2）这类包裹的重量 X 最多为 1/2 公斤的概率是多少？

（3）计算概率 $P(1/4 \leqslant X \leqslant 3/4)$。

4. 设某人通话时间 X（单位：分）服从如下的指数分布：

$$p(x) = \begin{cases} \dfrac{1}{5} e^{-\frac{x}{5}}, & x > 0 \\ 0, & x \leqslant 0 \end{cases}$$

当你走进电话室需打电话时，某人恰好在你前面开始打电话。求下列几个事件的概率：

（1）你等待时间超过 3 分钟；

（2）你等待时间不超过 5 分钟。

5. 某仪器的工作寿命 X（单位：小时）有如下的密度函数：

$$p(x) = \begin{cases} 100/x^2, & x > 100 \\ 0, & x \leqslant 100 \end{cases}$$

（1）写出 X 的分布函数；

（2）计算该仪器寿命不超过 200 小时的概率；

（3）计算该仪器寿命超过 300 小时的概率。

6. 设随机变量 X 的分布函数为

$$F(x) = \begin{cases} 1 - (1+x)e^{-x}, & x > 0 \\ 0, & x \leqslant 0 \end{cases}$$

求其密度函数，并计算概率 $P(X \leqslant 1)$ 和 $P(X > 2)$。

7. 设 $X \sim \text{Exp}(\lambda)$，求 $Y = \sqrt{X}$ 的分布。

8. 设 $X \sim N(\mu, \sigma^2)$，求 $Y = a + bX$ 的分布，其中 a 与 b 为任一实数，且 $b \neq 0$。假如 $X \sim N(10, 3^2)$，求 $Y = 5X - 2$ 的分布。

9. 设 $X \sim U(0,1)$，求 $Y = 1 - X$ 的分布。

10. 设 $X \sim N(\mu, \sigma^2)$，求 $Y = e^X$ 的分布（此分布称为对数正态分布）。

11. 设 $X \sim N(0, \sigma^2)$，求 $Y = X^2$ 的分布。

12. 设 $U \sim N(0,1)$，计算下列概率：

（1）$P(U \leqslant 2.36)$；

（2）$P(1.14 < U \leqslant 3.35)$；

（3）$P(U > -3.38)$；

（4）$P(U < 4.98)$。

13. 设 $X \sim N(\mu, \sigma^2)$，计算下列概率：

(1) $P(X < \mu + 2\sigma)$；

(2) $P(X > \mu - 3\sigma)$；

(3) $P(\mu - \sigma < X < \mu + 2\sigma)$；

(4) $P(|X - \mu| > 2\sigma)$；

(5) $P(\mu - 3\sigma < X < \mu)$。

14. 资料显示：美国 40 岁以下妇女心脏收缩的血压 X 服从均值 $\mu = 120$mm 和标准差 $\sigma = 10$mm 的正态分布。

(1) 求 X 介于 110 到 140 之间的概率；

(2) 求 X 超过 145 的概率；

(3) 求 X 低于 105 的概率。

15. 某市每小时消耗电力 X（单位：百万度）可看作服从伽马分布的随机变量，它的两个参数分别为 $\alpha = 3, \lambda = 1/2$。假如每小时向该市供应 12（百万度）电力，该城市还感电力供应不足的概率是多少？

§ 2.4 方 差

方差是概率分布（也是随机变量）的最重要、最常用的特征数之一，在金融中降低风险、在生产中提高产品质量、在测量中提高精度等都是通过减少方差体现出来的。这里将从随机变量函数的数学期望开始先给出数学期望的一些运算性质，然后转到方差的讨论中去。

2.4.1 随机变量函数的数学期望

设随机变量 X 的分布函数为 $F(x)$，在离散场合可用分布列 $\{p(x_i)\}$ 代替 $F(x)$，在连续场合可用密度函数 $p(x)$ 代替 $F(x)$。假如 X 的数学期望存在，则有

$$E(X) = \begin{cases} \sum_i x_i p(x_i), & \text{在离散场合} \\ \int_{-\infty}^{\infty} x p(x) \mathrm{d}x, & \text{在连续场合} \end{cases} \qquad (2.4.1)$$

这是已为大家熟知的事实，就是用 X 的分布计算 X 的数学期望。如今有一个随机变量 X 的函数 $g(X)$，假如它的数学期望存在，如何计算 $E[g(X)]$ 呢？按数学期望定义 (2.4.1)，这要分两步进行：

第一步，先求出 $Y = g(X)$ 的分布 $\{p(y_i)\}$ 或 $p(y)$；

第二步，利用 Y 的分布计算 $E(Y) = E[g(X)]$。

下面的例子将说明这个过程。

例 2.4.1 设 X 为标准正态变量，即 $X \sim N(0,1)$，现要求其平方 X^2 的数学期望。

第一步，寻求 $Y = X^2$ 的分布。由于函数 $Y = X^2$ 在整个数轴上不是严格单调函数，故不能直接使用定理 2.3.1 获得 Y 的分布，还得从 Y 的分布函数定义开始来寻求，当 $y \geqslant 0$ 时，有

$$F_Y(y) = P(Y \leqslant y) = P(X^2 \leqslant y)$$
$$= P(-\sqrt{y} \leqslant X \leqslant \sqrt{y})$$
$$= F_X(\sqrt{y}) - F_X(-\sqrt{y})$$

上式两端对 y 求导数，即可得 Y 的密度函数

$$p_Y(y) = [p_X(\sqrt{y}) + p_X(-\sqrt{y})]/(2\sqrt{y})$$

由于 X 的分布为标准正态分布，故其密度函数为

$$p_X(x) = \frac{1}{\sqrt{2\pi}}e^{-\frac{x^2}{2}}$$

利用这个密度函数，容易写出 Y 的密度函数

$$p_Y(y) = \frac{1}{\sqrt{2\pi}}y^{-\frac{1}{2}}e^{-\frac{y}{2}}, \qquad y \geqslant 0$$

而当 $y < 0$ 时，$F_Y(y) = 0$，从而 $p_Y(y) = 0$。综合上述，当 $X \sim N(0,1)$ 时，$Y = X^2$ 的分布为伽马分布 $Ga\left(\frac{1}{2}, \frac{1}{2}\right)$。

第二步，计算 Y 的数学期望。

$$E(Y) = \int_0^\infty y p_Y(y)\mathrm{d}y$$
$$= \frac{1}{\sqrt{2\pi}}\int_0^\infty y^{\frac{1}{2}}e^{-\frac{y}{2}}\mathrm{d}y$$

利用变换 $u = y/2$，可把上述积分化为伽马函数

$$E(Y) = \frac{2}{\sqrt{\pi}}\int_0^\infty u^{\frac{1}{2}}e^{-u}\mathrm{d}u = \frac{2}{\sqrt{\pi}}\Gamma\left(\frac{3}{2}\right) = 1$$

最后等式成立是因为 $\Gamma\left(\frac{3}{2}\right) = \frac{1}{2}\Gamma\left(\frac{1}{2}\right) = \frac{\sqrt{\pi}}{2}$。

这样就完成计算，$E(X^2) = 1$，这是一种算法。现在我们来介绍另一种算法，这种算法可省略第一步，直接用 x^2 乘以 X 的密度函数 $p_X(x)$，然后用 $(-\infty, \infty)$ 上的定积分去完成，即

$$E(X^2) = \int_{-\infty}^\infty x^2 p_X(x)\mathrm{d}x$$
$$= \frac{1}{\sqrt{2\pi}}\int_{-\infty}^\infty x^2 e^{-\frac{x^2}{2}}\mathrm{d}x$$

上述积分中的被积函数是偶函数，利用对称性，可得

$$E(X^2) = \frac{2}{\sqrt{2\pi}}\int_0^\infty x^2 e^{-\frac{x^2}{2}}\mathrm{d}x$$

利用变换 $u = x^2/2$,可把上述积分简化为伽马函数

$$E(X^2) = \frac{2}{\sqrt{\pi}} \int_0^\infty u^{\frac{1}{2}} e^{-u} \mathrm{d}u = \frac{2}{\sqrt{\pi}} \Gamma\left(\frac{3}{2}\right) = 1$$

两种算法结果相同,但后一种算法简单很多,它的一般公式是:若 $X \sim p_X(x)$,$Y = g(X)$,则 $g(X)$ 的数学期望为

$$E(g(X)) = \int_{-\infty}^\infty g(x) p_X(x) \mathrm{d}x$$

类似情况在离散场合也成立,下面的例子说明这一点。

例 2.4.2 设 X 是仅取 5 个值的随机变量,其分布为

X	-2	-1	0	1	2
P	$p(-2)$	$p(-1)$	$p(0)$	$p(1)$	$p(2)$

则 $g(X) = X^2$ 是仅取 3 个值的随机变量,其分布为

$g(X)$	0	1	4
P	$p(0)$	$p(-1) + p(1)$	$p(-2) + p(2)$

于是按数学期望定义,可得

$$\begin{aligned}
E[g(X)] &= 0p(0) + 1[p(-1) + p(1)] + 4[p(-2) + p(2)] \\
&= (-2)^2 p(-2) + (-1)^2 p(-1) + 0^2 p(0) + 1^2 p(1) + 2^2 p(2) \\
&= \sum_{i=1}^5 g(x_i) p(x_i)
\end{aligned}$$

其中 $x_1 = -2, x_2 = -1, x_3 = 0, x_4 = 1, x_5 = 2$。可见用 X 的分布与用 $g(X)$ 的分布计算 $E[g(X)]$ 的结果是相同的。

从上面两个例子可以看出,随机变量函数的数学期望的计算可以得到简化。下面的定理保证了这一点。但证明这个定理需要更多的数学工具,这里就省略了。

定理 2.4.1 设随机变量 X 及其函数 $g(X)$ 的数学期望都存在,则有

$$E[g(X)] = \begin{cases} \sum_i g(x_i) p(x_i), & \text{在离散场合} \\ \int_{-\infty}^\infty g(x) p(x) \mathrm{d}x, & \text{在连续场合} \end{cases} \tag{2.4.2}$$

其中 $\{p(x_i)\}$ 为离散随机变量的分布列,$p(x)$ 为连续随机变量的密度函数。

利用上述定理可以证明数学期望的几个性质。这里和以后所涉及的数学期望都假设存在,不再一一说明。

定理 2.4.2 设 $g(X)$ 为随机变量 X 的函数,c 为常数,则

$$E[cg(X)] = cE[g(X)]$$

即常数可移到数学期望运算符号外面来。

证:分两种情况进行。首先设 X 为离散随机变量,其分布列为 $\{p(x_i)\}$,由定理 2.4.1 知

$$E[cg(X)] = \sum_i cg(x_i)p(x_i)$$
$$= c\sum_i g(x_i)p(x_i)$$
$$= cE[g(X)]$$

其次，设 X 为连续随机变量，其密度函数为 $p(x)$，由定理 2.4.1 知

$$E[cg(X)] = \int_{-\infty}^{\infty} cg(x)p(x)\mathrm{d}x$$
$$= c\int_{-\infty}^{\infty} g(x)p(x)\mathrm{d}x$$
$$= cE[g(X)]$$

定理 2.4.3　设 $g(X)$ 和 $h(X)$ 是随机变量 X 的两个函数，则

$$E[g(X) \pm h(X)] = E[g(X)] \pm E[h(X)]$$

上式对更多个函数的代数和仍成立。

证：这里仅对 X 为离散随机变量给出证明，当 X 为连续随机变量时亦可类似进行。设 X 的分布列为 $\{p(x_i)\}$，由定理 2.4.1 知

$$E[g(X) \pm h(X)] = \sum_i [g(x_i) \pm h(x_i)]p(x_i)$$
$$= \sum_i g(x_i)p(x_i) \pm \sum_i h(x_i)p(x_i)$$
$$= E[g(X)] \pm E[h(X)]$$

对三个或更多个函数的代数和亦可类似进行。

定理 2.4.4　常数 c 的数学期望等于 c，即 $E(c) = c$。

证：常数 c 可看作仅取一个值的随机变量，这个随机变量 X 取 c 的概率为 1，即此 X 的分布为

$$P(X = c) = 1$$

这种分布在概率论中称为**退化分布**，而其数学期望

$$E(c) = c \cdot 1 = c$$

例 2.4.3　设 X 服从参数为 λ 的泊松分布 $P(\lambda)$，在 §2.2.4 中已求得 $E(X) = \lambda$，现要求 $E(X - \lambda)^2$。

解：根据上述性质，

$$E(X - \lambda)^2 = E[X^2 - 2\lambda X + \lambda^2]$$
$$= E(X^2) - 2\lambda E(X) + \lambda^2$$

要求出上式，只需计算 $E(X^2)$，下面来进行计算。

$$E(X^2) = \sum_{x=0}^{\infty} x^2 \cdot \frac{\lambda^x}{x!}e^{-\lambda}$$
$$= \sum_{x=1}^{\infty} x \cdot \frac{\lambda^x}{(x-1)!}e^{-\lambda}$$

$$= \sum_{x=1}^{\infty} \left[(x-1) + 1 \right] \frac{\lambda^x}{(x-1)!} e^{-\lambda}$$

$$= \lambda^2 e^{-\lambda} \sum_{x=2}^{\infty} \frac{\lambda^{x-2}}{(x-2)!} + \lambda e^{-\lambda} \sum_{x=1}^{\infty} \frac{\lambda^{x-1}}{(x-1)!}$$

$$= \lambda^2 + \lambda$$

最后一个等式成立是由于两个和都等于 e^λ，把上述结果和 $E(X) = \lambda$ 代回原式，可得

$$E(X - \lambda)^2 = \lambda^2 + \lambda - 2\lambda^2 + \lambda^2 = \lambda$$

下一节就会看到，这里的 $(X - \lambda)^2$ 的数学期望就是泊松分布的方差。

2.4.2　方差

数学期望 $E(X)$ 是分布的位置特征数，它总位于分布的中心，随机变量 X 的取值总在其周围波动（散布）。方差是度量此种波动大小的最重要的特征数，下面来叙述它。

若称 $X - E(X)$ 为偏差，那此种偏差可大可小、可正可负。为了使此种偏差能积累起来，不至于正负抵消，可取绝对偏差的均值 $E|X - E(X)|$（又称平均绝对偏差）来表征随机变量取值的波动大小。由于绝对值在数学上处理不甚方便，故改用偏差平方 $[X - E(X)]^2$ 来消去符号，然后再求均值得 $E[X - E(X)]^2$，并用它来表征随机变量取值的波动大小（或取值的分散程度）。为了使 $E[X - E(X)]^2$ 存在，只要求 EX^2 存在即可，由于

$$|X| \leqslant X^2 + 1, \quad (X - a)^2 \leqslant 2(X^2 + a^2)$$

故由 EX^2 存在可推得 $E(X)$ 和 $E[X - E(X)]^2$ 存在。

定义 2.4.1　设随机变量 X 的 EX^2 存在，则称偏差平方的数学期望 $E[X - E(X)]^2$ 为随机变量 X（或相应分布）的**方差**，记为

$$\mathrm{Var}(X) = E[X - E(X)]^2 \tag{2.4.3}$$

方差的正平方根 $[\mathrm{Var}(X)]^{1/2}$ 称为随机变量 X（或相应分布）的**标准差**，记为 σ_X 或 $\sigma(X)$。

下面将以离散随机变量 X 的方差为例来说明方差的统计意义。设 X 的分布为

$$P(X = x_i) = p(x_i), \quad i = 1, 2, \cdots$$

则按定义 2.4.1 和定理 2.4.1 知，其方差为

$$\mathrm{Var}(X) = \sum_{i=1}^{\infty} [x_i - E(X)]^2 p(x_i)$$

若方差 $\mathrm{Var}(X)$ 较小，则和式中每个乘积项都要很小。这必导致如下情况：

(1) 偏差 $x_i - E(X)$ 小，相应概率 $p(x_i)$ 可以大一点；

(2) 偏差 $x_i - E(X)$ 大，相应概率 $p(x_i)$ 必定小。

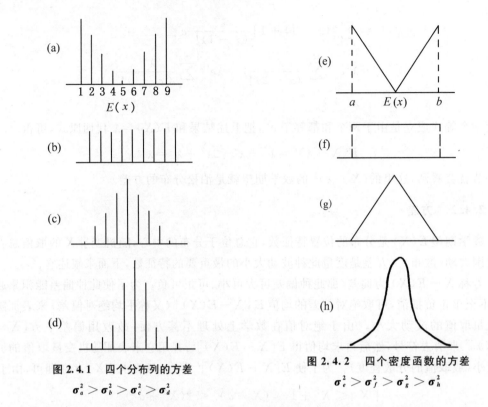

图 2.4.1　四个分布列的方差

$$\sigma_a^2 > \sigma_b^2 > \sigma_c^2 > \sigma_d^2$$

图 2.4.2　四个密度函数的方差

$$\sigma_e^2 > \sigma_f^2 > \sigma_g^2 > \sigma_h^2$$

这表明：离均值 $E(X)$ 愈近的值 x_i 的发生可能性愈大，而远离 $E(X)$ 的值 x_i 的发生可能性愈小。此种随机变量在 $E(X)$ 附近取值的可能性很大，故其取值的波动就不会很大。反之，若方差 $\text{Var}(X)$ 较大，则和式中必有某些乘积项较大。也就是说，有若干个大偏差 $x_i - E(X)$ 发生的概率较大，即有较大概率的值 x_i 不会完全落在 $E(X)$ 的附近。从而使随机变量 X 取值的波动就会较大。对连续随机变量亦可作出类似解释。图 2.4.1 上画出四个分布列的线条图，根据上述解释，容易看出，它们的均值都相同，而方差从上到下在逐渐减少。类似地，在图 2.4.2 上画出四个密度函数图形，它们的均值也都相同，而方差从上到下也在减少。

方差的量纲是随机变量 X 的量纲的平方，而标准差 $\sigma(X) = \sqrt{\text{Var}(X)}$ 的量纲与 X 的量纲就相同了，从而与其数学期望 $E(X)$ 的量纲也相同，这样一来，在 X、$E(X)$ 和 $\sigma(X)$ 间进行加减运算和比较大小就有实际意义了。譬如，我们今后会经常谈论事件

$$|X - E(X)| \leqslant k\sigma(X), \quad k = 1, 2, 3, \cdots$$

及其概率

$$P(E(X) - k\sigma(X) \leqslant X \leqslant E(X) + k\sigma(X))$$

这表示随机变量 X 落在区间 $[E(X) - k\sigma(X), E(X) + k\sigma(X)]$ 内的概率，这个区间是以 $E(X)$ 为中心，而以 k 倍标准差为半径。

例 2.4.4　某人有一笔资金，可投入两个项目：房地产和开商店，其收益都与市场状态有关。若把未来市场划分为好、中、差三个等级，其发生的概率分别为 0.2、0.7、0.1。通过调查，该人认为购置房地产的收益 X（万元）和开商店的收益 Y（万元）的分布列分别为

X	11	3	-3
P	0.2	0.7	0.1

Y	6	4	-1
P	0.2	0.7	0.1

请问,该人资金应流向何方为好?

解:我们先考察数学期望(即平均收益)

$$E(X) = 2.2 + 2.1 - 0.3 = 4.0(万元)$$
$$E(Y) = 1.2 + 2.8 - 0.1 = 3.9(万元)$$

从平均收益看,购置房地产较为有利,平均可多收益 0.1 万元,我们再来计算它们各自的方差

$$\text{Var}(X) = (11-4)^2 \times 0.2 + (3-4)^2 \times 0.7 + (-3-4)^2 \times 0.1 = 15.4$$
$$\text{Var}(Y) = (6-3.9)^2 \times 0.2 + (4-3.9)^2 \times 0.7 + (-1-3.9)^2 \times 0.1 = 3.29$$

及标准差

$$\sigma(X) = \sqrt{15.4} = 3.92, \qquad \sigma(Y) = \sqrt{3.29} = 1.81$$

在这里标准差(方差也一样)愈大,收益的波动就大,从而风险也大,如购置房地产的风险要比开商店的风险高过一倍多。前后权衡,该投资者还是选择开商店,宁可收益少一点,也要回避高风险。

例 2.4.5　设 $X \sim N(\mu, \sigma^2)$,求 $\text{Var}(X)$。

解:据方差定义和定理 2.4.1,正态分布 $N(\mu, \sigma^2)$ 的方差为

$$
\begin{aligned}
\text{Var}(X) &= E(X - E(X))^2 \\
&= E(X - \mu)^2 \\
&= \frac{1}{\sqrt{2\pi}\,\sigma} \int_{-\infty}^{\infty} (x-\mu)^2 e^{-(x-\mu)^2/2\sigma^2} \, \mathrm{d}x
\end{aligned}
$$

作标准化变换 $u = (x-\mu)/\sigma$,可得

$$
\begin{aligned}
\text{Var}(X) &= \frac{\sigma^2}{\sqrt{2\pi}} \int_{-\infty}^{\infty} u^2 e^{-u^2/2} \, \mathrm{d}u \\
&= \frac{2\sigma^2}{\sqrt{2\pi}} \int_{0}^{\infty} u^2 e^{-u^2/2} \, \mathrm{d}u
\end{aligned}
$$

最后一个等式成立是由于被积函数为偶函数,再利用变换 $y = u^2/2$,可把上述定积分化为伽马函数,即

$$\int_{0}^{\infty} u^2 e^{-u^2/2} \, \mathrm{d}u = \sqrt{2} \int_{0}^{\infty} y^{\frac{1}{2}} e^{-y} \, \mathrm{d}y = \sqrt{2}\, \Gamma\left(\frac{3}{2}\right) = \frac{\sqrt{2\pi}}{2}$$

代回原式,即得 X 的方差为 σ^2,这表明,正态分布 $N(\mu, \sigma^2)$ 中的第二个参数 σ^2 是方差,而 σ 是其标准差,它的大小表示着随机变量取值波动的大小。

2.4.3 方差的性质

定理 2.4.5 常数 c 的方差为零，即 $\mathrm{Var}(c)=0$。

证：由于常数 c 的数学期望仍为 c，故其方差

$$\mathrm{Var}(c)=E(c-E(c))^2=E(c-c)^2=0$$

定理 2.4.6 对任意常数 a 与 b 和随机变量 X，有

$$\mathrm{Var}(aX+b)=a^2\mathrm{Var}(X)$$

证：由数学期望性质知 $E(aX+b)=aE(X)+b$，

$$\begin{aligned}
\mathrm{Var}(aX+b)&=E[aX+b-E(aX+b)]^2\\
&=E[aX-aE(X)]^2\\
&=a^2E(X-E(X))^2\\
&=a^2\mathrm{Var}(X)
\end{aligned}$$

定理 2.4.7 随机变量 X 的方差有如下的简便计算公式

$$\mathrm{Var}(X)=E(X^2)-[E(X)]^2 \tag{2.4.4}$$

证：由数学期望性质可得

$$\begin{aligned}
\mathrm{Var}(X)&=E[X-E(X)]^2\\
&=E[X^2-2XE(X)+[E(X)]^2]\\
&=E(X^2)-2E(X)E(X)+[E(X)]^2\\
&=E(X^2)-[E(X)]^2
\end{aligned}$$

下面利用简便公式 $(2.4.4)$ 来计算一些常用分布的方差。

例 2.4.6 二项分布 $b(n,p)$ 的方差为 $np(1-p)$。

解：设 $X\sim b(n,p)$，其数学期望 $E(X)=np$，为算得其方差，只需再计算 $E(X^2)$。

$$\begin{aligned}
E(X^2)&=\sum_{x=0}^{n}x^2\binom{n}{x}p^x(1-p)^{n-x}\\
&=\sum_{x=2}^{n}x(x-1)\binom{n}{x}p^x(1-p)^{n-x}+\sum_{x=1}^{n}x\binom{n}{x}p^x(1-p)^{n-x}\\
&=n(n-1)p^2\sum_{x=2}^{n}\binom{n-2}{x-2}p^{x-2}(1-p)^{n-x}+np\\
&=n(n-1)p^2+np=n^2p^2+np(1-p)
\end{aligned}$$

由此可得 X 的方差为

$$\mathrm{Var}(X)=E(X^2)-(EX)^2=np(1-p)$$

例 2.4.7 均匀分布 $U(a,b)$ 的方差为 $(b-a)^2/12$。

解：设 $X\sim U(a,b)$，其数学期望在区间 (a,b) 的中点，即 $E(X)=(a+b)/2$。为计算其方差，先计算 $E(X^2)$。

$$E(X^2) = \int_a^b \frac{x^2}{b-a} \mathrm{d}x$$

$$= \frac{1}{b-a} \frac{x^3}{3} \Big|_a^b$$

$$= \frac{1}{b-a} \cdot \frac{b^3 - a^3}{3}$$

$$= \frac{1}{3}(b^2 + ab + a^2)$$

由(2.4.4)式可得

$$\mathrm{Var}(X) = \frac{1}{3}(b^2 + ab + a^2) - \frac{1}{4}(a+b)^2$$

$$= \frac{(b-a)^2}{12}$$

可见,均匀分布 $U(a,b)$ 的方差为区间长度的平方除以12。譬如均匀分布 $U(0,1)$ 的方差为 $1/12$。

例 2.4.8 伽马分布 $Ga(\alpha,\lambda)$ 的方差为 α/λ^2。

解:设 $X \sim Ga(\alpha,\lambda)$,其数学期望 $E(X) = \alpha/\lambda$,为计算其方差,我们先计算 $E(X^2)$。

$$E(X^2) = \frac{\lambda^\alpha}{\Gamma(\alpha)} \int_0^\infty x^2 \cdot x^{\alpha-1} \cdot e^{-\lambda x} \mathrm{d}x$$

由伽马函数的性质知,上式右端的积分为 $\Gamma(\alpha+2)/\lambda^{\alpha+2}$。 代回上式,即得 $E(X^2) = \alpha(\alpha+1)/\lambda^2$,从而

$$\mathrm{Var}(X) = \frac{\alpha(\alpha+1)}{\lambda^2} - \left(\frac{\alpha}{\lambda}\right)^2 = \frac{\alpha}{\lambda^2}$$

我们来讨论伽马分布的二个特殊场合的方差:

(1) $\alpha = 1$ 时的伽马分布 $Ga(1,\lambda)$ 为指数分布 $\mathrm{Exp}(\lambda)$,所以当 $Y \sim \mathrm{Exp}(\lambda)$ 时,$E(Y) = \lambda^{-1}$,$\mathrm{Var}(Y) = \lambda^{-2}$,$\sigma(X) = \lambda^{-1}$;

(2) $\alpha = \frac{n}{2}$(n 为自然数),$\lambda = \frac{1}{2}$ 时的伽马分布为卡方分布 $\chi^2(n)$。所以,当 $Z \sim \chi^2(n)$ 时,$E(Z) = n$,$\mathrm{Var}(Z) = 2n$,要记住:卡方分布的方差是其期望的二倍。

例 2.4.9 设随机变量 X 的数学期望为 μ,方差为 σ^2,则 X 的标准化随机变量 $X^* = (X-\mu)/\sigma$ 的数学期望为 0,方差为 1。

解:由数学期望和方差性质可知

$$E(X^*) = \frac{1}{\sigma}E[X - E(X)] = 0$$

$$\mathrm{Var}(X^*) = E(X^{*2}) = \frac{1}{\sigma^2}E[X - E(X)]^2 = 1$$

2.4.4　切比晓夫不等式

定理 2.4.8　(切比晓夫不等式)对任一随机变量 X,若 EX^2 存在,则对任一正数 ε,

恒有

$$P(\mid X - EX \mid \geqslant \varepsilon) \leqslant \frac{\mathrm{Var}(X)}{\varepsilon^2} \tag{2.4.5}$$

先说明这个概率不等式的含义，然后给出证明。这个概率不等式对连续和离散两类随机变量都成立。在连续随机变量场合，不等式的左端概率是密度曲线下两个尾部面积（尾部概率）之和（见图 2.4.3(a)）。这个不等式指出，这两个尾部概率之和有一个上界，这个上界与方差 $\mathrm{Var}(X)$ 成正比，而与区间 $(E(X)-\varepsilon, E(X)+\varepsilon)$ 的长度的一半 ε 的平方成反比，对离散随机变量也可作类似解释（见图 2.4.3(b)）。

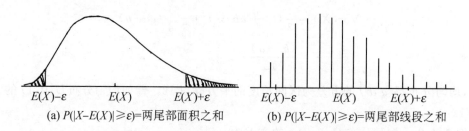

(a) $P(|X-E(X)|\geqslant\varepsilon)$=两尾部面积之和   (b) $P(|X-E(X)|\geqslant\varepsilon)$=两尾部线段之和

图 2.4.3　概率 $P(\mid X - E(X) \mid \geqslant \varepsilon)$ 的含义

证：这里仅给出连续随机变量情况下的证明，离散随机变量情况的证明亦可类似进行。设 $p(x)$ 为连续随机变量的密度函数，则有

$$P(\mid X - EX \mid \geqslant \varepsilon) = \int_{\mid x - EX \mid \geqslant \varepsilon} p(x)\mathrm{d}x$$

在此积分区域上，恒有 $(x - EX)^2/\varepsilon^2 \geqslant 1$。故可把上述被积函数放大

$$\int_{\mid x - EX \mid \geqslant \varepsilon} p(x)\mathrm{d}x \leqslant \frac{1}{\varepsilon^2} \int_{\mid x - EX \mid \geqslant \varepsilon} (x - EX)^2 p(x)\mathrm{d}x$$

最后，再把上式右端积分限扩大到整个数轴上，则有

$$P(\mid X - EX \mid \geqslant \varepsilon) \leqslant \frac{1}{\varepsilon^2} \int_{-\infty}^{\infty} (x - EX)^2 p(x)\mathrm{d}x = \frac{\mathrm{Var}(X)}{\varepsilon^2}$$

在切比晓夫不等式中方差是起决定作用的，若方差 $\mathrm{Var}(X)$ 较大，分布就较为分散，于是两尾部概率可能会大一些；若方差 $\mathrm{Var}(X)$ 较小，分布就较为集中，于是两尾部概率可能会小一些。但都不会超过 $\mathrm{Var}(X)/\varepsilon^2$。直观地说，两尾部概率之和被其方差所控制。

若 ε 取为 k 倍的标准差，即 $\varepsilon = k\sigma(X)$，则切比晓夫不等式可以改写为另一种常用形式：

$$P(\mid X - E(X) \mid \geqslant k\sigma(X)) \leqslant \frac{1}{k^2} \tag{2.4.6}$$

其对立事件的概率为

$$P(E(X)-k\sigma(X)<X<E(X)+k\sigma(X))>1-\frac{1}{k^2} \tag{2.4.7}$$

譬如,$k=3$ 时,我们可以说,对任一个方差存在的分布来说,在区间$(E(X)-3\sigma(X),E(X)+3\sigma(X))$ 外的概率不超过 $1/9$,而在此区间内部的概率不会小于 $8/9=0.89$。

例 2.4.10 星期六上午来到小客车陈列室的顾客人数 X 是一个随机变量,其分布未知,但知其期望 $\mu=18$(人),标准差 $\sigma=2.5$(人),试问 X 在 8 到 28 人之间的概率是多少?

解:由于分布未知,无法精确求出概率 $P(8<X<28)$。现可用切比晓夫不等式大约估计这个概率,由于 $E(X)=\mu=18$。

$$\begin{aligned}P(8<X<28)&=P(-10<X-E(X)<10)\\&=P(|X-E(X)|<10)\end{aligned}$$

考虑到标准差 $\sigma=2.5$,所以上式又可写为

$$P(8<X<28)=P(|X-E(X)|<4\sigma)$$

利用(2.4.7)式可得上述概率不会小于 $1-\frac{1}{4^2}=\frac{15}{16}$,即

$$P(8<X<28)>\frac{15}{16}=0.94$$

前面曾证明:常数的方差为零,现在来讨论其逆命题。

定理 2.4.9 方差为零的随机变量 X 必几乎处处为常数。这个常数就是其期望 $E(X)$,这个定理亦可表示为:若 $\mathrm{Var}(X)=0$,则 $P(X=E(X))=1$。

证:由切比晓夫不等式可知,对任意 $\varepsilon>0$,有

$$P(|X-E(X)|\geqslant\varepsilon)\leqslant\frac{\mathrm{Var}(X)}{\varepsilon^2}=0$$

故有 $P(|X-E(X)|\geqslant\varepsilon)=0$,或者说,对任意 $\varepsilon>0$,有

$$P(|X-E(X)|<\varepsilon)=1$$

由于 ε 的任意性,上式必导致

$$P(X=E(X))=1$$

这个定理表明,在方差为零的情况下,除去一个零概率事件外,X 就是仅取 $E(X)$ 一个值的随机变量。在这里,方差又起着决定性的作用。

2.4.5　贝努里大数定律

在第一章曾列举一些例子(见例1.2.4)说明:可用事件 A 发生的频率去估计事件 A 的概率。因为随着独立重复试验次数 n 不断增加,频率将稳定于概率。这里的"稳定"是什么含义呢?下面的大数定律把稳定性说清楚了。

定理 2.4.10(贝努里大数定律) 设 X_n 是 n 重贝努里试验中事件 A 发生的次数,又设事件 A 发生的概率 $P(A)=p$,则对任意的 $\varepsilon>0$,有

$$\lim_{n \to \infty} P\left(\left| \frac{X_n}{n} - p \right| \geqslant \varepsilon \right) = 0 \tag{2.4.8}$$

证:在 n 重贝努里试验中 X_n 服从二项分布 $b(n, p)$,其数学期望与方差分别为 $E(X_n)$ $= np$,$\text{Var}(X_n) = np(1-p)$。而 X_n / n 是 n 重贝努里试验中 A 发生的频率,其数学期望与方差分别为

$$E\left(\frac{X_n}{n} \right) = p, \quad \text{Var}\left(\frac{X_n}{n} \right) = \frac{p(1-p)}{n}$$

由切比晓夫不等式可得

$$P\left(\left| \frac{X_n}{n} - p \right| \geqslant \varepsilon \right) \leqslant \frac{\text{Var}(X_n/n)}{\varepsilon^2} = \frac{p(1-p)}{n\varepsilon^2} \tag{2.4.9}$$

对任意给定的 $\varepsilon > 0$,上式右端将随着 $n \to \infty$ 而趋向于零,再考虑到概率的非负性,可得 (2.4.8),这就证明了贝努里大数定律。

贝努里大数定律说明:事件 A 发生的频率 X_n / n 与其概率 p 有较大偏差(譬如大于事先给定的 ε)的可能性愈来愈小,但这并不意味较大偏差永远就不再发生了,只是说小偏差发生的概率大,而大偏差发生的概率小,小到可以忽略不计,这就是频率稳定于概率的含义,它与"序列的极限"的说法是不同的! 下面的例子可以帮助我们从数量上来理解贝努里大数定律的含义。

例 2.4.11 大家知道,一枚均匀硬币的正面(事件 A)出现的概率为 0.5。若把这枚硬币连抛 10 次或 20 次,则正面出现的频率 X_n / n 与 0.5 的偏差有时会大一些,有时会小一些,总之不能保证大偏差发生的概率一定很小。可是当连抛 10^5 次时,出现大偏差(两尾部)的概率一定会很小,这可从上述定理证明中的 (2.4.9) 式看出,若取偏差 $\varepsilon = 0.01$,则从 (2.4.9) 可得

$$P\left(\left| \frac{X_n}{n} - 0.5 \right| \geqslant 0.01 \right) \leqslant \frac{0.5 \times 0.5}{n \times 0.01^2} = \frac{10^4}{4n}$$

当 $n = 10^5$ 时,上式右端的概率为 $1/40 = 0.025$,这说明:连抛 10 万次时,频率与概率之间的偏差超过 0.01 的机会不会超过 2.5%,同样地,若连抛 100 万次,频率与概率之间的偏差超过 0.01 的机会不会超过 $1/400 = 0.0025 = 0.25\%$。可见试验次数愈多,此种大偏差出现的可能性愈小。但偏差超过 0.01 的机会还是存在的。由于这种机会很小,以至于不会影响人们决策。当人们对一个问题做决策时,犯错误的概率为 $1/400$,而正确决策的概率为 $399/400$。这项决策是可以下决心了,概率论与数理统计中所有决策,几乎全是在这种概率意义下作出的。

习题 2.4

1. 设 X 是仅取 6 个值的随机变量,其分布列为

X	-2	-1	0	1	2	3
P	0.05	0.15	0.20	0.25	0.20	0.15

求 $E(X^2)$ 和 $E(X^3)$。

2. 设 $X \sim U(0,1)$,

　(1) 求 $E(X),E(X^2),E(X^3),E(X^4)$;

　(2) 求 $E(X-0.5)^2,E(X-0.5)^3,E(X-0.5)^4$。

3. 设 $X \sim N(0,\sigma^2)$,

　(1) 求 $E(X^2),E(X^3),E(X^4)$;

　(2) 对任一自然数 k,求 $E(X^{2k-1})$ 和 $E(X^{2k})$。

4. 某一正方形场地按航空测量所得数据,它的边长为 500 米,但航空测量是有误差的,误差为 0 的概率是 0.42,为 ±10 米的概率是 0.16,为 ±20 米的概率是 0.08,为 ±30 米的概率是 0.05,求场地面积的数学期望。

5. 一枚均匀硬币连抛五次,

　(1) 写出正面出现次数 X 的概率分布;

　(2) 计算期望 $E(X)$ 和方差 $\mathrm{Var}(X)$。

6. 求下列随机变量的期望与标准差:

　(1) 一枚硬币连抛 676 次中正面出现的次数;

　(2) 一只骰子连掷 720 次中 4 点出现的次数;

　(3) 从不合格品率为 0.04 的一批产品中随机抽出 600 个,其中不合格品数。

7. 求贝塔分布 $Be(a,b)$ 的期望与方差。

8. 设 X 服从对数正态分布,其密度函数为

$$p(x) = \frac{1}{\sqrt{2\pi}\,\sigma x}\exp\left\{-\frac{(\ln x-\mu)^2}{2\sigma^2}\right\}, \qquad x>0$$

求 $E(X)$ 与 $\mathrm{Var}(X)$。

9. 设 X 是在 $[a,b]$ 上取值的任一随机变量,证明 X 的数学期望与方差分别满足如下不等式:

$$a \leqslant E(X) \leqslant b, \quad \mathrm{Var}(X) \leqslant \left(\frac{b-a}{2}\right)^2$$

10. 已知随机变量 X 的期望为 10,方差为 9,利用切比晓夫不等式给出概率 $P(1 < X < 19)$ 的下界。

11. 一枚均匀硬币要抛多少次($n=?$)才能使正面出现的频率与 0.5 之间的偏差不小于 0.04 的概率不超过 0.01?

12. 已知正常成年男人的每毫升血液中白细胞的平均数为 7300,标准差为 700,利用切比晓夫不等式估计每毫升血液中的白细胞数在 5200 到 9400 之间的概率。

§　2.5　随机变量的其他特征数

　　数学期望(均值)与方差是随机变量(也是其分布)最重要的两个特征数。此外,随机变量还有一些特征数,如原点矩、中心矩、变异系数、偏度、峰度、分位数、众数等,它们各有各的用处。下面逐一介绍它们。

随机变量的每一个特征数都可由其分布算得（假如存在的话），并从一个侧面刻画分布的一个特征。在实际应用中，一个分布只需用几个特征就可勾画出其大概，不需要算其所有特征数，至于选用哪几个特征数，那要看具体分布而定。如正态分布只需用其均值与方差两个特征数就够了。

2.5.1　矩

定义 2.5.1　设 X 为随机变量，c 为常数，k 为正整数，则量 $E(X-c)^k$（假如它存在）称为 **X 分布关于 c 的 k 阶矩**。若 $c=0$，则量 EX^k 称为 **X 分布的 k 阶（原点）矩**，记为 μ_k；若 $c=EX$，则量 $E(X-EX)^k$ 称为 **X 分布的 k 阶中心矩**，记为 ν_k。

容易看出，一阶原点矩就是数学期望，二阶中心矩就是方差。在实际中常用低阶矩，高于四阶矩极少使用。由于 $|X|^{k-1} \leqslant |X|^k + 1$，故 k 阶矩存在时，$k-1$ 阶矩也存在，从而低于 k 的各阶矩都存在。

中心矩与原点矩之间有一个简单关系，事实上

$$\nu_k = E(X-EX)^k = E(X-\mu_1)^k = \sum_{i=0}^{k} \binom{k}{i} \mu_i (-\mu_1)^{k-i}$$

其中 $\mu_0 = 1$。故前四阶中心矩可分别用原点矩表示

$$\nu_1 = 0$$
$$\nu_2 = \mu_2 - \mu_1^2$$
$$\nu_3 = \mu_3 - 3\mu_2\mu_1 + 2\mu_1^3$$
$$\nu_4 = \mu_4 - 4\mu_3\mu_1 + 6\mu_2\mu_1^2 - 3\mu_1^4$$

例 2.5.1　设随机变量 $X \sim N(\mu, \sigma^2)$，试求其 k 阶中心矩。

解：X 的 k 阶中心矩为

$$\nu_k = \frac{1}{\sqrt{2\pi}\,\sigma} \int_{-\infty}^{\infty} (x-\mu)^k e^{-\frac{(x-\mu)^2}{2\sigma^2}} \mathrm{d}x$$
$$= \frac{\sigma^k}{\sqrt{2\pi}} \int_{-\infty}^{\infty} u^k e^{-\frac{u^2}{2}} \mathrm{d}u$$

在 k 为奇数时，上述被积函数是奇函数，故 $\nu_k = 0$，$k = 1,3,5,\cdots$；

在 k 为偶数时，上述被积函数是偶函数，再利用变换 $z = u^2/2$，可得

$$\nu_k = \sqrt{\frac{2}{\pi}} \sigma^k \int_0^{\infty} u^k e^{-\frac{u^2}{2}} \mathrm{d}u$$
$$= \sqrt{\frac{2}{\pi}} \sigma^k 2^{\frac{k-1}{2}} \int_0^{\infty} z^{\frac{k-1}{2}} e^{-z} \mathrm{d}z$$
$$= \sqrt{\frac{2}{\pi}} \sigma^k 2^{\frac{k-1}{2}} \Gamma\left(\frac{k+1}{2}\right)$$
$$= \sigma^k (k-1)(k-3)\cdots 1, \quad k = 2,4,6,\cdots$$

故正态分布的前四阶中心矩分别为

$$\nu_1 = 0, \quad \nu_2 = \sigma^2, \quad \nu_3 = 0, \quad \nu_4 = 3\sigma^4$$

它们与分布的中心位置 μ_1 无关,仅与方差 σ^2 有关。

2.5.2 变异系数

定义 2.5.2 设随机变量 X 的二阶矩存在,则比值

$$C_v = \frac{\sqrt{\nu_2}}{\mu_1} = \frac{\sqrt{\mathrm{Var}(X)}}{EX}$$

称为 X 分布的变异系数。

容易看出,变异系数是以其数学期望为单位去度量随机变量取值波动程度大小的特征数。它是一个无单位的量,一般说来,取值较大的随机变量的方差与标准差也较大,这时仅看方差大小就不合理,还要观其与均值的比值大小才是合理的。譬如北京与上海距离是一个常量,可其测量值 X 是随机变量。若设其均值 $EX = 1463$ 公里 $= 1463000$ 米,标准差 $\sigma(X) = 500$ 米,则其变异系数 $C_v = 0.00034$。而测量 100 米跑道,若设 $EY = 100$ 米,$\sigma(Y) = 0.05$ 米 $= 5$ 厘米,则其变异系数 $C_v = 0.0005$。相比之下,还是测量北京至上海的距离较为精确,因为其变异系数较小。

2.5.3 偏度

定义 2.5.3 设随机变量 X 的前三阶矩存在,则如下比值:

$$\beta_S = \frac{\nu_3}{\nu_2^{3/2}} = \frac{E(X - EX)^3}{[\mathrm{Var}(X)]^{3/2}}$$

称为 X(或分布)的**偏度系数**,简称**偏度**。当 $\beta_S > 0$ 时,称该分布为**正偏**,又称**右偏**;当 $\beta_S < 0$ 时,称该分布为**负偏**,又称**左偏**。

偏度 β_S 是描述分布偏离对称性程度的一个特征数,这可从以下几方面来认识。

(1) 当密度函数 $p(x)$ 关于数学期望对称时,即有 $p(EX - x) = p(EX + x)$,则其三阶中心矩 ν_3 必为 0,从而 $\beta_S = 0$。这表明关于 EX 对称的分布其偏度为 0。譬如,正态分布 $N(\mu, \sigma^2)$ 关于 $EX = \mu$ 是对称的,故任意正态分布的偏度皆为 0。

(2) 当偏度 $\beta_S \neq 0$ 时,该分布为偏态分布,偏态分布常有不对称的两个尾部,重尾在右侧(变量在高值处比低值处有较大的偏离中心趋势)必导致 $\beta_S > 0$,故此分布又称为右偏分布;重尾在左侧(变量在低值处比高值处有较大的偏离中心趋势)必导致 $\beta_S < 0$,故又称为左偏分布,参见图 2.5.1。

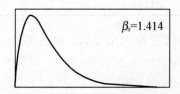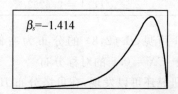

图 2.5.1 两个密度函数,一个右偏,另一个左偏。

(3) 偏度 β_S 是以各自的标准差的三次方 $[\sigma(X)]^3$ 为单位来度量三阶中心矩大小的,

从而消去了量纲,使其更具有可比性。简单地说,分布的三阶中心矩 ν_3 决定偏度的符号,而分布的标准差 $\sigma(X)$ 决定偏度的大小。

例 2.5.2 讨论三个贝塔分布 $Be(2,8)$,$Be(8,2)$ 和 $Be(5,5)$ 的偏度。

解:设随机变量 X 服从贝塔分布 $Be(a,b)$,则可算得其前三阶原点矩:

$$E(X) = \frac{a}{a+b}$$

$$E(X^2) = \frac{a(a+1)}{(a+b)(a+b+1)}$$

$$E(X^3) = \frac{a(a+1)(a+2)}{(a+b)(a+b+1)(a+b+2)}$$

当 $X \sim Be(2,8)$ 时,可得

$$E(X) = \frac{1}{5}, E(X^2) = \frac{3}{55}, E(X^3) = \frac{1}{55}$$

由此可得二阶与三阶中心矩分别为

$$\nu_2 = \text{Var}(X) = \frac{3}{55} - \left(\frac{1}{5}\right)^2 = \frac{4}{25 \times 11}, \sigma(X) = \frac{2}{5\sqrt{11}}$$

$$\nu_3 = E(X - EX)^3 = \frac{1}{55} - 3 \times \frac{3}{55} \times \frac{1}{5} + 2\left(\frac{1}{5}\right)^3 = \frac{2}{55 \times 25}$$

最后算得 $Be(2,8)$ 的偏度为

$$\beta_s = \frac{\nu_3}{[\sigma(X)]^3} = \frac{2}{55 \times 25} \times \left(\frac{5\sqrt{11}}{2}\right)^3 = \frac{\sqrt{11}}{4} = 0.8292$$

类似可算得 $Be(8,2)$ 和 $Be(5,5)$ 的偏度,现把中间计算结果和最后的偏度列表如下:

表 2.5.1　三种贝塔分布的偏度的计算表

X	$Be(2,8)$	$Be(8,2)$	$Be(5,5)$
EX	$1/5$	$4/5$	$1/2$
EX^2	$3/55$	$36/55$	$3/11$
EX^3	$1/55$	$6/11$	$7/44$
ν_3	$2/(55 \times 25)$	$-2/(55 \times 25)$	0
$\sigma(X)$	$2/(5\sqrt{11})$	$2/(5\sqrt{11})$	$\sqrt{1/44}$
β_s	$\sqrt{11}/4 = 0.8292$	$-\sqrt{11}/4 = -0.8292$	0

从表 2.5.1 可见,$Be(2,8)$ 的分布为右偏(正偏),$Be(8,2)$ 的分布为左偏(负偏),$Be(5,5)$ 是关于 $EX = 0.5$ 的对称分布。

进一步的研究还可以发现,在贝塔分布 $Be(a,b)$ 中

(1) 当 $1 < a < b$ 时,$Be(a,b)$ 为右偏(正偏)分布;

(2) 当 $1 < b < a$ 时,$Be(a,b)$ 为左偏(负偏)分布;

(3) 当 $1 < a = b$ 时,$Be(a,b)$ 为对称分布。

2.5.4　峰度

定义 2.5.4　设随机变量 X 的前四阶矩存在,则如下比值减去 3:

$$\beta_k = \frac{\nu_4}{\nu_2^2} - 3 = \frac{E(X-EX)^4}{[\mathrm{Var}(X)]^2} - 3$$

称为 X(或分布)的**峰度系数**,简称峰度。

峰度是描述分布尖峭程度和／或尾部粗细的一个特征数,这可从以下几方面来认识。

(1) 正态分布 $N(\mu,\sigma^2)$ 的 $\nu_2 = \sigma^2$,$\nu_4 = 3\sigma^4$,故按上述定义,任一正态分布 $N(\mu,\sigma^2)$ 的峰度 $\beta_k = 0$。可见这里谈论的"峰度"不是指一般密度函数的峰值高低,因为正态分布 $N(\mu,\sigma^2)$ 的峰值为 $(\sqrt{2\pi}\,\sigma)^{-1}$,它与正态分布标准差 σ 成反比,σ 愈小,正态分布的峰值愈高,可这里的"峰度"与 σ 无关。

(2) 假如在上述定义中,分子与分母各除以 $[\sigma(X)]^4$,并记 X 的标准化变量为 $X^* = \dfrac{X-E(X)}{\sigma(X)}$,则 β_k 可改写成:

$$\beta_k = \frac{E(X^*)^4}{[E(X^{*2})]^2} - 3 = E(X^{*4}) - E(U^4)$$

其中 $E(X^{*2}) = \mathrm{Var}(X^*) = 1$,$U$ 为标准正态分布,$E(U^4) = 3$。

上式表明:**峰度 β_k 是相对于正态分布而言的超出量**,即峰度 β_k 是 X 的标准化变量与标准正态变量的四阶原点矩之差,并以标准正态分布为基准确定其大小。

·$\beta_k > 0$ 表示标准化后的分布比标准正态分布更尖峭和／或尾部更粗(见图 2.5.2(a))

·$\beta_k < 0$ 表示标准化后的分布比标准正态分布更平坦和／或尾部更细(见图 2.5.2(b))

·$\beta_k = 0$ 表示标准化后的分布与标准正态分布在尖峭程度与尾部粗细相当。

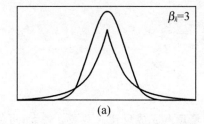 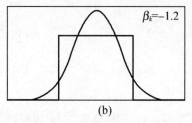

图 2.5.2　两个密度函数与标准正态分布密度函数的比较
它们的均值相等、方差相等、偏度皆为 0(对称分布),而峰度有很大差别

(3) **偏度与峰度都是描述分布形状的特征数**,它们的设置都是以正态分布为基准,正态分布的偏度与峰度皆为 0。在实际中一个分布的偏度与峰度皆为 0 或近似为 0 时,常认为该分布为正态分布或近似为正态分布。

(4) 表 2.5.2 上列出了几种常见分布的偏度与峰度,其中伽马分布 $Ga(\alpha,\lambda)$ 的偏度与峰

度只与 α 有关,而与 λ 无关,故 α 常称为形状参数,而 λ 不能称为形状参数。均匀分布 $U(a,b)$ 与指数分布 $\mathrm{Exp}(\lambda)$ 的偏度与峰度都与其所含参数无关,故均匀分布 $U(a,b)$ 中的参数 a 与 b,指数分布中的参数 λ 均不能称为形状参数。进一步的研究会发现,贝塔分布 $Be(a,b)$ 的偏度与峰度都与其参数 a 与 b 有关,它们都可以称为形状参数。

表 2.5.2　几种常见分布的偏度与峰度

分布	均值	方差	偏度	峰度
均匀分布 $U(a,b)$	$(a+b)/2$	$(b-a)^2/12$	0	-1.2
正态分布 $N(\mu,\sigma^2)$	μ	σ^2	0	0
指数分布 $\mathrm{Exp}(\lambda)$	$1/\lambda$	$1/\lambda^2$	2	6
伽马分布 $Ga(\alpha,\lambda)$	α/λ	α/λ^2	$2/\sqrt{\alpha}$	$6/\alpha$

例 2.5.3　计算伽马分布 $Ga(\alpha,\lambda)$ 的偏度与峰度。

解:首先计算伽马分布 $Ga(\alpha,\lambda)$ 的 k 阶原点矩:

$$\mu_k = E(X^k) = \alpha(\alpha+1)\cdots(\alpha+k-1)/\lambda^k$$

当 $k=1,2,3,4$ 时可得前四阶原点矩:

$$\mu_1 = \alpha/\lambda$$
$$\mu_2 = \alpha(\alpha+1)/\lambda^2$$
$$\mu_3 = \alpha(\alpha+1)(\alpha+2)/\lambda^3$$
$$\mu_4 = \alpha(\alpha+1)(\alpha+2)(\alpha+3)/\lambda^4$$

由此可得 2、3、4 阶中心矩:

$$\nu_2 = \mu_2 - \mu_1^2 = \alpha/\lambda^2$$
$$\nu_3 = \mu_3 - 3\mu_2\mu_1 + 2\mu_1^3 = 2\alpha/\lambda^3$$
$$\nu_4 = \mu_4 - 4\mu_3\mu_1 + 6\mu_2\mu_1^2 - 3\mu_1^4 = 3\alpha(\alpha+2)/\lambda^4$$

最后可得伽马分布 $Ga(\alpha,\lambda)$ 的偏度与峰度

$$\beta_S = \frac{\nu_3}{\nu_2^{3/2}} = \frac{2}{\sqrt{\alpha}}$$

$$\beta_k = \frac{\nu_4}{\nu_2^2} - 3 = \frac{6}{\alpha}$$

可见,伽马分布 $Ga(\alpha,\lambda)$ 的偏度与 $\sqrt{\alpha}$ 成反比,峰度与 α 成反比。只要 α 较大,可使 β_S 与 β_k 接近于 0,从而伽马分布也愈来愈近似正态分布。

2.5.5　中位数

随机变量 X 的中位数是将 X 的取值范围分为概率相等(各为 0.5)的两部分的数值。它常在连续随机变量场合使用,故下面只对连续随机变量给出定义。

定义 2.5.5　设连续随机变量 X 的分布函数为 $F(x)$,密度函数为 $p(x)$,则满足条件

$$F(x_{0.5}) = \int_{-\infty}^{x_{0.5}} p(x)\mathrm{d}x = 0.5$$

的值 $x_{0.5}$ 称为 **X 分布的中位数**，或称 **X 的中位点**，见图 2.5.3。

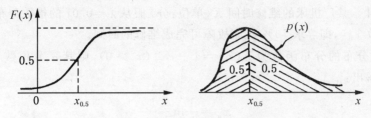

图 2.5.3　连续随机变量的中位数 $x_{0.5}$

中位数与均值一样都是随机变量的位置特征数，一个随机变量的均值可以不存在，而它的中位数总存在，一般中位数可从方程 $F(x) = 0.5$ 求得。譬如指数分布 $\mathrm{Exp}(\lambda)$ 的中位数 $x_{0.5}$ 可由方程 $1 - \exp\{-\lambda x_{0.5}\} = 0.5$ 解得 $x_{0.5} = \ln 2/\lambda$。当分布是对称时，对称中心就是中位数，譬如正态分布 $N(\mu, \sigma^2)$ 的中位数 $x_{0.5}$ 就是均值 μ。

中位数很有用，有时比均值更能说明问题。譬如甲厂的电视机寿命的中位数是 25000 小时，它表明甲厂的电视机中一半高于 25000 小时，另一半低于 25000 小时。若乙厂的电视机寿命的中位数是 30000 小时，则乙厂的电视机在寿命质量上比甲厂好。又如一个城市职工的年收入中位数是二万元，这告诉人们，该城市职工中有一半人年收入超过二万元，另一半低于二万元。可均值没有此种解释。

2.5.6　分位数

与中位数一样，分位数也常在连续分布场合使用。下面仅对连续分布给出分位数的定义。

定义 2.5.6　设连续随机变量 X 的分布函数为 $F(x)$，密度函数为 $p(x)$，对任意 $\alpha(0 < \alpha < 1)$，假如 x_α 满足如下等式：

$$F(x_\alpha) = P(X \leqslant x_\alpha) = \int_{-\infty}^{x_\alpha} p(x)\mathrm{d}x = \alpha$$

则称 $x_\alpha = F^{-1}(\alpha)$ 为 X 的分布的 **α 分位数**，有时也称为是 **α 下侧分位数**，0.5 分位数就是中位数，其中 F^{-1} 为 F 的反函数。

图 2.5.4 给出了 α 分位数 x_α 的示意图，x_α 是 x 轴上的一个点（实数），它把密度函数 $p(x)$ 下的面积（概率）分成两块，左侧的一块面积恰好为 α。

α 分位数 x_α 是 α 的非减函数，即当 $\alpha_1 < \alpha_2$ 时，总有 $x_{\alpha_1} \leqslant x_{\alpha_2}$。譬如 $x_{0.1} \leqslant x_{0.3} \leqslant x_{0.5} \leqslant x_{0.9}$ 对任意分布都成立。

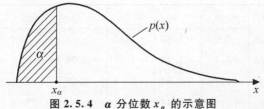

图 2.5.4　α 分位数 x_α 的示意图

分位数在实际中常有应用。譬如轴承的寿命是较长的,为了比较轴承寿命的长短,常用 $\alpha = 0.1$ 的分位数 $x_{0.1}$ 来进行,譬如一个厂的 $x_{0.1} = 1000$ 小时,则表示有 10% 的轴承在 1000 小时前损坏,若另一厂的轴承 $\alpha = 0.1$ 的分位数为 $y_{0.1} = 1500$,那么后者的轴承寿命较长。

例 2.5.4 某厂机床的维修时间 X(单位:分)服从 $\lambda = 0.01$ 的指数分布,现要求 $\alpha = 0.7$ 的分位数 $x_{0.7}$,即寻求 70% 机床故障可完成维修的时间。

解:指数分布的分布函数为 $F(x) = 1 - e^{-\lambda x}(x > 0)$,则其 α 分位数 x_α 可由方程 $F(x_\alpha) = \alpha$ 解出:

$$x_\alpha = \frac{1}{\lambda} \ln \frac{1}{1-\alpha}$$

如令 $\lambda = 0.01, \alpha = 0.7$,代入可算得 $x_{0.7} = 120.4$(分),即在 120 分钟内可完成 70% 故障的维修工作。反之,若已知指数分布 $\mathrm{Exp}(\lambda)$ 的 0.8 分位数为 $x_{0.8} = 320$,亦可推出参数 $\lambda = -\ln 0.2 / 320 = 0.005$。

注意:在反函数 $F^{-1}(\cdot)$ 有显式表达的场合,寻求 x_α 是简单的。但是大多数场合是反函数 $F^{-1}(\cdot)$ 存在,但无显式表达,此时要通过专门的软件或统计方法去获得各种分位数。

例 2.5.5 正态分布的分位数

分几步来讨论这一问题。

(1) 标准正态分布 $N(0,1)$ 的分位数 u_α

由于标准正态分布函数

$$\Phi(u) = \frac{1}{\sqrt{2\pi}} \int_{-\infty}^{u} e^{-\frac{x^2}{2}} \, \mathrm{d}x$$

不含未知参数,又是严增函数,故其 α 分位数 u_α 可用其反函数表示:

$$u_\alpha = \Phi^{-1}(\alpha)$$

对给定的 α,计算反函数 $\Phi^{-1}(\alpha)$ 是复杂的,需要专门软件,为方便使用,人们编制了 "标准正态分布的 α 分位数 u_α 表"(见表 2.5.3),以备查用。表的最后几行提供更精确的分位数 u_α。从该表中可查得各种分位数,如:

$$u_{0.25} = -0.67, \quad u_{0.87} = 1.13, \quad u_{0.995} = 2.576$$

表 2.5.3 标准正态分布的 α 分位数 u_α 表

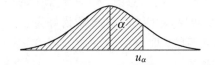

α	0.00	0.01	0.02	0.03	0.04	0.05	0.06	0.07	0.08	0.09
0.00	—	-2.33	-2.05	-1.88	-1.75	-1.64	-1.55	-1.48	-1.41	-1.34
0.10	-1.28	-1.23	-1.18	-1.13	-1.08	-1.04	-0.99	-0.95	-0.92	-0.88
0.20	-0.84	-0.81	-0.77	-0.74	-0.71	-0.67	-0.64	-0.61	-0.58	-0.55
0.30	-0.52	-0.50	-0.47	-0.44	-0.41	-0.39	-0.36	-0.33	-0.31	-0.28

表 2.5.3 续表

α	0.00	0.01	0.02	0.03	0.04	0.05	0.06	0.07	0.08	0.09
0.40	-0.25	-0.23	-0.20	-0.18	-0.15	-0.13	-0.10	-0.08	-0.05	-0.03
0.50	0.00	0.03	0.05	0.08	0.10	0.13	0.15	0.18	0.20	0.23
0.60	0.25	0.28	0.31	0.33	0.36	0.39	0.41	0.44	0.47	0.50
0.70	0.52	0.55	0.58	0.61	0.64	0.67	0.71	0.74	0.77	0.81
0.80	0.84	0.88	0.92	0.95	0.99	1.04	1.08	1.13	1.18	1.23
0.90	1.28	1.34	1.41	1.48	1.55	1.64	1.75	1.88	2.05	2.33

α	0.001	0.005	0.010	0.025	0.050	0.100
u_{α}	-3.090	-2.576	-2.326	-1.960	-1.645	-1.282

α	0.999	0.995	0.990	0.975	0.950	0.900
u_{α}	3.090	2.576	2.326	1.960	1.645	1.282

（2）标准正态分布分位数的性质

由于标准正态分布的密度函数 $\phi(u)$ 关于 $u=0$ 是对称的,故有:

• 当 $\alpha < 0.5$ 时,$u_{\alpha} < 0$

• 当 $\alpha > 0.5$ 时,$u_{\alpha} > 0$

• 当 $\alpha = 0.5$ 时,$u_{\alpha} = 0$

• 对任意 $\alpha(0 < \alpha < 1)$,有 $u_{\alpha} + u_{1-\alpha} = 0$ 或 $u_{\alpha} = -u_{1-\alpha}$

最后一个性质可从图 2.5.5 上看出,u_{α} 与 $u_{1-\alpha}$ 关于原点对称,故互为相反数。

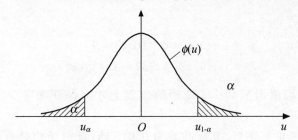

图 2.5.5 u_{α} 与 $u_{1-\alpha}$ 互为相反数

（3）一般正态分布 $N(\mu,\sigma^2)$ 的分位数 x_{α}

若 $X \sim N(\mu,\sigma^2)$,则 $u=(X-\mu)/\sigma \sim N(0,1)$,故一般正态分布 $N(\mu,\sigma^2)$ 的分位数 x_{α} 是下列方程:

$$\Phi\left(\frac{x_{\alpha}-\mu}{\sigma}\right)=\alpha$$

的解,其解为

$$x_{\alpha}=\mu+\sigma\Phi^{-1}(\alpha)=\mu+\sigma u_{\alpha}$$

其中 u_α 为标准正态分布的 α 分位数，可从表 2.5.3 中查得。譬如正态分布 $N(100,8^2)$ 的 0.9 分位数为

$$x_\alpha = 100 + 8u_\alpha = 100 + 8 \times 1.282 = 110.256$$

例 2.5.6 某厂生产一磅的罐装咖啡。自动包装线上大量数据表明，每罐重量是服从标准差为 0.1 磅的正态分布。为了使每罐咖啡少于 1 磅的罐头不多于 10%，应把自动包装线控制的均值 μ 调节到什么位置上？

解：设 X 为一罐的咖啡重量，则 $X \sim N(\mu, 0.1^2)$。假如把自动包装线的均值 μ 控制在 1 磅位置，则咖啡少于 1 磅的罐头要占全部罐头的 50%，即 $P(X < 1) = 0.5$，这是不合要求的（见图 2.5.6）。

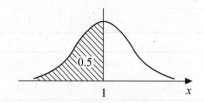

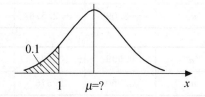

图 2.5.6　自动包装线的均值 $\mu = 1$　　　　图 2.5.7　自动包装线的新状态

为了使每罐咖啡少于 1 磅的罐头不多于 10%，应把自动包装线均值 μ 调到比 1 磅大一些的地方（见图 2.5.7），其中 μ 必须满足概率方程式 $P(X < 1) = 0.1$。对正态变量 X 进行标准化可得

$$\Phi\left(\frac{1-\mu}{0.1}\right) = 0.1 \quad 或 \quad \Phi\left(\frac{\mu-1}{0.1}\right) = 0.9$$

由此可得

$$\mu = 1 + 0.1 \times \Phi^{-1}(0.9)$$
$$= 1 + 0.1 \times 1.282 = 1.128（磅）$$

即把自动包装机的均值调节到 1.128 磅的位置上才能保证咖啡少于 1 磅的罐头不多于 10%。

假如购买一台新的装罐机，其标准差为 0.025 磅，此时新包装机的均值应调节的位置是

$$\mu = 1 + 0.025 \times 1.282 = 1.032（磅）$$

这样平均每罐就可节约咖啡 0.096 磅。若以每日可生产 2000 罐计算，则每日可节省 192 磅咖啡。若每磅咖啡的成本价是 50 元，则工厂每日可获利 9600 元，若新的包装机单价是 10 万元，则第 11 天开始就可获净利。

最后还要提及另一种分位数 —— 上侧分位数，它在实际中也常用。

定义 2.5.7 设连续随机变量 X 的分布函数为 $F(x)$，密度函数为 $p(x)$，对任意 $\alpha(0 < \alpha < 1)$，假如 x'_α 满足如下等式：

$$P(X \geqslant x'_\alpha) = \int_{x'_\alpha}^\infty p(x)\mathrm{d}x = \alpha$$

则称 x'_α 为 X 的分布的 α 上侧分位数(见图 2.5.8)。

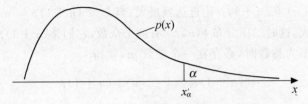

图 2.5.8　α 上侧分位数的示意图

从定义和图上可以看出两种分位数(上侧和下侧)间有如下关系:

$$x'_\alpha = x_{1-\alpha} \text{ 或 } x_\alpha = x'_{1-\alpha}$$

知道其中之一,就可以求出另一个。譬如,轴承寿命分布的 0.1 下侧分位数 $x_{0.1} = 1000$ 小时,若用上侧分位数表示,则有 $x'_{0.9} = 1000$ 小时,它们各自表达的意思如下:

"$x_{0.1} = 1000$ 小时"表示"有 10% 的轴承寿命低于 1000 小时"。

"$x'_{0.9} = 1000$ 小时"表示"有 90% 的轴承寿命高于 1000 小时"。

它们表示同一个意思,只是讲法不同。根据实际需要选用不同的分位数。譬如从广告效应来看,"有 90% 的轴承寿命高于 1000 小时"更能显示其产品质量高,故商家常喜欢用上侧分位数。又如,报载 2004 年中国人口中超过 60 岁的老人占 11%,它表示 2004 年中人口年龄分布的 0.11 上侧分位数 $x'_{0.11} = 60$。

为了适应统计中各种需要,人们对常用分布编制了各种分位数表,如 t 分布分位数表(附表 4),χ^2 分布分位数表(附表 5)和 F 分布分位数表(附表 6),但是有的书上只附上侧分位数表,这时我们一要注意两种分位数的差别,二要掌握两种分位数间的转换关系。

*2.5.7　众数

定义 2.5.8　假如 X 是离散随机变量,则 X 最可能取的值(即使概率 $P(X=x)$ 达到最大的 x 值)称为 **X 分布的众数**。假如 X 是连续随机变量,则使其密度函数 $p(x)$ 达到最大的 x 值称为 X 的众数,X 的众数常记为 $\mathrm{Mod}(X)$。

众数也是随机变量的一种位置特征数,在单峰分布场合,众数附近常是随机变量最可能取值的区域,故众数及其附近区域是受到人们特别重视的。譬如,生产服装、鞋、帽等的工厂很重视最普遍、最众多的尺码,生产这种尺码给他们带来的利润最大,这种最普遍、最众多的尺码就是众数。

例 2.5.7　寻求二项分布 $b(n,p)$ 的众数。

解:设 $X \sim b(n,p)$,记

$$b(x) = \binom{n}{x} p^x (1-p)^{n-x}, \quad x = 0,1,\cdots,n$$

先比较相邻两个概率

$$\frac{b(x)}{b(x-1)} = \frac{(n-x+1)p}{x(1-p)} = 1 + \frac{(n+1)p-x}{x(1-p)}$$

当 $x < (n+1)p$ 时，上述比值大于 1，故 $b(x)$ 增加；当 $x > (n+1)p$ 时，上述比值小于 1，故 $b(x)$ 减少，可见 $b(x)$ 在 $(n+1)p$ 附近达到最大；当 $x = (n+1)p = m$ 为整数时，$b(m) = b(m-1)$，且为最大，这时二项分布 $b(n,p)$ 有两个众数，它们是 $(n+1)p$ 和 $(n+1)p-1$。

当 $(n+1)p$ 不为整数时，必存在一个整数 m，使得

$$(n+1)p - 1 < m < (n+1)p$$

这时 $b(m)$ 达到最大，此 m 就是 $(n+1)p$ 中的整数部分，可记为 $m = [(n+1)p]$。综合上述，二项分布 $b(n,p)$ 的众数为

$$\text{Mod}(X) = \begin{cases} (n+1)p \text{ 和}(n+1)p-1, & \text{当}(n+1)p \text{ 为整数} \\ [(n+1)p], & \text{当}(n+1)p \text{ 不为整数} \end{cases}$$

譬如，二项分布 $b(6,0.9)$ 的众数 $\text{Mod}(X) = [(6+1) \times 0.9] = 6$，二项分布 $b(6,0.5)$ 的众数 $\text{Mod}(X) = [(6+1) \times 0.5] = 3$。最后，二项分布 $b(7,0.5)$ 的众数有两个，$\text{Mod}(X) = 3$ 和 4，因为这时 $(n+1)p = (7+1) \times 0.5 = 4.0$ 为整数。

习题 2.5

1. 设随机变量 $X \sim N(\mu, \sigma^2)$，求 $E|X - \mu|$。

2. 设随机变量 $X \sim N(\mu, \sigma^2)$，利用中心矩与原点矩之间的关系求 EX^3 和 EX^4。

3. 设随机变量 $X \sim \text{Exp}(\lambda)$，
   (1) 求变异系数 C_v；
   (2) 求 $\mu_3 = EX^3$，$\nu_3 = E(X-EX)^3$ 和偏度 β_S；
   (3) 求 $\mu_4 = EX^4$，$\nu_4 = E(X-EX)^4$ 和峰度 β_k。

4. 求贝塔分布 $Be(\frac{1}{2}, \frac{1}{2})$ 的偏度与峰度。

5. 设随机变量 $X \sim U(a,b)$，
   (1) 求 $\mu_3 = EX^3$，$\nu_3 = E(X-EX)^3$ 和偏度 β_S；
   (2) 求 $\mu_4 = EX^4$，$\nu_4 = E(X-EX)^4$ 和峰度 β_k。

6. 分布函数为 $F(x) = 1 - \exp\left\{-\left(\frac{x}{\eta}\right)^m\right\}$ 的分布称为双参数威布尔分布，其中 $\eta > 0$ 和 $m > 0$ 是两个参数。
   (1) 写出该分布的 p 分位数 x_p 的表达式；
   (2) 设 $m = 1.5$，$\eta = 1000$，求 $x_{0.1}, x_{0.5}, x_{0.8}$；
   (3) 若 $x_{0.1} = 1500$，$x_{0.5} = 4000$，求 m 与 η。

7. 设 $U \sim N(0,1)$，利用标准正态分布分位数表求 $u_{0.1}$ 和 $u_{0.7}$。

8. 设 $X \sim N(10, 3^2)$，求 $x_{0.2}$ 和 $x_{0.8}$。

9. 某种绝缘材料的使用寿命 T（单位：小时）服从对数正态分布 $LN(\mu, \sigma^2)$，

(1)求对数正态分布的 α 分位数 t_α；

(2)若 $\mu = 10, \sigma = 2$，求 0.1 分位数；

(3)若 $t_{0.2} = 5000$ 小时，$t_{0.8} = 65000$ 小时，求 μ 与 σ。

10. 自由度为 2 的 χ^2 分布的密度函数为

$$p(x) = \frac{1}{2} e^{-\frac{x}{2}}, \quad x > 0$$

(1)写出其分布函数 $F(x)$，并求分位数 $x_{0.1}, x_{0.5}, x_{0.8}$；

(2)从附表 5 查出 $x_{0.1}, x_{0.5}, x_{0.8}$。

11. 设 X 服从自由度为 8 的 χ^2 分布，

(1)求(下侧)分位数 $x_{0.01}, x_{0.025}, x_{0.9}$；

(2)求上侧分位数 $x'_{0.05}, x'_{0.1}$。

12. 求下列分布的众数 $\mathrm{Mod}(X)$：

(1)$X \sim Ga(\alpha, \lambda)$，$(\alpha > 1)$；

(2)$X \sim Be(\alpha, b)$，$(\alpha > 1, b > 1)$。

13. 环境保护机构近年发明了一种机动车排放某些污染物质的监测仪器。大量监测数据表明：某种机动车每公里排放的氧化氮(某种污染物质)的重量 X(单位：克/公里)服从正态分布 $N(1.6, 0.4^2)$，确定 C 值，使这种机动车中 99% 在每公里内排放的氧化氮低于 C。

14. 某厂决定按过去生产状况对月生产额最高的 5% 的工人发放高产奖。已知过去每人每月生产额 X(单位：公斤)服从正态分布 $N(4000, 60^2)$，试问高产奖发放标准应把月生产额定为多少？

第三章

多维随机变量

§ 3.1 多维随机变量及其联合分布

3.1.1 多维随机变量

在有些随机现象中,每个基本结果 ω 只用一个随机变量 $X_1(\omega)$ 去描述是不够的,而要同时用多个,譬如同时用 n 个随机变量 $X_1(\omega),X_2(\omega),\cdots,X_n(\omega)$ 去描述。这样就引出多维随机变量的概念。

定义 3.1.1 若随机变量 $X_1(\omega),X_2(\omega),\cdots,X_n(\omega)$ 定义在同一个样本空间 $\Omega=\{\omega\}$ 上,则称

$$\boldsymbol{X}(\omega)=(X_1(\omega),X_2(\omega),\cdots,X_n(\omega))$$

是一个 **n 维随机变量**,或称 **n 维随机向量**。显然,一维随机变量就是前一章叙述的随机变量。

例 3.1.1 多维随机变量的例子。

(1)在研究 $4\sim6$ 岁儿童生长发育中,很注意每个儿童(基本结果 ω)自己的身高 $X_1(\omega)$ 和体重 $X_2(\omega)$。这里 $(X_1(\omega),X_2(\omega))$ 就是一个二维随机变量。

(2)每个家庭(基本结果 ω)的支出主要用在衣食住行四个方面。假如用 $X_1(\omega)$,$X_2(\omega),X_3(\omega),X_4(\omega)$ 分别表示每个家庭 ω 的衣食住行的花费占其总收入(按年计算)的百分比,则 (X_1,X_2,X_3,X_4) 就是很引起经济学家兴趣的四维随机变量。

(3)从一批产品中随机抽取 n 件,一等品、二等品、三等品和不合格品的件数分别记为 X_1,X_2,X_3,X_4,则 (X_1,X_2,X_3,X_4) 就是人们很关心的四维随机变量,这里基本结果 ω 可以用长为 n 的由 1、2、3、4 等四个数字组成的序列表示,其中 1、2、3 分别表示一等品、二等品、三等品,4 表示不合格品。

(4)炮弹的着落点的位置 (X,Y) 就是指挥官关心的二维随机变量。

(5)遗传学家很关心儿子的身高 X 与父亲的身高 Y 之间的关系,这里 (X,Y) 就是一个二维随机变量。

一般说来,若需要同时研究个体的多个方面时,就会遇到多维随机变量。

3.1.2 联合分布函数

多维随机变量的概率分布可以用联合分布函数来表示。

定义 3.1.2 设 $\boldsymbol{X}=(X_1,X_2,\cdots,X_n)$ 是 n 维随机变量,对任意 n 个实数 $x_1,x_2,\cdots,x_n$ 所组成的 n 个事件"$X_1\leqslant x_1$""$X_2\leqslant x_2$"$\cdots$"$X_n\leqslant x_n$"同时发生的概率

$$F(x_1,x_2,\cdots,x_n)=P(X_1\leqslant x_1,X_2\leqslant x_2,\cdots,X_n\leqslant x_n) \tag{3.1.1}$$

称为 n 维随机变量 $\boldsymbol{X}$ 的**联合分布函数**。

下面对二维联合分布函数

$$F(x,y)=P(X\leqslant x,Y\leqslant y)$$

做一些重点讨论。$F(x,y)$ 是两事件"$X\leqslant x$"和"$Y\leqslant y$"的交(同时发生)的概率。若用 x 轴表示 X 的可能取值范围,y 轴表示 Y 的可能取值范围,那么事件"$X\leqslant x$"在坐标平面上是"左半平面",事件"$Y\leqslant y$"在坐标平面上是"下半平面"这两个半平面的交就是直角 xAy 所在的 1/4 区域(以下简称直角区域,见图 3.1.1),$F(x,y)$ 是在这个直角区域上取值的概率。当直角顶点 $A(x,y)$ 在平面上移动时,其上的概率也随之变化,这就形成二维分布函数。

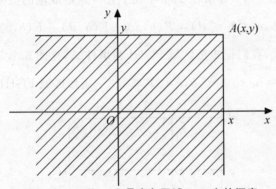

图 3.1.1 $F(x,y)$ 是直角区域 xAy 上的概率

从图 3.1.1 上可以看出二维分布函数的一些性质:

(1)$F(x,y)$ 是每个分量的非减函数,譬如当 x 增加时,直角区域在扩大,故在其上的概率不会减少。类似对 y 的讨论可得相同结论。

(2)当 x 与 y 同时趋向 ∞ 时,直角区域扩大到整个 xoy 平面,形成必然事件,故有

$$F(\infty,\infty)=\lim_{\substack{x\to\infty\\y\to\infty}}F(x,y)=1$$

(3)当 x 与 y 中至少有一个趋向 $-\infty$ 时,直角区域缩小为空集 ϕ,它不含 xoy 平面上任何点,故其概率为 0,这可用如下式子表示:

$$F(x,-\infty)=\lim_{y\to-\infty}F(x,y)=0$$

$$F(-\infty,y)=\lim_{x\to-\infty}F(x,y)=0$$

$$F(-\infty,-\infty)=\lim_{\substack{x\to-\infty\\y\to-\infty}}F(x,y)=0$$

（4）当固定 x，让 y 趋向 ∞，这时直角区域扩大到左半平面，该区域可用"$X \leqslant x$"表示，即

$$“X \leqslant x, Y < \infty” = “X \leqslant x”$$

而其上的概率

$$F(x, \infty) = \lim_{y \to \infty} P(X \leqslant x, Y \leqslant y) = P(X \leqslant x, Y < \infty)$$
$$= P(X \leqslant x) = F_X(x) \tag{3.1.2a}$$

最后的结果不是别的，正是一维随机变量 X 的分布，今后称 $F_X(x)$ 为二维联合分布函数 $F(x, y)$ 的**边际分布函数**或简称**边际分布**。类似地，还可导出 $F(x, y)$ 的另一个边际分布 $F_Y(y)$，即

$$F(\infty, y) = \lim_{x \to \infty} F(x, y) = F_Y(y) \tag{3.1.2b}$$

这表明：二维分布函数 $F(x, y)$ 含有丰富的信息，它可导出每一个分量的边际分布。除此以外，$F(x, y)$ 还含有随机变量 X 与 Y 间相互关系的信息，这将在以后几节中叙述。

（5）与一维分布函数类似，二维联合分布函数 $F(x, y)$ 是每个分量的右连续函数。

（6）最后指出用 $F(x, y)$ 寻求在 xoy 平面上任一矩形取值的概率的公式：

$$P(a < X \leqslant b, c < Y \leqslant d) = F(b, d) - F(a, d) - F(b, c) + F(a, c)$$

为了证明这个等式，我们记矩形区域 FGHI 为事件 A，见图 3.1.2，即

$$A = \{a < X \leqslant b, c < Y \leqslant d\} = 矩形区域 \text{ FGHI}$$

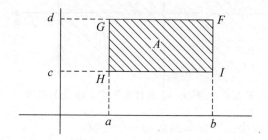

图 3.1.2　矩形区域

又记事件

$$B = \{X \leqslant b, Y \leqslant d\} = 直角区域 \ bFd$$
$$C = \{X \leqslant a, Y \leqslant d\} = 直角区域 \ aGd，且 \ B \supset C$$
$$D = \{X \leqslant b, Y \leqslant c\} = 直角区域 \ bIc，且 \ B \supset D$$
$$E = \{X \leqslant a, Y \leqslant c\} = 直角区域 \ aHc = C \bigcap D$$

从图上可以看出上述诸事件间有如下关系：

$$A = B - (C \bigcup D)，且 \ B \supset C \bigcup D$$

故有

$$P(A) = P(B) - P(C \bigcup D) = P(B) - \left[P(C) + P(D) - P(CD) \right]$$
$$= P(B) - P(C) - P(D) + P(E)$$
$$= F(b,d) - F(a,d) - F(b,c) + F(a,c)$$

以上六条性质中,除(6)是二维联合分布函数特有的外,其余五条性质都可推广到三维或更高维联合分布场合。

例 3.1.2 设二维随机变量(X,Y)的联合分布函数为

$$F(x,y) = \begin{cases} 1 - e^{-x} - e^{-y} + e^{-x-y-\lambda xy}, & x > 0, y > 0 \\ 0, & \text{其他} \end{cases}$$

其中$\lambda \geqslant 0$,这个分布称为二维指数分布。

利用(3.1.2a)与(3.1.2b)容易得到X与Y的边际分布:

$$F_X(x) = F(x,\infty) = \begin{cases} 1 - e^{-x}, & x > 0 \\ 0, & x \leqslant 0 \end{cases}$$

$$F_Y(y) = F(\infty,y) = \begin{cases} 1 - e^{-y}, & y > 0 \\ 0, & y \leqslant 0 \end{cases}$$

它们都是一维指数分布,且都与参数λ无关。不同的λ对应不同的二维指数分布,而它们的两个边际分布不变。这一现象表明:$F(x,y)$不仅含有每个分量的概率分布的信息,而且还含有两个变量X与Y之间关系的信息,这正是引起人们研究多维随机变量的重要原因。

若取定参数$\lambda = 1$,可以计算有关事件的概率。譬如:

$$P(X \leqslant 0.5, Y \leqslant 1.3) = F(0.5,1.3) = 1 - e^{-0.5} - e^{-1.3} + e^{-2.45} = 0.2072$$
$$P(X \leqslant 0.5, 0.3 < Y \leqslant 1.3) = P(-\infty < X \leqslant 0.5, 0.3 < Y \leqslant 1.3)$$
$$= F(0.5,1.3) - F(-\infty,1.3) - F(0.5,0.3) + F(-\infty,0.3)$$
$$= 0.2072 - (1 - e^{-0.5} - e^{-0.3} + e^{-0.95}) = 0.2072 - 0.0394 = 0.1678$$

3.1.3 多维离散随机变量

像一维随机变量那样,多维随机变量也有离散与连续两类,这里先研究二维离散随机变量。多维连续随机变量的研究亦可类似进行。

定义 3.1.3 假如二维随机变量(X,Y)的每个分量都是一维离散随机变量,则称(X,Y)为二维离散随机变量。若设$\{x_1,x_2,\cdots\}$和$\{y_1,y_2,\cdots\}$分别为X和Y的全部可能取值,则概率

$$P(X = x_i, Y = y_i) = p_{ij}, \qquad i = 1,2,\cdots, \quad j = 1,2,\cdots$$

全体称为(X,Y)的概率分布,简称二维离散分布。

显然,作为二维离散分布$\{p_{ij}\}$应满足如下非负性与正则性两个条件:

$$p_{ij} \geqslant 0, \qquad \sum_i \sum_j p_{ij} = 1 \qquad\qquad (3.1.3)$$

若记

$$p_{i \cdot} = \sum_j p_{ij}, \qquad p_{\cdot j} = \sum_i p_{ij} \qquad\qquad (3.1.4)$$

则 (X, Y) 的二个边际分布为

$$
\begin{aligned}
P(X = x_i) &= P(X = x_i, Y < \infty) \\
&= \sum_j P(X = x_i, Y = y_j) \\
&= \sum_j p_{ij} = p_{i \cdot}, \qquad i = 1, 2, \cdots \qquad\qquad (3.1.5a)
\end{aligned}
$$

$$p(Y = y_j) = \sum_i p_{ij} = p_{\cdot j}, \qquad j = 1, 2, \cdots \qquad\qquad (3.1.5b)$$

例 3.1.3　设 (X, Y) 的联合分布如下表所示：

X＼Y	0	1	2
0	0.1	0.4	0.1
1	0.2	0.2	0

其中 X 可取 0 与 1 两个值，Y 可取 0，1，2 等三个值，表的右下方是联合概率，譬如 $P(X = 0, Y = 1) = 0.4$。这 6 个联合概率满足条件 (3.1.3)，故组成二维随机变量 (X, Y) 的联合概率分布。

（1）寻求概率 $P(X + Y \leqslant 1)$。

由于事件"$X + Y \leqslant 1$"是由数对 $(0,0)$，$(0,1)$ 和 $(1,0)$ 组成，故它们对应概率之和就是所求事件的概率，即

$$
\begin{aligned}
P(X + Y \leqslant 1) &= P(X = 0, Y = 0) + P(X = 0, Y = 1) + P(X = 1, Y = 0) \\
&= 0.1 + 0.4 + 0.2 = 0.7
\end{aligned}
$$

（2）寻求 X 的边际分布。

由于事件"$X = 0$"是由数对 $(0,0)$，$(0,1)$，$(0,2)$ 组成，故

$$
\begin{aligned}
P(X = 0) &= P(X = 0, Y = 0) + P(X = 0, Y = 1) + P(X = 0, Y = 2) \\
&= 0.1 + 0.4 + 0.1 = 0.6
\end{aligned}
$$

这正是上述联合分布表中第一行三个概率之和。类似地，上表中第二行三个概率之和就是"$X = 1$"的概率，即

$$P(X = 1) = 0.2 + 0.2 + 0 = 0.4$$

上述二个行和恰好组成 X 的边际分布，类行地，表上三个列和恰好组成 Y 的边际分布。具体可用下表表示：

X \ Y	0	1	2	行和
0	0.1	0.4	0.1	0.6
1	0.2	0.2	0	0.4
列和	0.3	0.6	0.1	1.0

由于行和位于上表的右边,列和位于上表的下边,边际分布的名称也就由此得来。

例 3.1.4(多项分布)　多项分布是最重要的多维离散分布,它是二项分布的推广。大家知道,二项分布产生于 n 次独立重复贝努里试验,其中每次试验仅有两个可能结果:成功与失败,如今多项分布产生于 n 次独立重复试验,其中每次试验有多于两个结果。譬如把制造的产品分为一等品、二等品、三等品和不合格品等四种状态;学生考试成绩被评为 A、B、C、D 和 E 五个等级;一项试验被判为成功、失败和无确定结果等三种可能。一般,当把一个总体按某种属性分成几类时,就会产生多项分布,现把多项分布产生的条件叙述如下:

(1) 每次试验可能有 r 种结果:$A_1, A_2, \cdots, A_r$。

(2) 第 i 种结果 A_i 发生的概率为 $p_i, i = 1, 2, \cdots, r$,且

$$p_1 + p_2 + \cdots + p_r = 1$$

(3) 对上述试验独立地重复 n 次,这 n 次试验的结果可用某些 A_i 组成(允许重复)的序列(长为 n)表示,譬如,下面的序列就是 n 次重复试验的一个结果

$$\underbrace{A_1 A_1 \cdots A_1}_{n_1 \text{ 个}} \underbrace{A_2 A_2 \cdots A_2}_{n_2 \text{ 个}} \cdots \underbrace{A_r A_r \cdots A_r}_{n_r \text{ 个}} \qquad (3.1.6)$$

其中 n_i 为非负整数,且 $n_1 + n_2 + \cdots + n_r = n$。由于独立性,这个结果发生的概率为

$$p_1^{n_1} p_2^{n_2} \cdots p_r^{n_r}$$

容易看出,若在序列(3.1.6)中各 A_i 出现个数不变,而把它们次序打乱后重新排成一列,不同的排列共有

$$\frac{n!}{n_1! \, n_2! \, \cdots \, n_r!}$$

个,并且每个序列的概率仍为 $p_1^{n_1} p_2^{n_2} \cdots p_r^{n_r}$。

(4) 在上述 n 次试验中以 X_1 表示 A_1 出现次数,X_2 表示 A_2 出现次数,$\cdots$,X_r 表示 A_r 出现次数,则 $(X_1, X_2, \cdots, X_r)$ 是 r 维随机变量,并且事件 $X_1 = n_1, X_2 = n_2, \cdots, X_r = n_r$ 同时发生的概率为

$$P(X_1 = n_1, X_2 = n_2, \cdots, X_r = n_r) = \frac{n!}{n_1! \, n_2! \, \cdots n_r!} p_1^{n_1} p_2^{n_2} \cdots p_r^{n_r} \qquad (3.1.7)$$

其中 n_i 为非负整数,且 $n_1 + n_2 + \cdots + n_r = n$。这就是**多项分布**,记为 $M(n, p_1, p_2, \cdots, p_r)$。由多项式 n 次幂的展开式可知

$$(p_1 + p_2 + \cdots + p_r)^n = \sum_{n_1+n_2+\cdots+n_r=n} \frac{n!}{n_1! \ n_2! \ \cdots n_r!} p_1^{n_1} p_2^{n_2} \cdots p_r^{n_r} = 1 \quad (3.1.8)$$

所有形如(3.1.7)所示的概率组成了一个多维离散分布,多项分布的名称也由此而来。

当 $r = 2$ 时,多项分布就退化为二项分布。

多项分布有广泛应用。譬如,把产品分为一等品(A_1),二等品(A_2),三等品(A_3)和不合格品(A_4)等四类时,若设

$$P(A_1) = 0.15, \ P(A_2) = 0.60, \ P(A_3) = 0.20, \ P(A_4) = 0.05$$

如今从一大批产品中随机取出 10 个,其中一等品有 2 个、二等品有 6 个、三等品有 2 个、而没有不合格品的概率为

$$P(X_1 = 2, \ X_2 = 6, \ X_3 = 2, \ X_4 = 0)$$
$$= \frac{10!}{2! \ 6! \ 2! \ 0!} (0.15)^2 (0.60)^6 (0.20)^2 (0.50)^0$$
$$= 0.0529$$

其中 X_1, X_2, X_3, X_4 分别表示 10 个产品中一、二、三等品和不合格品的个数。

可以证明:多项分布 $M(n, p_1, p_2 \cdots, p_r)$ 中任一个分量的边际分布是二项分布。以 X_1 为例,X_1 可以取 $0, 1, 2, \cdots, n$ 个值中任一个。由边际分布定义可知

$$P(X_1 = n_1) = \sum_{n_2+\cdots+n_r=n-n_1} \frac{n!}{n_1! \ n_2! \ \cdots n_r!} p_1^{n_1} p_2^{n_2} \cdots p_r^{n_r}$$

其中 $n_2, \cdots, n_r$ 分别是 $X_2, \cdots, X_r$ 的取值,都是非负整数,其和必为 $n - n_1$。若令

$$p_2' = \frac{p_2}{1-p_1}, \quad \cdots, \quad p_r' = \frac{p_r}{1-p_r}$$

则 $p_2' + \cdots + p_r' = (p_2 + \cdots + p_r)/(1-p_1) = 1$。若把上式改写为

$$P(X_1 = n_1) = \left(\sum_{n_2+\cdots+n_r=n-n_1} \frac{(n-n_1)!}{n_2! \ \cdots n_r!} p_2'^{n_2} \cdots p_r'^{n_r} \right)$$
$$\times \left(\frac{n!}{n_1! \ (n-n_1)!} p_1^{n_1} (1-p_1)^{n-n_1} \right)$$

利用(3.1.8)式,上式右端第一个括号为 1,于是得到

$$P(X_1 = n_1) = \binom{n}{n_1} p_1^{n_1} (1-p_1)^{n-n_1}, \quad n_1 = 0, 1, \cdots, n$$

这正是二项分布 $b(n, p_1)$,即 n 次独立重复试验(每次试验只有二种可能 A_1 和 $\overline{A_1} = A_2 \bigcup A_3 \bigcup \cdots \bigcup A_r$)中 A_1 出现 n_1 次的概率。类似地可写出 X_2 的边际分布为 $b(n, p_2)$ 等。

3.1.4 多维连续随机变量

为简单起见,以下叙述仅对二维连续随机变量进行。读者不难把它推广到三维和更高维场合。

定义 3.1.4 设二维随机变量 (X, Y) 的分布函数为 $F(x, y)$。假如各分量 X 和 Y 都是

一维连续随机变量,并存在定义在平面上的非负函数 $p(x,y)$,使得

$$F(x,y)=\int_{-\infty}^{x}\int_{-\infty}^{y}p(x,y)\mathrm{d}x\mathrm{d}y \tag{3.1.9}$$

则称 (X,Y) 为二维连续随机变量,$p(x,y)$ 称为 (X,Y) 的**联合概率密度函数**,或简称**联合密度**。

在这个定义中特别强调,只有具有联合密度 $p(x,y)$ 的二维随机变量才能称为二维连续随机变量。在给出联合密度 $p(x,y)$ 后,与 (X,Y) 有关的事件"$(X,Y)\in S$"(见图 3.1.3a)的概率都可用二重积分表示,然后设法化为累次积分计算。譬如

$$P((X,Y)\in S)=\iint_{S}p(x,y)\mathrm{d}x\mathrm{d}y=\int_{a}^{b}\int_{\phi_{1}(x)}^{\phi_{2}(x)}p(x,y)\mathrm{d}y\mathrm{d}x \tag{3.1.10}$$

它是联合密度 $p(x,y)$ 在区域 S 上的体积。当 S 为长方形(见图 3.1.3b)时,可直接用累次积分计算:

$$P(a<X<b,c<Y<d)=\int_{a}^{b}\int_{c}^{d}p(x,y)\mathrm{d}y\mathrm{d}x \tag{3.1.11}$$

其中不等号改为"$\leqslant$",(3.1.11)式仍然成立,因为一个面的体积总为零。

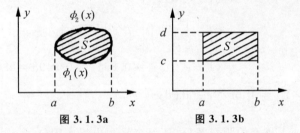

图 3.1.3a　　　　　　图 3.1.3b

实际中,很多二维连续随机变量的概率分布都是用联合密度 $p(x,y)$ 给出的,不过 $p(x,y)$ 都应满足如下非负性与正则性两个条件:

$$\begin{cases} p(x,y)\geqslant 0 \\ \int_{-\infty}^{\infty}\int_{-\infty}^{\infty}p(x,y)\mathrm{d}x\mathrm{d}y=1 \end{cases} \tag{3.1.12}$$

若二维连续分布是用分布函数 $F(x,y)$ 给出的,则由(3.1.9)式可知,在 $F(x,y)$ 的偏导数存在的点上可写出其联合密度

$$p(x,y)=\frac{\partial^{2}}{\partial x\partial y}F(x,y) \tag{3.1.13}$$

而在 $F(x,y)$ 的偏导数不存在的点上 $p(x,y)$ 的值可任意用一个常数给出,这不会影响以后有关事件概率的计算结果。因为这类点组成的集合发生的概率为零。

由联合密度 $p(x,y)$ 不难求出各个分量的概率密度。譬如 X 的分布函数可改写为

$$F_X(x)=P(X\leqslant x,Y<\infty)$$

$$=\int_{-\infty}^{x}\left\{\int_{-\infty}^{\infty}p(x,y)\mathrm{d}y\right\}\mathrm{d}x$$

$$=\int_{-\infty}^{x}p_X(x)\mathrm{d}x$$

其中

$$p_X(x) = \int_{-\infty}^{\infty} p(x,y)\mathrm{d}y \tag{3.1.14a}$$

就是 X 的概率密度函数，类似可得 Y 的概率密度函数

$$p_Y(y) = \int_{-\infty}^{\infty} p(x,y)\mathrm{d}x \tag{3.1.14b}$$

$p_X(x)$ 和 $p_Y(y)$ 又称为 (X,Y) 的（或 $p(x,y)$ 的）**边际密度函数**。

例 3.1.5 设 (X,Y) 的联合密度函数为

$$p(x,y) = \begin{cases} 6e^{-2x}e^{-3y}, & x>0, y>0 \\ 0, & \text{其他} \end{cases}$$

试求：$(1)P(X<1, Y>1)$；$(2)P(X>Y)$；$(3)(X,Y)$ 的边际密度函数。

解：$(1)P(X<1, Y>1) = \int_0^1 \int_1^{\infty} 6e^{-2x}e^{-3y}\mathrm{d}y\mathrm{d}x$

$$= 6\int_0^1 e^{-2x}\mathrm{d}x \int_1^{\infty} e^{-3y}\mathrm{d}y$$

$$= 6\left(-\frac{1}{2}e^{-2x}\right)\Big|_0^1 \left(-\frac{1}{3}e^{-3y}\right)\Big|_1^{\infty}$$

$$= (1-e^{-2})e^{-3} = 0.8647 \times 0.0498 = 0.0431$$

$(2)P(X>Y) = \iint\limits_{x>y} 6e^{-2x}e^{-3y}\mathrm{d}x\mathrm{d}y$

上述积分区域如图 3.1.4 上的阴影部分，从而容易写出累次积分

$$P(X>Y) = \int_0^{\infty} \int_0^x 6e^{-2x}e^{-3y}\mathrm{d}y\mathrm{d}x$$

$$= \int_0^{\infty} 2e^{-2x}(1-e^{-3x})\mathrm{d}x$$

$$= \left[-e^{-2x} + \frac{2}{5}e^{-5x}\right]_0^{\infty}$$

$$= 1 - \frac{2}{5} = \frac{3}{5}$$

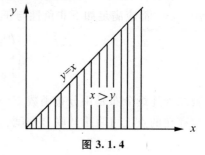

图 3.1.4

$(3)\ p_X(x) = \int_0^{\infty} 6e^{-2x}e^{-3y}\mathrm{d}y = 2e^{-2x}, \quad x>0$

$p_Y(y) = \int_0^{\infty} 6e^{-2x}e^{-3y}\mathrm{d}x = 3e^{-3y}, \quad y>0$

而当 $x \leqslant 0$ 时，$p_X(x) = 0$；当 $y \leqslant 0$ 时，$p_Y(y) = 0$。

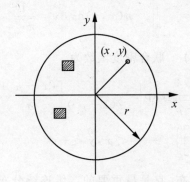

图 3.1.5　二维均匀分布区域

例 3.1.6(二维均匀分布)　　向半径为 r 的圆内随机投点,落在圆内面积相等的不同区域(如图 3.1.5 上圆内两个正方形)内是等可能的。若把坐标原点放在圆心,在坐标(x,y) 处的联合密度函数为

$$p(x,y)=\begin{cases} c, & \text{当 } x^2+y^2 \leqslant r^2 \\ 0, & \text{当 } x^2+y^2 > r^2 \end{cases}$$

其中 c 为某一待定常数。这个二维分布称为**在圆上的均匀分布**。类似可定义长方形上的均匀分布、椭圆上的均匀分布以及平面上任一有限区域上的均匀分布。

(1) 确定 c 的值。

(2) 求(X,Y) 的边际密度函数。

(3) 计算落点(X,Y) 到原点的距离 $Z=\sqrt{X^2+Y^2}$ 不大于 a 的概率$(0<a<r)$。

解:(1) 由条件(3.1.12)可知

$$c \iint\limits_{x^2+y^2 \leqslant r^2} \mathrm{d}x\,\mathrm{d}y = 1$$

由于上述积分表示圆的面积,故等于 πr^2。从而有 $c=(\pi r^2)^{-1}$。

(2) 先求 X 的边际密度函数,当 $x^2 \leqslant r^2$ 时,有

$$p_X(x)=\int_{-\infty}^{\infty} p(x,y)\mathrm{d}y = \frac{1}{\pi r^2} \int\limits_{x^2+y^2 \leqslant r^2} \mathrm{d}y$$

$$= \frac{1}{\pi r^2} \int_{-\sqrt{r^2-x^2}}^{\sqrt{r^2-x^2}} \mathrm{d}y = \frac{2}{\pi r^2}\sqrt{r^2-x^2}$$

而当 $x^2 > r^2$ 时,$p_X(x)=0$。类似地可求出 Y 的边际密度函数

$$p_Y(y)=\begin{cases} \dfrac{1}{\pi r^2}\sqrt{r^2-y^2}, & y^2 \leqslant r^2 \\ 0, & y^2 > r^2 \end{cases}$$

(3) 所求的概率为

$$P(Z \leqslant a)=P(\sqrt{X^2+Y^2} \leqslant a)=P(X^2+Y^2 \leqslant a^2)$$

$$= \iint\limits_{x^2+y^2 \leqslant a^2} p(x,y)\mathrm{d}x\,\mathrm{d}y = \frac{1}{\pi r^2}\iint\limits_{x^2+y^2 \leqslant a^2}\mathrm{d}x\,\mathrm{d}y = \frac{\pi a^2}{\pi r^2} = \frac{a^2}{r^2}$$

例 3.1.7（二维正态分布） 联合密度函数为

$$p(x,y) = \frac{1}{2\pi\,\sigma_1\sigma_2\sqrt{1-\rho^2}}\exp\left\{-\frac{1}{2(1-\rho^2)}\left[\frac{(x-\mu_1)^2}{\sigma_1^2} - \frac{2\rho(x-\mu_1)(y-\mu_2)}{\sigma_1\sigma_2}\right.\right.$$

$$\left.\left.+ \frac{(y-\mu_2)^2}{\sigma_2^2}\right]\right\},\; -\infty < x,y < +\infty \tag{3.1.15}$$

的二维分布称为**二维正态分布**，它是最重要的二维连续分布。它含有五个参数 μ_1,μ_2，σ_1,σ_2 和 ρ，其取值范围分别为

$$-\infty < \mu_1 < \infty,\; -\infty < \mu_2 < \infty, \sigma_1 > 0, \sigma_2 > 0, -1 \leqslant \rho \leqslant 1$$

常把这个分布记为 $N(\mu_1,\mu_2,\sigma_1^2,\sigma_2^2,\rho)$。这个密度函数在 xoy 平面上的图形很像一顶四周无限延伸的草帽（见图 3.1.6），其中心在点 (μ_1,μ_2) 处。

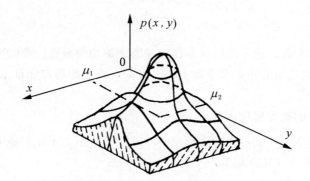

图 3.1.6   二维正态密度函数

下面证明一个重要结论：**二维正态分布的边际分布是一维正态分布**，即若 $(X,Y) \sim N(\mu_1,\mu_2,\sigma_1^2,\sigma_2^2,\rho)$，则 $X \sim N(\mu_1,\sigma_1^2),Y \sim N(\mu_2,\sigma_2^2)$。首先，把二维正态密度函数 $p(x,y)$ 的指数部分（见(3.1.15)式）改写为

$$-\frac{1}{2}\cdot\frac{1}{1-\rho^2}\left[\frac{(x-\mu_1)^2}{\sigma_1^2} - 2\rho\frac{(x-\mu_1)(y-\mu_2)}{\sigma_1\sigma_2} + \frac{(y-\mu_2)^2}{\sigma_2^2}\right]$$

$$= -\frac{1}{2}\left(\rho\frac{x-\mu_1}{\sigma_1\sqrt{1-\rho^2}} - \frac{y-\mu_2}{\sigma_2\sqrt{1-\rho^2}}\right)^2 - \frac{(x-\mu_1)^2}{2\sigma_1^2}$$

于是 X 的边际密度函数为

$$p_X(x) = \int_{-\infty}^{\infty} p(x,y)\mathrm{d}y$$

$$= \frac{\exp\left\{-\frac{(x-\mu_1)^2}{2\sigma_1^2}\right\}}{2\pi\,\sigma_1\sigma_2\sqrt{1-\rho^2}} \times \int_{-\infty}^{\infty}\exp\left\{-\frac{1}{2}\left(\rho\frac{x-\mu_1}{\sigma_1\sqrt{1-\rho^2}} - \frac{y-\mu_2}{\sigma_2\sqrt{1-\rho^2}}\right)^2\right\}\mathrm{d}y$$

然后对积分变量 y 做如下变换（注意把 x 看作常量）：

$$t = \rho \frac{x - \mu_1}{\sigma_1 \sqrt{1 - \rho^2}} - \frac{y - \mu_2}{\sigma_2 \sqrt{1 - \rho^2}}$$

则上式可化为

$$p_X(x) = \frac{\exp\left\{-\dfrac{(x - \mu_1)^2}{2\sigma_1^2}\right\}}{2\pi \sigma_1 \sigma_2 \sqrt{1 - \rho^2}} \cdot \int_{-\infty}^{\infty} e^{-\frac{t^2}{2}} \mathrm{d}t \cdot \sigma_2 \sqrt{1 - \rho^2}$$

注意到上式中的积分恰好等于 $\sqrt{2\pi}$，故有

$$p_X(x) = \frac{1}{\sqrt{2\pi}\,\sigma_1} \exp\left\{-\frac{(x - \mu_1)^2}{2\sigma_1^2}\right\}$$

这正是一维正态分布 $N(\mu_1, \sigma_1^2)$ 的密度函数。类似地，可求得 Y 的边际分布是 $N(\mu_2, \sigma_2^2)$。

顺便指出，由（3.1.15）式表示的 $p(x, y)$ 显然是非负的，又由于

$$\int_{-\infty}^{\infty} \int_{-\infty}^{\infty} p(x, y)\mathrm{d}x\,\mathrm{d}y = \int_{-\infty}^{\infty} p_X(x)\mathrm{d}x = 1$$

因此就验证了（3.1.15）式表示的 $p(x, y)$ 确是一个二维密度函数。

从这个例子还可看出一个有趣的现象：由二维联合分布可以唯一决定其每个分量的边际分布，但反过来不成立。即知道 X 与 Y 的边际分布，也不足以决定其联合分布。譬如考虑两个二维正态分布

$$N\left(0, 0, 1, 1, \frac{1}{2}\right) \text{ 和 } N\left(0, 0, 1, 1, \frac{1}{3}\right)$$

它们的任一边际分布都是标准正态分布 $N(0, 1)$。但这两个二维正态分布是不同分布，因为其参数 ρ 的数值不同。引起这个现象的原因是：二维联合分布不仅含有每个分量的概率分布，而且还含有两个变量 X 与 Y 之间关系的信息，后者正是人们研究多维随机变量的原因。以后会看到，这里参数 ρ 的值将会反映两个变量 X 与 Y 之间关系密切的程度。

习题 3.1

1. 设 (X, Y) 的联合分布 $P(X = i, Y = j) = p_{ij}$ 如下：

p_{ij} \ j i	0	1	2	3	4	5
0	0.01	0.05	0.12	0.02	0	0.01
1	0.02	0	0.01	0.05	0.02	0.02
2	0	0.05	0.1	0	0.3	0.05
3	0.01	0	0.02	0.01	0.03	0.1

（1）求概率 $P(X < 2, Y \leqslant 2), P(X \geqslant 2, Y > 4)$ 和 $P(X < 3, Y > 3)$；

(2) 写出 X 与 Y 的边际分布；

(3) 写出 $Z = X + Y$ 的分布。

2. 一个袋中装有 2 个红球、3 个白球和 4 个黑球，从袋中随机取出 3 个球，设 X 和 Y 分别表示取出的红球数与白球数。这时，X 可能取 $0,1,2$ 等三个值，Y 可能取 $0,1,2,3$ 等四个值。从而二维离散随机变量 (X,Y) 可能取 12 种不同数对。请用古典方法计算这 12 种不同数对出现的概率，然后写出 (X,Y) 的二维离散分布及其两个边际分布。

3. 某人进行连续射击，设每次击中目标的概率为 $p(0 < p < 1)$。若以 X 和 Y 分别表示第一次击中目标和第二次击中目标时所射击的次数，求 (1) (X,Y) 的联合分布列；(2) X 与 Y 的边际分布。

4. 设二维随机变量 (X,Y) 有如下联合密度函数

$$p(x,y) = \frac{A}{\pi^2 (16 + x^2)(25 + y^2)}, \quad -\infty < x, y < \infty$$

(1) 确定 A；

(2) 写出 (X,Y) 的联合分布函数；

(3) 写出 X 与 Y 的边际分布函数。

5. 设二维随机变量 (X,Y) 的联合分布函数为

$$F(x,y) = \begin{cases} 1, & x \geqslant 1 \text{ 或 } y \geqslant 1 \\ \dfrac{xy}{2}(4 - x - y), & 0 < x, y < 1 \\ 0, & x \leqslant 0 \text{ 或 } y \leqslant 0 \end{cases}$$

要求 (X,Y) 落在区域 D（见下图）内的概率。

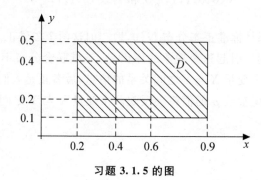

习题 3.1.5 的图

6. 设二维随机变量 (X,Y) 的联合密度函数为

$$p(x,y) = \begin{cases} \dfrac{1}{4x^2 y^3}, & x > \dfrac{1}{2}, y > \dfrac{1}{2} \\ 0, & \text{其他} \end{cases}$$

(1) 求概率 $P(XY < 1)$；

(2) 写出联合分布函数及其边际分布函数；

(3) 求概率 $P(1 < X < 3)$；

(4) 求 Y 的边际分布的中位数。

7. 设二维随机变量 (X,Y) 的联合密度函数为

$$p(x,y)=\begin{cases}4xy, & 0<x,y<1\\0, & 其他\end{cases}$$

求出下列概率：

(1) $P(0<X<\frac{1}{2},\frac{1}{4}<Y<1)$；

(2) $P(X=Y)$；

(3) $P(X<Y)$；

(4) $P(X\leqslant Y)$。

8. 设二维随机变量 (X,Y) 的联合密度函数为

$$p(x,y)=\begin{cases}xy, & 0<x<1,0<y<2\\0, & 其他\end{cases}$$

(1) 两个随机变量均小于 1 的概率是多少？

(2) 两个随机变量之和小于 1 的概率是多少？

(3) 写出 X 与 Y 的边际密度函数。

9. 某项调查表明：在市区驾驶小汽车每升汽油平均行驶低于 22 公里的汽车占 40%，行驶在 22 到 25 公里间的汽车占 40%，行驶高于 25 公里的汽车占 20%。如今有这样的小汽车 12 辆，其中有 4 辆低于 22 公里/升，6 辆在 22 到 25 公里/升，2 辆高于 25 公里/升的概率是多少？

10. 请写出下列二维正态分布中的 5 个参数：

(1) $p(x,y)=\dfrac{1}{12\pi}\exp\left\{-\dfrac{25}{18}\left[\dfrac{(x-20)^2}{25}-\dfrac{4(x-20)(y-10)}{25}+\dfrac{(y-10)^2}{4}\right]\right\}$

(2) $p(x,y)=\dfrac{1}{\pi}\exp\{-[x^2-2xy+2y^2]\}$

(3) $p(x,y)=\dfrac{1}{\sqrt{3}\pi}\exp\left\{-\dfrac{2}{3}[x^2-x(y-5)+(y-5)^2]\right\}$

(4) $p(x,y)=\dfrac{1}{2\pi}\exp\left\{-\dfrac{1}{2}[x^2+y^2]\right\}$

11. 一台机器制造直径为 X 的轴，另一台机器制造内径为 Y 的轴套。设二维随机变量 (X,Y) 的联合密度函数为

$$p(x,y)=\begin{cases}2500, & 0.49<x<0.51,0.51<y<0.53\\0, & 其他\end{cases}$$

若轴套的内径比轴的直径大 0.004，但不大于 0.036，则两者就能配合成套。现随机地取一个轴和一个轴套，问两者能配合成套的概率是多少？

12. 一台仪表由两个部件组成。以 X 和 Y 分别表示这两个部件的寿命（单位：小时），设

(X,Y) 的分布函数为

$$F(x,y) = \begin{cases} 1-e^{-0.01x}-e^{-0.01y}+e^{-0.01(x+y)}, & x>0, y>0 \\ 0, & \text{其他} \end{cases}$$

求两个部件的寿命同时超过 120 小时的概率。

13. 设三维随机变量 (X,Y,Z) 的联合密度函数为

$$p(x,y,z) = \begin{cases} 6/(1+x+y+z)^4, & 0<x,y,z<\infty \\ 0, & \text{其他} \end{cases}$$

求 $U=X+Y+Z$ 的分布函数。

§3.2　随机变量的独立性

3.2.1　随机变量的独立性

在多维随机变量中,各分量的取值有时会相互影响,有时会毫无影响。譬如在研究父子身高中,父亲的身高 Y 往往会影响儿子的身高 X。假如让父子各掷一颗骰子,那各出现的点数 Y_1 与 X_1 相互间就看不出有任何影响。这种相互之间没有任何影响的随机变量称为相互独立的随机变量。本节将研究这类多维随机变量。另一类将在 §3.4 中研究。

定义 3.2.1　设 $X_1,X_2,\cdots,X_n$ 是 n 维随机变量。若对任意 n 个实数 $x_1,x_2,\cdots,x_n$ 所组成的 n 个事件"$X\leqslant x_1$""$X_2\leqslant x_2$"$\cdots$"$X_n\leqslant x_n$"相互独立,即有

$$P(X_1\leqslant x_1, X_2\leqslant x_2,\cdots,X_n\leqslant x_n)$$
$$=P(X_1\leqslant x_1)P(X_2\leqslant x_2)\cdots P(X_n\leqslant x_n) \tag{3.2.1}$$

或

$$F(x_1,x_2,\cdots,x_n)=F_1(x_1)F_2(x_2)\cdots F_n(x_n) \tag{3.2.2}$$

则称 **n 个随机变量 $X_1,X_2,\cdots,X_n$ 相互独立**,否则称 **$X_1,X_2,\cdots,X_n$ 不相互独立**,或称**相依的**。其中 $F(x_1,x_2,\cdots,x_n)$ 为 $(X_1,X_2,\cdots,X_n)$ 的联合分布函数,$F_1(x_1),F_2(x_2),\cdots,F_n(x_n)$ 分别是 $X_1,X_2,\cdots,X_n$ 的边际分布函数。

例 3.2.1　在例 3.1.2 中已给出二维指数分布函数

$$F(x,y) = \begin{cases} 1-e^{-x}-e^{-y}+e^{-x-y-\lambda xy}, & \text{当 } x>0, y>0 \\ 0, & \text{其他} \end{cases}$$

其中 $\lambda\geqslant 0$。它的两个边际分布函数分别是

$$F_1(x) = \begin{cases} 1-e^{-x}, & \text{当 } x>0 \\ 0, & \text{当 } x\leqslant 0 \end{cases}$$

$$F_2(y) = \begin{cases} 1-e^{-y}, & \text{当 } y>0 \\ 0, & \text{当 } y\leqslant 0 \end{cases}$$

由于两个边际分布函数都不含参数 λ，故在 $\lambda \neq 0$ 时，有

$$F(x,y) \neq F_1(x)F_2(y)$$

这时 X 与 Y 不是相互独立的随机变量。而 $\lambda = 0$ 时，有

$$F(x,y) = F_1(x)F_2(y)$$

这时 X 与 Y 是相互独立的随机变量。

在多维离散随机变量场合，独立性条件(3.2.2)等价于下述条件：对任意 n 个实数 $x_1, x_2, \cdots, x_n$，都有

$$P(X_1 = x_1, X_2 = x_2, \cdots, X_n = x_n)$$
$$= P(X_1 = x_1)P(X_2 = x_2)\cdots P(X_n = x_n) \tag{3.2.3}$$

在多维连续随机变量场合，独立性条件(3.2.2)又等价于下述条件：对任意 n 个实数 $x_1, x_2, \cdots, x_n$，几乎处处都有

$$p(x_1, x_2, \cdots, x_n) = p_1(x_1)p_2(x_2)\cdots p_n(x_n) \tag{3.2.4}$$

其中 $p(x_1, x_2, \cdots, x_n)$ 为 $(X_1, X_2, \cdots, X_n)$ 的联合密度函数，$p_1(x_1), p_2(x_2), \cdots, p_n(x_n)$ 分别为其 n 个边际密度函数。这里两个等价性都是可以证明的。下面仅对 $n = 2$ 时给出 (3.2.4) 与 (3.2.2) 的等价性的证明，其他都省略。

若(3.2.2)成立，即 $F(x,y) = F_1(x)F_2(y)$，对其两端分别对 x 和 y 求导，可得

$$p(x,y) = \frac{\partial^2 F(x,y)}{\partial x \partial y} = \frac{\partial F_1(x)}{\partial x} \cdot \frac{\partial F_2(y)}{\partial y}$$
$$= p_1(x)p_2(y)$$

这个等式对 F_1 和 F_2 不可导点可能不成立，但这些点的全体发生的概率为零，这意味着 (3.2.4) 式几乎处处成立。反之，若(3.2.4)几乎处处成立，则有

$$F(x,y) = \int_{-\infty}^{x} \int_{-\infty}^{y} p(x,y)\mathrm{d}x\,\mathrm{d}y$$
$$= \int_{-\infty}^{x} \int_{-\infty}^{y} p_1(x)p_2(y)\mathrm{d}x\,\mathrm{d}y$$
$$= \int_{-\infty}^{x} p_1(x)\mathrm{d}x \cdot \int_{-\infty}^{y} p_2(y)\mathrm{d}y$$
$$= F_1(x) \cdot F_2(y)$$

即(3.2.2)式成立。

例 3.2.2　设 $(X,Y) \sim N(\mu_1, \mu_2, \sigma_1, \sigma_2, \rho)$，则 $\rho = 0$ 是 X 与 Y 独立的充要条件。实际上当 $\rho = 0$ 时，二维正态联合密度函数(3.1.5)为

$$p(x,y) = \frac{1}{2\pi \sigma_1 \sigma_2} \exp\left\{ -\frac{1}{2}\left[\frac{(x-\mu_1)^2}{\sigma_1^2} + \frac{(y-\mu_2)^2}{\sigma_2^2} \right] \right\}$$
$$= p_X(x)p_Y(y)$$

其中 $p_X(x)$ 和 $p_Y(y)$ 分别是 X 和 Y 边际分布(见例3.1.7)，故 X 与 Y 独立，这就是充分性。反之，若 X 与 Y 独立，则对一切 x 与 y 应有 $p(x,y) = p_X(x)p_Y(y)$。当然在 $x = \mu_1$，

$y = \mu_2$ 也有 $p(\mu_1, \mu_2) = p_X(\mu_1)p_Y(\mu_2)$，由此得 $\rho = 0$，这就是必要性。

例 3.2.3 设 $(X_1, X_2, \cdots, X_r)$ 服从多项分布 $M(n, p_1, \cdots, p_r)$，其中 $p_i > 0$。由于每个变量 X_i 的边际分布都是二项分布 $b(n, p_i)$（见例 3.1.4），而其乘积不等于多项分布的联合概率，即

$$p(X_1 = x_1, X_2 = x_2, \cdots, X_r = x_r)$$
$$\neq P(X_1 = x_1)P(X_2 = x_2)\cdots P(X_r = x_r)$$

所以服从多项分布的变量 $X_1, X_2, \cdots, X_r$ 不相互独立。这个结论从直观上看是甚为明显。按多项分布定义应有 $X_1 + X_2 + \cdots + X_r = n$，若 $r > 2$，则 X_1 虽不足以唯一决定 X_2，但二者有关。譬如，当 X_1 取 n 时，$X_2, X_3, \cdots, X_r$ 都只能取 0；当 X_1 取 $n-1$ 时，$X_2, \cdots,$ X_r 中只能有一个取 1，其他只能取 0；当 X_1 取很大值时，X_2 等取大值的可能性就要降低。这一切都说明 $X_1, X_2, \cdots, X_r$ 间存有某种关系，它们是相依的随机变量。

上述随机变量独立性的定义 3.2.1 与人们的实际经验是一致的。只要两个随机变量间没有任何关系，就可确认它们是相互独立的。所以在实际中，往往不是先用定义 3.2.1 来验证 $X_1, X_2, \cdots, X_n$ 的独立性，而是尽量从问题的实际背景来判断它们之间的取值有无影响，若无影响，就可认定 $X_1, X_2, \cdots, X_n$ 是相互独立的。然后再由定义 3.2.1 把每个随机变量的分布（可以是 $P(X_i = x_i)$ 或 $p_i(x)$ 等）连乘起来就可得到其联合分布，从而可以计算有关多维随机变量事件的概率。下面例子可说明独立性的应用。

例 3.2.4 设 X 与 Y 是两个相互独立且分布相同的随机变量。其共同分布由下列密度函数给出

$$p(x) = \begin{cases} 2x, & \text{当 } 0 \leqslant x \leqslant 1 \\ 0, & \text{其他} \end{cases}$$

现要求计算 $P(X + Y \leqslant 1)$。

解：要求概率 $P(X + Y \leqslant 1)$，必须先知道 (X, Y) 的联合分布，如今已知 X 与 Y 相互独立，故其联合密度函数为

$$p(x, y) = p(x)p(y) = \begin{cases} 4xy, & 0 \leqslant x, y \leqslant 1 \\ 0, & \text{其他} \end{cases}$$

于是要求的概率是

$$P(X + Y \leqslant 1) = \iint\limits_{x+y \leqslant 1} p(x, y)\mathrm{d}x\,\mathrm{d}y$$
$$= \int_0^1 \int_0^{1-x} 4xy\,\mathrm{d}y\,\mathrm{d}x$$
$$= \int_0^1 2x(1-x)^2\mathrm{d}x = \frac{1}{6}$$

3.2.2　随机变量函数的独立性

关于随机变量函数的独立性有一些明显的事实，现罗列如下：

(1) X 与 Y 是两个相互独立的随机变量，则 $f(X)$ 与 $g(Y)$ 亦相互独立，其中 $f(\cdot)$ 与

$g(\cdot)$ 是两个函数。

譬如,若 X 与 Y 相互独立,则 X^2 与 Y^2 亦相互独立,若 a 与 b 是两个常数,则 $aX+b$ 与 e^Y 相互独立,若 X 与 Y 还是正值随机变量,则 $\ln X$ 与 $\ln Y$ 亦相互独立。

(2) 常数 c 与任一随机变量相互独立。

(3) 设 $X_1,\cdots,X_r,X_{r+1},\cdots,X_n$ 是 n 个相互独立的随机变量,其中 $1<r<n$,则其部分 $(X_1,\cdots,X_r)$ 与 $(X_{r+1},\cdots,X_n)$ 相互独立,它们的函数 $f(X_1,\cdots,X_r)$ 与 $g(X_{r+1},\cdots,X_n)$ 亦相互独立。

譬如,当 $X_1,\cdots,X_r,X_{r+1},\cdots,X_n$ 相互独立,则有

$$\frac{1}{r}(X_1+\cdots+X_r) \text{ 与 } \frac{1}{n-r}(X_{r+1}+\cdots+X_n) \text{ 相互独立;}$$

$$X_1^2+\cdots+X_r^2 \text{ 与 } X_{r+1}^2+\cdots+X_n^2 \text{ 相互独立;}$$

$$\frac{1}{r}(X_1+\cdots+X_r) \text{ 与 } (X_{r+1}^2+\cdots+X_n^2)^{1/2} \text{ 相互独立。}$$

(4) 若二维联合密度函数 $p(x,y)$ 可分离为两个函数 $g_1(x)$ 与 $g_2(y)$ 的乘积,即

$$p(x,y)=g_1(x)g_2(y)$$

并且 $g_1(x)$ 的非 0 区域与 y 无关,$g_2(y)$ 的非 0 区域与 x 无关,则随机变量 X 与 Y 相互独立。这个性质可推广到三维及三维以上场合。

证:在二维场合,X 的边际密度函数为

$$p_X(x)=\int_{-\infty}^{\infty} p(x,y)\mathrm{d}y = g_1(x)\int_{-\infty}^{\infty} g_2(y)\mathrm{d}y = c_1 g_1(x)$$

其中 $c_1=\int_{-\infty}^{\infty} g_2(y)\mathrm{d}y$ 是与 x 无关的常数。

类似地,Y 的边际密度函数为

$$p_Y(y)=c_2 g_2(y)$$

其中 $c_2=\int_{-\infty}^{\infty} g_1(x)\mathrm{d}x$ 是与 y 无关的常数。

再由联合密度函数的正则性,可知

$$c_1 c_2=\int_{-\infty}^{\infty}\int_{-\infty}^{\infty} g_1(x)g_2(y)\mathrm{d}x\,\mathrm{d}y = \int_{-\infty}^{\infty}\int_{-\infty}^{\infty} p(x,y)\mathrm{d}x\,\mathrm{d}y = 1$$

于是有

$$p_X(x)p_Y(y)=c_1 c_2 g_1(x)g_2(y)=g_1(x)g_2(y)=p(x,y)$$

这表明随机变量 X 与 Y 相互独立。三维及三维以上场合可以类似证明。

譬如如下几个二维联合密度函数都可分离为两个函数:

$$p_1(x,y)=\begin{cases} xy, & 0<x<1,0<y<2 \\ 0, & \text{其他} \end{cases}$$

$$p_2(x,y)=\frac{1}{\pi^2(1+x^2)(1+y^2)}, \quad -\infty<x,y<\infty$$

$$p_3(x,y) = \begin{cases} xe^{-(x+y)}, & x>0, y>0 \\ 0, & \text{其他} \end{cases}$$

并且其中一个函数的非 0 区域不依赖于另一个,故它们描述的二维随机变量(X,Y)的两个分量都是相互独立的。

3.2.3 最大值与最小值的分布

在这一小节我们将致力于寻求若干个相互独立随机变量的最大值和最小值的分布,为此我们首先必须明确这里所指的最大值与最小值是什么,然后才能去寻求其分布。下面先通过一个简单的例子来说明。

例 3.2.5 设随机变量X_1与X_2相互独立,其中X_1以等可能取 0 与 1 两个值,X_2以等可能取 0,1,2 三个值,也就是说,X_1与X_2的分布分别为

X_1	0	1
P	1/2	1/2

X_2	0	1	2
P	1/3	1/3	1/3

现把(X_1,X_2)看作一个二维随机变量,它的取值是数对(i,j),$i=0,1,j=0,1,2$,共有 6 种可能,由于独立性的假设,这 6 种可能数对也是等可能的,因为

$$P(X_1=i,X_2=j) = P(X_1=i)P(X_2=j) = 1/6$$

这两个随机变量X_1与X_2的最大值与最小值可记为

$$Y = \max(X_1,X_2), \qquad Z = \min(X_1,X_2)$$

每当X_1取值i,X_2取值j时,Y的相应取值为$\max(i,j)$,Z的相应取值为$\min(i,j)$。由此可见,Y与Z都是X_1与X_2的函数,并且这个函数不能用初等函数表示。求它们的分布要从它们各自的定义出发,由于(X_1,X_2)的取值只有 6 种可能,我们把它罗列出来,相应Y与Z的取值也可罗列出来,详见表 3.2.1。

表 3.2.1 (X_1,X_2),Y,Z的取值

$(X_1,$	$X_2)$	Y	Z
0	0	0	0
0	1	1	0
0	2	2	0
1	0	1	0
1	1	1	1
1	2	2	1

从表 3.2.1 上立刻可看出Y只可能取 0,1,2 三个值,Z只可能取 0,1 两个值,但都不是等可能,而是如下分布

Y	0	1	2
P	1/6	3/6	2/6

Z	0	1
P	2/3	1/3

这样我们就求得了最大值 Y 与最小值 Z 的分布。从分布上可看出，Y 与 Z 是不同于 X_1 与 X_2 的两个新的分布，相应的随机变量 Y 与 Z 不相互独立，这只要看表3.2.1的第一行就可看出，该表第一行意味着 $P(Y=0,Z=0)=1/6$，而 $P(Y=0)P(Z=0)=(1/6)\times(2/3)=1/9$。这两个值不相等就破坏了独立性。

寻求若干个相互独立随机变量最大值与最小值的分布常常是对连续随机变量进行的，下面将在一般场合讨论寻求最大值与最小值的分布的一般方法。

设 $X_1,X_2,\cdots,X_n$ 是相互独立同分布的 n 个随机变量，它们共同的分布函数为 $F_X(x)$，共同的密度函数为 $p_X(x)$，现要寻求它们的最大值 Y 与最小值 Z 的分布，其中

$$Y=\max(X_1,X_2,\cdots,X_n),\qquad Z=\min(X_1,X_2,\cdots,X_n)$$

先考察 Y 的分布函数

$$F_Y(y)=P(Y\leqslant y)=P(\max(X_1,X_2,\cdots,X_n)\leqslant y)$$

其中事件"$\max(X_1,X_2,\cdots,X_n)\leqslant y$"等价于事件"$(X_1\leqslant y,X_2\leqslant y,\cdots,X_n\leqslant y)$"因为 n 个随机变量的最大值不超过 y 必导致其中每一个都不超过 y；反之，若 n 个随机变量中每个都不超过 y 必导致其最大值不超过 y。再考虑到独立性，立即可得

$$\begin{aligned}F_Y(y)&=P(X_1\leqslant y,X_2\leqslant y,\cdots,X_n\leqslant y)\\&=P(X_1\leqslant y)P(X_2\leqslant y)\cdots P(X_n\leqslant y)\\&=[F_X(y)]^n\end{aligned}$$

这就是最大值 Y 的分布函数，对其求导，立即可得 Y 的密度函数

$$p_Y(y)=n[F_X(y)]^{n-1}p_X(y)$$

再考察 Z 的分布函数

$$\begin{aligned}F_Z(z)&=P(Z\leqslant z)=P(\min(X_1,X_2,\cdots,X_n)\leqslant z)\\&=1-P(\min(X_1,X_2,\cdots,X_n)>z)\\&=1-P(X_1>z,X_2>z,\cdots,X_n>z)\\&=1-P(X_1>z)P(X_2>z)\cdots P(X_n>z)\\&=1-[1-F_X(z)]^n\end{aligned}$$

这就是最小值 Z 的分布函数，对其求导，可得 Z 的密度函数

$$p_Z(z)=n[1-F_X(z)]^{n-1}p_X(z)$$

综合上述，可得如下定理。

定理 3.2.1　设 $X_1,X_2,\cdots,X_n$ 是 n 个相互独立同分布随机变量，$F_X(x)$ 和 $p_X(x)$ 是它们的分布函数与密度函数，则其最大值 $Y=\max(X_1,X_2,\cdots,X_n)$ 的分布函数与密度函数分别为

$$F_Y(y) = [F_X(y)]^n \qquad (3.2.5)$$

$$p_Y(y) = n[F_X(y)]^{n-1} p_X(y) \qquad (3.2.6)$$

而其最小值 $Z = \min(X_1, X_2, \cdots, X_n)$ 的分布函数与密度函数分别为

$$F_Z(z) = 1 - [1 - F_X(z)]^n \qquad (3.2.7)$$

$$p_Z(z) = n[1 - F_X(z)]^{n-1} p_X(z) \qquad (3.2.8)$$

例 3.2.6 设 $X_1, X_2, \cdots, X_n$ 为 n 个相互独立、且都服从均匀分布 $U(0,1)$ 的随机变量,则 X_i 的分布函数与密度函数分别为

$$F_X(x) = \begin{cases} 0, & x \leqslant 0 \\ x, & 0 < x < 1 \\ 1, & 1 \leqslant x \end{cases} \qquad p_X(x) = \begin{cases} 1, & 0 < x < 1 \\ 0, & 其他 \end{cases}$$

于是最大值 Y 与最小值 Z 的密度函数可从 (3.2.6) 和 (3.2.8) 获得

$$p_Y(y) = \begin{cases} n y^{n-1}, & 0 < y < 1 \\ 0, & 其他 \end{cases}$$

$$p_Z(z) = \begin{cases} n(1-z)^{n-1}, & 0 < z < 1 \\ 0, & 其他 \end{cases}$$

不难看出,$p_Y(y)$ 是贝塔分布 $Be(n,1)$ 的密度函数;$p_Z(z)$ 是贝塔分布 $Be(1,n)$ 的密度函数。

3.2.4 卷积公式

当随机变量 X 与 Y 相互独立时,如何由 X, Y 的分布求出 $X + Y$ 的分布在实际中是很重要问题。在离散和连续场合寻求 $X + Y$ 的分布都各有一个简便的卷积公式,下面我们来叙述它。

定理 3.2.2(泊松分布的卷积) 设 $X \sim P(\lambda_1), Y \sim P(\lambda_2)$,且 X 与 Y 独立,则 $X + Y \sim P(\lambda_1 + \lambda_2)$。

这个定理告诉我们,两个相互独立的泊松变量之和仍为泊松变量。

证:由于泊松变量 X 与 Y 可取所有非负整数,故其和 $X + Y$ 也只可取所有非负整数。因为对任一非负整数 k,事件"$X + Y = k$"可以写成如下 $k + 1$ 个互不相容事件之并:

$$\text{"}X=0, Y=k\text{"} \quad \text{"}X=1, Y=k-1\text{"} \cdots \text{"}X=k, Y=0\text{"}$$

考虑到独立性,可得

$$P(X + Y = k) = \sum_{i=0}^{k} P(X = i, Y = k - i)$$
$$= \sum_{i=0}^{k} P(X = i) P(Y = k - i) \qquad (3.2.9)$$

这就是离散形式的卷积公式,把泊松概率代入上式,可得

$$P(X+Y=k) = \sum_{i=0}^{k} \left(\frac{\lambda_1^i}{i!} e^{-\lambda_1} \right) \left(\frac{\lambda_2^{k-i}}{(k-i)!} e^{-\lambda_2} \right)$$

$$= \left(\sum_{i=0}^{k} \frac{k!}{i!(k-i)!} \lambda_1^i \lambda_2^{k-i} \right) \frac{e^{-(\lambda_1+\lambda_2)}}{k!}$$

由于上式中的括号内的量恰好等于 $(\lambda_1+\lambda_2)^k$，所以

$$P(X+Y=k) = \frac{(\lambda_1+\lambda_2)^k}{k!} e^{-(\lambda_1+\lambda_2)}, \quad k=0,1,\cdots$$

这就是参数为 $\lambda_1+\lambda_2$ 的泊松分布，即 $X+Y \sim P(\lambda_1+\lambda_2)$。

在概率论中把寻求独立随机变量和的分布的运算称为卷积运算，并以符号"$*$"表示。上述结果可表示为

$$P(\lambda_1) * P(\lambda_2) = P(\lambda_1+\lambda_2) \tag{3.2.10}$$

这一简明表示便于我们推广。譬如三个相互独立的泊松变量之和的分布为

$$P(\lambda_1) * P(\lambda_2) * P(\lambda_3) = P(\lambda_1+\lambda_2+\lambda_3)$$

又如 n 个独立同分布的泊松变量之和的分布为

$$\underbrace{P(\lambda) * P(\lambda) * \cdots * P(\lambda)}_{n \text{个}} = P(n\lambda) \tag{3.2.11}$$

这些重要推广是很容易看出的。

定理 3.2.3(二项分布的卷积)　设 $X \sim b(n,p)$，$Y \sim b(m,p)$，且 X 与 Y 独立，则 $X+Y \sim b(n+m,p)$。

这个定理告诉我们，成功概率 p 相同的两个相互独立的二项变量之和仍为二项变量。

证：由于 X 可取 $0,1,\cdots,n$ 的值，Y 可取 $0,1,\cdots,m$ 的值，故 $X+Y$ 可取 $0,1,\cdots,n+m$ 的值。再用卷积公式(3.2.9)可得

$$P(X+Y=k) = \sum_{i=0}^{k} P(X=i)P(Y=k-i)$$

在二项分布场合，上式中有些事件是不可能事件：

- 当 $i>n$ 时，$\{X=i\}$ 是不可能事件，所以只需考虑 $i \leqslant n$，又因为 i 不能超过 k，故 $i \leqslant b = \min\{n,k\}$。

- 当 $k-i>m$ 时，$\{Y=k-i\}$ 也是不可能事件，所以只需考虑 $i \geqslant k-m$，又因为 i 不能小于 0，故 $i \geqslant a = \max\{0,k-m\}$。

综合上述，上式可改写为：

$$P(X+Y=k) = \sum_{i=a}^{b} P(X=i)P(Y=k-i)$$

$$= \sum_{i=a}^{b} \binom{n}{i} p^i (1-p)^{n-i} \binom{m}{k-i} p^{k-i} (1-p)^{m-(k-i)}$$

$$= p^k (1-p)^{n+m-k} \sum_{i=a}^{b} \binom{n}{i} \binom{m}{k-i}$$

利用超几何分布可证明上式中组合乘积的和满足

$$\sum_{i=a}^{b} \frac{\binom{n}{i} \binom{m}{k-i}}{\binom{n+m}{k}} = 1 \quad 或 \quad \sum_{i=a}^{b} \binom{n}{i} \binom{m}{k-i} = \binom{n+m}{k}$$

代回原式,可得:

$$P(X+Y=k) = \binom{n+m}{k} p^k (1-p)^{n+m-k}, k = 0,1,2,\cdots,n+m$$

这就是二项分布 $b(n+m,p)$,其结果可用如下卷积公式表示

$$b(n,p) * b(m,p) = b(n+m,p) \tag{3.2.12}$$

要注意的是,两个二项分布中的成功概率 p 要相同,否则上述卷积公式不成立。这里 p 起着单位尺度的作用,两个单位尺度相同的变量才可以相加。

容易看出,上述结果可以推广到有限个二项分布场合。譬如,n 个相互独立的二点分布 $b(1,p)$ 的卷积为

$$\underbrace{b(1,p) * b(1,p) * \cdots * b(1,p)}_{n \ 个} = b(n,p) \tag{3.2.13}$$

这表明:若进行 n 次独立贝努里试验,记 X_i 为第 i 次贝努里试验中成功出现的次数(非 0 即 1),X 为成功出现的总次数,则 X 是 n 个相互独立同分布的随机变量 $X_1, X_2, \cdots, X_n$ 之和,即 $X = X_1 + X_2 + \cdots + X_n$。类似地可把服从二项分布 $b(m,p)$ 的随机变量 Y 进行分解,可得 $Y = Y_1 + Y_2 + \cdots + Y_m$,其中 Y_j 是 m 次独立相同贝努里试验中第 j 次成功出现的次数。当 X 与 Y 独立时,$X_1, X_2, \cdots, X_n$ 与 $Y_1, Y_2, \cdots, Y_m$ 亦相互独立且同分布,从而 $X + Y$ 可看作 $n+m$ 次独立相同贝努里试验中成功出现的次数,故 $X + Y \sim b(n+m,p)$。

在连续随机变量场合,寻求独立随机变量和的密度函数有如下的一个连续形式卷积公式:

定理 3.2.4(卷积公式) 设 X 与 Y 为两个相互独立的连续随机变量,其密度函数分别为 $p_X(x)$ 和 $p_Y(y)$,则其和 $Z = X + Y$ 的密度函数为

$$p_Z(z) = \int_{-\infty}^{\infty} p_X(z-y) p_Y(y) \mathrm{d}y \tag{3.2.14}$$

证:$Z = X + Y$ 的分布函数为

$$F_Z(z) = P(X+Y \leqslant z) = \iint_{x+y \leqslant z} p_X(x) p_Y(y) \mathrm{d}x \, \mathrm{d}y$$

$$= \int_{-\infty}^{\infty} \left\{ \int_{-\infty}^{z-y} p_X(x) \mathrm{d}x \right\} p_Y(y) \mathrm{d}y$$

$$= \int_{-\infty}^{\infty} F_X(z-y) p_Y(y) \mathrm{d}y$$

其中 F_X 为 X 的分布函数。上式对 Z 求导,可得 Z 的密度函数

$$p_Z(z) = \int_{-\infty}^{\infty} \frac{\mathrm{d}}{\mathrm{d}z} F_X(z-y) p_Y(y) \mathrm{d}y$$

$$= \int_{-\infty}^{\infty} p_X(z-y) p_Y(y) \mathrm{d}y$$

这就是连续随机变量场合下的卷积公式(3.2.14)。

下面对正态分布和伽马分布使用这个公式。

定理 3.2.5(正态分布的卷积) 设 $X \sim N(\mu_1, \sigma_1^2)$,$Y \sim N(\mu_2, \sigma_2^2)$,且 X 与 Y 独立,则 $X+Y \sim N(\mu_1+\mu_2, \sigma_1^2+\sigma_2^2)$。

证:由于 X 与 Y 都在整个实数轴上取值,故其和 $Z=X+Y$ 也在整个实数轴上取值。利用卷积公式(3.2.14)可得 Z 的密度函数。按卷积公式应先把 X 的密度函数 $p_X(x)$ 中的 x 用 $z-y$ 代替,而 Y 的密度函数 $p_Y(y)$ 不变,代入卷积公式后,即得

$$p_Z(z) = \int_{-\infty}^{\infty} \left(\frac{1}{\sqrt{2\pi}\,\sigma_1} \exp\left\{ -\frac{(z-y-\mu_1)^2}{2\sigma_1^2} \right\} \right) \times \left(\frac{1}{\sqrt{2\pi}\,\sigma_2} \exp\left\{ -\frac{(y-\mu_2)^2}{2\sigma_2^2} \right\} \right) \mathrm{d}y$$

$$= \frac{1}{2\pi\,\sigma_1\sigma_2} \int_{-\infty}^{\infty} \exp\left\{ -\frac{1}{2}\left[\frac{(z-y-\mu_1)^2}{\sigma_1^2} + \frac{(y-\mu_2)^2}{\sigma_2^2} \right] \right\} \mathrm{d}y$$

经过一些代数运算,不难得到

$$\frac{(z-y-\mu_1)^2}{\sigma_1^2} + \frac{(y-\mu_2)^2}{\sigma_2^2} = \frac{(z-\mu_1-\mu_2)^2}{\sigma_1^2+\sigma_2^2} + A\left(y - \frac{B}{A} \right)^2$$

$$A = \frac{1}{\sigma_1^2} + \frac{1}{\sigma_2^2}, \qquad\qquad B = \frac{z-\mu_1}{\sigma_1^2} + \frac{\mu_2}{\sigma_2^2}$$

代回原式,可得

$$p_Z(z) = \frac{1}{2\pi\,\sigma_1\sigma_2} \exp\left\{ -\frac{1}{2}\frac{(z-\mu_1-\mu_2)^2}{\sigma_1^2+\sigma_2^2} \right\}$$

$$\cdot \int_{-\infty}^{\infty} \exp\left\{ -\frac{A}{2}\left(y - \frac{B}{A} \right)^2 \right\} \mathrm{d}y$$

利用正态分布性质,上式中的积分等于 $(2\pi/A)^{\frac{1}{2}}$。于是

$$p_Z(z) = \frac{1}{\sqrt{2\pi}\cdot\sqrt{\sigma_1^2+\sigma_2^2}} \exp\left\{ -\frac{1}{2}\frac{(z-\mu_1-\mu_2)^2}{\sigma_1^2+\sigma_2^2} \right\}, \quad -\infty < z < \infty$$

这正是均值为 $\mu_1+\mu_2$,方差为 $\sigma_1^2+\sigma_2^2$ 的正态分布。这表明:两个独立的正态变量之和仍为正态变量,其参数对应相加,即

$$N(\mu_1, \sigma_1^2) * N(\mu_2, \sigma_2^2) = N(\mu_1+\mu_2, \sigma_1^2+\sigma_2^2) \tag{3.2.15}$$

这一简明表示便于我们推广上述结果。譬如三个相互独立的正态变量之和的分布为

$$N(\mu_1, \sigma_1^2) * N(\mu_2, \sigma_2^2) * N(\mu_3, \sigma_3^2) = N(\mu_1 + \mu_2 + \mu_3, \sigma_1^2 + \sigma_2^2 + \sigma_3^2)$$

例 3.2.7 设 $X_1, X_2, \cdots, X_n$ 为相互独立同分布的正态变量，其共同分布为 $N(\mu, \sigma^2)$，现要求其算术平均数 $\overline{X} = (X_1 + X_2 + \cdots + X_n)/n$ 的分布。

解：由正态分布的卷积公式可知

$$X_1 + X_2 + \cdots + X_n \sim N(n\mu, n\sigma^2)$$

再利用正态变量的线性变换（见习题 2.3.8）可知

$$\overline{X} = \frac{1}{n}(X_1 + X_2 + \cdots + X_n) \sim N\left(\mu, \frac{\sigma^2}{n}\right)$$

由此可见，算术平均数 $\overline{X}$ 仍服从正态分布，其均值与 X_1 的均值 μ 相同，但其方差缩小了 n 倍，为 σ^2/n，其标准差缩小了 $\sqrt{n}$ 倍，为 $\sigma/\sqrt{n}$。这表明：$\overline{X}$ 的分布更显集中趋势，图 3.2.1 示意了这种变化。

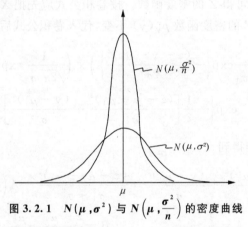

图 3.2.1 $N(\mu, \sigma^2)$ 与 $N\left(\mu, \dfrac{\sigma^2}{n}\right)$ 的密度曲线

定理 3.2.6（伽马分布的卷积） 设 $X \sim Ga(\alpha_1, \lambda)$，$Y \sim Ga(\alpha_2, \lambda)$，且 X 与 Y 独立，则 $X + Y \sim Ga(\alpha_1 + \alpha_2, \lambda)$。

证：由于 X 与 Y 的取值均为正实数，其和 $Z = X + Y$ 的取值也为正实数。故当 $z \leqslant 0$ 时，有 $p_Z(z) = 0$；而当 $z > 0$ 时，可应用卷积公式 (3.2.14)。要使被积函数 $p_X(z - y) p_Y(y) > 0$，必须 $z - y > 0$ 和 $y > 0$ 同时成立，这就意味着积分变量 y 应在 0 到 z 中变化，即

$$p_Z(z) = \int_0^z p_X(z - y) p_Y(y) \mathrm{d}y$$

$$= \int_0^z \left(\frac{\lambda^{\alpha_1}}{\Gamma(\alpha_1)} (z - y)^{\alpha_1 - 1} e^{-\lambda(z - y)}\right) \times \left(\frac{\lambda^{\alpha_2}}{\Gamma(\alpha_2)} y^{\alpha_2 - 1} e^{-\lambda y}\right) \mathrm{d}y$$

$$= \frac{\lambda^{\alpha_1 + \alpha_2}}{\Gamma(\alpha_1)\Gamma(\alpha_2)} e^{-\lambda z} \int_0^z (z - y)^{\alpha_1 - 1} y^{\alpha_2 - 1} \mathrm{d}y$$

若取变换 $y = zu$，$\mathrm{d}y = z\mathrm{d}u$，上述积分可化为贝塔函数，即

$$\int_0^z (z - y)^{\alpha_1 - 1} y^{\alpha_2 - 1} \mathrm{d}y = z^{\alpha_1 + \alpha_2 - 1} \int_0^1 (1 - u)^{\alpha_1 - 1} u^{\alpha_2 - 1} \mathrm{d}u$$

$$= z^{\alpha_1 + \alpha_2 - 1} \frac{\Gamma(\alpha_1)\Gamma(\alpha_2)}{\Gamma(\alpha_1 + \alpha_2)}$$

代回原式即得

$$p_Z(z) = \frac{\lambda^{\alpha_1 + \alpha_2}}{\Gamma(\alpha_1 + \alpha_2)} z^{\alpha_1 + \alpha_2 - 1} e^{-\lambda z}, \quad z > 0$$

这是形状参数为 $\alpha_1 + \alpha_2$、尺度参数仍为 λ 的 Γ 分布。这个结果可表示为

$$Ga(\alpha_1, \lambda) * Ga(\alpha_2, \lambda) = Ga(\alpha_1 + \alpha_2, \lambda) \tag{3.2.16}$$

这表明:尺度参数相同的两个独立的伽马变量之和仍是伽马变量,其形状参数为两个形状参数之和,尺度参数不变。假如尺度参数不同的两个独立的伽马变量之和就没有上述简明结果,这很像单位不同不宜相加一样。

上述结果可以推广到有限个伽马变量场合。譬如,有

$$Ga(1, \lambda) * Ga(1, \lambda) * \cdots * Ga(1, \lambda) = Ga(n, \lambda) \tag{3.2.17}$$

其中 $Ga(1, \lambda)$ 是参数为 λ 的指数分布。上式表明:参数相同的 n 个相互独立的指数变量之和仍是伽马变量,其形状参数为 n,尺度参数不变。

例 3.2.8(χ^2 分布的由来)　设 $X_1, X_2, \cdots, X_n$ 是 n 个相互独立、同分布的随机变量,其共同分布为标准正态分布 $N(0,1)$,则 $Y = X_1^2 + X_2^2 + \cdots + X_n^2$ 服从自由度为 n 的 χ^2 分布,记为 $\chi^2(n)$。下面来导出 χ^2 分布的密度函数。

解:首先求 $Z = X_1^2$ 的分布。由于 Z 非负,故当 $z \leqslant 0$ 时,$P(Z \leqslant z) = 0$,而当 $z > 0$ 时,Z 的分布函数为

$$P(Z \leqslant z) = P(X_1^2 \leqslant z) = P(-\sqrt{z} \leqslant X_1 \leqslant \sqrt{z})$$
$$= F_{X_1}(\sqrt{z}) - F_{X_1}(-\sqrt{z})$$

对 z 求导数,得 Z 的密度函数

$$p_Z(z) = \frac{1}{2} z^{-\frac{1}{2}} [p_{X_1}(\sqrt{z}) + p_{X_1}(-\sqrt{z})]$$

其中 $p_{X_1}(x) = (\sqrt{2\pi})^{-1} \exp\{-x^2/2\}$ 为标准正态密度函数。代入上式,可得

$$p_Z(z) = \begin{cases} \dfrac{1}{\sqrt{2\pi}} z^{-\frac{1}{2}} e^{-z/2}, & z > 0 \\ 0, & z \leqslant 0 \end{cases}$$

这正是伽马分布 $Ga\left(\dfrac{1}{2}, \dfrac{1}{2}\right)$,即形状参数与尺度参数皆为 $\dfrac{1}{2}$ 的伽马分布。

由于 $X_1, X_2, \cdots, X_n$ 独立同分布,故 $X_1^2, X_2^2, \cdots, X_n^2$ 亦为独立同分布,其公共分布为 $Ga\left(\dfrac{1}{2}, \dfrac{1}{2}\right)$。再由伽马分布的卷积公式(3.2.16)可得 $Y = X_1^2 + X_2^2 + \cdots + X_n^2$ 的分布 $Ga\left(\dfrac{n}{2}, \dfrac{1}{2}\right)$,这正是 χ^2 分布,其密度函数为(见(2.3.28)式)

$$p_n(y) = \begin{cases} \dfrac{1}{2^{\frac{n}{2}}\Gamma(\frac{n}{2})} y^{\frac{n}{2}-1} e^{-\frac{y}{2}}, & y > 0 \\ \\ 0, & y \leqslant 0 \end{cases}$$

χ^2 分布中的唯一参数 n 就是独立正态变量个数,故称 n 为**自由度**。

习题 3.2

1. 检验二个随机变量 X、Y 是否相互独立,假设其联合密度函数如下所示:

$$(1)\, p(x,y) = \begin{cases} 6xy^2, & 0 < x, y < 1 \\ 0, & 其他 \end{cases}$$

$$(2)\, p(x,y) = \begin{cases} 2e^{1-y}/x^3, & 1 < x, y < \infty \\ 0, & 其他 \end{cases}$$

$$(3)\, p(x,y) = \begin{cases} 12y^2, & 0 \leqslant y \leqslant x \leqslant 1。 \\ 0, & 其他 \end{cases}$$

$$(4)\, p(x,y) = \begin{cases} 6\exp\{-2x-3y\}, & x > 0, y > 0 \\ 0, & 其他 \end{cases}$$

$$(5)\, p(x,y) = \begin{cases} x^2 + xy/3, & 0 < x < 1, 0 < y < 2 \\ 0, & 其他 \end{cases}$$

2. 设 X 和 Y 是两个相互独立的离散随机变量,其中 X 可取三个值 $0,1,3$,相应概率为 $\dfrac{1}{2}$, $\dfrac{3}{8}, \dfrac{1}{8}$;$Y$ 可取两个值 $0,1$,相应概率为 $\dfrac{1}{3}, \dfrac{2}{3}$。

(1) 写出 (X, Y) 的联合分布;

(2) 计算 $Z = X + Y$ 的分布。

3. 向顶点为 $(0,0), (0,1), (1,0), (1,1)$ 的正方形内随机投点 (X, Y),其中 X 和 Y 是相互独立、同分布的随机变量,且其分布为区间 $(0,1)$ 上的均匀分布。计算下列概率:

(1) $P(|X - Y| < z)$;

(2) $P(XY < z)$;

(3) $P\left(\dfrac{1}{2}(X + Y) < z\right)$。

4. 设二维离散随机变量 (X, Y) 有如下联合分布

X Y	1	2	3
1	a	1/9	c
2	1/9	b	1/3

其中三个待定参数 a,b,c 各为何值时才能使 X 与 Y 相互独立?

5. 设 $X \sim \mathrm{Exp}(\lambda_1), Y \sim \mathrm{Exp}(\lambda_2)$,且 X 与 Y 相互独立。

   (1) 求最大值 $U = \max(X, Y)$ 的分布与期望;

   (2) 求最小值 $V = \min(X, Y)$ 的分布与期望。

6. 设 X 与 Y 都服从贝塔分布 $Be(2,2)$,且 X 与 Y 独立。

   (1) 求 $U = \max(X, Y)$ 的分布和期望;

   (2) 求 $V = \min(X, Y)$ 的分布和期望。

7. 设 $X \sim N(6,1), Y \sim N(7,1)$,且 X 与 Y 独立。

   (1) 求 $X + Y$ 的分布,并计算 $P(11 < X + Y < 15)$;

   (2) 求 $(X + Y)/2$ 的分布,并计算 $P\left(\left|\dfrac{1}{2}(X+Y) - 6.5\right| < \dfrac{1}{2}\right)$。

8. 设随机变量 X_1 与 X_2 相互独立,且 $X_i \sim N(\mu_i, \sigma_i^2), i = 1, 2$,求 $Y = k_1 X_1 + k_2 X_2$ 的分布,其中 k_1 和 k_2 为任意常数。

9. 设随机变量 X 与 Y 相互独立,且都服从均匀分布 $U(0,1)$,求 $Z = X + Y$ 的分布。

10. 设 $X \sim \mathrm{Exp}(\lambda_1), Y \sim \mathrm{Exp}(\lambda_2)$,且 X 与 Y 独立,求 $Z = X + Y$ 的密度函数。

11. 某机器由 10000 个零件组成,每个零件损坏是彼此独立的,且其中的 $n_1 = 1000$ 个零件每个损坏的概率为 $p_1 = 0.0003$,另外 $n_2 = 2000$ 个零件每个损坏的概率为 $p_2 = 0.0002$,其他 $n_3 = 7000$ 个零件每个损坏的概率为 $p_3 = 0.0001$。当 10000 个零件中有 2 个或 2 个以上零件损坏机器就停止工作。求此机器停止工作的概率。(提示:用二项分布的泊松近似)

§3.3 多维随机变量的特征数

3.3.1 多维随机变量函数的数学期望

在 §2.4.1 中,我们曾给出一维随机变量函数的数学期望的计算公式(2.4.2)。在那里用一维随机变量 X 的分布就算得其函数 $g(X)$ 的数学期望。如今有了多维随机变量的分布,就可把公式(2.4.2)推广到多维场合。为叙述方便,下面仅对二维随机变量给出计算公式,读者不难把它推广到三维或更高维场合,而且以下所涉及的数学期望都假设存在。

定理 3.3.1 设 (X, Y) 是二维随机变量,则其函数 $g(X, Y)$ 的数学期望为

$$E[g(X,Y)] = \begin{cases} \displaystyle\sum_i \sum_j g(x_i, y_j) P(X = x_i, Y = y_j), \\ \qquad \text{当} (X, Y) \text{为二维离散随机变量} \\ \displaystyle\int_{-\infty}^{\infty} \int_{-\infty}^{\infty} g(x, y) p(x, y) \mathrm{d}x \, \mathrm{d}y, \\ \qquad \text{当} (X, Y) \text{为二维连续随机变量} \end{cases} \tag{3.3.1}$$

其中 $P(X=x_i, Y=y_j), i=1,2,\cdots, j=1,2,\cdots$ 为二维离散分布，$p(x,y)$ 为二维联合密度函数。

这个定理的证明超出本书范围，故省略，下面看它的两个特殊场合。

（1）当 $g(X,Y)=X$，则在二维连续随机变量场合有

$$E(X) = \int_{-\infty}^{\infty} \int_{-\infty}^{\infty} x p(x,y) \mathrm{d}x\,\mathrm{d}y$$
$$= \int_{-\infty}^{\infty} x \left\{ \int_{-\infty}^{\infty} p(x,y)\mathrm{d}y \right\} \mathrm{d}x$$
$$= \int_{-\infty}^{\infty} x p_X(x) \mathrm{d}x$$

其中，$p_X(x)$ 是 X 的边际密度函数，这表明：分量 X 的数学期望就是用边际分布算得的数学期望。这个性质对分量 Y 也成立，在离散场合也成立。

（2）当 $g(X,Y)=(X-EX)^2$，则在二维连续随机变量场合有

$$E(X-EX)^2 = \int_{-\infty}^{\infty} \int_{-\infty}^{\infty} (x-EX)^2 p(x,y) \mathrm{d}x\,\mathrm{d}y$$
$$= \int_{-\infty}^{\infty} (x-EX)^2 p_X(x) \mathrm{d}x = \mathrm{Var}(X)$$

这表明：分量 X 的方差就是用其边际分布 $p_X(x)$ 算得的方差。这一性质对分量 Y 也成立，在离散场合也成立。

从以上两个特殊场合看出，多维随机变量各分量的期望与方差都可用各自边际分布算得，但要求 $E(XY)$ 之类的期望还得用联合分布。

例 3.3.1　设二维随机变量 (X,Y) 的联合密度函数为

$$p(x,y) = \begin{cases} 12y^2, & 0<y<x<1 \\ 0, & \text{其他} \end{cases}$$

试求 $E(XY), E(X/Y), E(X), E(Y), \mathrm{Var}(X), \mathrm{Var}(Y)$。

解：首先要指出：$p(x,y)$ 的非零区域是在第一象限内的一个直角三角形内，详见图 3.3.1。在这个区域上二重积分容易化为累次积分。

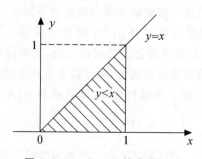

图 3.3.1　$p(x,y)$ 的非零区域

（1）求 $E(XY)$。令 $g(x,y)=xy$，由（3.3.1）式可得

$$E(XY) = \int_0^1 \int_0^x xy \cdot 12y^2 \mathrm{d}y \mathrm{d}x$$

$$= \int_0^1 3x^5 \mathrm{d}x = \frac{1}{2}$$

(2) 求 $E(X/Y)$。令 $g(x,y) = x/y$，由(3.3.1)式可得

$$E(X/Y) = \int_0^1 \int_0^x \frac{x}{y} \cdot 12y^2 \mathrm{d}y \mathrm{d}x$$

$$= \int_0^1 6x^3 \mathrm{d}x = \frac{3}{2}$$

(3) 为求 X 与 Y 的期望与方差，需要各自的边际密度函数。

$$p_X(x) = \int_0^x 12y^2 \mathrm{d}y = 4x^3, 0 < x < 1$$

$$p_Y(y) = \int_y^1 12y^2 \mathrm{d}x = 12y^2(1-y), 0 < y < 1$$

容易看出，这两个分布都是贝塔分布，且 $X \sim Be(4,1)$，$Y \sim Be(3,2)$，X 与 Y 不独立。由贝塔分布 $Be(a,b)$ 的期望与方差的公式（见习题 2.4.7）

$$E(X) = \frac{a}{a+b}, \quad \mathrm{Var}(X) = \frac{ab}{(a+b)^2(a+b+1)}$$

可以算得

$$E(X) = \frac{4}{5}, \quad \mathrm{Var}(X) = \frac{2}{75}$$

$$E(Y) = \frac{3}{5}, \quad \mathrm{Var}(Y) = \frac{1}{25}$$

3.3.2 数学期望与方差的运算性质

在 §2.4.1 中曾给出一个随机变量的数学期望与方差的性质，这里再给出三条性质，它们涉及多个随机变量的数学期望与方差。

定理 3.3.2 设 (X,Y) 为二维随机变量，则有

$$E(X+Y) = E(X) + E(Y) \tag{3.3.2}$$

证：在连续场合，在(3.3.1)式中令 $g(X,Y) = X+Y$，则有

$$E(X+Y) = \int_{-\infty}^{\infty} \int_{-\infty}^{\infty} (x+y)p(x,y)\mathrm{d}x\mathrm{d}y$$

$$= \int_{-\infty}^{\infty} \int_{-\infty}^{\infty} xp(x,y)\mathrm{d}x\mathrm{d}y + \int_{-\infty}^{\infty} \int_{-\infty}^{\infty} yp(x,y)\mathrm{d}x\mathrm{d}y$$

$$= \int_{-\infty}^{\infty} xp_X(x)\mathrm{d}x + \int_{-\infty}^{\infty} yp_Y(y)\mathrm{d}y$$

$$= E(X) + E(Y)$$

在离散场合亦可类似证得。

这个性质可以简单叙述为"和的期望等于期望的和"。这个性质还可推广到 n 个随机变量场合,即

$$E(X_1 + X_2 + \cdots + X_n) = E(X_1) + E(X_2) + \cdots + E(X_n) \qquad (3.3.3)$$

定理 3.3.3 设 (X,Y) 为二维独立随机变量,则有

$$E(XY) = E(X)E(Y)$$

证:在连续场合,由 X 与 Y 独立可知 $p(x,y) = p_X(x)p_Y(y)$,在 (3.3.1) 式中令 $g(X,Y) = XY$,则有

$$
\begin{aligned}
E(XY) &= \int_{-\infty}^{\infty} \int_{-\infty}^{\infty} xy\, p(x,y)\,\mathrm{d}x\,\mathrm{d}y \\
&= \int_{-\infty}^{\infty} \int_{-\infty}^{\infty} xy\, p_X(x)\,p_Y(y)\,\mathrm{d}x\,\mathrm{d}y \\
&= \int_{-\infty}^{\infty} x\, p_X(x)\,\mathrm{d}x \cdot \int_{-\infty}^{\infty} y\, p_Y(y)\,\mathrm{d}y \\
&= E(X)E(Y) \qquad\qquad\qquad\qquad (3.3.4)
\end{aligned}
$$

在离散场合亦可类似证得。

这个性质可以叙述为"独立随机变量积的期望等于期望之积",在这里独立性条件是不能忽略的。在例 3.3.1 中,有 $E(X)E(Y) = \dfrac{4}{5} \times \dfrac{3}{5} = \dfrac{12}{25} \neq \dfrac{1}{2} = E(XY)$,即定理 3.3.3 不成立。 这是因为例 3.3.1 中定义的二个随机变量 X 与 Y 不独立,即 $p(x,y) \neq p_X(x)p_Y(y)$。但在例 3.3.1 中,定理 3.3.2 是成立的,$E(X) + E(Y) = 7/5 = E(X + Y)$。这是因为定理 3.3.2 没有独立性的要求,它在任意场合都成立。

定理 3.3.3 也可推广到 n 个独立随机变量 $X_1, X_2, \cdots, X_n$ 场合,即

$$E(X_1 X_2 \cdots X_n) = E(X_1)E(X_2) \cdots E(X_n) \qquad (3.3.5)$$

定理 3.3.4 设 (X,Y) 为二维独立随机变量,则有

$$\mathrm{Var}(X \pm Y) = \mathrm{Var}(X) + \mathrm{Var}(Y)。 \qquad (3.3.6)$$

证:由方差定义可知

$$
\begin{aligned}
\mathrm{Var}(X \pm Y) &= E[(X \pm Y) - E(X \pm Y)]^2 \\
&= E[(X - EX) \pm (Y - EY)]^2 \\
&= E(X - EX)^2 + E(Y - EY)^2 \\
&\quad \pm 2E[(X - EX)(Y - EY)]
\end{aligned}
$$

由 X 与 Y 相互独立,故 $X - EX$ 与 $Y - EY$ 也相互独立,由定理 3.3.3 知

$$E[(X - EX)(Y - EY)] = E(X - EX)E(Y - EY) = 0$$

代入原式,即得 (3.3.6) 式。

这个性质也可叙述为"独立随机变量代数和的方差等于方差之和",这个性质也可推

广到 n 个独立随机变量 $X_1, X_2, \cdots, X_n$ 场合,即

$$\mathrm{Var}(X_1 \pm X_2 \pm \cdots \pm X_n) = \mathrm{Var}(X_1) + \mathrm{Var}(X_2) + \cdots + \mathrm{Var}(X_n) \qquad (3.3.7)$$

例 3.3.2 设 X_1, X_2, X_3 为相互独立随机变量,它们的期望依次为 $10, 4, 7$,标准差依次为 $3, 1, 2$。求 $Y = 2X_1 + 7X_2 - 3X_3$ 的期望、方差与标准差。

解:应用定理 3.3.2 可得 Y 的期望

$$EY = 2E(X_1) + 7E(X_2) - 3E(X_3)$$
$$= 2 \times 10 + 7 \times 4 - 3 \times 7 = 27$$

应用定理 3.3.4 可得 Y 的方差与标准差

$$\mathrm{Var}(Y) = 4\mathrm{Var}(X_1) + 49\mathrm{Var}(X_2) + 9\mathrm{Var}(X_3)$$
$$= 4 \times 3^2 + 49 \times 1^2 + 9 \times 2^2 = 121$$
$$\sigma(Y) = \sqrt{121} = 11$$

例 3.3.3 试求自由度为 n 的 χ^2 变量的数学期望与方差。

解:由例 3.2.8 知,$\chi^2 = X_1^2 + X_2^2 + \cdots + X_n^2$,其中 X_i 相互独立,且皆为标准正态变量。由例 2.5.1 知

$$EX_1^2 = 1, \quad EX_1^4 = 3, \quad \mathrm{Var}(X_1^2) = 2$$

从而可得

$$E(\chi^2) = E(X_1^2) + E(X_2^2) + \cdots + E(X_n^2) = n$$
$$\mathrm{Var}(\chi^2) = \mathrm{Var}(X_1^2) + \mathrm{Var}(X_2^2) + \cdots + \mathrm{Var}(X_n^2) = 2n$$

可见,χ^2 变量的数学期望就是其自由度,方差是其自由度的二倍。

3.3.3 协方差

前面讨论的多维随机变量的数学期望与方差只利用其边际分布所提供的信息,没有涉及诸个分量之间关系的信息。这里将提出一个新的特征数 —— 协方差,它将能反映多维随机变量各分量间的关系。在讨论了协方差性质后,我们将给出若干个随机变量和的方差计算公式。

定义 3.3.1 设二维随机变量 (X, Y) 的两个方差都存在,则称 X 的偏差 $(X - EX)$ 与 Y 的偏差 $(Y - EY)$ 乘积的数学期望为 X 与 Y 的**协方差**,记为

$$\mathrm{Cov}(X, Y) = E[(X - EX)(Y - EY)] \qquad (3.3.8)$$

特别,$\mathrm{Cov}(X, X) = \mathrm{Var}(X)$。

定义中的两个方差存在是为了保证协方差存在,详见下面定理 3.3.5。

从这个定义可以看出:由于偏差 $(X - EX)$ 与 $(Y - EY)$ 可正可负,故协方差 $\mathrm{Cov}(X, Y)$ 亦可正可负,还可以为 0。具体表现如下:

(1) 当 $\mathrm{Cov}(X, Y) > 0$ 时,称 X 与 Y 为正相关。这时对 (X, Y) 的任意取值 (x, y) 的两个偏差 $(x - EX)$ 与 $(y - EY)$ 同时为正或同时为负的机会多,或者说,随着 X 的取值 x 的增加(或减少),Y 的取值 y 有增加(或减少)的趋势,这就是正相关的含义。

（2）当 $\text{Cov}(X,Y)<0$ 时,称 X 与 Y 为负相关。这时随着 X 的取值 x 的增加（或减少）,Y 的取值 y 有减少（或增加）的趋势,这样才会使两个偏差 $(x-EX)$ 与 $(y-EY)$ 出现异号的机会多,这就是负相关的含义。

（3）当 $\text{Cov}(X,Y)=0$ 时,称 X 与 Y 为不相关。这时两个偏差 $(x-EX)$ 与 $(y-EY)$ 间没有明显的趋势可言。这就是不相关的含义。以下还要进一步说明,"不相关"与"独立"是有差别的两个概念。

下面我们来研究协方差的运算性质。

定理 3.3.5 设 X 与 Y 的协方差为 $\text{Cov}(X,Y)$,则

（1）$\text{Cov}(X,Y)$ 与 X,Y 的次序无关,即

$$\text{Cov}(X,Y)=\text{Cov}(Y,X)$$

（2）对任意实数 a 与 b 有

$$\text{Cov}(aX,bY)=ab\text{Cov}(Y,X)$$

（3）$\text{Cov}(X,Y)=E(XY)-E(X)E(Y)$ （3.3.9）

（4）若 X 与 Y 独立,则 $\text{Cov}(X,Y)=0$,特别 $\text{Cov}(X,c)=0$,其中 c 为任一常数。

证:（1）与（2）可从定义 3.3.1 直接看出。（3）可从定义 3.3.1 推出:

$$\text{Cov}(X,Y)=E[(X-EX)(Y-EY)]=E[XY-XEY-YEX+EXEY]$$
$$=E(XY)-EXEY-EXEY+EXEY=E(XY)-E(X)E(Y)$$

最后,若 X 与 Y 独立,可知 $E(XY)=E(X)E(Y)$,从而有 $\text{Cov}(X,Y)=0$。另外任意随机变量 X 都与常数 c 独立,所以 $\text{Cov}(X,c)=0$。

例 3.3.4 设随机向量 (X,Y) 的联合密度函数为

$$p(x,y)=\begin{cases}3x, & 0<y<x<1\\ 0, & \text{其他}\end{cases}$$

求协方差 $\text{Cov}(X,Y)$。

解:从 $p(x,y)$ 的非零区域可以看出,虽然 x 与 y 都在 0 与 1 之间,但 y 要小于 x,而 x 与 y 分别是随机变量 X 与 Y 的取值,所以 Y 的取值总小于 X 的取值,这表明 X 与 Y 不会是相互独立的,其相关程度要看协方差的大小。为计算 $\text{Cov}(X,Y)$,我们需要 $E(XY)$,$E(X)$,$E(Y)$ 等值。

$$E(XY)=\int_0^1\int_0^x xy\cdot 3x\,\mathrm{d}y\mathrm{d}x=\int_0^1 3x^2\cdot\frac{x^2}{2}\mathrm{d}x=\frac{3}{2}\frac{x^5}{5}\Big|_0^1=\frac{3}{10}$$

$$E(X)=\int_0^1\int_0^x x\cdot 3x\,\mathrm{d}y\mathrm{d}x=\int_0^1 3x^2\cdot x\,\mathrm{d}x=\frac{3}{4}$$

$$E(Y)=\int_0^1\int_0^x y\cdot 3x\,\mathrm{d}y\mathrm{d}x=\int_0^1 3x\cdot\frac{x^2}{2}\mathrm{d}x=\frac{3}{8}$$

最后,按（3.3.9）式我们得到

$$\text{Cov}(X,Y)=\frac{3}{10}-\frac{3}{4}\times\frac{3}{8}=\frac{3}{160}>0$$

这是正相关,随机变量 Y 的取值将会随 X 的取值增加而有增加的趋势,但它们之间相关程度似乎不会很大。

定理 3.3.6 　记 $\text{Var}(X)=\sigma_X^2$，$\text{Var}(Y)=\sigma_Y^2$，则有

$$[\text{Cov}(X,Y)]^2 \leqslant \sigma_X^2\sigma_Y^2 \tag{3.3.10}$$

证:不妨设 $\sigma_X^2>0$。因为当 $\sigma_X^2=0$ 时,则定理2.4.9知,X 几乎处处为常数,而常数与 Y 的协方差必为零,这意味着(3.3.10)式两端皆为零,故(3.3.10)式成立。在 $\sigma_X^2>0$ 成立下,考虑 t 的如下二次函数:

$$E[t(X-EX)+(Y-EY)]^2=t^2\sigma_X^2+2t\text{Cov}(X,Y)+\sigma_Y^2$$

上述 t 的二次三项式非负,平方项系数 σ_X^2 为正,则其判别式非正,即

$$[2\text{Cov}(X,Y)]^2-4\sigma_X^2\sigma_Y^2 \leqslant 0$$

移项后即得(3.3.10)式。

最后,给出随机变量和的方差计算公式,这里所涉及的方差都假设存在。

定理 3.3.7 　对任意二维随机变量 (X,Y),有

$$\text{Var}(X \pm Y)=\text{Var}(X)+\text{Var}(Y) \pm 2\text{Cov}(X,Y) \tag{3.3.11}$$

证:由方差定义知

$$\begin{aligned}
\text{Var}(X \pm Y)&=E[(X \pm Y)-E(X \pm Y)]^2\\
&=E[(X-EX) \pm (Y-EY)]^2\\
&=\text{Var}(X)+\text{Var}(Y) \pm 2\text{Cov}(X,Y)
\end{aligned}$$

从这个性质可以看出,当 X 与 Y 独立时,$\text{Cov}(X,Y)=0$,从而(3.3.11)式就退化为独立随机变量和的方差公式(3.3.6)。这个性质可以推广到任意有限个场合,即

$$\text{Var}\left(\sum_{i=1}^{n}X_i\right)=\sum_{i=1}^{n}\text{Var}(X_i)+2\sum_{i<j}\sum\text{Cov}(X_i,X_j) \tag{3.3.12}$$

这个一般公式的证明类似于(3.3.11)式的证明。

例 3.3.5 　设二维连续随机变量 (X,Y) 的联合密度函数为

$$p(x,y)=\begin{cases}\dfrac{1}{3}(x+y), & 0 \leqslant x \leqslant 1,0 \leqslant y \leqslant 2\\ 0, & \text{其他}\end{cases}$$

试计算 $\text{Var}(2X-3Y+8)$。

解:由方差性质知

$$\begin{aligned}
\text{Var}(2X-3Y+8)&=\text{Var}(2X)+\text{Var}(3Y)-2\text{Cov}(2X,3Y)\\
&=4\text{Var}(X)+9\text{Var}(Y)-12\text{Cov}(X,Y)
\end{aligned}$$

为了计算上述方差与协方差,需要先计算 EX, EX^2, EY, EY^2 和 $E(XY)$。为此先计算 X 的边际分布。

$$p_X(x) = \int_0^2 \frac{1}{3}(x+y)\mathrm{d}y = \frac{2}{3}(x+1), \quad 0 \leqslant x \leqslant 1$$

由此可算得 $EX = 5/9, EX^2 = 7/18$,从而 $\mathrm{Var}(X) = 13/162$。类似可算得 Y 的边际分布

$$p_Y(y) = \int_0^1 \frac{1}{3}(x+y)\mathrm{d}x = \frac{1}{3}\left(\frac{1}{2}+y\right), \quad 0 \leqslant y \leqslant 2$$

由此又可算得 $EY = 11/9, EY^2 = 16/9$,从而 $\mathrm{Var}(Y) = 23/81$。最后我们来计算

$$\begin{aligned}E(XY) &= \frac{1}{3}\int_0^1\int_0^2 xy(x+y)\mathrm{d}y\mathrm{d}x \\ &= \frac{1}{3}\int_0^1 \left(2x^2 + \frac{8}{3}x\right)\mathrm{d}x = \frac{2}{3}\end{aligned}$$

于是可得协方差

$$\mathrm{Cov}(X,Y) = \frac{2}{3} - \frac{5}{9}\times\frac{11}{9} = -\frac{1}{81}$$

代回原式,可得

$$\mathrm{Var}(2X-3Y+8) = 4\times\frac{13}{162} + 9\times\frac{23}{81} - 12\times\left(-\frac{1}{81}\right) = \frac{245}{81} \doteq 3$$

例 3.3.6(配对问题) 有 n 个人,每人将自己的礼品扔入同一箱中,把礼品充分混合后,每人再随机从中选取一个,试求选中自己礼品的人数 X 的期望值与方差。

解:设

$$X_i = \begin{cases} 1, & \text{当第 } i \text{ 个人恰好取出自己礼品} \\ 0, & \text{当第 } i \text{ 个人取出别人的礼品} \end{cases} \qquad i = 1,2,\cdots,n$$

这 n 个随机变量是同分布的,其共同分布为

$$p(X_i = 1) = \frac{1}{n}, \qquad p(X_i = 0) = 1 - \frac{1}{n}, \qquad i = 1,2,\cdots,n$$

所以其期望与方差分别为

$$E(X_i) = \frac{1}{n}, \qquad \mathrm{Var}(X_i) = \frac{1}{n}\left(1 - \frac{1}{n}\right), \qquad i = 1,2,\cdots,n$$

在上述假设下,n 个人中选中自己礼品的人数 X 恰好为

$$X = X_1 + X_2 + \cdots + X_n$$

故

$$E(X) = E(X_1) + E(X_2) + \cdots + E(X_n) = n\cdot\frac{1}{n} = 1$$

即平均地说，它们当中仅有一人能选中自己的礼品。

另一方面，诸 X_i 间不是独立的，所以 X 的方差为

$$\text{Var}(X) = \sum_{i=1}^{n} \text{Var}(X_i) + 2 \sum_{i<j} \sum \text{Cov}(X_i, X_j)$$

为计算 $\text{Cov}(X_i, X_j)$，我们来考察 $X_i X_j$ 的含义：

$$X_i X_j = \begin{cases} 1, & \text{当第 } i \text{ 和第 } j \text{ 个人都恰好取出各自的礼品} \\ 0, & \text{其他} \end{cases}$$

于是

$$E(X_i X_j) = P(X_i = 1, X_j = 1)$$
$$= P(X_i = 1) P(X_j = 1 \mid X_i = 1) = \frac{1}{n} \cdot \frac{1}{n-1}$$

因此

$$\text{Cov}(X_i, X_j) = \frac{1}{n(n-1)} - \left(\frac{1}{n}\right)^2 = \frac{1}{n^2(n-1)}$$

由此可得

$$\text{Var}(X) = n \cdot \frac{n-1}{n^2} + 2 \binom{n}{2} \frac{1}{n^2(n-1)} = 1$$

由此可见，在配对问题中，成对个数的均值与方差均为 1，而与参与人数 n 无关。

3.3.4 相关系数

两个随机变量之间的关系可分为独立和相依（即不独立），在相依中又可分为线性相依和非线性相依，由于非线性相依种类繁多，至今尚无实用指标来区分他们，但线性相依程度可用线性相关系数来刻画，这一段将研究刻画两个变量之间线性相依程度的特征数。

定义 3.3.2 设 (X, Y) 为二维随机变量，它的两个方差 σ_X^2 和 σ_Y^2 都存在，且都为正，则称 $\text{Cov}(X, Y)/\sigma_X \sigma_Y$ 为 X 与 Y 的**线性相关系数**，简称**相关系数**，记为

$$\text{Corr}(X, Y) = \frac{\text{Cov}(X, Y)}{\sigma_X \sigma_Y} \tag{3.3.13}$$

它与协方差同符号，当 $\text{Corr}(X, Y) > 0$，称 X 与 Y 间为**正相关**；当 $\text{Corr}(X, Y) < 0$，称 X 与 Y 间为**负相关**；当 $\text{Corr}(X, Y) = 0$，称 X 与 Y **不相关**。

例 3.3.7 设随机向量 (X, Y) 的联合密度函数为

$$p(x, y) = \begin{cases} 3x, & 0 < y < x < 1 \\ 0, & \text{其他} \end{cases}$$

求相关系数 Corr(X, Y)。

解:这个例子曾在例 3.3.4 中做过讨论,在那里曾获得协方差 Cov$(X, Y) = 3/160$ 和两个期望 $E(X) = 3/4, E(Y) = 3/8$。为完成计算尚需计算 $E(X^2)$ 和 $E(Y^2)$,它们可从 $p(x, y)$ 直接获得

$$E(X^2) = \int_0^1 \int_0^x x^2 \cdot 3x \, dy \, dx = \int_0^1 3x^3 \cdot x \, dx = \frac{3}{5}$$

$$E(Y^2) = \int_0^1 \int_0^x y^2 \cdot 3x \, dy \, dx = \int_0^1 3x \cdot \frac{x^3}{3} \, dx = \frac{1}{5}$$

由此可得 X 与 Y 的方差

$$\mathrm{Var}(X) = \frac{3}{5} - \left(\frac{3}{4}\right)^2 = \frac{3}{80} = 0.0375$$

$$\mathrm{Var}(Y) = \frac{1}{5} - \left(\frac{3}{8}\right)^2 = \frac{19}{320} = 0.0594$$

最后得到 X 与 Y 的相关系数

$$\mathrm{Corr}(X, Y) = \frac{3/160}{\sqrt{\dfrac{3 \times 19}{80 \times 320}}} = \sqrt{\frac{3}{19}} = 0.3973$$

这个相关系数近似 0.4,不算很小,说明 X 与 Y 有一定程度的相关,而相应的协方差 Cov$(X, Y) = 3/160 = 0.0188$ 是很小的。若从协方差上看,X 与 Y 间的相关性是很微弱的,几乎可忽略不计,此种错觉是由于没有考察方差,若两个方差都很小(如这个例子那样,分别为 0.0375 和 0.0594),即使协方差小一些,相关系数也能显示出一定程度的相关性。由此可见,在协方差的基础上加工形成的相关系数是更为重要的相关性的特征数。

例 3.3.8(二维正态分布的相关系数) 设 $(X, Y) \sim N(\mu_1, \mu_2, \sigma_1^2, \sigma_2^2, \rho)$,现在来验证:二维正态分布中的第五个参数 ρ 不是别的,正是 X 与 Y 的相关系数,即 Corr$(X, Y) = \rho$。

验证:关键是要算得协方差。由二维正态联合密度函数(3.1.15)可知

$$\mathrm{Cov}(X, Y) = E[(X - \mu_1)(Y - \mu_2)]$$

$$= \frac{1}{2\pi \sigma_1 \sigma_2 \sqrt{1 - \rho^2}} \int_{-\infty}^{\infty} \int_{-\infty}^{\infty} (x - \mu_1)(y - \mu_2)$$

$$\cdot \exp\left\{ -\frac{1}{2(1 - \rho^2)} \left[\frac{(x - \mu_1)^2}{\sigma_1^2} - 2\rho \frac{(x - \mu_1)(y - \mu_2)}{\sigma_1 \sigma_2} \right. \right.$$

$$\left. \left. + \frac{(y - \mu_2)^2}{\sigma_2^2} \right] \right\} dx \, dy$$

注意上式中方括号内的量

$$\frac{(x - \mu_1)^2}{\sigma_1^2} - 2\rho \frac{(x - \mu_1)(x - \mu_2)}{\sigma_1^2 \sigma_2^2} + \frac{(y - \mu_2)^2}{\sigma_2^2}$$

$$= \left(\frac{x - \mu_1}{\sigma_1} - \rho \frac{y - \mu_2}{\sigma_2} \right)^2 + \left(\sqrt{1 - \rho^2} \frac{y - \mu_2}{\sigma_2} \right)^2$$

作变量替换

$$\begin{cases} u = \dfrac{1}{\sqrt{1-\rho^2}}\left(\dfrac{x-\mu_1}{\sigma_1} - \rho\,\dfrac{y-\mu_2}{\sigma_2}\right) \\[3mm] v = \dfrac{y-\mu_2}{\sigma_2} \end{cases}$$

由此可得

$$\begin{cases} x-\mu_1 = \sigma_1\left[u\sqrt{1-\rho^2} + \rho\,v\right] \\[2mm] y-\mu_2 = \sigma_2 v \end{cases}$$

$$\mathrm{d}x\,\mathrm{d}y = \sigma_1\sigma_2\sqrt{1-\rho^2}\,\mathrm{d}u\,\mathrm{d}v$$

从而

$$\mathrm{Cov}(X,Y) = \frac{\sigma_1\sigma_2}{2\pi}\int_{-\infty}^{\infty}\int_{-\infty}^{\infty}\left[uv\sqrt{1-\rho^2} + \rho v^2\right]e^{-\frac{1}{2}(u^2+v^2)}\,\mathrm{d}u\,\mathrm{d}v$$

上式右端重积分可分为二个重积分,其中

$$\int_{-\infty}^{\infty}\int_{-\infty}^{\infty}uv e^{-\frac{1}{2}(u^2+v^2)}\,\mathrm{d}u\,\mathrm{d}v = \int_{-\infty}^{\infty}u e^{-\frac{u^2}{2}}\,\mathrm{d}u\cdot\int_{-\infty}^{\infty}v e^{-\frac{v^2}{2}}\,\mathrm{d}v = 0$$

$$\int_{-\infty}^{\infty}\int_{-\infty}^{\infty}v^2 e^{-\frac{1}{2}(u^2+v^2)}\,\mathrm{d}u\,\mathrm{d}v = \int_{-\infty}^{\infty}e^{-u^2/2}\,\mathrm{d}u\cdot\int_{-\infty}^{\infty}v^2 e^{-v^2/2}\,\mathrm{d}v = 2\pi$$

代回原式,即得

$$\mathrm{Cov}(X,Y) = \frac{\sigma_1\sigma_2}{2\pi}\cdot\rho\cdot 2\pi = \rho\,\sigma_1\sigma_2$$

$$\mathrm{Corr}(X,Y) = \frac{\mathrm{Cov}(X,Y)}{\sigma_1\sigma_2} = \rho$$

可见二维正态分布中第五个参数 ρ 不是别的,正是其相关系数。

下面来研究相关系数的性质,通过这些性质,可以更深刻地理解相关系数的含义,以下研究都是在方差 σ_X^2 和 σ_Y^2 存在且都不为零的假设下进行,即相关系数存在的条件下进行,以后不再重复叙述这一点。

定理 3.3.8 $\qquad\qquad -1 \leqslant \mathrm{Corr}(X,Y) \leqslant 1 \qquad\qquad$ (3.3.14)

证:这可从定理 3.3.6 看出。

定理 3.3.9 $\mathrm{Corr}(X,Y) = \pm 1$ 的充要条件是在 X 与 Y 间几乎处处有线性关系。

证:充分性。若 $Y = aX + b$($X = cY + d$ 也一样),则 $\mathrm{Corr}(X,Y) = \pm 1$。事实上,当 $Y = aX + b$ 时,$\sigma_Y^2 = a^2\sigma_X^2$,$\mathrm{Cov}(X,Y) = \mathrm{Cov}(X,aX+b) = a\mathrm{Cov}(X,X) = a\sigma_X^2$,代入相关系数定义,可得

$$\mathrm{Corr}(X,Y) = \frac{\mathrm{Cov}(X,Y)}{\sigma_X\sigma_Y}$$

$$= \frac{a\sigma_X^2}{|a|\sigma_X^2} = \begin{cases} 1, & a > 0 \\ -1, & a < 0 \end{cases}$$

这就证明了充分性。

必要性。若 $\mathrm{Corr}(X,Y) = \pm 1$，则几乎处处有 $Y = aX + b$。为证明此点，我们来考察如下方差

$$\mathrm{Var}\left(\frac{X}{\sigma_X} \pm \frac{Y}{\sigma_Y}\right) = 2[1 \pm \mathrm{Corr}(X,Y)]$$

当 $\mathrm{Corr}(X,Y) = 1$ 时，$\mathrm{Var}\left(\dfrac{X}{\sigma_X} - \dfrac{Y}{\sigma_Y}\right) = 0$，而方差为零的变量必几乎处处为常数，即

$$P\left(\frac{X}{\sigma_X} - \frac{Y}{\sigma_Y} = c\right) = 1 \ \text{或} \ P\left(Y = \frac{\sigma_Y}{\sigma_X}X - c\sigma_Y\right) = 1$$

这正说明在 X 与 Y 间几乎处处有线性关系，且斜率 σ_Y/σ_X 为正。类似地，当$\mathrm{Corr}(X,Y)$ $= -1$ 时，有

$$P\left(\frac{X}{\sigma_X} + \frac{Y}{\sigma_Y} = c\right) = 1 \ \text{或} \ P\left(Y = -\frac{\sigma_Y}{\sigma_X}X + c\sigma_Y\right) = 1$$

这正说明在 X 与 Y 间几乎处处有线性关系，且斜率 $-\sigma_Y/\sigma_X$ 为负。这样就证明了必要性。

定理 3.3.10 若 X 与 Y 是相互独立随机变量，则 $\mathrm{Corr}(X,Y) = 0$，反之不然。

证：由于 X 与 Y 独立，立即知 $\mathrm{Cov}(X,Y) = 0$，从而有 $\mathrm{Corr}(X,Y) = 0$，但从 $\mathrm{Corr}(X,Y)$ $= 0$ 不一定有 X 与 Y 独立。为了说明这一点，只要举出一个反例即可。设 $X \sim N(0,1)$，$Y = X^2$，于是有

$$E(X) = 0, \ E(Y) = E(X^2) = 1$$
$$E(XY) = E(X^3) = 0$$

可见 $\mathrm{Cov}(X,Y) = E(XY) - E(X)E(Y) = 0$，从而 $\mathrm{Corr}(X,Y) = 0$。但 X 与 Y 间确有函数关系：$Y = X^2$，不能说 X 与 Y 独立，这就证明了"反之不然"。

定理 3.3.10 说明：两个随机变量间的独立与不相关是两个不同概念。"不相关"只说明两个随机变量之间没有线性关系，而"独立"说明两个随机变量之间既无线性关系，也无非线性关系，所以"独立"必导致"不相关"，反之不然。这两个概念在逻辑上的关系如图 3.3.2 所示。

图 3.3.2 独立与不相关的逻辑关系

　　但有一点例外,在二维正态分布场合,不相关与独立等价,这是因为 X 与 Y 不相关 $(\mathrm{Cov}(X,Y)=0$ 等价于相关系数 $\mathrm{Corr}(X,Y)=0)$。 当 (X,Y) 为二维正态变量时, $\mathrm{Corr}(X,Y)=\rho$(见例 3.3.8),所以 X 与 Y 不相关等价于 $\rho=0$,而 $\rho=0$ 是 X 与 Y 独立的充要条件(见例 3.2.2)。二维正态分布的这个独特性质使人们判断二维正态变量的独立性变得简单得多,只要验证其相关系数或协方差是否为零即可。

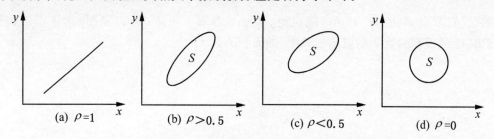

图 3.3.3　相关系数大小示意图,其中 (X,Y) 在 S 上均匀分布

　　二维正态分布的这个例外并不影响定理 3.3.10 成立。

　　上述定理 3.3.9 和定理 3.3.10 说明相关系数 $\mathrm{Corr}(X,Y)$ 的两个极端。当 $\mathrm{Corr}(X,Y)=0$ 时,X 与 Y 间无线性关系;当 $\mathrm{Corr}(X,Y)=\pm1$ 时,X 与 Y 间有线性关系;而当 $0<|\mathrm{Corr}(X,Y)|<1$ 时,则认为 X 与 Y 间有"一定程度"的线性关系,$\mathrm{Corr}(X,Y)$ 愈接近 ±1,其线性相关的程度就愈高(见图 3.3.3(b,c)),当 $\mathrm{Corr}(X,Y)$ 愈接近 0 时,其线性相关的程度就愈低(见图 3.3.3(d));当 $\mathrm{Corr}(X,Y)>0$ 时,Y 将随着 X 增加而增大;当 $\mathrm{Corr}(X,Y)<0$ 时,Y 将随着 X 增加而减少。所以相关系数是衡量 X 与 Y 间线性相关程度的特征量。

习题 3.3

1. 设二维离散随机变量 (X,Y) 的联合概率分布如下表所示:

X＼Y	1	2	3	4
-2	0.10	0.05	0.05	0.10
0	0.05	0	0.10	0.20
2	0.10	0.15	0.05	0.05

　　求 $E(X),E(Y)$ 和 $E(XY)$。

2. 设二维连续随机变量 (X,Y) 的联合密度函数为

$$p(x,y)=\begin{cases}\dfrac{3}{2}x, & 0<x<1,-x<y<x\\0, & 其他\end{cases}$$

　　求 $E(X),E(Y),E(XY)$ 和 $E(XY^2)$。

3. 设随机变量 X 与 Y 相互独立,且 $E(X)=2,E(Y)=1,\mathrm{Var}(X)=1,\mathrm{Var}(Y)=4$。求下列随机变量的数学期望与方差:

　　$(1)Z_1=X-2Y;$

(2)$Z_2 = 2X - Y$。

4. 若抛 n 颗均匀骰子，求 n 颗骰子出现点数之和的数学期望与方差。

5. 证明：假如 n 个正的随机变量 $X_1, X_2, \cdots, X_n$ 相互独立，且同分布，则在 $k < n$ 时有

$$E\left(\frac{X_1 + X_2 + \cdots + X_k}{X_1 + X_2 + \cdots + X_n}\right) = \frac{k}{n}$$

6. 在 $\triangle ABC$ 的两边 AB 和 AC 随机地、独立地各取一点 P 和 Q（见图）。证明四边形 $PBCQ$ 的面积的数学期望是 $\triangle ABC$ 的面积的 $3/4$。

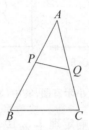

习题 3.3.6 的图

7. 对任意实数 a, b, c, d 证明

$$\mathrm{Cov}(aX + b, cY + d) = ac\,\mathrm{Cov}(X, Y)$$

8. 设 X_1, X_2 和 Y 是任意三个随机变量，证明

$$\mathrm{Cov}(X_1 + X_2, Y) = \mathrm{Cov}(X_1, Y) + \mathrm{Cov}(X_2, Y)$$

9. 设独立随机变量 X_1, X_2, X_3 的数学期望分别为 $2, 1, 4$，方差分别为 $9, 20, 12$。

(1) 计算 $2X_1 + 3X_2 + X_3$ 的数学期望与方差；

(2) 计算 $X_1 - 2X_2 + 5X_3$ 的数学期望与方差。

10. 对任意实数 a, b, c, d，证明：当 a 与 c 同号时，

$$\mathrm{Corr}(aX + b, cY + d) = \mathrm{Corr}(X, Y)$$

这表明：任意的线性变换（$ac > 0$）不会改变相关系数。

11. 对任意两个随机变量，证明

$$\mathrm{Corr}(X, Y) = \mathrm{Cov}(X^*, Y^*)$$

其中 $X^* = (X - E(X))/\sigma(X)$，$Y^* = (Y - E(Y))/\sigma(Y)$。

12. 设联合密度函数如下，求 X 与 Y 的相关系数。

$$(1)\, p(x, y) = \begin{cases} \cos x \cos y, & 0 < x, y < \pi/2 \\ 0, & \text{其他} \end{cases}$$

$$(2)\, p(x, y) = \begin{cases} 2 - x - y, & 0 < x, y < 1 \\ 0, & \text{其他} \end{cases}$$

13. 设随机变量 X 与 Y 相互独立，且都服从正态分布 $N(\mu, \sigma^2)$。求 $Z_1 = \alpha X + \beta Y$ 与 $Z_2 = \alpha X - \beta Y$ 的相关系数，其中 α、β 为任意非零常数。

14. 设 $X_1, X_2, \cdots, X_n$ 是 n 个相互独立、同分布的随机变量,它们的方差都为 σ^2,又设 $\overline{X} = (X_1 + X_2 + \cdots + X_n)/n$。证明:对任意 i 与 j $(1 \leqslant i < j \leqslant n)$,$X_i - \overline{X}$ 与 $X_j - \overline{X}$ 的相关系数为 $-1/(n-1)$。

*§ 3.4　条件分布与条件期望

3.4.1　条件分布的概念

多维随机变量各个分量之间的关系主要表现为独立与相依两类关系,独立性已在 §3.2 做了讨论。线性相依性在 §3.3.4 中也做了一些讨论。现在我们着手讨论一般的相依性。假如两个随机变量 X 与 Y 不独立,则 X 与 Y 间就有一定的相依性,由于 X 与 Y 取值的随机性,它们之间一般不会呈现出一种确定性函数关系,但对随机现象的大量观察就会发现它们之间隐含着某种趋势。为了把这种趋势揭露出来,最有用的工具是条件分布与条件期望,下面例子会给我们一些启发。

例 3.4.1　在一个地区或一个国家中父亲的身高 X 和儿子(成年人)的身高 Y 是一个二维随机变量 (X, Y),从遗传学上看,或从人们生活经历上看,这两个随机变量不会是相互独立的,父高 X 会影响儿子的身高 Y,看到父亲很高就会想到他的儿子(若有的话)不会很矮;看到小个子的男青年也会想到他父亲亦不会很高。但也不是绝对的,可能有例外。大多数场合下,上述的经验事实是经常出现的,所以父高 X 与儿高 Y 之间是相依的两个随机变量。

如何研究这种相依性呢? 首先把父亲的身高固定在一个水平上,譬如固定在 $x_1 = 1.50$(米) 处,这些身高为 1.5 米的父辈们的儿子身高不会是相同的,有高有低,在有些高度上人多一些,在另一些高度上人少一些,呈现出一定的分布,这是父高为 1.5 米条件下,儿子身高 Y 的分布。若以概率密度函数表示,可记为 $p(y \mid X = x_1)$,它就是条件密度函数(见图 3.4.1)。

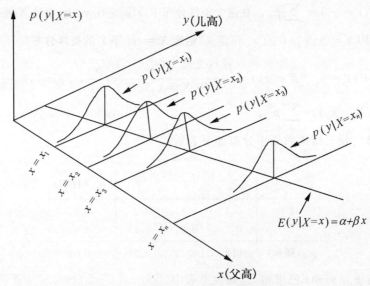

图 3.4.1　条件分布与条件期望示意图

当条件改变时,譬如父高固定在 $x_2=1.6$（米）处,其子身高 Y 也有一个条件密度函数 $p(y \mid X = x_2)$,类似地可写出不同条件下（父高固定在不同水平上）Y 的条件密度函数（见图 3.4.1）

$$p(y \mid X = x_1), \quad p(y \mid X = x_2), \quad p(y \mid X = x_3), \quad \cdots, \quad p(y \mid X = x_n)$$

从这些条件密度函数的位置看,其位置随着 X 的取值增加而显示增大的趋势。假如用条件密度的均值（就是条件期望,记为 $E(Y \mid X = x)$）表示分布位置,则 $E(Y \mid X = x)$ 将随着 x 增加而增加。在这个例子中呈线性增加,而在其他场合可能是某个函数 $f(x)$。进一步要研究的是:$E(Y \mid X = x)$ 是 x 的函数的具体形式是什么？这是回归分析要研究的问题,这里就不再深入下去了,本节以后篇幅将把研究重点放在条件分布及其条件期望上,致力于把这些概念和所涉及的一些计算弄明白。

3.4.2 离散随机变量的条件分布

对于任意两事件 A 和 B,当 $P(B) > 0$ 时,在 B 已发生条件下,事件 A 发生的条件概率定义为

$$P(A \mid B) = \frac{P(AB)}{P(B)}$$

因此,如果 (X, Y) 是二维离散随机变量,其联合分布为

$$P(X = x_i, Y = y_j) = p_{ij}, \quad i = 1, 2, \cdots, \quad j = 1, 2, \cdots$$

那么对一切使 $P(Y = y_j) > 0$ 的 y_i 可以定义"**给定 $Y = y_j$ 下 X 的条件分布**"为

$$P(X = x_i \mid Y = y_j) = \frac{P(X = x_i, Y = y_j)}{P(Y = y_j)} = \frac{p_{ij}}{p_{\cdot j}}, \quad i = 1, 2, \cdots \tag{3.4.1}$$

其中 $p_{\cdot j} = P(Y = y_j) = \sum_i p_{ij}$。在这个条件分布中,$Y$ 固定在 y_j 上,而让 X 随机取值。类似地,对一切使 $P(X = x_i) > 0$ 的 x_i 可定义"**给定 $X = x_i$ 下 Y 的条件分布**"

$$P(Y = y_j \mid X = x_i) = \frac{P(X = x_i, Y = y_j)}{P(X = x_i)} = \frac{p_{ij}}{p_{i\cdot}}, \quad j = 1, 2, \cdots \tag{3.4.2}$$

其中 $p_{i\cdot} = P(X = x_i) = \sum_j p_{ij}$。

例 3.4.2 设二维离散概率分布如下表示:

X \ Y	1	2	3	$p_{i\cdot}$（行和）
1	0.1	0.3	0.2	0.6
2	0.2	0.05	0.15	0.4
$p_{\cdot j}$（列和）	0.3	0.35	0.35	1.00

$p_{i\cdot}$（行和）与 $p_{\cdot j}$（列和）已求得,也列在上表中。

按公式(3.4.2),"给定 $X = 1$ 下,Y 的条件分布"用第一行上的三个概率（指 0.1, 0.3

和 0.2）分别除以第一行的行和 $p_{1.}=0.6$ 就可得到，具体如下：

$$P(Y=1 \mid X=1)=0.1/0.6=1/6$$
$$P(Y=2 \mid X=1)=0.3/0.6=1/2$$
$$P(Y=3 \mid X=1)=0.2/0.6=1/3$$

把它们合在一起写，可记为

$$P(Y=j \mid X=1)=\begin{cases}1/6, & j=1\\1/2, & j=2\\1/3, & j=3\end{cases}$$

类似地，"给定 $X=2$ 下，Y 的条件分布"亦可类似求得

$$P(Y=j \mid X=2)=\begin{cases}1/2, & j=1\\1/8, & j=2\\3/8, & j=3\end{cases}$$

由于 X 只可能取两个值，故在 X 给定下 Y 的条件分布只有这两个。而给定 Y 下，X 的条件分布有三个，它们是

$$P(X=i \mid Y=1)=\begin{cases}1/3, & i=1\\2/3, & i=2\end{cases}$$

$$P(X=i \mid Y=2)=\begin{cases}6/7, & i=1\\1/7, & i=2\end{cases}$$

$$P(X=i \mid Y=3)=\begin{cases}4/7, & i=1\\3/7, & i=2\end{cases}$$

在这个例子中共有五个不同的条件分布，在实际问题中可能遇到的条件分布会更多，但其计算方法都按（3.4.1）和（3.4.2）两个公式进行。

例 3.4.3 设 X 与 Y 是两个相互独立的泊松变量，且 $X \sim P(\lambda_1)$，$Y \sim P(\lambda_2)$。在已知 $X+Y=n$ 的条件下，求 X 的条件分布。

解：由定理 3.2.2 知，在独立场合 $X+Y \sim P(\lambda_1+\lambda_2)$。在这个问题中虽然 X 与 Y 相互独立，可 X 与 $X+Y$ 是相依的。这里要求条件分布

$$P(X=k \mid X+Y=n), \quad k=0,1,2,\cdots,n$$

其中 n 是给定的，由于和 $X+Y=n$，故 X 取值不能超过 n。以下求这组条件概率：

$$P(X=k \mid X+Y=n)=\frac{P(X=k,X+Y=n)}{P(X+Y=n)}$$
$$=\frac{P(X=k)P(Y=n-k)}{P(X+Y=n)}$$
$$=\frac{\dfrac{\lambda_1^k}{k!}e^{-\lambda_1} \cdot \dfrac{\lambda_2^{n-k}}{(n-k)!}e^{-\lambda_2}}{\dfrac{(\lambda_1+\lambda_2)^n}{n!}e^{-(\lambda_1+\lambda_2)}}$$

$$= \frac{n!}{k!\,(n-k)!}\,\frac{\lambda_1^k \lambda_2^{n-k}}{(\lambda_1 + \lambda_2)^n}$$

$$= \binom{n}{k}\left(\frac{\lambda_1}{\lambda_1 + \lambda_2}\right)^k \left(\frac{\lambda_2}{\lambda_1 + \lambda_2}\right)^{n-k}, \quad k = 0,1,\cdots,n$$

这表明,在已知 $X+Y=n$ 下 X 的条件分布是以 n 及 $\lambda_1/(\lambda_1+\lambda_2)$ 为参数的二项分布 $b(n, \lambda_1/(\lambda_1+\lambda_2))$。当 $\lambda_1 = \lambda_2$ 时,这个条件分布就是 $b(n,0.5)$。

3.4.3　连续随机变量的条件分布

设 (X,Y) 是二维连续随机变量, $p(x,y)$ 是其联合密度函数, $p_X(x)$ 和 $p_Y(y)$ 是其边际密度函数。由于在连续场合, $P(X=x)=0$, $P(Y=y)=0$,故在 $P(y \leqslant Y \leqslant y+\Delta y) > 0$ 时,改为考虑如下条件概率

$$
\begin{aligned}
P(X \leqslant x \mid y \leqslant Y \leqslant y + \Delta y) &= \frac{P(X \leqslant x, y \leqslant Y \leqslant y + \Delta y)}{P(y \leqslant Y \leqslant y + \Delta y)} \\
&= \frac{\displaystyle\int_{-\infty}^{x}\int_{y}^{y+\Delta y} p(x,y)\mathrm{d}y\mathrm{d}x}{\displaystyle\int_{y}^{y+\Delta y} p_Y(y)\mathrm{d}y} \\
&= \frac{\displaystyle\int_{-\infty}^{x}\left\{\frac{1}{\Delta y}\int_{y}^{y+\Delta y} p(x,y)\mathrm{d}y\right\}\mathrm{d}x}{\displaystyle\frac{1}{\Delta y}\int_{y}^{y+\Delta y} p_Y(y)\mathrm{d}y}
\end{aligned}
$$

当 $\Delta y \to 0$ 时,上式左端为 $P(X \leqslant x \mid Y=y)$,它是在给定 $Y=y$ 下, $X \leqslant x$ 的条件概率,这不是别的,正是在给定 $Y=y$ 下, X 的条件分布函数 $F(x \mid y)$,而在上式右端的分母与分子中,只要 $p_Y(y)$ 和 $p(x,y)$ 在 y 处连续,则由积分中值定理可得

$$\lim_{\Delta y \to 0} \frac{1}{\Delta y}\int_{y}^{y+\Delta y} p_Y(y)\mathrm{d}y = p_Y(y)$$

$$\lim_{\Delta y \to 0} \frac{1}{\Delta y}\int_{y}^{y+\Delta y} p(x,y)\mathrm{d}y = p(x,y)$$

于是当 $p_Y(y) > 0$ 时,在给定 $Y=y$ 下 X 的条件分布函数可表示为

$$F(x \mid y) = \int_{-\infty}^{x} \frac{p(x,y)}{p_Y(y)}\mathrm{d}x$$

这表明 $p(x,y)/p_Y(y)$ 是在**给定 $Y=y$ 下 X 的条件密度函数**,记它为 $p(x \mid y)$,即

$$p(x \mid y) = \frac{p(x,y)}{p_Y(y)} \tag{3.4.3}$$

类似地,当 $p_X(x) > 0$ 时,可得在**给定 $X=x$ 下 Y 的条件密度函数**为

$$p(y \mid x) = \frac{p(x,y)}{p_X(x)} \tag{3.4.4}$$

在连续场合,常用上述两个公式计算条件密度函数。

例 3.4.4　设 $(X,Y) \sim N(\mu_1,\mu_2,\sigma_1^2,\sigma_2^2,\rho)$，试求其两个条件密度函数。

解：在例 3.1.7 中已算出 X 与 Y 的边际分布分别为 $N(\mu_1,\sigma_1^2)$ 与 $N(\mu_2,\sigma_2^2)$。于是有

$$p(x \mid y) = \frac{p(x,y)}{p_Y(y)}$$

$$= \frac{1}{2\pi\,\sigma_1\sigma_2\sqrt{1-\rho^2}} \exp\left[-\frac{1}{2(1-\rho^2)}\left(\frac{(x-\mu_1)^2}{\sigma_1^2}\right.\right.$$

$$\left.\left.-2\rho\frac{(x-\mu_1)(y-\mu_2)}{\sigma_1\sigma_2}+\frac{(y-\mu_2)^2}{\sigma_2^2}\right)\right]\bigg/\frac{1}{\sqrt{2\pi}\,\sigma_2}\exp\left(-\frac{(y-\mu_2)^2}{2\sigma_2^2}\right)$$

$$= \frac{1}{\sqrt{2\pi}\,\sigma_1\sqrt{1-\rho^2}} \exp\left[-\frac{1}{2(1-\rho^2)}\left(\frac{(x-\mu_1)^2}{\sigma_1^2}\right.\right.$$

$$\left.\left.-2\rho\frac{(x-\mu_1)(y-\mu_2)}{\sigma_1\sigma_2}+\rho^2\frac{(y-\mu_2)^2}{\sigma_2^2}\right)\right]$$

$$= \frac{1}{\sqrt{2\pi}\,\sigma_1\sqrt{1-\rho^2}} \exp\left\{-\frac{1}{2(1-\rho^2)\sigma_1^2}\left[x-\left(\mu_1+\rho\frac{\sigma_1}{\sigma_2}(y-\mu_2)\right)\right]^2\right\} \tag{3.4.5}$$

这正好是正态分布 $N\left(\mu_1+\rho\dfrac{\sigma_1}{\sigma_2}(y-\mu_2),\sigma_1^2(1-\rho^2)\right)$。类似地可求得在给定 $X=x$ 下 Y 的条件分布为

$$N\left(\mu_2+\rho\frac{\sigma_2}{\sigma_1}(x-\mu_1),\sigma_2^2(1-\rho^2)\right)$$

因此，二维正态变量的条件分布仍为正态，这正是正态分布的又一个重要性质。

例 3.4.5　设二维连续随机变量 (X,Y) 的联合密度函数为

$$p(x,y) = \begin{cases} \dfrac{e^{-x/y}e^{-y}}{y}, & \text{当 } 0<x,y<\infty \\ 0, & \text{其他} \end{cases}$$

求 $P(X>1 \mid Y=y)$。

解：先在给定 $Y=y>0$ 下求得 X 的条件密度。

$$p(x \mid y) = \frac{p(x,y)}{p_Y(y)} = \frac{e^{-x/y}e^{-y}/y}{\dfrac{e^{-y}}{y}\displaystyle\int_0^\infty e^{-x/y}\mathrm{d}x} = \frac{e^{-x/y}}{y}, \quad x>0$$

因此在 $y>0$ 时，有

$$P(X>1 \mid Y=y) = \int_1^\infty p(x \mid y)\mathrm{d}x$$

$$= \int_1^\infty \frac{e^{-x/y}}{y}\mathrm{d}x = e^{-1/y}$$

在条件"$Y=y$"没有具体给定时，上述条件概率也不能完全确定，只能用 y 的函数表示出

来,一旦给定"$Y=1$",则有

$$P(X>1 \mid Y=1)=e^{-1}=0.3679$$

上述条件概率也就随之确定。

3.4.4 构造联合分布

构造联合分布有多种途径。以二维连续分布为例,至今已涉及三种途径,现综述如下:

(1) 由实际背景和实际数据归纳而得 $p(x,y)$,如二维均匀分布、二维正态分布等。在瞄准目标射击中弹着点的坐标 (X,Y) 是二维随机变量,其联合密度函数可用二维正态分布。又如,当 (X,Y) 只能在平面上某个有限区域 S 上取值,但又说不出在哪一个部分上取值的可能性更大一些时,就可用区域 S 上的均匀分布来表示其联合分布。

(2) 由独立性而得 $p(x,y)=p_X(x)p_Y(y)$。§3.2 中的例子都由独立性导出,其中 $p_X(x)$ 和 $p_Y(y)$ 可由一维分布获得。

(3) 把(3.4.3)与(3.4.4)改写为

$$p(x,y)=p(y \mid x)p_X(x) \tag{3.4.6}$$
$$p(x,y)=p(x \mid y)p_Y(y) \tag{3.4.7}$$

即用一个变量的分布与这个变量给定下另一个变量的条件分布可给出联合分布。

顺便指出,假如能获得 X 的密度函数 $p_X(x)$ 及在 X 给定下 Y 的条件密度函数 $p(y \mid x)$,则由其乘积的积分可得 Y 的边际密度

$$p_Y(y)=\int_{-\infty}^{y} p(y \mid x)p_X(x)\mathrm{d}x \tag{3.4.8}$$

这就是全概率公式的密度函数形式,在离散场合下的全概率公式已在 §1.5.3 中讨论过,(3.4.8) 式常会在实际中使用。

比较(3.4.6)和(3.4.8)可得

$$
\begin{aligned}
p(x \mid y) &= \frac{p(y \mid x)p_X(x)}{p_Y(y)} \\
&= \frac{p(y \mid x)p_X(x)}{\int_{-\infty}^{x} p(y \mid x)p_X(x)\mathrm{d}x}
\end{aligned}
\tag{3.4.9}
$$

这就是**贝叶斯公式的密度函数形式**,贝叶斯公式的离散形式已在 §1.5.4 中讨论过。(3.4.9) 式将在寻求未知参数的贝叶斯估计中用到。

例 3.4.6 设 $X \sim U(0,1)$,x 是其一个观察值。又设在 $X=x$ 下 Y 的条件分布是 $U(x,1)$。这两个均匀分布的密度函数分别为

$$p_X(x)=\begin{cases} 1, & 0<x<1 \\ 0, & \text{其他} \end{cases}$$

$$p(y \mid x) = \begin{cases} \dfrac{1}{1-x}, & 0 < x < y < 1 \\ 0, & 其他 \end{cases}$$

由此可得(X,Y)的联合密度函数

$$p(x,y) = \begin{cases} \dfrac{1}{1-x}, & 0 < x < y < 1 \\ 0, & 其他 \end{cases}$$

其不为零的区域如图3.4.2的斜线部分。而Y的边际密度$p_Y(y)$在区间$(0,1)$外为零,而当$0 < y < 1$,有

$$p_Y(y) = \int_{-\infty}^{\infty} p(x,y)\,\mathrm{d}x = \int_0^y \frac{1}{1-x}\,\mathrm{d}x$$

$$= -\ln(1-y) = \ln\frac{1}{1-y}$$

它的图形如图3.4.3所示,可见$p_Y(y)$是一个无界函数,但在$(0,1)$上的积分为1。

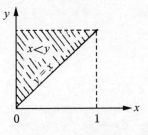

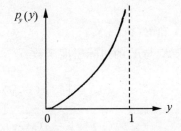

图3.4.2 $p(x,y) \neq 0$ 的区域
(例3.4.6)

图3.4.3 $p_Y(y)$ 的图形
(例3.4.6)

现在来求$Y > 0.5$的概率,这可利用上述$p_Y(y)$

$$P(Y > 0.5) = -\int_{0.5}^1 \ln(1-y)\,\mathrm{d}y = -\int_0^{0.5} \ln u\,\mathrm{d}u$$

最后一个等式是利用变换$u = 1 - y$得到的。$\ln u$ 的原函数为$u\ln u - u$,故

$$P(Y > 0.5) = -[u\ln u - u]_0^{0.5} = 0.5\ln 2 + 0.5 = 0.8466$$

3.4.5 条件期望

定义 3.4.1 条件分布的数学期望称为条件期望,它可用条件分布算得:

$$E(X \mid y) = \begin{cases} \sum_i x_i P(X = x_i \mid Y = y), & 当(X,Y)为二维离散随机变量 \\ \int_{-\infty}^{\infty} x p(x \mid y)\,\mathrm{d}x, & 当(X,Y)为二维连续随机变量 \end{cases} \tag{3.4.10}$$

其中$P(X = x_i \mid Y = y)$为在给定$Y = y$下X的条件分布,$p(x \mid y)$为在给定$Y = y$下X的条件密度函数。上述数学期望都假设存在。

注意条件期望 $E(X \mid y)$ 与（无条件）期望 $E(X)$ 的区别。它们不仅在计算公式上有重要差别，含义也决然不同。譬如 X 表示中国人的年收入，则 $E(X)$ 表示中国人的平均年收入。若用 Y 表示中国人受教育的年限，则 $E(X \mid y)$ 表示受过 y 年教育的中国人群中的平均年收入。$E(X)$ 只有一个，可 $E(X \mid y)$ 有很多个，当 Y 取不同值时，如 $Y=0,1,2,\cdots$ 等，$E(X \mid y)$ 值是不同的。一般来说 $E(X \mid y)$ 是 y 的某个函数，这个函数刻画了 X 的条件期望如何随 Y 的取值 y 变化而变化的趋势。又如 X 表示中国成年人的身高，则 $E(X)$ 表示中国成年人的平均身高。若用 Y 表示中国成年人的足长（脚趾到脚跟的长度），则 $E(X \mid y)$ 表示足长为 y 的中国成年人的平均身高，我国公安部门研究获得

$$E(X \mid y) = 6.876y$$

一案犯在保险柜前面留下足印，测得 25.3 厘米，代入上式算得，此案犯身高大约在 174 厘米左右。这一信息对刻画案犯外形有重要作用。

例 3.4.7 设 (X,Y) 的联合密度函数为

$$p(x,y) = \begin{cases} e^{-y}, & 0 < x < y \\ 0, & \text{其他} \end{cases}$$

求 $E(X \mid y)$ 和 $E(Y \mid x)$。

解：先求 X 与 Y 的边际密度函数：

$$p_X(x) = \int_{-\infty}^{\infty} p(x,y)\mathrm{d}y = \int_x^{\infty} e^{-y}\mathrm{d}y = e^{-x}, \quad x > 0$$

$$p_Y(y) = \int_{-\infty}^{\infty} p(x,y)\mathrm{d}x = \int_0^y e^{-y}\mathrm{d}x = ye^{-y}, \quad y > 0$$

而当 $x \leqslant 0$ 时，有 $p_X(x) = 0$；当 $y \leqslant 0$ 时，亦有 $p_Y(y) = 0$。

再求条件分布：在 $y > 0$ 时，$p_Y(y) > 0$，故有

$$p(x \mid y) = \frac{p(x,y)}{p_Y(y)} = \begin{cases} 1/y, & 0 < x < y < \infty \\ 0, & \text{其他} \end{cases}$$

在 $x > 0$ 时 $p_X(x) > 0$，故有

$$p(y \mid x) = \frac{p(x,y)}{p_X(x)} = \begin{cases} e^{x-y}, & 0 < x < y < \infty \\ 0, & \text{其他} \end{cases}$$

最后求条件期望：

$$E(X \mid y) = \int_0^y x \cdot \frac{1}{y}\mathrm{d}x = \frac{y}{2}, \qquad y > 0$$

在条件 "$Y=y$" 尚未具体给定时，上述条件期望也不能定下，只能表示为 y 的函数。假如给定 "$Y=4$"，立即可得 $E(X \mid y) = 2$。类似地，

$$E(Y \mid x) = \int_x^\infty y \cdot e^{x-y} \mathrm{d}y = e^x \int_x^\infty y e^{-y} \mathrm{d}y$$
$$= e^x [-e^{-y}(1+y)]_x^\infty = 1+x, \quad x>0$$

一般场合下,条件期望 $E(Y \mid x)$ 总是条件 x 的函数,只有当条件给定时,才能求出具体期望值,如 $X=1$ 时,$E(Y \mid X=1)=2$。

例 3.4.8 设 $(X,Y) \sim N(\mu_1, \mu_2, \sigma_1^2, \sigma_2^2, \rho)$,在例 3.4.4 中已求得在给定 $Y=y$ 下 X 的条件分布为一维正态分布,即

$$X \mid Y=y \sim N(\mu_1 + \rho \frac{\sigma_1}{\sigma_2}(y-\mu_2), \sigma_1^2(1-\rho^2))$$

由正态分布性质可知,其条件期望

$$E(X \mid y) = \mu_1 + \rho \frac{\sigma_1}{\sigma_2}(y-\mu_2) \tag{3.4.11}$$

它是 y 的线性函数。由于 σ_1 与 σ_2 均为正数,故当相关系数 $\rho > 0$ 时,$E(X \mid y)$ 随 y 增加而按线性增加,这就是以前提及的"正相关";当 $\rho < 0$ 时,$E(X \mid y)$ 随 y 增加而按线性减少,这就是"负相关";当 $\rho = 0$ 时,X 与 Y 独立,$E(X \mid y)$ 当然与 y 无关,就等于 $E(X)$。

条件期望是条件分布的数学期望,故它具有数学期望的一切性质。譬如:

(1) $E(a_1 X_1 + a_2 X_2 \mid y) = a_1 E(X_1 \mid y) + a_2 E(X_2 \mid y)$ (3.4.12)

(2) 对任一函数 $g(X)$,有

$$E[g(X) \mid y] = \begin{cases} \sum_i g(x_i) P(X=x_i \mid Y=y), & \text{在离散场合} \\ \int_{-\infty}^\infty g(x) p(x \mid y) \mathrm{d}x, & \text{在连续场合} \end{cases} \tag{3.4.13}$$

此外,条件期望还有一个重要性质。

定理 3.4.1 条件期望的期望就是(无条件)期望,即

$$E[E(X \mid Y)] = E(X) \tag{3.4.14}$$

证:先在连续场合证明。由 (3.4.7) 可得

$$E(X) = \int_{-\infty}^\infty \int_{-\infty}^\infty x p(x,y) \mathrm{d}x \mathrm{d}y$$
$$= \int_{-\infty}^\infty \int_{-\infty}^\infty x p(x \mid y) p_Y(y) \mathrm{d}x \mathrm{d}y$$
$$= \int_{-\infty}^\infty \left[\int_{-\infty}^\infty x p(x \mid y) \mathrm{d}x \right] p_Y(y) \mathrm{d}y$$
$$= \int_{-\infty}^\infty E(X \mid y) p_Y(y) \mathrm{d}y$$

由于条件期望 $E(X \mid y)$ 是 y 的函数,记为 $g(y)$。则上式就是随机变量函数 $g(Y)$ 的期望值,即

$$E(X) = E[g(Y)] = E[E(X \mid Y)]$$

类似地，亦可在离散场合证明上式成立。

这个命题不仅在概率论中是一个较深刻的命题，而且在实际中很有用。在不少场合，直接计算 $E(X)$ 是困难的，而在限定变量 Y（与 X 有关系的量）的值 y 之后，计算条件期望 $E(X \mid y)$ 则较为容易。因此可分两步走：第一步借助条件分布 $p(x \mid y)$ 和固定的 y 值算得条件期望 $E(X \mid y)$；第二步再把 y 看作 Y 的取值，$E(X \mid y)$ 看作 $Y = y$ 时 X 取值的平均，借助 Y 的分布 $p_Y(y)$ 再求一次期望，先后两次期望即得 $E(X)$。更直观一些说，你可以把 $E(X)$ 看作在一个很大范围上求平均，然后找一个与 X 有关的量 Y，用 Y 的不同值把上述大范围划分为若干个小区域。先在每个小区域上求平均，再对此类平均求加权平均，即可获得大范围上的平均 $E(X)$。譬如要求全校学生的平均年龄，可先求出每个班级学生的平均年龄，然后再对各班平均年龄求加权平均，其中权就是班级人数在全校学生中所占的比例。

例 3.4.9 一矿工被困在有三个门的矿井里。第一个门通一坑道，沿此坑道走 3 小时可使他到达安全地点；第二个门可使他走 5 小时后又回到原处；第三个门可使他走 7 小时后也回到原地。如设此矿工在任何时刻都等可能地选定其中一个门，试问他到达安全地点平均要用多长时间？

解：设 X 为该矿工到达安全地点所需时间（单位：小时），Y 为他所选的门，则由 (3.4.14) 式可得

$$E(X) = E(X \mid Y = 1) P(Y = 1) + E(X \mid Y = 2) P(Y = 2)$$
$$+ E(X \mid Y = 3) P(Y = 3)$$

其中 $P(Y = 1) = P(Y = 2) = P(Y = 3) = 1/3$，$E(X \mid Y = 1) = 3$。而 $E(X \mid Y = 2)$ 为矿工从第二个门出去要到达安全地点所需平均时间。而他沿此坑道走 5 小时又转回原地，而一旦返回原地，问题就与当初他还没有进第二个门之前一样，因此他要到达安全地点平均还需再用 $E(X)$ 小时，故

$$E(X \mid Y = 2) = 5 + E(X)$$

类似地有

$$E(X \mid Y = 3) = 7 + E(X)$$

代回原式，可得

$$E(X) = \frac{1}{3}(3 + 5 + E(X) + 7 + E(X))$$

$$E(X) = 15 (小时)$$

该矿工到达安全地点平均需要 15 小时。

例 3.4.10 设走进某百货商店的顾客数是均值为 35000 的随机变量。又设这些顾客所花的钱数是相互独立、均值为 52 元的随机变量。再设任一顾客所花的钱数和进入该商店的总人数相互独立。试问该商店一天的平均营业额是多少？

解：令 N 表示走进该商店的顾客数，X_i 表示第 i 位顾客所花的钱数，则 N 位顾客所花

的总钱数 $\sum_{i=1}^{N} X_i$ 就是该商店一天的营业额。由于

$$E\left[\sum_{i=1}^{N} X_i\right] = E\left[E\left(\sum_{i=1}^{N} X_i \mid N\right)\right]$$

其中

$$E\left(\sum_{i=1}^{N} X_i \mid N = n\right) = E\left(\sum_{i=1}^{N} X_i\right) = nE(X_1)$$

上式最后第二个等式成立是由于诸 X_i 与 N 独立,从而条件期望就是无条件期望

$$E\left(\sum_{i=1}^{N} X_i \mid N\right) = NE(X_1)$$

从而

$$E\left[\sum_{i=1}^{N} X_i\right] = E[NE(X_1)] = E(N) \cdot E(X_1)$$

在我们问题中,$E(N) = 35000$(人),$E(X_1) = 52$(元),故该商店一天的平均营业额为
$35000 \times 52 = 1.82$(百万元)。

这是一个寻求个数为随机的独立随机变量和的数学期望问题。这类问题很多,譬如,
一只昆虫一次产卵数 N 为随机的,每只卵成活的概率为 p,假如 N 服从参数为 λ 的泊松分
布,则一只昆虫一次产卵能成活的平均数为 λp。又如,一兽类的个数 N 为随机的,如果每
只野兽掉入人们设置陷阱的概率为 p,则被捕获的野兽的平均数为 $E(N)E(X_1)$,其中
$X_1 \sim b(1, p)$。

习题 3.4

1. 设 (X, Y) 的联合分布列 $P(X = i, Y = j) = p_{ij}$ 如下:

p_{ij} \ j	1	2	3
i			
1	0.01	0.03	0.09
2	0.04	0.07	0.13
3	0.03	0.09	0.17
4	0.02	0.01	0.31

请写出有关的七个条件分布列。

2. 设 X 与 Y 是二个相互独立同分布的随机变量,其共同分布为二项分布 $b(n, p)$。证明:
已知 $X + Y = m$ 条件下,X 的条件分布是超几何分布。

3. 设 X 与 Y 是二个相互独立同分布的随机变量,其共同分布为几何分布,即

$$P(X = k) = p(1-p)^{k-1}, k = 1, 2, \cdots$$

试求在已知 $X+Y=n$ 条件下，X 的条件分布列。

4. 设某飞禽以概率 $\lambda^k e^{-\lambda}/k!$ 生 k 个蛋，而每个蛋孵化为幼禽的概率等于 p。假如蛋的孵化是相互独立的，求此飞禽有 l 个后代的概率是多少？

5. 设二维随机变量 (X,Y) 的联合密度函数为

$$p(x,y)=\begin{cases} 24y(1-x-y), & (x,y)\in\triangle ABO\text{（见图）}\\ 0, & \text{其他} \end{cases}$$

（1）求 $p(x\mid y)$ 和 $p(x\mid Y=1/2)$；

（2）求 $p(y\mid x)$ 和 $p(y\mid X=1/2)$。

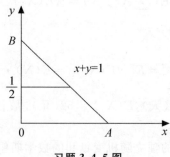

习题 3.4.5 图

6. 设二维随机变量 (X,Y) 在单位圆 $x^2+y^2<1$ 内均匀分布。求条件密度 $p(x\mid y)$，$p(x\mid Y=0)$ 和 $p(x\mid Y=1/2)$。

7. 已知随机变量 Y 的密度函数为

$$p(y)=\begin{cases} 5y^4, & 0<y<1\\ 0, & \text{其他} \end{cases}$$

又知在给定 $Y=y$ 下，另一随机变量 X 的条件密度函数为

$$p(x\mid y)=\begin{cases} 3x^2/y^3, & 0<x<y<1\\ 0, & \text{其他} \end{cases}$$

求概率 $P(X>1/2)$ 之值。

8. 箱内有 4 个白球和 5 个红球，不放回地接连从箱中二次取球，第一次取出 3 只球，第二次取出 5 只球。设 X 和 Y 分别表示这两次取出球中的白球数，试对 $i=1,2,3,4$ 求 $E(X\mid Y=i)$。

9. 设二维随机变量 (X,Y) 的联合密度函数为

$$p(x,y)=\begin{cases} e^{-x/y}e^{-y}/y, & 0<x,y<\infty\\ 0, & \text{其他} \end{cases}$$

计算 $E(X^2\mid Y=y)$。

10. 一囚犯在有三个门的密室中,第一个门通到地道,沿此地道行走二天后,结果他又转回原地;第二个门使他行走 4 天后也转回原地;第三个门通到使他行走 1 天后能得到自由的地道。设该囚犯始终以概率 0.5,0.3,0.2 分别选择第一、第二、第三个门。试问该囚犯走出地道获得自由时平均需要多少天。

11. 在某地区每周平均发生 5 次工伤事故,每次事故中,受伤的人数是彼此独立的随机变量,且有相同的均值 2.5。如果在每次事故中,受伤的工人人数与事故发生次数独立,试求一周内平均受伤人数。

§　3.5　中心极限定理

中心极限定理是概率论中最重要和最常用的一类极限定理。我们从一个重要现象谈起。

3.5.1　一个重要现象

n 个相互独立、同分布的随机变量之和的分布近似于正态分布,并且 n 愈大,此种近似程度愈好,这一重要现象可从下面两个例子看出。

例 3.5.1　一颗均匀的骰子连掷 n 次,其点数之和 Y_n 是 n 个相互独立同分布的随机变量之和,即

$$Y_n = X_1 + X_2 + \cdots + X_n$$

其中 X_i 的共同的概率分布为

X_1	1	2	3	4	5	6
P	1/6	1/6	1/6	1/6	1/6	1/6

这也是 Y_1 的概率分布,其概率直方图(图 3.5.1(a))是平顶的。

当 $n = 2$ 时,$Y_2 = X_1 + X_2$ 的概率分布可用离散形式的卷积公式(3.2.9)求得:

$Y_2 = X_1 + X_2$	2	3	4	5	6	7	8	9	10	11	12
P	1/36	2/36	3/36	4/36	5/36	6/36	5/36	4/36	3/36	2/36	1/36

它的概率直方图(图 3.5.1(b))呈单峰对称的阶梯形,且阶梯的每阶高度相等。

当 $n = 3$ 和 4 时,$Y_3 = X_1 + (X_2 + X_3)$ 的概率分布和 $Y_4 = (X_1 + X_2) + (X_3 + X_4)$ 的概率分布都可用卷积公式求得。它们的概率直方图(图 3.5.1(c)与(d))仍呈单峰对称的阶梯形,但台阶增多,每个台阶高度不等,中间台阶高度要比两侧台阶高度略低一点,从图(c)和(d)上已显现出正态分布的轮廓。

当 n 再增大时,可以想象,$Y = X_1 + X_2 + \cdots + X_n$ 的概率直方图的轮廓线与正态密度曲线更为接近,只是分布中心 $E(Y_n)$ 将随着 n 的增加不断地向右移动,而标准差 $\sigma(Y_n)$ 不断增大。可见和的分布也随着变化,为了使和的分布逐渐稳定,可对 Y_n 施行标准化变换,所得

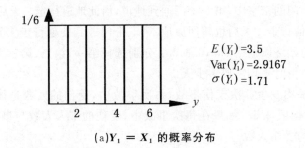

$E(Y_1)=3.5$
$\mathrm{Var}(Y_1)=2.9167$
$\sigma(Y_1)=1.71$

(a)$Y_1 = X_1$ 的概率分布

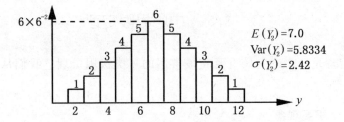

$E(Y_2)=7.0$
$\mathrm{Var}(Y_2)=5.8334$
$\sigma(Y_2)=2.42$

(b)$Y_2 = X_1 + X_2$ 的概率分布(矩形顶端数字 $\div 6^2 =$ 矩形面积)

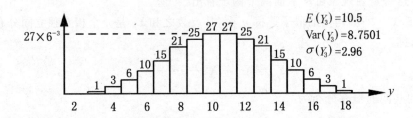

$E(Y_3)=10.5$
$\mathrm{Var}(Y_3)=8.7501$
$\sigma(Y_3)=2.96$

(c)$Y_3 = X_1 + X_2 + X_3$ 的概率分布(矩形顶端数字 $\div 6^3 =$ 矩形面积)

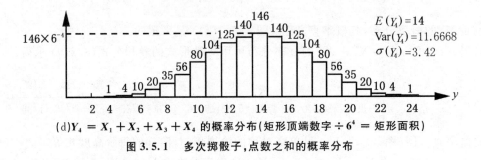

$E(Y_4)=14$
$\mathrm{Var}(Y_4)=11.6668$
$\sigma(Y_4)=3.42$

(d)$Y_4 = X_1 + X_2 + X_3 + X_4$ 的概率分布(矩形顶端数字 $\div 6^4 =$ 矩形面积)

图 3.5.1　多次掷骰子,点数之和的概率分布

$$Y_n^* = \frac{Y_n - E(Y_n)}{\sigma(Y_n)} = \frac{X_1 + X_2 + \cdots + X_n - E(X_1 + \cdots + X_n)}{\sqrt{\mathrm{Var}(X_1 + \cdots + X_n)}}$$

$$= \frac{X_1 + \cdots + X_n - nE(X_1)}{\sqrt{n}\,\sigma(Y_1)}$$

的分布有望接近标准正态分布 $N(0,1)$。这一想法已被证明是正确的。在标准正态分布 $N(0,1)$ 的帮助下近似计算概率 $P(Y_n < a)$ 已不是很困难的事了。

譬如,当 $n=100$ 时,$E(Y_{100})=100 \times 3.5 = 350$,$\sigma(Y_{100})=\sqrt{100} \times 1.71 = 17.1$,于是

利用标准正态分布可得，

$$P(Y_{100} \leqslant 400) = P\left(\frac{Y_{100} - 350}{17.1} \leqslant \frac{400 - 350}{17.1}\right)$$

$$= P(Y_{100}^* \leqslant 2.9240) \doteq \Phi(2.9240) = 0.9982$$

假如不利用正态近似，完成此种计算是很困难的，最后结果表明：连续 100 次掷骰子，其点数之和不超过 400 几乎是必然发生的事件。

例 3.5.2 设 $X_1, X_2 \cdots, X_n$ 是 n 个独立同分布的随机变量，其共同分布为区间 $(0,1)$ 上的均匀分布，即 $X_i \sim U(0,1)$。若取 $n = 100$，要求概率 $P(X_1 + X_2 + \cdots + X_{100} \leqslant 60) = ?$

要精确地求出上述概率，就要寻求 n 个独立同分布随机变量和 $Y_n = X_1 + X_2 + \cdots + X_n$ 的分布。若记 $p_n(y)$ 为 Y_n 的密度函数，则在较小的 n 场合尚能用卷积公式(3.2.14)写出 $p_n(y)$，譬如

$$p_1(y) = \begin{cases} 1, & 0 < y < 1 \\ 0, & \text{其他} \end{cases}$$

$$p_2(y) = \begin{cases} y, & 0 < y < 1 \\ 2 - y, & 1 \leqslant y < 2 \\ 0, & \text{其他} \end{cases}$$

对 $p_2(y)$ 和 $p_1(y)$ 使用卷积公式(3.2.14)又可得 $Y_3 = X_1 + X_2 + X_3$ 的密度函数

$$p_3(y) = \begin{cases} y^2/2, & 0 < y < 1 \\ -(y - 3/2)^2 + 3/4, & 1 \leqslant y < 2 \\ (3 - y)^2/2, & 2 \leqslant y < 3 \\ 0, & \text{其他} \end{cases}$$

这是一个连续函数，它的非零部分是由三段二次曲线相连(见图 3.5.2)，类似地可求出 $Y_4 = X_1 + X_2 + X_3 + X_4$ 的密度函数

$$p_4(y) = \begin{cases} y^3/6, & 0 < y < 1 \\ [y^3 - 4(y-1)^3]/6, & 1 \leqslant y < 2 \\ [(4-y)^3 - 4(3-y)^3]/6, & 2 \leqslant y < 3 \\ (4-y)^3/6, & 3 \leqslant y < 4 \\ 0, & \text{其他} \end{cases}$$

这也是一个连续的函数(见图 3.5.2)，它的非零部分是由四段三次曲线相连，

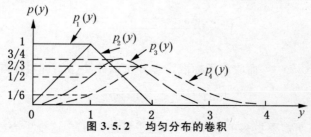

图 3.5.2 均匀分布的卷积

并且连接处较为光滑。照此下去，可以看出，Y_n 的密度函数 $p_n(y)$ 是一个连续函数，它的非零部分是由 n 段 $n-1$ 次曲线相连。但是要具体写出 $p_n(y)$ 的表达式绝非易事。即使写出表达式，使用起来也很不方便。这样一来，要精确计算概率 $p(X_1 + \cdots + X_n \leqslant 60)$ 就发生困难。图 3.5.2 给人们提供了一条解决这个问题的思路，随着 n 增加，$p_n(y)$ 的图形愈来愈接近正态曲线。并且光滑程度也愈来愈接近正态密度曲线的光滑程度。

如例 3.5.1 一样，当 n 增大时 Y_n 的密度函数 $p_n(y)$ 中的 $E(Y_n)$ 右移，标准差 $\sigma(Y_n)$ 增大，为了克服这些障碍，使用标准化技术就可使极限分布稳定于标准正态分布 $N(0,1)$，用此极限分布计算上述概率已不是很难的事了。

由于均匀分布 $U(0,1)$ 的期望与标准差分别为

$$E(X_1) = 0.5, \qquad \sigma(X_1) = \sqrt{1/12} = 0.2887$$

当 $n = 100$ 时，$E(Y_{100}) = 100 \times 0.5 = 50$，$\sigma(Y_n) = \sqrt{100} \times 0.2887 = 2.887$。于是

$$P(X_1 + \cdots + X_{100} \leqslant 60) = P\left(\frac{X_1 + \cdots X_{100} - 50}{2.887} \leqslant \frac{60 - 50}{2.887}\right)$$
$$\doteq \varPhi(3.464) = 0.9997$$

这个概率很接近于 1，说明事件"$X_1 + \cdots + X_{100} \leqslant 60$"几乎是必然要发生的。

3.5.2　独立同分布下的中心极限定理

在实际中很多问题常需要寻求 n 个相互独立同分布随机变量之和 $Y = X_1 + X_2 + \cdots + X_n$ 的分布函数 $F_n(y)$，在 n 很大的场合，除了少数例外，大多数场合寻求精确的 $F_n(y)$ 是很困难的，甚至是不可能的。怎么办？退一步，用极限方法寻求 $F_n(y)$ 的近似分布，具体想法是：

- 当 $n \to \infty$，寻求 $F_n(y)$ 的极限分布 $F(y)$；
- 当 n 很大时，用极限分布 $F(y)$ 作为 $F_n(y)$ 的近似分布。

这一想法是可行的（见 §3.5.1），并且在实际中经常能满足的条件下，这个极限分布 $F(y)$ 就是正态分布。这一事实增加了正态分布的重要性，一度使正态分布在概率论的研究中处于中心地位，并习惯于把极限分布为正态分布的那一类定理统称为中心极限定理。在本小节和后面几个小段中将叙述这类定理中几个最简单，也是最常用的中心极限定理。这里先叙述独立同分布下的中心极限定理。

定理 3.5.1(林德贝格－列维中心极限定理)　设 $\{X_n\}$ 是独立同分布随机变量序列，其 $E(X_1) = \mu$，$\mathrm{Var}(X_1) = \sigma^2$，假如方差 σ^2 有限，且不为零$(0 < \sigma^2 < \infty)$，则前 n 个变量之和的标准化变量

$$Y_n^* = \frac{X_1 + \cdots + X_n - n\mu}{\sqrt{n}\,\sigma} \tag{3.5.1}$$

的分布函数将随着 $n \to \infty$ 而收敛于标准正态分布函数 $\varPhi(y)$，即对任意实数 y

$$\lim_{n \to \infty} P(Y_n^* \leqslant y) = \varPhi(y) \tag{3.5.2}$$

这个定理的证明需要更多的数学工具，这里就省略了。这个中心极限定理是由林德

贝格和列维分别独立地在 1920 年获得的。这个定理告诉我们,对独立同分布随机变量序列,其共同分布可以是离散分布,也可以是连续分布,可以是正态分布,也可以是非正态分布,只要其共同分布的方差存在,且不为零,就可使用该定理的结论(3.5.2)。由于掷一颗骰子出现点数的方差为 2.9167,均匀分布 $U(0,1)$ 的方差为 $1/12$,它们都有限,且不为零,所以例 3.5.1 和例 3.5.2 的计算全部有效。

定理 3.5.1 的结论告诉我们,只有当 n 充分大时,Y_n^* 才近似服从标准正态分布 $N(0,1)$。而当 n 较小时,此种近似不能保证。在概率论中,常把只在 n 充分大时才具有的近似性质称为渐近性质,而在统计中称为大样本性质。这样一来,定理 3.5.1 的结论可叙述为:Y_n^* 渐近服从标准正态分布 $N(0,1)$,或者说,Y_n^* 的渐近分布是标准正态分布 $N(0,1)$,记为

$$Y_n^* \sim N(0,1) \tag{3.5.3}$$

这种符号表明,Y_n^* 的真实分布不是 $N(0,1)$,只是在 n 充分大时,Y_n^* 的真实分布与 $N(0,1)$ 近似,并且 n 愈大,此种近似程度愈好,所以只有在 n 较大时,可用 $N(0,1)$ 近似计算与 Y_n^* 有关事件的概率,而 n 较小时,此种计算的近似程度是得不到保障的。

当(3.5.3)式成立时,由(3.5.1)表达式不难获得

$$\sum_{i=1}^{n} X_i \sim N(n\mu, n\sigma^2)$$

$$\overline{X} \sim N\left(\mu, \frac{\sigma^2}{n}\right)$$

这表明:当 n 较大时,n 个相互独立同分布随机变量的算术平均值 $\overline{X}$ 的分布可将正态分布 $N(\mu, \sigma^2/n)$ 作近似分布使用,其正态均值就是共同分布的均值 $E(X_1)$,其正态方差就是共同分布的方差缩小 n 倍,即 $\text{Var}(X_1)/n$。表 3.5.1 上列出了一些常见的情况。

表 3.5.1　n 个独立同分布随机变量均值的分布

共同分布	均值	方差	均值的近似分布
二点分布 $b(1,p)$	p	$p(1-p)$	$N\left(p, \dfrac{p(1-p)}{n}\right)$
泊松分布 $P(\lambda)$	λ	λ	$N\left(\lambda, \dfrac{\lambda}{n}\right)$
均匀分布 $U(a,b)$	$\dfrac{a+b}{2}$	$\dfrac{(b-a)^2}{12}$	$N\left(\dfrac{a+b}{2}, \dfrac{(b-a)^2}{12n}\right)$
指数分布 $\text{Exp}(\lambda)$	$\dfrac{1}{\lambda}$	$\dfrac{1}{\lambda^2}$	$N\left(\dfrac{1}{\lambda}, \dfrac{1}{n\lambda^2}\right)$
正态分布 $N(\mu, \sigma^2)$	μ	σ^2	$N\left(\mu, \dfrac{\sigma^2}{n}\right)$(精确分布)

3.5.3　二项分布的正态近似

现在让我们来研究一个特殊场合 —— 相互独立的贝努里试验序列。大家知道,一次贝努里试验仅可能有两个结果:成功(记为 1)和失败(记为 0)。若设成功概率为 $p > 0$,则一次贝努里试验结果可用一个服从二点分布 $b(1,p)$ 的随机变量 X_1 表示:

$$p(X_1 = 1) = p, \qquad p(X_1 = 0) = 1 - p$$

它的期望与方差分别为 $E(X_1) = p$，$\mathrm{Var}(X_1) = p(1-p)$。这样一来，独立的贝努里试验序列对应一个相互独立、同分布（皆为 $b(1,p)$）的随机变量序列 $\{X_k\}$。

该序列 $\{X_k\}$ 前 n 项之和 $Y_n = X_1 + X_2 + \cdots + X_n$ 是服从二项分布 $b(n,p)$ 的随机变量，其中 Y_n 为 n 重贝努里试验中成功出现的次数，由于该序列中的共同分布的方差有限，且不为零，故满足定理 3.5.1 的条件。从而可得如下定理：

定理 3.5.2（德莫弗—拉普拉斯定理） 设随机变量 $Y_n \sim b(n,p)$，则其标准化随机变量 $Y_n^* = (Y_n - np)/\sqrt{np(1-p)}$ 的分布函数的极限为

$$\lim_{n \to \infty} P\left(\frac{Y_n - np}{\sqrt{np(1-p)}} \leqslant y\right) = \Phi(y) \tag{3.5.4}$$

其中 $\Phi(y)$ 为标准正态分布 $N(0,1)$ 的分布函数。

这个定理是最早的中心极限定理。大约在 1733 年德莫弗对 $p = 1/2$ 证明了上述定理，后来拉普拉斯把它推广到 p 是任一个小于 1 的正数上去。

这个定理的实质是用正态分布对二项分布作近似计算，常称为"二项分布的正态近似"，它与"二项分布的泊松近似（见定理 2.2.1）"都要求 n 很大，但在实际使用中为获得更好的近似，对 p 还是各有一个最佳适用范围。

- 当 p 很小，譬如 $p \leqslant 0.1$，而 np 不太大时用泊松近似；
- 当 $np \geqslant 5$ 和 $n(1-p) \geqslant 5$ 都成立时用正态近似。

譬如，当 $n = 25, p = 0.4$ 时，$np = 10$ 和 $n(1-p) = 15$ 都大于 5，这时用正态近似为好（见图 3.5.3a）；当 $n = 25, p = 0.1$ 时，$np = 2.5 < 5$，这时用正态近似误差会大一些（见图 3.5.3b），而用泊松近似为好。

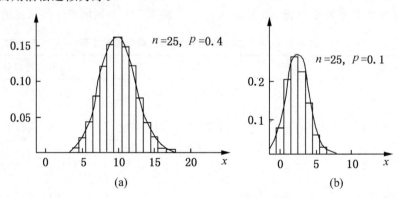

图 3.5.3 二项分布的正态近似

- 使用"二项分布的正态近似"（即定理 3.5.2）时还有一项修正，在图 3.5.3(a) 上画出了二项分布 $b(25,0.4)$ 的概率直方图。图上长条矩形（底长为 1）面积表示二项概率 $P(Y_n = k) = \binom{n}{k} p^k (1-p)^{1-k}$。其中 k 位于矩形底部的中点，若要计算 Y_n 在 $[5,15]$ 的概率，使用正态近似应把区间修改为 $\left[5 - \frac{1}{2}, 15 + \frac{1}{2}\right]$，这种合理的修正可提高近似程度，

譬如,二项分布 $b(25,0.4)$ 与正态分布 $N(10,6)$ 很接近,且数学期望 $np=10$ 相同,方差 $np(1-p)=6$ 也相同。这时要计算 Y_n 在 $[5,15]$ 内的概率,若使用正态近似最好把区间修改为 $\left[5-\dfrac{1}{2},15+\dfrac{1}{2}\right]$,这样可以提高精度。

$$
\begin{aligned}
P(5\leqslant Y_n\leqslant 15) &= P\left(5-\frac{1}{2}<Y_n<15+\frac{1}{2}\right)\\
&= P\left(\frac{4.5-10}{\sqrt{6}}<Y_n^*<\frac{15.5-10}{\sqrt{6}}\right)\\
&= P(-2.245<Y_n^*<2.245)\\
&\doteq \Phi(2.245)-\Phi(-2.245)\\
&= 2\Phi(2.245)-1\\
&= 2\times 0.9877-1=0.9754
\end{aligned}
$$

这时与精确值 0.9780 较为接近。若不做此修正,可得

$$
\begin{aligned}
P(5\leqslant Y_n\leqslant 15) &= P\left(\frac{5-10}{\sqrt{6}}<Y_n^*<\frac{15-10}{\sqrt{6}}\right)\\
&\doteq 2\Phi(2.041)-1\\
&= 2\times 0.9794-1=0.9588
\end{aligned}
$$

这与精确值 0.9780 相差较大。综合上述,德莫弗 — 拉普拉斯定理的实际使用公式是:设 $Y_n\sim b(n,p)$,假如 n 和 p 满足

$$
np\geqslant 5 \text{ 和 } n(1-p)\geqslant 5
$$

则二项分布的正态近似的计算公式是

$$
P(a\leqslant Y_n\leqslant b)\doteq \Phi\left[\frac{b+\dfrac{1}{2}-np}{\sqrt{np(1-p)}}\right]-\Phi\left[\frac{a-\dfrac{1}{2}-np}{\sqrt{np(1-p)}}\right] \tag{3.5.5}
$$

$$
P(Y_n\leqslant b)\doteq \Phi\left[\frac{b+\dfrac{1}{2}-np}{\sqrt{np(1-p)}}\right] \tag{3.5.6}
$$

$$
P(Y_n\geqslant a)\doteq 1-\Phi\left[\frac{a-\dfrac{1}{2}-np}{\sqrt{np(1-p)}}\right] \tag{3.5.7}
$$

例 3.5.3 提前三周以上诞生的婴儿称为早产婴儿,某国新闻周报(1988 年 5 月 16 日)报道,该国早产婴儿占 10%。假如随机选出 250 个婴儿,其中早产婴儿数记为 X,要求概率

$$
P(15\leqslant X\leqslant 30) \text{ 和 } P(X<20)
$$

解:这里 $n=250$,$p=0.1$,由于

$$
np=25>5,\quad n(1-p)=225>5
$$

故可用正态分布作近似计算,其 $np = 25$, $\sqrt{np(1-p)} = 4.743$

$$P(15 \leqslant X \leqslant 30) = P\left(\frac{14.5 - 25}{4.743} < X^* < \frac{30.5 - 25}{4.743}\right)$$
$$= P(-2.21 < X^* < 1.16)$$
$$\doteq \varPhi(1.16) - [1 - \varPhi(2.21)]$$
$$= 0.8770 - 1 + 0.9864$$
$$= 0.8634$$

$$P(X < 20) = P(X \leqslant 19) = P\left(X^* < \frac{19.5 - 25}{4.743}\right)$$
$$= P(X^* < -1.16)$$
$$\doteq 1 - \varPhi(1.16) = 0.1366$$

上述近似计算的示意图可见图 3.5.4(a)与(b)。

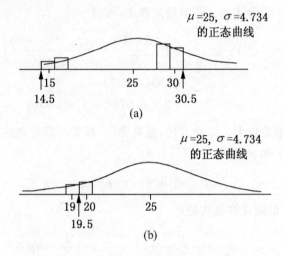

图 3.5.4　二项分布的正态近似(例 3.5.3)

例 3.5.4　某保险公司有 10000 个同龄又同阶层的人参加人寿保险。已知该类人在一年内死亡概率为 0.006。每个参加保险的人在年初付 1200 元保险费,而在死亡时家属可从保险公司领得 10 万元。问在此项业务活动中,

(1) 保险公司亏本的概率是多少?

(2) 保险公司获得利润(暂不计管理费)不少于 400 万元的概率是多少?

解:在参加人寿保险中把第 i 个人在一年内死亡记为"$X_i = 1$",一年内仍活着记为"$X_i = 0$"。则 X_i 是一个服从二点分布 $b(1, 0.006)$ 的随机变量,其和 $X_1 + X_2 + \cdots + X_{10000}$ 表示一年内总死亡人数。另一方面,保险公司在该项保险业务中每年共收入 $10000 \times 1200 = 12 \times 10^6$ 元,故仅当每年死亡人数多于 120 人时公司才会亏本;仅当每年死亡人数不超过 80 人时公司获利不少于 400 万元。

由于 X_i 是独立同分布随机变量,$E(X_i) = 0.006$,$\mathrm{Var}(X_i) = 0.006(1 - 0.006) = 0.005964$。由德莫弗 — 拉普拉斯定理和(3.5.6)、(3.5.7)式知,所要求的概率分别为

$$P(X_1 + X_2 + \cdots + X_{10000} > 120)$$

$$= P\left(\frac{X_1 + X_2 + \cdots + X_{10000} - 60}{\sqrt{59.64}} > \frac{120 + 0.5 - 60}{\sqrt{59.64}}\right)$$

$$\doteq 1 - \Phi(7.8341) = 0$$

$$P(X_1 + X_2 + \cdots + X_{10000} \leqslant 80) \doteq \Phi\left(\frac{80 + 0.5 - 60}{\sqrt{59.64}}\right)$$

$$= \Phi(2.6545) = 0.9960$$

可见该公司在这项保险业务中亏本的概率近似于 0,而得利不少于 400 万元的概率近于 0.9960。

例 3.5.5　报名听心理学课的学生人数是服从均值为 100(人) 的泊松分布。负责这门课程的教授决定,如果报名人数超过 120,就分成两个班讲授;如果不超过 120 人,就集中在一个班讲授。试问该教授将讲授两个班的概率是多少?

解:设 X 是均值为 100 的泊松变量,则所求的概率为

$$P(X > 120) = \sum_{i=121}^{\infty} \frac{(100)^i}{i!} e^{-100}$$

这个概率是难于计算,又无表可查。但如想到均值为 100 的泊松变量可以分解为 100 个均值为 1 的独立泊松变量之和(见(3.2.11) 式),我们就可以利用中心极限定理求其近似值。具体是设 $X_i \sim P(1)$,$i = 1, 2, \cdots, 100$。则有 $X = X_1 + X_2 + \cdots + X_{100} \sim P(100)$,其 $E(X) = \mathrm{Var}(X) = 100$。由中心极限定理知,该教授将分两个班讲授的概率为

$$P(X > 120) = P\left(\frac{X - 100}{\sqrt{100}} > \frac{120 + 0.5 - 100}{\sqrt{100}}\right) \doteq 1 - \Phi(2.05) = 0.0202$$

例 3.5.6　在随机模拟(蒙特卡洛方法)中经常需要产生正态分布 $N(\mu, \sigma^2)$ 的随机数,一般计算机均备有产生区间 $(0,1)$ 上的均匀分布随机数(常称伪随机数)的软件,怎样通过均匀分布 $U(0,1)$ 的随机数来产生正态分布 $N(\mu, \sigma^2)$ 的随机数呢? 这有多种途径,下面介绍一种用上述中心极限定理获得 $N(\mu, \sigma^2)$ 的随机数的方法,具体操作如下:

(1) 从计算机中产生均匀分布 $U(0,1)$ 随机数 12 个,记为 $u_1, u_2, \cdots, u_{12}$。

(2) 计算:$E = u_1 + u_2 + \cdots + u_{12} - 6$。它可以看作来自标准正态分布 $N(0,1)$ 的一个随机数。

(3) 计算:$x = \mu + \sigma E$。由正态分布性质可知,它可看作来自正态分布 $N(\mu, \sigma^2)$ 的一个随机数。

(4) 重复(1) ～ (3) n 次,即得正态分布 $N(\mu, \sigma^2)$ 的 n 个随机数。

实际使用表明,上述产生正态分布随机数能满足实际需要,它的关键是在(2),这是由中心极限定理得以保证的。

例 3.5.7　实际计算中,任何实数 x 都只能用一定位数的小数 x' 近似,如 $\pi = 3.141592654\cdots$ 和 $e = 2.718281828\cdots$ 在计算中取 5 位小数,则其近似数为 $\pi' = 3.14159$,$e' = 2.71828$。它们的第 6 位以后的小数都用四舍五入方法舍去,这时就会产生误差 $\varepsilon = x - x'$。假如在市场调查中(或水位观察中,或物理测量中)获得 10000 个用 5 位小数表示的

近似数,那么其和的误差是多少呢?

这是一个误差分析问题。当用一个 5 位小数 x' 近似表示一个实数 x 时,其误差 $\varepsilon = x - x'$ 可看作是区间 $(-0.000005, 0.000005)$ 上的均匀分布。其均值、方差和标准差分别为

$$E(\varepsilon) = 0, \quad \mathrm{Var}(\varepsilon) = 10^{-10}/12, \quad \sigma(\varepsilon) = 0.2887 \times 10^{-5}$$

那么 10000 个近似数之和的总误差应为 $\varepsilon_1 + \varepsilon_2 + \cdots + \varepsilon_{10000}$,其中 ε_i 可看作是独立同分布随机变量,其共同分布就是上述均匀分布 $U(-0.000005, 0.000005)$。这 10000 个误差之和的均值、方差和标准差分别为

$$E(\varepsilon_1 + \varepsilon_2 + \cdots + \varepsilon_{10000}) = 0$$
$$\mathrm{Var}(\varepsilon_1 + \varepsilon_2 + \cdots + \varepsilon_{10000}) = 10000 \times 10^{-10}/12 = 10^{-6}/12$$
$$\sigma(\varepsilon_1 + \varepsilon_2 + \cdots + \varepsilon_{10000}) = 10^{-3}/\sqrt{12} = 0.0002887$$

由林德贝格—列维中心极限定理可知:$(\varepsilon_1 + \varepsilon_2 + \cdots + \varepsilon_{10000})/0.0002887$ 近似服从标准正态分布 $N(0,1)$,故对给定的 k,有

$$P\left(\left|\sum_{i=1}^{10000} \varepsilon_i\right| < k \times 0.0002887\right) = \Phi(k) - \Phi(-k) = 2\Phi(k) - 1$$

若取 $k = 3$,上式右端为 0.9974,因此我们能以 99.74% 的概率断言:10000 个 5 位小数之和的总误差的绝对值不超过 $3 \times 0.0002887 = 0.0008661$,即不超过万分之 9。

*3.5.4　独立不同分布下的中心极限定理

现在我们转入讨论独立但不同分布的随机变量序列场合下的中心极限定理。

设 $\{X_n\}$ 是独立随机变量序列,又设其期望与方差分别为

$$E(X_n) = \mu_n, \quad \mathrm{Var}(X_n) = \sigma_n^2, \quad n = 1, 2, \cdots$$

依据独立性,该序列前 n 个随机变量之和

$$Y_n = X_1 + X_2 + \cdots + X_n$$

的期望、方差与标准差分别为

$$E(Y_n) = \mu_1 + \mu_2 + \cdots + \mu_n$$
$$\mathrm{Var}(Y_n) = \sigma_1^2 + \sigma_2^2 + \cdots + \sigma_n^2$$
$$\sigma(Y_n) = \sqrt{\mathrm{Var}(Y_n)} = \sqrt{\sigma_1^2 + \sigma_2^2 + \cdots + \sigma_n^2}$$

特别记 $\sigma(Y_n) = B_n$。这样一来 Y_n 的标准化变量为

$$Y_n^* = \frac{Y_n - (\mu_1 + \mu_2 + \cdots + \mu_n)}{B_n} = \sum_{i=1}^{n} \frac{X_i - \mu_i}{B_n}$$

我们要研究的问题是:在什么条件下,对任意实数 y,有

$$\lim P(Y_n^* \leqslant y) = \Phi(y)$$

其中 $\Phi(y)$ 为标准正态分布函数。

为了获得启示,我们先考察一个反例。

例 3.5.8　设 $\{X_n\}$ 是这样一个独立随机变量序列,其中除 X_1 以外,其余的 $X_2, X_3,$ $\cdots$ 均为常数。由于常数的均值就是它自己,常数的方差为零,故对 $i=2,3,\cdots$ 有

$$X_i - \mu_i = 0, \qquad \sigma_i^2 = 0$$

于是我们有 $B_n^2 = \sigma_1^2 + \sigma_2^2 + \cdots + \sigma_n^2 = \sigma_1^2,$

$$Y_n^* = \sum_{i=1}^n \frac{X_i - \mu_i}{B_n} = \frac{X_1 - \mu_1}{\sigma_1}$$

如果 X_1 不是正态分布,那么 Y_n^* 的极限分布无论如何不会是标准正态分布。

这个极端的例子告诉我们,当和 Y_n^* 中只有一项在起突出作用时,则从 Y_n^* 很难得到什么有意义的结果,或者说,要使中心极限定理成立,在和 Y_n^* 中不应有起突出作用的项,或者说,Y_n^* 中每一项都要在概率意义下均匀地小。这说明:在不同分布场合下,不是任一个相互独立的随机变量序列都可使中心极限定理成立,而需对此独立随机变量序列加上一些条件。不少概率论学者研究这个问题,提出各种使中心极限定理成立的条件。其中有的条件很弱,如林德贝格(Lindeberg)在 1922 年提出的林德贝格条件,但该条件较难验证,从而不便使用。早先,李雅普洛夫(Liapounov)在 1900 年给出较强的条件,但易于验证。下面我们来叙述这个结论,由于工具限制,证明就省略了。

定理 3.5.3(李雅普洛夫中心极限定理)　设 $\{X_n\}$ 为独立随机变量序列,如果该序列中每个随机变量的三阶绝对中心矩有限,即

$$E(\mid X_i - \mu_i \mid^3) < \infty, \quad i = 1, 2, \cdots \tag{3.5.8}$$

并且还有如下极限

$$\lim_{n \to \infty} \frac{1}{B_n^3} \sum_{i=1}^n E(\mid X_i - \mu_i \mid^3) = 0 \tag{3.5.9}$$

则对一切实数 y,有

$$\lim_{n \to \infty} P\left(\frac{1}{B_n} \sum_{i=1}^n (X_i - \mu_i) \leqslant y \right) = \Phi(y)$$

其中 μ_i 与 B_n 如前所述。

例 3.5.9　一份考卷由 99 个题目组成,并按由易到难顺次排列。某学生答对第 1 题的概率是 0.99;答对第 2 题的概率是 0.98;一般地,他答对第 i 题的概率是 $1 - i/100, i = 1, 2, \cdots, 99$。假如该学生回答各问题是相互独立的,并且要正确回答其中 60 个问题以上(包括 60)才算通过考试。试计算该学生通过考试的概率是多少?

解:设

$$X_i = \begin{cases} 1, & \text{若学生答对第 } i \text{ 题} \\ 0, & \text{若学生答错第 } i \text{ 题} \end{cases} \qquad i = 1, 2, \cdots, 99$$

于是 X_i 是二点分布:

$$P(X_i = 1) = p_i, \qquad\qquad P(X_i = 0) = 1 - p_i$$

其中 $p_i = 1 - i/100$。因此 $E(X_i) = p_i$，$\mathrm{Var}(X_i) = p_i(1-p_i)$。为了使其成为随机变量序列，我们规定从 X_{100} 开始都与 X_{99} 同分布，且相互独立，于是

$$B_n^2 = \sum_{i=1}^{n} \mathrm{Var}(X_i) = \sum_{i=1}^{n} p_i(1-p_i) \to \infty \quad (n \to \infty)$$

另一方面，上述独立随机变量序列 $\{X_n\}$ 满足李雅普洛夫条件(3.5.8)和(3.5.9)。因为

$$E(|X_i - p_i|^3) = p_i(1-p_i)^3 + p_i^3(1-p_i)$$
$$= p_i(1-p_i)[p_i^2 + (1-p_i)^2] \leqslant p_i(1-p_i) < \infty$$

于是

$$\frac{1}{B_n^3} \sum_{i=1}^{n} E(|X_i - p_i|^3) \leqslant \frac{1}{\left[\sum\limits_{i=1}^{n} p_i(1-p_i)\right]^{1/2}} \to 0 (n \to \infty)$$

故对该序列 $\{X_n\}$ 可以使用中心极限定理。另外，可算得

$$\sum_{i=1}^{99} E(X_i) = \sum_{i=1}^{99} \left(1 - \frac{i}{100}\right) = 99 - \frac{1}{100} \times \frac{99 \times 100}{2} = 49.5$$

$$B_{99} = \sum_{i=1}^{99} \mathrm{Var}(X_i) = \sum_{i=1}^{99} \left(1 - \frac{i}{100}\right)\left(\frac{i}{100}\right)$$
$$= 49.5 - \frac{1}{(100)^2} \times \frac{99 \times 100 \times 199}{6} = 16.665$$

而该学生通过考试的概率应为

$$P\left(\sum_{i=1}^{99} X_i \geqslant 60\right) = P\left[\frac{\sum\limits_{i=1}^{99} X_i - 49.5}{\sqrt{16.665}} \geqslant \frac{60 - 49.5}{\sqrt{16.665}}\right]$$
$$\doteq 1 - \Phi(2.5735) = 0.0050$$

此学生通过考试的可能性很小，大约只有千分之五的可能性。

例 3.5.10　一位操作者在机床上加工机械轴，使其直径 X 符合规格要求，但在加工中会受到一些因素的影响，譬如：

在机床方面有零件的磨损与老化的影响；

在刀具方面有装配与磨损的影响；

在材料方面有硬度、成分、产地的影响；

在操作者方面有精力集中程度和当天的情绪的影响；

在测量方面有量具的误差、感觉误差和心理等影响；

在环境方面有车间的温度、湿度、光线、电源电压等影响；

在具体场合还可列出一些有影响的因素。

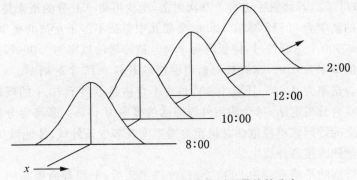

图 3.5.5　生产处于正常状态时测量值的分布

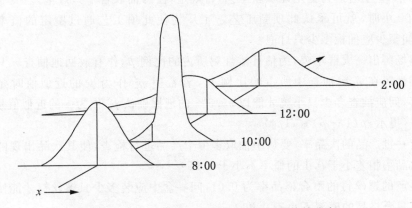

图 3.5.6　生产处于不正常状态时测量值的分布

　　这些因素的影响最后都集中体现在测量值上,所以测量误差可看作诸多因素之和。由于这些因素很多,每个对测量值的影响都是很微小的,每个因素的出现都是人们无法控制的,是随机的,有时出现,有时不出现,出现时也可能或正或负。这些因素的影响使每个加工轴直径的测量值是不同的,但一组测量值就会呈现正态分布。在生产处于正常状态时,上午 8:00,10:00,12:00,下午 2:00 所呈现出的分布不会随时间而变,见图 3.5.5。当上述诸因素中有一个或两个对加工起突出作用,譬如刀具磨损严重、或电源电压有较大偏差以致影响车床转速,此时测量值的正态性立即受到影响(见图 3.5.6)。这时就要设法寻找出这一两个异常因素,找出后并加以纠正,生产过程又恢复正态分布。中心极限定理把这个加工过程中所发生的现象从理论上说清楚了。

习题 3.5

1. 设 $X_1,X_2,\cdots,X_{100}$ 是独立同分布随机变量,其共同分布为均匀分布 $U(0,1)$。求如下概率 $P(45 \leqslant X_1+X_2+\cdots+X_{100} \leqslant 55)$。

2. 设 $X_1,X_2,\cdots,X_{20}$ 是独立同分布的随机变量,其共同分布是均值为 1 的泊松分布,求 $P(X_1+X_2+\cdots+X_{20}>15)$ 的近似值。

3. 掷 10 颗均匀骰子,求掷出点数之和在 30 与 40 之间的概率。

4. 射手打靶得 10 分的概率为 0.5,得 9 分的概率为 0.3,得 8 分,7 分和 6 分的概率分别为

0.1,0.05 和 0.05。若此射手进行 100 次射击,至少可得 950 分的概率是多少?

5. 已知生男婴的概率为 0.515,求在 10000 个婴儿中男孩不多于女孩的概率。

6. 某书共有 1000000 个印刷符号,排版时每个符号被排错的概率为 0.0001,校对时错误被发现并改正的概率为 0.9。求在校对后错误符号不多于 15 个的概率。

7. 某产品的不合格率为 0.005,任取 10000 件中不合格品不多于 70 个的概率为多少?

8. 某单位有 200 台分机电话,每台使用外线通话的概率为 15%。若每台分机是否使用外线是相互独立的。问该单位电话总机至少需要安装多少条外线,才能以 0.95 的概率保证每台分机能随时接通外线电话?

9. 某厂生产的灯泡的平均寿命为 2000 小时,改进工艺后,平均寿命提高到 2250 小时,标准差仍为 250 小时。为鉴定此项新工艺,特规定:任意抽取若干只灯泡,若其平均寿命超过 2200 小时,就可承认此项新工艺。工厂为使此项工艺通过鉴定的概率不小于 0.997,问至少应抽检多少只灯泡?

10. 某养鸡场孵出一大群小鸡,为估计雄性鸡所占的比例 p,作有放回地抽查 n 只小鸡。求得雄性鸡在 n 次抽查中所占的比例 p',若希望 p' 作为 p 的近似值时允许误差 ± 0.05,问应抽查多少只小鸡才能以 95.6% 的把握确认 p' 作为 p 的近似值是合乎要求的?(提示:$p(1-p) \leqslant 1/4$)

11. 为确定一批产品的次品率,要从中抽取多少个产品进行检查,使其次品出现的频率与实际次品率相差小于 0.1 的概率不小于 0.95?

12. 某厂生产的螺丝钉的不合格品率为 0.01,问一盒中应装多少只螺丝钉才能使盒中含有 100 只合格品的概率不小于 0.95?

13. 掷硬币 1000 次,已知出现正面的次数在 400 到 k 之间的概率为 0.5,问 k 为何值?

第四章

统计量及其分布

前三章的研究属于"概率论"的范畴,从这一章开始要转入数理统计的研究。数理统计与概率论一样,其研究对象也是随机现象,但是研究的内容和方法不同。在概率论中主要研究概率的性质和各种分布的性质,在数理统计中是通过对随机现象的观察或试验来获取数据,通过对数据的分析与推断去寻找隐藏在数据背后的统计规律性。

譬如:产品的质量特性通常是一个随机变量。在加工机械轴中,机械轴的直径 X 是其重要的质量特性。若取 20 根机械轴,测其直径,可得 20 个数据,记为

$$x_1, x_2, \cdots, x_{20}$$

在数理统计中要用这 20 个数据作出如下推断:

· 该机械轴直径 X 的分布是否是正态分布?

· 若是正态分布 $N(\mu, \sigma^2)$,其参数 μ 与 σ^2 如何估计?

如上所述的对某个随机变量的分布下断言,或对分布的某个参数给出估计等等,类似的问题在生产与经济活动中是经常会遇到的,数理统计就是在解决这类实际问题中逐渐形成了一门独立的学科。

从理论上讲,如果我们对某随机现象进行大量观察或试验,就可以清楚地掌握其统计规律性,然而在实际中常常是办不到的,只能得到有限的甚至少量的数据,这部分数据必然带有随机性,为此需要我们从中尽可能排除随机性的干扰以作出合理的推断,这便是数理统计所要研究的内容。可以这样讲,数理统计是研究怎样以有效的方式收集、整理、分析带随机性的数据,并在此基础上,对所研究的问题作出统计推断,直至对可能做出的决策提供依据或建议。简单地讲,数理统计就是"收集和分析数据的科学与艺术"(引自英不列颠百科全书),这里的"艺术"是着重强调统计方法的使用与创新"很依赖于人的判断以至灵感"(引自陈希孺:《数理统计学简史》)。 而概率论为数据处理提供了理论基础。

本章主要介绍数理统计的一些基本概念和数据处理的一些常用方法。

§ 4.1 总体与样本

4.1.1 总体与个体

在一个统计问题中,我们把研究对象的全体称为总体(也称为母体),构成总体的每个

成员称为个体。

总体中的个体都是实在的人或物，每个人或物都有很多侧面，譬如研究学龄前儿童这个总体，每个 3 岁至 6 岁的儿童就是一个个体，每个个体有很多侧面，如身高、体重、血色素、年龄、性别等。若我们只限于研究儿童的身高，其他特性暂不考虑，这样一来，一个个体（儿童）对应一个数。假如撇开实际背景，那么总体就是一堆数，这一堆数中有大有小，有的出现机会多，有的出现机会少，因此用概率分布 $F(x)$ 去归纳它是恰当的，服从此分布 $F(x)$ 的随机变量 X 就是相应的数量指标。由此可见，总体可以用一个分布 $F(x)$ 表示，也可以用一个随机变量 X 表示。今后称"从某总体中抽样"也可称"从某分布中抽样"。

例 4.1.1 考察某厂产品的质量，将其产品分为合格品与不合格品。若以 0 表示合格品，以 1 表示不合格品，那么

$$总体 = \{该厂生产的所有产品\} = \{由 0 与 1 组成的一堆数\}$$

若以 p 记这堆数中 1 所占的比例（不合格品率），则该总体可以用一个二点分布 $b(1, p)$ 表示：

X	0	1
P	$1-p$	p

其中不同的 p 表示不同总体间的差异。譬如两个生产同类产品的工厂，所形成的两个总体可用如下两个分布表示：

X_1	0	1
P	0.99	0.01

X_2	0	1
P	0.90	0.10

从这两个分布可以看出，第一个工厂的产品质量优于第二个工厂的产品质量，因为第一个工厂的不合格品率低。

现实世界中的总体有许多，但是从总体中所包含的个体个数看，总可分成两类：一类是有限总体，一类是无限总体。在研究某城市人口的年龄结构时，所涉及的总体中的个体数尽管很多，但总是有限的。然而在不少情况下，总体中的个体个数可以认为是无限的，譬如对研究某工厂生产的同型号的电视机的寿命来讲，总体不仅包括了已经生产的每一台电视机的寿命，还包括了正在生产和将要生产的每台电视机的寿命，因此其个体数是无限的。有限总体的情况将在"抽样调查"中研究，在我们这门课程中研究的总体认为是无限总体。

例 4.1.2 SONY 牌彩电有两个产地：日本与美国，两地的工厂是按同一设计方案和相同的生产线生产同一牌号 SONY 电视机，连使用说明书和检验合格的标准也都是相同的。譬如彩电的彩色浓度 Y 的目标值为 m，公差（允许的波动）为 ± 5，当 Y 在公差范围 $[m-5, m+5]$ 内该彩电的彩色浓度为合格，否则判为不合格。

两地产的 SONY 牌彩电在美国市场中都能买到，到 70 年代后期，美国消费者购买日本产 SONY 彩电的热情高于购买美国产 SONY 彩电。这是什么原因呢？1979 年 4 月 17 日日本《朝日新闻》刊登了这一问题的调查报告，报告指出：日产的彩色浓度 Y_1 服从正态

分布 $N(m, (5/3)^2)$，而美产的彩色浓度 Y_2 为均匀分布 $U(m-5, m+5)$（见图 4.1.1）。这两个不同分布表示着两个不同总体。这两个总体的均值相同，都为 m，但方差不同。

$$\mathrm{Var}(Y_1) = \left(\frac{5}{3}\right)^2 = 2.78, \quad \sigma(Y_1) = 1.67$$

$$\mathrm{Var}(Y_2) = \frac{10^2}{12} = 8.33, \quad \sigma(Y_2) = 2.89$$

可见，日产的彩色浓度的方差小于美产的彩色浓度的方差，从而在 Ⅰ 级品数量上日产 SONY 是美产 SONY 的两倍，这就是美国消费者乐于购买日产 SONY 的主要原因。

为什么两个工厂按同一设计方案、相同设备生产同一种电视机，其彩色浓度会有不同的分布呢？关键在于管理者，美国 SONY 生产厂的管理者按彩色浓度合格范围 $[m-5, m+5]$ 要求操作，在他看来，只要彩色浓度在此区间内，不管它在区间内什么位置都认为合格，因而造成彩电浓度落在这个区间内任一相同长度小区间内的机会是相同的，从而形成均匀分布。但日产 SONY 的管理者认为，彩色浓度的最佳位置在 m 点上，他要求操作者把彩色浓度尽量向 m 靠近，这样一来，彩色浓度在 m 周围的机会就多，而远离 m 的机会就少，最后的总体呈正态分布。

各等级彩电的比率

等级	Ⅰ	Ⅱ	Ⅲ	Ⅳ
美产	33.3%	33.3%	33.3%	0
日产	68.3%	27.1%	4.3%	0.3%

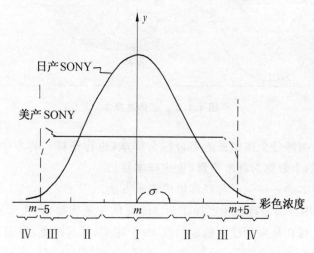

图 4.1.1 SONY 电视机彩色浓度分布图

在统计中，用来描述总体的分布通常是未知的，因此确定总体的概率分布就是统计所要研究的一个问题。有的总体的分布类型是已知的，但是其中的参数未知，这时就要研究如何确定总体的参数。譬如在例 4.1.1 中总体服从的是二点分布，但是参数 p 是未知的，因此需要我们去确定 p。

在有些问题中，我们对每一研究对象可能要观测两个或多个数量指标，则可用多维随机向量 $(X_1, X_2, \cdots, X_p)$ 去描述总体，也可用其联合分布函数 $F(x_1, x_2, \cdots, x_p)$ 去描述总体，这种总体称为 **p 维总体**。例如我们对每一居民户需研究四个指标：X_1——月收入，X_2——月支出，X_3——居住面积，X_4——人数，则可用四维随机向量(X_1,X_2,X_3,X_4)去描述所要研究的总体。这是"多元分析"中研究的对象。本书主要研究一维总体，有时会涉及二维总体。

4.1.2　样本

由于总体可以用随机变量 X 或其分布来描述，因此研究总体就要研究 X 的分布或分布的某些特征量。如果我们能对总体中每一个个体进行观察，那当然可以了解总体的分布情况。然而这在许多情况下是没有必要（如判断质量特性的分布）或根本不可能的（如测定灯泡的寿命是一种破坏性试验）。因此把普查改为抽样是一种可行的办法，即从总体中抽出若干个个体，对这些个体（样品）进行观察，然后对总体进行推断。这一过程可用图4.1.2示意。

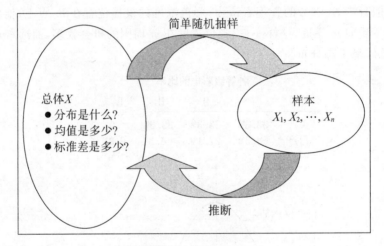

图 4.1.2　总体与样本

从总体中抽出的部分个体组成的集合称为**样本**（也称**子样**），样本中所含的个体称为**样品**，样本中样品的个数称为**样本容量**（也称**样本量**）。

例 4.1.3　样本的一些例子与观察值的表示方法。

（1）某食品厂用自动装罐机生产净重为 345 克的午餐肉罐头，由于随机性，每个罐头的净重都有差别。现在从生产线上随机抽取 10 个罐头，秤其净重，得如下结果：

> 344　336　345　342　340　338　344　343　344　343

这是一个容量为 10 的样本的观察值，它是来自该生产线罐头净重这一总体的一个样本的观察值。

（2）对某型号的 20 辆汽车记录每升汽油各自行驶的里程数（单位：公里）如下：

> 29.8　27.6　28.3　28.7　27.9　30.1　29.9　28.0　28.7　27.9
>
> 28.5　29.5　27.2　26.9　28.4　27.8　28.0　30.0　29.6　29.1

这是一个容量为 20 的样本的观察值，对应的总体是该型号汽车每升汽油行驶的里程。

（3）对 363 个零售商店调查月零售额（单位：万元）的结果如表 4.1.1 所示。

表 4.1.1　363 个零售商店的月零售额（单位：万元）

零售额	≤10	(10,15]	(15,20]	(20,25]	(25,50]
商店数	61	135	110	42	15

这是一个容量为 363 的样本的观察值，对应的总体是所有零售店的月零售额。不过这里没有给出每一个样品的具体的观察值，而是给出了样本观察值所在的区间，称为分组样本的观察值。这样一来当然会损失一些信息，这是分组样本的缺点，其优点表现在样本量较大时，这种经过整理的数据更能使人们对总体有一个大致的印象。这种数据整理方法将在本节后面部分来叙述。

（4）对 110 只某种电子元件进行寿命试验，其失效时间经过分组整理后如表 4.1.2 所示。

表 4.1.2　110 只电子元件的寿命的分组样本

组号	失效时间范围（小时）	失效个数
1	0 ～ 400	6
2	400 ～ 800	28
3	800 ～ 1200	37
4	1200 ～ 1600	23
5	1600 ～ 2000	9
6	2000 ～ 2400	5
7	2400 ～ 2800	1
8	2800 ～ 3200	1

这是一个容量为 110 的样本观察值，对应的总体是某电子元件的寿命。这也是一个分组样本，在分组中习惯上包括组的右端点，而不包括左端点，譬如 400 ～ 800 为半开区间 (400, 800]。

在样本中常用 n 表示样本容量，从总体中抽出的容量为 n 的样本记为 $\boldsymbol{X} = (X_1, X_2, \cdots, X_n)$，这里每个 X_i 都看成是随机变量，因为第 i 个被抽到的个体具有随机性，在观察前是不知其值的。样本的观察值记为 $\boldsymbol{x} = (x_1, x_2, \cdots, x_n)$，上面例子中给出的都是样本的观察值。

我们抽取样本的目的是对总体进行推断。为了能从样本正确推断总体就要求所抽取的样本能很好地反映总体的信息，所以要有一个正确的抽取样本的方法。最常用的抽取样本的方法是"简单随机抽样"，它要求抽取的样本满足如下要求：

第一，要有代表性，即要求每一个体都有同等机会被选入样本，这便意味着每一样品 X_i 与总体 X 有相同的分布，这样的样本便具有代表性。

第二，要有独立性，即要求样本中每一样品取什么值不受其他样品取值的影响，这便意味着 $X_1, X_2, \cdots, X_n$ 相互独立。

用简单随机抽样方法获得的样本称为**简单随机样本**，简称**样本**。这时 $X_1, X_2, \cdots, X_n$ 可以看成是相互独立的具有同一分布的随机变量，简称它们为独立同分布（简记为 iid）样

本。设总体 X 的分布函数为 $F(x)$,则样本 $X_1,X_2,\cdots,X_n$ 的联合分布函数为

$$F(x_1,x_2,\cdots,x_n) = \prod_{i=1}^{n} F(x_i)$$

在实际中为获得简单随机样本可设想一种原始的做法。譬如一批灯泡有 600 个,要从中抽 6 个做寿命试验,这 6 个灯泡如何选呢?为此可对这 600 个灯泡编上号 1~600,另准备 600 个大小质地完全相同的球,球上依次写上 1~600,将它们放入一个不透明的袋子中,并彻底搅乱,然后从中取出 6 个球来,这 6 个球上的号码对应的 6 个灯泡便取出进行试验,这 6 个灯泡的寿命就构成容量为 6 的样本。

然而在实际中要准备这么多球,还要彻底搅乱,这并不是一件容易的事,为此还有两种方案可供选用。

方案一:利用"随机数表",本书附表 7 是一大本随机数表中的一页。我们可从该表任意位置开始读数。仍假定要从 600 个灯泡中抽 6 个,先把灯泡编号 1~600,设从该表的第一行第一列开始,以三列为一个数,从上到下读出:

537,633,358,634,982,026,645,850,585,358,039,626,084,$\cdots$

凡其值大于 600 的便跳过(数下划"—"),如出现的数与前面重复的也跳过(数下划"="),直到选出 6 个不超过 600 的不同的数为止。现可将编号为 537,358,026,585,039,084 的六个灯泡取出测定其寿命。

方案二:可利用计算机产生 6 个 1~600 间的不同的随机整数,譬如产生的随机整数为 80,568,341,107,57,166,那么取出这些编号对应的灯泡进行试验,测定其寿命。

4.1.3 从样本去认识总体

样本来自总体,因此样本中必包含了总体的信息,我们希望通过样本的观测值 $x_1,x_2,\cdots,x_n$ 来获得有关总体分布类型或有关总体特征数的信息。然而样本观测值是一组数,粗看可能是杂乱无章的,因此必须对它进行整理与加工后才会显示出规律。整理加工的方法有图表法与统计量。本节介绍对数据整理的图表方法,以显示样本所来自的总体分布的信息。

4.1.3.1 频数频率分布表及其图示

如果总体 X 是离散随机变量,设其一切可能取值为 $a_1,a_2,\cdots,a_k$,则对数据整理的一般方法是统计在样本观察值 $x_1,x_2,\cdots,x_n$ 中取 a_i 的个数,称为频数,常记为 $n_i(i=1,2,\cdots,k)$。为了便于比较,通常还计算其频率 $f_i=n_i/n$,并将它们列成一张表格,称为频数、频率分布表(见表 4.1.3)。

例 4.1.4 我们通常饮用的矿泉水有 19 个质量指标。某市技术监督局一次抽查了58 批矿泉水,记录每一批矿泉水的每个指标是否合格,从中可统计出每批矿泉水不合格指标的个数 X。这里 X 是一个离散随机变量,其一切可能取值为 $0,1,\cdots,19$。58 批矿泉水的指标不合格数 $x_1,x_2,\cdots,x_{58}$ 构成了一个容量为 58 的样本的观测值,每个 x_i 可取 $0,1,\cdots,19$ 中某个值,将它们整理后列成表 4.1.3,它可以看成是矿泉水不合格指标数概率分布的一个缩影。

表 4.1.3　58 批矿泉水不合格指标数的频数、频率分布表

指标不合格数 a_i	频数 n_i	频率 $f_i = n_i/n$
0	33	0.570
1	17	0.293
2	5	0.086
3	1	0.017
4	2	0.034
合计	$n = 58$	1.000

从表 4.1.3 可以看出各项指标全部合格的矿泉水占 57%，仅一项指标不合格的占 29.3%，两者合计占 86.3%。

为直观起见，可用线条图（图 4.1.3）表示，其横坐标为 X 的取值，纵坐标为频数或频率。

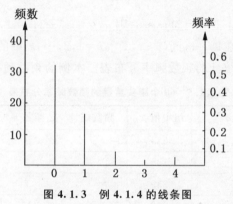

图 4.1.3　例 4.1.4 的线条图

如果总体 X 是连续随机变量，则其取值可以充满某一区间，从而无法一一列出它们的取值，这时数据整理的一般方法是进行分组统计，将其可能取值分成 k 个小区间：$(a_0, a_1], (a_1, a_2], \cdots, (a_{k-1}, a_k]$，统计 $x_1, x_2, \cdots, x_n$ 落在每一小区间中的频数，并计算其频率，通常也列成表格形式，其一般步骤见例 4.1.5。

例 4.1.5　食品厂用自动装罐机生产午餐肉罐头，由于诸多因素影响，罐头的重量间都有差异。现从生产线上随机抽取 60 只罐头，称其净重，数据如下（单位：克）：

```
348  341  340  340  342  337  344  340  344  346
342  344  345  338  341  348  345  339  343  345
346  344  344  344  343  345  345  350  353  345
352  350  345  343  347  343  350  343  350  344
343  348  342  344  345  349  332  343  340  346
342  335  349  343  344  347  341  346  341  342
```

由于罐头的重量是一个连续随机变量，因此采用分组方法进行整理，具体步骤如下：

(1) 找出 $x_1, x_2, \cdots, x_n$ 中的最小值 $x_{(1)}$ 与最大值 $x_{(n)}$，并计算极差 R_n。

在本例中，$n = 60, x_{(1)} = 332, x_{(60)} = 353, R_{60} = 353 - 332 = 21$。

（2）根据样本容量 n，确定分组数 k。这里有一个推荐公式：

$$k = 1 + 3.322 \lg(n)$$

也可按表 4.1.4 表选择 k。

表 4.1.4 分组数的选择

n	k
<50	$5\sim6$
$50\sim100$	$6\sim10$
$100\sim250$	$7\sim12$
>250	$10\sim20$

本例中，$n=60$，拟分 6～10 组，现取 $k=8$。

（3）确定各组端点 $a_0 < a_1 < \cdots < a_k$，通常 $a_0 < x_{(1)}$，$a_k > x_{(n)}$，分组可以等间隔亦可不等间隔，等间隔用得较多。在等间隔分组时，组距 $d \approx R_n/k$，一般总取 d 为数据的最小测量单位的整数倍。

在本例中，取 $a_0 = 331.5$，$d = 21/8 \approx 3$，则 $a_i = a_{i-1} + 3$，$i = 1, 2, \cdots, 8$。

（4）用唱票法统计落在每一区间 $(a_{i-1}, a_i]$，$i = 1, 2, \cdots, k$ 中的频数 n_i，并计算频率 $f_i = n_i/n$，将它们列成分组统计的频数频率分布表。本例的频数频率分布表如表 4.1.5。

表 4.1.5 60 个罐头重量的频数频率分布表

组号	分组区间 $(a_{i-1}, a_i]$	组中值 x_i	频数统计	频数 n_i	频率 $f_i = n_i/n$
1	$(331.5, 334.5]$	333	一	1	0.017
2	$(334.5, 337.5]$	336	丁	2	0.033
3	$(337.5, 340.5]$	339	正一	6	0.100
4	$(340.5, 343.5]$	342	正正正丁	17	0.283
5	$(343.5, 346.5]$	345	正正正正一	21	0.350
6	$(346.5, 349.5]$	348	正丁	7	0.117
7	$(349.5, 352.5]$	351	正	5	0.083
8	$(352.5, 355.5]$	354	一	1	0.017
合计				$n=60$	1.000

当总体是连续随机变量时，为直观起见，也常用图形表示，常用的有两种图形。

图形一：样本直方图。

样本直方图（简称直方图）的作法如下：在横坐标轴上标上各个分组的端点 $a_0, a_1, \cdots, a_k$（或组中值 $x_1, x_2, \cdots, x_k$），对每一组以 $(a_{i-1}, a_i]$ 为底，以频率/组距为高画一个矩形，纵坐标轴的尺度标以频率/组距，即 f_i/d。也可以频数 n_i 为高画，或以频率 f_i 为高画，形状相同，只是纵坐标的尺度不同。图 4.1.4（a）便是例 4.1.5 的直方图。

当纵坐标取为频率/组距时，直方图有一个方便的解释。这时每一个小矩形的面积恰为数据落在该区间的频率，所有小矩形的面积之和为 1。样本直方图的具体形状会随着样本观察值的不同而有所变化，但是当 n 越来越大时，分组可越来越多，此时组距将越来越小，从而样本直方图的顶部折线将会逐渐趋向一条稳定的曲线，这条曲线便是总体对应的概率密度曲线,所以样本直方图可以看成总体分布的一个缩影。

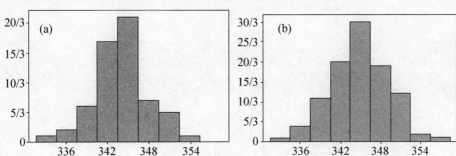

图 4.1.4　样本直方图

对例 4.1.5,我们可以扩大样本容量,图 4.1.4(b)是样本容量 $n=100$ 时的样本直方图。从两个直方图的比较可以看出,图形随样本观察值的不同略有差异,但是基本形状差不多,呈现"中间高、两边低、左右基本对称"的特点,可以想象,当 n 更大时,顶部折线会趋于正态曲线,这表明样本对应的总体很可能为正态总体。

样本直方图显示的形状除了上述的形状外还有其他的形状,譬如样本直方图有单调下降趋势时可能为指数分布(图 4.1.5);如果中间高,两边低,但左右不对称,右尾长时可能为对数正态分布(图 4.1.6)等。总之,从样本直方图的形状可使我们对总体的分布类型有一个大致的认识。

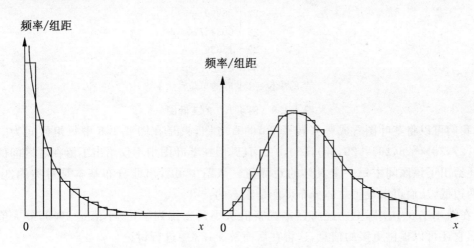

图 4.1.5　来自指数分布的直方图　　图 4.1.6　来自对数正态分布的直方图

例 4.1.6　画出例 4.1.3(4)中的样本直方图(见图 4.1.7),可见它不对称,右尾较长,有可能该样本来自对数正态分布。

图形二:茎叶图(又称枝叶图)。

茎叶图是另一种数据整理用的图形,在这张图上保留了原始数据的信息,从而可为我们提供有关总体的更多的信息。下面先通过一个例子来说明其作法。

例 4.1.7　对例 4.1.3(2)的数据作茎叶图,需要把每个数据分成两个部分,高位部分称为"茎",低位部分称为"叶"。为此先考察一下数据,发现该样本中的数据在 26~31 间,因此可对数据做如下划分,以第一个数据为例:

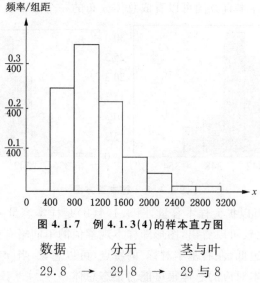

图 4.1.7　例 4.1.3(4)的样本直方图

数据	分开	茎与叶
29.8 →	29|8 →	29 与 8

　　画茎叶图时，先将茎按从小到大的次序写在一条竖线的左边，然后将每个数据的叶写在相应的茎的竖线的右边，再将每一行的叶也按从小到大的次序排列，并添上单位，这就构成了一张茎叶图。例 4.1.7 的茎叶图见图 4.1.8。

```
26 │ 9
27 │ 26999
28 │ 0034577
29 │ 15689
30 │ 01
茎的单位＝1 │ 叶的单位＝0.1
```

图 4.1.8　例 4.1.7 的茎叶图

　　我们可以将茎叶图看成一张转了 $90°$ 的直方图，只是在图 4.1.8 中每组区间为$[26, 27),[27,28),[28,29),[29,30),[30,31)$而已，但在茎叶图中不仅给出了落在各区间的频数，还给出了该区间中每一个具体的观测值。从图中可看出此分布基本是对称的，中间高、两边低，从而可以设想总体分布可能是正态的。

　　在图 4.1.8 中实际上已经将样本观察值从小到大排列了，最小值是 26.9，最大值是 30.1，它还可以提供更多的信息，这将在后面及 §4.3 中进行讨论。

　　在比较同性质的两个样本时，还可以采用背靠背的茎叶图，它是一个简单直观的比较方法。此时将茎放在中间，左右两边分别是各自样本的叶。下面便是一个例子。

　　例 4.1.8　某厂有两个车间生产同种零件，某天两个车间各 40 名员工生产的产品数量如表 4.1.6 所示。

表 4.1.6　两个车间各 40 名员工生产的产品数量

一车间								二车间							
50	64	67	76	83	86	100	100	56	72	75	78	83	86	93	95
92	85	76	68	65	52	56	65	87	83	79	76	72	66	67	74
71	77	87	86	103	61	65	72	76	80	84	87	98	67	75	76
77	88	93	105	93	90	78	74	81	84	88	107	68	75	76	81
67	61	62	67	74	82	91	97	84	92	92	86	83	78	75	68

画背靠背的茎叶图(见图 4.1.9)。

<pre>
          一车间 │ │ 二车间
          6 2 0 │ 5 │ 6
8 7 7 7 5 5 5 4 2 1 1 │ 6 │ 6 7 7 8 8
  8 7 7 6 6 4 4 2 1 │ 7 │ 2 2 4 5 5 5 5 6 6 6 6 8 8 9
    8 7 6 6 5 3 2 │ 8 │ 0 1 1 3 3 3 4 4 4 6 6 7 7 8
      7 3 3 2 1 0 │ 9 │ 2 2 3 5 8
          5 3 0 0 │ 10 │ 7
</pre>

茎的单位＝10,叶的单位＝1

图 4.1.9　两个车间产量的背靠背茎叶图

从图 4.1.9 上可以看出,一车间的叶靠上部的较多,二车间的叶靠中部为多,因此二车间的平均产量高于一车间,并且一车间的产量波动比二车间要大。

4.1.3.2　经验分布函数

样本直方图可以形象地去描述总体概率密度函数的大致形状,经验分布函数将可以用来描述总体分布函数的大致形状。

定义 4.1.1　设总体 X 的分布函数为 $F(x)$,从中获得的样本观测值为 $x_1, x_2, \cdots, x_n$,将它们从小到大排列成 $x_{(1)} \leqslant x_{(2)} \leqslant \cdots \leqslant x_{(n)}$,令

$$F_n(x) = \begin{cases} 0, & x < x_{(1)} \\ k/n, & x_{(k)} \leqslant x < x_{(k+1)}, \quad k = 1, 2, \cdots, n-1 \\ 1, & x \geqslant x_{(n)} \end{cases} \tag{4.1.1}$$

则称 $F_n(x)$ 为该样本的**经验分布函数**。

经验分布函数 $F_n(x)$ 在 x 点的函数值其实就是观测值 $x_1, x_2, \cdots, x_n$ 中小于等于 x 的频率,它是一个右连续的非降函数,且 $0 \leqslant F_n(x) \leqslant 1$,因而它具有分布函数的性质,我们可以将它看成是以等概率取 $x_1, x_2, \cdots, x_n$ 的离散随机变量的分布函数。经验分布函数的图像是一个非降右连续的阶梯函数。

例 4.1.9　例 4.1.3(1)的经验分布函数为:

$$F_n(x) = \begin{cases} 0, & x < 336 \\ 0.1, & 336 \leqslant x < 338 \\ 0.2, & 338 \leqslant x < 340 \\ 0.3, & 340 \leqslant x < 342 \\ 0.4, & 342 \leqslant x < 343 \\ 0.6, & 343 \leqslant x < 344 \\ 0.9, & 344 \leqslant x < 345 \\ 1, & x \geqslant 345 \end{cases} \tag{4.1.2}$$

其图像如图 4.1.10 所示。

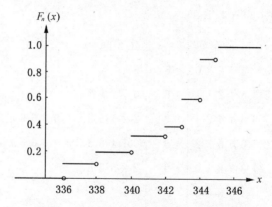

图 4.1.10 例 4.1.3(1)的经验分布函数

前面已提到对连续总体 X 而言，当样本观测值不同时，直方图形态会有所不同，但只要样本容量 n 增大，分组越来越多，每一小区间长度越来越小时，直方图顶部折线会稳定于总体密度函数，同样，随样本观测值不同，经验分布函数 $F_n(x)$ 也不同，但只要样本容量 n 增大，那么 $F_n(x)$ 也将在概率意义下越来越"靠近"总体分布函数 $F(x)$，对此不加证明地给出如下定理。

定理 4.1.1(格里汶科定理)　对任给的自然数 n，设 $x_1,x_2,\cdots,x_n$ 是取自总体分布函数 $F(x)$ 的一个样本的观测值，$F_n(x)$ 为其经验分布函数，又记

$$D_n = \sup_{-\infty < x < \infty} |F_n(x) - F(x)| \tag{4.1.3}$$

则有

$$P(\lim_{n \to \infty} D_n = 0) = 1$$

这一定理中的 D_n 是衡量 $F_n(x)$ 与 $F(x)$ 在 x 的一切值上的最大差异。定理表明随着 n 的逐渐增大，对一切 x，$F_n(x)$ 与 $F(x)$ 之差的最大绝对值趋于 0 这一事件发生的概率等于 1。

习题 4.1

1. 在所调查的 100 户家庭中拥有的自行车辆数如下表所示：

习题 4.1.1 的数据表

车辆数	家庭数
0	10
1	60
2	25
3	5
合计	100

请作线条图。

2. 某公司对随机抽取的 250 名职工在上班路程上所花时间进行了调查(单位:分钟),结果如表所示,请画样本直方图。

习题 4.1.2 的数据表

所花时间	(0,10]	(10,20]	(20,30]	(30,40]	(40,50]
频数	25	60	85	45	35

3. 一组工人合作完成某一部件的装配工序所需的时间(单位:分钟)分别如下:

35	38	44	33	44	43	48	40	45	30
45	32	42	39	49	37	45	37	36	42
31	41	45	46	34	30	43	37	44	49
36	46	32	36	37	37	45	36	46	42
38	43	34	38	47	35	29	41	40	41

(1)作茎叶图,取茎的单位为 10,叶的单位为 1;

(2)将上述数据整理成组距为 3 的频数表,第一组以 27.5 为起点;

(3)绘制样本直方图。

4. 某样本含有如下 10 个观察值:

$$0.5 \quad 0.7 \quad 0.2 \quad 0.7 \quad 0.5 \quad 0.5 \quad 1.5 \quad -0.2 \quad 0.2 \quad -0.5$$

试写出其经验分布函数,并绘制图形。

5. 白炽灯泡的光通量(单位:流明)是其重要的性能指标,现从 220V25W 的白炽灯泡中随机抽取了 120 个,测得其光通量如下:

216	203	197	208	206	209	206	208	202	203
206	213	218	207	208	202	194	203	213	211
193	213	208	208	204	206	204	206	208	209
213	203	206	207	196	201	208	207	213	208
210	208	211	211	214	226	211	223	216	224
211	209	218	214	219	211	208	221	211	218
218	190	219	211	208	199	214	207	207	214
206	217	214	201	212	213	211	212	216	206
210	216	204	221	208	209	214	214	199	204
211	201	216	211	209	208	209	202	211	207
202	205	206	216	206	213	206	207	200	198
200	202	203	208	216	206	222	213	209	219

以 189.5 为第一组的左端点,以 3 为组距,列出频数频率分布表。

6. 有两个教学班,各有 50 名学生,甲班试用新的方法组织教学,乙班采用传统的方法组织教学。现得期末考试成绩如下表所示(已排序):

习题 4.1.6 的数据表

甲班																
44	57	59	60	61	61	62	63	63	65	66	66	67	69	70	70	71
72	73	73	73	74	74	74	75	75	75	75	75	76	76	77	77	77
78	78	79	80	80	82	85	85	86	86	90	92	92	92	93	96	

乙班																
35	39	40	44	44	48	51	52	52	54	55	56	56	57	57	57	58
59	59	60	61	61	62	64	64	66	68	68	70	70	71	71	73	74
74	79	81	82	83	83	84	85	90	91	91	94	96	100	100	100	

试作背靠背的茎叶图,从图上你能得到哪些信息?

7. 某地区 50 个乡镇的年财政收入(单位:万元)如下:

1030	870	1010	1160	1180	1410	1250	1310	810	1080
1050	1100	1070	800	1200	1630	1350	1360	1370	1420
1140	1180	1050	1150	1100	1170	1270	1260	1380	1510
1010	860	1270	1130	1250	1190	1260	1210	930	1420
1580	880	1230	1250	1380	1320	1460	1080	1170	1230

试对上述数据进行加工:

(1)作 50 个乡镇年财政收入的频数频率分布表;

(2)作样本直方图。

8. 下表是一个班级中 40 位学生的学号、性别、年龄、身高和体重的资料:

习题 4.1.8 的数据表

学号	性别	年龄	身高（厘米）	体重（千克）	学号	性别	年龄	身高（厘米）	体重（千克）
1	男	17	172	78.1	21	男	13	154	47.7
2	男	14	169	51.3	22	女	15	152	41.8
3	男	14	167	50.8	23	女	17	152	52.7
4	男	16	167	58.1	24	男	15	152	47.2
5	男	17	167	60.8	25	女	14	152	38.6
6	男	15	164	58.1	26	女	14	152	41.3
7	女	12	162	65.8	27	女	14	149	36.8
8	男	15	162	48.1	28	女	12	149	55.8
9	男	15	162	47.7	29	女	13	149	48.6
10	男	14	159	54.0	30	男	12	149	58.1
11	女	14	159	64.5	31	女	16	147	52.2
12	男	13	159	44.5	32	男	12	147	38.1
13	男	15	159	50.4	33	女	13	147	50.8
14	女	16	159	50.8	34	男	13	145	35.9
15	男	14	157	41.8	35	女	12	145	43.1
16	女	15	157	50.8	36	男	13	142	43.1
17	男	14	157	44.9	37	女	13	137	30.6
18	男	14	157	44.9	38	女	12	135	33.6
19	男	14	154	42.2	39	女	12	127	29.2
20	女	14	154	38.1	40	男	12	125	35.9

试分别对该班学生的性别、年龄、身高和体重数据进行加工。

§ 4.2 统计量与抽样分布

4.2.1 统计量及其分布

样本来自总体,样本的观察值就含有总体各方面的信息,但这些信息较为分散,为使这些分散在样本中有关总体的信息集中起来反映总体的各种特征,需要对样本进行加工,一种有效的方法是构造样本的函数,不同的样本函数反映总体的不同特征。这种样本的函数便是统计量。

定义 4.2.1 设 $\boldsymbol{X}=(X_1,X_2,\cdots,X_n)$ 是取自某总体的一个容量为 n 的样本,假如样本函数

$$T=T(\boldsymbol{X})=T(X_1,X_2,\cdots,X_n)$$

中不含任何未知参数,则称 T 为**统计量**。统计量的分布称为**抽样分布**。

上述定义中规定"不含任何未知参数"是强调在获得了样本的观察值 $\boldsymbol{x}=(x_1,x_2,\cdots,x_n)$ 后,代入统计量立即可以算得统计量的观察值

$$t=T(\boldsymbol{x})=T(x_1,x_2,\cdots,x_n)$$

例 4.2.1 设总体 X 服从正态分布 $N(\mu,\sigma^2)$,其中 μ 与 σ^2 为未知参数,从该总体获得的一个样本为 $(X_1,X_2,\cdots,X_n)$,则

$$\overline{X}=\frac{1}{n}\sum_{i=1}^{n}X_i$$

便是一个统计量,但是

$$\overline{X}-\mu,\quad \frac{\overline{X}-\mu}{\sigma}$$

都不是统计量,因为它们含有未知参数。

由正态分布的性质可知 $\overline{X}$ 的分布为 $N(\mu,\dfrac{\sigma^2}{n})$(见例 3.2.7),这就是统计量 $\overline{X}$ 的抽样分布。

今后我们将看到统计推断的好坏与所选择的统计量的分布有密切的关系,因此寻求抽样分布是统计学的一项重要内容。本节将讨论一些常用统计量及其分布,下一节还将讨论一类与次序统计量有关的常用统计量,并介绍用随机模拟方法寻求近似抽样分布的方法。

4.2.2 样本均值及其分布

定义 4.2.2 设 $X_1,X_2,\cdots,X_n$ 是取自某总体的一个样本,它的算术平均数

$$\overline{X}=\frac{1}{n}\sum_{i=1}^{n}X_i \tag{4.2.1}$$

称为**样本均值**。当获得了样本观察值$(x_1,x_2,\cdots,x_n)$后代入上式,可求得样本均值的观察值,亦简称样本均值:

$$\bar{x}=\frac{1}{n}\sum_{i=1}^{n}x_i$$

大家知道,样本中的数据有大有小,而样本均值$\bar{x}$总处于样本的中间位置,小于$\bar{x}$的数据的偏差$x_i-\bar{x}$是负的,大于$\bar{x}$的数据的偏差$x_i-\bar{x}$是正的,此种偏差之和恒为零,这是因为

$$\sum_{i=1}^{n}(x_i-\bar{x})=\sum_{i=1}^{n}x_i-n\bar{x}=0 \tag{4.2.2}$$

而总体分布的数学期望$E(X)$也是位于取值范围的中心位置,且$E[X-E(X)]=0$,因此只要样本是简单随机样本,那么样本均值是反映总体分布数学期望所在位置信息的一个统计量,如果总体数学期望是μ,那么样本均值$\bar{X}$将是μ的一个很好的估计量。

例 4.2.2 某厂实行计件工资制,为及时了解情况,随机抽取 30 名工人,调查各自在一周内加工的零件数,然后按规定算出每名工人的周工资(单位:元)如下:

```
156   134   160   141   159   141   161   157   171   155
149   144   169   138   168   147   153   156   125   156
135   156   151   155   146   155   157   198   161   151
```

这便是一个容量为 30 的样本观察值,其样本均值为

$$\bar{x}=\frac{1}{30}(156+134+\cdots+161+151)=153.5$$

它反映了该厂工人周工资的一般水平。

例 4.2.3(分组样本均值的近似计算) 如果在例 4.2.2 中收集得到的样本观察值用分组样本形式给出(见表 4.2.1),此时样本均值可用下面方法近似计算:以x_i表示第i个组的组中值(即区间的中点),n_i为第i组的频数,$i=1,2,\cdots,k$,$\sum_{i=1}^{k}n_i=n$,则

$$\bar{x}\doteq\frac{1}{n}\sum_{i=1}^{k}n_ix_i \tag{4.2.3}$$

表 4.2.1 某厂 30 名工人周平均工资额

周工资额区间	工人数 n_i	组中值 x_i	n_ix_i
$(120,130]$	1	125	125
$(130,140]$	3	135	405
$(140,150]$	6	145	870
$(150,160]$	14	155	2170
$(160,170]$	4	165	660
$(170,180]$	1	175	175
$(180,190]$	0	185	0
$(190,200]$	1	195	195
合计	30		4600

在本例中

$$\bar{x} \doteq \frac{4600}{30} = 153.33$$

这与例 4.2.2 的完全样本结果差不多。

在样本容量较大时,给出分组样本是常用的一种方法,虽然会损失一些信息,但对总体数学期望给出的信息还是十分接近的。

(4.2.3)式的另一种表示方法为

$$\bar{x} \doteq \sum_{i=1}^{k} \frac{n_i}{n} x_i$$

称为加权平均,x_i 的权为 $\frac{n_i}{n}$,$i=1,2,\cdots,k$。

例 4.2.4 一颗钻石的重量 μ 是未知的,度量它的单位常用克拉(Carat),1 克拉等于 200 毫克,即 0.2 克。由于钻石极为稀少,硬度极高,又可作装饰品,故其价格昂贵。在精密天平上称其重量,每次都会不同。若重复 5 次称其重量就得到 5 个称量值:

$$2.15, \quad 2.14, \quad 2.17, \quad 2.14, \quad 2.15$$

这是一个容量为 5 的样本,人们常用样本均值

$$\bar{x} = (2.15 + 2.14 + 2.17 + 2.14 + 2.15)/5 = 2.15$$

作为该颗钻石真实重量 μ 的估计值。若人们问:这颗钻石的重量确为 2.15 克拉吗?为此我们还需作进一步研究。

首先要回答的是,这个样本来自哪一个总体。若把钻石在精密天平上称出的重量记为 X,它与 μ 的差 $X-\mu=\varepsilon$ 就是称量误差,它是由天平精度与测量员引起的,它时大时小,时正时负,呈随机状,所以误差 ε 是随机变量,许多实际经验表明,称量误差 ε 服从期望为 0、方差为 σ^2 的正态分布,即 $\varepsilon \sim N(0, \sigma^2)$,从而称量值 $X = \mu + \varepsilon \sim N(\mu, \sigma^2)$,上述容量为 5 的样本就是来自这个正态分布的一个样本。

我们现在是用样本均值 $\bar{X}$ 对 μ 作估计的,如今要评价这一估计的好坏当然要用 $\bar{X}$ 的分布。由正态分布性质知样本均值 $\bar{X}$ 的分布为

$$\bar{X} \sim N\left(\mu, \frac{\sigma^2}{n}\right) \tag{4.2.4}$$

由此可见,$\bar{X}$ 与 μ 的绝对偏差 $|\bar{X}-\mu|$ 不超过 1.96 倍标准差的概率为 0.95,即

$$P(|\bar{X}-\mu| \leqslant 1.96\sigma/\sqrt{n}) = 0.95$$

或者讲

$$P(\bar{X}-1.96\sigma/\sqrt{n} \leqslant \mu \leqslant \bar{X}+1.96\sigma/\sqrt{n}) = 0.95$$

如今 $n=5$,$\bar{x}=2.15$,若称量的标准差 $\sigma=0.01$(克拉),那么代入后可得:

$$\bar{x}-1.96\sigma/\sqrt{n} = 2.1412, \quad \bar{x}+1.96\sigma/\sqrt{n} = 2.1588$$

从而可以有 95％的把握说这颗钻石的真实重量介于 2.1412 克拉与 2.1588 克拉之间。这便是我们所给出的统计结论。

上面这一例子告诉我们，获得统计量的分布对评价估计量的好坏是至关重要的。

在样本 $X_1,X_2,\cdots,X_n$ 来自正态分布 $N(\mu,\sigma^2)$ 场合，其样本均值 $\overline{X}$ 的分布为 $N(\mu,\dfrac{\sigma^2}{n})$。现在我们来讨论当样本 $X_1,X_2,\cdots,X_n$ 来自非正态总体时，其样本均值 $\overline{X}$ 的分布。

定理 4.2.1 设 $X_1,X_2,\cdots,X_n$ 是从某总体随机抽取的一个样本，该总体的分布未知（可能是离散的，也可能是连续的，可能是均匀分布，也可能是偏态分布等），但知其均值为 μ，方差为 σ^2（有限且不为 0），则当样本量 n 充分大时，样本均值 $\overline{X}$ 近似服从正态分布，其均值仍为 μ，方差为 $\dfrac{\sigma^2}{n}$，记为

$$\overline{X} \stackrel{.}{\sim} N\left(\mu,\frac{\sigma^2}{n}\right) \qquad (4.2.5)$$

证：由中心极限定理（定理 3.5.1）知：

$$\frac{X_1+X_2+\cdots+X_n-n\mu}{\sqrt{n}\,\sigma} \stackrel{.}{\sim} N(0,1)$$

由此可知

$$X_1+X_2+\cdots+X_n \stackrel{.}{\sim} N(n\mu,n\sigma^2)$$

$$\overline{X} \stackrel{.}{\sim} N\left(\mu,\frac{\sigma^2}{n}\right)$$

这一定理表明，无论总体分布是什么，只要样本容量 n 充分大（譬如大于 30），则样本均值 $\overline{X}$ 总可近似看作正态分布，图 4.2.1 示意了这一近似过程。

譬如，样本 $X_1,X_2,\cdots,X_n$ 来自指数分布 $\mathrm{Exp}(\lambda)$，$\lambda>0$，则总体期望为 $\dfrac{1}{\lambda}$，方差为 $\dfrac{1}{\lambda^2}$，那么当 n 充分大时，样本均值 $\overline{X}\stackrel{.}{\sim}N\left(\dfrac{1}{\lambda},\dfrac{1}{n\lambda^2}\right)$。

又譬如，样本 $X_1,X_2,\cdots,X_n$ 来自 $b(1,p)$，$0<p<1$，则总体期望为 p，方差为 $p(1-p)$，那么当 n 充分大时，样本均值 $\overline{X}\stackrel{.}{\sim}N\left(p,\dfrac{p(1-p)}{n}\right)$。

4.2.3 样本方差与样本标准差

定义 4.2.3 设 $X_1,X_2,\cdots,X_n$ 是取自某一总体的样本，它关于样本均值 $\overline{X}$ 的平均偏差平方和

$$S_n^2=\frac{1}{n}\sum_{i=1}^{n}(X_i-\overline{X})^2 \qquad (4.2.6)$$

称为**样本方差**，其算术根 $S_n=\sqrt{S_n^2}$ 称为**样本标准差**。

在 n 不大时，常用

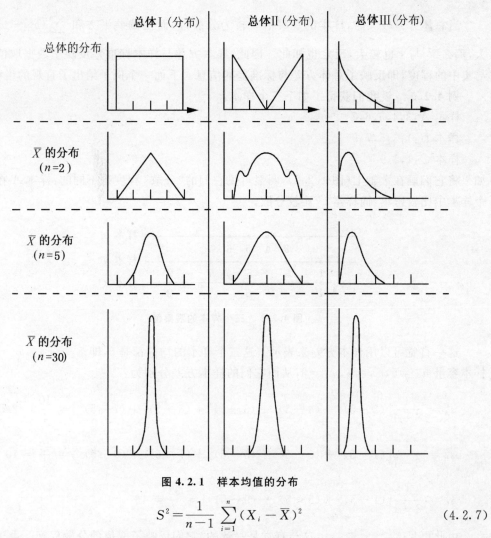

图 4.2.1 样本均值的分布

$$S^2 = \frac{1}{n-1} \sum_{i=1}^{n} (X_i - \overline{X})^2 \qquad (4.2.7)$$

作为样本方差(也称**无偏方差**,其含义在下一章叙述),其算术根 $S = \sqrt{S^2}$ 也称为样本标准差。

当把观察值代入后可得样本方差与样本标准差的观察值:

$$s_n^2 = \frac{1}{n} \sum_{i=1}^{n} (x_i - \bar{x})^2, \quad s_n = \sqrt{s_n^2}$$

或

$$s^2 = \frac{1}{n-1} \sum_{i=1}^{n} (x_i - \bar{x})^2, \quad s = \sqrt{s^2}$$

在实际应用中也简称它们为样本方差和样本标准差。

S_n^2 与 S^2 都可作为总体方差的估计。在样本量较大时,这两个估计相差不大,可在样本量较小时,用 S^2 估计方差为好,因为 S_n^2 常会偏小一些,由于这个原因,在本书后面几章中我们主要用的是 S^2 与 S,但在涉及具体数值计算时一般用小写的 s^2 与 s。

当总体方差较大时,样本的观察值就较为分散,从而使偏差平方和 $\sum_{i=1}^{n}(x_i-\bar{x})^2$ 较大,那么 s^2 与 s 也较大,反之也如此。因此,样本方差与样本标准差反映了数据取值分散与集中的程度,即反映了总体方差与标准差的信息。下面一个例子给出了直观的说明。

例 4.2.5 设我们获得了如下三个样本:

样本 A:3,4,5,6,7

样本 B:1,3,5,7,9

样本 C:1,5,9

如果将它们画在数轴上(图 4.2.2),明显可见它们的"分散"程度是不同的:样本 A 在这三个样本中比较密集,而样本 C 比较分散。

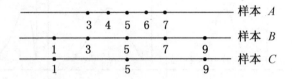

图 4.2.2 三个样本的观察值

这一直觉可以用样本方差来表示。这三个样本的均值都是 5,即 $\bar{x}_A=\bar{x}_B=\bar{x}_C=5$,而样本容量 $n_A=5,n_B=5,n_C=3$,从而它们的样本方差分别为:

$$s_A^2=\frac{1}{5-1}[(3-5)^2+(4-5)^2+(5-5)^2+(6-5)^2+(7-5)^2]=\frac{10}{4}=2.5$$

$$s_B^2=\frac{1}{5-1}[(1-5)^2+(3-5)^2+(5-5)^2+(7-5)^2+(9-5)^2]=\frac{40}{4}=10$$

$$s_C^2=\frac{1}{3-1}[(1-5)^2+(5-5)^2+(9-5)^2]=\frac{32}{2}=16$$

由此可见 $s_C^2>s_B^2>s_A^2$,这与直觉是一致的,它们反映了取值的分散程度。由于样本方差的量纲与样品的量纲不一致,故常用样本标准差表示分散程度,这里有 $s_A=1.58,s_B=3.16,s_C=4$,同样有 $s_C>s_B>s_A$。

由于样本方差(或样本标准差)很好地反映了总体方差(或标准差)的信息,因此当总体方差 σ^2 未知时,常用 S^2 去估计,而总体标准差 σ 常用样本标准差 S 去估计。

不管是计算 s_n^2 还是计算 s^2,首先应该计算偏差平方和 $Q=\sum_{i=1}^{n}(x_i-\bar{x})^2$,下面是计算 Q 的一个常用的公式:

$$Q=\sum_{i=1}^{n}(x_i-\bar{x})^2=\sum_{i=1}^{n}x_i^2-2\sum_{i=1}^{n}x_i\cdot\bar{x}+\sum_{i=1}^{n}\bar{x}^2$$

$$=\sum_{i=1}^{n}x_i^2-n\bar{x}^2 \tag{4.2.8}$$

$$=\sum_{i=1}^{n}x_i^2-\frac{1}{n}\left(\sum_{i=1}^{n}x_i\right)^2 \tag{4.2.9}$$

例 4.2.6 计算例 4.2.2 中的样本方差与样本标准差。

解:在例 4.2.2 中已求得 $\bar{x} = 153.5$,先用(4.2.8)式求 Q,由于

$$\sum_{i=1}^{n} x_i^2 = 156^2 + 134^2 + \cdots + 151^2 = 712155$$

代入(4.2.8)式有

$$Q = 712155 - 30 \times 153.5^2 = 5287.5$$

所以样本方差为

$$s^2 = \frac{1}{30-1} \times 5287.5 = 182.3278$$

样本标准差为

$$s = \sqrt{182.3278} = 13.50$$

在分组样本的场合,也可求样本方差与样本标准差的近似值,此时偏差平方和 Q 有如下近似式

$$Q \doteq \sum_{i=1}^{k} n_i x_i^2 - \frac{1}{n} \left(\sum_{i=1}^{k} n_i x_i \right)^2 \quad (4.2.10)$$

$$\doteq \sum_{i=1}^{k} n_i x_i^2 - n \bar{x}^2 \quad (4.2.11)$$

这里符号同前,而 $\bar{x}$ 是用(4.2.3)式近似得出的。

例 4.2.7 计算例 4.2.3 中给出的分组样本的方差与标准差。

解:在例 4.2.3 中已求得 $\sum_{i=1}^{k} n_i x_i = 4600, n = 30$,由于

$$\sum_{i=1}^{k} n_i x_i^2 = 1 \times 125^2 + 3 \times 135^2 + \cdots + 1 \times 195^2 = 710350$$

代入(4.2.10)式后有

$$Q \doteq 710350 - \frac{4600^2}{30} = 5016.6667$$

从而样本方差为

$$s^2 \doteq \frac{5016.6667}{30-1} = 172.9985$$

样本标准差为

$$s \doteq \sqrt{172.9985} = 13.15$$

结果与例 4.2.6 相差不大。

例 4.2.8 从某一总体获得了 k 个样本,第 i 个样本的样本容量为 n_i,样本均值为 $\bar{x}_i$,样本方差为 s_i^2,记 $n = \sum_{i=1}^{k} n_i$,将这 k 个样本合并成一个容量为 n 的样本,求此样本的均值

与方差。

解:记第 i 个样本的观察值为 $x_{i1}, x_{i2}, \cdots, x_{in_i}$,则已知的是

$$\bar{x}_i = \frac{1}{n_i}\sum_{j=1}^{n_i} x_{ij}, \quad s_i^2 = \frac{1}{n_i-1}\sum_{j=1}^{n_i}(x_{ij}-\bar{x}_i)^2$$

则

$$\bar{x} = \frac{1}{n}\sum_{i=1}^{k}\sum_{j=1}^{n_i} x_{ij} = \frac{1}{n}\sum_{i=1}^{k} n_i \bar{x}_i$$

$$s^2 = \frac{1}{n-1}\sum_{i=1}^{k}\sum_{j=1}^{n_i}(x_{ij}-\bar{x})^2 = \frac{1}{n-1}\sum_{i=1}^{k}\sum_{j=1}^{n_i}(x_{ij}-\bar{x}_i+\bar{x}_i-\bar{x})^2$$

$$= \frac{1}{n-1}\Big[\sum_{i=1}^{k}\sum_{j=1}^{n_i}(x_{ij}-\bar{x}_i)^2 + \sum_{i=1}^{k}\sum_{j=1}^{n_i}(\bar{x}_i-\bar{x})^2\Big]$$

$$= \frac{1}{n-1}\Big[\sum_{i=1}^{k}(n_i-1)s_i^2 + \sum_{i=1}^{k}n_i(\bar{x}_i-\bar{x})^2\Big]$$

这里用到了 $\sum_{j=1}^{n_i}(x_{ij}-\bar{x}_i)=0$ 这一性质。

下面我们将研究样本方差的抽样分布。由于一般情况下样本方差的抽样分布不易精确得出,而当总体为 $N(\mu,\sigma^2)$ 时,样本方差的抽样分布可以精确求出。

定理 4.2.2   设 $X_1, X_2, \cdots, X_n$ 是来自正态总体 $N(\mu,\sigma^2)$ 的一个样本,则 $\frac{1}{\sigma^2}\sum_{i=1}^{n}(X_i$

$-\bar{X})^2 = \frac{nS_n^2}{\sigma^2} = \frac{(n-1)S^2}{\sigma^2} \sim \chi^2(n-1)$,且与 $\bar{X}$ 独立。

证:考虑对样本 $X = (X_1, X_2, \cdots, X_n)$ 作线性变换,令

$$\begin{cases} Z_1 = \dfrac{1}{\sqrt{2}}X_1 - \dfrac{1}{\sqrt{2}}X_2 \\[2mm] Z_2 = \dfrac{1}{\sqrt{2\times 3}}(X_1+X_2) - \dfrac{2}{\sqrt{2\times 3}}X_3 \\[2mm] Z_3 = \dfrac{1}{\sqrt{3\times 4}}(X_1+X_2+X_3) - \dfrac{3}{\sqrt{3\times 4}}X_4 \\[2mm] \vdots \\[2mm] Z_{n-1} = \dfrac{1}{\sqrt{(n-1)n}}(X_1+X_2+\cdots+X_{n-1}) - \dfrac{n-1}{\sqrt{(n-1)n}}X_n \\[2mm] Z_n = \dfrac{1}{\sqrt{n}}(X_1+X_2+\cdots+X_n) = \sqrt{n}\,\bar{X} \end{cases}$$

由于 $X_1, X_2, \cdots, X_n$ 独立同分布,均服从 $N(\mu,\sigma^2)$,则可以证明

$$Z_1 = \frac{1}{\sqrt{2}}X_1 - \frac{1}{\sqrt{2}}X_2 \sim N(0,\sigma^2)$$

$$Z_2 = \frac{1}{\sqrt{2 \times 3}}(X_1 + X_2) - \frac{2}{\sqrt{2 \times 3}}X_3 \sim N(0, \sigma^2)$$

$$\vdots$$

$$Z_{n-1} = \frac{1}{\sqrt{n(n-1)}}(X_1 + X_2 + \cdots + X_{n-1}) - \frac{n-1}{\sqrt{n(n-1)}}X_n \sim N(0, \sigma^2)$$

$$Z_n = \frac{1}{\sqrt{n}}(X_1 + X_2 + \cdots + X_n) \sim N(\sqrt{n}\,\mu, \sigma^2)$$

且通过计算可知：

$$\mathrm{Cov}(Z_i, Z_j) = 0, \quad i \neq j$$

这说明 $Z_1, Z_2, \cdots, Z_n$ 相互独立。

由于

$$\frac{1}{\sigma^2}\sum_{i=1}^{n}(X_i - \overline{X})^2 = \frac{1}{\sigma^2}\Big[\sum_{i=1}^{n}X_i^2 - n\overline{X}^2\Big]$$

$$= \frac{1}{\sigma^2}\Big(\sum_{i=1}^{n}Z_i^2 - Z_n^2\Big) = \sum_{i=1}^{n-1}\Big(\frac{Z_i}{\sigma}\Big)^2$$

且 $Z_1, Z_2, \cdots, Z_{n-1}$ 相互独立，且均服从 $N(0, \sigma^2)$，从而 $\dfrac{Z_1}{\sigma}, \dfrac{Z_2}{\sigma}, \cdots, \dfrac{Z_{n-1}}{\sigma}$ 仍相互独立，均服从 $N(0,1)$。由第三章例 3.2.8 知

$$\frac{1}{\sigma^2}\sum_{i=1}^{n}(X_i - \overline{X})^2 \sim \chi^2(n-1)$$

又由 $Z_1, Z_2, \cdots, Z_{n-1}, Z_n$ 相互独立，及 $\dfrac{1}{\sigma^2}\displaystyle\sum_{i=1}^{n}(X_i - \overline{X})^2 = \displaystyle\sum_{i=1}^{n-1}\Big(\frac{Z_i}{\sigma}\Big)^2$，$\overline{X} = \dfrac{1}{\sqrt{n}}Z_n$，故 $\dfrac{1}{\sigma^2}\displaystyle\sum_{i=1}^{n}(X_i - \overline{X})^2$ 与 $\overline{X}$ 独立。

*4.2.4 样本的高阶矩

定义 4.2.4 设 $X_1, X_2, \cdots, X_n$ 是来自某总体的一个样本，则称

$$A_k = \frac{1}{n}\sum_{i=1}^{n}X_i^k, \qquad k = 1, 2, \cdots \tag{4.2.12}$$

为样本的 k 阶原点矩，称

$$B_k = \frac{1}{n}\sum_{i=1}^{n}(X_i - \overline{X})^k, \qquad k = 1, 2, \cdots \tag{4.2.13}$$

为样本的 k 阶中心矩。

它们分别反映了总体 k 阶原点矩 μ_k 与 k 阶中心矩 υ_k 的信息。特别 $A_1 = \overline{X}$，$B_1 = 0$，$B_2 = S_n^2$。

定义 4.2.5 设 $X_1, X_2, \cdots, X_n$ 是来自某总体的一个样本，则称

$$SK = B_3/B_2^{3/2} \qquad (4.2.14)$$

为**样本偏度**。

SK 反映了总体分布密度曲线的对称性信息。当 $SK > 0$ 时，分布的形状是右尾长，称为正偏的；当 $SK < 0$ 时，分布的形状是左尾长，称为负偏的。

定义 4.2.6 设 $X_1, X_2, \cdots, X_n$ 是来自某总体的一个样本，则称

$$KU = B_4/B_2^2 - 3 \qquad (4.2.15)$$

为**样本峰度**。

KU 反映了总体分布密度曲线陡峭程度和／或尾部粗细的信息。当 $KU > 0$ 时，分布密度曲线在其峰附近比正态分布来得陡峭和／或尾部较粗；当 $KU < 0$ 时，比正态分布来得平坦和／或尾部较细。

例 4.2.9 求例 4.2.2 中样本的偏度与峰度。

解：由于

$$SK = B_3/B_2^{3/2}, \quad KU = B_4/B_2^2 - 3$$

因而需先求出 B_2, B_3, B_4，而它们可利用下列展开式来求：

$$B_2 = \frac{1}{n}\sum_{i=1}^{n}(x_i - \bar{x})^2 = \frac{1}{n}\sum_{i=1}^{n}x_i^2 - \bar{x}^2 = A_2 - \bar{x}^2$$

$$B_3 = \frac{1}{n}\sum_{i=1}^{n}(x_i - \bar{x})^3 = \frac{1}{n}\sum_{i=1}^{n}x_i^3 - 3 \cdot \frac{1}{n}\sum_{i=1}^{n}x_i^2 \cdot \bar{x} + 2\bar{x}^3 = A_3 - 3A_2\bar{x} + 2\bar{x}^3$$

$$B_4 = \frac{1}{n}\sum_{i=1}^{n}(x_i - \bar{x})^4 = \frac{1}{n}\sum_{i=1}^{n}x_i^4 - 4 \cdot \frac{1}{n}\sum_{i=1}^{n}x_i^3 \cdot \bar{x} + 6 \cdot \frac{1}{n}\sum_{i=1}^{n}x_1^2 \cdot \bar{x}^2 - 3\bar{x}^4$$

$$= A_4 - 4A_3\bar{x} + 6A_2\bar{x}^2 - 3\bar{x}^4$$

为此需先求出 $\bar{x}, A_2, A_3, A_4$，在例 4.2.2 与例 4.2.5 中已算得：

$$\bar{x} = 153.5, \quad \sum_{i=1}^{n}x_i^2 = 712155$$

从数据还可算得

$$\sum_{i=1}^{n}x_i^3 = 110994549$$

$$\sum_{i=1}^{n}x_i^4 = 17442142657$$

则 $\qquad A_2 = 23738.5, \quad A_3 = 3699818.3, \quad A_4 = 581404755.3$

由此得 $\qquad B_2 = 176.25, \quad B_3 = 1849.80, \quad B_4 = 172273.88$

从而求得

$$SK = 0.79, \quad KU = 2.55$$

该组样本稍呈正偏，右尾较长，在峰处较陡。

偏度与峰度的抽样分布难于精确求出，其近似分布可用随机模拟方法获得，这将在下一节介绍。

习题 4.2

1. 设 $X_1, X_2, \cdots, X_{10}$ 是来自二点分布 $b(1, p)$ 的一个样本,其中 $0 < p < 1, p$ 未知。

   (1) 写出样本的联合分布;

   (2) 指出以下样本的函数中哪些是统计量,哪些不是统计量,为什么?

$$T_1 = \frac{1}{10} \sum_{i=1}^{10} X_i, \quad T_2 = X_{10} - E(X_1)$$

$$T_3 = X_1 - p, \quad T_4 = \max\{X_1, X_2, \cdots, X_{10}\}$$

2. 以下是某厂通过抽样调查得到的 10 名工人一周内生产的产品数:

       149   156   160   138   149   153   153   169   156   156

   试求其样本均值与样本标准差。

3. 下表是经过整理后得到的分组样本,试求样本均值与样本标准差的近似值。

习题 4.2.3 的数据表

组号	1	2	3	4	5
分组区间	(38,48]	(48,58]	(58,68]	(68,78]	(78,88]
频数	3	10	49	11	4

4. 从总体 $N(52, 6.3^2)$ 中随机抽取了一个容量为 36 的样本,求样本均值 $\overline{X}$ 落在区间 $[50.8, 53.8]$ 内的概率。

5. 设总体 X 服从 $N(\mu, \sigma^2)$,其中 $\sigma^2 = 0.5$。

   (1) 如果要以 99.7% 的概率保证 $|\overline{X} - \mu| < 0.1$,试问样本容量应取多少?

   (2) 如果要以 95.4% 的概率保证 $|\overline{X} - \mu| < 0.1$,试问样本容量应取多少?

   (3) 从(1)(2)的计算你有什么看法?

6. 设有一枚均匀的硬币,用 X 表示抛一次该枚硬币正面向上的次数,试问要抛多少次才能使样本均值 $\overline{X}$ 落在区间 $[0.4, 0.6]$ 内的概率不小于 0.9?

7. 两个检验员对同一批产品的一个质量指标进行了检验,甲检验了 80 件,得到均值为 10.15,标准差为 0.019,乙检查了 100 件,得到均值为 10.17,标准差为 0.012,求这 180 件产品该指标的总均值与总标准差。

8. 设 $\overline{x}_n$ 与 s_n^2 分别是容量为 n 的样本均值与样本无偏方差,如今又获得了一个样品的观察值 x_{n+1},将它加入原来的样本中去便得到了容量为 $n+1$ 的样本,试证明

$$\overline{x}_{n+1} = \frac{n\overline{x}_n + x_{n+1}}{n+1}, \quad s_{n+1}^2 = \frac{n-1}{n} s_n^2 + \frac{1}{n+1}(x_{n+1} - \overline{x}_n)^2$$

9. 为了解某企业的生产能力,随机调查了 15 位工人一天生产该产品的数量,得到样本均值与标准差分别为 $\overline{x}_{15} = 168.4, s_{15} = 11.43$。现又得到另一位工人一天生产该产品的数量为 170,试求容量为 16 的样本均值与标准差。

10. 设 $X_1, X_2, \cdots, X_n$ 是来自 $N(\mu, \sigma^2)$ 的一个样本,S^2 为样本方差,试求 $E(S^2)$ 与 $\text{Var}(S^2)$。

11. 设 $X_1, X_2, \cdots, X_n$ 是来自泊松分布 $P(\lambda)$ 的一个样本，$\overline{X}$ 与 S^2 分别为样本均值与样本方差，试求 $E(\overline{X})$，$\mathrm{Var}(\overline{X})$，$E(S^2)$。

12. 有一个分组样本如下表所示，试求其样本均值、样本标准差、样本偏度与样本峰度。

习题 4.2.12 的数据表

区间	组中值	频数
(145,155]	150	4
(155,165]	160	8
(165,175]	170	6
(175,185]	180	2

13. 设 $x_1, x_2, \cdots, x_n$ 是一个样本的观察值，其样本均值为 $\overline{x}$，样本方差为 s_x^2。

(1) 作变换 $y_i = x_i + a$，$i = 1, 2, \cdots, n$，求 $\overline{y}$ 与 s_y^2；

(2) 作变换 $z_i = bx_i$，$i = 1, 2, \cdots, n$，求 $\overline{z}$ 与 s_z^2；

(3) 作变换 $w_i = a + bx_i$，$i = 1, 2, \cdots, n$，求 $\overline{w}$ 与 s_w^2。

其中 a 与 b 为任意常数，但 $b \neq 0$。

14. 设 $x_1, x_2, \cdots, x_n$ 是一个样本的观察值，其样本均值为 $\overline{x}$。

(1) 若把 $x_i - \overline{x}$ 称为偏差，证明：所有偏差之和为 0，即 $\sum\limits_{i=1}^{n} (x_i - \overline{x}) = 0$；

(2) 对任意实数 c，$\sum\limits_{i=1}^{n} (x_i - c)^2$ 称为关于 c 的偏差平方和，证明：在 $c = \overline{x}$ 时，偏差平方和达到最小。

15. 一批滚珠直径 X（单位：mm）服从正态分布 $N(2, 0.05^2)$，如今从中随机抽取 25 个滚珠测其直径，则其平均直径仍服从正态分布 $N(\mu_{\overline{x}}, \sigma_{\overline{x}}^2)$，其中 $\mu_{\overline{x}}$，$\sigma_{\overline{x}}^2$ 各为多少？

16. 某药 100 片的平均重量（单位：mg）服从正态分布 $N(20, 0.15^2)$，若每片药重 X（单位：mg）也是服从正态分布 $N(\mu, \sigma^2)$，其中 μ，σ 各为多少？

§ 4.3　次序统计量及其分布

次序统计量是另一类常用的统计量，由它还可派生出一些有用的统计量。

4.3.1　次序统计量的概念

定义 4.3.1　设 $X_1, X_2, \cdots, X_n$ 是取自总体 X 的一个样本，$X_{(i)}$ 称为该样本的**第 i 个次序统计量**，它是样本 $X_1, X_2, \cdots, X_n$ 的满足如下条件的函数：每当样本得到一组观测值 $x_1, x_2, \cdots, x_n$ 时，将它们从小到大排列为

$$x_{(1)} \leqslant x_{(2)} \leqslant \cdots \leqslant x_{(n)}$$

第 i 个值 $x_{(i)}$ 便是 $X_{(i)}$ 的观测值，称 $X_{(1)}, X_{(2)}, \cdots, X_{(n)}$ 为该样本的次序统计量，$X_{(1)}$ 又称为该样本的最小次序统计量，$X_{(n)}$ 又称为该样本的最大次序统计量。

下面的例子可以帮助我们理解次序统计量的含义。

例 4.3.1 设袋中有三个球,球上编号为 0,1,2。它们的外形、重量都相同。若规定从袋中摸到编号为 i 的球得 i 分,那么这一得分总体可以用如下分布表示:

X	0	1	2
P	1/3	1/3	1/3

这里 X 表示一次摸球得到的分数。如今进行放回抽样,连抽三次,获得一个容量为 3 的样本 X_1, X_2, X_3。这里每个 X_i 都与总体 X 具有相同的分布,且相互独立。这种样本的一切可能取值有 $3^3 = 27$ 种,将它们列在表 4.3.1 的左侧,而它们的相应的次序统计量的取值列在表 4.3.1 的右侧。

表 4.3.1　样本(X_1, X_2, X_3)及次序统计量 $X_{(1)}, X_{(2)}, X_{(3)}$ 的取值

X_1	X_2	X_3	$X_{(1)}$	$X_{(2)}$	$X_{(3)}$
0	0	0	0	0	0
0	0	1	0	0	1
0	1	0	0	0	1
1	0	0	0	0	1
0	0	2	0	0	2
0	2	0	0	0	2
2	0	0	0	0	2
0	1	1	0	1	1
1	0	1	0	1	1
1	1	0	0	1	1
0	1	2	0	1	2
0	2	1	0	1	2
1	0	2	0	1	2
2	0	1	0	1	2
1	2	0	0	1	2
2	1	0	0	1	2
0	2	2	0	2	2
2	0	2	0	2	2
2	2	0	0	2	2
1	1	2	1	1	2
1	2	1	1	1	2
2	1	1	1	1	2
1	2	2	1	2	2
2	1	2	1	2	2
2	2	1	1	2	2
1	1	1	1	1	1
2	2	2	2	2	2

由表 4.3.1 可见:次序统计量$(X_{(1)}, X_{(2)}, X_{(3)})$与样本$(X_1, X_2, X_3)$完全不相同,具体表现在以下几个方面:

(1)$X_{(1)}, X_{(2)}, X_{(3)}$ 的分布是不同的。

$X_{(1)}$	0	1	2
P	$\frac{19}{27}$	$\frac{7}{27}$	$\frac{1}{27}$

$X_{(2)}$	0	1	2
P	$\frac{7}{27}$	$\frac{13}{27}$	$\frac{7}{27}$

$X_{(3)}$	0	1	2
P	$\frac{1}{27}$	$\frac{7}{27}$	$\frac{19}{27}$

（2）任意两个次序统计量的联合分布也是不同的。

$X_{(2)}$ \ $X_{(1)}$	0	1	2
0	$\frac{7}{27}$	0	0
1	$\frac{9}{27}$	$\frac{4}{27}$	0
2	$\frac{3}{27}$	$\frac{3}{27}$	$\frac{1}{27}$

$X_{(3)}$ \ $X_{(1)}$	0	1	2
0	$\frac{1}{27}$	0	0
1	$\frac{6}{27}$	$\frac{1}{27}$	0
2	$\frac{12}{27}$	$\frac{6}{27}$	$\frac{1}{27}$

$X_{(3)}$ \ $X_{(2)}$	0	1	2
0	$\frac{1}{27}$	0	0
1	$\frac{3}{27}$	$\frac{4}{27}$	0
2	$\frac{3}{27}$	$\frac{9}{27}$	$\frac{7}{27}$

（3）任意两个次序统计量是不独立的，例如：

$$P(X_{(1)}=0, X_{(2)}=1)=\frac{9}{27} \neq \frac{19}{27} \times \frac{13}{27}=P(X_{(1)}=0)P(X_{(2)}=1)$$

4.3.2　次序统计量的抽样分布

只要总体的分布已知，那么若干个次序统计量的联合分布都是可以求出的。下面仅就总体 X 的分布为连续的情况进行讨论。现设总体 X 的分布函数为 $F(x)$，概率密度函数为 $p(x)$，从中获得样本 $X_1, X_2, \cdots, X_n$。

（1）第 k 个次序统计量 $X_{(k)}$ 的概率密度函数为

$$p_k(x)=\frac{n!}{(k-1)!\,(n-k)!}\big[F(x)\big]^{k-1}\big[1-F(x)\big]^{n-k}p(x) \qquad (4.3.1)$$

证：注意到样本中有两个或两个以上分量落在无穷小区间 $(x, x+\Delta x]$ 内的概率为 0，因而考虑第 k 个次序统计量 $X_{(k)}$ 落在无穷小区间 $(x, x+\Delta x]$ 内这一事件，它等价于"容量为 n 的样本中有 $k-1$ 个分量小于或等于 x，1 个分量落在 $(x, x+\Delta x]$ 内，余下的 $n-k$ 个分量均大于 $x+\Delta x$"，其示意图见图 4.3.1。

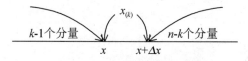

图 4.3.1　样本分量的分布状况

每一样本的分量小于或等于 x 的概率为 $F(x)$，大于 $x+\Delta x$ 的概率为 $1-F(x+\Delta x)$，落在 $(x, x+\Delta x]$ 内的概率为 $F(x+\Delta x)-F(x)$，而将 n 个分量分成这样的三组，总的分法有 $\dfrac{n!}{(k-1)!\,(n-k)!}$ 种，若以 $F_k(x)$ 记 $X_{(k)}$ 的分布函数，那么 $X_{(k)}$ 落在 $(x, x+\Delta x]$ 内的概率为

$$F_k(x + \Delta x) - F_k(x)$$

$$= \frac{n!}{(k-1)!\,(n-k)!}[F(x)]^{k-1}[F(x+\Delta x) - F(x)][1 - F(x+\Delta x)]^{n-k}$$

两边除以 Δx，并令 $\Delta x \to 0$，则有

$$p_k(x) = \lim_{\Delta x \to 0} \frac{F_k(x+\Delta x) - F_k(x)}{\Delta x}$$

$$= \frac{n!}{(k-1)!\,(n-k)!}[F(x)]^{k-1}p(x)[1 - F(x)]^{n-k}$$

第 k 个次序统计量的两个特例是样本最大次序统计量 $X_{(n)}$ 与最小次序统计量 $X_{(1)}$，由 $(4.3.1)$ 式可给出它们的概率密度函数。

为求样本最大次序统计量 $X_{(n)}$ 的概率密度函数，只要在 $(4.3.1)$ 式中取 $k=n$ 即得：

$$p_n(x) = np(x)[F(x)]^{n-1} \tag{4.3.2}$$

其分布函数为

$$F_n(x) = [F(x)]^n \tag{4.3.3}$$

为求样本最小次序统计量 $X_{(1)}$ 的概率密度函数，只要在 $(4.3.1)$ 式中取 $k=1$ 即得：

$$p_1(x) = np(x)[1 - F(x)]^{n-1} \tag{4.3.4}$$

其分布函数为

$$F_1(x) = 1 - [1 - F(x)]^n \tag{4.3.5}$$

这些结果与 §3.2.3 的结果完全一样。

例 4.3.2　设 $X_1, X_2, \cdots, X_n$ 是取自如下指数分布的样本：

$$F(x) = 1 - e^{-\lambda x}, \qquad x > 0$$

求 $P(X_{(1)} > a)$ 与 $P(X_{(n)} < b)$，其中 a, b 为给定的正数。

解：为求概率 $P(X_{(1)} > a)$ 与 $P(X_{(n)} < b)$，可先求 $X_{(1)}$ 与 $X_{(n)}$ 的分布。由 $(4.3.5)$ 式知，$X_{(1)}$ 的分布函数为

$$F_1(x) = 1 - [1 - F(x)]^n = 1 - e^{-n\lambda x}, \qquad x > 0$$

从而

$$P(X_{(1)} > a) = 1 - F_1(a) = e^{-n\lambda a}$$

由 $(4.3.3)$ 式知，$X_{(n)}$ 的分布函数为

$$F_n(x) = [F(x)]^n = [1 - e^{-\lambda x}]^n, \qquad x > 0$$

故

$$P(X_{(n)} < b) = F_n(b) = (1 - e^{-\lambda b})^n$$

例 4.3.3　设 $X_1, X_2, \cdots, X_n$ 是取自 $[0,1]$ 上均匀分布的样本，求第 k 个次序统计量

$X_{(k)}$ 的期望。

解：先求 $X_{(k)}$ 的概率密度函数。由于总体 $X \sim U(0,1)$，因此总体的密度函数为

$$p(x) = \begin{cases} 1, & 0 \leqslant x \leqslant 1 \\ 0, & \text{其他} \end{cases}$$

其分布函数

$$F(x) = \begin{cases} 0, & x < 0 \\ x, & 0 \leqslant x \leqslant 1 \\ 1, & x > 1 \end{cases}$$

由(4.3.1)式可知 $X_{(k)}$ 的密度函数为

$$p_k(x) = \frac{n!}{(k-1)!\,(n-k)!} x^{k-1}(1-x)^{n-k}, \qquad 0 < x < 1$$

这是贝塔分布 $Be(k, n-k+1)$ 的密度函数,故其期望为

$$E(X_{(k)}) = \frac{k}{n+1}$$

下面讨论两个次序统计量的联合密度函数,这里仅给出一个特例。

(2) $X_{(1)}$ 与 $X_{(n)}$ 的联合密度函数

$$p(y_1, y_n) = n(n-1)p(y_1)[F(y_n) - F(y_1)]^{n-2}p(y_n),$$
$$a \leqslant y_1 \leqslant y_n \leqslant b \qquad (4.3.6)$$

其中 a 可为 $-\infty$, b 可为 $+\infty$。

证：我们知道 $X_{(1)}$ 与 $X_{(n)}$ 的联合密度函数可定义为

$$p(y_1, y_n) = \lim_{\Delta y_1 \to 0, \Delta y_n \to 0} \frac{P(y_1 < X_{(1)} \leqslant y_1 + \Delta y_1, y_n < X_{(n)} \leqslant y_n + \Delta y_n)}{\Delta y_1 \cdot \Delta y_n},$$
$$a \leqslant y_1 \leqslant y_n \leqslant b$$

而事件"$y_1 < X_{(1)} \leqslant y_1 + \Delta y_1, y_n < X_{(n)} \leqslant y_n + \Delta y_n$"等价于"容量为 n 的样本中有一个落在区间 $(y_1, y_1 + \Delta y_1]$ 中,一个落在 $(y_n, y_n + \Delta y_n]$ 中,其余 $n-2$ 个落在 $(y_1 + \Delta y_1, y_n]$ 内",该事件的概率为

$$\frac{n!}{1!\,(n-2)!\,1!}[F(y_1 + \Delta y_1) - F(y_1)] \cdot$$
$$[F(y_n) - F(y_1 + \Delta y_1)]^{n-2}[F(y_n + \Delta y_n) - F(y_n)]$$

由 $F(x)$ 的可微性,可知当 $\Delta y_1 \to 0$ 时, $\dfrac{F(y_1 + \Delta y_1) - F(y_1)}{\Delta y_1} \to p(y_1)$, 当 $\Delta y_n \to 0$ 时,

$\dfrac{F(y_n + \Delta y_n) - F(y_n)}{\Delta y_n} \to p(y_n)$, 将其代入 $p(y_1, y_n)$ 的表达式中便得

$$p(y_1, y_n) = n(n-1)p(y_1)[F(y_n) - F(y_1)]^{n-2}p(y_n)$$

由 $X_{(1)}$ 与 $X_{(n)}$ 的联合密度函数,可求出称为"极差"的一种统计量的分布,这将在下一小段讨论。

下面我们转入讨论与次序统计量有关的常用统计量。

4.3.3　样本极差

定义 4.3.2　样本最大次序统计量与样本最小次序统计量之差称为**样本极差**,简称**极差**,常用 R 表示。

如果样本容量为 n,则样本极差

$$R = X_{(n)} - X_{(1)} \tag{4.3.7}$$

在有些书上也称极差为全距,它表示样本取值范围的大小,也反映了总体取值分散与集中的程度。一般说来,若总体的标准差 σ 较大,从中取出的样本的极差也会大一些;若总体的标准差 σ 较小,那么从中取出的样本的极差也会小一些。反过来也如此,若样本极差较大,表明总体取值较分散,那么相应总体的标准差也较大;若样本极差较小,则总体取值相对集中一些,从而该总体的标准差较小,图 4.3.2 显示了这一现象。

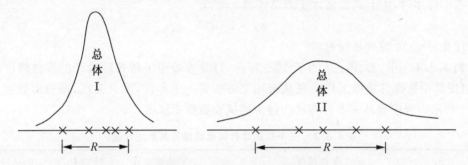

图 4.3.2　样本(用 × 表示) 极差反映总体分散程度

在实际中极差常在小样本($n \leqslant 10$) 的场合使用,而在大样本场合很少使用。这是因为极差仅使用了样本中两个极端点的信息,而把中间的信息都丢弃了,当样本容量越大时,丢弃的信息也就越多,从而留下的信息过少,其使用价值就不大了。

当总体分布为 $N(\mu, \sigma^2)$ 时,由 (4.3.6) 式可求出容量为 n 时的样本极差 $R_n = X_{(n)} - X_{(1)}$ 的密度函数为

$$g(x) = \frac{n(n-1)}{2\pi\sigma^2} \int_{-\infty}^{\infty} \left[\varPhi\left(\frac{y+x-\mu}{\sigma}\right) - \varPhi\left(\frac{y-\mu}{\sigma}\right) \right]^{n-2} e^{-\frac{(y+x-\mu)^2}{2\sigma^2} - \frac{(y-\mu)^2}{2\sigma^2}} \mathrm{d}y,$$
$$x > 0 \tag{4.3.8}$$

其中 $\varPhi(\cdot)$ 为标准正态分布的分布函数。此时 R_n 的数学期望为

$$ER_n = d_n \sigma \tag{4.3.9}$$

这里

$$d_n = \frac{n(n-1)}{2\pi} \int_0^{\infty} u \int_{-\infty}^{\infty} [\varPhi(u+v) - \varPhi(v)]^{n-2} e^{-\frac{(u+v)^2+v^2}{2}} \mathrm{d}v \mathrm{d}u$$

是一个仅与 n 有关的常数,通过数值积分可求得在不同 n 下的值(见表 4.3.2)。

表 4.3.2　参数 d_n 的数值表

n	d_n	n	d_n
2	1.128	14	3.407
3	1.693	15	3.472
4	2.059	16	3.532
5	2.326	17	3.588
6	2.534	18	3.640
7	2.704	19	3.689
8	2.847	20	3.735
9	2.970	21	3.778
10	3.078	22	3.879
11	3.173	23	3.858
12	3.258	24	3.895
13	3.336	25	3.931

由于极差含有总体标准差的信息,在正态总体场合,又有(4.3.9)式,因此统计学家建议在小样本时,用下式去估计正态总体的 σ,记为

$$\hat{\sigma}_R = R/d_n \tag{4.3.10}$$

此估计在 $n \leqslant 10$ 时效果较好。

例 4.3.4　甲、乙、丙三厂生产同一零件,订货方希望了解各厂生产的零件强度的差异,以便从中选择订货的工厂。现从市场上各购买 4 个零件,测其强度,测得的数据如表 4.3.3 所示。强度服从正态分布已为过去的试验数据所证实。

表 4.3.3　三个厂的零件强度数据及基本统计量

工厂	零件强度				平均强度 $\bar{x}$	极差 R	σ 的估计 $\hat{\sigma}_R$
甲	115	116	98	83	103	33	16.0
乙	103	107	118	116	111	15	7.3
丙	73	89	85	97	86	24	11.7

根据表 4.3.3 的数据,可求得甲厂的平均强度与极差分别为

$$\bar{x} = \frac{1}{4}(115 + 116 + 98 + 83) = 103$$

$$R = 116 - 83 = 33$$

利用公式(4.3.10)可求得 σ 的估计值,由表 4.3.2 查得 $n = 4$ 时 $d_n = 2.059$,故

$$\hat{\sigma}_R = 33/2.059 = 16.0$$

对乙厂和丙厂的强度数据亦可类似计算,所有计算结果都列在表 4.3.3 右侧三列。

从计算结果看,乙厂的平均强度最高($\bar{x} = 111$),而标准差最小($\hat{\sigma}_R = 7.3$)。另两个厂的零件强度都不理想,甲厂的零件强度的标准差过大,表明该厂生产不稳定,这从它的 4 个强度数据很分散即可看出,丙厂的零件强度的平均值过小。相比之下:甲厂与丙厂的零件质量差,不宜订货。

从表 4.3.3 右侧所列的三个基本统计量(平均强度 $\bar{x}$,极差 R,σ 的估计 $\hat{\sigma}_R$)可以清楚

地看出三个厂生产的零件的优劣,这便是统计量的作用。

从上面的例子可见,用(4.3.10)式从极差去估算标准差很方便,但极差也有缺点,这便是它极易受个别异常值(又称离群值)的干扰。

例 4.3.5　砖的抗压强度(单位:MPa)服从正态分布已被证实,对一批将交付客户的砖,从中随机抽取 10 个样品,测得砖的抗压强度为(已排序)

$$4.7\quad 5.4\quad 6.0\quad 6.5\quad 7.3\quad 7.7\quad 8.2\quad 9.0\quad 10.1\quad 17.2$$

可求得这个样本的极差

$$R = 17.2 - 4.7 = 12.5$$

从而标准差的估计为

$$\hat{\sigma}_R = 12.5/3.078 = 4.06$$

后经检查发现,样本中的异常值 17.2 属抄录之误,原始记录为 11.2,把 17.2 改正为 11.2 后,新数据对应的极差与标准差的估计分别为:

$$R = 11.2 - 4.7 = 6.5$$

$$\hat{\sigma}_R = 6.5/3.078 = 2.11$$

这时极差与标准差都缩小了将近一半,可见个别异常值对极差的影响是很大的。这便是样本极差这一统计量的缺点 —— 易受异常值的干扰,因此在使用中要加以注意。

4.3.4　样本中位数与 p 分位数

定义 4.3.3　样本按大小次序排列后处于中间位置上的统计量称为**样本中位数**,常用 m_d 表示。

设 $X_1, X_2, \cdots, X_n$ 是来自某总体的一个样本,其次序统计量记为 $X_{(1)} \leqslant X_{(2)} \leqslant \cdots \leqslant X_{(n)}$,则

$$m_d = \begin{cases} X_{(\frac{n+1}{2})}, & n \text{ 为奇数} \\ \dfrac{1}{2}\left[X_{(\frac{n}{2})} + X_{(\frac{n}{2}+1)} \right], & n \text{ 为偶数} \end{cases} \tag{4.3.11}$$

例 4.3.6　设容量为 5 的样本观察值为 3,5,7,9,11,则样本中位数 $m_d = 7$。如果增加一个样本观察值 15,那么样本中位数 $m_d = \dfrac{1}{2}(7+9) = 8$。

样本中位数的一个优点是受异常值的影响较小。譬如在例 4.3.5 中,无论最大值是 17.2 还是 11.2,其中位数都是 $m_d = \dfrac{1}{2}(7.3 + 7.7) = 7.5$。

样本中位数 m_d 表示在样本中有一半数据小于 m_d,另一半数据大于 m_d。譬如,某班级有 50 位同学,如果告诉我们该班学生身高的中位数是 1.69 米,那么可知该班级中一半学生的身高高于 1.69 米,另一半学生的身高低于 1.69 米。样本中位数反映了总体中位数的信息。

我们知道总体的数学期望 μ 与中位数 $x_{0.5}$ 都反映了总体的位置特征。当分布对称

时,譬如正态分布,则 $\mu = x_{0.5}$,但对偏态分布来讲,正偏的有 $\mu > x_{0.5}$,负偏的有 $\mu < x_{0.5}$。有了样本均值与样本中位数后,也可大致了解分布的形态。如果 $\bar{x} \approx m_d$,总体分布可能比较对称;如果 $\bar{x} > m_d$,那么总体分布可能为正偏的;而 $\bar{x} < m_d$ 时,总体分布可能为负偏的。

例 4.3.7 有位顾客要买房子,当地房地产经销商向他介绍房子时煞费苦心地告知:"这一带居民的平均年收入约为 15000 美元。"可能就是这一点使该顾客下了决心买下房子,住到这里,并记住了这个迷人的数字。一段时间后,周围居民向当局申请公共汽车费不要涨价,理由是:这一带居民的平均年收入只有 3500 美元,提高以后支付不起。他听到这个数字后,大吃一惊:"啊呀!哪个数字是真实的呢?"为此,该顾客做了些调查,惊讶地发现,这两个数字都是合法地计算出来的,两个数字所代表的都是同样的人同样的收入。那么误解是怎么产生的呢?问题就在于有些生意人在不同时机采用不同的平均数。"平均数"这个词的词义很广,它可以是均值,也可以是中位数。当地有一半居民年收入低于3500 美元,另一半居民年收入高于 3500 美元,特别是该地有三户是回来度周末的百万富翁,就是这几户使算术平均数大幅度上升。当你想要高数字时,就用 15000 美元,这是当地居民收入的算术平均数,而当你要小数字时,就用 3500 美元,这是当地居民收入的中位数。正因为居民年收入的分布不是对称的,而是正偏的,高收入部分的尾巴较长造成了算术平均数偏大(此例摘自 R. Huff《怎能利用统计撒谎》,中国统计出版社,1989)。

上面例子告诉我们,在人们告知"平均数"时应该搞清楚它指的究竟是什么。如果总体分布对称时,样本均值与样本中位数差不多,而当分布不对称时,必须搞清它指的是样本均值还是样本中位数。

定义 4.3.4 设 $X_1, X_2, \cdots, X_n$ 是来自某总体的一个样本,其次序统计量为 $X_{(1)} \leqslant X_{(2)} \leqslant \cdots \leqslant X_{(n)}$,样本的 **$p$ 分位数** m_p 是指由下式求得的统计量:

$$m_p = \begin{cases} X_{(k)}, & \dfrac{k}{n+1} = p \\ X_{(k)} + [X_{(k+1)} - X_{(k)}][(n+1)p - k], & \dfrac{k}{n+1} < p < \dfrac{k+1}{n+1} \end{cases} \tag{4.3.12}$$

不难看出,(4.3.12)式中的 k 是不超过 $(n+1)p$ 的最大整数,$0 < p < 1$。

样本的 p 分位数 m_p 表示容量为 n 的样本中约有 np 个数小于 m_p,它也是一种表示位置信息的统计量。

例 4.3.8 设从总体 X 中抽取了容量为 $n = 99$ 的样本 $X_1, X_2, \cdots, X_{99}$,则 $p = 0.1$ 的分位数 $m_{0.1} = X_{(10)}$,这是因为 $\dfrac{10}{n+1} = \dfrac{10}{100} = 0.1$,故 $k = 10$。如果样本容量为 100,则由于 $\dfrac{10}{101} < 0.1 < \dfrac{11}{101}$,故 $m_{0.1} = X_{(10)} + (X_{(11)} - X_{(10)})[101 \times 0.1 - 10] = 0.9 X_{(10)} + 0.1 X_{(11)}$,它是两个相邻次序统计量的加权平均。

$p = 0.5$ 时,m_p 即为样本中位数 m_d。另外,在描述数据位置时常用到四分位数,即 $p = 0.25$ 与 $p = 0.75$ 的分位数 $m_{0.25}$ 与 $m_{0.75}$,并常将它们记为 Q_1 与 Q_3,分别称它们为**第一四分位数**与**第三四分位数**,它反映了有 $\dfrac{1}{4}$ 的数据小于 Q_1,有 $\dfrac{1}{4}$ 的数据大于 Q_3,而有一半数据介于Q_1与Q_3之间。在统计推断中常要用到$p=0.01,0.05,0.1$与$0.9,0.95,0.99$等对应的分位数。

为求样本p分位数,首先要对数据进行排序,然后才能利用(4.3.12)式来求m_p。如果容量为n的样本能给出 §4.1 中所述的茎叶图,那么用来求m_p就十分方便。

例 4.3.9　对例 4.1.7 中给出的样本求$x_{(1)},x_{(n)},m_d,Q_1$与Q_3。

解:由于在例 4.1.7 中已对数据作了茎叶图,实际上便是对数据进行了排序,由图 4.1.8 可知数据从小到大排序后为:

26.9　27.2　27.6　27.9　27.9　27.9　28.0　28.0　28.3　28.4

28.5　28.7　28.7　29.1　29.5　29.6　29.8　29.9　30.0　30.1

因而

$$x_{(1)}=26.9, \quad x_{(n)}=x_{(20)}=30.1$$

$$m_d=\frac{1}{2}[x_{(10)}+x_{(11)}]=\frac{1}{2}[28.4+28.5]=28.45$$

又由于$\dfrac{5}{21}<0.25<\dfrac{6}{21}$,　$\dfrac{15}{21}<0.75<\dfrac{16}{21}$,故

$$Q_1=x_{(5)}+(x_{(6)}-x_{(5)})(21\times 0.25-5)$$
$$=27.9+(27.9-27.9)\times 0.25=27.9$$
$$Q_3=x_{(15)}+(x_{(16)}-x_{(15)})(21\times 0.75-15)$$
$$=29.5+(29.6-29.5)\times 0.75=29.575$$

4.3.5　箱线图

有了次序统计量后,常用箱线图来反映样本提供的有关总体的信息。

画箱线图要用到五个次序统计量(又称五数概括):$x_{(1)},Q_1,m_d,Q_3,x_{(n)}$,其示意图见图 4.3.3。在数轴上方,$Q_1$与$Q_3$间画上一个矩形,矩形中间的竖线表示中位数,矩形外画两条线段分别终于$x_{(1)}$与$x_{(n)}$处。

图 4.3.3　箱线图的示意图

例 4.3.10　对例 4.3.9 的样本数据作箱线图。

解:由例 4.3.9 求得的数据,可以方便地画出箱线图,见图 4.3.4。

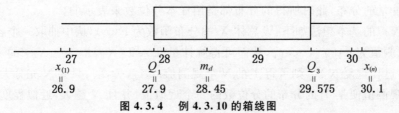

图 4.3.4　例 4.3.10 的箱线图

从箱线图可以形象地看出样本的如下特性：

（1）中心位置：中位数 m_d 所在位置即为样本中心，从 $x_{(1)}$ 到 m_d 和从 m_d 到 $x_{(n)}$ 各占样本量的一半；

（2）散布情况：全部样本位于 $[x_{(1)}, x_{(n)}]$ 内，若将样本等分成四份的话，那么在 $[x_{(1)}, Q_1]$，$[Q_1, m_d]$，$[m_d, Q_3]$，$[Q_3, x_{(n)}]$ 各占 1/4。各区间较短时，特别是 $[x_{(1)}, x_{(n)}]$ 与 $[Q_1, Q_3]$ 较短时，表示样本较集中，反之就较为分散。

（3）偏度：如果矩形位于中间位置，中位数又位于矩形的中间位置，则分布较为对称，否则是偏态分布。如果矩形偏于左端（或右端），中位数偏于矩形左端（或右端），可知分布是正偏（或负偏），此时右尾（或左尾）较长。

（4）离群值：记 $IQR = Q_3 - Q_1$，若有观察值大于 $Q_3 + 1.5IQR$（或小于 $Q_1 - 1.5IQR$）时，这些点将标以"×"，称这些点为离群值，而直线段终于小于 $Q_3 + 1.5IQR$ 的最大值点（或大于 $Q_1 - 1.5IQR$ 的最小值点）。（见图 4.3.5）。

由于从箱线图上可看出样本分布的一些特性，因此常将几个同类的样本数据画在同一坐标轴上以便进行比较。

例 4.3.11 设有两个教学班，各有 50 名学生，A 班用新方法组织教学，B 班用传统方法组织教学，现得期末考试成绩的如下次序统计量：

	$x_{(1)}$	Q_1	m_d	Q_3	$x_{(n)}$
A 班	44	66.5	75	81	96
B 班	35	56	65	83	100

将这两组数据的箱线图画在同一坐标轴上，见图 4.3.5。从图上直观地看出：使用新教学方法的 A 班成绩明显高于 B 班，且学生成绩间的差距缩小了；但对于成绩优秀的学生来讲还是 B 班略多一些，可能新老教学方法对成绩好的学生效果差不多。

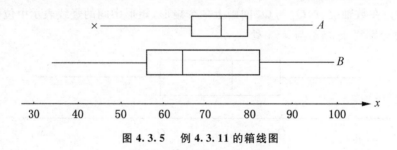

图 4.3.5　例 4.3.11 的箱线图

*4.3.6　用随机模拟方法寻找统计量的近似分布

有些统计量的抽样分布难以用精确方法获得，在一些情况中可以用随机模拟的方法来寻找统计量的分布，此时所得的分布都是用样本分位数来表示的。

随机模拟的基本想法如下：设总体 X 的分布函数为 $F(x)$，从中抽取一个容量为 n 的样本，其观测值为 $x_1, x_2, \cdots, x_n$，从而可得统计量 $T = T(X_1, X_2, \cdots, X_n)$ 的一个观测值 t。将上述过程重复 N 次，则可得 T 的 N 个观测值 $t_1, t_2, \cdots, t_N$，只要 N 充分大，那么样本分位数的观测值便是 T 的分布的分位数的一个近似值，并且 N 越大，近似程度越好，因而

可将它作为 T 的分位数。当改变样本容量 n 时,则可得到不同容量 n 下,T 的分布的分位数。

利用随机模拟方法研究统计量的分布的关键在于如何产生分布 $F(x)$ 的容量为 n 的样本。这一点并不是在任何分布场合都能做到的,即使有可能,也将随 $F(x)$ 的具体形式而定,下面的例子会给我们启发。

例 4.3.12　用随机模拟方法求来自正态总体 $N(\mu,\sigma^2)$ 的样本峰度 KU 的分布。

理论上已经证明 KU 的渐近分布是 $N(0,24)$,由于其收敛速度很慢,要对很大的 n 才能应用,因而这一渐近分布的应用价值不大。下面用随机模拟方法来求不同 n 下 KU 分布的分位数。为此需要做两项准备工作。

进行随机模拟的首要问题是要产生 KU 的 N 个观测值。由于总体 $N(\mu,\sigma^2)$ 中含未知参数 μ 与 σ^2,因而无法产生 $N(\mu,\sigma^2)$ 的随机数,这时需要借用分布的性质,首先把问题转化为可以大量产生随机数的分布。幸好这里可以转化为标准正态分布。

当 $X^* \sim N(0,1)$ 时,记其样本峰度为 KU^*,可以证明 $KU^*=KU$。这是因为若令 $X_i^* = \dfrac{X_i-\mu}{\sigma}, i=1,2,\cdots,n$,则有

$$\overline{X}^* = \frac{1}{n}\sum_{i=1}^n \frac{X_i-\mu}{\sigma} = \frac{\overline{X}-\mu}{\sigma}$$

故 $X_i^* - \overline{X}^* = \dfrac{X_i-\mu}{\sigma} - \dfrac{\overline{X}-\mu}{\sigma} = \dfrac{X_i-\overline{X}}{\sigma}$,从而

$$KU^* = \frac{\dfrac{1}{n}\sum_{i=1}^n (X_i^*-\overline{X}^*)^4}{\left[\dfrac{1}{n}\sum_{i=1}^n (X_i^*-\overline{X}^*)^2\right]^2} - 3 = \frac{\dfrac{1}{n}\sum_{i=1}^n \left(\dfrac{X_i-\overline{X}}{\sigma}\right)^4}{\left[\dfrac{1}{n}\sum_{i=1}^n \left(\dfrac{X_i-\overline{X}}{\sigma}\right)^2\right]^2} - 3$$

$$= \frac{\dfrac{1}{n}\sum_{i=1}^n (X_i-\overline{X})^4}{\left[\dfrac{1}{n}\sum_{i=1}^n (X_i-\overline{X}^2)^2\right]^2} - 3 = KU$$

因而求 KU 的观察值时可利用标准正态分布 $N(0,1)$ 的随机数。

此外,为产生 $N(0,1)$ 的观测值(称为随机数),可利用 $(0,1)$ 上均匀分布的随机数 u。设 $U_1,U_2,\cdots,U_{12}$ 是取自 $(0,1)$ 上均匀分布的容量为 12 的样本,则

$$E\left(\sum_{i=1}^{12} U_i - 6\right) = 0, \quad \mathrm{Var}\left(\sum_{i=1}^{12} U_i - 6\right) = 1$$

由中心极限定理知,$\sum_{i=1}^{12} U_i - 6$ 近似服从 $N(0,1)$ 分布,故设 $u_1,u_2,\cdots,u_{12}$ 是 $(0,1)$ 上均匀分布的随机数时,将 $\sum_{i=1}^{12} u_i - 6$ 作为 $N(0,1)$ 的一个观察值。其实产生 $N(0,1)$ 随机数还有许多方法,有兴趣的读者可参看徐钟济编著的《蒙特卡罗方法》一书。

有了上述两项准备,用随机模拟方法求 KU 的分位数的步骤如下:

（1）产生 12 个 $(0,1)$ 上均匀分布的随机数 $u_1,u_2,\cdots,u_{12}$，令 $x = \sum\limits_{i=1}^{12} u_i - 6$。

（2）将上述过程（1）重复 n 次，则产生了 n 个 $N(0,1)$ 的随机数 $x_1,x_2,\cdots,x_n$。

（3）计算

$$KU = \frac{\dfrac{1}{n}\sum\limits_{i=1}^{n}(x_i - \bar{x})^4}{\left[\dfrac{1}{n}\sum\limits_{i=1}^{n}(x_i - \bar{x})^2\right]^2} - 3$$

则得到 KU 的一个观测值，记为 $KU^{(1)}$。

（4）重复（1）～（3）N 次，可得 KU 的 N 个观察值

$$KU^{(1)}, KU^{(2)}, \cdots, KU^{(N)}$$

这里 N 是一个相当大的值，最好在 10000 以上。

（5）将 KU 的 N 个值排序，找出 $p=0.01, 0.05, 0.10, \cdots$ 的分位数。

（6）改变样本容量 n，重复上述过程（1）～（5），可得不同 n 下 KU 的各种分位数。

表 4.3.4 列出了 $N=10000$，样本容量 n 为 15,20,25 时 KU 的分位数。

表 4.3.4　正态总体样本峰度 KU 的分位数（$N=10000$ 的模拟结果）

概率 p ＼ 样本容量 n	15	20	25
0.01	-1.468	-1.360	-1.272
0.05	-1.278	-1.164	-1.081
0.10	-1.158	-1.045	-0.962
0.90	0.629	0.668	0.651
0.95	1.124	1.131	1.106
0.99	2.247	2.306	2.318

表 4.3.4 中的随机模拟结果表现出很强的规律性，是可信的。

习题 4.3

1. 设总体 X 以等概率取四个值 $0,1,2,3$，现从中获得一个容量为 3 的样本。

（1）求 $X_{(1)}$ 与 $X_{(3)}$ 的分布列；

（2）求 $(X_{(1)}, X_{(3)})$ 的联合分布列；

（3）$X_{(1)}$ 与 $X_{(3)}$ 相互独立吗？

2. 设总体 X 的概率密度函数为

$$p(x) = 3x^2, \quad 0 \leqslant x \leqslant 1$$

从中获得一个容量为 5 的样本 $X_1, X_2, \cdots, X_5$，试分别求 $X_{(1)}$ 与 $X_{(5)}$ 的概率密度函数。

3. 设总体 X 服从二参数威布尔分布，其分布函数为

$$F(x) = 1 - e^{-(x/\eta)^m}, x > 0$$

其中 $m > 0$ 为形状参数，$\eta > 0$ 为尺度参数。从中获得样本 $X_1, X_2, \cdots, X_n$，试证 $Y = \min(X_1, X_2, \cdots, X_n)$ 仍服从二参数威布尔分布，并指出其形状参数和尺度参数。

4. 设某电子元件寿命服从参数 $\lambda = 0.0015$ 的指数分布，其分布函数为

$$F(x) = 1 - e^{-\lambda x}, x > 0$$

今从中随机抽取 6 个元件，测得其寿命 $X_1, X_2, \cdots, X_6$，试求下列事件的概率：

(1) 到 800 小时没有一个元件失效；

(2) 到 3000 小时所有元件都失效。

5. 设从某正态总体 $N(\mu, \sigma^2)$ 抽取的容量为 10 的样本的观察值为

　344　336　345　342　340　338　344　343　344　343

求其样本极差 R 和标准差的估计 $\hat{\sigma}_R$。

6. 在习题 4.1.3 中给出了一组工人合作完成某一部件的装配工序所需的时间（单位：分钟）如下，试作箱线图。

35	38	44	33	44	43	48	40	45	30
45	32	42	39	49	37	45	37	36	42
31	41	45	46	34	30	43	37	44	49
36	46	32	36	37	37	45	36	46	42
38	43	34	38	47	35	29	41	40	41

7. 某轴的尺寸规定为 $\phi 50^{+0.035}_{-0.000}$ mm，即该轴的标准尺寸为 50mm，允许范围为 50.000 ~ 50.035mm 之间，现从所加工的轴中随机抽取 100 根，测定其与 50 之差，结果如下：（单位：0.001mm）

23	16	14	20	27	19	17	17	16	17
14	9	11	14	11	17	13	19	17	20
20	16	16	11	24	21	27	5	17	20
16	17	16	16	14	22	13	14	26	19
20	16	15	9	17	8	19	14	8	19
22	21	0	9	3	20	14	6	11	12
20	9	12	20	10	16	10	19	13	15
14	13	25	14	9	16	8	16	7	8
5	13	9	16	19	14	29	18	14	18
12	10	26	17	8	16	27	7	15	13

(1) 画出茎叶图；

(2) 把此样本加工为分组样本（组数为 10），并给出频数和频率分布表，画出直方图；

(3) 求下列样本的特征量：均值、标准差、中位数、第一、第三四分位数、极差、偏度、峰度；

(4) 画出箱线图；

(5) 由上述各种图形与样本特征量，对该批数据的特征作一概述。

8. 用四种不同的方法测量某种纸的光滑度数据如下表所示，请在同一坐标系中作四个箱线图，从中可以看出什么？

习题 4.3.8 的数据表

方法	光滑度							
A	38.7	41.5	43.8	44.5	45.5	46.0	47.7	58.0
B	39.2	39.3	39.7	41.4	41.8	42.9	43.3	45.8
C	34.0	35.0	39.0	40.0	43.0	43.0	44.0	45.0
D	34.0	34.8	34.8	35.4	37.2	37.8	41.2	42.8

9. 用随机模拟方法求来自总体 $N(\mu, \sigma^2)$ 的容量为 $n=20$ 的样本偏度 SK 的 0.10 与 0.90 分位数，写出模拟计算的步骤。

10. 设总体分布为 $N(\mu, \sigma^2)$，从中抽取容量为 n 的样本 $X_1, X_2, \cdots, X_n$，记统计量

$$G = \frac{X_{(n)} - \overline{X}}{S}$$

其中 $\overline{X} = \frac{1}{n}\sum_{i=1}^{n} X_i, S = \sqrt{\frac{1}{n-1}\sum_{i=1}^{n}(X_i - \overline{X})^2}$。拟用随机模拟方法求 $n=10$ 时 G 的 $p=0.95$ 的分位数，设随机模拟次数为 10000 次，写出模拟计算的步骤。

第五章

参数估计

本书所指的**参数**有以下几种：

- 总体分布 $F(x;\theta)$ 中所含参数 θ（可以是向量）及其函数；
- 总体分布的均值、方差、标准差、相关系数等特征数；
- 各种事件的概率。

对这些参数要精确确定它是困难的，因而我们只能通过样本所提供的信息对它作出某种估计。例如每升汽油行驶的里程数是服从正态分布的，但其均值 μ 与方差 σ^2 未知，为此我们从中抽取了一个样本，用样本对 μ 与 σ^2 作出估计。这便是本章所要讨论的参数估计问题，它是实际中最常见的一类统计推断问题。

在本章中，设 θ 是总体的一个待估参数，θ 的一切可能取值构成的参数空间记为 Θ。$X_1, X_2, \cdots, X_n$ 为从总体中抽取的一个容量为 n 的样本，其观测值记为 $x_1, x_2, \cdots, x_n$。

参数估计的形式有两种：点估计与区间估计。

在参数的点估计中，是要构造一个统计量 $\hat{\theta} = \hat{\theta}(X_1, X_2, \cdots, X_n)$，然后用 $\hat{\theta}$ 去估计 θ，称 $\hat{\theta}$ 为 θ 的**点估计**或**估计量**，简称**估计**，将样本观测值代入后便得到了 θ 的一个点估计值 $\hat{\theta}(x_1, x_2, \cdots, x_n)$，在不致混淆的情况下均用 $\hat{\theta}$ 表示。

在参数的**区间估计**中，是要构造两个统计量 $\hat{\theta}_L$ 与 $\hat{\theta}_U$，且 $\hat{\theta}_L < \hat{\theta}_U$，然后以区间 $[\hat{\theta}_L, \hat{\theta}_U]$ 的形式给出未知参数 θ 的估计，事件"区间 $[\hat{\theta}_L, \hat{\theta}_U]$ 含有 θ"的概率称为置信水平。

本章将先讨论获得点估计的两种常用方法，它们是矩法估计与极大似然估计，并讨论评价估计量好坏的标准，然后再讨论区间估计问题，最后对贝叶斯点估计与区间估计作一简单介绍。

§5.1 矩法估计

1900 年英国统计学家 K. Pearson 提出了一个替换原则：用样本矩去替换总体矩，后来人们就称此为**矩法估计**。

5.1.1 矩法估计

矩法估计的基本点是"替代"思想，具体是：**用样本矩估计总体矩，用样本矩的相应函数估计总体矩的函数**。

设 $X_1, X_2, \cdots, X_n$ 是来自某总体 X 的一个样本，则样本的 k 阶原点矩为

$$A_k = \frac{1}{n} \sum_{i=1}^{n} X_i^k, \quad k=1,2,\cdots$$

如果总体 X 的 k 阶原点矩 $\mu_k = E(X^k)$ 存在，则用 A_k 去估计 μ_k，记为

$$\hat{\mu}_k = A_k$$

例 5.1.1 设总体 $X \sim b(1,p)$，从中获得样本 $X_1,X_2,\cdots,X_n$，由于 $E(X)=p$，故 p 的矩法估计为

$$\hat{p} = A_1 = \overline{X}$$

设样本的观察值为 $x_1,x_2,\cdots,x_n$，那么每一个 x_i 不是 0 便是 1，从而 $\hat{p}$ 的观察值便是

$$\hat{p} = \bar{x} = \frac{1}{n} \sum_{i=1}^{n} x_i = \frac{x_1,\cdots,x_n \ \text{中 1 的个数}}{n}$$

这便是频率。

例 5.1.2 设总体 X 具有方差 σ^2，从总体中获得样本 $X_1,X_2,\cdots,X_n$，由于

$$\sigma^2 = \mathrm{Var}(X) = E(X^2) - (EX)^2 = \mu_2 - \mu_1^2$$

那么分别用 A_2 估计 μ_2，A_1 估计 μ_1，从而其函数 σ^2 的矩法估计为

$$\hat{\sigma}^2 = A_2 - A_1^2 = \frac{1}{n}\sum_{i=1}^{n} X_i^2 - \left(\frac{1}{n}\sum_{i=1}^{n} X_i\right)^2 = \frac{1}{n}\sum_{i=1}^{n}(X_i - \overline{X})^2$$

这便是样本的二阶中心矩 B_2，而 $\mathrm{Var}(X)$ 是总体的二阶中心矩 ν_2，故

$$\hat{\nu}_2 = B_2$$

一般当总体的 k 阶中心矩 ν_k 存在时，其矩法估计为样本的 k 阶中心矩 B_k，即

$$\hat{\nu}_k = B_k$$

譬如，总体偏度 β_s 的矩法估计为 $\hat{\beta}_s = \dfrac{\hat{\nu}_3}{(\hat{\nu}_2)^{3/2}} = \dfrac{B_3}{B_2^{3/2}}$，总体峰度 β_k 的矩法估计为 $\hat{\beta}_k = \dfrac{\hat{\nu}_4}{\hat{\nu}_2^2}$ $-3 = \dfrac{B_4}{B_2^2} - 3$。

矩法估计的优点是不要求知道总体的分布，因而矩法估计获得了广泛的应用。

5.1.2 分布中未知参数的矩法估计

当总体分布类型已知，但含有未知参数时，有时也可用矩法获得未知参数的估计。

设总体 X 的分布函数中含有 k 个未知参数 $\theta_1,\theta_2,\cdots,\theta_k$，且分布的前 k 阶矩存在，它们都是 $\theta_1,\theta_2,\cdots,\theta_k$ 的函数，此时求 $\theta_j(j=1,2,\cdots,k)$ 的矩法估计的具体步骤如下：

（1）先求总体的前 k 阶矩，记 $E(X^j)=\mu_j$，$j=1,2,\cdots,k$，并假定

$$\mu_j = g_j(\theta_1,\theta_2,\cdots,\theta_k), \quad j=1,2,\cdots,k \tag{5.1.1}$$

（2）解方程组（5.1.1）得

$$\theta_i = h_i(\mu_1, \mu_2, \cdots, \mu_k), \quad i = 1, 2, \cdots, k \tag{5.1.2}$$

（如果可能求解的话）

（3）在（5.1.2）式中，用 A_j 代替 μ_j，$j = 1, 2, \cdots, k$，则得 $\theta_1, \theta_2, \cdots, \theta_k$ 的矩法估计为

$$\hat{\theta}_i = h_i(A_1, A_2, \cdots, A_k), \quad i = 1, 2, \cdots, k \tag{5.1.3}$$

（4）如果有样本观察值，则将它们代入（5.1.3）式得 $\theta_1, \theta_2, \cdots, \theta_k$ 的估计值。

有时为方便起见，在（5.1.1）或（5.1.2）式中会出现总体的中心矩 ν_j 等，这时可用 B_j 代替 ν_j。

例 5.1.3 设 $X_1, X_2, \cdots, X_n$ 是来自均匀分布 $U(a, b)$ 的一个样本，试求 a, b 的矩法估计。

解：（1）由于总体 $X \sim U(a, b)$，则

$$\mu_1 = E(X) = \frac{a+b}{2}, \quad \nu_2 = \mathrm{Var}(X) = \frac{(b-a)^2}{12}$$

（2）从上面两个方程可解得 a 与 b，由

$$\begin{cases} a + b = 2 \cdot \mu_1 \\ b - a = \sqrt{12\nu_2} \end{cases}$$

得

$$\begin{cases} a = \mu_1 - \sqrt{3\nu_2} \\ b = \mu_1 + \sqrt{3\nu_2} \end{cases}$$

（3）用 $A_1 = \overline{X}$ 与 $B_2 = S_n^2$ 分别替换 μ_1 与 ν_2，则得 a 与 b 的矩法估计为

$$\begin{cases} \hat{a} = \overline{X} - \sqrt{3S_n^2} = \overline{X} - \sqrt{3}\, S_n \\ \hat{b} = \overline{X} + \sqrt{3S_n^2} = \overline{X} + \sqrt{3}\, S_n \end{cases}$$

若从均匀总体 $U(a, b)$ 获得如下一个容量为 5 的样本：4.5, 5.0, 4.7, 4.0, 4.2，经计算有 $\bar{x} = 4.48$，$s_n = 0.3542$，于是可得 a 与 b 的矩法估计为

$$\hat{a} = 4.48 - 0.3542\sqrt{3} = 3.87$$

$$\hat{b} = 4.48 + 0.3542\sqrt{3} = 5.09$$

例 5.1.4 设 $X_1, X_2, \cdots, X_n$ 是来自 Γ 分布 $\Gamma(\alpha, \lambda)$ 的一个样本，试求 α, λ 的矩法估计。

解：（1）由于总体 $X \sim \Gamma(\alpha, \lambda)$，则

$$\mu_1 = E(X) = \frac{\alpha}{\lambda}, \quad \nu_2 = \mathrm{Var}(X) = \frac{\alpha}{\lambda^2}$$

（2）从上述方程组可解得

$$\alpha = \frac{\mu_1^2}{\nu_2}, \quad \lambda = \frac{\mu_1}{\nu_2}$$

（3）用 $\overline{X}$ 与 S_n^2 分别替换 μ_1 与 ν_2，则得 α 与 λ 的矩法估计为：

$$\hat{\alpha}=\frac{\overline{X}^2}{S_n^2}, \qquad \hat{\lambda}=\frac{\overline{X}}{S_n^2}$$

例 5.1.5 设样本 $X_1,X_2,\cdots,X_n$ 来自 $N(\mu,\sigma^2)$，μ 与 σ 未知，求 $p=P(X<1)$ 的估计。

解：（1）对正态分布来讲，$\mu=E(X)=\mu_1$，$\sigma^2=\mathrm{Var}(X)=\nu_2$。

（2）μ 与 σ 的矩法估计分别是 $\hat{\mu}=\overline{X}$，$\hat{\sigma}^2=S_n^2$。

（3）$p=P(X<1)=\Phi\left(\dfrac{1-\mu}{\sigma}\right)$，其矩法估计为 $\hat{p}=\Phi\left(\dfrac{1-\overline{X}}{S_n}\right)$。

譬如，我们从正态总体中获得一个容量 $n=25$ 的样本，由样本观察值得到样本均值与样本标准差分别为 $\bar{x}=0.95$，$s_n=0.04$，则 $p=P(X<1)$ 的估计为

$$\hat{p}=\Phi\left(\frac{1-\bar{x}}{s_n}\right)=\Phi\left(\frac{1-0.95}{0.04}\right)=\Phi(1.25)=0.8944$$

矩法估计的**优点**是其统计思想简单明确，易为人们接受，且在总体分布未知场合也可使用。它的**缺点**是不唯一，譬如泊松分布 $P(\lambda)$，由于其均值和方差都是 λ，因而可以用 $\overline{X}$ 去估计 λ，也可以用 S_n^2 去估计 λ，此时尽量使用低阶样本矩，用 $\overline{X}$ 去估计 λ，而不用 S_n^2 去估计 λ；此外样本各阶矩的观测值受异常值影响较大，从而不够稳健。

习题 5.1

1. 设样本 $X_1,X_2,\cdots,X_n$ 来自服从几何分布的总体 X，其分布列为

$$P(X=k)=p(1-p)^{k-1},k=1,2,\cdots$$

其中 p 未知，$0<p<1$，试求 p 的矩法估计。

2. 设样本 $X_1,X_2,\cdots,X_n$ 来自总体 X，其分布列为

$$P(X=k)=1/N, \ k=1,2,\cdots,N$$

其中 N 是正整数，为未知参数，试给出 N 的矩法估计。

3. 设总体 X 的密度函数为

$$p(X)=\begin{cases}\dfrac{2}{a^2}(a-x), & 0<x<a\\ 0, & \text{其他}\end{cases}$$

从中获得样本 $X_1,X_2,\cdots,X_n$，求 a 的矩法估计。

4. 设总体 X 的密度函数为

$$p(x)=\sqrt{\theta}\,x^{\sqrt{\theta}-1},0<x<1$$

从中获得样本 $X_1,X_2,\cdots,X_n$，求未知参数 $\theta(>0)$ 的矩法估计。

5. 甲、乙两个校对员彼此独立校对同一本书的样稿，校完后，甲发现了 A 个错字，乙发现了 B 个错字，其中共同发现的错字有 C 个，试用矩法估计给出总的错字个数及未被发现

的错字个数的估计。

6. 设总体 X 是用无线电测距仪测量距离的误差,它服从 (a,b) 上的均匀分布,在200次测量中,误差为 x_i 的有 n_i 次,具体见下表:

习题 5.1.6 的数据表

x_i	3	5	7	9	11	13	15	17	19	21
n_i	21	16	15	26	22	14	21	22	18	25

求 a,b 的矩法估计。(注:这里的测量误差为 x_i 是指测量误差在 $(x_i-1,x_i+1]$ 间的代表值)

§ 5.2 点估计优劣的评价标准

参数的点估计实质上是构造一个估计量去估计未知参数,上节讲的矩法估计是用各种矩去构造估计量的一种方法。对一个未知参数 θ,人们可以构造多个估计量去估计它,譬如,在上一节中提到,当总体 X 服从参数为 λ 的泊松分布时,由于 $E(X)=\lambda$,$\mathrm{Var}(X)=\lambda$,因此 λ 的矩法估计可以有两个:

$$\hat{\lambda}_1 = \overline{X}$$

$$\hat{\lambda}_2 = \frac{1}{n}\sum_{i=1}^{n}(X_i - \overline{X})^2$$

其实我们还可以用其他方法构造 λ 的多个估计,譬如用样本中位数 m_d,用 $\frac{1}{2}(X_{(1)} + X_{(n)})$ 等等。从而产生了一个问题:究竟用哪一个估计量去估计为好呢? 为此需要有评价估计好坏的标准,标准不同,答案也会有所不同。本节介绍几个常用准则。

5.2.1 无偏性

设 $\hat{\theta}_1$ 与 $\hat{\theta}_2$ 是 θ 的两个估计量,其概率密度函数如图 5.2.1 所示。从图中可见,$\hat{\theta}_1$ 的取值分布在待估参数 θ 的两侧,由样本求得的估计量的观察值与 θ 会有偏离,这种偏离有时大些,有时小些,有时为正,有时为负,但从平均意义上来讲,$E\hat{\theta}_1$ 与 θ 一致。而 $\hat{\theta}_2$ 的取值虽也分布在待估参数 θ 的两侧,但由样本求得的估计量的观察值与 θ 相比,小的多,大的少,从平均意义上讲,$E\hat{\theta}_2 < \theta$。

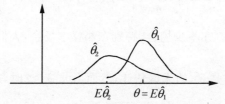

图 5.2.1 $\hat{\theta}_1$ 与 $\hat{\theta}_2$ 的概率密度曲线的示意图
($\hat{\theta}_1$ 是 θ 的无偏估计)

我们希望所得的估计 $\hat{\theta}$ 从平均意义上来讲与 θ 越接近越好,当其差值为0时便产生了无偏估计的概念。

定义 5.2.1 设 $\hat{\theta} = \hat{\theta}(X_1, X_2, \cdots, X_n)$ 是参数 θ 的估计量,如果

$$E\hat{\theta} = \theta \qquad \theta \in \Theta \tag{5.2.1}$$

则称 $\hat{\theta}$ 是 θ 的**无偏估计**,否则称为**有偏估计**。这里 Θ 是 θ 的参数空间。

例 5.2.1 设总体 X 具有 k 阶矩,$EX^k = \mu_k$,则样本的 k 阶原点矩 A_k 是 μ_k 的无偏估计。

证:从总体 X 中获得样本 $X_1, X_2, \cdots, X_n$,则由 $X_1, X_2, \cdots, X_n$ 独立同分布可知 $EX_i^k = \mu_k, i = 1, 2, \cdots, n$,从而

$$E(A_k) = E\left(\frac{1}{n}\sum_{i=1}^{n} X_i^k\right) = \frac{1}{n}\sum_{i=1}^{n} E(X_i^k) = \frac{1}{n}\sum_{i=1}^{n} \mu_k = \mu_k$$

所以 A_k 是 μ_k 的无偏估计。

例 5.2.2 设总体 X 具有二阶矩,$E(X) = \mu$,$\mathrm{Var}(X) = \sigma^2$,从中获得样本 $X_1, X_2, \cdots, X_n$,则 $\overline{X}$ 是 μ 的无偏估计,但 S_n^2 不是 σ^2 的无偏估计,而 S^2 是 σ^2 的无偏估计。

证:由例 5.2.1 可知当 $k = 1$ 时,$A_1 = \overline{X}$ 是 μ 的无偏估计。下求 $E(S_n^2)$。

由于

$$S_n^2 = \frac{1}{n}\sum_{i=1}^{n}(X_i - \overline{X})^2 = \frac{1}{n}\sum_{i=1}^{n} X_i^2 - \overline{X}^2$$

为求 $E(S_n^2)$,先求 EX_i^2 与 $E\overline{X}^2$:

$$EX_i^2 = \mathrm{Var}(X_i) + (EX_i)^2 = \sigma^2 + \mu^2, \quad i = 1, 2, \cdots, n$$

$$E\overline{X}^2 = \mathrm{Var}(\overline{X}) + (E\overline{X})^2 = \frac{\sigma^2}{n} + \mu^2$$

代入得:

$$E(S_n^2) = \frac{1}{n}\sum_{i=1}^{n}(\sigma^2 + \mu^2) - \left(\frac{\sigma^2}{n} + \mu^2\right) = \frac{n-1}{n}\sigma^2 \neq \sigma^2$$

因而 S_n^2 不是 σ^2 的无偏估计。

又

$$E(S^2) = E\left(\frac{nS_n^2}{n-1}\right) = \frac{n}{n-1} \cdot E(S_n^2) = \frac{n}{n-1} \cdot \frac{n-1}{n}\sigma^2 = \sigma^2$$

所以 S^2 是 σ^2 的无偏估计。在不少场合,特别在小样本场合,人们常用 S^2 去估计 σ^2,S^2 也称为无偏方差。

对 S_n^2 而言,尽管它不是 σ^2 的无偏估计,然而当 $n \to \infty$ 时,有

$$\lim_{n \to \infty} ES_n^2 = \sigma^2$$

我们称 S_n^2 是 σ^2 的**渐近无偏估计**。

当 $\hat{\theta}$ 是 θ 的无偏估计时,若用 $g(\hat{\theta})$ 去估计参数 $g(\theta)$,那么 $g(\hat{\theta})$ 通常不再是 $g(\theta)$ 的

无偏估计。在例 5.2.2 中,我们证明了 S^2 是 σ^2 的无偏估计,但是 S 不是 σ 的无偏估计。下面的例子说明了这一点。

例 5.2.3 设 $X_1,X_2,\cdots,X_n$ 是来自正态总体 $N(\mu,\sigma^2)$ 的一个样本,其中 μ 未知,试证明

$$\hat{\sigma}_s = C_n S$$

是 σ 的无偏估计,其中

$$C_n = \sqrt{\frac{n-1}{2}} \cdot \frac{\Gamma\left(\frac{n-1}{2}\right)}{\Gamma\left(\frac{n}{2}\right)}, \quad S = \sqrt{\frac{1}{n-1}\sum_{i=1}^{n}(X_i-\overline{X})^2}$$

证:由于 $\frac{(n-1)S^2}{\sigma^2} \sim \chi^2(n-1)$,若令 $Y = \frac{(n-1)S^2}{\sigma^2}$,则 Y 的密度函数为

$$p(y) = \frac{1}{2^{\frac{n-1}{2}}\Gamma\left(\frac{n-1}{2}\right)} y^{\frac{n-1}{2}-1} e^{-\frac{y}{2}}, \quad y > 0$$

从而

$$E(Y^{\frac{1}{2}}) = \int_0^\infty y^{\frac{1}{2}} p(y)\mathrm{d}y$$

$$= \frac{1}{2^{\frac{n-1}{2}}\Gamma\left(\frac{n-1}{2}\right)} \int_0^\infty y^{\frac{n}{2}-1} e^{-\frac{y}{2}}\mathrm{d}y$$

$$= \frac{2^{\frac{n}{2}}\Gamma\left(\frac{n}{2}\right)}{2^{\frac{n-1}{2}}\Gamma\left(\frac{n-1}{2}\right)} = \sqrt{2} \cdot \frac{\Gamma\left(\frac{n}{2}\right)}{\Gamma\left(\frac{n-1}{2}\right)}$$

另一方面 $E(Y^{\frac{1}{2}}) = \frac{\sqrt{n-1}E(S)}{\sigma}$,故有

$$E(S) = \frac{\sigma}{\sqrt{n-1}}E(Y^{\frac{1}{2}}) = \sqrt{\frac{2}{n-1}} \cdot \frac{\Gamma\left(\frac{n}{2}\right)}{\Gamma\left(\frac{n-1}{2}\right)}\sigma = \frac{\sigma}{C_n}$$

从而

$$\hat{\sigma}_s = C_n S$$

是 σ 的无偏估计。表 5.2.1 给出了 $n=2,3,\cdots,25$ 的无偏系数表,供实际使用,从表中可见,当 n 越来越大时,C_n 就越来越接近于 1。

表 5.2.1　正态标准差的无偏系数表

n	C_n	n	C_n
2	1.2533	14	1.0194
3	1.1284	15	1.0180
4	1.0854	16	1.0168
5	1.0638	17	1.0157
6	1.0510	18	1.0148
7	1.0423	19	1.0140
8	1.0363	20	1.0133
9	1.0317	21	1.0126
10	1.0281	22	1.0119
11	1.0252	23	1.0114
12	1.0229	24	1.0109
13	1.0210	25	1.0105

5.2.2　有效性

在实际问题中，人们常常首先关心的是估计的无偏性，但是一个参数的无偏估计可以有许多，那么在这些估计中取哪个为好呢？直观的想法是希望所找到的估计围绕其真值的波动越小越好，即要求估计量的方差小，这样 $\hat{\theta}$ 与 θ 有较大偏差的可能性就小。如图 5.2.2 中给出了 θ 的两个无偏估计 $\hat{\theta}_1$ 与 $\hat{\theta}_2$ 及其密度函数的图形，从图上可见 $\mathrm{Var}(\hat{\theta}_1) < \mathrm{Var}(\hat{\theta}_2)$。因而我们可以用估计量的方差去衡量两个无偏估计的好坏，从而引入无偏估计有效性的标准。

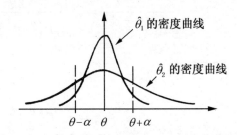

图 5.2.2　θ 的两个无偏估计的密度函数示意图

定义 5.2.2　设 $\hat{\theta}_1 = \hat{\theta}_1(X_1, X_2, \cdots, X_n)$ 与 $\hat{\theta}_2 = \hat{\theta}_2(X_1, X_2, \cdots, X_n)$ 都是参数 θ 的无偏估计，如果

$$\mathrm{Var}(\hat{\theta}_1) \leqslant \mathrm{Var}(\hat{\theta}_2), \quad \theta \in \Theta \tag{5.2.2}$$

且至少对一个 $\theta_0 \in \Theta$，有严格不等号成立，则称 $\hat{\theta}_1$ 比 $\hat{\theta}_2$ 有效。

例 5.2.4　设 $X_1, X_2, \cdots, X_n$ 是取自总体 X 的样本，且 $EX = \mu$，则

$$\hat{\mu}_1 = \overline{X}, \quad \hat{\mu}_2 = X_1$$

都是 μ 的无偏估计，但

$$\text{Var}(\hat{\mu}_1) = \frac{\sigma^2}{n}, \quad \text{Var}(\hat{\mu}_2) = \sigma^2$$

故当 $n \geqslant 2$ 时，$\text{Var}(\hat{\mu}_1) < \text{Var}(\hat{\mu}_2)$，因而 $\hat{\mu}_1$ 比 $\hat{\mu}_2$ 有效。

从这一例子可见，尽量用样本中所有数据的平均去估计总体均值，绝不要用部分数据去估计总体均值，这样可提高估计的有效性。

5.2.3 均方误差准则

对 θ 的两个无偏估计，我们可以通过比较它们的方差来判断哪个更好，但对有偏估计来讲，比较方差意义不大，我们关心的是估计值围绕其真值波动的大小，因而引入均方误差准则。

定义 5.2.3 设 $\hat{\theta}_1$ 与 $\hat{\theta}_2$ 是参数 θ 的两个估计量，如果

$$E(\hat{\theta}_1 - \theta)^2 \leqslant E(\hat{\theta}_2 - \theta)^2, \quad \theta \in \Theta \tag{5.2.3}$$

且至少对一个 $\theta_0 \in \Theta$，有严格不等式成立，则称在均方误差意义下，$\hat{\theta}_1$ 优于 $\hat{\theta}_2$。其中 $E(\hat{\theta}_i - \theta)^2$ 称为 $\hat{\theta}_i$ 的**均方误差**，常记为 $\text{MSE}(\hat{\theta}_i)$。

若 $\hat{\theta}$ 是 θ 的无偏估计，则其均方误差即为方差，即 $\text{MSE}(\hat{\theta}) = \text{Var}(\hat{\theta})$。

均方误差还有如下一种分解：设 $\hat{\theta}$ 是 θ 的任一估计，则有

$$\begin{aligned} \text{MSE}(\hat{\theta}) &= E(\hat{\theta} - \theta)^2 = E[(\hat{\theta} - E\hat{\theta}) + (E\hat{\theta} - \theta)]^2 \\ &= E(\hat{\theta} - E\hat{\theta})^2 + (E\hat{\theta} - \theta)^2 = \text{Var}(\hat{\theta}) + \delta^2 \end{aligned}$$

其中 $\delta = |E\hat{\theta} - \theta|$ 称为偏差。由上式可见，均方误差是由方差 $\text{Var}(\hat{\theta})$ 和偏差 δ 的平方组成。无偏估计可使 $\delta = 0$，有效性要求方差 $\text{Var}(\hat{\theta})$ 尽量地小，而均方误差准则要求两者（方差和偏差平方）之和愈小愈好。下面的例子说明均方误差准则存在的必要性。

例 5.2.5 设 $X_1, X_2, \cdots, X_n$ 是来自正态总体 $N(\mu, \sigma^2)$ 的一个样本，利用 χ^2 分布的性质可知其偏差平方和 $Q = \sum_{i=1}^{n} (X_i - \overline{X})^2$ 的期望与方差分别为

$$E(Q) = (n-1)\sigma^2, \text{Var}(Q) = 2(n-1)\sigma^4$$

现构造如下三个估计：

$$S^2 = \frac{Q}{n-1}, S_n^2 = \frac{Q}{n}, S_{n+1}^2 = \frac{Q}{n+1}$$

这三个估计的偏差平方 δ^2、方差 $\text{Var}(\cdot)$ 和均方误差 $\text{MSE}(\cdot)$ 很容易从 Q 的期望与方差算得，现列于表 5.2.2 中。

从最后三行数据可以看出：

• S^2 虽是 σ^2 的无偏估计，但方差（也是它的均方误差）并不小，故从均方误差准则看它并不优良。

• S_n^2 和 S_{n+1}^2 都不是 σ^2 的无偏估计，但在均方误差准则下都优于 S^2。

• 理论上可以证明：在正态方差 σ^2 的形如 cQ（c 是常数）的估计类中，S_{n+1}^2 的均方误差最小（见习题 5.2.7）。

表 5.2.2　三个估计的偏差平方、方差与均方误差

	S^2	S_n^2	S_{n+1}^2
δ^2/σ^4	0	$1/n^2$	$4/(n+1)^2$
$\mathrm{Var}(\cdot)/\sigma^4$	$2/(n-1)$	$2(n-1)/n^2$	$2(n-1)/(n+1)^2$
$\mathrm{MSE}(\cdot)/\sigma^4$	$2/(n-1)$	$(2n-1)/n^2$	$2/(n+1)$
		$n=10$	
δ^2/σ^4	0	0.01	0.0330
$\mathrm{Var}(\cdot)/\sigma^4$	0.2222	0.1800	0.1488
$\mathrm{MSE}(\cdot)/\sigma^4$	0.2222	0.1900	0.1818

所以从不同侧面去考察估计量的好坏会得出不同的结论。因此我们在讨论估计量的好坏时,必须明确我们所遵循的准则是什么。至于具体采用哪个准则则需要根据实际问题来定。

5.2.4　相合性

随着样本容量的增大,一个好的估计 $\hat{\theta}$ 应该越来越靠近其真值 θ,使偏差 $|\hat{\theta}-\theta|$ 大的概率越来越小。这一性质称为相合性。

定义 5.2.4　设对每个自然数 n,$\hat{\theta}_n=\hat{\theta}_n(X_1,X_2,\cdots,X_n)$ 是 θ 的一个估计量,如果对任意 $\varepsilon>0$,当 $n\to\infty$ 时,有

$$P(|\hat{\theta}_n-\theta|\geqslant\varepsilon)\to 0 \qquad (5.2.4)$$

则称 $\hat{\theta}_n$ 是 θ 的**相合估计**。

相合性被认为是估计量的一个最基本的要求,如果一个估计量在样本容量 n 不断增大时都不能在概率意义下达到被估参数,那么这种估计量在小样本(n 较小)时会更差,所以不满足相合性的估计量人们对它是不会感兴趣的,更不会去使用它。这里"在概率意义下"是指大偏差 $\{|\hat{\theta}_n-\theta|>\varepsilon\}$ 发生的可能性将随着样本量 n 的增大而愈来愈小,直至为 0。

证明一个估计量的相合性可以从定义出发,考察大偏差发生的概率是否趋于 0,也可以用大数定律来证明。下面先介绍并证明一个常用的大数定律。

定理 5.2.1(切比晓夫大数定律)　设 $X_1,X_2,\cdots,X_n,\cdots$ 是一列独立同分布的随机变量,其数学期望为 μ,方差为 $\sigma^2<\infty$,则对任意给定的 $\varepsilon>0$,有

$$P\left(\left|\frac{1}{n}\sum_{i=1}^n X_i-\mu\right|>\varepsilon\right)\to 0 \quad (n\to\infty)$$

证:由 X_i 独立同分布,故有

$$E\left(\frac{1}{n}\sum_{i=1}^n X_i\right)=\mu,\quad \mathrm{Var}\left(\frac{1}{n}\sum_{i=1}^n X_i\right)=\frac{\sigma^2}{n}$$

由切比晓夫不等式(§2.4.4)可知

$$P\left(\left|\frac{1}{n}\sum_{i=1}^n X_i-\mu\right|>\varepsilon\right)\leqslant\frac{\mathrm{Var}\left(\dfrac{1}{n}\sum_{i=1}^n X_i\right)}{\varepsilon^2}=\frac{\sigma^2}{n\varepsilon^2}$$

上式中 ε 与 σ^2 是给定的常量,当 $n \to \infty$ 时,上式趋于 0,这就证明了切比晓夫大数定律。

下面不加证明再给出两个定理,一个是条件更宽的大数定律,另一个定理可帮助我们扩大相合性的范围,由于证明涉及另外一些知识,这里就省略了。

定理 5.2.2(辛钦大数定律) 设 $X_1, X_2, \cdots, X_n, \cdots$ 是一列独立同分布随机变量序列,若其具有有限的数学期望为 μ,则对任意给定的 $\varepsilon > 0$,有

$$P\left(\left|\frac{1}{n}\sum_{i=1}^{n} X_i - \mu\right| > \varepsilon\right) \to 0 \quad (n \to \infty)$$

定理 5.2.3 设 $\hat{\theta}_1, \hat{\theta}_2, \cdots, \hat{\theta}_k$ 分别是 $\theta_1, \theta_2, \cdots, \theta_k$ 的相合估计,若 $g(\theta_1, \theta_2, \cdots, \theta_k)$ 为 k 个参数的连续函数,则 $g(\hat{\theta}_1, \hat{\theta}_2, \cdots, \hat{\theta}_k)$ 是 $g(\theta_1, \theta_2, \cdots, \theta_k)$ 的相合估计。

例 5.2.6 矩法估计都具有相合性。

证:矩法估计都具有相合性,这是矩法估计的又一个优点。为说明这一点,我们分几步进行。

首先由辛钦大数定律知,当 k 阶原点矩 $\mu_k = E(X^k)$ 存在时,则样本的 k 阶原点矩 $A_k = \frac{1}{n}\sum_{i=1}^{k} X_i^k$ 是总体 k 阶原点矩 μ_k 的相合估计。

其次由于 k 阶中心矩 ν_k 常是前 k 阶原点矩的连续函数 $g(\mu_1, \mu_2, \cdots, \mu_k)$(见 §2.5.1),故由定理 5.2.3 知 $g(A_1, A_2, \cdots, A_k)$ 是 $\nu_k = g(\mu_1, \mu_2, \cdots, \mu_k)$ 的相合估计。譬如:

总体方差 $\nu_2 = \mu_2 - \mu_1^2 = g(\mu_1, \mu_2)$ 是 μ_1, μ_2 的连续函数,只要 μ_2 存在,样本方差

$$g(A_1, A_2) = A_2 - A_1^2 = \frac{1}{n}\sum_{i=1}^{n}(X_i - \overline{X})^2 = S_n^2$$

是总体方差的相合估计。从而

$$h(A_1, A_2) = \frac{n}{n-1}g(A_1, A_2) = \frac{1}{n-1}\sum_{i=1}^{n}(X_i - \overline{X})^2 = S^2$$

也是总体方差的相合估计。可见一个参数的相合估计不止一个。

同样理由,样本标准差 $S = \sqrt{S^2}$ 是总体标准差 $\sigma(X) = \sqrt{\text{Var}(X)}$ 的相合估计。

习题 5.2

1. 设 $X_1, X_2, \cdots, X_n$ 是取自正态总体 $N(\mu, \sigma^2)$ 的一个样本,试适当选择 C,使 $S^2 = C\sum_{i=1}^{n-1}(x_{i+1} - x_i)^2$ 为 σ^2 的无偏估计。

2. 设总体 X 具有数学期望 μ 与方差 σ^2,$(X_{11}, X_{12}, \cdots, X_{1n})$ 与 $(X_{21}, X_{22}, \cdots, X_{2m})$ 是取自该总体的两个独立样本,试证

$$S^2 = \frac{1}{n+m-2}\left[\sum_{i=1}^{n}(X_{1i} - \overline{X}_1)^2 + \sum_{i=1}^{m}(X_{2i} - \overline{X}_2)^2\right]$$

是 σ^2 的无偏估计，其中 $\overline{X}_1 = \dfrac{1}{n}\sum_{i=1}^{n} X_{1i}$，$\overline{X}_2 = \dfrac{1}{m}\sum_{i=1}^{m} X_{2i}$

3. 设 X 服从均匀分布 $U(\theta,\theta+1)$，$X_1,X_2,\cdots,X_n$ 是取自该总体的样本，试证明 $\hat{\theta}_1 = \overline{X} - \dfrac{1}{2}$，$\hat{\theta}_2 = X_{(n)} - \dfrac{n}{n+1}$，$\hat{\theta}_3 = X_{(1)} - \dfrac{1}{n+1}$ 都是 θ 的无偏估计。

4. 设样本 $X_1,X_2,\cdots,X_n$ 取自参数为 λ 的泊松分布。

   (1) 试证样本均值 $\overline{X}$ 与样本方差 $S^2 = \dfrac{1}{n-1}\sum_{i=1}^{n}(X_i-\overline{X})^2$ 都是 λ 的无偏估计，且对任一满足 $0 \leqslant \alpha \leqslant 1$ 的值 α，$\alpha\overline{X}+(1-\alpha)S^2$ 也是 λ 的无偏估计；

   (2) 求 λ^2 的无偏估计。

5. 设 X_1,X_2 是取自 $N(\mu,1)$ 的一个容量为 2 的样本，试证下列三个估计量均为 μ 的无偏估计：

$$\hat{\mu}_1 = \frac{2}{3}X_1 + \frac{1}{3}X_2, \quad \hat{\mu}_2 = \frac{1}{4}X_1 + \frac{3}{4}X_2, \quad \hat{\mu}_3 = \frac{1}{2}(X_1+X_2)$$

并指出哪一个估计量的方差最小。

6. 设有两个总体 $X \sim N(\mu_1,1)$，$Y \sim N(\mu_2,4)$，$X_{11},X_{12},\cdots,X_{1n}$ 是来自 X 的样本，$X_{21}, X_{22},\cdots,X_{2m}$ 是来自 Y 的样本，且两个样本独立。

   (1) 求 $\mu = \mu_1 - \mu_2$ 的矩法估计量 $\hat{\mu}$；

   (2) 如果 $n+m=N$ 固定，试问 n 与 m 如何配置才能使 $\hat{\mu}$ 的方差达到最小？$(n,m>0)$

7. 设 $X_1,X_2,\cdots,X_n$ 是取自正态总体 $N(\mu,\sigma^2)$ 的一个样本。样本的偏差平方和 $Q = \sum_{i=1}^{n}(X_i-\overline{X})^2$ 含有正态方差 σ^2 的信息。现要求在形如 cQ（c 为正常数）的估计量中寻找 c，使 cQ 在均方误差准则下是 σ^2 的最优估计。

8. 设 $X_1,X_2,\cdots,X_n$ 是取自下列指数分布的一个样本：

$$p(x;\theta) = \frac{1}{\theta}e^{-x/\theta}, x \geqslant 0$$

试证 $\overline{X}$ 是 θ 的无偏、相合估计，并求出 $\overline{X}$ 的方差。

§ 5.3 极大似然估计

5.3.1 极大似然估计的思想与概念

当总体分布类型已知时，极大似然估计是一种常用的估计方法。极大似然估计常用 MLE 表示。

为了了解这一方法的思想，先看一个例子。

例 5.3.1 设有甲、乙两个口袋，袋中各装有 4 个同样大小的球，球上分别涂有白色或黑色，已知在甲袋中黑球数为 1，乙袋中黑球数为 3。

(1) 现任取一袋，再从该袋中任取一球，发现是黑球，试问该球最像取自哪一袋？

(2)现任取一袋,再从该袋中有返回地任取三个球,其中有一个黑球,试问此时最像取自哪一袋?

解:(1)直观想来,取自乙袋的可能大。这可从概率上加以解释。设 p 为抽到黑球的概率,从甲袋中抽一球是黑球的概率为 $p_甲 = \dfrac{1}{4}$,从乙袋中抽一球是黑球的概率为 $p_乙 = \dfrac{3}{4}$。由于 $p_乙 > p_甲$,这便意味着此黑球来自乙袋的可能性比来自甲袋的可能性大。因而我们会判断该球像是来自乙袋。

(2)这里要做直观判断较困难,但我们仍可如(1)那样通过计算概率来加以判断。设 X 是抽取三个球中黑球的个数,又设 p 为袋中黑球所占的比例,则 $X \sim b(3, p)$,即

$$P(X = k) = \binom{3}{k} p^k (1-p)^{3-k}, \quad k = 0, 1, 2, 3$$

在 $X = 1$ 时,不同 p 值对应的概率分别为

$$P_甲(X = 1) = 3 \cdot \left(\frac{1}{4}\right) \cdot \left(\frac{3}{4}\right)^2 = \frac{27}{64}$$

$$P_乙(X = 1) = 3 \cdot \left(\frac{3}{4}\right) \cdot \left(\frac{1}{4}\right)^2 = \frac{9}{64}$$

由于 $P_甲(X = 1) > P_乙(X = 1)$,因而我们判断:此三球最像是取自甲袋。

在上面的例子中,p 是分布中的参数,它只能取两个值:$p_甲$ 与 $p_乙$,需要通过抽取样本来决定分布中参数究竟是 $p_甲$ 还是 $p_乙$。在给定了样本观测值后去计算该样本出现的概率,这一概率依赖于 p 的值,为此需要用 $p_甲$、$p_乙$ 分别去计算此概率,在相对比较之下,哪个概率大,则 p 就最像哪个。

极大似然估计的基本思想就是根据上述想法引申出来的。设总体含有待估参数 θ,它可以取很多值,我们要在 θ 的一切可能取值之中选出一个使样本观测值出现的概率为最大的 θ 值(记为 $\hat{\theta}$)作为 θ 的估计,并称 $\hat{\theta}$ 为 θ 的极大似然估计。

下面分 X 的分布是离散的与连续的两种情况加以讨论。

(1)离散分布场合的极大似然估计。

设 X 的分布是离散的,分布中含有未知参数 θ,记为

$$P(X = a_i) = p(a_i; \theta), \quad i = 1, 2, \cdots, \quad \theta \in \Theta$$

其中 Θ 为参数空间。现从总体中抽取容量为 n 的样本,其观测值为 $x_1, x_2, \cdots, x_n$,这里每个 x_i 为 $a_1, a_2, \cdots$ 中的某个值,该样本出现的概率为 $\prod\limits_{i=1}^{n} p(x_i; \theta)$。由于这一概率依赖于未知参数 θ,因而可将它看成是 θ 的函数,称为**似然函数**,记为 $L(\theta)$:

$$L(\theta) = \prod_{i=1}^{n} p(x_i; \theta), \quad \theta \in \Theta \tag{5.3.1}$$

对不同的 θ,同一组样本观察值 $x_1, x_2, \cdots, x_n$ 出现的概率 $L(\theta)$ 也不一样。如今样本观察值 $x_1, x_2, \cdots, x_n$ 出现了,当然就要求对应的似然函数 $L(\theta)$ 的值达到最大,所以我们选取

这样的 $\hat{\theta}$ 作为 θ 的估计,使得

$$L(\hat{\theta}) = \max_{\theta \in \Theta} L(\theta)$$

假如 $\hat{\theta}$ 存在的话,则称 $\hat{\theta}$ 为 θ 的**极大似然估计**。

（2）连续分布场合的极大似然估计。

当 X 的分布是连续时,其概率密度函数为 $p(x;\theta)$,其中 θ 为未知参数,$\theta \in \Theta$。现从该总体中获得容量为 n 的样本观测值 $x_1, x_2, \cdots, x_n$,则在 $X_1 = x_1, X_2 = x_2, \cdots, X_n = x_n$ 时联合密度函数值为 $\prod_{i=1}^{n} p(x_i;\theta)$,它也是 θ 的函数,也称为**似然函数**,记为

$$L(\theta) = \prod_{i=1}^{n} p(x_i;\theta), \qquad \theta \in \Theta \tag{5.3.2}$$

对不同的 θ,同一组样本观察值 $x_1, x_2, \cdots, x_n$ 的联合密度函数值也是不同的,因而我们选择 θ 的**极大似然估计** $\hat{\theta}$ 应满足

$$L(\hat{\theta}) = \max_{\theta \in \Theta} L(\theta)$$

5.3.2 求极大似然估计的方法

寻求分布中未知参数 θ 的极大似然估计,首先要写出似然函数 $L(\theta)$,即样本 $(X_1, X_2, \cdots, X_n)$ 的联合分布;其次,要建立一个新的观点,让 θ 变化,这时同一组样本的观察值 $x_1, x_2, \cdots, x_n$ 出现的概率 $L(\theta)$ 将随着 θ 的改变而改变。由于当 $P(A) > P(B)$ 时,事件 A 出现的可能性比事件 B 出现的可能性大,如今样本观察值 $x_1, x_2, \cdots, x_n$ 出现了,那么它对应的似然函数值应达到最大。因而求 θ 的极大似然估计就是求使 $L(\theta)$ 达到最大的点 $\hat{\theta}$。

下面分两种情况加以讨论。

5.3.2.1 可通过求导获得极大似然估计的情况

当似然函数关于参数可导时,常常可以通过求导方法来获得似然函数极大值对应的参数值。

在求极大似然估计时,为求导方便,常对似然函数 $L(\theta)$ 取对数,称 $l(\theta) = \ln L(\theta)$ 为**对数似然函数**,它与 $L(\theta)$ 在同一点上达到最大。当 $l(\theta)$ 对 θ 的每一分量可微时,可通过 $l(\theta)$ 对 θ 的每一分量求偏导并令其为 0 求得,称

$$\frac{\partial l(\theta)}{\partial \theta_j} = 0, \qquad j = 1, 2, \cdots, k \tag{5.3.3}$$

为**似然方程**,其中 k 是 θ 的维数。

具体步骤用例 5.3.2 来说明。

例 5.3.2 设某工序生产的产品的不合格品率为 p,p 未知,抽 n 个产品作检验,发现有 T 个不合格,试求 p 的极大似然估计。

解:设 X 是抽查一个产品时的不合格品个数,则 X 服从参数为 p 的二点分布 $b(1, p)$。抽查 n 个产品,则得样本 $X_1, X_2, \cdots, X_n$,其观测值为 $x_1, x_2, \cdots, x_n$,假如样本中有 T 个不合格,即表示 $x_1, x_2, \cdots, x_n$ 中有 T 个取值为 1,$n - T$ 个取值为 0。为求 p 的极大似

然估计,可按如下步骤进行:

(1) 写出似然函数

$$L(p) = \prod_{i=1}^{n} p^{x_i}(1-p)^{1-x_i}$$

(2) 对 $L(p)$ 取对数,得对数似然函数

$$l(p) = \sum_{i=1}^{n} \left[x_i \ln p + (1-x_i)\ln(1-p) \right]$$
$$= n\ln(1-p) + \sum_{i=1}^{n} x_i \left[\ln p - \ln(1-p) \right]$$

(3) 由于 $l(p)$ 对 p 的导数存在,故将 $l(p)$ 对 p 求导,令其为 0,得似然方程:

$$\frac{\mathrm{d}l(p)}{\mathrm{d}p} = -\frac{n}{1-p} + \sum_{i=1}^{n} x_i \left(\frac{1}{p} + \frac{1}{1-p} \right)$$
$$= -\frac{n}{1-p} + \frac{1}{p(1-p)} \cdot \sum_{i=1}^{n} x_i = 0$$

(4) 解似然方程得

$$\hat{p} = \frac{1}{n} \sum_{i=1}^{n} x_i = \bar{x}$$

(5) 经验证,在 $\hat{p} = \bar{x}$ 处,$\dfrac{\mathrm{d}^2 l(p)}{\mathrm{d}p^2} < 0$,这表明 $\hat{p} = \bar{x}$ 可使似然函数达到最大。

(6) 上述叙述对任一样本观察值都成立,故用样本代替观察值便得 p 的极大似然估计为

$$\hat{p} = \bar{X}$$

将观察值代入,可得 p 的极大似然估计值为

$$\hat{p} = \bar{x} = T/n$$

其中 $T = \sum_{i=1}^{n} x_i$。这里 $\hat{p}$ 就是频率,可见频率也是不合格品率的极大似然估计。

例 5.3.3　设某机床加工的轴的直径与图纸规定的尺寸的偏差服从 $N(\mu, \sigma^2)$,其中 μ, σ^2 未知。为估计 μ 与 σ^2,从中随机抽取 $n = 100$ 根轴,测得其偏差为 $x_1, x_2, \cdots, x_{100}$。试求 μ, σ^2 的极大似然估计。

解:(1) 写出似然函数

$$L(\mu, \sigma^2) = \prod_{i=1}^{n} \frac{1}{\sqrt{2\pi}\,\sigma} e^{-\frac{(x_i-\mu)^2}{2\sigma^2}} = (2\pi\sigma^2)^{-\frac{n}{2}} e^{-\frac{\sum_{i=1}^{n}(x_i-\mu)^2}{2\sigma^2}}$$

(2) 写出对数似然函数

$$l(\mu, \sigma^2) = -\frac{n}{2}\ln(2\pi\sigma^2) - \frac{1}{2\sigma^2} \sum_{i=1}^{n}(x_i-\mu)^2$$

（3）将 $l(\mu,\sigma^2)$ 分别对 μ 与 σ^2 求偏导,并令它们都为 0,得似然方程为:

$$\begin{cases} \dfrac{\partial l(\mu,\sigma^2)}{\partial \mu} = \dfrac{1}{\sigma^2} \sum_{i=1}^{n}(x_i - \mu) = 0 \\ \dfrac{\partial l(\mu,\sigma^2)}{\partial \sigma^2} = -\dfrac{n}{2\sigma^2} + \dfrac{1}{2\sigma^4} \sum_{i=1}^{n}(x_i - \mu)^2 = 0 \end{cases}$$

（4）解似然方程得

$$\hat{\mu} = \bar{x}, \quad \hat{\sigma}^2 = \frac{1}{n} \sum_{i=1}^{n}(x_i - \bar{x})^2$$

（5）经验证 $\hat{\mu},\hat{\sigma}^2$ 使 $l(\mu,\sigma^2)$ 达到极大。

（6）上述叙述也对一切样本观察值成立,故用样本代替观察值,便得 μ 与 σ^2 的极大似然估计分别为:

$$\hat{\mu} = \bar{X}, \quad \hat{\sigma}^2 = \frac{1}{n} \sum_{i=1}^{n}(X_i - \bar{X})^2 = S_n^2$$

如果由 100 个样本观察值求得 $\sum\limits_{i=1}^{100} x_i = 26$(单位:mm), $\sum\limits_{i=1}^{100} x_i^2 = 7.04$,则可求得 μ 与 σ^2 的极大似然估计值:

$$\hat{\mu} = \frac{1}{100} \sum_{i=1}^{n} x_i = 0.26$$

$$s_n^2 = \frac{1}{100} \left[\sum_{i=1}^{100} x_i^2 - \frac{1}{100} \left(\sum_{i=1}^{100} x_i \right)^2 \right] = \frac{7.04 - 26^2/100}{100} = 0.0028$$

从前一节的讨论可知 $\hat{\mu} = \bar{X}$ 是 μ 的无偏估计,但 $\hat{\sigma}^2 = S_n^2$ 不是 σ^2 的无偏估计。所以未知参数的极大似然估计不一定具有无偏性。

5.3.2.2 不能通过求导方法获得极大似然估计的情况

当似然函数的非零区域与未知参数有关时,通常无法通过解似然方程来获得参数的极大似然估计,这时可从定义出发直接求 $L(\theta)$ 的极大值点。

例 5.3.4 设总体 X 服从均匀分布 $U(0,\theta)$,其中 θ 未知,从中获得容量为 n 的样本 $X_1, X_2, \cdots, X_n$,其观测值为 $x_1, x_2, \cdots, x_n$,试求 θ 的 MLE。

解:首先写出似然函数:

$$L(\theta) = \begin{cases} \theta^{-n}, & 0 \leqslant x_{(1)} \leqslant x_{(n)} \leqslant \theta \\ 0, & \text{其他} \end{cases}$$

在这里由于 $L(\theta)$ 的非零区域与 θ 有关,因而无法用求导方法来获得 θ 的 MLE,从而转向由定义直接求 $L(\theta)$ 的极大值。

为使 $L(\theta)$ 达到极大,就必须使 θ 尽可能小,但是 θ 不能小于 $x_{(n)}$,因而 θ 取 $x_{(n)}$ 时便使 $L(\theta)$ 达到了极大,故 θ 的 MLE 为

$$\hat{\theta} = X_{(n)} \qquad\qquad (5.3.4)$$

下面来讨论一下估计(5.3.4)是否具有无偏性。

由于总体 $X \sim U(0,\theta)$，其密度函数与分布函数分别为

$$p(x) = \begin{cases} \dfrac{1}{\theta}, & 0 < x < \theta \\ 0, & \text{其他} \end{cases}$$

$$F(x) = \begin{cases} 0, & x \leqslant 0 \\ \dfrac{x}{\theta}, & 0 < x < \theta \\ 1, & x \geqslant \theta \end{cases}$$

从而 $\hat{\theta} = X_{(n)}$ 的概率密度函数为

$$p_{\hat{\theta}}(y) = n \cdot [F(y)]^{n-1} p(y) = \frac{ny^{n-1}}{\theta^n}, \quad 0 < y < \theta$$

$$E(\hat{\theta}) = E(X_{(n)}) = \int_0^\theta y p_{\hat{\theta}}(y) \mathrm{d}y = \int_0^\theta \frac{ny^n}{\theta^n} \mathrm{d}y = \frac{n}{n+1}\theta \neq \theta$$

这说明 θ 的极大似然估计 $\hat{\theta} = X_{(n)}$ 不是 θ 的无偏估计，但对 $\hat{\theta}$ 作一修正可得 θ 的无偏估计为

$$\hat{\theta}_1 = \frac{n+1}{n} X_{(n)}$$

通过修正获得未知参数的无偏估计是一种常用的方法。在二次世界大战中，从战场上缴获的纳粹德国的枪支上都有一个编号，对最大编号作一修正便获得了德国生产能力的无偏估计。

5.3.3　极大似然估计的不变原则

求未知参数 θ 的某类函数 $g(\theta)$ 的极大似然估计可用下面所述的极大似然估计的不变原则，它的证明这里省略了。

定理 5.3.1(不变原则)　设 $\hat{\theta}$ 是 θ 的极大似然估计，$g(\theta)$ 是 θ 的连续函数，则 $g(\theta)$ 的极大似然估计为 $g(\hat{\theta})$。

例 5.3.5　设某元件失效时间服从参数为 λ 的指数分布，其密度函数为

$$p(x;\lambda) = \lambda e^{-\lambda x}, \quad x \geqslant 0$$

λ 未知。现从中抽取了 n 个元件测得其失效时间为 $x_1, x_2, \cdots, x_n$，试求 λ 及平均寿命的 MLE。

解：先求 λ 的 MLE

(1) 写出似然函数

$$L(\lambda) = \prod_{i=1}^n \lambda e^{-\lambda x_i} = \lambda^n \exp\left\{-\lambda \sum_{i=1}^n x_i\right\}$$

（2）取对数得对数似然函数

$$l(\lambda) = n\ln\lambda - \lambda\sum_{i=1}^{n}x_i$$

（3）将 $l(\lambda)$ 对 λ 求导得似然方程为

$$\frac{\mathrm{d}l(\lambda)}{\mathrm{d}\lambda} = \frac{n}{\lambda} - \sum_{i=1}^{n}x_i = 0$$

（4）解似然方程得

$$\hat{\lambda} = \frac{n}{\sum_{i=1}^{n}x_i} = \frac{1}{\bar{x}}$$

经验证它使 $l(\lambda)$ 达到最大，由于上述过程对一切样本观察值成立，故 λ 的 MLE 是

$$\hat{\lambda} = \frac{1}{\bar{X}}$$

元件的平均寿命即为 X 的期望值，在指数分布场合，有 $E(X) = \frac{1}{\lambda}$，它是 λ 的函数，其极大似然估计可用不变原则求得，即用 λ 的 MLE $\hat{\lambda}$ 代入便得 $E(X)$ 的 MLE 为 $E(X) = \frac{1}{\hat{\lambda}}$ $= \bar{X}$。由于 $\bar{X}$ 也是 $E(X)$ 的矩法估计，故 $\bar{X}$ 是 $E(X)$ 的无偏相合估计。

5.3.4　极大似然估计的渐近正态性

在分布类型已知的场合，极大似然估计受人们重视的原因除了上面例 5.3.1 所提到的符合人们的经验外，还由于极大似然估计具有渐近正态性与相合性。下面仅就单参数连续分布的场合不加证明地给出这一定理。

定理 5.3.2　设总体 X 具有密度函数 $p(x;\theta)$，未知参数 $\theta \in \Theta$，Θ 是一个非退化区间，并假定

（1）对一切 $\theta \in \Theta$，偏导数 $\frac{\partial\ln p}{\partial\theta}$，$\frac{\partial^2\ln p}{\partial\theta^2}$，$\frac{\partial^3\ln p}{\partial\theta^3}$ 存在。

（2）对一切 $\theta \in \Theta$，有

$$\left|\frac{\partial p}{\partial\theta}\right| < F_1(x), \quad \left|\frac{\partial^2 p}{\partial\theta^2}\right| < F_2(x), \quad \left|\frac{\partial^3 p}{\partial\theta^3}\right| < F_3(x)$$

其中函数 $F_1(x)$，$F_2(x)$ 在 $(-\infty,\infty)$ 上可积，而函数 $F_3(x)$ 满足

$$\int_{-\infty}^{\infty}F_3(x)p(x;\theta)\mathrm{d}x < M$$

其中 M 与 θ 无关。

（3）对一切 $\theta \in \Theta$，有

$$0 < E\left(\frac{\partial\ln p}{\partial\theta}\right)^2 = \int_{-\infty}^{\infty}\left(\frac{\partial\ln p}{\partial\theta}\right)^2 p(x;\theta)\mathrm{d}x < \infty$$

则在分布参数 θ 的真值 θ_0 为 Θ 的一个内点的情况下,其似然方程 $\frac{\partial \ln L}{\partial \theta} = 0$ 有一个解 $\hat{\theta}$ 存在,并对任给 $\varepsilon > 0$,随着 $n \to \infty$,有 $P(\mid \hat{\theta} - \theta_0 \mid > \varepsilon) \to 0$,且 $\hat{\theta}$ 渐近服从正态分布

$$N\left(\theta_0, \left[nE\left(\frac{\partial \ln p}{\partial \theta}\right)^2\right]_{\theta=\theta_0}^{-1}\right)$$

该定理对单参数离散分布场合也成立,只要把定理中的密度函数 $p(x;\theta)$ 看成是概率函数,将积分改为求和即可。

例 5.3.6　设 $X_1, X_2, \cdots, X_n$ 是来自 $N(\mu, \sigma^2)$ 的一个样本。可以验证

$$p(x; \mu, \sigma^2) = \frac{1}{\sqrt{2\pi}\,\sigma} e^{-\frac{(x-\mu)^2}{2\sigma^2}}$$

在 σ^2 已知时或在 μ 已知时均满足定理 5.3.2 中三个条件。

(1) 在 σ^2 已知时,μ 的 MLE 为 $\hat{\mu} = \overline{X}$,则由定理 5.3.2 知 $\hat{\mu}$ 渐近服从正态分布 $N\left(\mu, \left[nE\left(\frac{\partial \ln p}{\partial \mu}\right)^2\right]^{-1}\right)$。由于

$$\ln p(x) = -\ln \sqrt{2\pi} - \frac{1}{2}\ln\sigma^2 - \frac{(x-\mu)^2}{2\sigma^2}$$

$$\frac{\partial \ln p}{\partial \mu} = \frac{x-\mu}{\sigma^2}$$

$$E\left(\frac{\partial \ln p}{\partial \mu}\right)^2 = E\left(\frac{X-\mu}{\sigma^2}\right)^2 = \frac{1}{\sigma^2}$$

从而 $\hat{\mu}$ 渐近服从 $N(\mu, \sigma^2/n)$,这与 $\overline{X}$ 的精确分布相同。

(2) 在 μ 已知时,σ^2 的 MLE 为 $\hat{\sigma}^2 = \frac{1}{n}\sum_{i=1}^{n}(X_i - \mu)^2$,则由定理 5.3.2 知,$\hat{\sigma}^2$ 渐近服从 $N\left(\sigma^2, \left[nE\left(\frac{\partial \ln p}{\partial \sigma^2}\right)^2\right]^{-1}\right)$。由于

$$\frac{\partial \ln p}{\partial \sigma^2} = -\frac{1}{2\sigma^2} + \frac{1}{2\sigma^4}(x-\mu)^2 = \frac{(x-\mu)^2 - \sigma^2}{2\sigma^4}$$

$$E\left(\frac{\partial \ln p}{\partial \sigma^2}\right)^2 = E\left[\frac{(X-\mu)^2 - \sigma^2}{2\sigma^4}\right]^2$$

$$= \frac{1}{4\sigma^8}[E(X-\mu)^4 - 2\sigma^2 E(X-\mu)^2 + \sigma^4]$$

$$= \frac{1}{2\sigma^4}$$

从而 $\hat{\sigma}^2$ 的渐近分布为 $N(\sigma^2, 2\sigma^4/n)$。

极大似然估计的渐近正态性,为今后在大样本情况下讨论参数的区间估计及假设检验提供了依据。

习题 5.3

1. 设总体 X 服从参数为 λ 的泊松分布,从中抽取样本 $X_1, X_2, \cdots, X_n$,求 λ 的极大似然估

计。

2. 设总体 X 的密度函数为

$$p(x;\beta)=(\beta+1)x^{\beta},\ 0<x<1$$

其中未知参数 $\beta>-1$，从中获得样本 $X_1,X_2,\cdots,X_n$，求参数 β 的极大似然估计与矩法估计，它们是否一致？今获得样本观察值为

$$0.30\quad 0.80\quad 0.47\quad 0.35\quad 0.62\quad 0.55$$

试分别求出 β 的两个估计值。

3. 设总体 X 具有密度函数（拉普拉斯分布）

$$p(x,\sigma)=\frac{1}{2\sigma}e^{-|x|/\sigma},\ -\infty<x<\infty$$

从中获得样本 $X_1,X_2,\cdots,X_n$，其中未知参数 $\sigma>0$，求参数 σ 的极大似然估计。

4. 设 $X_1,X_2,\cdots,X_n$ 与 $Y_1,Y_2,\cdots,Y_m$ 分别是来自 $N(\mu_1,\sigma^2)$ 与 $N(\mu_2,\sigma^2)$ 的两个独立样本，试求 μ_1,μ_2,σ^2 的极大似然估计。

5. 设二维总体 (X,Y) 服从二元正态分布 $N(0,0,\sigma^2,\sigma^2,\rho)$，从中取出样本 $(X_1,Y_1),(X_2,Y_2),\cdots,(X_n,Y_n)$，求 σ^2,ρ 的极大似然估计。

6. 设总体 X 具有概率密度（双参数指数分布）

$$p(x;\theta_1,\theta_2)=\begin{cases}\dfrac{1}{\theta_2}\exp\left\{-\dfrac{x-\theta_1}{\theta_2}\right\},\ & x>\theta_1 \\ 0, & \text{其他}\end{cases}$$

其中未知参数的取值范围分别是：$-\infty<\theta_1<\infty,\theta_2>0$，从中获得样本 $X_1,X_2,\cdots,X_n$，试求 θ_1,θ_2 的极大似然估计。

7. 设总体 X 服从几何分布

$$P(X=k)=p(1-p)^{k-1},k=1,2,3,\cdots$$

其中 $0<p<1$ 是未知参数，从中获得样本 $X_1,X_2,\cdots,X_n$，求 p 与 $E(X)$ 的极大似然估计。

8. 设总体 X 服从 $N(\mu,\sigma^2)$，从中获得样本 $X_1,X_2,\cdots,X_n$。
   (1) 求使 $P(X>A)=0.05$ 的点 A 的极大似然估计；
   (2) 求 $\theta=P(X\geqslant 2)$ 的极大似然估计。

9. 设 $X_1,X_2,\cdots,X_n$ 是来自 $N(\mu,\sigma^2)$ 的样本，在 μ 已知时，试求 σ 的极大似然估计 $\hat{\sigma}$ 及其渐近分布。

10. 设总体 X 服从伽马分布 $Ga(\alpha,\lambda)$，其概率密度函数为

$$p(x)=\frac{\lambda^{\alpha}}{\Gamma(\alpha)}x^{\alpha-1}e^{-\lambda x},x>0$$

从中获得样本 $X_1,X_2,\cdots,X_n$，在 α 已知时，此分布满足定理 5.3.2 的三个条件，试求 λ 的极大似然估计及其渐近分布。

§　5.4　区间估计

参数估计有两种形式。点估计值能给人们一个明确的数量,未知参数 θ 是多少,但不能给出精度。为了弥补这种不足,统计学家又提出区间估计概念。点估计与区间估计是互为补充、各有各的用途,下面先给出有关概念。

5.4.1　置信区间的概念

定义 5.4.1　设 θ 是总体的一个参数,其参数空间为 Θ, $X_1, X_2, \cdots, X_n$ 是来自该总体的一个样本,对给定的 $\alpha(0 < \alpha < 1)$,确定两个统计量 $\theta_L = \theta_L(X_1, X_2, \cdots, X_n)$ 与 $\theta_U = \theta_U(X_1, X_2, \cdots, X_n)$,若对任意 $\theta \in \Theta$,有

$$P(\theta_L \leqslant \theta \leqslant \theta_U) \geqslant 1 - \alpha, \quad \forall \theta \in \Theta \qquad (5.4.1)$$

则称随机区间 $[\theta_L, \theta_U]$ 是 θ 的置信水平为 $1 - \alpha$ 的**置信区间**,或简称 $[\theta_L, \theta_U]$ 是 θ 的 $1 - \alpha$ 置信区间,θ_L 与 θ_U 分别称为 $1 - \alpha$ 的置信区间的**置信下限**与**置信上限**。

$1 - \alpha$ 置信区间的本意是:设法构造一个随机区间 $[\theta_L, \theta_U]$,它能盖住未知参数 θ 的概率为 $1 - \alpha$。这个区间会随着样本观察值的不同而不同,但 100 次运用这个区间估计,约有 $100(1 - \alpha)$ 个区间能盖住 θ,或者说约有 $100(1 - \alpha)$ 个区间含有 θ,言下之意,大约还有 100α 个区间不含有 θ。如图 5.4.1 上一条竖线表示由容量为 4 的一个样本按给定的 $\theta_L(X_1, X_2, \cdots, X_n)$, $\theta_U(X_1, X_2, \cdots, X_n)$ 算得的一个区间,重复使用 100 次,得 100 个这种区间。在 (a) 中,100 个区间有 51 个包含真正参数 $\theta = 50000$,这对 50% 置信区间($\alpha = 0.5$)来说是一个合理的偏离。在 (b) 中,100 个区间有 90 个包含真实参数 $\theta = 50000$,这与 90% 置信区间一致。

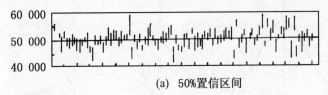

(a)　50%置信区间

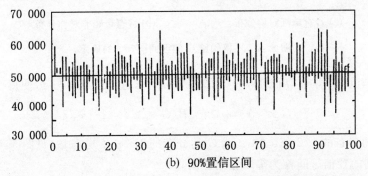

(b)　90%置信区间

图 5.4.1　对从 $\mu = 50000$, $\sigma = 5000$ 的正态总体中随机取出 100 个容量为 4 的样本计算得到的置信区间

5.4.2　枢轴量法

构造未知参数 θ 的置信区间的一个常用方法是枢轴量法,它的具体步骤是:

(1) 从 θ 的一个点估计 $\hat{\theta}$ 出发,构造 $\hat{\theta}$ 与 θ 的一个函数 $G(\hat{\theta},\theta)$,使得 G 的分布(在大样本场合,可以是 G 的渐近分布)是已知的,而且与 θ 无关。通常称这种函数 $G(\hat{\theta},\theta)$ 为**枢轴量**。

(2) 适当选取两个常数 c 与 d,使对给定的 α 有

$$P(c \leqslant G(\hat{\theta},\theta) \leqslant d) \geqslant 1-\alpha \qquad (5.4.2)$$

这里的概率大于等于号是专门为离散分布而设置的,当 $G(\hat{\theta},\theta)$ 的分布是连续分布时,应选 c 与 d 使(5.4.2)式中的等号成立,这样就能充足地使用置信水平 $1-\alpha$。

(3) 利用不等式运算,将不等式 $c \leqslant G(\hat{\theta},\theta) \leqslant d$ 进行等价变形,使得最后能得到形如 $\theta_L \leqslant \theta \leqslant \theta_U$ 的不等式,则 $[\theta_L,\theta_U]$ 就是 θ 的 $1-\alpha$ 置信区间。因为这时有

$$P(\theta_L \leqslant \theta \leqslant \theta_U) = P(c \leqslant G(\hat{\theta},\theta) \leqslant d) \geqslant 1-\alpha$$

上述三步中,关键是第一步,构造枢轴量 $G(\hat{\theta},\theta)$。为了使后面两步可行,G 的分布不能含有未知参数。譬如标准正态分布 $N(0,1)$、χ^2 分布等都不含未知参数。因此在构造枢轴量时,首先要尽量使其分布为上述一些分布。第二步是如何确定 c 与 d。在 G 的分布为单峰时常用如下两种方法确定:

第一种,当 G 的分布为对称时(如标准正态分布),可取 d,使得

$$P(-d \leqslant G \leqslant d) = P(|G| \leqslant d) = 1-\alpha \qquad (5.4.3)$$

这时 $c=-d$,d 为 G 的分布的 $1-\alpha/2$ 分位数(见图 5.4.2(a))。

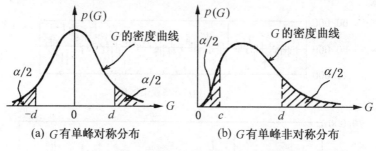

(a) G 有单峰对称分布　　　(b) G 有单峰非对称分布

图 5.4.2　枢轴量 G 的区间 $[c,d]$ 的确定

第二种,当 G 的分布为非对称时(如 χ^2 分布),可这样选取 c 与 d,使得

$$P(G < c) = \alpha/2, \quad P(G \leqslant d) = 1-\alpha/2 \qquad (5.4.4)$$

即取 c 为 G 的分布的 $\alpha/2$ 分位数,d 为 G 的分布的 $1-\alpha/2$ 分位数(见图 5.4.2(b))。

这样得到的置信区间称为**等尾置信区间**。

例 5.4.1　设一个物体的重量 μ 未知,为估计其重量可用天平去称量。由于称量是有误差的,因而所得称量结果是一个随机变量,通常服从正态分布,当天平称量的误差标准差为 0.1 克时,可认为称量结果服从 $N(\mu,0.1^2)$。现对该物体称了五次,结果如下(单

位:克):

$$5.52 \quad 5.48 \quad 5.59 \quad 5.51 \quad 5.45$$

可将其看成来自该总体的一个容量为 5 的样本的观测值。试对 μ 作置信水平为 0.95 的区间估计。

解:(1)由于 μ 是总体的均值,通常用 $\overline{X}$ 去估计它。在正态总体场合,$\overline{X} \sim N\left(\mu, \dfrac{\sigma^2}{n}\right)$,这里 $n=5$,$\sigma=0.1$ 均为已知。从而

$$U = \frac{\overline{X} - \mu}{\sigma / \sqrt{n}} \sim N(0, 1) \tag{5.4.5}$$

由于 U 是 $\overline{X}$ 与未知参数 μ 的函数,其分布为 $N(0,1)$,它不含任何未知参数,故可将 U 作为枢轴量。

(2)由于 $N(0,1)$ 是对称的连续分布,故可取 $c=-d$,对给定的 α,要求

$$P(-d \leqslant U \leqslant d) = P(\mid U \mid \leqslant d) = 1 - \alpha$$

由标准正态分布知可取其 $1 - \dfrac{\alpha}{2}$ 分位数 $u_{1-\frac{\alpha}{2}}$ 作为 d。

(3)从 $\mid U \mid \leqslant d$,即 $\left| \dfrac{\overline{X} - \mu}{\sigma / \sqrt{n}} \right| \leqslant u_{1-\frac{\alpha}{2}}$ 可解得

$$P\left(\overline{X} - \frac{\sigma}{\sqrt{n}} u_{1-\frac{\alpha}{2}} \leqslant \mu \leqslant \overline{X} + \frac{\sigma}{\sqrt{n}} u_{1-\frac{\alpha}{2}} \right) = 1 - \alpha$$

从而 μ 的置信水平为 $1 - \alpha$ 的置信区间为

$$\left[\overline{X} - \frac{\sigma}{\sqrt{n}} u_{1-\frac{\alpha}{2}}, \quad \overline{X} + \frac{\sigma}{\sqrt{n}} u_{1-\frac{\alpha}{2}} \right] \tag{5.4.6}$$

(4)在本例中 $n=5$,$\sigma=0.1$,在 $\alpha=0.05$ 时,$u_{0.975}=1.96$,由样本求得 $\bar{x}=5.51$,将它们代入(5.4.6)式可得 μ 的置信水平为 0.95 的一个具体的区间:$[5.422, 5.598]$。

5.4.3 正态均值 μ 的置信区间(σ 已知)

正态均值 μ 的置信区间要分两种情况来讨论:σ 已知与未知。σ 未知的情况在下一小段讨论。

σ 已知的场合已在例 5.4.1 中作了讨论,在那里我们用枢轴量

$$U = \frac{\overline{X} - \mu}{\sigma / \sqrt{n}} \sim N(0, 1)$$

给出 μ 的置信水平为 $1 - \alpha$ 的置信区间是

$$\left[\overline{X} - \frac{\sigma}{\sqrt{n}} u_{1-\frac{\alpha}{2}}, \quad \overline{X} + \frac{\sigma}{\sqrt{n}} u_{1-\frac{\alpha}{2}} \right]$$

此种关于 $\overline{X}$ 对称的置信区间也可记作

$$\overline{X} \pm u_{1-\frac{\alpha}{2}} \frac{\sigma}{\sqrt{n}} \tag{5.4.7}$$

其中 $\frac{\sigma}{\sqrt{n}} = \sigma(\overline{X})$ 是 $\overline{X}$ 的标准差,也称其为标准误。这样一来,在 σ 已知场合,正态均值 μ 的

$1-\alpha$ 置信区间是以样本均值 $\overline{X}$ 为中心,标准误 $\frac{\sigma}{\sqrt{n}}$ 的 $u_{1-\frac{\alpha}{2}}$ 倍为半径的区间,这里 $u_{1-\frac{\alpha}{2}}$ 是标

准正态分布的 $1 - \frac{\alpha}{2}$ 分位数。

当总体不是正态分布而总体标准差已知,那么在大样本场合($n \geqslant 30$),总体均值 μ 的置信区间仍可用(5.4.7)式求得,这是因为在大样本场合,样本均值 $\overline{X}$ 的渐近分布为 $N\left(\mu, \frac{\sigma^2}{n}\right)$,从而 $\frac{\overline{X} - \mu}{\sigma / \sqrt{n}}$ 近似服从标准正态分布。

例 5.4.2 20 世纪末,某高校对 50 名大学生的午餐费进行调查,得样本均值为 3.10 元,假如总体的标准差为 1.75 元,试求总体均值(即该校大学生的平均午餐费)μ 的 0.95 的置信区间。

解: 由于样本容量较大,因而可用(5.4.7)式求 μ 的置信区间。这里 $n = 50, \sigma = 1.75$, $\bar{x} = 3.10$,在 $\alpha = 0.05$ 时,$u_{0.975} = 1.96$,故 μ 的 0.95 的置信区间为

$$\bar{x} \pm 1.96 \frac{\sigma}{\sqrt{n}} = 3.10 \pm 1.96 \times \frac{1.75}{\sqrt{50}} = 3.10 \pm 0.49 = [2.61, 3.59]$$

即大学生平均午餐费在 2.61 元到 3.59 元之间的置信水平为 95%。

对给定的置信水平,置信区间的长度越短,则估计的精度就越高。

在上面两个例子中,对给定的置信水平 $1-\alpha$,μ 的置信区间(5.4.7)的长度为

$$L = 2u_{1-\frac{\alpha}{2}} \frac{\sigma}{\sqrt{n}} \tag{5.4.8}$$

它不随样本观察值而变化。在 $\alpha = 0.05$ 时,$L = 3.92\sigma/\sqrt{n}$。在对称分布场合,用这种方法求得的置信区间是最短的。其实 μ 的置信水平为 $1-\alpha$ 的置信区间可以有许多。譬如从 $P(u_{0.04} \leqslant U \leqslant u_{0.99}) = 0.95$ 可得置信水平为 0.95 的置信区间为 $[\overline{X} - u_{0.99}\sigma/\sqrt{n}, \overline{X} - u_{0.04}\sigma/\sqrt{n}]$,此时置信区间的长度为:

$$L' = (u_{0.99} - u_{0.04})\sigma/\sqrt{n} = (2.33 + 1.75)\sigma/\sqrt{n} = 4.08\sigma/\sqrt{n} > L$$

图 5.4.3 给出了对称分布下 c、d 的两种不同取法对应的区间长度,从图中可见,当 $c = -d$ 时区间长度最短。

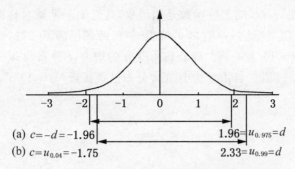

(a) $c=-d=-1.96$　　　　$1.96=u_{0.975}=d$

(b) $c=u_{0.04}=-1.75$　　　　$2.33=u_{0.99}=d$

图 5.4.3　对称分布下 c、d 不同取法对应的区间长度

对给定的 α，为了提高区间估计的精度，就需要减小区间估计的平均长度。当 σ 已知时，正态总体均值 μ 的 $1-\alpha$ 置信区间的长度 L 是样本容量 n 的函数，且从 (5.4.8) 式可知 L 是 n 的减函数，因而可以通过增加样本容量 n 来达到提高精度的目的。

5.4.4　正态均值 μ 的置信区间（σ 未知）

在 σ 未知时，(5.4.5) 式表示的 U 不能用来构造 μ 的置信区间，因为此时它还含有未知参数 σ。一个自然的想法是用样本标准差 S 去估计总体标准差 σ，此时 $\dfrac{\overline{X}-\mu}{S/\sqrt{n}}$ 就不再服从 $N(0,1)$ 分布，而涉及 t 分布。下面先介绍一下 t 分布。

5.4.4.1　t 分布

定义 5.4.2　如果 $X \sim N(0,1)$，$Y \sim \chi^2(n)$，且 X 与 Y 独立，则

$$t = \frac{X}{\sqrt{Y/n}} \tag{5.4.9}$$

的分布称为**自由度为 n 的 t 分布**，记为 $t(n)$。

t 分布是统计中常用的概率分布之一，它仅含一个参数 n，这个参数 n 称为**自由度**。自由度为 n 的 t 分布的密度函数有如下形式：

$$p(x) = \frac{\Gamma\left(\dfrac{n+1}{2}\right)}{\sqrt{n\pi}\,\Gamma\left(\dfrac{n}{2}\right)} \left(1+\frac{x^2}{n}\right)^{-\frac{n+1}{2}}, \qquad -\infty < x < \infty$$

其图像见图 5.4.4。

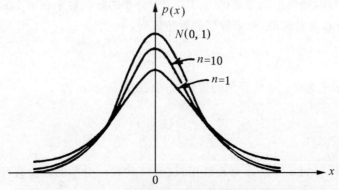

图 5.4.4　几个 t 分布的密度函数与标准正态密度函数

从图 5.4.4 可见，$t(n)$ 的密度函数是偶函数，且是关于纵轴对称的单峰函数，形状与标准正态分布相似，但其峰比 $N(0,1)$ 的峰低一些，两侧尾部厚一些，这表明 t 分布的取值的分散程度要比 $N(0,1)$ 大一些。随着自由度 n 的增大，t 分布与 $N(0,1)$ 之间的差别就越来越小，从图 5.4.4 可见，自由度为 10 的 t 分布已很接近 $N(0,1)$ 了。自由度为 1 的 t 分布的密度函数

$$p_1(x) = \frac{1}{\pi(1+x^2)}, \quad -\infty < x < \infty$$

这便是柯西分布，其数学期望与方差均不存在。

自由度为 n 的 t 分布的 p 分位数记为 $t_p(n)$，附表 4 便是 t 分布的分位数表。

5.4.4.2　σ 未知场合，正态均值 μ 的 $1-\alpha$ 置信区间

前面已提到在 σ 未知场合，拟采用枢轴量

$$t = \frac{\overline{X} - \mu}{S/\sqrt{n}} \tag{5.4.10}$$

下面的定理告诉我们此枢轴量服从 t 分布。

定理 5.4.1　设 $X_1, X_2, \cdots, X_n$ 是来自 $N(\mu, \sigma^2)$ 的一个样本，$\overline{X}$、S^2 分别为样本均值与样本方差，则 $t = \dfrac{\overline{X} - \mu}{S/\sqrt{n}}$ 服从自由度为 $n-1$ 的 t 分布。

证：由第四章 §4.2 知：$\overline{X}$ 与 S^2 独立，且

(1) $\overline{X} \sim N(\mu, \dfrac{\sigma^2}{n})$，即 $\dfrac{\overline{X} - \mu}{\sigma/\sqrt{n}} \sim N(0,1)$

(2) $\dfrac{(n-1)S^2}{\sigma^2} \sim \chi^2(n-1)$

那么由定义 5.4.2 知

$$\frac{\dfrac{\overline{X} - \mu}{\sigma/\sqrt{n}}}{\sqrt{\dfrac{(n-1)S^2}{\sigma^2}/(n-1)}} = \frac{\overline{X} - \mu}{S/\sqrt{n}} \sim t(n-1)$$

有了上述定理，便可由枢轴量 (5.4.10) 及 t 分布的分位数来获得 μ 的 $1-\alpha$ 的置信区间了。由于 t 分布是对称的，故求等尾的置信区间，由

$$P(\mid t \mid \leqslant t_{1-\frac{\alpha}{2}}(n-1)) = 1-\alpha$$

可得 μ 的置信水平为 $1-\alpha$ 的等尾的置信区间（见图 5.4.5）为

$$\overline{X} \pm t_{1-\frac{\alpha}{2}}(n-1)\frac{S}{\sqrt{n}} \tag{5.4.11}$$

当 n 较大时，譬如 $n > 30$，t 分布可用 $N(0,1)$ 代替，t 分布的分位数可用 $N(0,1)$ 的分位数代替，这时 μ 的 $1-\alpha$ 置信区间为

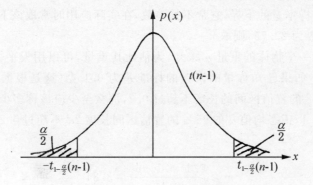

图 5.4.5　t 分布的分位数

$$\bar{X} \pm u_{1-\frac{\alpha}{2}} \frac{S}{\sqrt{n}} \tag{5.4.12}$$

例 5.4.3　2005 年某市某行业职工的月收入服从 $N(\mu,\sigma^2)$，现随机抽取 30 名职工进行调查，求得他们的月收入的平均值 $\bar{x}=2084$ 元，标准差 $s=435$ 元，试求 μ 的置信水平为 0.95 的置信区间。

解：由于 σ 未知，故用 (5.4.11) 式来求 μ 的置信区间。现在 $n=30$，在 $\alpha=0.05$ 时查附表 4 得 $t_{0.975}(29)=2.0452$，又 $\bar{x}=2084$，$s=435$，将它们代入 (5.4.11) 式得

$$2084 \pm 2.0452 \times \frac{435}{\sqrt{30}} = 2084 \pm 162.4 = [1921.6, 2246.4]$$

故该行业职工的月平均收入在 1921.6 元到 2246.4 元之间的置信水平为 0.95。

＊5.4.5　样本量的确定

在进行参数估计前，常要问：样本量取多大为宜？常用的有两类方法：

一是控制置信区间的长度 $2d$（精确度）来确定样本量 n，其中 d 为区间的半径。

二是控制犯第二类错误的概率 β 来确定样本量 n。

这里介绍前一种方法，后一种方法将在第六章假设检验中介绍。

以正态均值 μ 为例，为使 μ 的 $1-\alpha$ 置信区间的长度不超过 $2d$，样本量 n 要取多少？下面分几种情况来叙述。

（1）标准差 σ 已知的场合

在正态标准差 σ 已知的场合，正态均值 μ 的 $1-\alpha$ 置信区间为 $\bar{x} \pm u_{1-\alpha/2} \dfrac{\sigma}{\sqrt{n}}$，其中 $\bar{x}$，$u_{1-\alpha/2}$ 和 n 如前所述，以后不再一一说明。要使置信区间的长度不超过 $2d$，可得如下不等式：

$$2u_{1-\alpha/2} \frac{\sigma}{\sqrt{n}} \leqslant 2d$$

解此不等式，可得

$$n \geqslant \frac{\sigma^2 u_{1-\alpha/2}^2}{d^2} = \left(\frac{\sigma\, u_{1-\alpha/2}}{d}\right)^2 \tag{5.4.13}$$

上式右端就是所需样本量的下界，它常不是整数，在实际应用时常取该下界后面的一个整数，譬如算得的下界为 23.75，则取 $n=24$。

例 5.4.4 设一个物体的重量 μ 未知，为估计其重量，可以用天平去称，现在假定称重服从正态分布。如果已知称量的误差的标准差为 0.1 克（这是根据天平的精度给出的），为使 μ 的 95% 的置信区间的长度不超过 0.2，那么至少应该称多少次？

解： 已知 $\sigma=0.1$，正态均值 μ 的 95% 的置信区间长度 $2d$ 不超过 0.2，所需的样本量 n 应该满足如下要求：

$$n \geqslant \frac{0.1^2 \times 1.96^2}{0.1^2} = 3.84$$

故取样本量 $n=4$ 即可满足要求。若其他不变，把允许的置信区间半径改为 $d=0.05$，于是可类似算得

$$n \geqslant \frac{0.1^2 \times 1.96^2}{0.05^2} = 15.37$$

这时样本量上升为 16。可见要求区间长度愈短，即要求精度愈高，则所需样本量就愈大；反之，要求精度降低，则样本量下降很快。

（2）标准差 σ 未知的场合

在正态标准差 σ 未知的场合，若有近期的样本可用时，可使用 t 统计量去寻求正态均值 μ 的 $1-\alpha$ 置信区间。要使其区间长度不超过 $2d$，可得

$$n \geqslant \frac{s_0^2 t_{1-\alpha/2}^2(n_0-1)}{d^2} = \left(\frac{s_0 t_{1-\alpha/2}(n_0-1)}{d}\right)^2 \tag{5.4.14}$$

其中 s_0 是根据容量为 n_0 的近期样本求得的 σ 的一个估计，因为此时 $\dfrac{\overline{X}-\mu}{S_0/\sqrt{n}} \sim t(n_0-1)$，$\mu$ 的 $1-\alpha$ 置信区间可以表示为 $\bar{x} \pm t_{1-\alpha/2}(n_0-1)\dfrac{s_0}{\sqrt{n}}$。（5.4.14）式右端就是所需样本量的下界，它常不是整数，在实际应用时常取该下界后面的一个整数。

例 5.4.5 为了对垫圈总体的平均厚度做出估计，我们所取的风险是允许在 100 次估计中有 5 次误差超过 0.02cm，近期从另一批产品中抽得一个容量为 10 的样本，得到标准差的估计为 $s=0.0359$，问现在应该取多少样品为宜？

解： 这里的"风险"就是样本均值落在置信区间外的概率 α，如今 $\alpha=0.05$，"估计的误差超过 0.02"，表明 $d=0.02$，现在 $s_0=0.0359$，获得该估计的样本量 $n_0=10$，有 $t_{1-\alpha/2}(n_0-1)=t_{0.975}(9)=2.262$，把这些值代入下界公式（5.4.14），可得

$$n \geqslant \frac{0.0395^2 \times 2.262^2}{0.02^2} = 16.49$$

故应取 $n=17$。这表明：若从垫圈批量中抽取容量为 17 的样本，其均值为 $\bar{x}$，那么我们可以 95% 的置信水平断定区间 $[\bar{x}-0.02, \bar{x}+0.02]$ 将包含该批量的平均厚度。

（3）Stein 的两步法

在缺少总体标准差 σ 的估计时，Stein 提出两步法来获得所需的样本量 n。该方法的

要点是把 n 分为两部分 n_1+n_2，第一步确定第一样本量 n_1，第二步确定第二样本量 n_2。具体操作如下：

第一步：根据经验对 σ 作一推测，譬如为 σ'。根据此推测可用(1)的方法确定一个样本量 n'，即

$$n'=\left(\frac{\sigma' u_{1-\alpha/2}}{d}\right)^2$$

选一个比 n' 小得多的整数 n_1 作为第一样本量。选择 n_1 的一个粗略的规则是：

当 $n'\geqslant 60$ 时，可取 $n_1\geqslant 30$；

当 $n'<60$ 时，可取 $n_1=0.5n'$ 与 $0.7n'$ 中某个整数。

第二步：从总体中随机取出容量为 n_1 的样品，并逐个测量，获得 n_1 个数据，由此可算得第一个样本的标准差 s_1，自由度为 n_1-1。对给定的 α，可查得分位数 $t_{1-\alpha/2}(n_1-1)$，然后算得

$$n\geqslant\left(\frac{s_1 t_{1-\alpha/2}(n_1-1)}{d}\right)^2 \tag{5.4.15}$$

这里也需要同前一样取为整数。由此可得第二个样本量 $n_2=n-n_1$。这两个样本量之和便是我们所需要的样本量。

按此样本量进行抽样（前已经抽了 n_1 个，现在再补抽 n_2 个），获得的样本均值为 $\bar{x}$，则可以断定：区间 $[\bar{x}-d,\bar{x}+d]$ 将以置信水平 $1-\alpha$ 包含总体均值 μ。

例 5.4.6　有一大批部件，希望确定某特性的均值，若允许此均值的估计值的误差不超过 4 个单位（即 $d=4$），问在 $\alpha=0.05$ 下需要多少样本量？

解：用 Stein 的两步法。首先从类似部件的资料获得 σ 的估计值 $\sigma'=24$，对 $\alpha=0.05$，可查表得到 $u_{0.975}=1.96$，由此可得

$$n'=\left(\frac{24\times 1.96}{4}\right)^2=138.30$$

据此选取第一样本量为 $n_1=50$。

随机抽取 50 个部件，测其特性，算得标准差 $s_1=20.35$，利用 $d=4$ 和 t 分布分位数 $t_{0.975}(49)=2.01$，可得

$$n=\left(\frac{20.35\times 2.01}{4}\right)^2=104.57\approx 105$$

由此可知第二样本量 $n_2=105-50=55$，这个问题所需样本量为 105。

5.4.6　正态方差 σ^2 与标准差 σ 的置信区间

设从正态总体 $N(\mu,\sigma^2)$ 中获得样本 $X_1,X_2,\cdots,X_n$，记样本均值为 $\bar{X}$，样本方差为 S^2，这里假定 μ 未知。

为求 σ^2 的置信区间，我们从其估计 S^2 出发，在 §4.2 已证明了

$$\chi^2 = \frac{(n-1)S^2}{\sigma^2} \sim \chi^2(n-1) \qquad (5.4.16)$$

χ^2 中除 σ^2 外不含其他未知参数,其分布已知,且与 σ^2 无关,因而可将(5.4.16)作为枢轴量。由于 χ^2 只能取非负值,且分布不对称,因而按等尾置信区间要求,对给定的 α,从附表 5 的 χ^2 分布表中查得 $\frac{\alpha}{2}$ 与 $1-\frac{\alpha}{2}$ 两个分位数 $\chi^2_{\frac{\alpha}{2}}(n-1)$ 与 $\chi^2_{1-\frac{\alpha}{2}}(n-1)$(见图 5.4.6),则有

$$P\{\chi^2_{\frac{\alpha}{2}}(n-1) \leqslant \chi^2 \leqslant \chi^2_{1-\frac{\alpha}{2}}(n-1)\} = 1-\alpha$$

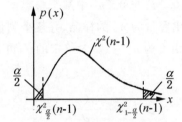

图 5.4.6　χ^2 分布的分位数

从

$$\chi^2_{\frac{\alpha}{2}}(n-1) \leqslant \frac{(n-1)S^2}{\sigma^2} \leqslant \chi^2_{1-\frac{\alpha}{2}}(n-1) \qquad (5.4.17)$$

可解得 σ^2 的置信水平为 $1-\alpha$ 的置信区间是

$$\left[\frac{(n-1)S^2}{\chi^2_{1-\frac{\alpha}{2}}(n-1)}, \quad \frac{(n-1)S^2}{\chi^2_{\frac{\alpha}{2}}(n-1)} \right] \qquad (5.4.18)$$

由于在 $(0, \infty)$ 上 σ 是 σ^2 的严格增函数,如果将(5.4.17)不等式各边均开方,则所得新事件

$$\sqrt{\chi^2_{\frac{\alpha}{2}}(n-1)} \leqslant \frac{\sqrt{n-1}S}{\sigma} \leqslant \sqrt{\chi^2_{1-\frac{\alpha}{2}}(n-1)} \qquad (5.4.19)$$

与(5.4.17)为等价事件,即仍有

$$P\left(\sqrt{\chi^2_{\frac{\alpha}{2}}(n-1)} \leqslant \frac{\sqrt{n-1}S}{\sigma} \leqslant \sqrt{\chi^2_{1-\frac{\alpha}{2}}(n-1)} \right) = 1-\alpha$$

故从(5.4.19)式可得 σ 的 $1-\alpha$ 置信区间为

$$\left[\frac{\sqrt{n-1}S}{\sqrt{\chi^2_{1-\frac{\alpha}{2}}(n-1)}}, \quad \frac{\sqrt{n-1}S}{\sqrt{\chi^2_{\frac{\alpha}{2}}(n-1)}} \right] \qquad (5.4.20)$$

类似地,当 μ 已知的时候,记为 $\mu = \mu_0$,σ^2 的置信水平为 $1-\alpha$ 的置信区间为

$$\left[\frac{ns_0^2}{\chi^2_{1-\frac{\alpha}{2}}(n)}, \quad \frac{ns_0^2}{\chi^2_{\frac{\alpha}{2}}(n)} \right]$$

σ 的 $1-\alpha$ 的置信区间为

$$\left[\frac{\sqrt{n}\,s_0}{\sqrt{\chi^2_{1-\frac{\alpha}{2}}(n)}}, \quad \frac{\sqrt{n}\,s_0}{\sqrt{\chi^2_{\frac{\alpha}{2}}(n)}} \right]$$

其中,$s_0 = \frac{1}{n}\sum_{i=1}^{n}(X_i-\mu_0)^2$。

例 5.4.7 求例 5.4.3 中 σ 的置信水平为 0.90 的置信区间。

解:由于这里 μ 未知,因而用(5.4.20)式作为 σ 的置信区间。现在 $n=30$,$\alpha=0.10$,由附表 5 查得 $\chi^2_{0.05}(29)=17.708$,$\chi^2_{0.95}(29)=42.557$,又 $s=435$,将它们代入(5.4.20)式得 σ 的置信水平为 0.90 的置信区间为

$$\left[\frac{\sqrt{29}\times 435}{\sqrt{42.557}}, \quad \frac{\sqrt{29}\times 435}{\sqrt{17.708}} \right] = [359.1, \quad 556.7]$$

故该行业职工月平均收入的标准差在 $359.1 \sim 556.7$ 元之间的置信水平为 0.90。

5.4.7 两个正态均值差的置信区间

设有两个独立正态总体,$X \sim N(\mu_1,\sigma_1^2)$,$Y \sim N(\mu_2,\sigma_2^2)$,现从 X 中获得样本 $X_1,X_2,\cdots,X_n$,其样本均值为 $\bar{X}$,样本无偏方差为 S_X^2,从 Y 中获得样本 $Y_1,Y_2,\cdots,Y_m$,其样本均值为 $\bar{Y}$,样本无偏方差为 S_Y^2,现要求 $\mu_1-\mu_2$ 的置信区间。这是著名的 Behrens-Fisher 问题,几种特殊情况已获圆满解决,一般情况至今也只有近似解法,以下分别叙述。

(1) σ_1 与 σ_2 已知的场合。

此时可用 $\bar{X}-\bar{Y}$ 去估计 $\mu_1-\mu_2$,由正态分布性质可知 $\bar{X}-\bar{Y} \sim N(\mu_1-\mu_2, \frac{\sigma_1^2}{n}+\frac{\sigma_2^2}{m})$,从而

$$U = \frac{(\bar{X}-\bar{Y})-(\mu_1-\mu_2)}{\sqrt{\frac{\sigma_1^2}{n}+\frac{\sigma_2^2}{m}}} \sim N(0,1)$$

由于 U 中除 $\mu_1-\mu_2$ 外不含其他未知参数,其分布已知,且与 $\mu_1-\mu_2$ 无关,因而可将 U 作为枢轴量,同例 5.4.1 的推导,$\mu_1-\mu_2$ 的置信水平为 $1-\alpha$ 的置信区间是

$$\bar{X}-\bar{Y} \pm u_{1-\frac{\alpha}{2}}\sqrt{\frac{\sigma_1^2}{n}+\frac{\sigma_2^2}{m}} \tag{5.4.21}$$

(2) 已知 $\sigma_1=\sigma_2$,但具体值未知的场合。

由于假定 $\sigma_1=\sigma_2$,可将其记为 σ,那么 S_X^2 与 S_Y^2 都是同一方差 σ^2 的无偏估计,则其加权平均

$$S_w^2 = \frac{(n-1)S_X^2+(m-1)S_Y^2}{n+m-2} \tag{5.4.22}$$

也是 σ^2 的无偏估计。下面的定理将告诉我们如何从 S_w 构造枢轴量。

定理 5.4.2　设 $X_1, X_2, \cdots, X_n$ 是来自正态总体 $X \sim N(\mu_1, \sigma^2)$ 的一个样本，$Y_1, Y_2,$ $\cdots, Y_m$ 是来自正态总体 $Y \sim N(\mu_2, \sigma^2)$ 的一个样本，且两样本独立，两个样本的均值分别记为 $\overline{X}, \overline{Y}$，两个样本的方差分别记为 S_X^2 与 S_Y^2，则

$$t = \frac{\overline{X} - \overline{Y} - (\mu_1 - \mu_2)}{S_W \sqrt{\dfrac{1}{n} + \dfrac{1}{m}}} \sim t(n + m - 2)$$

这里 S_W^2 如 (5.4.22) 式所示。

证：由 §4.2 知

$$\frac{(n-1)S_X^2}{\sigma^2} \sim \chi^2(n-1), \qquad \frac{(m-1)S_Y^2}{\sigma^2} \sim \chi^2(m-1)$$

且两者独立，由 χ^2 分布的可加性知

$$\frac{(n-1)S_X^2}{\sigma^2} + \frac{(m-1)S_Y^2}{\sigma^2} = \frac{(n+m-2)S_W^2}{\sigma^2} \sim \chi^2(n+m-2)$$

另一方面由两样本独立性知

$$\overline{X} - \overline{Y} \sim N\left(\mu_1 - \mu_2, \left(\frac{1}{n} + \frac{1}{m}\right)\sigma^2\right)$$

即

$$\frac{\overline{X} - \overline{Y} - (\mu_1 - \mu_2)}{\sigma \sqrt{\dfrac{1}{n} + \dfrac{1}{m}}} \sim N(0,1)$$

再由样本均值与样本方差的独立性知 $\overline{X} - \overline{Y}$ 与 S_W^2 也相互独立，从而由定义 5.4.2 知

$$\frac{\dfrac{\overline{X} - \overline{Y} - (\mu_1 - \mu_2)}{\sigma \sqrt{\dfrac{1}{n} + \dfrac{1}{m}}}}{\sqrt{\dfrac{(n+m-2)S_W^2}{\sigma^2} \Big/ (n+m-2)}} = \frac{\overline{X} - \overline{Y} - (\mu_1 - \mu_2)}{S_W \sqrt{\dfrac{1}{n} + \dfrac{1}{m}}} \sim t(n+m-2)$$

这里 $S_W = \sqrt{S_W^2}$。

由定理 5.4.2 知，t 的分布是自由度为 $n+m-2$ 的 t 分布，故可将其作为枢轴量使用，经过类似 (5.4.11) 式的推导，得 $\mu_1 - \mu_2$ 的置信水平为 $1-\alpha$ 的置信区间是

$$\overline{X} - \overline{Y} \pm t_{1-\frac{\alpha}{2}}(n+m-2) S_W \sqrt{\frac{1}{n} + \frac{1}{m}} \tag{5.4.23}$$

（3）当 n 与 m 都充分大时，可以证明

$$T = \frac{\overline{X} - \overline{Y} - (\mu_1 - \mu_2)}{\sqrt{\dfrac{S_X^2}{n} + \dfrac{S_Y^2}{m}}}$$

的渐近分布为 $N(0,1)$,从而此时 $\mu_1 - \mu_2$ 的 $1 - \alpha$ 的置信区间为

$$\overline{X} - \overline{Y} \pm u_{1-\frac{\alpha}{2}} \sqrt{\frac{S_X^2}{n} + \frac{S_Y^2}{m}} \tag{5.4.24}$$

(4)一般场合,上式中的枢轴量 T 已不是 $N(0,1)$,而是近似于自由度为 l 的 t 分布,其中

$$l = \frac{\left(\dfrac{S_X^2}{n} + \dfrac{S_Y^2}{m}\right)^2}{\dfrac{S_X^4}{n^2(n-1)} + \dfrac{S_Y^4}{m^2(m-1)}} \tag{5.4.25}$$

当 l 不为整数时,可取与 l 最接近的整数代替。于是在一般场合,近似地有枢轴量 $T \sim t(l)$,运用上述类似的步骤,可得 $\mu_1 - \mu_2$ 的 $1 - \alpha$ 置信区间近似为

$$\overline{X} - \overline{Y} \pm t_{1-\frac{\alpha}{2}}(l) \sqrt{\frac{S_X^2}{n} + \frac{S_Y^2}{m}} \tag{5.4.26}$$

例 5.4.8 某厂用两条流水线生产番茄酱小包装,现从两条流水线上各随机抽取一个样本,容量分别为 $n = 6, m = 7$,称重后算得(单位:克):

$$\overline{x} = 10.6, \qquad s_x^2 = 0.0125$$
$$\overline{y} = 10.1, \qquad s_y^2 = 0.01$$

设两条流水线上所装番茄酱的重量 X 与 Y 都服从正态分布,其均值分别为 μ_X 与 μ_Y,方差分别为 σ_X^2 与 σ_Y^2,求 $\mu_X - \mu_Y$ 的置信水平为 0.90 的置信区间。

解:先设 X 与 Y 的方差相等,这时可用(5.4.23)式求 $\mu_X - \mu_Y$ 的置信区间。由于 $\alpha = 0.10, n + m - 2 = 11$,由 t 分布表查得 $t_{0.95}(11) = 1.7959$,又可求得:

$$\overline{x} - \overline{y} = 0.5$$
$$s_w^2 = \frac{5 \times 0.0125 + 6 \times 0.01}{11} = 0.01114, \quad s_w = 0.1055$$

将它们代入(5.4.23)式得 $\mu_X - \mu_Y$ 的置信水平为 0.90 的置信区间为

$$\overline{x} - \overline{y} \pm t_{0.95}(11) s_w \sqrt{\frac{1}{n} + \frac{1}{m}} = 0.5 \pm 1.7959 \times 0.1055 \times \sqrt{\frac{1}{6} + \frac{1}{7}}$$

$$= 0.5 \pm 0.1054 = [0.3946, 0.6054]$$

如果认为 X 与 Y 的方差不等,则应该用(5.4.26)式求 $\mu_X - \mu_Y$ 的置信区间。此时

$$\frac{s_X^2}{n} + \frac{s_Y^2}{m} = \frac{0.0125}{6} + \frac{0.01}{7} = 0.003512$$

$$l = \frac{0.003512^2}{\dfrac{0.0125^2}{6^2 \times 5} + \dfrac{0.01^2}{7^2 \times 6}} = 10.21 \approx 10$$

由 $\alpha = 0.10$,查得 $t_{0.95}(10) = 1.8125$,故

$$t_{0.95}(10)\sqrt{\frac{s_X^2}{n}+\frac{s_Y^2}{m}}=1.8125\times\sqrt{0.003512}=0.1074$$

代入(5.4.26)式则得 $\mu_X-\mu_Y$ 的置信水平为 0.90 的置信区间是

$$0.5\pm0.1074=[0.3926,0.6074]$$

两种方法求得的区间略有差异。

5.4.8　两个正态方差比的置信区间

在上一小段的假定下，寻求两个正态方差比的置信区间将涉及 F 分布，下面先对 F 分布作一介绍。

（1）F 分布。

定义 5.4.3　如果 $X\sim\chi^2(n)$，$Y\sim\chi^2(m)$，且 X 与 Y 独立，则

$$F=\frac{X/n}{Y/m}$$

的分布称为**自由度是 n 与 m 的 F 分布**，记为 $F(n,m)$。

F 分布是统计中常用的概率分布之一，它仅在 $(0,\infty)$ 上取值。F 分布的概率密度函数为

$$p(x)=\frac{\Gamma\left(\frac{n+m}{2}\right)}{\Gamma\left(\frac{n}{2}\right)\Gamma\left(\frac{m}{2}\right)}n^{\frac{n}{2}}m^{\frac{m}{2}}x^{\frac{n}{2}-1}(nx+m)^{-\frac{n+m}{2}},\quad x>0$$

其图像见图 5.4.7。

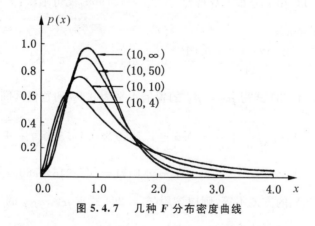

图 5.4.7　几种 F 分布密度曲线

F 分布含两个参数：分子的自由度 n，分母的自由度 m。从图 5.4.7 可见 F 分布是一种偏态分布。

自由度为 n,m 的 F 分布的 p 分位数记为 $F_p(n,m)$，附表 6 中给出了 $p=0.50,0.90$，$0.95,0.975,0.99,0.995,0.999$ 共七个值的分位数。那么当 $p<0.50$ 时分位数该怎么求呢？这要用到下面一个性质：

$$F_p(n,m) = \frac{1}{F_{1-p}(m,n)} \qquad (5.4.27)$$

这是因为当 $X \sim \chi^2(n), Y \sim \chi^2(m)$,且 X 与 Y 独立时,有

$$F = \frac{X/n}{Y/m} \sim F(n,m)$$

$$\frac{1}{F} = \frac{Y/m}{X/n} \sim F(m,n)$$

如果 $F_p(n,m)$ 是 F 的 p 分位数,则由分位数性质可知:

$$P(F < F_p(n,m)) = p$$

即

$$P\left(\frac{1}{F} > \frac{1}{F_p(n,m)}\right) = p$$

从而

$$P\left(\frac{1}{F} \leqslant \frac{1}{F_p(n,m)}\right) = 1 - p$$

这表明 $\dfrac{1}{F_p(n,m)}$ 是 $\dfrac{1}{F}$ 的 $1-p$ 分位数,即

$$\frac{1}{F_p(n,m)} = F_{1-p}(m,n)$$

故有(5.4.27)式。

(2) 两个正态方差比的置信区间。

设 $X_1, X_2, \cdots, X_n$ 是来自正态总体 $X \sim N(\mu_1, \sigma_1^2)$ 的样本,$Y_1, Y_2, \cdots, Y_m$ 是来自正态总体 $Y \sim N(\mu_2, \sigma_2^2)$ 的样本,且两个样本独立,为求 σ_1^2/σ_2^2 的置信区间,很自然想到用它们的估计之比作枢轴量。

当 μ_1, μ_2 未知的时候,样本方差 S_X^2 与 S_Y^2 分别为 σ_1^2 与 σ_2^2 的无偏估计,记

$$F = \frac{S_X^2/\sigma_1^2}{S_Y^2/\sigma_1^2} \qquad (5.4.28)$$

为要使 F 能作为枢轴量,就需要知道其分布。对此有下面的定理。

定理 5.4.3 设 $X_1, X_2, \cdots, X_n$ 是来自 $N(\mu_1, \sigma_1^2)$ 的一个样本,$Y_1, Y_2, \cdots, Y_m$ 是来自 $N(\mu_2, \sigma_2^2)$ 的一个样本,且两样本独立,两样本的无偏方差分别记为 S_X^2 与 S_Y^2,则

$$F = \frac{S_X^2/\sigma_1^2}{S_Y^2/\sigma_2^2} \sim F(n-1, m-1)$$

证:由 §4.2 知

$$\frac{(n-1)S_X^2}{\sigma_1^2} \sim \chi^2(n-1), \qquad \frac{(m-1)S_Y^2}{\sigma_2^2} \sim \chi^2(m-1)$$

由两样本的独立性知 S_X^2 与 S_Y^2 独立，再由 F 分布的定义 5.4.3 知

$$\frac{\dfrac{(n-1)S_X^2}{\sigma_1^2}/(n-1)}{\dfrac{(m-1)S_Y^2}{\sigma_2^2}/(m-1)}=\frac{S_X^2/\sigma_1^2}{S_Y^2/\sigma_2^2}\sim F(n-1,m-1)$$

有了(5.4.28)式中的 $F\sim F(n-1,m-1)$，就可以把 F 看作枢轴量，由此可获得 $\dfrac{\sigma_1^2}{\sigma_2^2}$ 的 $1-\alpha$ 的等尾置信区间：

$$\left[\frac{S_X^2}{S_Y^2}\cdot\frac{1}{F_{1-\frac{\alpha}{2}}(n-1,m-1)},\quad\frac{S_X^2}{S_Y^2}\cdot\frac{1}{F_{\frac{\alpha}{2}}(n-1,m-1)}\right]\qquad(5.4.29)$$

开方后还可得正态总体标准差之比 $\dfrac{\sigma_1}{\sigma_2}$ 的 $1-\alpha$ 置信区间为

$$\left[\frac{S_X}{S_Y}\cdot\frac{1}{\sqrt{F_{1-\frac{\alpha}{2}}(n-1,m-1)}},\quad\frac{S_X}{S_Y}\cdot\frac{1}{\sqrt{F_{\frac{\alpha}{2}}(n-1,m-1)}}\right]\qquad(5.4.30)$$

当 μ_1,μ_2 已知的时候，可知 $S_{0X}^2=\dfrac{1}{n}\sum\limits_{i=1}^{n}(X_i-\mu_1)^2$ 与 $S_{0Y}^2=\dfrac{1}{m}\sum\limits_{j=1}^{m}(Y_j-\mu_2)^2$ 分别为 σ_1^2 与 σ_2^2 的无偏估计，类似推理可得 σ_1^2/σ_2^2 的 $1-\alpha$ 的等尾置信区间为

$$\left[\frac{S_{0X}^2}{S_{0Y}^2}\cdot\frac{1}{F_{1-\frac{\alpha}{2}}(n,m)},\quad\frac{S_{0X}^2}{S_{0Y}^2}\cdot\frac{1}{F_{\frac{\alpha}{2}}(n,m)}\right]$$

$\dfrac{\sigma_1}{\sigma_2}$ 的 $1-\alpha$ 的等尾置信区间为

$$\left[\frac{S_{0X}}{S_{0Y}}\cdot\frac{1}{\sqrt{F_{1-\frac{\alpha}{2}}(n,m)}},\quad\frac{S_{0X}}{S_{0Y}}\cdot\frac{1}{F_{\frac{\alpha}{2}}(n,m)}\right]$$

例 5.4.9 求例 5.4.8 中 σ_X/σ_Y 的置信水平为 0.90 的置信区间。

解：在 $\alpha=0.10,n=6,m=7$ 时，查 F 分布表得：

$$F_{0.95}(5,6)=4.39$$

由(5.4.27)式又得：

$$F_{0.05}(5,6)=\frac{1}{F_{0.95}(6,5)}=\frac{1}{4.95}$$

将 $s_X^2=0.0125,s_Y^2=0.01$ 及上述分位数都代入(5.4.30)式，得 σ_X/σ_Y 的置信水平为 0.90 的置信区间是

$$\left[\frac{\sqrt{0.0125}}{\sqrt{0.01}}\cdot\frac{1}{\sqrt{4.39}},\quad\frac{\sqrt{0.0125}}{\sqrt{0.01}}\cdot\sqrt{4.95}\right]=[0.5336,2.4875]$$

这表明两条番茄酱小包装流水线包装重量的标准差之比在 $0.5336 \sim 2.4875$ 之间的置信水平为 0.90。

习题 5.4

1. 某商店每天百元投资的利润率服从正态分布,均值为 μ,方差为 σ^2,长期以来 σ^2 稳定为 0.4,现随机抽取的五天的利润率为:$-0.2, 0.1, 0.8, -0.6, 0.9$,试求 μ 的置信水平为 0.95 的置信区间。

2. 在习题 5.4.1 中为使 μ 的置信水平为 0.95 的置信区间长度不超过 0.4,则至少应随机抽取多少天的利润率才能达到?

3. 某化纤强力长期以来标准差稳定在 $\sigma = 1.19$,现抽取了一个容量 $n = 100$ 的样本,求得样本均值 $\bar{x} = 6.35$,试求该化纤强力均值 μ 的置信水平为 0.95 的置信区间。

4. 设样本 $X_1, X_2, \cdots, X_5$ 来自 $N(0,1)$,试求常数 c,使统计量 $c \cdot \dfrac{X_1 + X_2}{\sqrt{X_3^2 + X_4^2 + X_5^2}}$ 服从 t 分布,并指出其自由度是多少。

5. 设 $X_1, X_2, \cdots, X_n, X_{n+1}$ 是取自 $N(\mu, \sigma^2)$ 的一个样本,又记

$$\bar{X}_n = \frac{1}{n} \sum_{i=1}^{n} X_i, \quad S_n^2 = \frac{1}{n} \sum_{i=1}^{n} (X_i - \bar{X}_n)^2$$

求统计量 $\eta = \dfrac{X_{n+1} - \bar{X}_n}{S_n} \sqrt{\dfrac{n-1}{n+1}}$ 的分布。

6. 用一仪表测量某物理量,假定测量结果服从正态分布,现在得到 9 次测量结果的平均值与标准差分别为 $\bar{x} = 30.1, s = 6$,试求该物理量真值的置信水平为 0.99 的置信区间。

7. 假定某商店中一种商品的月销售量服从正态分布 $N(\mu, \sigma^2)$,σ 未知。为了确定该商品的进货量,需要对 μ 作估计,该商店前 7 个月的销售量分别为 $64, 57, 49, 81, 76, 70, 59$,试求 μ 的置信水平为 0.95 的置信区间。

8. 假定婴儿体重的分布为 $N(\mu, \sigma^2)$,从某医院随机抽取 4 个婴儿,他们出生时的平均体重为 $\bar{x} = 3.3$(公斤),体重的标准差为 $s = 0.42$(公斤),试求 μ 的置信水平为 0.95 的置信区间。

9. 已知某种木材的横纹抗压力服从 $N(\mu, \sigma^2)$,现对十个试件作横纹抗压力试验,得数据如下:(单位:kg/cm^2)

    482   493   457   471   510   446   435   418   394   469

（1）求 μ 的置信水平为 0.95 的置信区间;

（2）求 σ 的置信水平为 0.90 的置信区间。

10. 设某自动车床加工的零件尺寸的偏差 X 服从 $N(\mu, \sigma^2)$,现从加工的一批零件中随机抽出 10 个,其偏差分别为(单位:μm)

    2   1 -2 3   2   4 -2 5   3   4

试求 μ、σ^2、σ 的置信水平为 0.90 的置信区间。

11. 求来自总体 $N(20,3)$ 的容量分别为 10 和 15 的两个独立样本的均值差的绝对值大于 0.3 的概率。

12. 通常智商是服从正态分布的。为了解酒精对胎儿大脑发育的影响，1974 年美国的一些研究者找到了 6 位在怀孕期间曾有酒精中毒经历的妇女，测试了他们的孩子在 7 岁时的智商，得平均值与标准差分别为 $\bar{x}=78, s_x=19$。又找了在年龄、教育水平、婚姻状况等相似的 46 位在怀孕期间没有酒精中毒经历的妇女，他们的孩子在 7 岁时的智商的平均值与标准差分别为 $\bar{y}=99, s_y=16$。假定曾有酒精中毒经历的妇女的孩子的智商 $X \sim N(\mu_1, \sigma^2)$，没有酒精中毒经历的妇女的孩子的智商 $Y \sim N(\mu_2, \sigma^2)$，试求 $\mu_1-\mu_2$ 的置信水平为 0.95 的置信区间。

13. 设有两个化验员 A 与 B 独立地对某种聚合物中的含氯量用同一种方法各做 10 次测定，其测定值的方差分别为 $s_A^2=0.5419, s_B^2=0.6065$。假定各自的测定值分别服从正态分布，方差分别为 σ_A^2 与 σ_B^2，求 σ_A^2/σ_B^2 的置信水平为 0.90 的置信区间。

14. 假定 X_1, X_2, X_3, X_4 为取自 $N(\mu, \sigma^2)$ 的一个样本，求

$$P\left(\frac{(X_3-X_4)^2}{(X_1-X_2)^2}<40\right)$$

15. 假定制造厂 A 生产的灯泡寿命（单位：小时）服从 $N(\mu_1, \sigma_1^2)$，从中随机抽取 100 个灯泡测定其寿命，得 $\bar{x}=1190, s_A=90$，制造厂 B 生产的同种灯泡寿命服从 $N(\mu_2, \sigma_2^2)$，从中随机抽取 75 个灯泡测定其寿命，得 $\bar{y}=1230, s_B=100$。
(1) 求 σ_1/σ_2 的置信水平为 0.95 的置信区间；
(2) 若上述置信区间含 1，则可以认为 $\sigma_1=\sigma_2$，在此条件下求 $\mu_1-\mu_2$ 的置信水平为 0.95 的置信区间。

16. 设 $X_1, X_2, \cdots, X_n$ 是取自正态分布 $N(\mu, 16)$。
(1) 为使 $(\bar{X}-2, \bar{X}+2)$ 是 μ 的置信水平为 0.90 的置信区间，样本量 n 至少应该取多少？
(2) 为使 $(\bar{X}-2, \bar{X}+2)$ 是 μ 的置信水平为 0.95 的置信区间，样本量 n 至少应该取多少？
(3) 为使 $(\bar{X}-1, \bar{X}+1)$ 是 μ 的置信水平为 0.90 的置信区间，样本量 n 至少应该取多少？

17. 设有 5 个具有共同方差 σ^2 的正态总体，现从中各取一个样本，其样本量 n_j 及偏差平方和 $Q_j=\sum_{i=1}^{n_j}(x_{ij}-\bar{x}_j)^2$（这里 x_{ij} 是第 j 个总体的第 i 个观察值）的值如下表所列，$j=1,2,\cdots,5$。

习题 5.4.17 的数据表

n_j	6	4	3	7	8	$n=\sum_{j=1}^{5}n_j=28$
Q_j	40	30	20	42	50	$Q=\sum_{j=1}^{5}Q_j=182$

试求共同方差 σ^2 的 0.95 置信区间。

§ 5.5 单侧置信限

5.5.1 单侧置信限的概念

在一些实际问题中,我们往往关心某些未知参数的上限或下限。例如对某种合金钢的强度来讲,人们总希望其强度越大越好,这时平均强度的"下限"是一个很重要的指标,而对某种药物的毒性来讲,人们总希望其毒性越小越好,这时药物平均毒性的"上限"便成了一个重要的指标。这些问题都可以归结为寻求未知参数的单侧置信限问题。

定义 5.5.1 设 θ 是总体的某一未知参数,对给定的 $\alpha(0 < \alpha < 1)$,由来自该总体的样本 $X_1, X_2, \cdots, X_n$ 确定的统计量 $\theta_L = \theta_L(X_1, X_2, \cdots, X_n)$,满足

$$P(\theta \geqslant \theta_L) \geqslant 1 - \alpha \tag{5.5.1}$$

则称 θ_L 为置信水平是 $1 - \alpha$ 的**单侧置信下限**,简称 $1 - \alpha$ 单侧置信下限,又若由样本确定的统计量 $\theta_U = \theta_U(X_1, X_2, \cdots, X_n)$,满足

$$P(\theta \leqslant \theta_U) \geqslant 1 - \alpha \tag{5.5.2}$$

则称 θ_U 为置信水平是 $1 - \alpha$ 的**单侧置信上限**,简称 $1 - \alpha$ 单侧置信上限。

所有用来求置信区间的枢轴量都可以用来求单侧置信限,下面举两个例子说明。

例 5.5.1 为研究某种汽车轮胎的磨损特性,随机取 16 只轮胎实际使用。记录其用到损坏时所行驶的路程(单位:公里),算得 $\bar{x} = 41116, s = 6346$。若设此样本来自正态总体 $N(\mu, \sigma^2)$,如今在 σ^2 未知情况下,要求该种轮胎平均行驶路程 μ 的 0.95 置信下限。

解: 由于该正态总体中 σ^2 未知,因而用 § 5.4 中 (5.4.10) 式作枢轴量,此时 $t = \dfrac{\overline{X} - \mu}{S / \sqrt{n}}$
$\sim t(n-1)$。

由 t 分布知,对给定的 α,可找到 $t_{1-\alpha}(n-1)$,使得

$$P\left(\frac{\overline{X} - \mu}{S / \sqrt{n}} \leqslant t_{1-\alpha}(n-1)\right) = 1 - \alpha$$

由此可推得

$$\mu \geqslant \overline{X} - \frac{S}{\sqrt{n}} t_{1-\alpha}(n-1)$$

故 μ 的置信水平为 $1 - \alpha$ 的置信下限是

$$\mu_L = \overline{X} - \frac{S}{\sqrt{n}} t_{1-\alpha}(n-1)$$

在本例中,$n = 16, \alpha = 0.05$ 时查得 $t_{0.95}(15) = 1.7531$,再将 $\bar{x}$ 及 s 的值代入,得 μ 的置信水平为 0.95 的置信下限是 38334 公里。

例 5.5.2 用仪器间接测量炉子的温度,其测量值服从正态分布 $N(\mu, \sigma^2)$,其中 μ,

σ^2 均未知，这里我们关心的是 σ 的上限。现用该仪器重复测 5 次，结果为（单位：℃）：

$$1250 \quad 1265 \quad 1245 \quad 1260 \quad 1275$$

试求 σ 的置信水平为 0.95 的置信上限。

解：由于 μ 未知，故采取(5.4.16)式作为枢轴量，此时 $\chi^2 = \dfrac{(n-1)S^2}{\sigma^2} \sim \chi^2(n-1)$。

由于要求 σ_U，使 $P(\sigma \leqslant \sigma_U) = 1 - \alpha$，这等价于要求 $P(\sigma^2 \leqslant \sigma_U^2) = 1 - \alpha$，亦即要求

$$P\left(\frac{(n-1)S^2}{\sigma^2} \geqslant c\right) = 1 - \alpha$$

由 χ^2 分布知，$c = \chi_\alpha^2(n-1)$，从而 σ^2 的置信水平为 $1 - \alpha$ 的置信上限

$$\sigma_U^2 = \frac{(n-1)S^2}{\chi_\alpha^2(n-1)}$$

而 σ 的置信水平为 $1 - \alpha$ 的置信上限为

$$\sigma_U = \frac{\sqrt{(n-1)}\, S}{\sqrt{\chi_\alpha^2(n-1)}}$$

在本例中，$n = 5$，$\alpha = 0.05$ 时，$\chi_{0.05}^2(4) = 0.711$，由样本可求得 $s = 11.9$，将它们一起代入，得 σ 的置信水平为 0.95 的置信上限为 28.2。

从上面两个例子看到，只要将用枢轴量法得到的置信区间中的 $\dfrac{\alpha}{2}$ 分位数，$1 - \dfrac{\alpha}{2}$ 分位数分别改为 α 分位数，$1 - \alpha$ 分位数便可得到单侧置信限。

下面我们将介绍构造单侧置信限的一般方法，并按分布函数为连续函数与阶梯函数分别讨论。

5.5.2　基于连续分布函数构造置信限

设 $F(x;\theta)$ 是连续随机变量 X 的分布函数，其中 θ 是所含未知参数，则有 $F(X;\theta) \sim U(0,1)$，特别对区间 $(0,1)$ 中任一实数 r，有

$$P(F(X;\theta) \leqslant r) = r, \quad 0 \leqslant r \leqslant 1$$

下面我们利用这一性质来构造 θ 的置信限。

设 $\hat{\theta} = \hat{\theta}(\boldsymbol{X})$ 是 θ 的一个估计（如极大似然估计，矩法估计等），又设 $G(y;\theta)$ 是 $\hat{\theta}$ 的分布函数。由于总体分布是连续的，故 $\hat{\theta}$ 的分布函数也是连续的，且 $G(\hat{\theta};\theta) \sim U(0,1)$，那么对介于 0 与 1 之间的任意实数 r，有

$$P(G(\hat{\theta};\theta) \leqslant r) = r \tag{5.5.3}$$

现假定 $G(\hat{\theta};\theta)$ 是 θ 的严减函数，为求 θ 的 $1 - \alpha$ 的单侧置信下限，可令(5.5.3)式中 $r = 1 - \alpha$，则从方程

$$G(\hat{\theta};\theta) = 1 - \alpha$$

中解出 $\theta = \theta_L(\boldsymbol{X})$，从而事件"$G(\hat{\theta};\theta) \leqslant 1-\alpha$"等价于事件"$\theta \geqslant \theta_L(\boldsymbol{X})$"，即

$$P(\theta \geqslant \theta_L(\boldsymbol{X})) = 1-\alpha$$

这表明 $\theta_L(\boldsymbol{X})$ 是 θ 的置信水平为 $1-\alpha$ 的单侧置信下限（见图 5.5.1）。为求 θ 的 $1-\alpha$ 的单侧置信上限，可令 (5.5.3) 式中 $r=\alpha$，则从方程

$$G(\hat{\theta};\theta) = \alpha$$

中解出 $\theta = \theta_U(\boldsymbol{X})$，从而事件"$G(\hat{\theta};\theta) \leqslant \alpha$"等价于事件"$\theta \geqslant \theta_U(\boldsymbol{X})$"，即

$$P(\theta < \theta_U(\boldsymbol{X})) = 1-\alpha$$

这表明 $\theta_U(\boldsymbol{X})$ 是 θ 的置信水平为 $1-\alpha$ 的单侧置信上限（见图 5.5.2）。

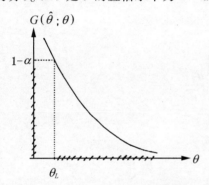

图 5.5.1　$G(\hat{\boldsymbol{\theta}};\boldsymbol{\theta})$ 是 $\boldsymbol{\theta}$ 的严减函数，求 $\boldsymbol{\theta}$ 的 $1-\boldsymbol{\alpha}$ 置信下限 $\boldsymbol{\theta}_L$

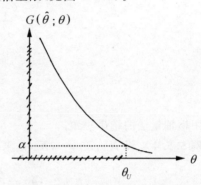

图 5.5.2　$G(\hat{\boldsymbol{\theta}};\boldsymbol{\theta})$ 是 $\boldsymbol{\theta}$ 的严减函数，求 $\boldsymbol{\theta}$ 的 $1-\boldsymbol{\alpha}$ 置信上限 $\boldsymbol{\theta}_U$

利用这一方法也可构造 θ 的 $1-\alpha$ 置信区间，这时可分别找出 $1-\dfrac{\alpha}{2}$ 的置信下限 θ_L 与

$1-\dfrac{\alpha}{2}$ 的置信上限 θ_U，使

$$P\left(\theta \geqslant \theta_L\right) = 1-\frac{\alpha}{2}$$

$$P\left(\theta \leqslant \theta_U\right) = 1-\frac{\alpha}{2}$$

从而

$$P(\theta_L \leqslant \theta \leqslant \theta_U) = 1-\alpha$$

即 $[\theta_L, \theta_U]$ 是 θ 的 $1-\alpha$ 的置信区间（见图 5.5.3）。

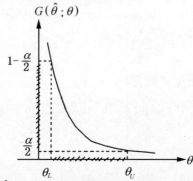

图 5.5.3　$G(\hat{\boldsymbol{\theta}};\boldsymbol{\theta})$ 是 $\boldsymbol{\theta}$ 的严减函数，求 $\boldsymbol{\theta}$ 的 $1-\boldsymbol{\alpha}$ 置信区间 $[\boldsymbol{\theta}_L, \boldsymbol{\theta}_U]$

当 $G(\hat{\theta};\theta)$ 是 θ 的严增函数时，也可类似处理。

例 5.5.3 设 $X_1,X_2,\cdots,X_n$ 是来自正态总体 $N(\mu,\sigma_0^2)$ 的一个样本，其中 σ_0^2 已知。

由于 $\overline{X} \sim N\left(\mu,\dfrac{\sigma_0^2}{n}\right)$，故 $\overline{X}$ 的分布函数为 $\Phi\left(\dfrac{\bar{x}-\mu}{\sigma_0/\sqrt{n}}\right)$。此分布函数是 $\bar{x}$ 的连续函数，又是 μ 的严减函数，则 μ 的 $1-\alpha$ 置信下限 μ_L 是下列方程的解：

$$\Phi\left(\frac{\bar{x}-\mu}{\sigma_0/\sqrt{n}}\right) = 1-\alpha$$

若令 $u_{1-\alpha}$ 是 $N(0,1)$ 的 $1-\alpha$ 分位数，则由

$$\frac{\bar{x}-\mu}{\sigma_0/\sqrt{n}} = u_{1-\alpha}$$

可解得

$$\mu_L = \bar{x} - u_{1-\alpha}\frac{\sigma_0}{\sqrt{n}}$$

这与用枢轴量法的结果一致。

例 5.5.4 设 $X_1,X_2,\cdots,X_n$ 是来自密度函数

$$p(x;\theta) = \frac{\theta}{x^2}, \quad 0 < \theta \leqslant x < \infty$$

的一个样本，试求 θ 的 $1-\alpha$ 置信区间。

解：（1）先求 θ 的极大似然估计。

似然函数

$$L(\theta) = \left(\prod_{i=1}^{n}\frac{1}{x_i^2}\right)\theta^n, \qquad \forall x_i \geqslant \theta$$

由于 $L(\theta)$ 是 θ 的严增函数，且 $\theta \leqslant X_{(1)}$，故 θ 的极大似然估计

$$\hat{\theta} = X_{(1)}$$

（2）求 $\hat{\theta}$ 的密度函数 $g(y;\theta)$。

由 $p(x) = \dfrac{\theta}{x^2}, 0 < \theta \leqslant x < \infty$ 知总体的分布函数

$$F(x) = \begin{cases} 0, & x < \theta \\ 1-\dfrac{\theta}{x}, & x \geqslant \theta \end{cases}$$

其中 $\theta > 0$，从而 $\hat{\theta} = X_{(1)}$ 的密度函数为

$$g(y;\theta) = np(y)[1-F(y)]^{n-1} = \frac{n\theta^n}{y^{n+1}}, \quad 0 < \theta \leqslant y < \infty$$

其分布函数

$$G(y;\theta) = 1-\frac{\theta^n}{y^n}, \quad 0 < \theta \leqslant y < \infty$$

（3）由于 $G(X_{(1)};\theta)=1-\dfrac{\theta^{n}}{X_{(1)}^{n}}$ 是 θ 的严减函数，故令

$$G(X_{(1)};\theta_L)=1-\frac{\theta_L^{n}}{X_{(1)}^{n}}=1-\frac{\alpha}{2}$$

与

$$G(X_{(1)};\theta_U)=1-\frac{\theta_U^{n}}{X_{(1)}^{n}}=\frac{\alpha}{2}$$

中解出 $\theta_L=\sqrt[n]{\dfrac{\alpha}{2}}X_{(1)}$，$\theta_U=\sqrt[n]{1-\dfrac{\alpha}{2}}X_{(1)}$，所以 θ 的 $1-\alpha$ 的置信区间是

$$\left[\sqrt[n]{\frac{\alpha}{2}}X_{(1)},\quad \sqrt[n]{1-\frac{\alpha}{2}}X_{(1)}\right]$$

5.5.3　基于阶梯分布函数构造置信限

我们知道，离散随机变量 X 的分布函数 $F(x;\theta)$ 是阶梯函数，对此种函数有如下性质：

定理 5.5.1　设 $F(x)$ 是随机变量 X 的分布函数，如果 $0\leqslant r\leqslant 1$，则

$$P(F(X)\leqslant r)\leqslant r\leqslant P(F(X-0)\leqslant r)$$

其中 $F(x-0)$ 是 $F(x)$ 在 x 处的左极限（见图 5.5.4）。

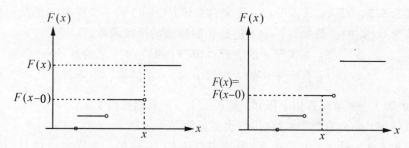

图 5.5.4　阶梯函数的左极限

这个定理的证明省略了。不过要指出的是，当 $F(x)$ 为连续时等号成立，并有 $F(x)\sim U(0,1)$，因而这一定理是上节所用性质的一种推广。

利用这个定理可以构造参数的单侧置信限。设 $X_1,X_2,\cdots,X_n$ 是取自总体分布函数 $F(x;\theta)$ 的一个样本，其中参数 $\theta\in\Theta$。又设 $\hat{\theta}=\hat{\theta}(X_1,X_2,\cdots,X_n)$ 是 θ 的某个估计量，它的分布函数记 $G(y;\theta)$，其中 y 是 $\hat{\theta}$ 的取值，假如用 $\hat{\theta}$ 去代替 y，则 $G(\hat{\theta};\theta)$ 是一个新的随机变量。由定理 5.5.1 右边不等式可知

$$P(G(\hat{\theta}-0;\theta)\leqslant 1-\alpha)\geqslant 1-\alpha$$

另一方面，若设 G 还是 θ 的连续的严减函数，令 θ_L 是关于 θ 的方程 $G(\hat{\theta}-0;\theta)=1-\alpha$ 的解，即 $G(\hat{\theta}-0;\theta_L)=1-\alpha$（见图 5.5.5(a)），这时事件" $G(\hat{\theta}-0;\theta)\leqslant 1-\alpha$ "与事件" $\theta\geqslant\theta_L$ "等价，于是有

$$P(\theta \geqslant \theta_L) = P(G(\hat{\theta} - 0; \theta) \leqslant 1 - \alpha) \geqslant 1 - \alpha$$

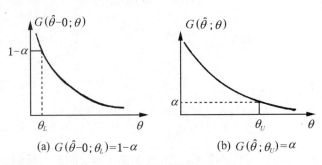

(a) $G(\hat{\theta} - 0; \theta_L) = 1 - \alpha$ 　　(b) $G(\hat{\theta}; \theta_U) = \alpha$

图 5.5.5　G 是 θ 的连续严减函数

这表明 θ_L 是 θ 的 $1 - \alpha$ 单侧置信下限。

类似地，由定理 5.5.1 左边的不等式可知

$$P(G(\hat{\theta}; \theta) \leqslant \alpha) \leqslant \alpha \quad \text{或} \quad P(G(\hat{\theta}; \theta) > \alpha) \geqslant 1 - \alpha$$

在 G 是 θ 的连续严减函数假设下，令 θ_U 是关于 θ 的方程 $G(\hat{\theta}; \theta) = \alpha$ 的解，即 $G(\hat{\theta}; \theta_U) = \alpha$，则"$\theta < \theta_U$"与"$G(\hat{\theta}; \theta) > \alpha$"是两个等价事件，于是有

$$P(\theta < \theta_U) = P(G(\hat{\theta}; \theta) > \alpha) \geqslant 1 - \alpha$$

这表明：θ_U 是 θ 的 $1 - \alpha$ 单侧置信上限。

综合上述，我们证明了如下定理。

定理 5.5.2　设 $X_1, X_2, \cdots, X_n$ 是来自总体 $F(x; \theta)$ 的一个样本，θ 的某一估计量 $\hat{\theta}$ 的分布函数为 $G(y; \theta)$。假如 $G(y; \theta)$ 还是 θ 的连续的严减函数，且

$$\theta_L \text{ 是关于 } \theta \text{ 的方程 } G(\hat{\theta} - 0; \theta) = 1 - \alpha \text{ 的解}$$
$$\theta_U \text{ 是关于 } \theta \text{ 的方程 } G(\hat{\theta}; \theta) = \alpha \text{ 的解} \tag{5.5.4}$$

则 $\hat{\theta}_L$ 是 θ 的 $1 - \alpha$ 单侧置信下限，$\hat{\theta}_U$ 是 θ 的 $1 - \alpha$ 单侧置信上限。

当 $G(\hat{\theta}; \theta)$ 是 θ 的严增函数时，可类似证明如下定理。

定理 5.5.3　设 $X_1, X_2, \cdots, X_n$ 是来自总体 $F(x; \theta)$ 的一个样本，θ 的某个估计量 $\hat{\theta}$ 的分布函数为 $G(y; \theta)$。假如 $G(y; \theta)$ 还是 θ 的连续的严增函数（见图 5.5.6(a) 与 (b)），且

$$\theta_L \text{ 是关于 } \theta \text{ 的方程 } G(\hat{\theta} - 0; \theta) = \alpha \text{ 的解}$$
$$\theta_U \text{ 是关于 } \theta \text{ 的方程 } G(\hat{\theta}; \theta) = 1 - \alpha \text{ 的解} \tag{5.5.5}$$

则 θ_L 是 θ 的 $1 - \alpha$ 单侧置信下限，θ_U 是 θ 的 $1 - \alpha$ 单侧置信上限。

下面我们通过求泊松分布置信限来说明这一方法的具体步骤。

例 5.5.5　设 $X_1, X_2, \cdots, X_n$ 是来自泊松分布 $P(\lambda)$ 的一个样本，试构造 λ 的 $1 - \alpha$ 置信区间。

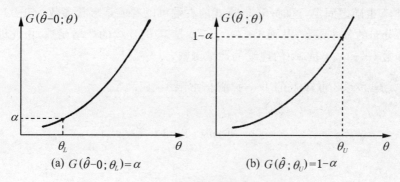

$$\text{(a) } G(\hat{\theta}-0;\theta_L)=\alpha \qquad\qquad \text{(b) } G(\hat{\theta};\theta_U)=1-\alpha$$

图 5.5.6　G 是 θ 的连续严增函数

解:为求 λ 的置信区间,可分两步进行:先求 λ 的 $1-\dfrac{\alpha}{2}$ 的置信下限 λ_L,再求 λ 的 $1-\dfrac{\alpha}{2}$ 的置信上限 λ_U,最后综合即得:

$$P(\lambda_L \leqslant \lambda \leqslant \lambda_U)=1-\alpha$$

由于 λ 是泊松分布的均值,因而它常用样本均值作估计,即

$$\hat{\lambda}=\frac{1}{n}\sum_{i=1}^{n}X_i$$

若记 $T=\sum_{i=1}^{n}X_i$,则可从 T 的分布出发进行讨论,下分几步:

(1) 因总体 $X \sim P(\lambda)$,样本 $X_1, X_2, \cdots, X_n$ 是独立同分布的随机变量,故

$$T=\sum_{i=1}^{n}X_i \sim P(\lambda_1), \qquad \lambda_1=n\lambda$$

T 的分布函数为

$$G(y;\lambda_1)=\sum_{t\leqslant y}\frac{\lambda_1^t}{t!}e^{-\lambda_1}, \qquad y\geqslant 0$$

若记 $k=[y]$(y 的整数部分),则有

$$G(y;\lambda_1)=\sum_{t=1}^{k}\frac{\lambda_1^t}{t!}e^{-\lambda_1}$$

当 y 为正整数时,

$$G(y-0;\lambda_1)=\sum_{t=1}^{k-1}\frac{\lambda_1^t}{t!}e^{-\lambda_1}$$

(2) $G(y;\lambda_1)$ 是 λ_1 的严格减函数。

利用分部积分法可以证明

$$\begin{aligned}
1-G(y;\lambda_1)&=\sum_{t=k+1}^{\infty}\frac{\lambda_1^t}{t!}e^{-\lambda_1}\\
&=\frac{1}{\Gamma(k+1)}\int_0^{\lambda_1}t^k e^{-t}\mathrm{d}t, \qquad \lambda_1>0
\end{aligned} \tag{5.5.6}$$

当 y 固定时, k 也随之固定,这时(5.5.6)式的右端可以看成是形状参数为 $k+1$,尺度参数为 1 的伽马分布的分布函数,从而 $1-G(y;\lambda_1)$ 是 λ_1 的连续的严增函数,由此即知泊松分布的分布函数 $G(y;\lambda_1)$ 是 λ_1 的连续的严减函数。

(3) 由定理 5.5.2 可知 λ 的 $1-\dfrac{\alpha}{2}$ 置信下限 λ_L 应满足

$$G(y-0;n\lambda_L)=1-\frac{\alpha}{2}$$

即

$$\sum_{t=0}^{k-1}\frac{(n\lambda_L)^t}{t!}e^{-n\lambda_L}=1-\frac{\alpha}{2}$$

或

$$\sum_{t=k}^{\infty}\frac{(n\lambda_L)^t}{t!}e^{-n\lambda_L}=\frac{\alpha}{2} \tag{5.5.7}$$

λ 的 $1-\dfrac{\alpha}{2}$ 置信上限 λ_U 应满足

$$G(y;n\lambda_U)=\frac{\alpha}{2}$$

即

$$\sum_{t=0}^{k}\frac{(n\lambda_U)^t}{t!}e^{-n\lambda_U}=\frac{\alpha}{2}$$

或

$$\sum_{t=k+1}^{\infty}\frac{(n\lambda_U)^t}{t!}e^{-n\lambda_U}=1-\frac{\alpha}{2} \tag{5.5.8}$$

(4) 在(5.5.6)式中令 $u=2t$,则

$$\sum_{t=k+1}^{\infty}\frac{\lambda_1^t}{t!}e^{-\lambda_1}=\frac{\left(\dfrac{1}{2}\right)^{k+1}}{\Gamma(k+1)}\int_0^{2\lambda_1}u^k e^{-\frac{u}{2}}\mathrm{d}u \tag{5.5.9}$$

这是自由度为 $f=2(k+1)$ 的 χ^2 分布函数在 $2n\lambda$ 处的函数值,记为 $k_{2(k+1)}(2n\lambda)$。

利用这一性质,那么(5.5.7)与(5.5.8)式可改写为

$$k_{2k}(2n\lambda_L)=\frac{\alpha}{2}$$

$$k_{2(k+1)}(2n\lambda_U)=1-\frac{\alpha}{2}$$

用 χ^2 分布的分位数表示,得

$$2n\lambda_L=\chi^2_{\frac{\alpha}{2}}(2k)$$

$$2n\lambda_U = \chi^2_{1-\frac{\alpha}{2}}(2(k+1))$$

从而得

$$\lambda_L = \frac{1}{2n}\chi^2_{\frac{\alpha}{2}}(2k) \tag{5.5.10}$$

$$\lambda_U = \frac{1}{2n}\chi^2_{1-\frac{\alpha}{2}}(2(k+1)) \tag{5.5.11}$$

如此求得的区间$[\lambda_L,\lambda_U]$就是泊松分布参数λ的$1-\alpha$的等尾置信区间。

例 5.5.6 某公司一天内账务上的错误个数服从泊松分布,其参数λ未知。现随机抽查 10 天,共发现有 6 个错误,试求λ的 0.95 的置信区间。

解:这里$n=10,k=6,2k=12,2(k+1)=14$,在$\alpha=0.05$时,查χ^2分布表得:

$$\chi^2_{0.025}(12)=4.404, \quad \chi^2_{0.975}(14)=26.119$$

将它们代入(5.5.10)与(5.5.11)式得

$$\lambda_L = \frac{4.404}{2\times10} = 0.22$$

$$\lambda_U = \frac{26.119}{2\times10} = 1.31$$

所以λ的置信水平为 0.95 的置信区间为$[0.22,1.31]$。

习题 5.5

1. 某商店为了了解居民对某种商品的需求,调查了 100 家住户,得出每户每月平均需要量为 5 公斤,标准差为 1.5 公斤。试就一户对该种商品的平均月需求量μ求置信水平为 0.99 的置信区间。如果这个商店要供应一万户,该种商品至少要准备多少才能以 0.99 的概率满足居民需要?

2. 设某公司制造的绳索的抗断强度服从正态分布,现随机抽取 60 根绳索得到的平均抗断强度为 300 千克,标准差为 24 千克,试求抗断强度均值的置信水平为 0.95 的单侧置信下限。

3. 设某种钢材的强度服从$N(\mu,\sigma^2)$,现在从中获得容量为 10 的样本,求得样本均值$\bar{x}=41.3$,样本标准差为$s=1.05$。

   (1) 求μ的置信水平为 0.95 的置信下限;

   (2) 求σ的置信水平为 0.90 的置信上限。

4. 设$X_1,X_2,\cdots,X_n$是取自总体X的样本,X的概率密度函数为

$$p(x)=\begin{cases} e^{-(x-\theta)}, & x\geqslant\theta \\ 0, & x<\theta \end{cases}$$

   证明:可取$X_{(1)}-\theta$作为求θ区间估计的枢轴量,并求θ的置信水平为$1-\alpha$的置信下限。

5. 设 $0.5,1.25,0.90,2.00$ 是取自对数正态总体 X 的样本,已知 $Y=\ln X$ 服从正态分布 $N(\mu_y,1)$,求 $E(X)=\mu_x$ 的 0.90 单侧置信上限。

6. 随机选取 9 发炮弹,测得炮弹的炮口速度的样本标准差 $s=11\mathrm{m/s}$,若炮弹的炮口速度服从 $N(\mu,\sigma^2)$,求其标准差 σ 的 0.95 单侧置信上限。

7. 某种清漆的 9 个样品的干燥时间(单位:小时)分别为

$$6.0 \quad 5.7 \quad 5.8 \quad 6.5 \quad 7.0 \quad 6.3 \quad 5.6 \quad 6.1 \quad 5.0$$

设干燥时间服从正态分布 $N(\mu,\sigma^2)$,求 μ 的 0.95 单侧置信上限。

8. 某批产品的不合格品率为 θ,现对该批产品一个接一个地检查,直到发现第一个不合格品为止。若首次发现不合格品时已检查 $k=10$ 个产品,求 θ 的 0.90 置信区间。

§ 5.6 比率 p 的置信区间

比率 p 是经常会遇到的一个参数,如产品的不合格品率、某一电视节目的收视率、对某项政策的支持率等等。为对 p 作估计,我们可以把 p 看成是一个服从二点分布总体的参数。以某产品是否合格为例,用 X 记检查一个产品的不合格品数,$X=1$ 表示该产品为不合格品,$X=0$ 表示该产品是合格品,从而当该产品的不合格品率为 p 时,X 便服从二点分布 $b(1,p)$:

$$P(X=1)=p,\qquad P(X=0)=1-p$$

p 便是该二点分布的期望,$E(X)=p$,而 $\mathrm{Var}(X)=p(1-p)$。

为估计 p,可从二点分布总体中进行抽样,获得容量为 n 的样本 $X_1,X_2,\cdots,X_n$。一般都取样本均值 $\overline{X}$ 作为 p 的点估计。

为对 p 做区间估计,需要研究样本和 $T=\sum_{i=1}^{n}X_i$ 的分布。

5.6.1 小样本场合下 p 的置信区间

设 $X_1,X_2,\cdots,X_n$ 为取自二点分布 $b(1,p)$ 的一个样本,则 $T=\sum_{i=1}^{n}X_i$ 服从二项分布 $b(n,p)$。p 的置信水平为 $1-\alpha$ 的置信区间 $[p_L,p_U]$ 可由定理 5.5.2 获得。具体做法如下:

(1) 设 $G(y;p)$ 是二项分布 $b(n,p)$ 的分布函数,则

$$G(y;p)=\sum_{x\leqslant y}\binom{n}{x}p^x(1-p)^{n-x}$$

$$=\sum_{x=0}^{k}\binom{n}{x}p^x(1-p)^{n-x},\quad y>0 \tag{5.6.1}$$

其中 $k=[y]$(y 的整数部分)。利用分部积分法可知

$$1-G(y;p)=\sum_{x=k+1}^{n}\binom{n}{x}p^x(1-p)^{n-x}$$

$$= \frac{\Gamma(n+1)}{\Gamma(k+1)\Gamma(n-k)} \int_0^p u^k (1-u)^{n-k-1} \mathrm{d}u, \qquad 0 < p < 1 \quad (5.6.2)$$

在 y 固定时,上式右端可以看成是参数为 $k+1$ 与 $n-k$ 的贝塔分布的分布函数,从而 $1-G(y;p)$ 是 p 的严增函数,由此可知二项分布的分布函数 $G(y;p)$ 是 p 的连续的严减函数。

(2)由定理 5.5.2 知,p 的 $1-\alpha$ 置信区间 $[p_L, p_U]$ 的两端点 p_L 和 p_U 应分别满足下列两式

$$\begin{cases} G(y-0;p_L) = 1 - \dfrac{\alpha}{2} \\[2mm] G(y;p_U) = \dfrac{\alpha}{2} \end{cases}$$

由(5.6.1)式知,上两式等价于

$$\begin{cases} \displaystyle\sum_{x=0}^{k-1} \binom{n}{x} p_L^x (1-p_L)^{n-x} = 1 - \dfrac{\alpha}{2} \\[4mm] \displaystyle\sum_{x=0}^{k} \binom{n}{x} p_U^x (1-p_U)^{n-x} = \dfrac{\alpha}{2} \end{cases} \qquad (5.6.3)$$

这里 k 是 $T = \displaystyle\sum_{i=1}^{n} X_i$ 的观察值。

(3)如何从(5.6.3)式中的两个方程分别解出 p_L 和 p_U 呢?这个计算问题可用 F 分布完成。在(5.6.2)式中令

$$v = \frac{u}{1-u}, \quad u = \frac{v}{1+v}, \quad \mathrm{d}u = \frac{\mathrm{d}v}{(1+v)^2}$$

则有

$$1 - G(y;p) = \frac{\Gamma(n+1)}{\Gamma(k+1)\Gamma(n-k)} \int_0^{\frac{p}{1-p}} \frac{v^k}{(1+v)^{n+1}} \mathrm{d}v$$

再令 $v = \dfrac{k+1}{n-k}\omega$,$\nu_1 = 2(k+1)$,$\nu_2 = 2(n-k)$,可得

$$1 - G(y;p) = \frac{\Gamma(n+1)}{\Gamma(k+1)\Gamma(n-k)} \int_0^{\frac{n-k}{k+1}\frac{p}{1-p}} \frac{\left(\dfrac{k+1}{n-k}\right)^{k+1} \omega^k}{\left(1 + \dfrac{k+1}{n-k}\omega\right)^{n+1}} \mathrm{d}\omega$$

$$= \frac{\Gamma\left(\dfrac{\nu_1+\nu_2}{2}\right)}{\Gamma\left(\dfrac{\nu_1}{2}\right)\Gamma\left(\dfrac{\nu_2}{2}\right)} \int_0^{\frac{\nu_2}{\nu_1}\frac{p}{1-p}} \frac{\nu_1^{\frac{\nu_1}{2}} \nu_2^{\frac{\nu_2}{2}} \omega^{\frac{\nu_1}{2}-1}}{(\nu_2 + \nu_1\omega)^{(\nu_1+\nu_2)/2}} \mathrm{d}\omega$$

$$= F\left(\frac{\nu_2}{\nu_1}\frac{p}{1-p}; \nu_1, \nu_2\right)$$

最后一个积分恰好是自由度为 ν_1 和 ν_2 的 F 分布函数在 $\dfrac{\nu_2}{\nu_1}\dfrac{p}{1-p}$ 处的值。综合上述,可得

如下公式：

$$\sum_{x=k+1}^{n}\binom{n}{x}p^x(1-p)^{n-x}=F\left(\frac{\nu_2}{\nu_1}\frac{p}{1-p};\nu_1,\nu_2\right) \tag{5.6.4}$$

这就是用 F 分布计算二项分布的一般公式。

（4）利用公式（5.6.4）来解方程组（5.6.3）。先把（5.6.3）改写为

$$\begin{cases}\sum_{x=k}^{n}\binom{n}{x}p_L^x(1-p_L)^{n-x}=\dfrac{\alpha}{2}\\[2mm]\sum_{x=k+1}^{n}\binom{n}{x}p_U^x(1-p_U)^{n-x}=1-\dfrac{\alpha}{2}\end{cases}$$

利用（5.6.4）式，可得：

$$\begin{cases}F\left(\dfrac{\nu'_2}{\nu'_1}\dfrac{p_L}{1-p_L};\nu'_1,\nu'_2\right)=\dfrac{\alpha}{2},\quad \nu'_1=2k,\quad \nu'_2=2(n-k+1)\\[3mm]F\left(\dfrac{\nu_2}{\nu_1}\dfrac{p_U}{1-p_U};\nu_1,\nu_2\right)=1-\dfrac{\alpha}{2},\quad \nu_1=2(k+1),\quad \nu_2=2(n-k)\end{cases}$$

查 F 分布表可得

$$\begin{cases}\dfrac{\nu'_2}{\nu'_1}\dfrac{p_L}{1-p_L}=F_{\alpha/2}(\nu'_1,\nu'_2)\\[3mm]\dfrac{\nu_2}{\nu_1}\dfrac{p_U}{1-p_U}=F_{1-\alpha/2}(\nu_1,\nu_2)\end{cases}$$

从中可得 p_L 与 p_U 的表达式：

$$\begin{cases}p_L=\dfrac{\nu'_1 F_{\alpha/2}(\nu'_1,\nu'_2)}{\nu'_2+\nu'_1 F_{\alpha/2}(\nu'_1,\nu'_2)}\\[3mm]p_U=\dfrac{\nu_1 F_{1-\alpha/2}(\nu_1,\nu_2)}{\nu_2+\nu_1 F_{1-\alpha/2}(\nu_1,\nu_2)}\end{cases} \tag{5.6.5}$$

如此求出的区间 $[p_L,p_U]$ 就是 p 的 $1-\alpha$ 置信区间。

例 5.6.1 从一批产品中随机抽查 63 件，发现有 3 件不合格品。求这批产品的不合格品率 p 的 0.90 置信区间。

解：在这个问题中，$n=63,k=3$，故 p 的点估计 $\hat{p}=0.048$。下面利用（5.6.5）式来求 p 的置信区间。

$$\nu'_1=2k=6,\quad \nu'_2=2(n-k+1)=122$$
$$F_{0.05}(6,122)=1/F_{0.95}(122,6)=1/3.70$$
$$p_L=\frac{6/3.70}{122+6/3.70}=0.013$$
$$\nu_1=2(k+1)=8,\quad \nu_2=2(n-k)=120$$
$$F_{0.95}(8,120)=2.02$$
$$p_U=\frac{8\times2.02}{120+8\times2.02}=0.119$$

故这批产品的不合格品率的 0.90 置信区间为 $[0.013, 0.119]$。

5.6.2 大样本场合下 p 的近似置信区间

当总体 $X \sim b(1, p)$ 时，用于估计 p 的样本较为容易获得，因此获得成百上千的大样本并不困难，这种大样本对 p 的估计精度的提高是很有好处的。在样本量 n 足够大时，根据中心极限定理，可以认为 $\overline{X}$ 渐近地服从正态分布。现在 $E\overline{X} = p$，$\mathrm{Var}(\overline{X}) = p(1-p)/n$，因而只要 n 足够大，有

$$U = \frac{\overline{X} - p}{\sqrt{p(1-p)/n}} \overset{\cdot}{\sim} N(0, 1)$$

所以可将 U 取作枢轴量对 p 做区间估计，由

$$P\left(\left| \frac{\overline{X} - p}{\sqrt{p(1-p)/n}} \right| \leqslant u_{1-\frac{\alpha}{2}} \right) = 1 - \alpha$$

可以从

$$\left| \frac{\overline{X} - p}{\sqrt{p(1-p)/n}} \right| \leqslant u_{1-\frac{\alpha}{2}} \tag{5.6.6}$$

去解出 p 的范围。由于上式等价于

$$(\overline{X} - p)^2 \leqslant u_{1-\frac{\alpha}{2}}^2 \frac{p(1-p)}{n}$$

亦等价于

$$(n + u_{1-\frac{\alpha}{2}}^2) p^2 - (2n\overline{X} + u_{1-\frac{\alpha}{2}}^2) p + n\overline{X}^2 \leqslant 0$$

记 $a = n + u_{1-\frac{\alpha}{2}}^2$，$b = -(2n\overline{X} + u_{1-\frac{\alpha}{2}}^2)$，$c = n\overline{X}^2$，则 $a > 0$，$b^2 - 4ac = (2n\overline{X} + u_{1-\frac{\alpha}{2}}^2)^2 - 4(n + u_{1-\frac{\alpha}{2}}^2) \cdot n\overline{X}^2 = 4n\overline{X}(1-\overline{X})u_{1-\frac{\alpha}{2}}^2 + u_{1-\frac{\alpha}{2}}^4 > 0$，故二次三项式 $ap^2 + bp + c$ 开口向上，有两个实根 p_L 与 p_U（见图 5.6.1），故当 p 满足

$$p_L \leqslant p \leqslant p_U$$

可使 $ap^2 + bp + c \leqslant 0$，其中

$$p_L = \frac{-b - \sqrt{b^2 - 4ac}}{2a}, \quad p_U = \frac{-b + \sqrt{b^2 - 4ac}}{2a} \tag{5.6.7}$$

从而 p 的置信水平为 $1 - \alpha$ 的置信区间为

$$[p_L, p_U]$$

其中 p_L，p_U 如 (5.6.7) 式所示，当 (5.6.7) 式中 $p_L < 0$ 时，取 $p_L = 0$；当 $p_U > 1$ 时，取 $p_U = 1$。

图 5.6.1　求 p_L，p_U 的示意图

在大样本场合，实际中还可使用另一种更为简单的近似方法来获得 p 的 $1-\alpha$ 置信区间。这一方法就是用来自 $b(1,p)$ 的样本均值 $\overline{X}$ 去估计 p，从而 $\overline{X}$ 的方差 $\mathrm{Var}(\overline{X})=p(1-p)$ 的估计为

$$\hat{\mathrm{V}}\mathrm{ar}(\overline{X})=\overline{X}(1-\overline{X})$$

把它代入(5.6.6)，可得

$$\left|\frac{\overline{X}-p}{\sqrt{\overline{X}(1-\overline{X})/n}}\right|\leqslant u_{1-\frac{\alpha}{2}}$$

从而可得 p 的 $1-\alpha$ 置信区间为

$$\overline{X}\pm u_{1-\frac{\alpha}{2}}\sqrt{\overline{X}(1-\overline{X})/n} \tag{5.6.8}$$

当样本量充分大时，这个置信区间是相当好的。

例 5.6.2　在某电视节目收视率调查中，调查了 400 人，其中有 100 人收看了该电视节目，试求该节目收视率 p 置信水平为 0.95 的置信区间。

解：在本例中，$n=400$，当取 $\alpha=0.05$ 时，$u_{0.975}=1.96$，又由样本求得 $\bar{x}=\dfrac{100}{400}=0.25$，从而

$$a=400+1.96^2=403.8416$$
$$b=-(2\times400\times0.25+1.96^2)=-203.8416$$
$$c=400\times0.25^2=25$$

代入(5.6.7)式，求得

$$p_L=\frac{203.8416-34.1649}{807.6832}=0.2101$$

$$p_U=\frac{203.8416+34.1649}{807.6832}=0.2947$$

从而 p 的置信水平为 0.95 的置信区间是

$$[0.2101,\ 0.2947]$$

我们再用(5.6.8)式来求本例 p 的 0.95 置信区间。由 $n=400$，$k=100$，故 $\bar{x}=k/n=0.25$，又有 $u_{0.975}=1.96$，由(5.6.8)式可得 p 的 0.95 置信区间为

$$0.25\pm1.96\sqrt{0.25(1-0.25)/400}=0.25\pm0.0424=[0.2076,0.2924]$$

这与前面求得的结果较为接近，但是后者的计算要简单得多。

习题 5.6

1. 在一批货物中,随机抽出 100 件,发现有 16 件次品,试求该批货物次品率的置信水平为 0.95 的置信区间。

2. 在某饮料厂的市场调查中,1000 名被调查者中有 650 人喜欢含有酸味的饮料,请对喜欢含有酸味饮料的人的比率作置信水平为 0.95 的区间估计。

3. 某公司对本公司生产的两种自行车型号 A、B 的销售情况进行调查,随机选取了 400 人询问他们对 A、B 的选择,其中 224 人喜欢 A。试求顾客中喜欢 A 的人数的比例 p 的置信水平为 0.99 的区间估计。

4. 在一批产品中抽出 15 个进行检验,发现有一个不合格品,求该批产品的不合格品率 p 的置信水平为 0.95 的置信上限。

5. 仿照大样本场合 p 的近似置信区间的推导,证明大样本场合泊松分布参数 λ 的近似 $1-\alpha$ 置信区间为

$$[\lambda_L,\lambda_U]=\left[\frac{-b-\sqrt{b^2-4c}}{2},\frac{-b+\sqrt{b^2-4c}}{2}\right]$$

其中 $b=-(2\bar{x}+u_{1-\alpha/2}^2/n)$,$c=\bar{x}^2$。

6. 某商店单位时间内到来的顾客数服从参数为 λ 的泊松分布。现对单位时间内到来的顾客数作了 100 次观察,共有 180 人来到,试求 λ 的置信水平为 0.90 的置信下限。

7. 某地记录了 201 天建筑工地的 150 次事故,其事故数的记录在下表中。

习题 5.6.7 的数据表

一天发生的事故数	0	1	2	3	4	5	≥6	合计
天数	102	59	31	8	0	1	0	201

假定一天内发生事故次数 X 服从参数为 λ 的泊松分布,试求 λ 的置信水平为 0.95 的置信区间。

8. 设纱锭每分钟断头次数 X 服从参数为 λ 的泊松分布。一位纺织女工看 800 个锭子,抽查该女工 30 次,每次一分钟,共接头 50 次,试问每一锭子每分钟的平均断头次数的置信水平为 0.95 的置信区间是什么?

*§ 5.7 贝叶斯估计

统计学中有两大学派:频率学派(又称经典学派)和贝叶斯学派,它们的理论与方法都建立在概率论基础上,应用都相当广泛。本书后四章主要介绍经典统计学的基本内容,仅在这一节以贝叶斯估计为题对贝叶斯统计做一些介绍。

5.7.1 统计推断中的三种信息

我们在前面的统计推断(点估计、区间估计等)中用到了两种信息。

（1）总体信息，即总体分布或总体所属分布族给我们的信息。譬如，"总体是正态分布"这一句话就给我们带来很多信息：它的密度函数是一条钟形曲线；它的各阶矩都存在；有许多成熟的统计推断方法可供我们选用等。总体信息是很重要的信息，为了获取此种信息往往耗资巨大。我国为确认国产轴承寿命分布为威布尔分布前后花了五年时间，处理了几千个数据后才定下的。

（2）样本信息，即样本提供给我们的信息，这是最"新鲜"的信息，并且越多越好，希望通过样本对总体或总体的某些特征作出较精确的统计推断。没有样本就没有统计学可言。

基于以上两种信息进行统计推断的统计学就称为**经典统计学**。然而在我们周围还存在着第三种信息 —— 先验信息，它也可用于统计推断。

（3）先验信息，即在抽样之前有关统计问题的一些信息。一般说来，先验信息来源于经验和历史资料。先验信息在日常生活和工作中是很重要的。先看两个例子。

例 5.7.1 英国统计学家 Savage L. J. 曾考察了如下两个统计试验：

（1）一位常饮牛奶加茶的妇女声称，她能辨别先倒进杯子里的是茶还是牛奶。对此做了十次试验，她都正确地说出了。

（2）一位音乐家声称，他能从一页乐谱辨别出是海顿（Haydn）还是莫扎特（Mozart）的作品。在十次这样的试验中，他都辨别正确。

在这两个统计试验中，假如认为被试验者是在猜测，每次成功概率为 0.5，那么十次都猜中的概率为 $2^{-10} = 0.0009766$。这是很小的概率，是几乎不可能发生的。所以认为"每次成功概率为 0.5"应被拒绝，认为试验者每次成功概率要比 0.5 大得多，这就不是猜测，而是他们的经验帮了他们的忙。可见经验（先验信息的一种）在推断中不可忽视。

例 5.7.2 "免检产品"是怎样决定的？某工厂的产品每天要抽检 n 件，获得不合格品率 θ 的估计。经过一段时间后，就可根据历史资料（先验信息的一种）对过去产品的不合格品率 θ 构造一个分布

$$P\left(\theta = \frac{i}{n}\right) = \pi_i, \quad i = 0, 1, 2, \cdots, n \tag{5.7.1}$$

这种对先验信息进行加工获得的分布今后称为**先验分布**。有了这种先验分布就可得到对该厂过去产品的不合格品率 θ 的一个全面看法。如果这个分布的概率绝大部分集中在 $\theta = 0$ 附近，那么该产品可以认为是"信得过产品"。假如以后的多次抽检结果与历史资料提供的先验分布是一致的，那就可以对它作出"免检产品"的决定，或者每月抽检一次就足够了，这就省去了大量的人力与物力。可见，历史资料在统计推断中应该加以应用。

基于上述三种信息进行统计推断的统计学称为**贝叶斯统计学**。它与经典统计学的差别就在于是否利用先验信息。贝叶斯统计在重视使用总体信息和样本信息的同时，还注意先验信息的收集、挖掘和加工，使它数量化，形成先验分布，参加到统计推断中来，以提高统计推断的质量。忽视先验信息的利用，有时是一种浪费，有时还会导出不合理的结论。

贝叶斯统计起源于英国学者贝叶斯（Bayes T. R. 1702（？）—1761）死后发表的一篇论文《论有关机遇问题的求解》，在此文中提出了著名的贝叶斯公式（见 §1.5）和一种归

纳推理的方法,之后,被一些统计学家发展成一种系统的统计推断方法。在 20 世纪 30 年代已形成贝叶斯学派,到 $50 \sim 60$ 年代已发展成一个有影响的统计学派,其影响还在日益扩大。

贝叶斯学派的最基本的观点是:任一未知量 θ 都可看作随机变量,可用一个概率分布去描述,这个分布称为先验分布。因为任一未知量都有不确定性,而在表述不确定性的程度时,概率与概率分布是最好的语言。例 5.7.2 中产品的不合格品率 θ 是未知的,但每天都在变化,把它看成随机变量是合理的,用一个概率分布去描述它是恰当的。再看下面一个例子。

例 5.7.3 某地区煤的储存量 θ 在几百年内不会有多大变化,可看作是一个常量,但对人们来说,它是未知的、不确定的量。有位专家研究了有关的钻探资料,结合他的经验认为:该地区煤的储存量 θ "大概有 5 亿吨左右"。若把"左右"理解为 4 到 6 亿吨之内,把"大概"理解为 80% 的把握,还有 20% 的可能性在此区间之外(见图 5.7.1)。这无形中就是用一个概率分布(这一分布的确定是用主观概率)去描述未知量 θ,而具有概率分布的量当然是随机变量。

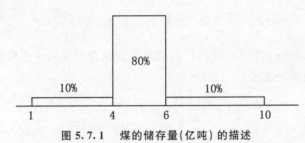

图 5.7.1 煤的储存量(亿吨) 的描述

关于未知量是否可看作随机变量在经典学派与贝叶斯学派间争论了很长时间。如今经典学派已不反对这一观点。著名的美国经典统计学家 Lehmann E. L. 在他的《点估计理论》一书中写道:"把统计问题中的参数看作随机变量的实现要比看作未知参数更合理一些"。如今两派的争论焦点是:如何利用各种先验信息合理地确定先验分布。这在有些场合是容易解决的,但在很多场合是相当困难的。这时应加强研究,发展贝叶斯统计,而不宜简单处置,引起非难。

5.7.2 贝叶斯公式的密度函数形式

贝叶斯公式的事件形式已在 §1.5 中叙述。这里用随机变量的密度函数再一次叙述贝叶斯公式,并从中介绍贝叶斯学派的一些具体想法。

(1) 依赖于参数 θ 的密度函数在经典统计中记为 $p(x;\theta)$,它表示参数空间 Θ 中不同的 θ 对应不同的分布。在贝叶斯统计中应记为 $p(x \mid \theta)$,它表示在随机变量 θ 给定某个值时,X 的条件密度函数。

(2) 根据参数 θ 的先验信息确定先验分布 $\pi(\theta)$。

(3) 从贝叶斯观点看,样本 $\boldsymbol{X} = (X_1, X_2, \cdots, X_n)$ 的产生要分两步进行。首先设想从先验分布 $\pi(\theta)$ 产生一个样本 θ'。这一步是"老天爷"做的,人们是看不到的,故用"设想"二字。第二步从 $p(x \mid \theta')$ 中产生一个样本 $\boldsymbol{X}$。这时样本 $\boldsymbol{X}$ 的联合条件密度函数为

$$p(\boldsymbol{X} \mid \theta') = p(x_1, x_2, \cdots, x_n \mid \theta') = \prod_{i=1}^{n} p(x_i \mid \theta') \tag{5.7.2}$$

这个联合分布综合了总体信息和样本信息，又称为似然函数。

(4) 由于 θ' 是设想出来的，仍然是未知的，它是按先验分布 $\pi(\theta)$ 产生的。为把先验信息综合进去，不能只考虑 θ'，对 θ 的其他值发生的可能性也要加以考虑，故要用 $\pi(\theta)$ 进行综合。这样一来，样本 $\boldsymbol{X}$ 和参数 θ 的联合分布为

$$h(\boldsymbol{x}, \theta) = p(\boldsymbol{x} \mid \theta)\pi(\theta) \tag{5.7.3}$$

这个联合分布把三种可用信息都综合进去了。

(5) 我们的任务是要对未知参数 θ 作统计推断。在没有样本信息时，我们只能依据先验分布 $\pi(\theta)$ 对 θ 作出推断。在有了样本观察值 $\boldsymbol{x} = (x_1, x_2, \cdots, x_n)$ 之后，我们应依据 $h(\boldsymbol{x}, \theta)$ 对 θ 作出推断。若把 $h(\boldsymbol{x}, \theta)$ 作如下分解：

$$h(\boldsymbol{x}, \theta) = \pi(\theta \mid \boldsymbol{x})m(\boldsymbol{x}) \tag{5.7.4}$$

其中 $m(\boldsymbol{x})$ 是 $\boldsymbol{X}$ 的边际密度函数

$$m(\boldsymbol{x}) = \int_{\Theta} h(\boldsymbol{x}, \theta)\mathrm{d}\theta = \int_{\Theta} p(\boldsymbol{x} \mid \theta)\pi(\theta)\mathrm{d}\theta \tag{5.7.5}$$

它与 θ 无关，或者说 $m(\boldsymbol{x})$ 中不含 θ 的任何信息。因此能用来对 θ 作出推断的仅是条件分布 $\pi(\theta \mid \boldsymbol{x})$，它的计算公式是

$$\pi(\theta \mid \boldsymbol{x}) = \frac{h(\boldsymbol{x}, \theta)}{m(\boldsymbol{x})} = \frac{p(\boldsymbol{x} \mid \theta)\pi(\theta)}{\int_{\Theta} p(\boldsymbol{x} \mid \theta)\pi(\theta)\mathrm{d}\theta} \tag{5.7.6}$$

这就是贝叶斯公式的密度函数形式。这个条件分布称为 θ 的**后验分布**，它集中了总体、样本和先验中有关 θ 的一切信息。它也是用总体和样本对先验分布 $\pi(\theta)$ 做调整的结果，它要比 $\pi(\theta)$ 更接近 θ 的实际情况，从而使基于 $\pi(\theta \mid \boldsymbol{x})$ 对 θ 的推断可以得到改进。

(5.7.6) 式是在 $\boldsymbol{X}$ 和 θ 都是连续随机变量场合下的贝叶斯公式。其他场合下的贝叶斯公式容易写出。譬如在 $\boldsymbol{X}$ 是离散随机变量和 θ 是连续随机变量时，只要把 (5.7.6) 式中的密度函数 $p(\boldsymbol{x} \mid \theta)$ 改为概率 $p(\boldsymbol{x} \mid \theta)$ 即可；而当 θ 为离散随机变量时，只要把 (5.7.6) 式中先验密度函数 $\pi(\theta)$ 改为先验分布列 $\pi(\theta_i), i = 1, 2, \cdots$，把积分改为求和即可。

例 5.7.4 设事件 A 的概率为 θ，即 $P(A) = \theta$。为了估计 θ，进行了 n 次独立观察，其中事件 A 出现次数为 X。显然 $X \sim b(n, \theta)$，即

$$P(X = x \mid \theta) = \binom{n}{x} \theta^x (1-\theta)^{n-x}, \quad x = 0, 1, \cdots, n \tag{5.7.7}$$

这就是似然函数。假如在试验前，我们对事件 A 没有什么了解，从而对其发生的概率 θ 也说不出是大是小。在这种场合，贝叶斯建议用区间 $(0,1)$ 上的均匀分布 $U(0,1)$ 作为 θ 的先验分布，因为它取 $(0,1)$ 上每点都机会均等。贝叶斯的这个建议被后人称为贝叶斯假设。这里 θ 的先验分布为

$$\pi(\theta) = \begin{cases} 1, & 0 < \theta < 1 \\ 0, & \text{其他} \end{cases} \tag{5.7.8}$$

为了综合试验信息和先验信息,可利用贝叶斯公式。为此先计算样本 X 与参数 θ 的联合分布

$$h(x,\theta)=\binom{n}{x}\theta^x(1-\theta)^{n-x}, \quad x=0,1,\cdots,n, \quad 0<\theta<1 \tag{5.7.9}$$

从形式上看,此联合分布与(5.7.7)式没有差别,可在定义域上有差别。再计算样本 X 的边际分布

$$m(x)=\int_0^1 h(x,\theta)\mathrm{d}\theta=\binom{n}{x}\int_0^1 \theta^x(1-\theta)^{n-x}\mathrm{d}\theta$$

$$=\binom{n}{x}\frac{\Gamma(x+1)\Gamma(n-x+1)}{\Gamma(n+2)} \tag{5.7.10}$$

将(5.7.9)除以(5.7.10)式,即得 θ 的后验分布为

$$\pi(\theta\mid x)=\frac{h(x,\theta)}{m(x)}$$

$$=\frac{\Gamma(n+2)}{\Gamma(x+1)\Gamma(n-x+1)}\theta^{(x+1)-1}(1-\theta)^{(n-x+1)-1}, \quad 0<\theta<1$$

这便是参数为 $x+1$ 与 $n-x+1$ 的贝塔分布 $Be(x+1,n-x+1)$。

拉普拉斯在 1786 年研究了巴黎男婴诞生的比率 θ 是否大于 0.5。为此他收集了 1745 年到 1770 年在巴黎诞生的婴儿数据,其中男婴为 251527 个,女婴为 241945 个。他选用 $U(0,1)$ 作为 θ 的先验分布,于是得 θ 的后验分布为 $Be(x+1,n-x+1)$,其中 $n=251527+241945=493472, x=251527$,利用这一后验分布,拉普拉斯计算了"$\theta\leqslant 0.5$"的后验概率

$$P(\theta\leqslant 0.5\mid x)=\frac{\Gamma(n+2)}{\Gamma(x+1)\Gamma(n-x+1)}\int_0^{0.5}\theta^x(1-\theta)^{n-x}\mathrm{d}\theta$$

当年拉普拉斯把被积函数 $\theta^x(1-\theta)^{n-x}$ 在最大值 $\dfrac{x}{n}$ 处展开,然后对上述不完全贝塔函数作近似计算,最后结果为

$$P(\theta\leqslant 0.5\mid x)=1.15\times 10^{-42}$$

由于这一概率很小,故他以很大的把握断言:男婴诞生的概率大于 0.5。这一结果在当时是很有影响的。

5.7.3 共轭先验分布

我们知道,在区间 $(0,1)$ 上的均匀分布是贝塔分布 $Be(1,1)$。从例 5.7.4 中可以看到一个有趣的现象:二项分布 $b(n,\theta)$ 中的成功概率 θ 的先验分布若取 $Be(1,1)$,则其后验分布是贝塔分布 $Be(x+1,n-x+1)$。先验分布与后验分布同属一个贝塔分布族,只不过参数不同罢了。这一现象不是偶然的,假如把 θ 的先验分布换成一般的贝塔分布 $Be(a,b)$,其中 $a>0,b>0$,则经过类似的计算可以看出 θ 的后验分布是贝塔分布 $Be(a+x,b+n-x)$,此种先验分布称为 θ 的共轭先验分布。在其他场合还会遇到其他共轭先验分

布,它的一般定义如下:

定义 5.7.1 设 θ 是某分布中的一个参数, $\pi(\theta)$ 是其先验分布。假如由抽样信息算得的后验分布 $\pi(\theta \mid \boldsymbol{x})$ 与 $\pi(\theta)$ 同属于一个分布族,则称 $\pi(\theta)$ 是 θ 的**共轭先验分布**。

从这个定义可以看出,共轭先验分布是对某一分布中的参数而言的,离开指定参数及其所在的分布,谈论共轭先验分布是没有意义的。常用的共轭先验分布列于表 5.7.1 中。

表 5.7.1 常用的共轭先验分布

总体分布	参数	共轭先验分布
二项分布	成功概率	贝塔分布
泊松分布	均值	伽马分布
指数分布	均值倒数	伽马分布
正态分布(方差已知)	均值	正态分布
正态分布(均值已知)	方差	倒伽马分布

注:若 $X \sim \Gamma(\alpha, \lambda)$,则 $1/X$ 的分布称为倒伽马分布。

例 5.7.5 正态均值(方差已知)的共轭先验分布是正态分布。

证:设 $X_1, X_2, \cdots, X_n$ 是来自正态分布 $N(\theta, \sigma^2)$ 的一个样本,其中 σ^2 已知。此样本的联合密度函数为

$$p(\boldsymbol{x} \mid \theta) = \left(\frac{1}{\sqrt{2\pi}\,\sigma}\right)^n \exp\left\{-\frac{1}{2\sigma^2}\sum_{i=1}^{n}(x_i - \theta)^2\right\}, \quad -\infty < x_1, \cdots, x_n < \infty$$

再取另一正态分布 $N(\mu, \tau^2)$ 作为正态均值 θ 的先验分布,即

$$\pi(\theta) = \frac{1}{\sqrt{2\pi}\tau} \exp\left\{-\frac{1}{2\tau^2}(\theta - \mu)^2\right\}, \quad -\infty < \theta < \infty$$

其中 μ 与 τ^2 为已知。由此可写出样本 $\boldsymbol{x}$ 与参数 θ 的联合密度函数

$$h(\boldsymbol{x}, \theta) = k_1 \cdot \exp\left\{-\frac{1}{2}\left[\frac{n\theta^2 - 2n\theta\bar{x} + \sum_{i=1}^{n}x_i^2}{\sigma^2} + \frac{\theta^2 - 2\mu\theta + \mu^2}{\tau^2}\right]\right\}$$

其中 $k_1 = (2\pi)^{-\frac{n+1}{2}}\tau^{-1}\sigma^{-n}$, $\bar{x} = \frac{1}{n}\sum_{i=1}^{n}x_i$,若再记

$$\sigma_0^2 = \frac{\sigma^2}{n}, \quad A = \frac{1}{\sigma_0^2} + \frac{1}{\tau^2}, \quad B = \frac{\bar{x}}{\sigma_0^2} + \frac{\mu}{\tau^2}, \quad C = \frac{\sum_{i=1}^{n}x_i^2}{\sigma^2} + \frac{\mu^2}{\tau^2}$$

则有

$$h(\boldsymbol{x}, \theta) = k_1 \cdot \exp\left\{-\frac{1}{2}\left[A\theta^2 - 2\theta B + C\right]\right\}$$

$$= k_1 \cdot \exp\left\{-\frac{(\theta - B/A)^2}{2/A} - \frac{1}{2}\left(C - \frac{B^2}{A}\right)\right\}$$

由此容易算得样本 $\boldsymbol{X}$ 的边际分布

$$m(\boldsymbol{x}) = \int_{-\infty}^{\infty} h(x,\theta)\mathrm{d}\theta = k_1 \cdot \exp\left\{-\frac{1}{2}\left(C - \frac{B^2}{A}\right)\right\} \cdot \left(\frac{2\pi}{A}\right)^{\frac{1}{2}}$$

将上述两式相除,即得 θ 的后验分布

$$\pi(\theta \mid \boldsymbol{x}) = \frac{h(\boldsymbol{x},\theta)}{m(\boldsymbol{x})} = \left(\frac{2\pi}{A}\right)^{-\frac{1}{2}} \exp\left\{-\frac{(\theta - B/A)^2}{2/A}\right\}$$

这是正态分布,其均值 μ_1 与方差 σ_1^2 分别为

$$\mu_1 = \frac{B}{A} = \frac{\bar{x}\,\sigma_0^{-2} + \mu\tau^{-2}}{\sigma_0^{-2} + \tau^{-2}}, \quad \sigma_1^2 = \frac{1}{A} = (\sigma_0^{-2} + \tau^{-2})^{-1} \tag{5.7.11}$$

譬如 $X \sim N(\theta,2^2),\theta \sim N(10,3^2)$,若从总体 X 中抽得容量为 5 的样本,算得 $\bar{x} = 12.1$,则从 (5.7.11) 式算得 $\mu_1 = 11.93, \sigma_1^2 = \left(\frac{6}{7}\right)^2$,此时 θ 的后验分布为 $N\left(11.93, \left(\frac{6}{7}\right)^2\right)$。

共轭先验分布中常含有未知参数,先验分布中的未知参数称为**超参数**。在先验分布类型已定,但其中还含有超参数时,确定先验分布的问题就转化为估计超参数的问题。下面的例子虽仅涉及贝塔分布,但其确定超参数的方法在其他分布中也可用。

例 5.7.6 前面已指出:二项分布中成功概率 θ 的共轭先验分布是贝塔分布 $Be(a, b)$。现在来讨论此共轭分布中的两个超参数 a 与 b 如何确定。下面分几种情况讨论:

(1) 假如根据先验信息能获得成功概率 θ 的若干个(间接)观察值 $\theta_1,\theta_2,\cdots,\theta_n$。一般它们是从历史数据整理加工获得的,由此可算得先验均值 $\bar{\theta}$ 与先验方差 $S_{n\theta}^2$ 为

$$\bar{\theta} = \frac{1}{n}\sum_{i=1}^{n}\theta_i, \qquad S_{n\theta}^2 = \frac{1}{n}\sum_{i=1}^{n}(\theta_i - \bar{\theta})^2$$

由于贝塔分布的均值与方差分别为

$$E(\theta) = \frac{a}{a+b}$$

$$\mathrm{Var}(\theta) = \frac{ab}{(a+b)^2(a+b+1)}$$

则令

$$\begin{cases} \hat{E}(\theta) = \bar{\theta} \\ \hat{\mathrm{Var}}(\theta) = S_{n\theta}^2 \end{cases}$$

即

$$\begin{cases} \dfrac{\hat{a}}{\hat{a}+\hat{b}} = \bar{\theta} \\ \dfrac{\hat{a}\hat{b}}{(\hat{a}+\hat{b})^2(\hat{a}+\hat{b}+1)} = S_{n\theta}^2 \end{cases}$$

解之,可得超参数 a 与 b 的矩法估计值:

$$\hat{a} = \bar{\theta}\left[\frac{(1-\bar{\theta})\bar{\theta}}{S_{n\theta}^2} - 1\right], \quad \hat{b} = (1-\bar{\theta})\left[\frac{(1-\bar{\theta})\bar{\theta}}{S_{n\theta}^2} - 1\right]$$

（2）假如根据先验信息只能获得先验均值 $\bar{\theta}$。可令

$$\frac{\hat{a}}{\hat{a}+\hat{b}} = \bar{\theta}$$

但一个方程不能唯一确定两个未知的超参数。譬如 $\bar{\theta} = 0.4$，那么满足 $\dfrac{\hat{a}}{\hat{a}+\hat{b}} = 0.4$ 的 $\hat{a}$ 与 $\hat{b}$ 有无穷多组解。表 5.7.2 列出了若干组，从表中可见，它们的方差 $\mathrm{Var}(\theta)$ 随 $a+b$ 的增大而减小，方差减小意味着诸 θ 向均值 $E(\theta)$ 集中，从而提高 $E(\theta) = 0.4$ 的确信程度。这样一来，选择 $a+b$ 的问题转化为决策人对 $E(\theta) = 0.4$ 的确信程度大小的问题。若对 $E(\theta) = 0.4$ 很确信，那么 $a+b$ 可选得大一些，否则就选得小一些。譬如决策人对 $E(\theta) = 0.4$ 很确信，从而选 $a+b = 35$。从表 5.7.2 知，此时 $\hat{a} = 14, \hat{b} = 21$，这样 θ 的先验分布为贝塔分布 $Be(14, 21)$。

表 5.7.2　贝塔分布中超参数与方差的关系

贝塔分布	a	$a+b$	$E(\theta)$	$\mathrm{Var}(\theta)$
$Be(2,3)$	2	5	0.4	0.0400
$Be(4,6)$	4	10	0.4	0.0218
$Be(8,12)$	8	20	0.4	0.0114
$Be(10,15)$	10	25	0.4	0.0092
$Be(14,21)$	14	35	0.4	0.0067

（3）用两个分位数来确定 a 与 b。譬如用两个上、下四分位数 θ_U 与 θ_L 来确定 a 与 b。从图 5.7.2 上可见，θ_L 与 θ_U 满足如下两个方程：

$$\int_0^{\theta_L} \frac{\Gamma(a+b)}{\Gamma(a)\Gamma(b)} \theta^{a-1}(1-\theta)^{b-1} \mathrm{d}\theta = 0.25$$

$$\int_{\theta_U}^1 \frac{\Gamma(a+b)}{\Gamma(a)\Gamma(b)} \theta^{a-1}(1-\theta)^{b-1} \mathrm{d}\theta = 0.25$$

由先验信息定出 θ_L 与 θ_U 的估计值，再解出 $\hat{a}$ 与 $\hat{b}$（这需要用到数值积分）。

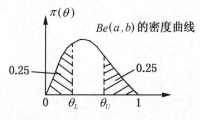

图 5.7.2　贝塔分布的上、下四分位数

（4）如果对成功概率 θ 的先验信息很缺乏,说不上 θ 在哪个区域有更大的概率,这时可用均匀分布 $Be(1,1)$ 作为 θ 的先验分布,此时 $\hat{a}=1,\hat{b}=1$,这便是前面说过的贝叶斯假设。

5.7.4 贝叶斯点估计

后验分布 $\pi(\theta\mid x)$ 综合了总体 $p(x\mid\theta)$,样本 x 和先验 $\pi(\theta)$ 中有关 θ 的信息,如今要寻找参数 θ 的估计 $\hat{\theta}$,当然要从后验分布 $\pi(\theta\mid x)$ 中提取信息。从 $\pi(\theta\mid x)$ 中提取关于 θ 的信息有三种常用的方法:使后验密度达到最大的 θ,后验分布的中位数,后验分布的均值。用得最多的是后验分布的均值。

定义 5.7.2 θ 的后验分布的期望值称为 θ 的**后验期望估计**,也简称贝叶斯估计,常记为 $\hat{\theta}_B$。

定理 5.7.1 设 θ 的后验密度为 $\pi(\theta\mid x)$,则后验期望估计 $\hat{\theta}_B$ 使后验均方误差达到最小。

证: $\hat{\theta}_B$ 的均方误差 $\mathrm{MSE}(\hat{\theta}_B)=E(\hat{\theta}_B-\theta)^2$,下面在 $\pi(\theta\mid x)$ 下进行计算:

$$E(\hat{\theta}_B-\theta)^2=\int_\Theta(\hat{\theta}_B-\theta)^2\pi(\theta\mid x)\mathrm{d}\theta$$
$$=\hat{\theta}_B^2-2\hat{\theta}_B\int_\Theta\theta\pi(\theta\mid x)\mathrm{d}\theta+\int_\Theta\theta^2\pi(\theta\mid x)\mathrm{d}\theta$$

这是 $\hat{\theta}_B$ 的二次三项式,其二次项系数为正,必有最小值。用微分法对其求导并令其为 0,便有

$$2\hat{\theta}_B-2\int_\Theta\theta\pi(\theta\mid x)\mathrm{d}\theta=0$$

即

$$\hat{\theta}_B=\int_\Theta\theta\pi(\theta\mid x)\mathrm{d}\theta=E(\theta\mid x)$$

下面看几个例子。

例 5.7.7 设 $X_1,X_2,\cdots,X_n$ 是来自 $N(\theta,\sigma^2)$ 的一个样本,其中 σ^2 已知,θ 为未知参数,假如 θ 的先验分布为 $N(\mu,\tau^2)$,其中 μ 与 τ^2 已知。试求 θ 的贝叶斯估计。

解:由于正态分布 $N(\mu,\tau^2)$ 是正态均值 θ 的共轭先验分布,由例 5.7.5 知,在样本 $x=(x_1,x_2,\cdots,x_n)$ 给定的条件下,θ 的后验分布为 $N(\mu_1,\sigma_1^2)$,其中 μ_1、σ_1^2 如 (5.7.11) 式所示,μ_1 即为后验分布的期望,故 θ 的贝叶斯估计

$$\hat{\theta}_B=\mu_1=\frac{\bar{x}\sigma_0^{-2}+\mu\tau^{-2}}{\sigma_0^{-2}+\tau^{-2}}$$

其中 $\sigma_0^2=\dfrac{\sigma^2}{n}$。若记 $r_n=\dfrac{\sigma_0^{-2}}{\sigma_0^{-2}+\tau^{-2}}$,则上述贝叶斯估计可改写为如下的加权平均:

$$\hat{\theta}_B=r_n\bar{x}+(1-r_n)\mu \tag{5.7.12}$$

其中 $\bar{x}$ 是样本均值,μ 是 θ 的先验均值,权 r_n 由样本均值的方差 σ_0^2 和先验方差 τ^2 算得。

当 $\sigma_0^2 > \tau^2$ 时，$r_n < \frac{1}{2}$，$1 - r_n > \frac{1}{2}$，于是从 (5.7.12) 式可以看出在贝叶斯估计中先验均值 μ 占的比重大一些。这从直观上也容易理解，因为在 $\sigma_0^2 > \tau^2$ 时，方差小的更应受到重视。反之，当 $\sigma_0^2 < \tau^2$ 时，$r_n > \frac{1}{2}$，$1 - r_n < \frac{1}{2}$，于是在贝叶斯估计 (5.7.12) 中样本均值 $\bar{x}$ 占的比重大一些。特别当 $r_n = 0$ 时，这时 $\sigma_0^2 = \infty$，这表示没有样本信息，故贝叶斯估计只能用先验均值了。而当 $r_n = 1$ 时，这时 $\tau^2 = \infty$，这表示没有任何先验信息可用，故贝叶斯估计就取经典估计 $\bar{x}$。从上述解释可以看出，用 (5.7.12) 式表示的贝叶斯估计是十分合理的。

作为一个数值例子，我们考虑对一个儿童做智力测验。设测验结果 $X \sim N(\theta, 100)$，其中 θ 为这个儿童的智商的真值。若又设 $\theta \sim N(100, 225)$。应用上述方法，在 $n = 1$ 时，可得在给定 $X = x$ 条件下，该儿童智商 θ 的后验分布是正态分布 $N(\mu_1, \sigma_1^2)$，其中

$$\mu_1 = \frac{100 \times 100 + 225x}{100 + 225} = \frac{400 + 9x}{13}$$

$$\sigma_1^2 = \frac{100 \times 225}{100 + 225} = \frac{900}{13} = 69.23 = (8.32)^2$$

假如这个儿童测验得分为 115 分。则他的智商的贝叶斯估计为

$$\hat{\theta}_B = \frac{400 + 9 \times 115}{13} = 110.38$$

例 5.7.8 为估计不合格品率 θ，今从一批产品中随机抽取 n 件，其中不合格品数为 X，又设 θ 的先验分布为贝塔分布 $Be(a, b)$，这里 a、b 已按例 5.7.6 的方法确定，因而已知。求 θ 的贝叶斯估计。

解：由共轭先验分布可知，此时 θ 的后验分布 $\pi(\theta \mid x)$ 为贝塔分布 $Be(a + x, b + n - x)$，此后验分布的均值即为 θ 的贝叶斯估计，故

$$\hat{\theta}_B = \frac{a + x}{a + b + n}$$

这一估计亦可改写为

$$\hat{\theta}_B = \frac{a + x}{a + b + n} = \frac{n}{a + b + n} \cdot \frac{x}{n} + \frac{a + b}{a + b + n} \cdot \frac{a}{a + b}$$
$$= r_n \hat{\theta}_L + (1 - r_n)\bar{\theta} \tag{5.7.13}$$

其中 $\bar{\theta} = \frac{a}{a + b}$ 是先验分布 $Be(a, b)$ 的均值，它可看作仅用先验分布对 θ 所作的估计。$\hat{\theta}_L = \frac{x}{n}$ 是仅用抽样信息对 θ 所作的极大似然估计。$r_n = \frac{n}{a + b + n}$ 是权，它的大小取决于样本量 n 的大小。当 n 很大时，r_n 将很接近于 1，于是贝叶斯估计将很接近极大似然估计 $\hat{\theta}_L$，即抽样信息在估计 θ 中占主要成分；当 n 较小时，r_n 将接近于 0，于是贝叶斯估计将很接近于先验均值 $\bar{\theta}$，即先验信息在估计 θ 中占主要成分。这一现象表明，各种信息在贝叶斯估计中所占的地位是很恰当的。

作为一个数值例子,我们选用贝叶斯假设,即 θ 的先验分布选为均匀分布 $U(0,1)$,它就是 $a=b=1$ 的贝塔分布。假如其他条件不变,那么 θ 的贝叶斯估计为

$$\hat{\theta}_B = \frac{x+1}{n+2} \tag{5.7.14}$$

它与极大似然估计 $\hat{\theta}_L = x/n$ 略有不同,它相当于在 n 次检查中再追加二次检查,并且不合格品也增加一个。这里 2 与 1 正是均匀先验分布所提供的信息。表 5.7.3 列出四个试验结果。在试验 1 与试验 2 中,"抽检 3 个产品全合格"与"抽检 10 个产品也全合格"在人们心目中留下的印象是不同的,后批的质量要比前批的质量更信得过,这一点用 $\hat{\theta}_L$ 反映不出来,而用贝叶斯估计会有所反映。类似地,在试验 3 和试验 4 中,"抽检 3 个产品全不合格"与"抽检 10 个产品也全不合格"在人们心目中也是有差别的二个事件,可是用极大似然估计 $\hat{\theta}_L$ 看不出此种差别,而贝叶斯估计能反映一些。在这些极端场合,贝叶斯估计更具有吸引力。

表 5.7.3 不合格品率 θ 的极大似然估计 $\hat{\theta}_L$ 与贝叶斯估计 $\hat{\theta}_B$

试验号	n	x	$\hat{\theta}_L = x/n$	$\hat{\theta}_B = (x+1)/(n+2)$
1	3	0	0	0.2
2	10	0	0	0.083
3	3	3	1	0.8
4	10	10	1	0.917

例 5.7.9 经过早期筛选后的彩色电视接收机(简称彩电)的寿命服从指数分布。它的密度函数为

$$p(t \mid \theta) = \frac{1}{\theta} e^{-t/\theta}, \quad t > 0$$

其中 $\theta > 0$ 是彩电的平均寿命。

现从一批彩电中随机抽取 n 台进行寿命试验。试验到第 r 台失效为止,其失效时间为 $t_1 \leqslant t_2 \leqslant \cdots \leqslant t_r$,另外 $n-r$ 台彩电直到试验停止时(t_r)还未失效。这种试验称为截尾寿命试验,所得样本 $t = (t_1, t_2, \cdots, t_r)$ 为截尾样本。试求彩电平均寿命 θ 的贝叶斯估计。

解:截尾样本的联合分布为

$$p(t \mid \theta) = \frac{n!}{(n-r)!} \prod_{i=1}^{r} p(t_i \mid \theta) [F(t_r)]^{n-r}$$

$$= \frac{n!}{(n-r)!} \prod_{i=1}^{r} \left(\frac{1}{\theta} e^{-t_i/\theta} \right) \cdot \left(e^{-t_r/\theta} \right)^{n-r}$$

$$= \frac{n!}{(n-r)!} \frac{1}{\theta^r} e^{-s_r/\theta}$$

其中 $s_r = t_1 + t_2 + \cdots + t_r + (n-r)t_r$ 称为总试验时间,$F(t)$ 为彩电寿命的分布函数。

为寻求 θ 的贝叶斯估计,我们来寻求 θ 的先验分布。据国内外的经验,选用倒伽马分布作为 θ 的先验分布是恰当的。假如随机变量 $X \sim Ga(\alpha, \lambda)$,则 X^{-1} 的分布就称为倒伽

马分布，记为 $IGa(\alpha,\lambda)$，它的密度函数可算得为

$$\pi(\theta) = \frac{\lambda^\alpha}{\Gamma(\alpha)} \theta^{-(\alpha+1)} e^{-\lambda/\theta}, \qquad \theta > 0$$

其中 $\alpha > 0, \lambda > 0$ 是两个待定参数，其数学期望 $E(\theta) = \dfrac{\lambda}{\alpha-1}$。

利用(5.7.6)式可得 θ 的后验分布为

$$\pi(\theta \mid t) = \frac{(\lambda+s_r)^{\alpha+r}}{\Gamma(\alpha+r)} \theta^{-(\alpha+r+1)} e^{-(\lambda+s_r)/\theta}, \quad \theta > 0$$

这为 $IGa(\alpha+r,\lambda+s_r)$，因此其后验期望为 $\dfrac{\lambda+s_r}{\alpha+r-1}$，故 θ 的贝叶斯估计为

$$\hat{\theta}_B = \frac{\lambda+s_r}{\alpha+r-1}$$

为了最后确定这个估计，我们收集大量的先验信息。我国彩电生产厂做了大量的彩电寿命试验，仅 15 个工厂实验室和一些独立实验室就对 13142 台彩电进行了共计 5369812 台时试验，而且还对 9240 台彩电进行了三年现场跟踪试验，总共进行了 5547810 台时试验。这两类试验总共失效台数不超过 250 台。对如此大量先验信息加工整理后，确认我国彩电平均寿命不低于 30000 小时，它的 10% 的分位数 $\theta_{0.1}$ 大约为 11250 小时，经过一些专家认定，这两个数据是符合我国前几年彩电寿命的实际情况，也是留有余地的。

由此可列出如下二个方程：

$$\begin{cases} \dfrac{\lambda}{\alpha-1} = 30000 \\ \displaystyle\int_0^{11250} \pi(\theta)\mathrm{d}\theta = 0.1 \end{cases}$$

在计算机上解此方程组，得

$$\hat{\alpha} = 1.956, \qquad \hat{\lambda} = 2868$$

这样一来，我们就完全确定了先验分布为倒伽马分布 $IGa(1.956,2868)$，假如随机抽取 100 台彩电进行 400 小时试验，没有一台失效。这时总试验时间 $s_r = 100 \times 400 = 40000$ 小时，$r = 0$，于是彩电平均寿命 θ 的贝叶斯估计为

$$\hat{\theta}_B = \frac{2868+s_r}{1.956+r-1} = \frac{42868}{0.956} = 44841(小时)$$

5.7.5　贝叶斯区间估计

对于区间估计问题，贝叶斯方法比经典方法更容易处理。因为在贝叶斯统计中参数 θ 是一个随机变量，且有后验分布 $\pi(\theta \mid \boldsymbol{x})$，这里 $\boldsymbol{x} = (x_1, x_2, \cdots, x_n)$，因此 θ 落在某一区间的概率是容易计算的，譬如给定区间$[a,b]$，用后验分布 $\pi(\theta \mid \boldsymbol{x})$ 可算得其概率，设为 $1-\alpha$，即

$$P^{\theta|x}(a \leqslant \theta \leqslant b \mid \boldsymbol{x}) = 1-\alpha \tag{5.7.15}$$

反之,若给定概率 $1-\alpha$,要求一个区间 $[a,b]$,使上式成立,这样求得的区间 $[a,b]$ 就是 θ 的贝叶斯区间估计。这是在 θ 为连续随机变量场合。假如 θ 是离散随机变量,对给定的概率 $1-\alpha$,满足(5.7.15)式的 a 与 b 不一定存在,这时只有略微放大(5.7.15)式左端的概率,才能找到 a 与 b,这样的区间也是 θ 的贝叶斯区间估计。它的一般定义如下:

定义 5.7.3　设参数 θ 的后验分布为 $\pi(\theta \mid x)$。对给定的概率 $1-\alpha$,若存在这样的两个统计量 $\theta_L = \theta_L(x)$ 与 $\theta_U = \theta_U(x)$,使得

$$P^{\theta \mid x}(\theta_L \leqslant \theta \leqslant \theta_U \mid x) \geqslant 1-\alpha \tag{5.7.16}$$

则称区间 $[\theta_L, \theta_U]$ 为参数 θ 的可信水平为 $1-\alpha$ 的**贝叶斯可信区间**,或简称为 θ 的 $1-\alpha$ **可信区间**,而满足

$$P^{\theta \mid x}(\theta \geqslant \theta_L) \geqslant 1-\alpha \tag{5.7.17}$$

的 θ_L 称为 θ 的 $1-\alpha$ **可信下限**,满足

$$P^{\theta \mid x}(\theta \leqslant \theta_U) \geqslant 1-\alpha \tag{5.7.18}$$

的 θ_U 称为 θ 的 $1-\alpha$ **可信上限**。

这里的可信区间与经典统计中的置信区间是同类概念,只是在解释上不同。对可信区间 $[\theta_L, \theta_U]$ 可以说"θ 属于这个区间"或"θ 落在这个区间"。而对置信区间 $[\theta_L, \theta_U]$ 不能这么说,因为经典统计认为 θ 是常量,只能说"这个区间覆盖着 θ"或"这个区间包含 θ"。相比之下,前者的解释简单、自然,易被人理解和采用。

例 5.7.10　设 $X_1, X_2, \cdots, X_n$ 是来自正态总体 $N(\theta, \sigma^2)$ 的一个样本,其中 σ^2 已知。正态均值 θ 的先验分布是 $N(\mu, \tau^2)$,其中 μ, τ^2 已知。在例 5.7.5 中已求得 θ 的后验分布为 $N(\mu_1, \sigma_1^2)$,其中

$$\mu_1 = \frac{\bar{x}\sigma_0^{-2} + \mu\tau^{-2}}{\sigma_0^{-2} + \tau^{-2}}, \qquad \sigma_1^2 = (\sigma_0^{-2} + \tau^{-2})^{-1}$$

这里 $\bar{x}$ 为样本均值,$\sigma_0^2 = \sigma^2/n$。如今要求正态均值 θ 的 $1-\alpha$ 可信区间。

解:由于 θ 的后验分布为正态分布 $N(\mu_1, \sigma_1^2)$,于是标准化变量 $(\theta-\mu_1)/\sigma_1$ 服从标准正态分布 $N(0,1)$。若设 $u_{\alpha/2}$ 和 $u_{1-\alpha/2}$ 为标准正态分布的 $\alpha/2$ 和 $1-\alpha/2$ 的分位数,则对给定的 $1-\alpha$ 有

$$P\left(u_{\alpha/2} \leqslant \frac{\theta-\mu_1}{\sigma_1} \leqslant u_{1-\alpha/2} \mid x\right) = 1-\alpha$$

由于正态分布的对称性,故有 $u_{\alpha/2} = -u_{1-\alpha/2}$。所以

$$P(\mu_1 - \sigma_1 u_{1-\alpha/2} \leqslant \theta \leqslant \mu_1 + \sigma_1 u_{1-\alpha/2} \mid x) = 1-\alpha$$

其中区间 $[\mu_1 - \sigma_1 u_{1-\alpha/2}, \mu_1 + \sigma_1 u_{1-\alpha/2}]$ 就是正态均值 θ 的 $1-\alpha$ 可信区间。

在儿童智商测验(见例 5.7.7)中,$X \sim N(\theta, 100)$,$\theta \sim N(100, 225)$。在仅取一个样本($n=1$)情况下,算得一儿童智商 θ 的后验分布为 $N(\mu_1, \sigma_1^2)$,其中

$$\mu_1 = \frac{400 + 9x}{13}, \quad \sigma_1^2 = 69.23 = (8.32)^2$$

该儿童在一次智力测验中得 $x=115$ 分，θ 的贝叶斯估计为 $\hat{\theta}_B=110.38$。如今来求 θ 的 0.95 可信区间。由于 $u_{0.975}=1.96$，故可算得

$$\mu_1-\sigma_1 u_{0.975}=110.38-8.32\times1.96=94.07$$
$$\mu_1+\sigma_1 u_{0.975}=110.38+8.32\times1.96=126.69$$

该儿童智商 θ 的 0.95 可信区间为 $[94.07,126.69]$，该区间长为 32.62。

假如不用先验信息，仅用抽样信息，即仅用 $X\sim N(\theta,100)$，则用经典方法求得的 0.95 置信区间为

$$(115-1.96\times10,115+1.96\times10)=(95.4,134.6)$$

其区间长为 39.2，这两个区间估计不同，区间长度也不同。

例 5.7.11 在例 5.7.9 中利用指数分布的截尾样本 t 和共轭先验分布，我们获得了彩电平均寿命 θ 的后验分布为倒伽马分布 $IGa(\alpha+r,\lambda+s_r)$，其中 α,λ 是共轭先验分布 $IGa(\alpha,\lambda)$ 中的参数，它们已由先验信息确定：$\alpha=1.956,\lambda=2868,r$ 是截尾样本中的失效数，s_r 是总试验时间，它们分别是 $r=0,s_r=40000$ 小时。如今要确定彩电平均寿命 θ 的 0.90 可信下限。

解：直接从 θ 的后验分布获得其可信下限是困难的，因为我们没有倒伽马分布的分位数表，为此我们通过变换把分布转换到常用分布上去。下面两个命题是容易证明的：

(1) 若随机变量 $X\sim IGa(\alpha,\lambda)$，则 $X^{-1}\sim Ga(\alpha,\lambda)$。

(2) 若随机变量 $X\sim Ga(\alpha,\lambda),c>0$，则 $cX\sim Ga(\alpha,\lambda/c)$。

利用这两个性质可以把倒伽马分布转化为 χ^2 分布。因为

$$\theta\mid t\sim IGa(\alpha+r,\lambda+s_r)$$
$$\theta^{-1}\mid t\sim Ga(\alpha+r,\lambda+s_r)\qquad\text{（由于(1)）}$$
$$2(\lambda+s_r)\theta^{-1}\left|\,t\sim Ga\left(\alpha+r,\frac{1}{2}\right)=\chi^2(2(\alpha+r))\quad\text{（由于(2)）}\right.$$

设 $\chi^2_{0.90}(f)$ 是自由度为 f 的 χ^2 分布的 0.90 分位数，

$$P(2(\lambda+S_r)\theta^{-1}\leqslant\chi^2_{0.90}(f))=0.90$$

于是可看出，θ 的 0.90 可信下限为

$$\theta_L=\frac{2(\lambda+s_r)}{\chi^2_{0.90}(f)}$$

这里 $f=2(\alpha+r)=2(1.956+0)=3.912$。从 χ^2 分布表上查得 $\chi^2_{0.9}(3)=6.251,\chi^2_{0.9}(4)=7.779$，用线性内插法获近似值 $\chi^2_{0.9}(3.912)=7.645$。于是 θ 的 0.90 可信下限为

$$\theta_L=\frac{2(2868+40000)}{7.645}=11215\text{（小时）}$$

习题 5.7

1. 设随机变量 X 的密度函数为

$$p(x \mid \theta) = \frac{2x}{\theta^2}, 0 < x < \theta < 1$$

从中获得容量为 1 的样本,观察值记为 x。

(1) 假如 θ 的先验分布为 $U(0,1)$,求 θ 的后验分布;

(2) 假如 θ 的先验分布为

$$\pi(\theta) = 3\theta^2, 0 < \theta < 1$$

求 θ 的后验分布。

2. 设某团体人的高度(单位:厘米)服从均值为 θ,标准差为 5 的正态分布。又设 θ 的先验分布为 $N(172.72, 2.54^2)$,如今对随机选出的 10 个人测量高度,其平均高度为 176.53 厘米,求 θ 的后验分布。

3. 设随机变量 X 服从均匀分布 $U\left(\theta - \frac{1}{2}, \theta + \frac{1}{2}\right)$,其中 θ 的先验分布为 $U(10,20)$。假如获得 X 的一个观察值为 12,求 θ 的后验分布。

4. 在习题 5.7.3 的条件下,假如连续获得 X 的 6 个观察值:11.0, 11.5, 11.7, 11.1, 11.4, 10.9,求 θ 的后验分布。

5. 验证泊松分布的均值 λ 的共轭先验分布是伽马分布。

6. 验证正态方差 σ^2(均值已知)的共轭先验分布是倒伽马分布。

7. 设 $X_1, X_2, \cdots, X_n$ 是来自均匀分布 $U(0, \theta)$ 的一个样本,又设 θ 的先验分布为 Pareto 分布,其密度函数为

$$\pi(\theta) = \frac{a\theta_0^a}{\theta^{a+1}}, \quad \theta > \theta_0$$

其中 $\theta_0 > 0, a > 0$ 为两个已知常数,证明 θ 的后验分布仍为 Pareto 分布,即 Pareto 分布是均匀分布端点 θ 的共轭先验分布。

8. 某人每天早上在汽车站等候公共汽车的时间(单位:分)服从均匀分布 $U(0, \theta)$,其中 θ 未知,设 θ 的先验分布的密度函数为

$$\pi(\theta) = \frac{192}{\theta^4}, \theta \geqslant 4$$

假如此人在 3 个早上等车时间分别为 5, 3, 8 分钟,求 θ 的后验分布。

9. 设随机变量 X 服从几何分布,即

$$P(X = k \mid \theta) = \theta(1-\theta)^k, \quad k = 0, 1, 2, \cdots$$

其中参数 θ 的先验分布为均匀分布 $U(0,1)$。

(1) 若只对 X 作一次观察,观察值为 3,求 θ 的贝叶斯估计。

(2) 若对 X 作三次观察,观察值为 2, 3, 5,求 θ 的贝叶斯估计。

10. 设为一位顾客服务的时间(单位:分)服从指数分布 $\text{Exp}(\lambda)$,其中 λ 未知,又设 λ 的先验分布是均值为 0.2,方差为 1 的伽马分布,如今对 20 位顾客服务,平均服务时间为 3 分钟,分别求 λ 和 $\theta = \lambda^{-1}$ 的贝叶斯估计。

11. 设在 1200 分米长的磁带上的缺陷数服从泊松分布 $P(\lambda)$，其均值未知，又设 λ 的先验分布是伽马分布 $Ga(3,1)$。对 3 盘磁带做检查，分别发现 2,0,6 个缺陷，求 λ 的贝叶斯估计。

12. 对正态分布 $N(\theta,1)$ 作观察，获得三个独立观察值：
$$x_1=2, x_2=3, x_3=4$$
若 θ 的先验分布为 $N(3,1)$，求 θ 的 0.95 可信区间。

13. 设 $X_1,X_2,\cdots,X_n$ 是来自泊松分布 $P(\lambda)$ 的一个样本，假如 λ 的先验分布是伽马分布 $Ga(a,b)$，其中 a,b 为已知常数。求 λ 的 $1-\alpha$ 等尾可信区间。

14. 设 $X_1,X_2,\cdots,X_n$ 是来自均匀分布 $U(0,\theta)$ 的一个样本，其中 θ 的先验分布为 Pareto 分布，其密度函数为
$$\pi(\theta)=\frac{\beta\theta_0^{\beta}}{\theta^{\beta+1}}, \quad \theta>\theta_0$$
其中 $\theta_0>0,\beta>0$ 为两个已知常数。

(1) 求 θ 的贝叶斯估计。

(2) 求 θ 的 $1-\alpha$ 可信上限。

第六章

假设检验

§ 6.1 假设检验的概念与步骤

6.1.1 假设检验问题

统计推断的另一类重要问题是假设检验,下面通过一个例子来叙述假设检验是研究什么样的问题。

例 6.1.1 某自动装罐机灌装净重为 500 克的洗洁精,根据以往的生产经验知其净重 X 服从 $N(\mu, 25)$。为保证净重的均值为 500 克,需要每天对生产情况作例行检查,以判断灌装线工作是否正常,即能否保证均值为 500 克。某天从灌装的洗洁精中随机抽取 25 瓶称其净重,得到净重的观察值为 $x_1, x_2, \cdots, x_{25}$,其均值是 $\bar{x} = 496$(克),问当天灌装线工作是否正常?

对这一问题可以作如下分析:

1. 首先它不是一个参数估计问题。而是要求你对命题:"灌装线工作正常",即"净重的均值为 500 克"作出回答:"是"还是"否"。这一类问题称为**统计假设检验问题**,简称**假设检验问题**。

2. 命题"净重的均值为 500 克"正确与否涉及正态均值 μ 的如下两个参数集合:

$$\Theta_0 = \{\mu : \mu = 500\}, \quad \Theta_1 = \{\mu : \mu \neq 500\}$$

命题正确则对应于"$\mu \in \Theta_0$",命题不正确则对应于"$\mu \in \Theta_1$"。统计中将这两个非空的参数集合都称为**统计假设**,简称**假设**。其中 Θ_0 称为原假设,Θ_1 称为备择假设。

3. 我们的任务便是根据所给出的总体分布 $N(\mu, 25)$ 与样本均值 $\bar{x} = 496$ 去判断原假设"$\mu \in \Theta_0$"是否成立,这里的"判断"在统计中就称为**检验**或**检验法则**。检验的结果仅有两个:

"原假设不正确",称为拒绝原假设;

"保留原假设",简称不拒绝原假设。

4. 若在假设检验问题中的假设可以用一个参数的集合表示,称该假设检验问题为**参数假设检验问题**,否则称为**非参数假设检验问题**。例 6.1.1 就是一个参数假设检验问题。如果对命题"总体分布为正态分布"作检验就是一个非参数假设检验问题,这将在

§6.6 与 §6.7 进行讨论。

为方便起见,本章有时将样本及其观察值、统计量等都用小写字母表示,其含义可以从上下文去理解。

6.1.2 假设检验的基本步骤

假设检验的基本思想是:根据所获样本,运用统计分析方法,对总体参数的某个命题所构成的假设 H_0 作出拒绝或不拒绝的判断。下面结合例 6.1.1 来叙述实现这一思想的基本步骤。

1. 建立假设。

在统计中常把要检验的假设称为**原假设**,记为 H_0,上例中的原假设可以表示为

$$H_0 : \mu = \mu_0 = 500$$

其意是:"当日灌装线工作正常"。要使当日灌装的均值与 500 克无差别是办不到的,若差异仅是由随机误差引起的,则可认为 H_0 成立;若由其他异常因素引起的,则认为差异显著,应拒绝 H_0。

此外,还需要建立另外一个假设,它是在 H_0 被拒绝时所接受的假设,称为**备择假设**,记为 H_1,上例中的备择假设为

$$H_1 : \mu \neq 500$$

在这里,备择假设还有另外两种设置形式,它们是

$$H_{12} : \mu < 500 \ \text{或} \ H_{13} : \mu > 500$$

备择假设的不同将会影响下面拒绝域的构造,今后称

H_0 对 H_1 的检验问题是**双边假设检验问题**,因为 H_1 在 H_0 的两侧而得名;

H_0 对 H_{12} 的检验问题是**单边假设检验问题**,因为 H_{12} 在 H_0 的一侧而得名;

H_0 对 H_{13} 的检验问题也是**单边假设检验问题**,因为 H_{13} 在 H_0 的一侧而得名。

原假设与备择假设的选取要根据实际问题来定。常把没有充分理由不能轻易否定的命题作为原假设 H_0。备择假设 H_1 根据实际要求确定,但是两者不应含有共同的参数。

2. 选择检验统计量,给出拒绝域形式。

要判断原假设是否为真,需要构造一个统计量,并用该统计量的分布来进行判断,该统计量称为**检验统计量**。

在例 6.1.1 的原假设中涉及的参数是正态总体的均值,通常用样本均值来构造检验统计量。直观的想法是:当原假设 H_0 为真时,$\bar{x}$ 不一定与 μ_0 相等,但是不应该相差过大。又当 $X \sim N(\mu_0, \sigma^2)$ 有 $\bar{x} \sim N(\mu_0, \sigma^2/n)$,故

$$u = \frac{\bar{x} - \mu_0}{\sigma/\sqrt{n}} = \frac{\sqrt{n}(\bar{x} - \mu_0)}{\sigma} \sim N(0,1)$$

因此在样本量 n 和标准差 σ 已知时

$$|u| = \frac{|\bar{x} - \mu_0|}{\sigma/\sqrt{n}}$$ 过大时倾向于拒绝原假设,

$|u| = \dfrac{|\bar{x} - \mu_0|}{\sigma/\sqrt{n}}$ 较小时倾向于不拒绝原假设。

为作出判断,还需要给出一个界限 $c(>0)$,称它为临界值,当

$$|u| = \dfrac{|\bar{x} - \mu_0|}{\sigma/\sqrt{n}} \geqslant c \text{ 时拒绝原假设,}$$

$$|u| = \dfrac{|\bar{x} - \mu_0|}{\sigma/\sqrt{n}} < c \text{ 不拒绝原假设。}$$

c 的确定方法下面再讲。

使原假设被拒绝的样本观察值 $(x_1, x_2, \cdots, x_n)$ 所组成的区域称为检验的**拒绝域**,用 W 表示,而不拒绝原假设的样本观察值所组成的区域称为检验的不拒绝(保留之意)域,用 $\overline{W}$ 表示。在上例中,可以表示为

$$W = \{(x_1, x_2, \cdots, x_n) : |u| \geqslant c\} = \{|u| \geqslant c\}$$

$$\overline{W} = \{(x_1, x_2, \cdots, x_n) : |u| < c\} = \{|u| < c\}$$

今后简记为 $W = \{|u| \geqslant c\}$,$\overline{W} = \{|u| < c\}$。当拒绝域确定了,检验的判断准则也就给定了:当样本落在拒绝域中,则拒绝原假设,认为原假设不真,当样本落在不拒绝域中就保留原假设。

W 与 $\overline{W}$ 是互斥的,而这两个区域的并就是整个样本空间,即样本的一切可能的取值空间,因而只要知道其中之一即可。在假设检验中,人们的注意力总放在拒绝域上,这是因为如今我们手中仅有一个样本,用一个样本去证明一个命题成立的理由是不充分的,但是用一个反例去推翻一个命题的理由是充足的,因为一个命题成立时是不允许有一个反例存在的。当不能否定原假设时,只能将原假设作为真的保留下来。这里的保留有两层意思,一是可能原假设 H_0 是真的,二是原假设 H_0 可能不真,但如今证据不足,不拒绝进一步检验的权力。

3. 选择显著性水平 α。

对原假设是否为真作判断是依据样本作出的,由于样本的随机性,检验结果可能与实际相符也可能与实际不符,这表明检验是会犯错误的。一般说来,要作判断就要允许犯错误,这是一个方面,另一方面要控制犯错误的概率,使其尽量小。以后的统计检验法则就是依据这两个方面的要求去构造的。

检验可能犯的错误有两类:

一是原假设 H_0 为真,由于样本的随机性,使样本观察值落入拒绝域 W,从而作出拒绝 H_0 的结论,这类错误称为**第一类错误**,其发生的概率称为**犯第一类错误的概率**,也称为拒真概率,通常记为 α。以上例来讲,即

$$\alpha = P(\text{拒绝 } H_0 \mid H_0 \text{ 为真}) = P_{\mu_0}(|u| \geqslant c)$$

二是原假设 H_0 为假,由于样本的随机性,使样本观察值落入不拒绝域 $\overline{W}$,从而作出不拒绝 H_0 的结论,这类错误称为**第二类错误**,其发生的概率称为**犯第二类错误的概率**,也称为取伪概率,通常记为 β。以上例来讲,即

$$\beta = P(\text{保留 } H_0 \mid H_1 \text{ 为真}) = P_{\mu \in \Theta_1}(|u| < c)$$

表 6.1.1 列出检验的各种情况及犯两类错误的概率。

人们希望犯两类错误的概率 α 与 β 都要小，但理论研究表明：当样本量固定时，使 α 小必导致 β 大，使 β 小必导致 α 大，只有当样本量 n 不断增大时才能使 α 与 β 同时小。在实际中，样本量过大又不现实，一个折中方案是：控制犯第一类错误的概率 α，但又不要使它过小，在适当控制 α 中制约 β。这样的 α 又称为**显著性水平**。最常用的显著性水平 $\alpha = 0.05$，有时也可以取 $\alpha = 0.01$ 或 $\alpha = 0.10$。为什么不控制 β 来制约 α 呢？这是因为相比之下控制 α 较易实现。

表 6.1.1　检验的结论与两类错误

		真实情况	
		H_0 成立	H_1 成立
统计判断	不拒绝 H_0	正确决策	第二类错误（发生概率 β）
	拒绝 H_0	第一类错误（发生概率 α）	正确决策

4. 确定临界值，给出拒绝域。

下面我们结合例 6.1.1 给出拒绝域 $W = \{|u| \geqslant c\}$ 中的临界值 c。如果我们给定显著性水平 $\alpha = 0.05$，那么就要求

$$\alpha = P_{\mu_0}(|u| \geqslant c) = 2[1 - \Phi(c)] = 0.05$$

从而

$$\Phi(c) = 0.975$$

这表明：c 是 $N(0,1)$ 的 0.975 分位数 $u_{0.975}$，即

$$c = u_{0.975} = 1.96$$

从而拒绝域为

$$W = \{|u| \geqslant 1.96\}$$

注意：这里拒绝域能迅速确定，其关键在于检验统计量 u 的分布不含任何未知参数，并有分位数表可查。

5. 根据样本作出判断。

• 当样本 $(x_1, x_2, \cdots, x_n)$ 落入拒绝域 W 内，则拒绝 H_0，言下之意，即不拒绝 H_1；

• 当样本 $(x_1, x_2, \cdots, x_n)$ 没落入拒绝域 W 内，而在 $\overline{W}$ 内，则不能拒绝 H_0，从而保留 H_0，这里"保留 H_0"应理解为"不能做出拒绝 H_0 的结论"。有时把"保留 H_0"简单地称为"不拒绝 H_0"。

如今 $\bar{x} = 496, \mu_0 = 500$，可得

$$|u| = \frac{|\bar{x} - \mu_0|}{\sigma/\sqrt{n}} = \frac{|496 - 500|}{5/\sqrt{25}} = 4$$

所以样本落入拒绝域,从而在显著性水平 0.05 时拒绝原假设,认为当日洗洁精净重的均值与 500 克间有显著差异,应调节生产设备,使其生产过程达到正常。

综上,进行假设检验的步骤可以归纳如下:

1. 建立假设:原假设与备择假设。

在上面的例子中原假设与备择假设分别为 $H_0 : \mu = \mu_0, H_1 : \mu \neq \mu_0$。

2. 选择检验统计量,根据备择假设确定拒绝域的形式。

在上面的例子中检验统计量为 $u = \dfrac{\bar{x} - \mu_0}{\sigma_0 / \sqrt{n}}$,拒绝域形式为 $W = \{|u| \geqslant c\}$。

3. 选定显著性水平 α。

在上面的例子中 $\alpha = 0.05$。

4. 给出临界值,定出拒绝域。

在上面的例子中,临界值 $c = u_{1-\alpha/2} = 1.96$,拒绝域为 $W = \{|u| \geqslant 1.96\}$。

5. 根据样本作出判断。

在上面的例子中,由于 $|u| = 4$,所以作出拒绝原假设的判断。

上面的例子中所用的检验法则采用的是 u 统计量,因此也称为 u **检验**。

例 6.1.2　某厂制造的产品长期以来不合格品率不超过 0.01,某天开工后为检验生产过程是否稳定,随机抽检了 100 件产品,发现其中有 2 件不合格品。试在 0.10 水平上判断该天生产是否稳定。

解:我们按上面所述步骤来进行。

1. 建立假设。

设总体 X 为抽检一件产品中不合格品的件数,则 X 服从二点分布 $b(1, \theta)$,其中 θ 是产品的不合格品率,$0 < \theta < 1$。当生产稳定时 $\theta \leqslant 0.01$,而生产不稳定时 $\theta > 0.01$。因此判断该天生产是否稳定可以转化为一个假设检验问题,其假设可如下设置:

$$H_0 : \theta \leqslant 0.01, \quad H_1 : \theta > 0.01$$

这是一个离散总体参数的单边检验问题。

2. 选择检验统计量,根据备择假设确定拒绝域的形式。

检验统计量通常从参数的点估计出发去寻找,现在 θ 的点估计为 $\bar{x} = \dfrac{1}{n} \sum\limits_{i=1}^{n} x_i$,可以用它作为检验的统计量。在样本量 n 确定时,用 $T = \sum\limits_{i=1}^{n} x_i$ 作为检验的统计量更为方便,因为其分布是二项分布 $b(n, p)$。现在我们采用 T 作为检验统计量。在 H_0 为真时,T 不应过大,而当 H_0 为假(即 H_1 为真)时,T 应较大,所以拒绝域的形式应取为

$$W = \{T \geqslant c\}$$

这里 c 就是临界值。

3. 选定显著性水平。

取 $\alpha = 0.10$。

4. 给出临界值,定出拒绝域。

为确定临界值 c,要利用 T 的分布(二项分布)。由二项分布 $b(n, \theta)$ 和拒绝域的形式 $W = \{T \geqslant c\}$ 可写出犯两类错误的概率 α 与 β:

$$\alpha(\theta) = P_\theta(T \geqslant c) = \sum_{j=c}^{100} \binom{100}{j} \theta^j (1-\theta)^{100-j}, 0 < \theta \leqslant 0.01 \text{(原假设)}$$

$$\beta(\theta) = P_\theta(T < c) = \sum_{j=0}^{c-1} \binom{100}{j} \theta^j (1-\theta)^{100-j}, 0.01 < \theta < 1 \text{(备择假设)}$$

由上式可见，α 与 β 都是 θ 与 c 的函数，为了说明这两个函数的性质，对若干个 θ 与 c 分别计算了 α 与 β，计算结果列在表 6.1.2 中。

表 6.1.2　对不同 c 值给出的若干 $\alpha(\theta), \beta(\theta)$

c	1	2	3	4	5	6	⋯
$\alpha(0.005)$	0.394	0.090	0.014	0.002	0.0002	0.00001	⋯
$\alpha(0.01)$	0.634	0.264	0.079	0.018	0.003	0.0005	⋯
$\beta(0.04)$	0.017	0.087	0.232	0.429	0.629	0.788	⋯
$\beta(0.08)$	0.0002	0.002	0.011	0.037	0.090	0.180	⋯

现利用表 6.1.2 上的数据来确定临界值 c，使得

$$\alpha(\theta) = P_\theta(T \geqslant c) \leqslant 0.1, \quad \theta \leqslant 0.01$$

- 从表的前两行可以看出：无论 c 为何值，总有 $\alpha(0.005) < \alpha(0.01)$，一般还可证明：$\alpha(\theta)$ 是 θ 的增函数，这表明只要 $\alpha(0.01) \leqslant 0.1$ 就可使 $\alpha(\theta)$ 在 $\theta \leqslant 0.01$ 时都不超过 0.1。

- 从表的第二行还可以看出，$c = 3,4,5,6,\cdots$ 等值时都可以使 $\alpha(0.01) \leqslant 0.1$，所以 c 值可在 $3,4,5,6,\cdots$ 等值中选取。

- 从表的后两行可以看出：无论 θ 为何值，$\beta(\theta)$ 是 c 的增函数，这表明 c 愈大可导致犯第二类错误的概率愈大，为了使 $\beta(\theta)$ 尽量小，应该取 $c = 3$。

综上我们应该选取 $\alpha(0.01) \leqslant 0.1$ 又最靠近 0.1 的那个 c 值，以控制犯第二类错误的概率。所以我们在 $\alpha = 0.10$ 时选取临界值 $c = 3$，即拒绝域为

$$W = \{T \geqslant 3\}$$

5. 根据样本作出判断。

现在由样本得到 $T = 2$，未落入拒绝域，故保留原假设，认为该天生产稳定。

6.1.3　检验函数与势函数

检验实际上就是一个判断准则，如例 6.1.1 中，判断准则"当 $|u| \geqslant c$ 时拒绝原假设"就表示一个检验。在统计中常用样本空间上的如下一个示性函数来表示：

$$\varphi(\boldsymbol{x}) = \begin{cases} 1, & |u| \geqslant c \\ 0, & |u| < c \end{cases}$$

这里 $\boldsymbol{x} = (x_1, x_2, \cdots, x_n)$ 表示样本观察值，函数 $\varphi(\boldsymbol{x})$ 在拒绝域上取 1，在不拒绝域上取 0。一般场合也可以记为

$$\varphi(x) = \begin{cases} 1, & \boldsymbol{x} \in W \\ 0, & \boldsymbol{x} \in \overline{W} \end{cases}$$

用这一函数表示一个检验不仅简单明了，而且还可以用它来表示犯两类错误的概率。

在一般情况下，记所要检验的参数为 θ，假设检验问题为

$$H_0:\theta\in\Theta_0,\quad H_1:\theta\in\Theta_1$$

由于 $\varphi(x)$ 是统计量，其期望为

$$E_\theta\varphi(\pmb{x})=P_\theta(\pmb{x}\in W)$$

其中下标 θ 表示用参数为 θ 的分布来计算的。那么当 $\theta\in\Theta_0$ 时有

$$P_\theta(\pmb{x}\in W)=\alpha(\theta)$$

而当 $\theta\in\Theta_1$ 时有

$$P_\theta(\pmb{x}\in\overline{W})=1-P_\theta(\pmb{x}\in W)=\beta(\theta)$$

并称 $1-\beta(\theta)$ 为势函数。所以

$$g(\theta)=E_\theta\varphi(\pmb{x})=\begin{cases}\alpha(\theta),&\theta\in\Theta_0\\1-\beta(\theta),&\theta\in\Theta_1\end{cases}$$

下面利用这一表示，对例 6.1.1 来进行分析。当洗洁精净重 $X\sim N(\mu,25)$，样本容量 $n=25$ 时，有 $\bar{x}\sim N(\mu,25/n)=N(\mu,1)$，从而在 $\theta\in\Theta_0$，即 $\mu=\mu_0=500$ 时，$\bar{x}\sim N(500,1)$，故

$$\alpha=\alpha(\mu_0)=P_{\mu_0}(|\bar{x}-\mu_0|\geqslant c)=2[1-\Phi(c)] \tag{6.1.1}$$

在 $\theta\in\Theta_1$，即 $\mu\neq\mu_0$ 时，$\bar{x}\sim N(\mu,1)$，故

$$\beta(\mu)=P_\mu(|\bar{x}-\mu_0|<c)=\Phi(\mu_0-\mu+c)-\Phi(\mu_0-\mu-c) \tag{6.1.2}$$

当样本容量固定时，从(6.1.1)与(6.1.2)式可以看到如下两个事实：

当 α 减小时，从(6.1.1)式可知 c 要增大，而从(6.1.2)式知，当 c 增大时，β 就增大。

当 β 减小时，从(6.1.2)式可知 c 要减小，而从(6.1.1)式知，当 c 减小时，α 就增大。

这一结论具有一般性。**在样本容量固定时，不可能找到使两类错误都小的检验。**因此只能采取折中的办法，英国统计学家提出了显著性水平为 α 的显著性检验的概念。

若一个检验 $\varphi(\pmb{x})$ 使

$$g(\theta)=E_\theta\varphi(\pmb{x})\leqslant\alpha,\quad\theta\in\Theta_0$$

则称此检验是显著性水平为 α 的显著性检验，也简称**水平为 $\pmb{\alpha}$ 的检验**，其中 α 称为显著性水平。

习题 6.1

1. 某糖厂用自动包装机将糖进行包装，每包糖的标准重量为 50 公斤，据以往经验，每包糖重 X（单位：公斤）服从正态分布 $N(\mu,0.6^2)$，某日开工后，抽验 4 包，其平均重量为

50.5 公斤,在显著性水平 $\alpha = 0.05$ 下,当日包装机工作是否正常?

2. 设样本 $x_1, x_2, \cdots, x_{25}$ 来自总体 $N(\mu, 9)$,其中 μ 为未知参数,对检验问题

$$H_0 : \mu = \mu_0, H_1 : \mu \neq \mu_0$$

取如下拒绝域: $W = \{|\bar{x} - \mu_0| \geqslant c\}$,其中 $\bar{x}$ 为样本均值。

(1)求 c,使该检验的显著性水平为 0.05;

(2)求 $\mu = \mu_1$ 时犯第二类错误的概率,这里 $\mu_1 \neq \mu_0$。

3. 设样本 $x_1, x_2, \cdots, x_n$ 来自均匀分布 $U(0, \theta)$,其中未知参数 $\theta > 0$, 设 $x_{(n)} = \max(x_1, x_2, \cdots, x_n)$,若对检验问题

$$H_0 : \theta \geqslant 2, H_1 : \theta < 2$$

取拒绝域为 $W = \{x_{(n)} \leqslant 1.5\}$。

(1)求犯第一类错误的概率的最大值;

(2)若要(1)中所得之最大值不超过 0.05, n 至少应取多大?

4. 设 $x_1, x_2, \cdots, x_{20}$ 是来自二点分布 $b(1, p)$ 的样本,记 $T = \sum_{i=1}^{20} x_i$,对检验问题

$$H_0 : p = 0.2, H_1 : p = 0.4$$

取拒绝域为 $W = \{T \geqslant 8\}$,求该检验犯两类错误的概率。

5. 设 $x_1, x_2, \cdots, x_n$ 是来自正态分布 $N(\mu, 1)$ 的一个样本,考虑如下检验问题:

$$H_0 : \mu = 2, H_1 : \mu = 3$$

若检验由拒绝域 $W = \{\bar{x} \geqslant 2.6\}$ 确定,证明当 $n \to \infty$ 时,犯两类错误的概率 $\alpha \to 0$ 及 $\beta \to 0$。

§ 6.2　正态总体参数的假设检验

正态分布 $N(\mu, \sigma^2)$ 是常用的分布,关于 μ 与 σ^2 的有关检验也是实际中常常遇到的,下面分几种情况加以讨论。

6.2.1　关于正态均值的 u 检验(σ 已知)

设 $x_1, x_2, \cdots, x_n$ 是来自正态总体 $N(\mu, \sigma^2)$ 的一个样本,关于正态均值 μ 的检验问题常有如下三种形式:

Ⅰ. $H_0 : \mu \leqslant \mu_0$, 　　　$H_1 : \mu > \mu_0$ 　　　　　　　　　　(6.2.1)

Ⅱ. $H_0 : \mu \geqslant \mu_0$, 　　　$H_1 : \mu < \mu_0$ 　　　　　　　　　　(6.2.2)

Ⅲ. $H_0 : \mu = \mu_0$, 　　　$H_1 : \mu \neq \mu_0$ 　　　　　　　　　　(6.2.3)

其中 μ_0 是一个已知常数。由于正态方差 σ^2 已知与否对选择 μ 的检验有影响,故要分两种情况讨论,具体是

- σ 已知时,用 u 检验

· σ 未知时,用 t 检验

下面先讨论 σ 已知的 u 检验

这里有三个检验问题 Ⅰ,Ⅱ,Ⅲ 需要考察,先考察单边检验问题 Ⅰ。它的一对假设如下:

$$H_0:\mu\leqslant\mu_0,\quad H_1:\mu>\mu_0$$

由于 μ 常用样本均值 $\bar{x}$ 去估计,且 $\bar{x}\sim N(\mu,\sigma^2/n)$,故取

$$u=\frac{\bar{x}-\mu_0}{\sigma/\sqrt{n}}=\frac{\sqrt{n}(\bar{x}-\mu_0)}{\sigma} \tag{6.2.4}$$

作为检验统计量。

当原假设 $H_0:\mu\leqslant\mu_0$ 为真时,用于估计 μ 的 $\bar{x}$ 不应过大,若 $\bar{x}$ 过大,则被认为原假设 H_0 不真,从而拒绝原假设 H_0。又因为 u 是 $\bar{x}$ 的增函数,故当 u 过大时,亦应拒绝原假设 H_0。因此检验问题 Ⅰ 的拒绝域形式为 $W_{\rm I}=\{u\geqslant c_1\}$。

当原假设 H_0 为真时,样本落入拒绝域 $W_{\rm I}$ 就犯第一类错误,故犯第一类错误的概率为

$$\alpha(\mu)=P_\mu(u\geqslant c_1)=P_\mu\left(\frac{\bar{x}-\mu_0}{\sigma/\sqrt{n}}\geqslant c_1\right)$$

$$=P_\mu\left(\frac{\bar{x}-\mu}{\sigma/\sqrt{n}}\geqslant c_1+\frac{\mu_0-\mu}{\sigma/\sqrt{n}}\right)=1-\Phi\left(c_1+\frac{\mu_0-\mu}{\sigma/\sqrt{n}}\right)$$

由此看出:在 $\mu\leqslant\mu_0$ 时,$\alpha(\mu)$ 是 μ 的严增函数,故在 $\mu=\mu_0$ 处 $\alpha(\mu)$ 达到最大值 $\alpha(\mu_0)$,即

$$\alpha(\mu)\leqslant\alpha(\mu_0)=1-\Phi(c_1),\quad\text{当 }\mu\leqslant\mu_0$$

这表明:对给定的显著性水平 α,只要令 $\alpha(\mu_0)=\alpha$,那么当 $\mu\leqslant\mu_0$ 时就有 $\alpha(\mu)\leqslant\alpha$,从而把犯第一类错误的概率控制在 α 或 α 以下,这就是水平为 α 的检验。

最后,由 $\alpha(\mu_0)=\alpha$ 可得:

$$1-\Phi(c_1)=\alpha,\quad\text{即 }c_1=u_{1-\alpha}$$

其中 $u_{1-\alpha}$ 是标准正态分布的 $1-\alpha$ 分位数。由此可得检验问题 Ⅰ 的水平为 α 的检验的拒绝域

$$W_{\rm I}=\{u\geqslant u_{1-\alpha}\} \tag{6.2.5}$$

完全类似地讨论,对单边检验问题 Ⅱ 和双边检验问题 Ⅲ 亦取(6.2.4)式作为检验统计量,可分别得到其拒绝域为

$$W_{\rm II}=\{u\leqslant u_\alpha\} \tag{6.2.6}$$
$$W_{\rm III}=\{|u|\geqslant u_{1-\alpha/2}\} \tag{6.2.7}$$

其中拒绝域 $W_{\rm III}$ 分散在 u 的两侧,这是检验问题 Ⅲ 的备择假设分散在原假设 $H_0:\mu=\mu_0$ 两侧之故。

从上面的讨论可以总结如下几点:

- 上述三个检验问题使用同一个检验统计量 $u = \dfrac{\bar{x} - \mu_0}{\sigma/\sqrt{n}}$。

- 上述三个检验问题的拒绝域形式（不等号方向）由各自的备择假设决定，详见图 6.2.1。

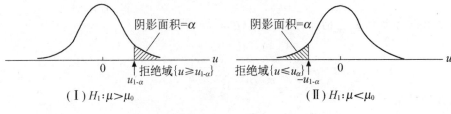

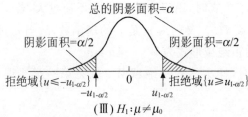

（图中曲线为 $N(0,1)$ 的密度函数曲线）

图 6.2.1   备择假设、拒绝域和显著性水平

- 拒绝域的临界值由 $\alpha(\mu_0) = \alpha$ 决定，因为在原假设下，总有 $\alpha(\mu) \leqslant \alpha(\mu_0)$。

- 实际中还会遇到如下两对假设，据上述讨论其拒绝域亦可类似确定：

Ⅳ. $H_0 : \mu = \mu_0, H_1 : \mu > \mu_0$，其拒绝域为 $W_{\mathrm{I}} = \{u \geqslant u_{1-\alpha}\}$

Ⅴ. $H_0 : \mu = \mu_0, H_1 : \mu < \mu_0$，其拒绝域为 $W_{\mathrm{II}} = \{u \leqslant u_{\alpha}\}$

- 这一类检验统称为 u 检验。

以上几个要点在以后其他类型检验问题的讨论中亦会类似出现，需要认真体会。

例 6.2.1 微波炉在炉门关闭时的辐射量是一个重要的质量指标。某厂该指标服从正态分布 $N(\mu, \sigma^2)$，长期以来 $\sigma = 0.1$，且均值都符合要求不超过 0.12。为检查近期产品的质量，抽查了 25 台，得其炉门关闭时辐射量的均值 $\bar{x} = 0.1203$。试问在 $\alpha = 0.05$ 水平上该厂炉门关闭时辐射量是否升高了？

解：首先建立假设。由于长期以来该厂 $\mu \leqslant 0.12$，故将其作为原假设，有

$$H_0 : \mu \leqslant 0.12, \quad H_1 : \mu > 0.12$$

在 $\alpha = 0.05$ 时，$u_{0.95} = 1.645$，拒绝域应为 $\{u \geqslant 1.645\}$。现由观测值求得

$$u = \frac{0.1203 - 0.12}{0.1/\sqrt{25}} = 0.015 < 1.645$$

因而在 $\alpha = 0.05$ 水平下，不能拒绝 H_0，即认为当前生产的微波炉关门时的辐射量无明显升高。

例 6.2.2 某厂生产需用玻璃纸做包装，按规定供应商供应的玻璃纸的横向延伸率

不应低于 65。已知该指标服从正态分布 $N(\mu,\sigma^2)$，σ 一直稳定于 5.5。从近期来货中抽查了 100 个样品，得样本均值 $\bar{x}=55.06$，试问在 $\alpha=0.05$ 水平上能否接收这批玻璃纸？

解：由于若不接收这批玻璃纸需作退货处理，这必须慎重，故取 $\mu<65$ 作为备择假设，从而所建立的假设为

$$H_0:\mu\geqslant 65, \qquad H_1:\mu<65$$

在 $\alpha=0.05$ 时，$u_\alpha=-1.645$，拒绝域应取作 $\{u\leqslant -1.645\}$。现由样本求得

$$u=\frac{55.06-65}{5.5/\sqrt{100}}=-18.07<-1.645$$

故应拒绝 H_0，不能接收这批玻璃纸。

例 6.2.3 某洗涤剂厂有一台瓶装洗洁精的灌装机，在生产正常时，每瓶洗洁精的净重服从正态分布，均值为 454g，标准差为 12g。为检查近期机器工作是否正常，从中抽出 16 瓶，称得其净重的平均值为 $\bar{x}=456.64$g。试对机器工作正常与否作出判断。（取 $\alpha=0.01$，并假定 σ 不变。）

解：这里需检验的假设为

$$H_0:\mu=454 \qquad H_1:\mu\neq 454$$

在 $\alpha=0.01$ 时，$u_{1-\alpha/2}=u_{0.995}=2.58$，从而拒绝域为 $\{|u|\geqslant 2.58\}$。现由样本求得

$$u=\frac{456.64-454}{12/\sqrt{16}}=0.88$$

由于 $|u|<2.58$，故不能拒绝 H_0，即认为机器正常。

6.2.2 关于正态均值的 t 检验（σ 未知）

可同样考虑前面提到的三个检验问题：

Ⅰ. $H_0:\mu\leqslant\mu_0, \qquad H_1:\mu>\mu_0$ （6.2.1）

Ⅱ. $H_0:\mu\geqslant\mu_0, \qquad H_1:\mu<\mu_0$ （6.2.2）

Ⅲ. $H_0:\mu=\mu_0, \qquad H_1:\mu\neq\mu_0$ （6.2.3）

但现在不能用 u 作为检验统计量，因为它含有未知参数 σ，一个自然的想法是用 σ 的估计 s 去取代 σ，采用 t 统计量

$$t=\frac{\bar{x}-\mu_0}{s/\sqrt{n}}$$ （6.2.8）

作为检验统计量。

对检验问题(6.2.1)来讲，其拒绝域为

$$W_{\mathrm{I}}=\{t\geqslant c\}$$

其中 c 应满足

$$\alpha(\mu)=P_\mu(t\geqslant c)\leqslant\alpha, \qquad \mu\leqslant\mu_0$$

$\alpha(\mu)$在$\mu=\mu_0$时达到最大,这是因为对固定的μ而言$t=\dfrac{\bar{x}-\mu_0}{s/\sqrt{n}}=\dfrac{\bar{x}-\mu}{s/\sqrt{n}}+\dfrac{\mu-\mu_0}{s/\sqrt{n}}$,其中$\dfrac{\bar{x}-\mu}{s/\sqrt{n}}\sim t(n-1)$,当记$F_{t(n-1)}(x)$为自由度是$n-1$的$t$分布的分布函数时,有

$$\alpha(\mu)=P_\mu(t\geqslant c)=P_\mu\left(\frac{\bar{x}-\mu}{s/\sqrt{n}}\geqslant c-\frac{\mu-\mu_0}{s/\sqrt{n}}\right)$$

$$=1-F_{t(n-1)}\left(c-\frac{\mu-\mu_0}{s/\sqrt{n}}\right),\quad\mu\leqslant\mu_0$$

当μ增大时,$\alpha(\mu)$将增大,在$\mu=\mu_0$处达到最大,故只要取$\alpha(\mu_0)=\alpha$。而在$\mu=\mu_0$时,$t\sim t(n-1)$,从而$c=t_{1-\alpha}(n-1)$。所以检验问题(6.2.1)的水平为α的检验的拒绝域为

$$W_{\text{I}}=\{t\geqslant t_{1-\alpha}(n-1)\}\tag{6.2.9}$$

类似地,对检验问题Ⅱ与Ⅲ来讲,水平为α的检验的拒绝域分别为

$$W_{\text{II}}=\{t\leqslant t_\alpha(n-1)\}\tag{6.2.10}$$

及

$$W_{\text{III}}=\{|t|\geqslant t_{1-\frac{\alpha}{2}}(n-1)\}\tag{6.2.11}$$

称以(6.2.8)为检验统计量的检验为t检验。

例 6.2.4 根据某地环境保护法规定,倾入河流的废水中某种有毒化学物质的平均含量不得超过3ppm($1ppm=10^{-6}=$百万分之一)。该地区环保组织对沿河各厂进行检查,测定每日倾入河流的废水中该物质的含量(单位:ppm)。某厂连日的记录为

$$3.1\quad 3.2\quad 3.3\quad 2.9\quad 3.5\quad 3.4\quad 2.5\quad 4.3$$
$$2.9\quad 3.6\quad 3.2\quad 3.0\quad 2.7\quad 3.5\quad 2.9$$

试在显著性水平$\alpha=0.05$上判断该厂是否符合环保规定(假定废水中有毒物质含量$X\sim N(\mu,\sigma^2)$)。

解:为判断是否符合环保规定,可建立如下假设:

$$H_0:\mu\leqslant 3,\quad H_1:\mu>3$$

由于这里σ未知,故采用t检验,现在$n=15$,在$\alpha=0.05$时$t_{0.95}(14)=1.7613$,故拒绝域为

$$\{t\geqslant 1.7613\}$$

现根据样本求得$\bar{x}=3.2,s=0.436$,从而有

$$t=\frac{3.2-3}{0.436/\sqrt{15}}=1.7766>1.7613$$

样本落入拒绝域,因此在$\alpha=0.05$水平上认为该厂废水中有毒物质含量超标,不符合环保规定,应采取措施来降低废水中有毒物质的含量。

综上,将关于正态总体均值检验的有关结果列在表 6.2.1 中以便查找。

表 6.2.1　正态总体均值的假设检验

（显著性水平为 α）

检验法	条件	H_0	H_1	检验统计量	拒绝域
u 检验	σ 已知	$\mu \leqslant \mu_0$ $\mu \geqslant \mu_0$ $\mu = \mu_0$	$\mu > \mu_0$ $\mu < \mu_0$ $\mu \neq \mu_0$	$u = \dfrac{\bar{x} - \mu_0}{\sigma/\sqrt{n}}$	$\{u \geqslant u_{1-\alpha}\}$ $\{u \leqslant u_\alpha\}$ $\{\lvert u \rvert \geqslant u_{1-\frac{\alpha}{2}}\}$
t 检验	σ 未知	$\mu \leqslant \mu_0$ $\mu \geqslant \mu_0$ $\mu = \mu_0$	$\mu > \mu_0$ $\mu < \mu_0$ $\mu \neq \mu_0$	$t = \dfrac{\bar{x} - \mu_0}{s/\sqrt{n}}$	$\{t \geqslant t_{1-\alpha}(n-1)\}$ $\{t \leqslant t_\alpha(n-1)\}$ $\{\lvert t \rvert \geqslant t_{1-\frac{\alpha}{2}}(n-1)\}$

6.2.3　样本量的确定

在收集数据时,人们经常问的一个问题是我们究竟需要收集多少数据下结论才是可靠的? 为了回答这一问题,在 §5.4.5 中给出了用控制置信区间长度的方法来确定样本量,下面介绍第二种方法:用控制犯第二类错误的概率 β 来确定样本量的方法。

我们先看一个关于正态总体均值检验的例子。

（1）标准差已知的场合。

例 6.2.5　某厂生产的化纤纤度 X 服从正态分布 $N(\mu, 0.04^2)$,其中 μ 的设计值为 1.40,每天都要对"$\mu = 1.40$"作例行检验,一旦均值变成 1.38,产品就发生了质量问题。那么我们应该抽多少样品进行检验,才能保证在 $\mu = 1.40$ 时犯第一类错误的概率不超过 0.05,在 $\mu = 1.38$ 时犯第二类错误的概率不超过 0.10?

解:在已知标准差的正态均值检验中,我们可以采用 u 检验。

我们把检验问题简化为 $H_0: \mu = \mu_0 = 1.40$,$H_1: \mu = \mu_1 = 1.38$,当 H_0 为真时犯第一类错误的概率不超过 $\alpha = 0.05$,在 H_1 为真时犯第二类错误的概率不超过 $\beta = 0.10$。

若样本容量为 n,那么样本均值的分布是 $N(\mu, \sigma_0^2/n)$,这里 $\sigma_0 = 0.04$,为使 $\mu = 1.40$ 时犯第一类错误的概率不超过 $\alpha = 0.05$,则拒绝域为 $u \leqslant u_\alpha = u_{0.05} = -1.645$,即

$$u = \frac{\bar{x} - \mu_0}{\sigma_0/\sqrt{n}} \leqslant u_\alpha$$

在 $\mu = 1.38$ 时,当 $u > u_\alpha$ 就犯第二类错误,此时 $\bar{x} \sim N(1.38, \sigma_0^2/n)$,犯第二类错误的概率为

$$P\left(\frac{\bar{x} - \mu_0}{\sigma_0/\sqrt{n}} > u_\alpha\right) = P\left(\bar{x} > \mu_0 + u_\alpha \sigma_0/\sqrt{n}\right)$$

$$= P\left(\frac{\bar{x} - \mu_1}{\sigma_0/\sqrt{n}} > \frac{\mu_0 - \mu_1}{\sigma_0/\sqrt{n}} + u_\alpha\right) = \beta$$

则要求 $\dfrac{\mu_0 - \mu_1}{\sigma_0/\sqrt{n}} + u_\alpha = u_{1-\beta}$,由此式可以确定样本容量 n 为

$$n = \frac{(u_{1-\beta} + u_{1-\alpha})^2 \sigma_0^2}{(\mu_0 - \mu_1)^2}$$

在本例中 $\mu_0 = 1.40, \mu_1 = 1.38, \sigma_0 = 0.04, u_{0.95} = 1.645, u_{0.90} = 1.282$，代入可得

$$n = \frac{(1.282 + 1.645)^2 \times 0.04^2}{(1.40 - 1.38)^2} = 34.2693$$

因此样本容量应该取为 35。

由此可见样本容量取决于犯第一类错误的概率 α，犯第二类错误的概率 β，及所要检测的均值间的差 $\mu_0 - \mu_1$。

（2）标准差未知的场合。

此时我们采用的是 t 检验，我们需要像 §5.4.5 所讨论的那样假定事先已经根据容量为 n_0 的近期样本求得 σ 的一个估计 s_0，检验统计量可采用 $t = \dfrac{\bar{x} - \mu_0}{s_0 / \sqrt{n}}$。

下面仍以例 6.2.5 来叙述。对该例作一个小的修改，假定事先从容量为 25 的近期样本获得 σ 的一个估计 $s_0 = 0.04$，那么对检验问题

$$H_0 : \mu = \mu_0 = 1.40, H_1 : \mu = \mu_1 = 1.38$$

为使 $\mu = 1.40$ 时犯第一类错误的概率不超过 $\alpha = 0.05$，拒绝域为 $t \leqslant t_\alpha(n_0 - 1)$。

在 $\mu = 1.38$ 时，当 $t > t_\alpha(n_0 - 1)$ 就犯第二类错误，此时犯第二类错误的概率为

$$P\left(\frac{\bar{x} - \mu_0}{s_0 / \sqrt{n}} > t_\alpha(n_0 - 1)\right) = P\left(\bar{x} > \mu_0 + t_\alpha(n_0 - 1) s_0 / \sqrt{n}\right)$$

$$= P\left(\frac{\bar{x} - \mu_1}{s_0 / \sqrt{n}} > \frac{\mu_0 - \mu_1}{s_0 / \sqrt{n}} + t_\alpha(n_0 - 1)\right) = \beta$$

则要求 $\dfrac{\mu_0 - \mu_1}{s_0 / \sqrt{n}} + t_\alpha(n_0 - 1) = t_{1-\beta}(n_0 - 1)$，由此式可以确定样本容量 n 为

$$n = \frac{(t_{1-\beta}(n_0 - 1) + t_{1-\alpha}(n_0 - 1))^2 s_0^2}{(\mu_0 - \mu_1)^2}$$

在本例中 $n_0 = 25, \mu_0 = 1.40, \mu_1 = 1.38, s_0 = 0.04, t_{0.95}(24) = 1.7109, t_{0.90}(24) = 1.3178$，代入可得

$$n = \frac{(1.3178 + 1.7109)^2 \times 0.04^2}{(1.40 - 1.38)^2} = 36.69$$

因此样本容量应该取为 37。

比较上述两个结果可见，在标准差未知的场合，样本容量比标准差已知的场合要多一些。

在其他场合要给出计算公式十分麻烦，但是可以利用统计软件给出，譬如用 R，Python，SPSS，SAS，Minitab 等。

6.2.4 关于正态方差的检验

设 $x_1, x_2, \cdots, x_n$ 是来自正态总体 $N(\mu, \sigma^2)$ 的一个样本,关于正态方差 σ^2 的检验问题常有如下三种形式:

$$\text{I . } H_0: \sigma^2 \leqslant \sigma_0^2, \qquad H_1: \sigma^2 > \sigma_0^2 \tag{6.2.12}$$

$$\text{II . } H_0: \sigma^2 \geqslant \sigma_0^2, \qquad H_1: \sigma^2 < \sigma_0^2 \tag{6.2.13}$$

$$\text{III . } H_0: \sigma^2 = \sigma_0^2, \qquad H_1: \sigma^2 \neq \sigma_0^2 \tag{6.2.14}$$

其中 σ_0^2 是一个已知常数。

当均值 μ 未知的时候,由于 σ^2 常用样本无偏方差 $s^2 = \dfrac{1}{n-1} \sum\limits_{i=1}^{n} (x_i - \bar{x})^2$ 估计,且有

$\dfrac{(n-1)s^2}{\sigma^2} \sim \chi^2(n-1)$,因此可取

$$\chi^2 = \frac{(n-1)s^2}{\sigma_0^2} \tag{6.2.15}$$

作为上述三个检验问题的检验统计量。

先对检验问题 I 寻找拒绝域。当原假设 $H_0: \sigma^2 \leqslant \sigma_0^2$ 为真时,$\sigma^2/\sigma_0^2 \leqslant 1$,故检验统计量 χ^2 不应过大,若 χ^2 过大,则被认为原假设 H_0 不真,从而拒绝原假设 H_0。所以检验问题 I 的拒绝域形式为 $W_{\text{I}} = \{\chi^2 \geqslant c\}$,其中 c 待定。此时犯第一类错误的概率为

$$\alpha(\sigma^2) = P_{\sigma^2}(\chi^2 \geqslant c), \quad \sigma^2 \leqslant \sigma_0^2$$

若用 $F_{\chi^2(n-1)}(x)$ 记自由度为 $n-1$ 的 χ^2 分布的分布函数,则上述概率可以表示为

$$\alpha(\sigma^2) = P_{\sigma^2}\left(\frac{(n-1)s^2}{\sigma_0^2} \geqslant c\right) = P_{\sigma^2}\left(\frac{(n-1)s^2}{\sigma^2} \geqslant c\, \frac{\sigma_0^2}{\sigma^2}\right)$$

$$= 1 - F_{\chi^2(n-1)}\left(c\, \frac{\sigma_0^2}{\sigma^2}\right)$$

由于分布函数 F 是严增函数,所以在 $\sigma^2 \leqslant \sigma_0^2$ 时,$\alpha(\sigma^2)$ 是 σ^2 的严增函数,故在 $\sigma^2 = \sigma_0^2$ 处 $\alpha(\sigma^2)$ 达到最大值 $\alpha(\sigma_0^2)$,即

$$\alpha(\sigma^2) \leqslant \alpha(\sigma_0^2) = 1 - F_{\chi^2(n-1)}(c), \quad \text{当 } \sigma^2 \leqslant \sigma_0^2$$

这表明:对给定的显著性水平 α,只要令 $\alpha(\sigma_0^2) = \alpha$,那么当 $\sigma^2 \leqslant \sigma_0^2$ 时就有 $\alpha(\sigma^2) \leqslant \alpha$,从而把犯第一类错误的概率控制在 α 或 α 以下,这就是水平为 α 的检验。

最后,由 $\alpha(\sigma_0^2) = \alpha$ 可得:

$$F_{\chi^2(n-1)}(c) = 1 - \alpha, \quad \text{即 } c = \chi_{1-\alpha}^2(n-1)$$

其中 $\chi_{1-\alpha}^2(n-1)$ 是自由度为 $n-1$ 的 χ^2 分布的 $1-\alpha$ 分位数,可在附表 5 中查得。由此可得检验问题 I 的水平为 α 的检验的拒绝域

$$W_{\mathrm{I}}=\{\chi^2\geqslant\chi^2_{1-\alpha}(n-1)\} \tag{6.2.16}$$

完全类似地讨论，对单边检验问题 II 和双边检验问题 III 亦可分别得到其拒绝域为

$$W_{\mathrm{II}}=\{\chi^2\leqslant\chi^2_{\alpha}(n-1)\} \tag{6.2.17}$$

$$W_{\mathrm{III}}=\{\chi^2\leqslant\chi^2_{\alpha/2}(n-1)\ 或\ \chi^2\geqslant\chi^2_{1-\alpha/2}(n-1)\} \tag{6.2.18}$$

以 χ^2 统计量(6.2.15)为检验统计量的检验称为 χ^2 检验。χ^2 检验不仅用于检验正态方差，还可以用于检验正态标准差，因为假设 $H_0:\sigma\leqslant\sigma_0$ 与假设 $H_0:\sigma^2\leqslant\sigma_0^2$ 是等价的，故其检验法则是同一个。

当均值 $\mu=\mu_0$ 已知的时候，σ^2 的无偏估计为 $N\cdot S_0^2=\dfrac{1}{n}\sum\limits_{i=1}^{n}(x_i-\mu_0)^2$，且 $\dfrac{ns_0^2}{\sigma^2}\sim\chi^2(n)$，类似地取

$$\chi^2=\frac{ns_0^2}{\sigma_0^2}$$

作为(6.2.12)~(6.2.14)这三个检验的检验统计量。

类似于 μ 未知的情况下的所有推导过程，可以得到三个检验的拒绝域，分别把(6.2.16)~(6.2.18)中的 $n-1$ 换成 n 即可。

将关于正态总体方差检验的有关结果列于表 6.2.2 中以便查找。

表 6.2.2　正态总体方差的假设检验

（显著性水平为 α）

检验法	条件	H_0	H_1	检验统计量	拒绝域
χ^2 检验	μ 未知	$\sigma^2\leqslant\sigma_0^2$	$\sigma^2>\sigma_0^2$	$\chi^2=\dfrac{(n-1)s^2}{\sigma_0^2}$	$\{\chi^2\geqslant\chi^2_{1-\alpha}(n-1)\}$
		$\sigma^2\geqslant\sigma_0^2$	$\sigma^2<\sigma_0^2$		$\{\chi^2\leqslant\chi^2_{\alpha}(n-1)\}$
		$\sigma^2=\sigma_0^2$	$\sigma^2\neq\sigma_0^2$		$\{\chi^2\leqslant\chi^2_{\alpha/2}(n-1)$ 或 $\chi^2\geqslant\chi^2_{1-\frac{\alpha}{2}}(n-1)\}$
	μ 已知	$\sigma^2\leqslant\sigma_0^2$	$\sigma^2>\sigma_0^2$	$\chi^2=\dfrac{ns_0^2}{\sigma_0^2}$	$\{\chi^2\geqslant\chi^2_{1-\alpha}(n)\}$
		$\sigma^2\geqslant\sigma_0^2$	$\sigma^2<\sigma_0^2$		$\{\chi^2\leqslant\chi^2_{\alpha}(n)\}$
		$\sigma^2=\sigma_0^2$	$\sigma^2\neq\sigma_0^2$		$\{\chi^2\leqslant\chi^2_{\alpha/2}(n)$ 或 $\chi^2\geqslant\chi^2_{1-\frac{\alpha}{2}}(n)\}$

例 6.2.6　某种导线的电阻服从 $N(\mu,\sigma^2)$，μ 未知，其中一个质量指标是电阻标准差不得大于 0.005Ω。现从中抽取了 9 根导线测其电阻，测得样本标准差 $s=0.0066$，试问在 $\alpha=0.05$ 水平上能否认为这批导线的电阻波动合格？

解：首先建立假设

$$H_0:\sigma\leqslant0.005,\qquad H_1:\sigma>0.005$$

这是一个单边检验，在 $n=9$，$\alpha=0.05$ 时，$\chi^2_{0.95}(8)=15.507$，拒绝域为

$$W = \{\chi^2 \geqslant 15.507\}$$

现由样本求得

$$\chi^2 = \frac{8 \times 0.0066^2}{0.005^2} = 13.94 < 15.507$$

故不能拒绝原假设,在 $\alpha = 0.05$ 水平上认为这批导线的电阻波动合格。

6.2.5 关于两个正态方差比的检验

设 $x_1, x_2, \cdots, x_n$ 是来自正态总体 $N(\mu_1, \sigma_1^2)$ 的一个样本,$y_1, y_2, \cdots, y_m$ 是来自另一正态总体 $N(\mu_2, \sigma_2^2)$ 的一个样本,且两个样本独立。

在 μ_1 和 μ_2 均未知的场合,关于两个正态方差比常有如下三个检验问题:

Ⅰ. $H_0 : \sigma_1^2 \leqslant \sigma_2^2,$ $H_1 : \sigma_1^2 > \sigma_2^2$ (6.2.19)

Ⅱ. $H_0 : \sigma_1^2 \geqslant \sigma_2^2,$ $H_1 : \sigma_1^2 < \sigma_2^2$ (6.2.20)

Ⅲ. $H_0 : \sigma_1^2 = \sigma_2^2,$ $H_1 : \sigma_1^2 \neq \sigma_2^2$ (6.2.21)

两个正态方差 σ_1^2 与 σ_2^2 常用各自的样本无偏方差 s_x^2 与 s_y^2 去估计:

$$s_X^2 = \frac{1}{n-1} \sum_{i=1}^{n} (x_i - \bar{x})^2, \quad s_Y^2 = \frac{1}{m-1} \sum_{i=1}^{m} (y_i - \bar{y})^2$$

由于其差 $s_X^2 - s_Y^2$ 的分布很难获得,而其商 s_X^2 / s_Y^2 的分布可由 F 分布提供,即

$$\frac{s_X^2 / \sigma_1^2}{s_Y^2 / \sigma_2^2} \sim F(n-1, m-1)$$

故可选用 F 统计量

$$F = \frac{s_X^2}{s_Y^2} \tag{6.2.22}$$

作为检验统计量。

为寻找拒绝域形式,先考察检验问题 Ⅰ。当原假设 $H_0 : \sigma_1^2 \leqslant \sigma_2^2$ 为真时,比值 $\sigma_1^2 / \sigma_2^2 \leqslant 1$,故检验统计量 F 不应过大,若 F 过大,则可认为原假设 H_0 不真,从而拒绝原假设 H_0。因此检验问题 Ⅰ 的拒绝域形式为 $W_{\mathrm{I}} = \{F \geqslant c\}$,其中 c 是待定的临界值。此时犯第一类错误的概率为

$$\alpha\left(\frac{\sigma_1^2}{\sigma_2^2}\right) = P(F \geqslant c) = P\left(\frac{s_X^2}{s_Y^2} \geqslant c\right) = P\left(\frac{s_X^2 / \sigma_1^2}{s_Y^2 / \sigma_2^2} \geqslant c \cdot \frac{\sigma_2^2}{\sigma_1^2}\right)$$

$$= 1 - F\left(c \cdot \frac{\sigma_2^2}{\sigma_1^2}\right), \qquad \sigma_1^2 \leqslant \sigma_2^2$$

其中 $F(x)$ 是自由度为 $n-1$ 和 $m-1$ 的 F 分布的分布函数,由于分布函数是严增函数,故在 $\sigma_1^2 \leqslant \sigma_2^2$ 时,$\alpha(\sigma_1^2 / \sigma_2^2)$ 是 σ_1^2 / σ_2^2 的严增函数,并在 $\sigma_1^2 = \sigma_2^2$ 处达到最大值 $\alpha(1)$,即

$$\alpha\left(\frac{\sigma_1^2}{\sigma_2^2}\right) \leqslant \alpha(1) = 1 - F(c), \quad \sigma_1^2 \leqslant \sigma_2^2$$

对给定的显著性水平 α，只要令 $\alpha(1)=\alpha$，那么在 $\sigma_1^2\leqslant\sigma_2^2$ 时就有 $\alpha(\sigma_1^2/\sigma_2^2)\leqslant\alpha$，从而把犯第一类错误的概率控制在 α 或 α 以下，这就是水平为 α 的检验。

由 $\alpha(1)=\alpha$ 可得：

$$1-F(c)=\alpha, \text{即} c=F_{1-\alpha}(n-1,m-1)$$

其中 $F_{1-\alpha}(n-1,m-1)$ 是自由度为 $n-1$ 和 $m-1$ 的 F 分布的 $1-\alpha$ 分位数，可在附表 6 中查得。由此可得检验问题 I 的水平为 α 的检验的拒绝域

$$W_{\mathrm{I}}=\{F\geqslant F_{1-\alpha}(n-1,m-1)\} \tag{6.2.23}$$

完全类似地讨论，对单边检验问题 II 和双边检验问题 III 亦可分别得到其拒绝域为

$$W_{\mathrm{II}}=\{F\leqslant F_{\alpha}(n-1,m-1)\} \tag{6.2.24}$$

$$W_{\mathrm{III}}=\{F\leqslant F_{\alpha/2}(n-1,m-1)\text{或}F\geqslant F_{1-\alpha/2}(n-1,m-1)\} \tag{6.2.25}$$

这类检验称为 F 检验。

在 $\mu_1=\mu_{10}$ 和 $\mu_2=\mu_{20}$ 均已知的场合，σ_1^2 与 σ_2^2 分别用 S_{0X}^2 与 S_{0Y}^2 估计，其中

$$S_{0X}^2=\frac{1}{n}\sum_{i=1}^{n}(x_i-\mu_{10})^2, S_{0Y}^2=\frac{1}{m}\sum_{i=1}^{m}(y_i-\mu_{20})^2$$

由于 $\dfrac{S_{0X}^2/\sigma_1^2}{S_{0Y}^2/\sigma_2^2}\sim F(n,m)$

类似地，可使用统计量 $F=\dfrac{S_{0X}^2}{S_{0Y}^2}$ 作为 $(6.2.19)\sim(6.2.21)$ 这三个检验的检验统计量。

类似于 μ_1 和 μ_2 均未知的场合，可以得到这三个检验的拒绝域，分别把 $(6.2.23)\sim(6.2.25)$ 中的 $n-1$ 换成 n，$m-1$ 换成 m 即可。

用于两个正态总体方差比的检验汇总在表 6.2.3 中。

表 6.2.3　两个正态总体方差的假设检验

检验法	H_0	H_1	检验统计量	拒绝域
\multicolumn{5}{c}{μ_1,μ_2 未知，显著性水平为 α}
F 检验	$\sigma_1^2\leqslant\sigma_2^2$ $\sigma_1^2\geqslant\sigma_2^2$ $\sigma_1^2=\sigma_2^2$	$\sigma_1^2>\sigma_2^2$ $\sigma_1^2<\sigma_2^2$ $\sigma_1^2\neq\sigma_2^2$	$F=\dfrac{s_X^2}{s_Y^2}$	$\{F\geqslant F_{1-\alpha}(n-1,m-1)\}$ $\{F\leqslant F_{\alpha}(n-1,m-1)\}$ $\{F\leqslant F_{\frac{\alpha}{2}}(n-1,m-1)$ 或 $F\geqslant F_{1-\frac{\alpha}{2}}(n-1,m-1)\}$
\multicolumn{5}{c}{μ_1,μ_2 均已知，显著性水平为 α}
F 检验	$\sigma_1^2\leqslant\sigma_2^2$ $\sigma_1^2\geqslant\sigma_2^2$ $\sigma_1^2=\sigma_2^2$	$\sigma_1^2>\sigma_2^2$ $\sigma_1^2<\sigma_2^2$ $\sigma_1^2\neq\sigma_2^2$	$F=\dfrac{s_{0X}^2}{s_{0Y}^2}$	$\{F\geqslant F_{1-\alpha}(n,m)\}$ $\{F\leqslant F_{\alpha}(n,m)\}$ $\{F\leqslant F_{\frac{\alpha}{2}}(n,m)$ 或 $F\geqslant F_{1-\frac{\alpha}{2}}(n,m)\}$

例 6.2.7　甲、乙两台机床分别加工某种轴，轴的直径分别服从正态分布 $N(\mu_1,\sigma_1^2)$ 与 $N(\mu_2,\sigma_2^2)$，为比较两台机床的加工精度有无显著差异。从各自加工的轴中分别抽取若干根轴测其直径，结果如下：（取 $\alpha=0.05$）

总体	样本容量	直径							
X（机床甲）	8	20.5	19.8	19.7	20.4	20.1	20.0	19.0	19.9
Y（机床乙）	7	20.7	19.8	19.5	20.8	20.4	19.6	20.2	

解：首先建立假设：

$$H_0 : \sigma_1^2 = \sigma_2^2, \qquad H_1 : \sigma_1^2 \neq \sigma_2^2$$

在 $n=8, m=7, \alpha=0.05$ 时

$$F_{0.025}(7,6) = \frac{1}{F_{0.975}(6,7)} = \frac{1}{5.12} = 0.195, \quad F_{0.975}(7,6) = 5.70$$

故拒绝域为

$$\{F \leqslant 0.195 \ \text{或} \ F \geqslant 5.70\}$$

现由样本求得 $s_X^2 = 0.2164, s_Y^2 = 0.2729$，从而 $F = 0.793$，在 $\alpha = 0.05$ 水平上样本未落入拒绝域，因而可认为两台机床加工精度一致。

6.2.6 有关两个正态均值差的检验

设 $x_1, x_2, \cdots, x_n$ 是来自正态总体 $N(\mu_1, \sigma_1^2)$ 的一个样本，$y_1, y_2, \cdots, y_m$ 是来自另一正态总体 $N(\mu_2, \sigma_2^2)$ 的一个样本，且两个样本独立。

两个正态均值 μ_1 和 μ_2 的比较常有如下三个检验问题：

$$\text{I}. \ H_0 : \mu_1 \leqslant \mu_2, \qquad H_1 : \mu_1 > \mu_2 \qquad (6.2.26)$$

$$\text{II}. \ H_0 : \mu_1 \geqslant \mu_2, \qquad H_1 : \mu_1 < \mu_2 \qquad (6.2.27)$$

$$\text{III}. \ H_0 : \mu_1 = \mu_2, \qquad H_1 : \mu_1 \neq \mu_2 \qquad (6.2.28)$$

由于两个正态均值 μ_1 与 μ_2 常用各自的样本均值 $\bar{x}$ 与 $\bar{y}$ 估计，其差的分布容易获得：

$$\bar{x} - \bar{y} \sim N\left(\mu_1 - \mu_2, \frac{\sigma_1^2}{n} + \frac{\sigma_2^2}{m}\right)$$

但该分布含有两个多余参数 σ_1^2 与 σ_2^2，给寻找水平为 α 的检验带来困难。目前在几种特殊场合寻找到水平为 α 的检验，在一般场合，至今只寻找到近似水平为 α 的检验，精确的水平为 α 的检验至今尚未找到，这在统计发展史上就是有名的 Behrens-Fisher 问题。

现把已有的一些结果分述如下：

6.2.6.1 σ_1^2 与 σ_2^2 已知的 u 检验

先考虑检验问题 I，它等价于如下的检验问题：

$$H_0 : \mu_1 - \mu_2 \leqslant 0, \quad H_1 : \mu_1 - \mu_2 > 0$$

在 σ_1^2 与 σ_2^2 已知的场合，由上述 $\bar{x} - \bar{y}$ 的分布知可选用

$$u = \frac{\bar{x} - \bar{y}}{\sqrt{\dfrac{\sigma_1^2}{n} + \dfrac{\sigma_2^2}{m}}} \qquad (6.2.29)$$

作为检验统计量。当原假设 $H_0:\mu_1 \leqslant \mu_2$ 为真时，u 不宜过大，若 u 过大，被认为原假设 H_0 不真，从而拒绝原假设 H_0。因此检验问题 I 的拒绝域形式为 $W_I = \{u \geqslant c\}$。这时犯第一类错误的概率为

$$\alpha(\mu_1 - \mu_2) = P(u \geqslant c) = P_{\mu_1,\mu_2}\left(\frac{\bar{x} - \bar{y}}{\sqrt{\dfrac{\sigma_1^2}{n} + \dfrac{\sigma_2^2}{m}}} \geqslant c\right)$$

$$= 1 - \Phi\left(\frac{c - \dfrac{\mu_1 - \mu_2}{\sqrt{\dfrac{\sigma_1^2}{n} + \dfrac{\sigma_2^2}{m}}}}{}\right), \quad \mu_1 \leqslant \mu_2$$

这表明：$\alpha(\mu_1 - \mu_2)$ 是差 $\mu_1 - \mu_2$ 的严增函数，并在 $\mu_1 = \mu_2$ 处达到最大值，即

$$\alpha(\mu_1 - \mu_2) \leqslant \alpha(0) = 1 - \Phi(c)$$

对给定的显著性水平 α，只要令

$$1 - \Phi(c) = \alpha \quad 即 \quad c = u_{1-\alpha}$$

就可获得检验问题 I 的水平为 α 的检验的拒绝域为

$$W_I = \{u \geqslant u_{1-\alpha}\} \qquad (6.2.30)$$

完全类似地讨论，可分别获得检验问题 II 和检验问题 III 的拒绝域：

$$W_{II} = \{u \leqslant u_{\alpha}\} \qquad (6.2.31)$$

$$W_{III} = \{|u| \geqslant u_{1-\alpha/2}\} \qquad (6.2.32)$$

6.2.6.2 $\sigma_1^2 = \sigma_2^2$ 但未知时的 t 检验

当两个正态方差相等时，可把两个样本方差 s_X^2 与 s_Y^2 合并起来估计同一方差，它就是

$$s_w^2 = \frac{(n-1)s_X^2 + (m-1)s_Y^2}{n + m - 2} \qquad (6.2.33)$$

而采用如下统计量

$$t = \frac{\bar{x} - \bar{y}}{s_w\sqrt{\dfrac{1}{n} + \dfrac{1}{m}}} \qquad (6.2.34)$$

作为检验统计量，与前面类似，对检验问题 I，其合理的拒绝域形式为 $W_I = \{t \geqslant c\}$。这时犯第一类错误的概率为

$$\alpha(\mu_1 - \mu_2) = P(t \geqslant c) = P_{\mu_1,\mu_2}\left(\frac{t - \dfrac{\mu_1 - \mu_2}{s_w\sqrt{\dfrac{1}{n} + \dfrac{1}{m}}}}{} \geqslant c - \frac{\mu_1 - \mu_2}{s_w\sqrt{\dfrac{1}{n} + \dfrac{1}{m}}}\right)$$

$$= 1 - F\left(c - \frac{\mu_1 - \mu_2}{s_w\sqrt{\dfrac{1}{n} + \dfrac{1}{m}}}\right), \quad \mu_1 \leqslant \mu_2$$

其中 F 是自由度为 $n+m-2$ 的 t 分布的分布函数。这表明：$\alpha(\mu_1-\mu_2)$ 是差 $\mu_1-\mu_2$ 的严增函数，并在 $\mu_1=\mu_2$ 处达到最大值，即

$$\alpha(\mu_1-\mu_2)\leqslant\alpha(0)=1-F(c)$$

对给定的显著性水平 α，只要令

$$1-F(c)=\alpha \quad 即 \quad c=t_{1-\alpha}(n+m-2)$$

就可获得检验问题 Ⅰ 的拒绝域为

$$W_{\mathrm{I}}=\{t\geqslant t_{1-\alpha}(n+m-2)\} \tag{6.2.35}$$

完全类似地讨论，可分别获得检验问题 Ⅱ 和检验问题 Ⅲ 的拒绝域：

$$W_{\mathrm{II}}=\{t\leqslant t_\alpha(n+m-2)\} \tag{6.2.36}$$
$$W_{\mathrm{III}}=\{|t|\geqslant t_{1-\alpha/2}(n+m-2)\} \tag{6.2.37}$$

这些检验都是水平为 α 的检验，仍然称为 t 检验。

例 6.2.8　设例 6.2.7 中两台机床加工的轴是同类的，其直径分别服从正态分布，经例 6.2.7 的 F 检验已确认其方差相等，即认为甲、乙两台机床加工的直径分别服从 $N(\mu_1,\sigma^2)$ 与 $N(\mu_2,\sigma^2)$，现进一步检验两台机床加工的轴的平均直径是否一致（取 $\alpha=0.05$）。

解：此问题相当于检验

$$H_0:\mu_1=\mu_2, \qquad H_1:\mu_1\neq\mu_2$$

由于两总体方差一致但未知，故用统计量(6.2.34)，在 $n=8,m=7,\alpha=0.05$ 时，$t_{0.975}(13)=2.1604$，从而拒绝域为

$$\{|t|\geqslant 2.1604\}$$

现由样本求得 $\bar{x}=19.925,\bar{y}=20.143,s_w^2=0.2425,s_w=0.4924$，则 $t=-0.8554$，由于 $|t|<2.1604$，故在 $\alpha=0.05$ 水平上，不能拒绝原假设，因而认为两台机床加工的轴的平均直径一致。

6.2.6.3　σ_1 与 σ_2 未知的一般场合

这里给出两种近似检验方法。

(1)n 与 m 不太大时：

这时 $\bar{x}\sim N\left(\mu_1,\frac{\sigma_1^2}{n}\right)$，$\bar{y}\sim N\left(\mu_2,\frac{\sigma_2^2}{m}\right)$，且两者独立，从而 $\bar{x}-\bar{y}\sim N\left(\mu_1-\mu_2,\frac{\sigma_1^2}{n}+\frac{\sigma_2^2}{m}\right)$，故在 $\mu_1=\mu_2$ 时

$$\frac{\bar{x}-\bar{y}}{\sqrt{\frac{\sigma_1^2}{n}+\frac{\sigma_2^2}{m}}}\sim N(0,1)$$

当 σ_1^2 与 σ_2^2 分别用其无偏估计 s_X^2,s_Y^2 代替后，记

$$t^*=\frac{\bar{x}-\bar{y}}{\sqrt{\frac{s_X^2}{n}+\frac{s_Y^2}{m}}} \tag{6.2.38}$$

这时 t^* 就不再服从 $N(0,1)$ 分布了，其形式很像 t 统计量。因此人们就设法用 t 统计量去拟合，结果发现，取

$$l = \left(\frac{s_X^2}{n} + \frac{s_Y^2}{m}\right)^2 \Big/ \left(\frac{s_X^4}{n^2(n-1)} + \frac{s_Y^4}{m^2(m-1)}\right) \tag{6.2.39}$$

若 l 非整数时取最接近的整数，则 t^* 近似服从自由度是 l 的 t 分布，即 $t^* \sim t(l)$，于是可用 t^* 作为检验统计量，对上述三类检验问题分别得到如下的拒绝域：

$$W_{\text{I}} = \{t^* \geqslant t_{1-\alpha}(l)\} \tag{6.2.40}$$

$$W_{\text{II}} = \{t^* \leqslant t_\alpha(l)\} \tag{6.2.41}$$

$$W_{\text{III}} = \{|t^*| \geqslant t_{1-\frac{\alpha}{2}}(l)\} \tag{6.2.42}$$

（2）当 n 与 m 较大时：

当 n 与 m 较大时，(6.2.39)式中的 l 也将随之而增大，我们知道，当 $l \geqslant 30$ 时，自由度为 l 的 t 分布就很接近于正态分布 $N(0,1)$，故在 n 与 m 较大时，我们将(6.2.38)式中的 t^* 改记为 u，且在 $u_1 = u_2$ 时 u 近似服从 $N(0,1)$ 分布，对上述三类检验问题分别得到如下拒绝域：

$$W_{\text{I}} = \{u \geqslant u_{1-\alpha}\} \tag{6.2.43}$$

$$W_{\text{II}} = \{u \leqslant u_\alpha\} \tag{6.2.44}$$

$$W_{\text{III}} = \{|u| \geqslant u_{1-\frac{\alpha}{2}}\} \tag{6.2.45}$$

例 6.2.9 设甲、乙两种矿石中含铁量分别服从 $N(\mu_1, \sigma_1^2)$ 与 $N(\mu_2, \sigma_2^2)$，现分别从两种矿石中各取若干样品测其含铁量，其样本量、样本均值和样本无偏方差分别为

甲矿石：$n = 10, \bar{x} = 16.01, s_X^2 = 10.80$

乙矿石：$m = 5, \bar{y} = 18.98, s_Y^2 = 0.27$

试在 $\alpha = 0.01$ 水平上，检验下述假设：甲矿石含铁量不低于乙矿石的含铁量。

解：这里的检验问题为

$$H_0 : \mu_1 \geqslant \mu_2 \qquad H_1 : \mu_1 < \mu_2$$

由于这里 n, m 都不大，且 s_X^2 与 s_Y^2 又相差甚大。故拟采用(6.2.38)式中的 t^* 统计量作检验。此时

$$l = \left(\frac{s_X^2}{n} + \frac{s_Y^2}{m}\right)^2 \Big/ \left(\frac{s_X^4}{n^2(n-1)} + \frac{s_Y^4}{m^2(m-1)}\right) = 9.87$$

取与其最接近的整数代替，即取 $l = 10$。在 $\alpha = 0.01$ 时，$t_{0.01}(10) = -2.7638$，则拒绝域为

$$W = \{t^* \leqslant -2.7638\}$$

现由样本求得 $t^* = -2.789$，由于样本落入拒绝域，故在 $\alpha = 0.01$ 水平上拒绝 H_0，认为甲矿石含铁量明显低于乙矿石的含铁量。

有关两个正态总体均值的假设检验的结果列于表 6.2.4。

表 6.2.4 两个总体均值的假设检验

（显著性水平为 α）

检验法	条件	H_0	H_1	检验统计量	拒绝域
u 检验	σ_1, σ_2 已知	$\mu_1 \leqslant \mu_2$ $\mu_1 \geqslant \mu_2$ $\mu_1 = \mu_2$	$\mu_1 > \mu_2$ $\mu_1 < \mu_2$ $\mu_1 \neq \mu_2$	$u = \dfrac{\bar{x} - \bar{y}}{\sqrt{\dfrac{\sigma_1^2}{n} + \dfrac{\sigma_2^2}{m}}}$	$\{u \geqslant u_{1-\alpha}\}$ $\{u \leqslant u_{\alpha}\}$ $\{|u| \geqslant u_{1-\alpha/2}\}$
t 检验	$\sigma_1 = \sigma_2$ 未知	$\mu_1 \leqslant \mu_2$ $\mu_1 \geqslant \mu_2$ $\mu_1 = \mu_2$	$\mu_1 > \mu_2$ $\mu_1 < \mu_2$ $\mu_1 \neq \mu_2$	$t = \dfrac{\bar{x} - \bar{y}}{s_w \sqrt{\dfrac{1}{n} + \dfrac{1}{m}}}$	$\{t \geqslant t_{1-\alpha}(n+m-2)\}$ $\{t \leqslant t_{\alpha}(n+m-2)\}$ $\{|t| \geqslant t_{1-\alpha/2}(n+m-2)\}$
近似 u 检验	σ_1, σ_2 未知 m, n 充分大	$\mu_1 \leqslant \mu_2$ $\mu_1 \geqslant \mu_2$ $\mu_1 = \mu_2$	$\mu_1 > \mu_2$ $\mu_1 < \mu_2$ $\mu_1 \neq \mu_2$	$u = \dfrac{\bar{x} - \bar{y}}{\sqrt{\dfrac{s_x^2}{n} + \dfrac{s_y^2}{m}}}$	$\{u \geqslant u_{1-\alpha}\}$ $\{u \leqslant u_{\alpha}\}$ $\{|u| \geqslant u_{1-\alpha/2}\}$
近似 t 检验	σ_1, σ_2 未知 m, n 不太大	$\mu_1 \leqslant \mu_2$ $\mu_1 \geqslant \mu_2$ $\mu_1 = \mu_2$	$\mu_1 > \mu_2$ $\mu_1 < \mu_2$ $\mu_1 \neq \mu_2$	$t^* = \dfrac{\bar{x} - \bar{y}}{\sqrt{\dfrac{s_x^2}{n} + \dfrac{s_y^2}{m}}}$	$\{t^* \geqslant t_{1-\alpha}(l)\}$ $\{t^* \leqslant t_{\alpha}(l)\}$ $\{|t^*| \geqslant t_{1-\alpha/2}(l)\}$

其中 $s_w = \sqrt{\dfrac{(n-1)s_X^2 + (m-1)s_Y^2}{n+m-2}}$，$l = \left(\dfrac{s_X^2}{n} + \dfrac{s_Y^2}{m}\right)^2 \bigg/ \left(\dfrac{s_X^4}{n^2(n-1)} + \dfrac{s_Y^4}{m^2(m-1)}\right)$。

6.2.7 成对数据的比较

我们通过一个具体例子来介绍成对数据的比较问题。

例 6.2.10 某工厂的两个实验室每天同时从工厂的冷却水中取样,分别测定水中的含氯量各一次,下表 6.2.5 给出了 11 天的记录。

表 6.2.5 两个实验室测定的水中含氯量数据

序号 i	x_i(实验室 A)	y_i(实验室 B)	$d_i = x_i - y_i$
1	1.15	1.00	0.15
2	1.86	1.90	-0.04
3	0.76	0.90	-0.14
4	1.82	1.80	0.02
5	1.14	1.20	-0.06
6	1.65	1.70	-0.05
7	1.92	1.95	-0.03
8	1.01	1.02	-0.01
9	1.12	1.23	-0.11
10	0.90	0.97	-0.07
11	1.40	1.52	-0.12
均值	$\bar{x} = 1.339$	$\bar{y} = 1.381$	$\bar{d} = -0.0418$
标准差	$s_X = 0.412$	$s_Y = 0.403$	$s_d = 0.0796$

问两个实验室测定的结果在 $\alpha = 0.05$ 水平上有无显著的差异?

解:这里的数据属于成对数据,每天的测定结果不仅与实验室有关,还与该天水中的含氯量有关。

我们的目的不是比较 11 天水样之间是否有差异,而是要比较两个实验室的测量值间是否有显著差异。为了实现我们的目的,最好的方法是去考察成对数据的差

$$d_i = x_i - y_i, i = 1, 2, \cdots, n$$

这种差已消除了水样间的差异,留下的仅是两实验室间的差异。

由于测量值或两个测量值之差常可以认为服从正态分布,故 $d_1, d_2, \cdots, d_{11}$ 可看成来自某正态分布 $N(\mu, \sigma^2)$ 的一个样本,检验两个实验室之间是否存在差异就转化为检验如下一对假设:

$$H_0 : \mu = 0, H_1 : \mu \neq 0$$

这是单个正态总体均值是否为 0 的检验问题。

由于 σ 未知,因此对此问题用 t 检验,检验统计量变成

$$t = \frac{\overline{d}}{s_d / \sqrt{n}}$$

这里 $\overline{d}, s_d$ 分别是 $d_1, d_2, \cdots, d_{11}$ 的样本均值与样本标准差。在 $\alpha = 0.05$ 水平上拒绝域为 $\{|t| \geqslant t_{1-\alpha/2}(n-1)\}$。

对本例来讲,$n = 11$,在 $\alpha = 0.05$ 时的拒绝域是:

$$\{|t| \geqslant t_{1-\alpha/2}(n-1)\} = \{|t| \geqslant 2.228\}$$

由于 $n = 11, \overline{d} = -0.0418, s_d = 0.0796$,可求得 $t = \dfrac{\overline{d}}{s_d / \sqrt{n}} = \dfrac{-0.0418}{0.0796 / \sqrt{11}} = -1.742$,样本未落在拒绝域中,所以可以认为在 0.05 水平上两个实验室测定的结果没有显著的差异。

习题 6.2

1. 某厂生产的化纤纤度服从正态分布 $N(\mu, 0.04^2)$,其中设计的均值为 1.40。某天测得 25 根纤维的纤度的均值 $\overline{x} = 1.39$,问当天生产与原设计均值 1.40 有无显著差异?(取 $\alpha = 0.05$)

2. 某纤维的强力服从正态分布 $N(\mu, 1.19^2)$,原设计的平均强力为 6 克。现经过工艺改进后,某天测得 100 个强力数据,其均值为 6.35,假定标准差不变,试问均值的提高是否是工艺改进的结果?(取 $\alpha = 0.05$)

3. 某印刷厂旧机器每台每周的开工成本(单位:元)服从正态分布 $N(100, 25^2)$,现安装了一台新机器,观察了 9 周,平均每周的开工成本 $\overline{x} = 75$ 元,假定标准差不变,试问在 $\alpha = 0.01$ 水平上每周开工的平均成本是否有所下降?

4. 若矩形的宽与长之比为 0.618 将给人们一个良好的感觉。某工艺品厂的矩形工艺品框架的宽与长之比服从正态分布,现随机抽取 20 个测得其比值为

> 0.699 0.749 0.645 0.670 0.612 0.672 0.615 0.606 0.690 0.628
> 0.668 0.611 0.606 0.609 0.601 0.553 0.570 0.844 0.576 0.933

能否认为其均值为 0.618？（取 $\alpha=0.05$）

5. 某厂生产乐器用的一种镍合金弦线，长期以来这种弦线的测量数据表明其抗拉强度 X 服从正态分布，其均值 $\mu_0=1035.6\mathrm{MPa}$，今生产一种新弦线，从中随机抽取 10 根做试验，测得其抗拉强度为

$$1030.9 \quad 1042.0 \quad 1046.0 \quad 1034.0 \quad 1056.8$$
$$1050.0 \quad 1035.3 \quad 1037.6 \quad 1046.0 \quad 1046.4$$

试问在 $\alpha=0.05$ 水平上这批弦线的抗拉强度是否比以往生产的弦线有显著提高？

6. 某医院用一种中药治疗高血压，记录了 50 例治疗前后病人舒张压数据之差，得到其均值为 16.28，样本标准差为 10.58。假定舒张压之差服从正态分布，试问在 $\alpha=0.05$ 水平上该中药对治疗高血压是否有效？

7. 有一批枪弹出厂时，其初速（单位：米/秒）服从 $N(950,100)$，经过一段时间的储存后，取 9 发进行测试，得初速的样本观察值如下：

$$914 \quad 920 \quad 910 \quad 934 \quad 953 \quad 945 \quad 912 \quad 924 \quad 940$$

据经验，枪弹经储存后其初速仍然服从正态分布，能否认为这批枪弹的初速有显著降低？（取 $\alpha=0.05$）

8. 某厂生产的汽车电池使用寿命服从正态分布，其说明书上写明其标准差不超过 0.9 年。现随机抽取 10 个，得样本标准差为 1.2 年，试在 $\alpha=0.05$ 水平上检验厂方说明书上所写的标准差是否可信。

9. 新设计的某种化学天平，其测量误差服从正态分布，要求 99.7% 的测量误差不超过 $\pm 0.1\mathrm{mg}$，现对 10 个标准件进行测量，得 10 个误差数据，并求得样本方差 $s^2=0.0009$，试问在 $\alpha=0.05$ 水平上能否认为该种新天平满足设计要求？

10. 新设计的一种测量仪器用来重复测定某物体的膨胀系数 11 次，又用进口仪器重复测量同一物体 11 次，两样本的方差分别为 $s_1^2=1.263$，$s_2^2=3.789$，假定测量值分别服从正态分布，试问在 $\alpha=0.05$ 水平上，新设计的仪器的精度（方差的倒数）是否比进口仪器的精度显著为好？

11. 某公司经理听说他们生产的一种主要商品的价格波动甲地比乙地大，为此他对两地所售的本公司该种商品作了随机调查，在甲地调查了 51 处，其价格标准差为 $s_1=8.5$，在乙地调查了 179 处，其价格标准差为 $s_2=6.75$，假定两地的价格分别服从正态分布，试问在 $\alpha=0.05$ 水平上能支持上述说法吗？

12. 某厂铸造车间为提高刚体的耐磨性试制了一种镍合金铸件以取代一种铜合金铸件，现从两种铸件中各抽取一个样本进行硬度测试（代表耐磨性的一种考核指标），其结果如下：

$$含镍铸件\ X \quad 72.0 \quad 69.5 \quad 74.0 \quad 70.5 \quad 71.8$$
$$含铜铸件\ Y \quad 69.8 \quad 70.0 \quad 72.0 \quad 68.5 \quad 73.0 \quad 70.0$$

根据以往经验知硬度 $X\sim N(\mu_1,\sigma_1^2)$，$Y\sim N(\mu_2,\sigma_2^2)$，且 $\sigma_1=\sigma_2=2$，试在 $\alpha=0.05$ 水平上比较镍合金铸件比铜合金铸件的硬度有无显著提高。

13. 某物质在化学处理前后的含脂率如下：

$$处理前：0.19 \ 0.18 \ 0.21 \ 0.30 \ 0.66 \ 0.42 \ 0.08 \ 0.12 \ 0.30 \ 0.27$$
$$处理后：0.15 \ 0.13 \ 0.00 \ 0.07 \ 0.24 \ 0.24 \ 0.19 \ 0.04 \ 0.08 \ 0.20 \ 0.12$$

假定处理前后的含脂率分别服从正态分布,问处理后是否降低了含脂率?（取 $\alpha = 0.05$）

14. 为比较两个电影制片公司生产的每部影片放映时间的长短,假定甲厂影片的放映时间服从正态分布 $N(\mu_1, \sigma_1^2)$,乙厂影片的放映时间服从正态分布 $N(\mu_2, \sigma_2^2)$,现随机地从各厂抽取若干部影片,记录其放映时间(单位:分钟)

$$甲:\quad 102 \quad 86 \quad 98 \quad 109 \quad 92$$
$$乙:\quad 81 \quad 105 \quad 97 \quad 124 \quad 92 \quad 87 \quad 114$$

试问在 $\alpha = 0.01$ 水平上两者的方差是否一致? 两者的均值是否一致?

15. 假定 A、B 两种小麦的蛋白质含量分别服从 $N(\mu_1, \sigma_1^2)$ 与 $N(\mu_2, \sigma_2^2)$。为比较其蛋白质含量,现从 A 种小麦中随机抽取 10 个样品,得样本均值 $\bar{x} = 14.3$,样本方差 $s_1^2 = 1.612$;从 B 种小麦中随机抽取 5 个样品,得样本均值 $\bar{y} = 11.7$,样本方差 $s_2^2 = 0.135$。试在 $\alpha = 0.05$ 水平上检验两者的方差是否一致? 两者的均值是否一致?

16. 一辆货车从甲地到乙地有两条行车路线,行车时间分别服从 $N(\mu_i, \sigma_i^2)$,$i = 1,2$。现让一名驾驶员在每条路线上各跑 50 次,记录其行车时间(单位:分钟),在线路 A 上,平均行车时间 $\bar{x} = 75$,样本标准差为 $s_1 = 18$,在线路 B 上,平均行车时间 $\bar{y} = 61$,样本标准差为 $s_2 = 8$。试在 $\alpha = 0.05$ 水平上检验两者的方差是否一致? 两者的均值是否一致?

17. 某企业员工在开展质量管理活动中,为提高产品的一个关键参数,有人提出需要增加一道工序。为验证这道工序是否有用,从所生产的产品中随机抽取 7 件产品,首先测得其参数值,然后通过增加的工序加工后再次测定其参数值,结果如下表所列。试问在 $\alpha = 0.05$ 水平上能否认为该道工序对提高参数值有用?

习题 6. 2. 17 的数据表

序号	1	2	3	4	5	6	7
加工前	25.6	20.8	19.4	26.2	24.7	18.1	22.9
加工后	28.7	30.6	25.5	24.8	19.5	25.9	27.8

18. 为比较用来做鞋子后跟的两种材料的质量,选取了 15 名成年男子,每人穿一双新鞋,其中一只是用材料 A 做后跟的,另一只是用材料 B 做后跟的,其厚度都是 10mm。过了一个月后再测厚度,得如下数据,试问两种材料是否一样耐穿?（取 $\alpha = 0.05$）

习题 6. 2. 18 的数据表

序号	材料 $A(x)$	材料 $B(y)$	序号	材料 $A(x)$	材料 $B(y)$
1	6.6	7.4	9	7.8	7.0
2	7.0	5.4	10	7.5	6.5
3	8.3	8.8	11	6.1	4.4
4	8.2	8.0	12	8.9	7.7
5	5.2	6.8	13	6.1	4.2
6	9.3	9.1	14	9.4	9.4
7	7.9	6.3	15	9.1	9.1
8	8.5	7.5			

§ 6.3　比率 p 的检验

在实际问题中,除了正态总体外还会遇到其他一些总体。本节讨论二点分布总体中参数 p 的检验问题。

6.3.1　关于比率 p 的检验

在实际中常需要对不合格品率、打靶命中率、电视节目收视率等进行检验,实际上就是关于比例 p 的检验问题。这里我们作一般叙述。

设样本 $x_1,x_2,\cdots,x_n$ 来自二点分布 $b(1,p)$。关于参数 p 的检验问题也有三种类型:

$$(\text{Ⅰ})H_0:p\leqslant p_0,\qquad H_1:p>p_0 \tag{6.3.1}$$

$$(\text{Ⅱ})H_0:p\geqslant p_0,\qquad H_1:p<p_0 \tag{6.3.2}$$

$$(\text{Ⅲ})H_0:p=p_0,\qquad H_1:p\neq p_0 \tag{6.3.3}$$

在样本量 n 给定的情况下,累计频数

$$T=\sum_{i=1}^{n}x_i \tag{6.3.4}$$

可作为检验统计量,针对上述三个检验问题拒绝域应分别取如下形式:

$$W_{\text{Ⅰ}}=\{T\geqslant c\} \tag{6.3.5}$$

$$W_{\text{Ⅱ}}=\{T\leqslant c'\} \tag{6.3.6}$$

$$W_{\text{Ⅲ}}=\{T\leqslant c_1\ \text{或}\ T\geqslant c_2\},\quad c_1<c_2 \tag{6.3.7}$$

为获得水平为 α 的检验,就需要定出各自拒绝域中的临界值 c,c',c_1,c_2。下面给出几种确定临界值的方法。

6.3.1.1　利用二项分布来决定临界值

在例 6.1.2 中已指出对检验问题Ⅰ而言,犯第一类错误的概率 $\alpha(p)=P_p(T\geqslant c)$ 是 p 的增函数,因而只要求 $\alpha(p_0)\leqslant\alpha$,且拒绝域不能再扩大。由于 $p=p_0$ 时统计量 $T\sim b(n,p_0)$,故 c 是满足下式的最小整数:

$$\alpha(p_0)=P_{p_0}(T\geqslant c)=\sum_{i=c}^{n}\binom{n}{i}p_0^i(1-p_0)^{n-i}\leqslant\alpha \tag{6.3.8}$$

同理可得其他检验问题的拒绝域。结果列于表 6.3.1。

6.3.1.2　用 F 分布来决定临界值

在第五章 §5.6.1 中指出了二项分布与 F 分布的关系,有

$$\sum_{i=c}^{n}\binom{n}{i}p_0^i(1-p_0)^{n-i}=F\left(\frac{\nu_2}{\nu_1}\frac{p_0}{1-p_0};\nu_1,\nu_2\right)$$

右端是自由度为 ν_1,ν_2 的 F 分布的分布函数在 $\dfrac{\nu_2}{\nu_1}\cdot\dfrac{p_0}{1-p_0}$ 处的值,其中 $\nu_1=2c$,$\nu_2=2(n-$

$c+1$）。为求出使（6.3.8）式成立的最小整数 c，便是要求使 $F_\alpha(\nu_1,\nu_2)\geqslant\dfrac{\nu_2 p_0}{\nu_1(1-p_0)}$

$\left(\text{或 } F_{1-\alpha}(\nu_2,\nu_1)\leqslant\dfrac{\nu_1(1-p_0)}{\nu_2 p_0}\right)$ 成立的最小整数。这样就求出了检验问题 Ⅰ 的拒绝域。对其他检验问题由此决定的临界值也列于表 6.3.1 中。

6.3.1.3 大样本情况下由正态分布来近似确定临界值

在大样本情况下，（6.3.8）式中的概率可用正态分布作近似计算，此时 $\dfrac{T-np_0}{\sqrt{np_0(1-p_0)}}$ 近似 $N(0,1)$ 分布，从而

$$\sum_{i=c}^{n}\binom{n}{i}p_0^i(1-p_0)^{n-i}\doteq 1-\Phi\left[\frac{c-np_0}{\sqrt{np_0(1-p_0)}}\right]\leqslant\alpha \tag{6.3.9}$$

则 c 是满足

$$c\geqslant np_0+u_{1-\alpha}\sqrt{np_0(1-p_0)} \tag{6.3.10}$$

的最小整数。通常由于二项分布是离散的，正态分布是连续的，为此作一修正（见 §3.5.3），将（6.3.10）改为

$$c\geqslant np_0+0.5+u_{1-\alpha}\sqrt{np_0(1-p_0)} \tag{6.3.11}$$

这样就求出了检验问题 Ⅰ 的拒绝域。对其他检验问题也可用此方法来求临界值，结果也列在表 6.3.1 中。

例 6.3.1 某厂产品的优质品率一直保持在 40%，近期技监部门来厂抽查，共抽查了 12 件产品，其中优质品为 5 件，在 $\alpha=0.05$ 水平上能否认为其优质品率仍保持在 40%？

解：以 X 记检查一个产品时优质品的个数，则 $X\sim b(1,p)$。检验问题为

$$H_0:p=0.4,\qquad H_1:p\neq 0.4$$

拒绝域为

$$\{T\leqslant c_1 \text{ 或 } T\geqslant c_2\},\quad c_1<c_2$$

其中 $T=\sum_{i=1}^{12}X_i$。c_1 与 c_2 应满足：当 $p_0=0.4$ 时

使 $P(T\leqslant c_1)\leqslant\dfrac{\alpha}{2}$ 成立的最大整数；

使 $P(T\geqslant c_2)\leqslant\dfrac{\alpha}{2}$ 成立的最小整数。

表 6.3.1 比率 p 的检验(显著性水平 α)

检验统计量 $T = \sum_{i=1}^{n} x_i$

H_0	$p \leqslant p_0$	$p \geqslant p_0$	$p = p_0$
H_1	$p > p_0$	$p < p_0$	$p \neq p_0$
拒绝域	$\{T \geqslant c\}$	$\{T \leqslant c'\}$	$\{T \leqslant c_1$ 或 $T \geqslant c_2\}, c_1 < c_2$

临界值确定方法	二项分布	c 为满足 $\sum_{i=c}^{n} \binom{n}{i} p_0^i (1-p_0)^{n-i} \leqslant \alpha$ 的最小整数	c' 为满足 $\sum_{i=0}^{c'} \binom{n}{i} p_0^i (1-p_0)^{n-i} \leqslant \alpha$ 的最大整数	c_1 为满足 $\sum_{i=0}^{c_1} \binom{n}{i} p_0^i (1-p_0)^{n-i} \leqslant \dfrac{\alpha}{2}$ 的最大整数, c_2 为满足 $\sum_{i=c_2}^{n} \binom{n}{i} p_0^i (1-p_0)^{n-i} \leqslant \dfrac{\alpha}{2}$ 的最小整数
	F 分布	c 为满足 $F_{1-\alpha}(\nu_2, \nu_1) \leqslant \dfrac{\nu_1(1-p_0)}{\nu_2 p_0}$ 的最小整数 其中 $\nu_1 = 2c$, $\nu_2 = 2(n-c+1)$	c' 为满足 $F_{1-\alpha}(\nu_1, \nu_2) \leqslant \dfrac{\nu_2 p_0}{\nu_1(1-p_0)}$ 的最大整数 其中 $\nu_1 = 2(c'+1)$, $\nu_2 = 2(n-c')$	c_1 为满足 $F_{1-\frac{\alpha}{2}}(\nu_1, \nu_2) \leqslant \dfrac{\nu_2 p_0}{\nu_1(1-p_0)}$ 的最大整数, 其中 $\nu_1 = 2(c_1+1)$, $\nu_2 = 2(n-c_1)$ c_2 为满足 $F_{1-\frac{\alpha}{2}}(\nu_2, \nu_1) \leqslant \dfrac{\nu_1(1-p_0)}{\nu_2 p_0}$ 的最小整数 其中 $\nu_1 = 2c_2$, $\nu_2 = 2(n-c_2+1)$
	正态近似	c 为满足 $c \geqslant np_0 + 0.5 + u_{1-\alpha}\sqrt{np_0(1-p_0)}$ 的最小整数	c' 为满足 $c' \leqslant np_0 - 0.5 - u_{1-\alpha}\sqrt{np_0(1-p_0)}$ 的最大整数	c_1 为满足 $c_1 \leqslant np_0 - 0.5 - u_{1-\frac{\alpha}{2}}\sqrt{np_0(1-p_0)}$ 的最大整数, c_2 为满足 $c_2 \geqslant np_0 + 0.5 + u_{1-\frac{\alpha}{2}}\sqrt{np_0(1-p_0)}$ 的最小整数

现用二项分布来求临界值,这里 $T \sim b(12, 0.4)$。在 $n=12, p=0.4$ 时,T 取不同值的概率如下:

k	0	1	2	$\cdots$	8	9	10
$p(T=k)$	0.0022	0.0174	0.0639	$\cdots$	0.0420	0.012457	0.002491

现取 $\alpha=0.05$,由于 $P(T \leqslant 1)=0.0196 < 0.025$, $P(T \leqslant 2)=0.0835 > 0.025$,故取 $c_1=1$,又由于 $P(T \geqslant 8)=0.0573 > 0.025$, $P(T \geqslant 9)=0.0153 < 0.025$,故取 $c_2=9$。从而拒绝域为

$$\{T \leqslant 1 \text{ 或 } T \geqslant 9\}$$

现 $T=5$,在 $\alpha=0.05$ 水平上样本未落入拒绝域,因而认为该厂优质品率无明显变化。

也可用 F 分布来求临界值。

为求 c_1，先设 $c_1=1$，则 $\nu_1=4$，$\nu_2=22$，$\dfrac{\nu_2 p_0}{\nu_1(1-p_0)}=3.67$，$F_{0.975}(4,22)$利用线性插值法来求，由附表 6 查得 $F_{0.975}(4,20)=3.51$，$F_{0.975}(4,24)=3.38$，故 $F_{0.975}(4,22)=3.445$ <3.67。

再设 $c_1=2$，则 $\nu_1=6$，$\nu_2=20$，$\dfrac{\nu_2 p_0}{\nu_1(1-p_0)}=2.22$，而 $F_{0.975}(6,20)=3.13>2.22$。

由此知满足要求的 $c_1=1$。

同理可求 c_2。设 $c_2=8$，则 $\nu_1=16$，$\nu_2=10$，$\dfrac{\nu_1(1-p_0)}{\nu_2 p_0}=2.4$，由线性插值可知 $F_{0.975}(10,16)=3.006>2.4$。

再设 $c_2=9$，则 $\nu_1=18$，$\nu_2=8$，$\dfrac{\nu_1(1-p_0)}{\nu_2 p_0}=3.375$，由线性插值可知 $F_{0.975}(8,18)=3.060<3.375$。

由此知满足条件的 $c_2=9$。

综上可知拒绝域为

$$\{T\leqslant 1 \text{ 或 } T\geqslant 9\}$$

与用二项分布求得的结论一致，只是在计算上要简便一些。

例 6.3.2 如果在例 6.3.1 中抽检 50 件产品，那么该检验问题的拒绝域是什么？

解：这里样本容量较大，可用正态近似方法寻求临界值 c_1 与 c_2，由 $n=50$，$p_0=0.4$，$\alpha=0.05$ 时 $u_{0.975}=1.96$ 可知

$$np_0-0.5-u_{0.975}\sqrt{np_0(1-p_0)}=12.71$$
$$np_0+0.5+u_{0.975}\sqrt{np_0(1-p_0)}=27.29$$

故取 $c_1=12$，$c_2=28$，则水平为 0.05 的检验的拒绝域为
$$\{T\leqslant 12 \text{ 或 } T\geqslant 28\}$$

6.3.2 两个比率的比较

设从一个二点分布总体 $X\sim b(1,p_1)$ 中获得样本 $x_1,x_2,\cdots,x_n$，从另一个二点分布总体 $Y\sim b(1,p_2)$ 中获得 $y_1,y_2,\cdots,y_m$，两样本独立，需对 p_1 与 p_2 进行比较。

其检验问题也有三种：

（Ⅰ）$H_0:p_1\leqslant p_2$，$\quad$ $H_1:p_1>p_2$

（Ⅱ）$H_0:p_1\geqslant p_2$，$\quad$ $H_1:p_1<p_2$

（Ⅲ）$H_0:p_1=p_2$，$\quad$ $H_1:p_1\neq p_2$

通常 p_1,p_2 分别用

$$\hat{p}_1=\frac{1}{n}\sum_{i=1}^{n}x_i, \qquad \hat{p}_2=\frac{1}{m}\sum_{i=1}^{m}y_i$$

去估计，因而可采用

$$T = \hat{p}_1 - \hat{p}_2$$

作为检验用统计量,拒绝域分别取

$$W_{\text{I}} = \{\hat{p}_1 - \hat{p}_2 \geqslant c\}$$

$$W_{\text{II}} = \{\hat{p}_1 - \hat{p}_2 \leqslant c\}$$

$$W_{\text{III}} = \{|\hat{p}_1 - \hat{p}_2| \geqslant c\}$$

下面仅给出在大样本情况下 c 的近似确定法。

在 n,m 都比较大时,有

$$\frac{\hat{p}_1 - \hat{p}_2 - (p_1 - p_2)}{\sqrt{\dfrac{p_1(1-p_1)}{n} + \dfrac{p_2(1-p_2)}{m}}} \tag{6.3.12}$$

近似服从 $N(0,1)$,由于三种情况下都是在 $p_1 = p_2$ 时犯第一类错误的概率达到最大,此时用

$$\hat{p} = \frac{\displaystyle\sum_{i=1}^{n} x_i + \sum_{i=1}^{m} y_i}{n+m} \tag{6.3.13}$$

作为(6.3.12)式分母中 p_1, p_2 的共同估计,将

$$u = \frac{\hat{p}_1 - \hat{p}_2}{\sqrt{\left(\dfrac{1}{n} + \dfrac{1}{m}\right)\hat{p}(1-\hat{p})}} \tag{6.3.14}$$

作为检验统计量,有关的拒绝域列于表 6.3.2 中。

表 6.3.2　用正态近似作两个比例的检验

(显著性水平为 α)

H_0	H_1	检验统计量	拒绝域
$p_1 \leqslant p_2$	$p_1 > p_2$		$\{u \geqslant u_{1-\alpha}\}$
$p_1 \geqslant p_2$	$p_1 < p_2$	$u = \dfrac{\hat{p}_1 - \hat{p}_2}{\sqrt{\left(\dfrac{1}{n} + \dfrac{1}{m}\right)\hat{p}(1-\hat{p})}}$	$\{u \leqslant u_\alpha\}$
$p_1 = p_2$	$p_1 \neq p_2$		$\{|u| \geqslant u_{1-\frac{\alpha}{2}}\}$

例 6.3.3　甲、乙两厂生产同一种产品,为比较两厂的产品质量是否一致,现随机地从甲厂的产品中抽取 300 件,发现有 14 件不合格品,在乙厂的产品中抽取 400 件,发现有 25 件不合格品。在 $\alpha = 0.05$ 水平上检验两厂的不合格品率有无显著差异。

解:设甲厂的不合格品率为 p_1,乙厂的不合格品率为 p_2,此时要检验的假设为

$$H_0: p_1 = p_2, \quad H_1: p_1 \neq p_2$$

由所给出的备择假设,利用大样本的正态近似得在 $\alpha = 0.05$ 水平上的拒绝域为 $\{|u| \geqslant 1.96\}$。

由样本数据知 $n = 300, m = 400$,

$$\hat{p}_1 = \frac{14}{300} = 0.0467, \hat{p}_2 = \frac{25}{400} = 0.0625, \hat{p} = \frac{14+25}{300+400} = 0.0557$$

则得

$$u = \frac{\hat{p}_1 - \hat{p}_2}{\sqrt{\left(\frac{1}{n} + \frac{1}{m}\right)\hat{p}(1-\hat{p})}} = \frac{0.0467 - 0.0625}{\sqrt{\left(\frac{1}{300} + \frac{1}{400}\right) \times 0.0557 \times (1-0.0557)}}$$

$$= -0.9020$$

由于 $|u| < 1.96$，未落在拒绝域中，所以在 $\alpha = 0.05$ 水平上认为两厂的不合格品率无显著差异。

习题 6.3

1. 有人称某城镇成年人中大学毕业人数达 30%，为检验这一假设，随机抽取了 15 名成年人，调查结果有 3 名大学毕业生，试问该人看法是否合适？（取 $\alpha = 0.05$）

2. 一批电子元件，规定抽 30 件产品进行检验，要求以显著性水平 0.05 去检验不合格品率是否不超过 $p = 0.01$，求检验的拒绝域。

3. 一名研究者声称他所在地区至少有 80% 的观众对电视剧中间插播广告表示厌烦，现随机询问了 120 位观众。有 70 人赞成他的观点，在 $\alpha = 0.05$ 水平上该样本是否支持这位研究者的观点？

4. 从随机抽取的 467 名男性中发现有 8 人色盲，而 433 名女性中发现 1 人色盲，在 $\alpha = 0.01$ 水平上能否认为女性色盲比例比男性低？

5. 为确定 A、B 两种肥料的效果是否有显著差异，取 1000 株植物做试验，在施 A 肥料的 100 株植物中，有 53 株长势良好，在施 B 肥料的 900 株植物中，有 783 株长势良好，在 $\alpha = 0.01$ 水平上检验这两种肥料的效果有无显著差异。

6. 用铸造与锻造两种不同方法制造某种零件，从各自制造的零件中分别随机抽取 100 个，其中铸造的有 10 个废品，锻造的有 3 个废品。在 $\alpha = 0.05$ 水平上，能否认为废品率与制造方法有关？

*§ 6.4　泊松分布参数 λ 的检验

设样本 $x_1, x_2, \cdots, x_n$ 来自泊松分布总体 $X, X \sim P(\lambda), EX = \lambda$，关于 λ 的检验问题也有三类：

（Ⅰ）$H_0: \lambda \leqslant \lambda_0$，　　$H_1: \lambda > \lambda_0$

（Ⅱ）$H_0: \lambda \geqslant \lambda_0$，　　$H_1: \lambda < \lambda_0$

（Ⅲ）$H_0: \lambda = \lambda_0$，　　$H_1: \lambda \neq \lambda_0$

通常 λ 是用样本均值 $\bar{x} = \frac{1}{n}\sum_{i=1}^{n} x_i$ 去估计的，从而也可用 $\bar{x}$ 作为检验统计量，但在样本量 n 给定下，用 $T = \sum_{i=1}^{n} x_i$ 作检验统计量更为方便，因为 $T \sim P(n\lambda)$。这时其拒绝域形式分

别为

$$W_{I}=\{T\geqslant c\}$$
$$W_{II}=\{T\leqslant c'\}$$
$$W_{III}=\{T\leqslant c_1 \text{ 或 } T\geqslant c_2\}$$

为获得水平为 α 的检验的拒绝域,需确定临界值 c,c' 或 c_1,c_2。下面给出两种确定临界值的方法:

方法一:利用 χ^2 分布来确定临界值。

对检验问题 I 来讲,犯第一类错误的概率

$$\alpha(\lambda)=P(T\geqslant c), \qquad \lambda\leqslant\lambda_0$$

对给定的 λ,$T\sim P(n\lambda)$,又由 §5.5.3 的例 5.5.5 知

$$P(T\geqslant c)=\sum_{k=c}^{\infty}\frac{(n\lambda)^k e^{-n\lambda}}{k!}=k_\nu(2n\lambda)$$

其中 $k_\nu(2n\lambda)$ 表示自由度为 ν 的 χ^2 分布的分布函数在 $2n\lambda$ 处的值,这里 $\nu=2c$,而犯第一类错误的概率 $P(T\geqslant c)$ 是 λ 的增函数,在 $\lambda=\lambda_0$ 时 $\alpha(\lambda)$ 达到最大值,因而 c 是满足

$$\alpha(\lambda_0)\leqslant\alpha$$

的最小的整数,也即要求 c 是满足

$$2n\lambda_0\leqslant\chi_\alpha^2(2c)$$

的最小整数,其余检验问题的临界值可类似求出,结果列于表 6.4.1。

方法二:大样本场合利用正态近似。

当 n 充分大时,有

$$\frac{T-n\lambda}{\sqrt{n\lambda}}$$

近似服从 $N(0,1)$,当 $\lambda=\lambda_0$ 时取

$$u=\frac{T-n\lambda_0}{\sqrt{n\lambda_0}}$$

作为检验统计量,此时

$$\sum_{k=c}^{\infty}\frac{(n\lambda)^k e^{-n\lambda}}{k!}\doteq 1-\Phi\left[\frac{c-n\lambda_0}{\sqrt{n\lambda_0}}\right]\leqslant\alpha$$

故要求 $\dfrac{c-n\lambda_0}{\sqrt{n\lambda_0}}\geqslant u_{1-\alpha}$,则 c 为满足

$$c\geqslant n\lambda_0+u_{1-\alpha}\cdot\sqrt{n\lambda_0}$$

的最小整数,其余有关结果也列于表 6.4.1 中。

表 6.4.1 泊松分布参数 λ 的检验（显著性水平为 α）

检验统计量 $T = \sum_{i=1}^{n} x_i$

		H_0	$\lambda \leq \lambda_0$	$\lambda \geq \lambda_0$	$\lambda = \lambda_0$
		H_1	$\lambda > \lambda_0$	$\lambda < \lambda_0$	$\lambda \neq \lambda_0$
		拒绝域	$\{T \geq c\}$	$\{T \leq c'\}$	$\{T \leq c_1$ 或 $T \geq c_2\}$
临界值确定方法	χ^2 分布		c 为满足 $2n\lambda_0 \leq \chi^2_\alpha(2c)$ 的最小整数	c' 为满足 $2n\lambda_0 \geq \chi^2_{1-\alpha}(2c+2)$ 的最大整数	c_1 为满足 $2n\lambda_0 \geq \chi^2_{1-\frac{\alpha}{2}}(2c_1+2)$ 的最大整数，c_2 为满足 $2n\lambda_0 \leq \chi^2_{\frac{\alpha}{2}}(2c_2)$ 的最小整数
	正态分布		c 为满足 $c \geq n\lambda_0 + u_{1-\alpha}\sqrt{n\lambda_0}$ 的最小整数	c' 为满足 $c' \leq n\lambda_0 - u_{1-\alpha}\sqrt{n\lambda_0}$ 的最大整数	c_1 为满足 $c_1 \leq n\lambda_0 - u_{1-\frac{\alpha}{2}}\sqrt{n\lambda_0}$ 的最大整数，c_2 为满足 $c_2 \geq n\lambda_0 + u_{1-\frac{\alpha}{2}}\sqrt{n\lambda_0}$ 的最小整数

例 6.4.1 放射性物质在某固定长度的时间内放射的 α 粒子数 X 服从泊松分布。现设每次观测时间长度为 90 分钟，共观测 15 次，记录观测到的 α 粒子数如下：

粒子数 a_i	0	1	2	3	4	合计
频数 n_i	4	7	2	1	1	15

试在 $\alpha = 0.1$ 水平上检验该泊松分布参数 λ 是否为 0.6。

解：此问题可归结为检验问题

$$H_0: \lambda = 0.6, \quad H_1: \lambda \neq 0.6$$

现用 χ^2 分布来确定临界值。这里 $n=15, \lambda_0=0.6, 2n\lambda_0=18$，取 $\alpha=0.10$，由于
$\chi^2_{0.95}(8)=15.597<18, \chi^2_{0.95}(10)=18.307>18$，故取 $2c_1+2=8$，即 $c_1=3$；
$\chi^2_{0.05}(28)=16.928<18, \chi^2_{0.05}(30)=18.493>18$，故取 $2c_2=30$，即 $c_2=15$。
因而 $\alpha=0.10$ 水平的拒绝域为

$$W = \{T \leq 3 \text{ 或 } T \geq 15\}$$

在本例中

$$T = \sum_{i=0}^{4} n_i a_i = 18 > 15$$

样本落入拒绝域，因而在 0.1 水平下拒绝 $\lambda=0.6$ 的假设。

若本例用正态近似求，则在 $\alpha=0.10$ 时，$u_{0.95}=1.645, n\lambda_0=9$，从而

$$c_1 \leq n\lambda_0 - u_{1-\frac{\alpha}{2}}\sqrt{n\lambda_0} = 4.065, \text{则取 } c_1=4；$$

$$c_2 \geq n\lambda_0 + u_{1-\frac{\alpha}{2}}\sqrt{n\lambda_0} = 13.935, \text{则取 } c_2=14。$$

则拒绝域为

$$W = \{T \leqslant 4 \text{ 或 } T \geqslant 14\}$$

这与用 χ^2 分布所得的拒绝域有小的差异,原因在于这里 n 不够大,所以正态近似应在 n 足够大时才能用。

习题 6.4

1. 电话总机在单位时间内接到的呼唤次数服从泊松分布,现观察 40 个单位时间内接到的呼唤次数,结果见下表。试问能否认为单位时间内平均呼唤次数不超过 1.8 次?(取 $\alpha = 0.05$)

习题 **6.4.1** 的数据表

接到的呼唤次数	0	1	2	3	4	5	$\geqslant 6$
观察到的频数	5	10	12	8	3	2	0

2. 在某细纱机上进行断头率测定,已知单位时间内断头次数服从泊松分布。现观察了 440 次,得断头总次数为 292 次。试问在 $\alpha = 0.05$ 水平上能否认为平均断头次数不超过 0.6?

3. 据以往经验某地区每年患某种特殊疾病的人数服从泊松分布 $P(\lambda_0)$,其中 $\lambda_0 = 2.3$(人),但是近 4 年内记录到的发病人数分别为 3,4,1,5。问在 0.05 的显著性水平上,是否有明显证据表明年平均发病人数上升了?

§ 6.5　检验的 p 值

这里将基于尾部概率的比较建立假设检验的另一个判别法则。从下面的例子开始。

例 6.5.1 一支香烟中的尼古丁含量 X 服从正态分布 $N(\mu, 1)$,合格标准规定 μ 不能超过 1.5mg。为对一批香烟的尼古丁含量是否合格作判断,则可建立如下假设:

$$H_0 : \mu \leqslant 1.5, \quad H_1 : \mu > 1.5$$

这是在方差已知情况下对正态分布的均值作单边检验,所用的检验统计量为

$$u = \frac{\bar{x} - 1.5}{1/\sqrt{n}}$$

拒绝域是

$$W = \{u \geqslant u_{1-\alpha}\}$$

现随机抽取一盒(20 支)香烟,测得平均每支香烟的尼古丁含量为 $\bar{x} = 1.97$mg,则可求得检验统计量的值为 $u = 2.10$。下表对四个不同的显著性水平 α 分别列出相应的拒绝域和所下的结论:

表 6.5.1   例 6.5.1 下不同 α 的拒绝域与结论

显著性水平 α	拒绝域	$u = 2.10$ 时的结论
0.05	$\{u \geqslant 1.645\}$	拒绝 H_0
0.025	$\{u \geqslant 1.96\}$	拒绝 H_0
0.01	$\{u \geqslant 2.33\}$	保留 H_0
0.005	$\{u \geqslant 2.58\}$	保留 H_0

从上表可看出,当 α 相对大一些时,u 的临界值就小,从而 2.10 超过了临界值,故应拒绝 H_0;而当 α 减小时,临界值便增大,2.10 就可能不超过临界值,这时便不拒绝 H_0。可见,人们取不同的 α 会得出不同的结论。

这个例子中我们要注意其中两个尾部概率:

- 显著性水平 α 是检验统计量 u 的分布的尾部概率,即 $\alpha = P(u \geqslant u_{1-\alpha})$。
- 另一个尾部概率是检验统计量 $u \geqslant u_0$ 的概率,其中 u_0 是由样本算得的检验统计量的观察值,在这里 $u_0 = 2.10$,这个尾部概率记为 p,由 u 的分布 $N(0,1)$ 可以算得(见图 6.5.1a)

$$p = P(u \geqslant 2.10) = 0.0179$$

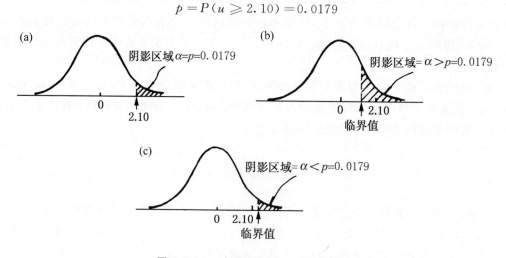

图 6.5.1 α 与尾部概率 p 之间的关系

这两个尾部概率是可比的。

当 $\alpha > p = 0.0179$(见图 6.5.1b)时,$u_0 = 2.10$ 在拒绝域内,从而拒绝 H_0;

当 $\alpha < p = 0.0179$(见图 6.5.1c)时,$u_0 = 2.10$ 在拒绝域外,从而不拒绝 H_0;

当 $\alpha = p = 0.0179$ 时,$u_0 = 2.10$ 在拒绝域边界上,也是拒绝 H_0,可见 p 是拒绝原假设 H_0 的最小显著性水平。这个 $p = 0.0179$ 就是将要介绍的该检验的 p 值。

这个例子中讨论的尾部概率具有一般性,借此可给出一般场合下 p 值的定义,以及另一个判断法则。

定义 6.5.1   在一个假设检验问题中,拒绝假设 H_0 的最小显著性水平称为 p 值。

例 6.5.2   在标准差 σ 未知场合,检验正态均值 μ 是用 t 统计量

$$t = \frac{\bar{x} - \mu_0}{s/\sqrt{n}} \sim t(n-1)$$

其中 n 是样本量，$\bar{x}$ 与 s 分别是样本均值与样本标准差。如果由样本算得 t 统计量的观察值为 t_0，那么三种典型的检验问题的 p 值可以分别求出，具体如下：

- 在 $H_0:\mu\leqslant\mu_0$，$H_1:\mu>\mu_0$ 的检验问题中，$p=P_{\mu_0}(t\geqslant t_0)$；
- 在 $H_0:\mu\geqslant\mu_0$，$H_1:\mu<\mu_0$ 的检验问题中，$p=P_{\mu_0}(t\leqslant t_0)$；
- 在 $H_0:\mu=\mu_0$，$H_1:\mu\neq\mu_0$ 的检验问题中，$p=P_{\mu_0}(|t|\geqslant|t_0|)$。

其中概率是用 $t(n-1)$ 分布计算的，不等号方向与拒绝域相同。其他检验问题中的 p 值也可仿此算得。

利用 p 值和给定的显著性水平 α 可以建立如下判断法则：

- 若 $\alpha\geqslant p$ 值，则拒绝原假设 H_0；
- 若 $\alpha<p$ 值，则不拒绝原假设 H_0。

关于这个新的判断法则有以下几点评论：

- 新判断法则与原判断法则（见 §6.1.2）是等价的。
- 新判断法则跳过拒绝域，简化了判断过程，但要计算检验的 p 值。
- 任一检验问题的 p 值都可用相应检验统计量的分布（如标准正态分布、t 分布、χ^2 分布等）算得。很多统计软件都有此功能，在一个检验问题的输出中给出相应的 p 值。此时你可把 p 值与自己心目中的 α 进行比较，就可立即作出判断。譬如，在正常情况下，当 p 值很小（如 $p<0.01$）或 p 值较大（如 $p>0.1$）时就可作出"拒绝原假设 H_0"或"不拒绝原假设 H_0"的判断，在其他场合还需与 α 比较后再作判断。

例 6.5.3 某厂制造的产品长期以来不合格品率不超过 0.01，某天开工后随机抽检了 100 件产品，发现其中有 2 件不合格品，试在 0.10 水平上判断该天生产是否正常？

解：设 θ 为该厂产品的不合格品率，它是二点分布 $b(1,\theta)$ 中的参数。本例要检验的假设是

$$H_0:\theta\leqslant 0.01,\quad H_1:\theta>0.01$$

这是一个离散总体的单边检验问题。

设 $x_1,x_2,\cdots,x_n$ 是从二点分布 $b(1,\theta)$ 中抽取的样本，样本和 $T=\sum_{i=1}^{100}x_i$ 服从二项分布 $b(100,\theta)$。这里可用 T 作为检验统计量，则在原假设 H_0 下，$T\sim b(100,0.01)$。如今 T 的观察值 $t_0=2$，由备择假设 H_1 知，此检验的 p 值为

$$\begin{aligned}
P&=P(T\geqslant 2)=1-P(T=0)-P(T=1)\\
&=1-(0.99)^{100}-100\times 0.01\times(0.99)^{99}\\
&=1-0.366-0.370=0.264
\end{aligned}$$

由于 $p>\alpha=0.1$，故应作"不拒绝原假设"的判断，即当日生产正常。

这个例子就是例 6.1.2，在那里为构造拒绝域花较多精力，这里用 p 值作判断简单不少。

习题 6.5

1. 在一个检验问题中采用 u 检验，其拒绝域为 $\{|u|\geqslant 1.96\}$，据样本求得 $u=-1.25$，求

检验的 p 值。

2. 在一个检验问题中采用 u 检验,其拒绝域为 $\{u \geqslant 1.645\}$,据样本求得 $u = 2.94$,求检验的 p 值。

3. 在一个检验问题中采用 u 检验,其拒绝域为 $\{u \leqslant -2.33\}$,据样本求得 $u = -3$,求检验的 p 值。

4. 在一个检验问题中采用 u 检验,其拒绝域为 $\{u \geqslant 1.645\}$,据样本求得 $u = 0.834$,求检验的 p 值。

§ 6.6 χ^2 拟合优度检验

前几节所讨论的检验是在分布形式已知的前提下对分布的参数进行的,它们都属于参数假设检验问题。当我们对总体分布知之甚少时,就要采用非参数检验,本节介绍一种常用的非参数检验方法 ——χ^2 拟合优度检验。

假定一个总体可分为 r 类,现从该总体获得了一个样本 —— 这是一批分类数据,现在需要我们从这些分类数据出发,去判断总体各类出现的概率是否与已知的概率相符。譬如要检验一颗骰子是否是均匀的,那么我们可以将该骰子抛掷若干次,记录每一面出现的次数,从这批数据出发去检验各面出现的概率是否都是 $1/6$,χ^2 拟合优度检验就是用来检验一批分类数据所来自的总体的分布是否与某种理论分布相一致。在实际问题中常会遇到这种分类数据,本节就讨论与这类数据有关的检验问题。

6.6.1 总体可分为有限类,且总体分布不含未知参数

设总体 X 可以分成 r 类,记为 $A_1, A_2, \cdots, A_r$,如今要检验的假设为
$$H_0: P(A_i) = p_i, \quad i = 1, 2, \cdots, r$$

其中各 p_i 已知,且 $p_i \geqslant 0$,$\sum_{i=1}^{r} p_i = 1$。现对总体作了 n 次观察,各类出现的频数分别为 $n_1, n_2, \cdots, n_r$,且 $\sum_{i=1}^{r} n_i = n$。若 H_0 为真,则各概率 p_i 与频率 n_i/n 应相差不大,或各观察频数 n_i 与理论频数 np_i 应相差不大。据此想法,英国统计学家 K. Pearson 提出了一个检验统计量

$$\chi^2 = \sum_{i=1}^{r} \frac{(n_i - np_i)^2}{np_i} \tag{6.6.1}$$

并指出,当样本容量 n 充分大且 H_0 为真时,χ^2 近似服从自由度为 $r-1$ 的 χ^2 分布。

从 χ^2 统计量(6.6.1)的结构看,当 H_0 为真时,和式中每一项的分子 $(n_i - np_i)^2$ 都不应太大,从而总和也不会太大,若 χ^2 过大,人们就会认为原假设 H_0 不真。基于此想法,检验的拒绝域应有如下形式:

$$W = \{\chi^2 \geqslant c\}$$

对于给定的显著性水平 α,由分布 $\chi^2(r-1)$ 可定出 $c = \chi^2_{1-\alpha}(r-1)$。

例 6.6.1 某大公司的人事部门希望了解公司职工的病假是否均匀分布在周一到周

五,以便合理安排工作。如今抽取了 100 名病假职工,其病假日分布如表 6.6.1 所示。

表 6.6.1 例 6.6.1 的数据表

工作日	周一	周二	周三	周四	周五
频数	17	27	10	28	18

试问该公司职工病假是否均匀分布在一周五个工作日中?($\alpha = 0.05$)

解:若病假是均匀分布在五个工作日内,则应有 $p_i = \dfrac{1}{5}, i = 1, 2, \cdots, 5$,以 A_i 表示"病假在周 i",则要检验假设

$$H_0 : P(A_i) = \frac{1}{5}, \quad i = 1, 2, \cdots, 5$$

采用统计量(6.6.1),由于 $r = 5$,在 $\alpha = 0.05$ 时,$\chi^2_{0.95}(4) = 9.49$,因而拒绝域为

$$W = \{\chi^2 \geqslant 9.49\}$$

为计算统计量 χ^2 的值,可列成如表 6.6.2 的计算表格。

表 6.6.2 χ^2 值计算表

工作日	n_i	np_i	$(n_i - np_i)^2/(np_i)$
周一	17	20	0.45
周二	27	20	2.45
周三	10	20	5.00
周四	28	20	3.20
周五	18	20	0.20
合计	100		11.30

由上表知

$$\chi^2 = \sum_{i=1}^{5} \frac{(n_i - np_i)^2}{np_i} = 11.30 > 9.49$$

这表明样本落在拒绝域中,因而在 $\alpha = 0.05$ 水平上拒绝原假设 H_0,认为该公司职工病假在五个工作日中不是均匀分布的。

6.6.2 总体可分为有限类,但总体分布含有未知参数

先看一个例子。

例 6.6.2 在某交叉路口记录每 15 秒钟内通过的汽车数量,共观察了 25 分钟,得 100 个记录,经整理得表 6.6.3。

表 6.6.3 例 6.6.2 的数据表

通过的汽车数量	0	1	2	3	4	5	6	7	8	9	10	11
频数	1	5	15	17	26	11	9	8	3	2	2	1

在 $\alpha = 0.05$ 水平上检验如下假设:通过该交叉路口的汽车数量服从泊松分布 $P(\lambda)$。

在本例中,要检验总体是否服从泊松分布。大家知道服从泊松分布的随机变量可取

所有的非负整数,然而尽管它可取可数个值,但取大值的概率是非常之小,因而可以忽略不计;另一方面,在对该随机变量进行实际观察时也只能观察到有限个不同值,譬如在本例中,只观察到 $0,1,\cdots,11$ 等 12 个值。这相当于把总体分成 12 类,每一类出现的概率分别为

$$p_i(\lambda) = \frac{\lambda^i}{i!}e^{-\lambda}, \qquad i = 0,1,\cdots,10$$

$$p_{11}(\lambda) = \sum_{i=11}^{\infty} \frac{\lambda^i}{i!}e^{-\lambda} \qquad\qquad (6.6.2)$$

从而把所要检验的原假设记为

$$H_0: P(A_i) = p_i(\lambda), \quad i = 0,1,\cdots,11$$

其中 A_i 表示 15 秒钟内通过交叉路口的汽车为 i 辆 $(i = 0,1,\cdots,10)$,A_{11} 表示事件"15 秒钟内通过交叉路口的汽车超过 10 辆",各 $p_i(\lambda)$ 如 $(6.6.2)$ 所示。

这里还遇到另一个麻烦,即总体分布中含有未知参数 λ,当然这个 λ 可以用样本均值 $\bar{x} = 4.28$ 去估计。当时 K. Pearson 仍采用统计量 $(6.6.1)$,并认为其在 H_0 为真时服从 $\chi^2(r-1)$,直到 1924 年英国统计学家 R. A. Fisher 纠正了这一错误,他证明了在总体分布中含有 k 个独立的未知参数时,若这 k 个参数用极大似然估计代替,即 $(6.6.1)$ 式中的 $p_i(\lambda)$ 用 $\hat{p}_i = p_i(\hat{\lambda})$ 代替,则在样本容量 n 充分大时

$$\chi^2 = \sum_{i=1}^{r} \frac{(n_i - n\hat{p}_i)^2}{n\hat{p}_i} \qquad\qquad (6.6.3)$$

近似服从自由度为 $r - k - 1$ 的 χ^2 分布。

基于这一关键的修正,我们来完成例 6.6.2 的检验问题。

首先在 $(6.6.2)$ 式中含有一个未知参数 λ,用其极大似然估计 $\bar{x} = 4.28$ 代替,从而有

$$\hat{p}_i = \frac{4.28^i e^{-4.28}}{i!}, \qquad i = 0,1\cdots,10$$

$$\hat{p}_{11} = \sum_{i=11}^{\infty} \frac{4.28^i e^{-4.28}}{i!}$$

其次,由于我们要采用检验统计量 $(6.6.3)$ 的近似分布来确定拒绝域,因而要求各 $n\hat{p}_i$ 不能过少,一般要求 $n\hat{p}_i \geqslant 5$,当其小于 5 时,通常的做法是将邻近若干组合并。在本例中,$n\hat{p}_0 = e^{-4.28} < 5$,因而可将 $i = 0$ 与 $i = 1$ 的两组合并,同样,由于 $i \geqslant 8$ 时各组 $n\hat{p}_i$ 亦小于 5,因而也将它们合并,从而这时组数 $r = 8$,未知参数个数 $k = 1$,采用统计量 $(6.6.3)$,在 $\alpha = 0.05$ 时,$\chi^2_{0.95}(8-1-1) = \chi^2_{0.95}(6) = 12.592$,故拒绝域为

$$W = \{\chi^2 \geqslant 12.592\}$$

统计量 χ^2 值的计算见表 6.6.4。由于 $\chi^2 = 5.7897 < 12.592$,故在 $\alpha = 0.05$ 水平上,可保留 H_0,即认为 15 秒钟内通过交叉路口的汽车数量服从泊松分布。

表 6.6.4　χ^2 值计算表

i	n_i	$\hat{p}_i$	$n\hat{p}_i$	$\dfrac{(n_i - n\hat{p}_i)^2}{n\hat{p}_i}$
$\leqslant 1$	6	0.0730	7.30	0.2315
2	15	0.1268	12.68	0.4245
3	17	0.1809	18.09	0.0657
4	26	0.1935	19.35	2.2854
5	11	0.1657	16.57	1.8724
6	9	0.1182	11.82	0.6728
7	8	0.0723	7.23	0.0820
$\geqslant 8$	8	0.0696	6.96	0.1554
合计	100			5.7897

6.6.3　总体为连续分布的情况

设样本 $x_1, x_2, \cdots, x_n$ 为来自连续总体 X 的一个样本,要检验的假设是

$$H_0 : X \text{ 服从分布 } F_0(x)$$

其中 $F_0(x)$ 中可以含有 k 个未知参数,若 $k=0$,那 $F_0(x)$ 就完全已知。

在这种情况下检验 H_0 的做法如下:

(1) 把 X 的取值范围分成 r 个区间,为确定起见,不妨设为

$$-\infty = a_0 < a_1 < a_2 < \cdots < a_{r-1} < a_r = \infty$$

设各区间为 $A_1 = (a_0, a_1]$,$A_2 = (a_1, a_2]$,$\cdots$,$A_{r-1} = (a_{r-2}, a_{r-1}]$,$A_r = (a_{r-1}, a_r)$;

(2) 统计样本落入这 r 个区间的频数,分别记为 $n_1, n_2, \cdots, n_r$。这里要求各 np_i 或 $n\hat{p}_i$ $\geqslant 5$,其中

$$p_i = P(a_{i-1} < X \leqslant a_i) = F_0(a_i) - F_0(a_{i-1})$$

若含有 k 个未知参数,则用未知参数的极大似然估计代替后可算得各 $\hat{p}_i$。

这样就把检验问题转化为分类数据的检验问题,以后的计算同 6.6.1 或 6.6.2 小节,视未知参数个数 $k=0$ 或 $k \neq 0$ 而定。

例 6.6.3　为研究混凝土抗压强度的分布,抽取了 200 件混凝土制件测定其抗压强度,经整理得频数分布表如表 6.6.5 所示。

表 6.6.5　抗压强度的频数分布表

抗压强度区间 $(a_{i-1}, a_i]$	频数 n_i
(190, 200]	10
(200, 210]	26
(210, 220]	56
(220, 230]	64
(230, 240]	30
(240, 250]	14
合计	200

试在 $\alpha = 0.05$ 水平上检验抗压强度的分布是否为正态分布。

解：若用 $F_0(x)$ 表示 $N(\mu, \sigma^2)$ 的分布函数，则本例便要检验假设

$$H_0 : 抗压强度的分布为 F_0(x)$$

又由于 $F_0(x)$ 中含有两个未知参数 μ 与 σ^2，因而需用它们的极大似然估计去替代。这里仅给出了样本的分组数据，因此只能用组中值（即区间中点）去代替原始数据，然后求 μ 与 σ^2 的 MLE。现在 6 个组中值分别为 $x_1 = 195, x_2 = 205, x_3 = 215, x_4 = 225, x_5 = 235, x_6 = 245$，于是

$$\hat{\mu} = \bar{x} = \frac{1}{200} \sum_{i=1}^{6} n_i x_i = 221$$

$$\hat{\sigma}^2 = s_n^2 = \frac{1}{200} \sum_{i=1}^{6} n_i (x_i - \bar{x})^2 = 152, \quad \hat{\sigma} = s_n = 12.33$$

在 $N(221, 152)$ 分布下，求出落在区间 $(a_{i-1}, a_i]$ 内的概率的估计值

$$\hat{p}_i = \Phi\left(\frac{a_i - 221}{\sqrt{152}}\right) - \Phi\left(\frac{a_{i-1} - 221}{\sqrt{152}}\right), \quad i = 1, 2, \cdots, r$$

不过常将 a_0 定为 $-\infty$，将 a_r 定为 $+\infty$。本例中 $r = 6$。采用 (6.6.3) 式作为检验统计量，在 $\alpha = 0.05$ 时，$\chi^2_{0.95}(6 - 2 - 1) = \chi^2_{0.95}(3) = 7.815$，因而拒绝域为

$$W = \{\chi^2 \geqslant 7.815\}$$

表 6.6.6 χ^2 值计算表

区间	n_i	$\hat{p}_i$	$n\hat{p}_i$	$\dfrac{(n_i - n\hat{p}_i)^2}{n\hat{p}_i}$
$(-\infty, 200]$	10	0.045	9.0	0.111
$(200, 210]$	26	0.142	28.4	0.203
$(210, 220]$	56	0.281	56.2	0.001
$(220, 230]$	64	0.299	59.8	0.295
$(230, 240]$	30	0.171	34.2	0.516
$(240, \infty)$	14	0.062	12.4	0.206
合计	200			1.332

由样本计算 χ^2 值的过程列于表 6.6.6 中。由此可知 $\chi^2 = 1.332 < 7.815$，这表明样本落入不拒绝域，可接受抗压强度服从正态分布的假定。

由本例可见，当 $F_0(x)$ 为连续分布时需将取值区间进行分组，从而检验结论依赖于分组，分组不同有可能得出不同的结论，这便是在连续分布场合 χ^2 拟合优度检验的不足之处。对正态分布的检验将在 §6.7 中专门介绍一些方法，然而在其他分布场合尚缺少专门的检验方法，故不得不用此 χ^2 拟合优度检验。

6.6.4 列联表的独立性检验

在有些实际问题中，当我们抽取了一个容量为 n 的样本后，对样本中每一样品可按不

同特性进行分类。例如在进行失业人员情况调查时,对抽取的每一位失业人员可按其性别分类,也可按其年龄分类,当然还可按其他特征分类。又如在工厂中调查某类产品的质量时,可按该产品的生产小组分类,也可按其是否合格分类等等。当我们用两个特性对样品分类时,记这两个特性分别为 X_1 与 X_2,不妨设 X_1 有 r 个类别,X_2 有 c 个类别,则可把被调查的 n 个样品按其所属类别进行分类,列成如表 6.6.7 所示的 $r \times c$ 的二维表,这张表也称为(二维)列联表。

表 6.6.7　$r \times c$ 二维表

		X_2				行和
		B_1	B_2	$\cdots$	B_c	
X_1	A_1	n_{11}	n_{12}	$\cdots$	n_{1c}	$n_1.$
	A_2	n_{21}	n_{22}	$\cdots$	n_{2c}	$n_2.$
	$\vdots$	$\vdots$	$\vdots$	$\vdots$	$\vdots$	$\vdots$
	A_r	n_{r1}	n_{r2}	$\cdots$	n_{rc}	$n_r.$
列和		$n._1$	$n._2$	$\cdots$	$n._c$	n

表中 n_{ij} 表示特性 X_1 属 A_i 类、特性 X_2 属 B_j 类的样品数,即频数。通常在二维表中还按行、按列分别求出其合计数

$$n_i. = \sum_{j=1}^{c} n_{ij}, \qquad i=1,2,\cdots,r$$

$$n._j = \sum_{i=1}^{r} n_{ij}, \qquad j=1,2,\cdots,c$$

$$\sum_{i=1}^{r} n_i. = \sum_{j=1}^{c} n._j = n$$

在这种列联表中,人们关心的问题是两个特性是否独立,称这类问题为列联表的独立性检验。为明确写出检验问题,记总体为 X,它是二维变量 (X_1, X_2),这里 X_1 被分成 r 类:$A_1, A_2, \cdots, A_r$,X_2 被分成 c 类:$B_1, B_2, \cdots, B_c$,并设

$$P(X \in A_i \bigcap B_j) = P(\text{“}X_1 \in A_i\text{”} \bigcap \text{“}X_2 \in B_j\text{”}) = p_{ij}$$

其中 $i=1,2,\cdots,r$;$j=1,2,\cdots,c$。又记

$$p_i. = P(X_1 \in A_i) = \sum_{j=1}^{c} p_{ij}, \qquad i=1,2,\cdots,r$$

$$p._j = P(X_2 \in B_j) = \sum_{i=1}^{r} p_{ij}, \qquad j=1,2,\cdots,c$$

这里必有 $\sum_{i=1}^{r} p_i. = \sum_{j=1}^{c} p._j = 1$。那么当 X_1 与 X_2 两个特性独立时,应对一切 i,j 有

$$p_{ij} = p_i. \, p._j$$

因此我们的检验问题为

$$H_0: p_{ij} = p_i. \, p._j, \quad \forall \, i,j \tag{6.6.4}$$
$$H_1: \text{至少一对}(i,j), p_{ij} \neq p_i. \, p._j$$

它也可采用(6.6.1)那种统计量,在这一问题中统计量 χ^2 可改写为

$$\chi^2 = \sum_{i=1}^{r} \sum_{j=1}^{c} (n_{ij} - np_{ij})^2/(np_{ij})$$

$$= \sum_{i=1}^{r} \sum_{j=1}^{c} (n_{ij} - np_{i\cdot} p_{\cdot j})^2/(np_{i\cdot} p_{\cdot j})$$

最后一个等式是在(6.6.4)中原假设 H_0 为真时导出的,在最后一个式子中有 $r+c$ 个未知参数 $p_{i\cdot}$ 和 $p_{\cdot j}(i=1,2,\cdots,r;j=1,2,\cdots,c)$ 需要估计,又由于 $\sum_{i=1}^{r} p_{i\cdot}=1$, $\sum_{j=1}^{c} p_{\cdot j}=1$,因而只有 $r+c-2$ 个独立参数需要估计。各 $p_{i\cdot}$ 和 $p_{\cdot j}$ 的极大似然估计分别为

$$\hat{p}_{i\cdot} = \frac{n_{i\cdot}}{n}, \qquad i=1,2,\cdots,r$$

$$\hat{p}_{\cdot j} = \frac{n_{\cdot j}}{n}, \qquad j=1,2,\cdots,c$$

因而对检验问题(6.6.4)可采用检验统计量

$$\chi^2 = \sum_{i=1}^{r} \sum_{j=1}^{c} \frac{(n_{ij} - n\hat{p}_{i\cdot} \hat{p}_{\cdot j})^2}{n\hat{p}_{i\cdot} \hat{p}_{\cdot j}} \tag{6.6.5}$$

在 H_0 为真,n 较大时,χ^2 近似服从自由度是 $rc-(r+c-2)-1=(r-1)(c-1)$ 的 χ^2 分布,这里同样要求 $n\hat{p}_{i\cdot} \hat{p}_{\cdot j} \geqslant 5$。对给定的显著性水平 α,拒绝域为

$$W = \{\chi^2 \geqslant \chi^2_{1-\alpha}((r-1)(c-1))\} \tag{6.6.6}$$

例 6.6.4 某地调查了 3000 名失业人员,按性别文化程度分类如表 6.6.8 所列。

表 6.6.8　例 6.6.4 的数据表

文化程度＼性别	大专以上	中专技校	高中	初中及以下	行　和
男	40	138	620	1043	1841
女	20	72	442	625	1159
列和	60	210	1062	1668	3000

试在 $\alpha=0.05$ 水平上检验失业人员的性别与文化程度是否有关。

解:这是列联表的独立性检验问题。在本例中 $r=2$,$c=4$,在 $\alpha=0.05$ 下,$\chi^2_{0.95}((r-1)(c-1))=\chi^2_{0.95}(3)=7.815$,因而拒绝域为:

$$W = \{\chi^2 \geqslant 7.815\}$$

为了计算统计量(6.6.5),可先计算各 $n\hat{p}_{i\cdot} \hat{p}_{\cdot j} = \frac{n_{i\cdot} n_{\cdot j}}{n}$,如表 6.6.9 所列。

表 6.6.9　理论频数 $n\hat{p}_{i\cdot} \hat{p}_{\cdot j}$ 表

$n\hat{p}_{i\cdot} \hat{p}_{\cdot j}$	大专以上	中专技校	高中	初中及以下	行和
男	36.8	128.9	651.7	1023.6	1841
女	23.2	81.1	410.3	644.4	1159
列和	60	210	1062	1668	3000

从而得

$$\chi^2 = \frac{(40-36.8)^2}{36.8} + \frac{(20-23.2)^2}{23.2} + \cdots$$
$$+ \frac{(1043-1023.6)^2}{1023.6} + \frac{(625-644.4)^2}{644.4} = 7.326$$

由于 $\chi^2 = 7.326 < 7.815$，从而在 $\alpha = 0.05$ 水平上样本落入不拒绝域，可认为失业人员的性别与文化程度无关。

例 6.6.5　目前有的零售商店开展上门服务的业务，有的不开展此项业务。为了解这项业务的开展与否与其月销售额是否有关，某地为此调查了 363 个商店，结果如表 6.6.10 所示。

表 6.6.10　例 6.6.5 的数据表　　　　　　单位：万元

月销售额 服务方式	$\leqslant 10$	$(10,15]$	$(15,20]$	$(20,25]$	>25	行和
上门服务	32	111	104	40	14	301
不上门服务	29	24	6	2	1	62
列和	61	135	110	42	15	363

试在 $\alpha = 0.01$ 水平上检验服务方式与月销售额是否有关。

解：这也是列联表的独立性检验问题，在本例中 $r=2, c=5$，在 $\alpha = 0.01$ 时，$\chi^2_{0.99}(4) = 13.277$，故拒绝域为

$$W = \{\chi^2 \geqslant 13.277\}$$

为计算统计量(6.6.5)，先计算各 $n\hat{p}_{i\cdot} \hat{p}_{\cdot j} = \dfrac{n_{i\cdot} n_{\cdot j}}{n}$ 如表 6.6.11 所示。

表 6.6.11　理论频数 $n\hat{p}_{i\cdot} \hat{p}_{\cdot j}$

$n\hat{p}_{i\cdot} \hat{p}_{\cdot j}$	$\leqslant 10$	$(10,15]$	$(15,20]$	$(20,25]$	>25	行和
上门服务	50.6	111.9	91.2	34.8	12.4	301
不上门服务	10.4	23.1	18.8	7.2	2.6	62
列和	61	135	110	42	15	363

由于在表 6.6.11 中有一个值小于 5，故将列联表的最后二列合并，重新计算 $n\hat{p}_{i\cdot} \hat{p}_{\cdot j}$，如表 6.6.12 所示。

表 6.6.12　理论频数 $n\hat{p}_{i\cdot} \hat{p}_{\cdot j}$

$n\hat{p}_{i\cdot} \hat{p}_{\cdot j}$	$\leqslant 10$	$(10,15]$	$(15,20]$	>20	行和
上门服务	50.6	111.9	91.2	47.3	301
不上门服务	10.4	23.1	18.8	9.7	62
列和	61	135	110	57	363

由此可得 $\chi^2 = 56.13$。此时由于 $r=2, c=4$，故在 $\alpha = 0.01$ 时，拒绝域变成

$$W = \{\chi^2 \geqslant 11.345\}$$

样本落在拒绝域中,这说明是否开展上门服务这项业务与月销售额有关。从各 n_{ij} 与 $n\hat{p}_{i.}\hat{p}_{.j}$ 的比较中可见,在月销售额超过 15 万元的情况下,开展上门服务的实际频数 n_{ij} 高于理论频数 $n\hat{p}_{i.}\hat{p}_{.j}$,这便说明上门服务有利于提高月销售额。

习题 6.6

1. 一颗骰子掷了 100 次,结果如下:

习题 6.6.1 的数据表

点数	1	2	3	4	5	6
出现次数	13	14	20	17	15	21

试在 $\alpha = 0.05$ 水平上检验这颗骰子是否均匀。

2. 在 π 的前 800 位数字中,$0,1,\cdots,9$ 相应地出现了 $74,92,83,79,80,73,77,75,76,91$ 次,试用 χ^2 检验法检验 $0,1,\cdots,9$ 这十个数字是等可能出现的假设。(取 $\alpha = 0.05$)

3. 卢瑟福观察了每 0.125 分钟内一放射性物质放射的粒子数,共观察了 2612 次,结果如下:

习题 6.6.3 的数据表

粒子数	0	1	2	3	4	5	6	7	8	9	10	11
频数	57	203	383	525	532	408	273	139	49	27	10	6

试问在 $\alpha = 0.10$ 水平上上述观察数据与泊松分布是否相符?

4. 在 1965 年 1 月 1 日至 1971 年 2 月 9 日的 2231 天中,全世界记录到的里氏震级 4 级及以上的地震共 162 次,相继两次地震间隔天数 X 如下:

习题 6.6.4 的数据表

X	频数	X	频数
$[0,5)$	50	$[25,30)$	8
$[5,10)$	31	$[30,35)$	6
$[10,15)$	26	$[35,40)$	6
$[15,20)$	17	$\geqslant 40$	8
$[20,25)$	10		

试在 $\alpha = 0.05$ 水平上检验相继两次地震间隔天数 X 是否服从如下指数分布:

$$p(x) = \frac{1}{\theta} e^{-x/\theta}, x > 0$$

5. 在使用仪器进行测量时,最后一位数字是按仪器的最小刻度用眼睛估计的。下表给出了 200 个测量数据中,最后一位出现 $0,1,\cdots,9$ 的次数。试问在 $\alpha = 0.05$ 下,估计最后一位数字是否具有随机性?

习题 6.6.5 的数据表

数字	0	1	2	3	4	5	6	7	8	9
次数	35	16	15	17	17	19	11	16	30	24

6. 为判断驾驶员的年龄是否会对发生汽车交通事故的次数有所影响,调查了 4194 名不同年龄的驾驶员发生事故的次数,整理如下表,在 $\alpha = 0.01$ 水平上,你有什么看法?

习题 6.6.6 的数据表

		年龄				
		21～30	31～40	41～50	51～60	61～70
事	0	748	821	786	720	672
故	1	74	60	51	66	50
次	2	31	25	22	16	15
数	＞2	9	10	6	5	7

7. 对某种计算机产品进行用户市场调查,请他们对产品的质量情况选择回答:差、较差、较好、好。随机抽取 70 人询问,并发现其中 40 人接受过有关广告宣传,另 30 人则不关心此类广告。回答情况如下表:

习题 6.6.7 的数据表

	差	较差	较好	好
听过广告宣传	4	7	18	11
未听过广告宣传	4	6	13	7

广告与人们对产品质量的评价间有无关系? （取 $\alpha = 0.05$）

8. 某调查机构连续三年对某城市的居民进行热点调查,要求被调查者在收入、物价、住房、交通四个问题中选择其中一个作为最关心的问题,调查结果如下表。

习题 6.6.8 的数据

年份	收入	物价	住房	交通	行和
1997	155	232	87	50	524
1998	134	201	100	75	510
1999	176	114	165	61	516
列和	465	547	352	186	1550

在 $\alpha = 0.05$ 下,是否可以认为各年该城市居民对社会热点问题的看法保持不变?

9. 设按有无特性 A 与 B 将 n 个样品分成四类,组成 2×2 列联表,如下表所示:

习题 6.6.9 所表示的 2×2 列联表

	B	$\bar{B}$	行和
A	a	b	$a+b$
$\bar{A}$	c	d	$c+d$
列和	$a+c$	$b+d$	n

其中 $n=a+b+c+d$,试证明此时列联表独立性检验的 χ^2 统计量可以表示成

$$\chi^2 = \frac{n(ad-bc)^2}{(a+b)(c+d)(a+c)(b+d)}$$

10. 某单位调查了 520 名中年以上的脑力劳动者,其中 136 人有高血压史,其他 384 人无高血压史。在有高血压史的 136 人中有 48 人有冠心病,在无高血压史的 384 人中有 36 人有冠心病,试问在 $\alpha=0.01$ 水平上,高血压与冠心病有无联系?

11. 就习题 6.3.6 的数据,用列联表独立性检验方法,在 $\alpha=0.05$ 水平上,能否认为废品数与制造方法(铸造与锻造)有关?

§ 6.7 正态性检验

用于判断总体分布是否为正态分布的检验称为**正态性检验**。由于正态分布在实际中频繁使用,迫使统计学家去寻找专门的正态性检验,至今已有几十种正态检验方法,国际标准化组织统计标准分委员会组织统计学家对这些正态性检验方法进行比较,最后认为 Wilk-Shapiro 的 W 检验和 Epps-Pulley 检验是最好的,它们犯第二类错误的概率最小,故该委员会向世界各国推荐这两个正态性检验。我国统计方法标准化委员会经过研究和比较,接受此项建议,把这两个正态性检验列为国家标准,编号为 GB/T 4882 − 2001。下面我们介绍这两个检验的操作方法。

6.7.1 小样本$(8 \leqslant n \leqslant 50)$ 场合的 W 检验

设从总体 X 中抽取了容量为 n 的样本 $x_1, x_2, \cdots, x_n$。现要检验如下假设:

$$H_0 : X \text{ 服从正态分布}$$

在 $8 \leqslant n \leqslant 50$ 时,Wilk 与 Shapiro 提出用如下的 W 统计量:

$$W = \frac{\left[\sum_{i=1}^{n}(a_i - \bar{a})(x_{(i)} - \bar{x})\right]^2}{\sum_{i=1}^{n}(a_i - \bar{a})^2 \sum_{i=1}^{n}(x_i - \bar{x})^2} \tag{6.7.1}$$

它可以看成是数对 $(a_i, x_{(i)})(i=1,2,\cdots,n)$ 的相关系数的平方(相关系数的定义见§7.4.4.3),故统计量 W 在 $[0,1]$ 上取值。

(6.7.1) 式中的系数 $a_1, a_2, \cdots, a_n$ 具有如下性质:

$$a_i = -a_{n+1-i}, \quad i=1,2,\cdots,\left[\frac{n}{2}\right]$$

$$\sum_{i=1}^{n} a_i = 0, \qquad \sum_{i=1}^{n} a_i^2 = 1$$

由此可知,当 n 为奇数时,$a_{[(n+1)/2]} = 0$。如 $n = 9$,则有 $a_5 = 0$。对不同的 n,系数 $a_1, a_2, \cdots,$ a_n 已制成表格供查用(附表 8)。利用系数 a_i 的性质,统计量(6.7.1)可简化为

$$W = \frac{\left[\sum_{i=1}^{[n/2]} a_i (x_{(n+1-i)} - x_{(i)}) \right]^2}{\sum_{i=1}^{n} (x_i - \bar{x})^2} \qquad (6.7.2)$$

可以证明,在 H_0 为真时,W 的取值应接近于 1,因而检验的拒绝域取下述形式是合理的:

$$\{ W \leqslant c \}$$

对给定的显著性水平 α,在正态分布假定下,使 $P(W \leqslant c) = \alpha$ 的临界值 c 可从附表 9 查得,记 $c = W_\alpha$,从而拒绝域为

$$\{ W \leqslant W_\alpha \} \qquad (6.7.3)$$

例 6.7.1 抽查用克矽平治疗的硅肺患者 10 人,得到他们治疗前后的血红蛋白差(单位:克 %)如下:

$$2.7 \quad -1.2 \quad -1.0 \quad 0 \quad 0.7 \quad 2.0 \quad 3.7 \quad -0.6 \quad 0.8 \quad -0.3$$

现要检验治疗前后血红蛋白差是否服从正态分布(取 $\alpha = 0.05$)。

解:这里 $n = 10$,在 $\alpha = 0.05$ 时,查附表 9 知,$W_{0.05} = 0.842$,故用统计量(6.7.2)作正态性检验的拒绝域为

$$\{ W \leqslant 0.842 \}$$

为计算统计量(6.7.2),常列成如表 6.7.1 的计算表,其中第二列 $x_{(i)}$ 为小的一半观测值按升序排列的,第三列 $x_{(n+1-i)}$ 为大的一半观测值按降序排列的,第五列 a_i 由附表 8 查得。

表 6.7.1 W 统计量的计算表

i	$x_{(i)}$	$x_{(n+1-i)}$	$x_{(n+1-i)} - x_{(i)}$	a_i
1	-1.2	3.7	4.9	0.5739
2	-1.0	2.7	3.7	0.3291
3	-0.6	2.0	2.6	0.2141
4	-0.3	0.8	1.1	0.1224
5	0	0.7	0.7	0.0399

$$\sum_{i=1}^{5} a_i (x_{(n+1-i)} - x_{(i)}) = 4.74901$$

$$\sum_{i=1}^{10} (x_i - \bar{x})^2 = 24.376$$

从而

$$W = \frac{4.74901^2}{24.376} = 0.9252 > 0.842$$

由于样本落入不拒绝域,故在 $\alpha = 0.05$ 水平上不拒绝正态性假设。

6.7.2 EP 检验

在国家标准中给出了 Epps-Pulley 检验,简称 EP 检验,在大样本场合($n > 50$)可以采用这一检验,它对于小样本($8 \leqslant n \leqslant 50$)也适用。下面叙述这一检验的统计量及其拒绝域。

设样本的观察值为 $x_1, x_2, \cdots, x_n$,样本均值为 $\bar{x}$,记 $m_2 = \frac{1}{n} \sum_{j=1}^{n} (x_j - \bar{x})^2$,则检验统计量为

$$T_{EP} = 1 + \frac{n}{\sqrt{3}} + \frac{2}{n} \sum_{k=2}^{n} \sum_{j=1}^{k-1} \exp\left\{ -\frac{(x_j - x_k)^2}{2m_2} \right\} - \sqrt{2} \sum_{j=1}^{n} \exp\left\{ -\frac{(x_j - \bar{x})^2}{4m_2} \right\}$$

对给定的显著性水平 α,拒绝域为 $W = \{ T_{EP} \geqslant T_{EP,1-\alpha}(n) \}$,临界值可以在附表 10 查到。

此统计量的计算较为复杂,在大样本时可以通过编写程序来完成。下面的步骤可帮助我们完成编程计算:

(1) 存储样本量 n 与样本观察值 $x_1, x_2, \cdots, x_n$;

(2) 计算并存储样本均值 $\bar{x}$ 与样本二阶中心矩 $m_2 = \frac{1}{n} \sum_{j=1}^{n} (x_j - \bar{x})^2$;

(3) 计算并存储 $A = \sum_{j=1}^{n} \exp\left\{ -\frac{(x_j - \bar{x})^2}{4m_2} \right\}$;

(4) 计算并存储 $B = \sum_{k=2}^{n} \sum_{j=1}^{k-1} \exp\left\{ -\frac{(x_j - x_k)^2}{2m_2} \right\}$;

(5) 计算并输出 $T_{EP} = 1 + \frac{n}{\sqrt{3}} + \frac{2}{n} B - \sqrt{2} A$。

最后将输出的 T_{EP} 与查表所得的 $T_{EP,1-\alpha}(n)$ 比较给出结论。

例 6.7.2 上海中心气象台测定的上海市 $1884 \sim 1982$ 年间的年降雨量数据如下(单位:mm):

1184.4	1113.4	1203.9	1170.7	975.4	1462.3	947.8	1416.0	709.2
1147.5	935.0	1016.3	1031.6	1105.7	849.9	1233.4	1008.6	1063.8
1004.9	1086.2	1022.5	1330.9	1439.4	1236.5	1088.1	1288.7	1115.8
1217.5	1320.7	1078.1	1203.4	1480.0	1269.9	1049.2	1318.4	1192.0
1016.0	1508.2	1159.6	1021.3	986.1	794.7	1318.3	1171.2	1161.7
791.2	1143.8	1602.0	951.4	1003.2	840.4	1061.4	958.0	1025.2
1265.0	1196.5	1120.7	1659.3	942.7	1123.2	910.2	1398.5	1208.6
1305.5	1242.3	1572.3	1416.9	1256.1	1285.9	984.8	1390.3	1062.2

1287.3	1477.0	1017.9	1217.7	1197.1	1143.0	1018.8	1243.7	909.3
1030.3	1124.4	811.4	820.9	1184.1	1107.5	991.4	901.7	1176.5
1113.5	1272.9	1200.3	1508.7	772.3	813.0	1392.3	1006.2	1108.8

试在 $\alpha = 0.05$ 水平上检验年降雨量是否服从正态分布。

解：由于 $n = 99$，故用 Epps-Pulley 检验，在 $\alpha = 0.05$ 时，由附表 10 查得临界值为 0.376，故拒绝域是

$$W = \{T_{EP} \geqslant 0.376\}$$

现通过简单的编程计算，得 $T_{EP} = 0.15456$。由于样本未落入拒绝域，故在 $\alpha = 0.05$ 时可认为年降雨量服从正态分布。

习题 6.7

1. 为检验一批煤灰砖中各砖块的抗压强度是否服从正态分布，从这批砖中随机取出 20 块，得抗压强度如下（已按从小到大排列）：

$$57 \quad 62 \quad 66 \quad 67 \quad 74 \quad 76 \quad 77 \quad 80 \quad 81 \quad 86$$
$$87 \quad 89 \quad 91 \quad 94 \quad 95 \quad 96 \quad 97 \quad 103 \quad 109 \quad 122$$

试用正态性检验统计量 W 作检验（取 $\alpha = 0.05$）。

2. 下面给出了 84 个 Etruscan 人男子头颅的最大宽度（单位：mm）：

141	148	132	138	154	142	150	146	155	158
150	140	147	148	144	150	149	145	149	158
143	141	144	144	126	140	144	142	141	140
145	135	147	146	141	136	140	146	142	137
148	154	137	139	143	140	131	143	141	149
148	135	148	152	143	144	141	143	147	146
150	132	142	142	143	153	149	146	149	138
142	149	142	137	134	144	146	147	140	142
140	137	152	145						

试检验其是否服从正态分布（取 $\alpha = 0.05$）。

第七章

方差分析和回归分析

§ 7.1 单因子方差分析

7.1.1 问题的提出

在实际工作中常会遇到比较多个总体均值是否相等的问题。例如某工厂的原料来自四个不同地区,那么用不同地区的原料生产的产品的质量是否一致? 又如某工厂有三个联营厂,生产同一产品,生产工艺也相同,那么这几个联营厂的产品质量有无明显差异? 再如某厂有五个检验员,他们检验同一产品的检验水平是否一致? 类似问题有许多。它们都是同时比较多个均值是否相等的问题。今后我们称所要比较的地区、联营厂、检验员等为**因子**,因子所处的状态称为**水平**,如四个地区便是地区这一因子的四个水平,三个联营厂便是联营厂这一因子的三个水平,五个检验员便是检验员这一因子的五个水平。

为方便起见,今后用大写字母 A、B、C 等表示因子,用大写字母加下标表示该因子的水平,如 A 的水平用 A_1,A_2,$\cdots$ 等表示。

下面用一个例子来说明问题的提法。

例 7.1.1 某食品公司对一种食品设计了四种新包装。为了考察哪种包装最受顾客欢迎,选了十个有近似相同销售量的商店作试验,把四种包装随机地分到十个商店,结果两种包装各有两个商店销售,另两种包装各有三个商店销售。在试验期间各商店的货架排放位置、空间都尽量一致,营业员的促销方法也基本相同。观察在一定时期的销售量,所得数据如表 7.1.1 所示。

表 7.1.1 销售量

包装类型	商店			商店数 m_i
	1	2	3	
A_1	12	18		2
A_2	14	12	13	3
A_3	19	17	21	3
A_4	24	30		2

在本例中,我们要比较的是四种包装的销售量是否一致,为此把包装类型看成是一个因子,记为因子 A,它有四种不同的包装,就看成是因子 A 的四个水平,记为 A_1,A_2,A_3,

A_4。一般将第 i 种包装在第 j 个商店的销售量记为 y_{ij}，$i=1,2,3,4$；$j=1,2,\cdots,m_i$（在本例中，$m_1=2,m_2=3,m_3=3,m_4=2$）。

由于商店间的差异已被控制在最小的范围内，因此一种包装在不同商店里的销售量被看作一种包装的若干次重复观察，所以可以把一种包装的销售量看作一个总体。为比较四种包装的销售量是否相同，相当于要比较的四个总体的均值是否一致。为便于统计分析，需要给出若干假定，把所要回答的问题归结为一个统计问题，然后设法解决它。

7.1.2　单因子方差分析的统计模型

在例 7.1.1 中所考察的因子只有一个，称其为单因子试验。通常在单因子试验中，设因子 A 有 r 个水平 $A_1,A_2,\cdots,A_r$，在每一水平下考察的指标值的全体可以看成一个总体，现有 r 个水平，故有 r 个总体，并假定：

(1) 各总体均服从正态分布；

(2) 各总体的方差相同；

(3) 从各总体中抽取的样本相互独立。

那么我们要比较各个总体均值是否一致，就是要检验各总体的均值是否相同，即设第 i 个总体均值为 μ_i，那么就是要检验如下假设：

$$H_0:\mu_1=\mu_2=\cdots=\mu_r \tag{7.1.1}$$

其备择假设为

$$H_1:\mu_1,\mu_2,\cdots,\mu_r \text{ 不全相同}$$

通常 H_1 可以省略不写。

当 H_0 为真时，A 的 r 个水平的均值相同，这时称因子 A 的各水平间无显著差异，简称**因子 A 不显著**；反之，当 H_0 不真时，各 μ_i 不全相同，这时称因子 A 的各水平间有显著差异，简称**因子 A 显著**。图 7.1.1 示意了这两种说法的含义。

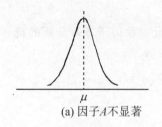 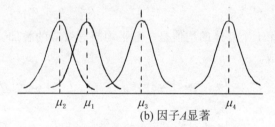

(a) 因子A不显著　　　　　　　　　(b) 因子A显著

图 7.1.1　两种说法的示意图

用于检验假设(7.1.1)的统计方法称为**方差分析法**，其实质是检验若干个具有相同方差的正态总体均值是否相等的一种假设检验方法。在所考察的因子仅有一个的场合，称为单因子方差分析。

为检验假设(7.1.1)需要从每一总体中抽取样本。设从第 i 个总体获得容量为 m_i 的样本 $y_{i1},\cdots,y_{im_i}$，$i=1,2,\cdots,r$，各样本间是相互独立的。这些样本可以通过试验或某种观察获得。为方便起见，本章对样本及其观察值都用同一符号 y 加下标表示，其含义可从上下文来区分。

在 A_i 水平下获得的 y_{ij} 与 μ_i 不会总是一致的,记

$$\varepsilon_{ij} = y_{ij} - \mu_i$$

称 ε_{ij} 为随机误差,由前面所给的假定,可假定 ε_{ij} 相互独立,且 $\varepsilon_{ij} \sim N(0,\sigma^2)$。从而有

$$y_{ij} = \mu_i + \varepsilon_{ij} \tag{7.1.2}$$

称(7.1.2)为 y_{ij} 的**数据结构式**,即来自均值为 μ_i 的总体的观察值 y_{ij} 可以看成是其均值 μ_i 与随机误差 ε_{ij} 叠加而产生的,且 y_{ij} 服从 $N(\mu_i,\sigma^2)$ 分布。

综上,我们把三项假定归纳为如下单因子方差分析的统计模型:

$$\begin{cases} y_{ij} = \mu_i + \varepsilon_{ij}, & i=1,2,\cdots,r, \quad j=1,2,\cdots,m_i \\ \text{各} \varepsilon_{ij} \text{相互独立,且都服从} N(0,\sigma^2) \end{cases} \tag{7.1.3}$$

可在此模型下检验假设(7.1.1)。

为了能更仔细地描述数据,常在方差分析模型中引入一般平均与效应的概念。称 μ_i 的加权平均

$$\mu = \frac{1}{n} \sum_{i=1}^{r} m_i \mu_i \tag{7.1.4}$$

为**一般平均**,其中 $n = \sum_{i=1}^{r} m_i$。称

$$a_i = \mu_i - \mu, \quad i=1,2,\cdots,r \tag{7.1.5}$$

为因子 A 第 i 水平的**主效应**,也简称为 A_i 的效应,容易看出效应间有如下关系式:

$$\sum_{i=1}^{r} m_i a_i = 0 \tag{7.1.6}$$

在记号(7.1.5)下,有

$$\mu_i = \mu + a_i \tag{7.1.7}$$

这表明第 i 个总体的均值是一般平均与其效应的叠加。此时单因子方差分析的统计模型可改写成

$$\begin{cases} y_{ij} = \mu + a_i + \varepsilon_{ij}, & i=1,2,\cdots,r, \quad j=1,2,\cdots,m_i \\ \sum_{i=1}^{r} m_i a_i = 0 \\ \text{各} \varepsilon_{ij} \text{相互独立,且都服从} N(0,\sigma^2) \end{cases} \tag{7.1.8}$$

它由数据结构式、关于效应的约束条件及关于误差的假定三部分组成。在模型(7.1.8)下,所要检验的假设(7.1.1)可改写成

$$H_0: a_1 = a_2 = \cdots = a_r = 0 \tag{7.1.9}$$

7.1.3 检验方法

通常在单因子方差分析中所得数据可列表成如下形式:

水　平	试　验　数　据			
A_1	y_{11}	y_{12}	……	y_{1m_1}
A_2	y_{21}	y_{22}	……	y_{2m_2}
⋮	⋮	⋮	⋮	⋮
A_r	y_{r1}	y_{r2}	……	y_{rm_r}

其中各 y_{ij} 是有差异的,我们从考察数据间的差异着手来给出检验方法。

造成各 y_{ij} 间差异的原因可能有两个:一个可能是假设 H_0 不真,即各水平均值 μ_i(或水平效应 a_i)不同,因此从各总体中获得的样本观测值也有差异。另一可能是 H_0 为真,差异是由于随机误差引起的。

为使这些差异的大小能定量表示出来,先引入若干记号,再分几步叙述:

把 A_i 水平下数据和记为 $y_i. = \sum_{j=1}^{m_i} y_{ij}$,其平均值记为 $\bar{y}_i. = \frac{1}{m_i} y_i.$,由(7.1.2)式可知, $\bar{y}_i.$ 具有如下结构式:

$$\bar{y}_i. = \mu_i + \bar{\varepsilon}_i. \tag{7.1.10}$$

其中 $\bar{\varepsilon}_i. = \frac{1}{m_i} \sum_{j=1}^{m_i} \varepsilon_{ij}$。

把所有数据之和记为 $y.. = \sum_{i=1}^{r} \sum_{j=1}^{m_i} y_{ij}$,其平均值记为 $\bar{y} = \frac{y..}{n}$,由(7.1.8)式知, $\bar{y}$ 具有如下结构式:

$$\bar{y} = \mu + \bar{\varepsilon} \tag{7.1.11}$$

其中 $\bar{\varepsilon} = \frac{1}{n} \sum_{i=1}^{r} \sum_{j=1}^{m_i} \varepsilon_{ij}$。

(1) 每一数据 y_{ij} 与总平均 $\bar{y}$ 的偏差可以分解成两部分(见图 7.1.2):

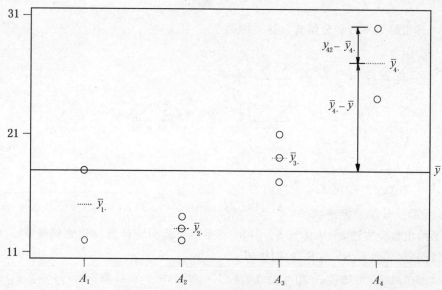

图 7.1.2　例 7.1.1 数据图及偏差分解示意图

$$y_{ij} - \bar{y} = (y_{ij} - \bar{y}_{i\cdot}) + (\bar{y}_{i\cdot} - \bar{y}) \tag{7.1.12}$$

其中 $y_{ij} - \bar{y}_{i\cdot}$ 称为组内偏差,仅反映随机误差:

$$y_{ij} - \bar{y}_{i\cdot} = (\mu_i + \varepsilon_{ij}) - (\mu_i + \bar{\varepsilon}_{i\cdot}) = \varepsilon_{ij} - \bar{\varepsilon}_{i\cdot} \tag{7.1.13}$$

而 $\bar{y}_{i\cdot} - \bar{y}$ 称为组间偏差,除了反映随机误差外还反映了第 i 个水平效应:

$$\bar{y}_{i\cdot} - \bar{y} = (\mu_i + \bar{\varepsilon}_{i\cdot}) - (\mu + \bar{\varepsilon}) = a_i + \bar{\varepsilon}_{i\cdot} - \bar{\varepsilon} \tag{7.1.14}$$

（2）平方和分解式

y_{ij} 间的差异大小可用总偏差平方和 S_T 表示:

$$S_T = \sum_{i=1}^{r} \sum_{j=1}^{m_i} (y_{ij} - \bar{y})^2 \tag{7.1.15}$$

由随机误差引起的数据间的差异可以用**组内偏差平方和**表示,由于(7.1.13)说明组内偏差仅反映随机误差,故也把组内偏差平方和称为**误差偏差平方和**,记为 S_e:

$$S_e = \sum_{i=1}^{r} \sum_{j=1}^{m_i} (y_{ij} - \bar{y}_{i\cdot})^2 \tag{7.1.16}$$

由于组间偏差除了随机误差外,还反映了效应间的差异,故由效应不同引起的数据差异可用**组间偏差平方和**表示,也称为**因子 A 的偏差平方和**,记为 S_A:

$$S_A = \sum_{i=1}^{r} m_i (\bar{y}_{i\cdot} - \bar{y})^2 \tag{7.1.17}$$

这里每一项上乘上 m_i 是因为第 i 水平有 m_i 个试验数据。

可以证明上述三个偏差平方和间有如下关系式:

$$S_T = S_A + S_e \tag{7.1.18}$$

(7.1.18)式常称为**平方和分解式**。这是因为

$$
\begin{aligned}
S_T &= \sum_{i=1}^{r} \sum_{j=1}^{m_i} (y_{ij} - \bar{y})^2 = \sum_{i=1}^{r} \sum_{j=1}^{m_i} (y_{ij} - \bar{y}_{i\cdot} + \bar{y}_{i\cdot} - \bar{y})^2 \\
&= \sum_{i=1}^{r} \sum_{j=1}^{m_i} (y_{ij} - \bar{y}_{i\cdot})^2 + \sum_{i=1}^{r} \sum_{j=1}^{m_i} (\bar{y}_{i\cdot} - \bar{y})^2 + 2 \sum_{i=1}^{r} \sum_{j=1}^{m_i} (y_{ij} - \bar{y}_{i\cdot})(\bar{y}_{i\cdot} - \bar{y}) \\
&= S_e + S_A
\end{aligned}
$$

由于 $\sum_{j=1}^{m_i} (y_{ij} - \bar{y}_{i\cdot}) = 0$,故上述第三项为 0。

（3）检验统计量及拒绝域

为了给出检验方法,拟从比较 S_A 与 S_e 着手给出检验统计量与拒绝域形式。为解决这一比较问题,先看看 S_A 与 S_e 的期望值。

由模型(7.1.8)可知各 ε_{ij} 相互独立,且 $\varepsilon_{ij} \sim N(0, \sigma^2)$,$i = 1, 2, \cdots, r$,$j = 1, 2, \cdots, m_i$,故

$$\bar{\varepsilon}_i \sim N\left(0, \frac{\sigma^2}{m_i}\right), \quad i = 1, 2, \cdots, r$$

$$\bar{\varepsilon} \sim N\left(0, \frac{\sigma^2}{n}\right)$$

① 求 ES_e：由定理 4.2.2 知

$$\frac{1}{\sigma^2} \sum_{j=1}^{m_i} (y_{ij} - \bar{y}_{i\cdot})^2 = \frac{1}{\sigma^2} \sum_{j=1}^{m_i} (\varepsilon_{ij} - \bar{\varepsilon}_{i\cdot})^2 \sim \chi^2(m_i - 1)$$

又由 χ^2 分布的可加性可知

$$\frac{S_e}{\sigma^2} = \sum_{i=1}^{r} \left[\frac{1}{\sigma^2} \sum_{j=1}^{m_i} (y_{ij} - \bar{y}_{i\cdot})^2\right] \sim \chi^2\left(\sum_{i=1}^{r} (m_i - 1)\right) = \chi^2(n - r)$$

由 χ^2 分布的性质知

$$E\left(\frac{S_e}{\sigma^2}\right) = n - r$$

即

$$E(S_e) = (n - r)\sigma^2 \tag{7.1.19}$$

② 求 ES_A：由于

$$S_A = \sum_{i=1}^{r} m_i (\bar{y}_{i\cdot} - \bar{y})^2 = \sum_{i=1}^{r} m_i (a_i + \bar{\varepsilon}_{i\cdot} - \bar{\varepsilon})^2$$

$$= \sum_{i=1}^{r} m_i a_i^2 + \sum_{i=1}^{r} m_i \bar{\varepsilon}_{i\cdot}^2 - n\bar{\varepsilon}^2 + 2 \sum_{i=1}^{r} m_i a_i (\bar{\varepsilon}_{i\cdot} - \bar{\varepsilon})$$

由于 $E\bar{\varepsilon}_{i\cdot} = 0, E\bar{\varepsilon} = 0$，故

$$ES_A = \sum_{i=1}^{r} m_i a_i^2 + \sum_{i=1}^{r} m_i E(\bar{\varepsilon}_{i\cdot}^2) - nE(\bar{\varepsilon}^2) = \sum_{i=1}^{r} m_i a_i^2 + \sum_{i=1}^{r} m_i \frac{\sigma^2}{m_i} - n \cdot \frac{\sigma^2}{n}$$

$$= \sum_{i=1}^{r} m_i a_i^2 + (r - 1)\sigma^2 \tag{7.1.20}$$

由 (7.1.19) 与 (7.1.20) 可得：

$$E\left(\frac{S_e}{n - r}\right) = \sigma^2, \quad E\left(\frac{S_A}{r - 1}\right) = \sigma^2 + \frac{1}{r - 1} \sum_{i=1}^{r} m_i a_i^2 \geqslant \sigma^2$$

故在假设 (7.1.9) 为真时，即各 a_i 均相等且为 0，有

$$E\left(\frac{S_A}{r - 1}\right) = \sigma^2$$

因此可采用统计量

$$F = \frac{S_A/(r - 1)}{S_e/(n - r)} \tag{7.1.21}$$

来检验假设(7.1.9)。当 H_0 不真时,分子的均值要比分母的均值来得大,因而取如下拒绝域是合理的:

$$W = \{F \geqslant c\}$$

对给定的显著性水平 α,在 H_0 为真时,c 应满足

$$P(F \geqslant c) = \alpha$$

(4) 临界值 c 的确定

我们有如下事实:上一小段已证明了 $\dfrac{S_e}{\sigma^2} \sim \chi^2(n-r)$,还可证明,在 H_0 为真时,$\dfrac{S_A}{\sigma^2} \sim \chi^2(r-1)$,且与 S_e 相互独立。

因而,由 F 分布的构造(见定义5.4.3)可知,在 H_0 为真时,(7.1.21)给出的检验统计量 $F \sim F(r-1, n-r)$,当取 $c = F_{1-\alpha}(r-1, n-r)$,便有 $P(F \geqslant c) = \alpha$,故得拒绝域为

$$W = \{F \geqslant F_{1-\alpha}(r-1, n-r)\} \tag{7.1.22}$$

通常把以上求统计量(7.1.21)的计算列成一张表格,称为方差分析表(见表7.1.2),这里简称偏差平方和为平方和,相应的 χ^2 分布中的自由度记在自由度这一列中,偏差平方和与自由度的比称为均方。

表 7.1.2　单因子方差分析表

来　源	平方和	自由度	均方	F 比
A	S_A	$f_A = r-1$	$MS_A = S_A/f_A$	$F = MS_A/MS_e$
e	S_e	$f_e = n-r$	$MS_e = S_e/f_e$	
T	S_T	$f_T = n-1$		

这里要指出的是:自由度在方差分析中是一个重要概念。n 个数据的偏差平方和的自由度为 $f = n-1$。一般来说,数据个数越多,偏差平方和越大,因而两个不同的偏差平方和一般不具有可比性。均方是指平均每个自由度上有多少偏差平方和,从而两个均方具有可比性。这就是自由度的作用。

(5) 通过代数运算,上述方差分析表中的各平方和可如下计算:

$$S_T = \sum_{i=1}^{r} \sum_{j=1}^{m_i} (y_{ij} - \bar{y})^2 = \sum_{i=1}^{r} \sum_{j=1}^{m_i} y_{ij}^2 - \frac{y_{..}^2}{n} \tag{7.1.23}$$

$$S_A = \sum_{i=1}^{r} m_i (\bar{y}_{i.} - \bar{y})^2 = \sum_{i=1}^{r} \frac{y_{i.}^2}{m_i} - \frac{y_{..}^2}{n} \tag{7.1.24}$$

$$S_e = S_T - S_A \tag{7.1.25}$$

综上,作方差分析的步骤如下:

(1) 计算各水平下数据和 $y_{i.}, i = 1, 2, \cdots, r$ 及总和 $y_{..}$;

(2) 计算各类平方和 $\sum_{i=1}^{r} \sum_{j=1}^{m_i} y_{ij}^2, \sum_{i=1}^{r} y_{i.}^2 / m_i, y_{..}^2 / n$;

(3) 按公式(7.1.23),(7.1.24),(7.1.25)计算各类偏差平方和;

（4）填写方差分析表 7.1.2,继续算均方与 F 比；

（5）对给定的显著性水平 α,查 F 分布表得 $F_{1-\alpha}(f_A,f_e)$,并与 F 值比较大小,然后作出是否拒绝原假设 H_0 的结论：当 $F \geqslant F_{1-\alpha}(f_A,f_e)$ 时拒绝 H_0,否则保留 H_0。

下面对例 7.1.1 作方差分析。

（1）由表 7.1.1 求得各水平下数据和与总和分别为：

$$y_1.=30, \quad y_2.=39, \quad y_3.=57, \quad y_4.=54, \quad y..=180$$

（2）求各类平方和

$$\sum_i \sum_j y_{ij}^2 = 3544 \qquad \sum_i \frac{y_{i.}^2}{m_i} = 3498 \qquad \frac{y_{..}^2}{n} = 3240$$

以上计算均列在表 7.1.3 中。

表 7.1.3 例 7.1.1 的计算表

水　平	数　据	m_i	$y_i.$	$y_{i.}^2 / m_i$	$\sum_j y_{ij}^2$
A_1	12　18	2	30	450	468
A_2	14　12　13	3	39	507	509
A_3	19　17　21	3	57	1083	1091
A_4	24　30	2	54	1458	1476
和		$n=10$	$y..=180$	$\sum_i \frac{y_{i.}^2}{m_i}=3498$	$\sum_i \sum_j y_{ij}^2 = 3544$

（3）由(7.1.23)～(7.1.25)式求得各类偏差平方和为

$$S_T = 3544 - 3240 = 304$$
$$S_A = 3498 - 3240 = 258$$
$$S_e = 304 - 258 = 46$$

（4）填写方差分析表,见表 7.1.4。

表 7.1.4 例 7.1.1 的方差分析表

来　源	平方和	自由度	均方	F 比
A	258	3	86	11.22
e	46	6	7.67	
T	304	9		

（5）在 $\alpha=0.05$ 时,查得 $F_{0.95}(3,6)=4.76$,故拒绝域为 $\{F \geqslant 4.76\}$,现 $F=11.22 > 4.76$,故样本落入拒绝域,即认为四种包装的销售量在显著性水平 0.05 上有显著差异,这说明不同包装受顾客欢迎的程度不同。

7.1.4 效应与误差方差的估计

（1）效应与误差方差的点估计

由模型(7.1.8)知各 y_{ij} 相互独立,且 $y_{ij} \sim N(\mu+a_i,\sigma^2)$,因而可用极大似然法求出各效应与 σ^2 的估计。

首先可写出似然函数

$$L(\mu,a_1,a_2,\cdots,a_r,\sigma^2)=\prod_{i=1}^{r}\prod_{j=1}^{m_i}\frac{1}{\sqrt{2\pi\sigma^2}}\exp\left\{-\frac{(y_{ij}-\mu-a_i)^2}{2\sigma^2}\right\}$$

其对数似然函数为

$$l(\mu,a_1,a_2,\cdots,a_r,\sigma^2)=-\frac{n}{2}\ln(2\pi\sigma^2)-\frac{1}{2\sigma^2}\sum_{i=1}^{r}\sum_{j=1}^{m_i}(y_{ij}-\mu-a_i)^2$$

似然方程为

$$\begin{cases}\dfrac{\partial l}{\partial\mu}=\dfrac{1}{\sigma^2}\sum_{i=1}^{r}\sum_{j=1}^{m_i}(y_{ij}-\mu-a_i)=0\\[2mm]\dfrac{\partial l}{\partial a_i}=\dfrac{1}{\sigma^2}\sum_{j=1}^{m_i}(y_{ij}-\mu-a_i)=0\qquad i=1,2,\cdots,r\\[2mm]\dfrac{\partial l}{\partial\sigma^2}=-\dfrac{n}{2\sigma^2}+\dfrac{1}{2\sigma^4}\sum_{i=1}^{r}\sum_{j=1}^{m_i}(y_{ij}-\mu-a_i)^2=0\end{cases}$$

注意到约束条件 $\sum\limits_{i=1}^{r}m_ia_i=0$，则得 MLE 为

$$\begin{aligned}\hat{\mu}&=\bar{y}\\ \hat{a}_i&=\bar{y}_{i.}-\bar{y},\quad i=1,2,\cdots,r\\ \hat{\sigma}_M^2&=\frac{1}{n}\sum_{i=1}^{r}\sum_{j=1}^{m_i}(y_{ij}-\bar{y}_{i.})^2=\frac{S_e}{n}\end{aligned}\qquad(7.1.26)$$

由(7.1.26)式可知 $\mu_i=\mu+a_i$ 的 MLE 为

$$\hat{\mu}_i=\bar{y}_{i.}\qquad(7.1.27)$$

由于 $E\bar{y}=\mu$，$E\bar{y}_{i.}=\mu_i=\mu+a_i$，故 $E\hat{a}_i=a_i$，从而 $\hat{\mu},\hat{a}_i,\hat{\mu}_i$ 均为相应参数的无偏估计。

但由(7.1.19)式可知 $E\hat{\sigma}_M^2=\dfrac{n-r}{n}\sigma^2$，故 $\hat{\sigma}_M^2$ 不是 σ^2 的无偏估计，将它作一修正，$\dfrac{S_e}{n-r}$ 是 σ^2 的无偏估计，因而常用的 σ^2 的无偏估计是

$$\hat{\sigma}^2=\frac{S_e}{n-r}\qquad(7.1.28)$$

这就是误差均方 MS_e。

（2）μ_i 的置信水平为 $1-\alpha$ 的置信区间

利用第五章的枢轴量法，可以构造 μ_i 的置信区间。仍从 μ_i 的点估计 $\bar{y}_{i.}$ 出发去构造 μ_i 的置信区间。由于前已证明 $\bar{y}_{i.}\sim N(\mu_i,\dfrac{\sigma^2}{m_i})$，又 $\dfrac{S_e}{\sigma^2}\sim\chi^2(f_e)$（这里 $f_e=n-r$），且 $\bar{y}_{i.}$ 与 S_e 相互独立，因而可以构造一个服从 t 分布的枢轴量

$$t_i = \frac{\dfrac{\bar{y}_{i.} - \mu_i}{\sigma/\sqrt{m_i}}}{\sqrt{\dfrac{S_e}{\sigma^2}/f_e}} = \frac{\bar{y}_{i.} - \mu_i}{\hat{\sigma}/\sqrt{m_i}} \sim t(f_e)$$

对给定的置信水平 $1-\alpha$，从

$$P(|t_i| \leqslant t_{1-\frac{\alpha}{2}}(f_e)) = 1-\alpha$$

可得 μ_i 的置信水平为 $1-\alpha$ 的置信区间为

$$\left[\bar{y}_{i.} - t_{1-\frac{\alpha}{2}}(f_e) \frac{\hat{\sigma}}{\sqrt{m_i}}, \quad \bar{y}_{i.} + t_{1-\frac{\alpha}{2}}(f_e) \frac{\hat{\sigma}}{\sqrt{m_i}} \right] \tag{7.1.29}$$

这里 $\hat{\sigma} = \sqrt{\dfrac{S_e}{f_e}}$。

例 7.1.2　对例 7.1.1 各种包装的销售量的均值分别求置信水平为 0.95 的置信区间。

解：首先求得各种包装下销售量均值的点估计分别为

$$\hat{\mu}_1 = \bar{y}_{1.} = 15, \quad \hat{\mu}_2 = \bar{y}_{2.} = 13, \quad \hat{\mu}_3 = \bar{y}_{3.} = 19, \quad \hat{\mu}_4 = \bar{y}_{4.} = 27$$

现 $f_e = 6$，在 $\alpha = 0.05$ 时，经查表 $t_{0.975}(6) = 2.4469$，又由表 7.1.4 知 $\hat{\sigma}^2 = 7.67$，故 $\hat{\sigma} = 2.77$。当 $m_i = 2$ 时，$t_{0.975}(6)\hat{\sigma}/\sqrt{m_i} = 4.8$；$m_i = 3$ 时，$t_{0.975}(6)\hat{\sigma}/\sqrt{m_i} = 3.9$。因此各种包装下销售量均值的 0.95 置信区间分别为：

$$\mu_1: [15-4.8, \ 15+4.8] = [10.2, \ 19.8]$$
$$\mu_2: [13-3.9, \ 13+3.9] = [9.1, \ 16.9]$$
$$\mu_3: [19-3.9, \ 19+3.9] = [15.1, \ 22.9]$$
$$\mu_4: [27-4.8, \ 27+4.8] = [22.2, \ 31.8]$$

此外，由于 $\hat{\mu} = \bar{y} = 18$，还可得各主效应的估计 $\hat{a}_i = \bar{y}_{i.} - \bar{y}$ 分别为 $\hat{a}_1 = -3, \hat{a}_2 = -5, \hat{a}_3 = 1, \hat{a}_4 = 9$。

为直观起见，常将各水平下指标均值画成一张主效应图，例 7.1.1 的主效应图见图 7.1.3（图中各点为对应水平的 $\bar{y}_{i.}$）。从图上看出第四种包装的效应最高，第二种包装的效应最低。

7.1.5　重复数相同的方差分析

当在因子 A 的每一水平下重复试验次数相同时，即当 $m_1 = m_2 = \cdots = m_r$ 时，上述一些表达式可简化。若记每一水平下重复次数为 m，则：

效应约束条件（7.1.6）可简化为 $\sum\limits_{i=1}^{r} a_i = 0$；

S_A 的计算公式（7.1.24）可简化为 $S_A = \dfrac{1}{m}\sum\limits_{i=1}^{r} y_{i.}^2 - \dfrac{y_{..}^2}{n}$；

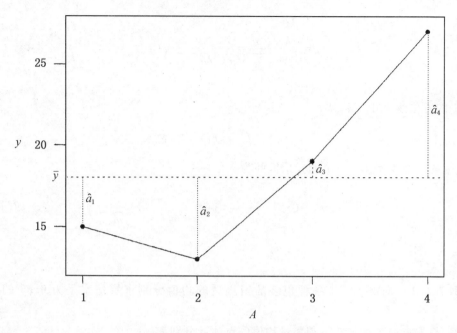

图 7.1.3　例 7.1.1 的主效应图

μ_i 的置信水平为 $1-\alpha$ 的置信区间（7.1.29）可改为：

$$\left[\bar{y}_{i\cdot} - t_{1-\frac{\alpha}{2}}(f_e)\,\frac{\hat{\sigma}}{\sqrt{m}},\ \bar{y}_{i\cdot} + t_{1-\frac{\alpha}{2}}(f_e)\,\frac{\hat{\sigma}}{\sqrt{m}}\right]$$

其他一切都不变。在安排试验时应优先采用重复数相同的试验，这不仅可简化计算，更重要的是使因子 A 的各个水平在相同条件下进行比较，使分析结果更具有可信性。

例 7.1.3　今有三个工厂生产同一种机械锻件，为比较这三个厂生产的锻件强度有无显著差异，分别从每个厂随机抽 4 件，经测试所得的强度数据列于表 7.1.5 中。

表 7.1.5　锻件的强度　　　　　　　　　　　　　　　　单位:100kg

工 厂	强 度 数 据			
A_1	103	101	98	110
A_2	113	107	108	116
A_3	82	92	84	86

假定第 i 个厂的强度服从 $N(\mu_i,\sigma^2)$，$i=1,2,3$，试做如下分析：

（1）检验三个厂的平均强度有无显著差异；

（2）求每个厂的平均强度的置信水平为 0.95 的置信区间。

解：（1）首先计算各水平下的数据和、各类平方和，它们都列在表 7.1.6 中。这里 $r=3,m=4,n=rm=12$。

表 7.1.6　例 7.1.3 的计算表

水平	数据				$y_i.$	$y_{i.}^2$	$\sum_j y_{ij}^2$
A_1	103	101	98	110	412	169744	42514
A_2	113	107	108	116	444	197136	49338
A_3	82	92	84	86	344	118336	29640
和					1200	485216	121492

各类偏差平方和如下：

$$S_T = 121492 - 1200^2/12 = 1492, \qquad f_T = 3 \times 4 - 1 = 11$$
$$S_A = 485216/4 - 1200^2/12 = 1304, \qquad f_A = 3 - 1 = 2$$
$$S_e = 1492 - 1304 = 188, \qquad f_e = 11 - 2 = 9$$

把三个平方和及其自由度移到方差分析表(见表 7.1.7)上继续计算各均方与 F 比。

表 7.1.7　方差分析表

来源	偏差平方和	自由度	均方	F 比
A	1304	2	652	31.21
e	188	9	20.9	
T	1492	11		

在 $\alpha = 0.05$ 时，$F_{0.95}(2,9) = 4.26$，故拒绝域为

$$W = \{F \geqslant 4.26\}$$

现在 $F = 31.21 > 4.26$，所以在 $\alpha = 0.05$ 水平上拒绝 H_0，认为三个厂的锻件平均强度有显著差异。

(2) 为求各厂平均强度的置信区间，首先求得各厂锻件平均强度的点估计：

$$\hat{\mu}_1 = \bar{y}_1. = 103, \hat{\mu}_2 = \bar{y}_2. = 111, \hat{\mu}_3 = \bar{y}_3. = 86$$

现在 $f_e = 9$，在 $\alpha = 0.05$ 时，$t_{0.975}(9) = 2.2622$，又由表 7.1.7 知 $\hat{\sigma}^2 = 20.9$，故 $\hat{\sigma} = 4.57$，从而

$$t_{0.975}(9) \hat{\sigma}/\sqrt{m} = 2.2622 \times 4.57/\sqrt{4} = 5.17$$

则各厂锻件平均强度的置信水平为 0.95 的置信区间分别为

$$\mu_1 : [103 - 5.17, \ 103 + 5.17] = [97.83, \ 108.17]$$
$$\mu_2 : [111 - 5.17, \ 111 + 5.17] = [105.83, \ 116.17]$$
$$\mu_3 : [86 - 5.17, \ 86 + 5.17] = [80.83, \ 91.17]$$

其各水平的均值图见图 7.1.4。

从图中可见 A_2 厂的平均强度最高，A_3 厂的平均强度最低。

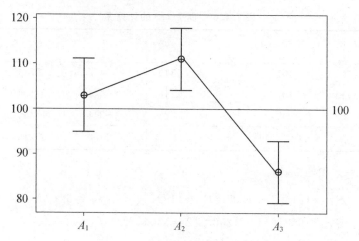

图 7.1.4　例 7.1.3 各水平的均值图

注:图中 ⊕ 为 $\bar{y}_{i.}$,线段表示 μ_i 的 0.95 置信区间

习题 7.1

1. 在一个单因子试验中,因子 A 有 3 个水平,每个水平下各重复 5 次,具体数据及其均值、组内(偏差)平方和如下:

习题 7.1.1 的数据表

水平	数据	和	均值	组内平方和
一水平	4,8,5,7,6	30	6	10
二水平	2,0,2,2,4	10	2	8
三水平	3,4,6,2,5	20	4	10

试计算误差平方和 S_e、因子 A 的平方和 S_A、总的平方和 S_T,并指出它们各自的自由度。

2. 在一个单因子试验中,因子 A 有 4 个水平,每个水平下重复次数分别为 5,7,6,8。那么误差平方和、A 的平方和及总平方和的自由度各是多少?

3. 在单因子试验中,因子 A 有 4 个水平,每个水平下各重复 3 次试验,现已求得每个水平下试验结果的样本标准差分别为 1.5,2.0,1.6,1.2,则其误差平方和为多少? 误差的方差 σ^2 的估计值是多少?

4. 在单因子方差分析中,因子 A 有 3 个水平,每个水平各做 4 次重复试验,请完成下列方差分析表,并在显著性水平 $\alpha = 0.05$ 下对因子 A 是否显著作出检验。

习题 7.1.4 的方差分析表

来源	平方和	自由度	均方	F 比
因子 A	4.2			
误差 e	2.7			
和 T	6.9			

5. 某商店经理给出了评价职工的业绩指标,按此将商店职工的业绩分为优、良、中三类,为增加客观性,经理又设计了若干项测验。现从优、良、中三类职工中各随机抽取 5 人,下表给出了他们各项测验的总分。

(1) 假定各类人员的成绩分布都服从正态分布,且假定方差相同,试问三类人员的测验平均分有无显著差异?（$\alpha = 0.05$）

(2) 在上述假定下,给出优等职工测验平均分的置信水平为 0.95 的置信区间。

习题 7.1.5 的数据表

	优	良	中
1	104	68	41
2	87	69	37
3	86	71	44
4	83	65	47
5	86	66	33

6. 某粮食加工厂试验三种贮藏方法对粮食含水率有无显著影响。现取一批粮食分成若干份,分别用三种方法贮藏,过一段时间后测得的含水率如下表:

习题 7.1.6 的数据表

贮藏方法	含水率数据				
A_1	7.3	8.3	7.6	8.4	8.3
A_2	5.4	7.4	7.1		
A_3	7.9	9.5	10.0		

(1) 假定各种方法贮藏的粮食的含水率分布都服从正态分布,且假定方差相同,试在 $\alpha = 0.05$ 水平上检验这三种方法的平均含水率有无显著差异;

(2) 对每种方法的平均含水率给出置信水平为 0.95 的置信区间。

7. 在入户推销上有五种方法,某大公司想比较这五种方法的效果有无显著差异,设计了一项实验:从应聘的且无推销经验的人员中随机挑选一部分人,将他们随机地分为五个组,每一组用一种推销方法进行培训,培训相同时间后观察他们在一个月内的推销额,数据如下表所示:(单位:千元)

习题 7.1.7 的数据表

组别	推销额						
第一组	20.0	16.8	17.9	21.2	23.9	26.8	22.4
第二组	24.9	21.3	22.6	30.2	29.9	22.5	20.7
第三组	16.0	20.1	17.3	20.9	22.0	26.8	20.8
第四组	17.5	18.2	20.2	17.7	19.1	18.4	16.5
第五组	25.2	26.2	26.9	29.3	30.4	29.7	28.2

为比较这五种方法的平均推销额有无显著差异，拟作方差分析，试对下列问题作出回答：

(1) 写出进行方差分析的统计模型；

(2) 对数据进行分析，在 $\alpha = 0.05$ 水平上，这五种方法的月平均推销额有无显著差异？

(3) 哪种推销方法效果最好？试对该种方法一个月的平均推销额作出置信水平为 0.95 的置信区间。

8. 有七种人造纤维，每种抽 4 根测其强度，得每种纤维的平均强度如下表所列：

习题 7.1.8 的数据

i	1	2	3	4	5	6	7
$\bar{y}_i$	6.3	6.2	6.7	6.8	6.5	7.0	7.1

又有 $\sum\limits_{i=1}^{7}\sum\limits_{j=1}^{4}(y_{ij}-\bar{y}_i)^2 = 18.9$，并假定各种纤维的强度服从等方差的正态分布。

(1) 试问七种纤维平均强度有无显著差异？（$\alpha = 0.05$）

(2) 若各种纤维的平均强度间有显著差异，试问哪种纤维的强度最大？请给出该种纤维平均强度的置信水平为 0.95 的置信区间。若各种纤维的平均强度间无显著差异，则给出平均强度的置信水平为 0.95 的置信区间。

9. 为测定一大型化工厂对周围环境的污染，选了四个观察点 A_1, A_2, A_3, A_4，在每一观察点上各测定四次空气中 SO_2 的含量。现得各观察点上的平均含量 $\bar{y}_i$ 及样本标准差 s_i 如下表所列。

习题 7.1.9 的数据

观察点	A_1	A_2	A_3	A_4
$\bar{y}_i$	0.031	0.100	0.079	0.058
s_i	0.009	0.014	0.010	0.011

假定每一观察点上 SO_2 的含量服从正态分布，且方差相同，试问在 $\alpha = 0.05$ 水平上各观察点 SO_2 的平均含量有无显著差异？

§ 7.2 多重比较

在方差分析中，如果经过 F 检验拒绝原假设(7.1.9)，这表明因子 A 是显著的，即 r 个水平对应的指标均值不全相等，但不一定两两之间都有差异。譬如在例 7.1.3 中，经检验三个工厂生产的同一种机械锻件的强度有显著差异，从图 7.1.4 看 A_2 厂的平均强度最高，A_3 厂的平均强度最低，μ_2 与 μ_3 的 95% 的置信区间没有相交，这从直观上表明这两个工厂的平均强度确有明显差异，那么 A_1 厂生产的锻件强度与 A_2 厂生产的锻件强度间有无显著差异呢？若两者有显著差异，那么当我们需要高强度的锻件时应向 A_2 厂购买，如果两者间无显著差异，那么当 A_2 厂无货供应时也可向 A_1 厂购买。所以在一些实际问题中，当方差分析的结论是因子 A 显著时，还需要我们进一步去确认哪些水平间是确有差异的，哪些水平间无显著差异。

同时比较任意两个水平均值间有无显著差异的问题称为**多重比较**，即要以显著性水平 α，同时检验以下 $\binom{r}{2}$ 个假设：

$$H_0^{ij}:\mu_i=\mu_j,\quad i<j,\quad i,j=1,2,\cdots,r \qquad (7.2.1)$$

譬如，在 $r=3$ 时，同时检验如下三个假设

$$H_0^{12}:\mu_1=\mu_2,\ H_0^{13}:\mu_1=\mu_3,\ H_0^{23}:\mu_2=\mu_3$$

的检验问题就是多重比较的一个例子。

下面分重复数相等与重复数不等两种情况来讨论多重比较问题，以下涉及的符号都与 §7.1 相同。

7.2.1 重复数相等场合的 T 法

在因子 A 的每一水平下获得容量为 m 的样本，则样本均值 $\bar{y}_{i\cdot}\sim N(\mu_i,\dfrac{\sigma^2}{m})$，$i=1,2,\cdots,r$，且它们相互独立，而且 $\bar{y}_{i\cdot}$ 与 S_e 亦独立，因而用 $\hat{\sigma}^2=S_e/f_e$ 去估计 σ^2 时，有

$$t_i=\frac{\bar{y}_{i\cdot}-\mu_i}{\hat{\sigma}/\sqrt{m}}\sim t(f_e),\quad i=1,2,\cdots,r$$

直观考虑，当 H_0^{ij} 为真时，$|\bar{y}_{i\cdot}-\bar{y}_{j\cdot}|$ 不应过大，过大就应拒绝 H_0^{ij}。因此在同时考虑 $\binom{r}{2}$ 个假设 H_0^{ij} 时，"诸 H_0^{ij} 中至少有一个不成立"就构成多重比较的拒绝域 W，它应有如下形式：

$$W=\bigcup_{i<j}\{|\bar{y}_{i\cdot}-\bar{y}_{j\cdot}|\geqslant c\}$$

如果给定了显著性水平 α，就要求在 $\binom{r}{2}$ 个假设 H_0^{ij} 同时为真时

$$P(W)=\alpha$$

那么当一切 H_0^{ij} 为真时，有

$$
\begin{aligned}
P(W)&=P(\bigcup_{i<j}\{|\bar{y}_{i\cdot}-\bar{y}_{j\cdot}|\geqslant c\})\\
&=1-P(\bigcap_{i<j}\{|\bar{y}_{i\cdot}-\bar{y}_{j\cdot}|<c\})\\
&=1-P(\max_{i<j}\{|\bar{y}_{i\cdot}-\bar{y}_{j\cdot}|<c\})\\
&=P(\max_{i<j}|\bar{y}_{i\cdot}-\bar{y}_{j\cdot}|\geqslant c)\\
&=P\left(\max_{i<j}\left|\frac{\bar{y}_{i\cdot}-\bar{y}_{j\cdot}}{\hat{\sigma}/\sqrt{m}}\right|\geqslant\frac{c}{\hat{\sigma}/\sqrt{m}}\right)\\
&=P\left(\max_{i<j}\left|\frac{(\bar{y}_{i\cdot}-\mu_i)-(\bar{y}_{j\cdot}-\mu_j)}{\hat{\sigma}/\sqrt{m}}\right|\geqslant\frac{c}{\hat{\sigma}/\sqrt{m}}\right)\\
&=P\left(\max_i\left(\frac{\bar{y}_{i\cdot}-\mu_i}{\hat{\sigma}/\sqrt{m}}\right)-\min_j\left(\frac{\bar{y}_{j\cdot}-\mu_j}{\hat{\sigma}/\sqrt{m}}\right)\geqslant\frac{c}{\hat{\sigma}/\sqrt{m}}\right)
\end{aligned}
$$

$$= P\left(t_{(r)} - t_{(1)} \geqslant \frac{c}{\hat{\sigma}/\sqrt{m}}\right) = \alpha \qquad (7.2.2)$$

记

$$q(r, f_e) = t_{(r)} - t_{(1)}$$

这里的 $t_{(r)}$ 与 $t_{(1)}$ 分别是来自 $t(f_e)$ 的容量为 r 的样本的最大次序统计量与最小次序统计量，所以 $q(r, f_e)$ 就是自由度为 f_e 的 t 分布的容量为 r 的样本极差，称它为 **t 化极差变量**，其分布与因子的水平数 r 及误差平方和的自由度 f_e 有关，该分布的分位数表已算出，列在附表 11 中。为使(7.2.2)式所示的概率为 α，可取

$$\frac{c}{\hat{\sigma}/\sqrt{m}} = q_{1-\alpha}(r, f_e)$$

从而

$$c = q_{1-\alpha}(r, f_e)\hat{\sigma}/\sqrt{m}$$

综上可知检验问题(7.2.1)的水平为 α 的拒绝域为

$$\left\{ |\bar{y}_{i\cdot} - \bar{y}_{j\cdot}| \geqslant q_{1-\alpha}(r, f_e)\hat{\sigma}/\sqrt{m} \right\} \qquad (7.2.3)$$

这一方法最早是由 Tukey 研究的，因而称此法为 T 法。

例 7.2.1 在 $\alpha = 0.05$ 水平下对例 7.1.3 作多重比较。

解：在本例中，$r = 3$，$m = 4$，$f_e = 9$，在 $\alpha = 0.05$ 水平下，查附表 11 可得 $q_{0.95}(3, 9) = 3.95$，又由例 7.1.3 求得 $\hat{\sigma}^2 = 20.9$，故 $\hat{\sigma} = 4.57$，从而临界值为

$$c = q_{0.95}(3, 9)\hat{\sigma}/\sqrt{m} = 9.03$$

因此当 $i < j$ 时，如果 $|\bar{y}_{i\cdot} - \bar{y}_{j\cdot}| > 9.03$ 则拒绝 $\mu_i = \mu_j$ 这一假设，否则就保留这一假设，现在从例 7.1.3 得：

$$|\bar{y}_{1\cdot} - \bar{y}_{2\cdot}| = |103 - 111| = 8 < 9.03，不拒绝假设 H_0^{12}: \mu_1 = \mu_2;$$

$$|\bar{y}_{1\cdot} - \bar{y}_{3\cdot}| = |103 - 86| = 17 > 9.03，拒绝假设 H_0^{13}: \mu_1 = \mu_3;$$

$$|\bar{y}_{2\cdot} - \bar{y}_{3\cdot}| = |111 - 86| = 25 > 9.03，拒绝假设 H_0^{23}: \mu_2 = \mu_3。$$

综上可知，在 $\alpha = 0.05$ 水平下 μ_1 与 μ_2 间无显著差异，而 μ_1、μ_2 与 μ_3 间有显著差异。

7.2.2　重复数不等场合的 S 法

在重复数 $m_1, m_2, \cdots, m_r$ 不等的场合，

$$(\bar{y}_{i\cdot} - \bar{y}_{j\cdot}) - (\mu_i - \mu_j) \sim N\left(0, \left(\frac{1}{m_i} + \frac{1}{m_j}\right)\sigma^2\right)$$

又由于 $\bar{y}_{i\cdot}, \bar{y}_{j\cdot}$ 与 S_e 独立，因而有

$$\frac{(\bar{y}_{i\cdot} - \bar{y}_{j\cdot}) - (\mu_i - \mu_j)}{\hat{\sigma}\sqrt{\dfrac{1}{m_i} + \dfrac{1}{m_j}}} \sim t(f_e)$$

在 H_0^{ij} 为真时,

$$\frac{\bar{y}_i. - \bar{y}_j.}{\hat{\sigma}\sqrt{\dfrac{1}{m_i} + \dfrac{1}{m_j}}} \sim t(f_e)$$

或

$$F_{ij} = \frac{(\bar{y}_i. - \bar{y}_j.)^2}{\left(\dfrac{1}{m_i} + \dfrac{1}{m_j}\right)\hat{\sigma}^2} \sim F(1, f_e)$$

当一切 H_0^{ij} 为真时,如同(7.2.2)式的推导,有

$$P(W) = P(\max_{i<j} F_{ij} \geqslant c) = \alpha \tag{7.2.4}$$

若令 $F' = \max\limits_{i<j} F_{ij}$,可证明 $\dfrac{F'}{(r-1)} \sim F(r-1, f_e)$(参阅文献[17]),为使(7.2.4)式所示的概率为 α,可取

$$c = (r-1)F_{1-\alpha}(r-1, f_e)$$

这表明当

$$\left| \frac{\bar{y}_i. - \bar{y}_j.}{\hat{\sigma}\sqrt{\dfrac{1}{m_i} + \dfrac{1}{m_j}}} \right| \geqslant \sqrt{(r-1)F_{1-\alpha}(r-1, f_e)}$$

时拒绝假设 $\mu_i = \mu_j$,亦即当

$$|\bar{y}_i. - \bar{y}_j.| \geqslant \sqrt{(r-1)F_{1-\alpha}(r-1, f_e)\left(\frac{1}{m_i} + \frac{1}{m_j}\right)\hat{\sigma}^2}$$

时拒绝 H_0^{ij}。若记

$$c_{ij} = \sqrt{(r-1)F_{1-\alpha}(r-1, f_e)\left(\frac{1}{m_i} + \frac{1}{m_j}\right)\hat{\sigma}^2}$$

则检验 $H_0^{ij}:\mu_i = \mu_j$ 的水平为 α 的拒绝域为

$$\{|\bar{y}_i. - \bar{y}_j.| \geqslant c_{ij}\} \tag{7.2.5}$$

这一方法是由 Scheffe 提出的,故称此法为 S 法。

例 7.2.2 在显著性水平 $\alpha = 0.05$ 下对例 7.1.1 作多重比较。

解:在本例中,$r = 4, f_e = 6, \hat{\sigma}^2 = 7.67$,在 $\alpha = 0.05$ 时,$F_{0.95}(3,6) = 4.76$。

由于 $m_1 = 2, m_2 = 3, m_3 = 3, m_4 = 2$,所以对不同的 i, j,检验假设 H_0^{ij} 的拒绝域不同。

当 $m_i = 2, m_j = 2$ 时,$c_{(1)} = \sqrt{3 \times 4.76 \times \left(\dfrac{1}{2} + \dfrac{1}{2}\right) \times 7.67} = 10.5$,因而检验 H_0^{14} 的拒绝域为 $\{|\bar{y}_1. - \bar{y}_4.| \geqslant 10.5\}$,现 $|\bar{y}_1. - \bar{y}_4.| = 12 > 10.5$,故拒绝 H_0^{14},认为 μ_1 与 μ_4 有显著差异。

当 $m_i=2, m_j=3$ 时，$c_{(2)}=\sqrt{3 \times 4.76 \times \left(\frac{1}{2}+\frac{1}{3}\right) \times 7.67}=9.6$，因而检验 H_0^{12}, H_0^{13}，H_0^{24}, H_0^{34} 的拒绝域为 $\{|\bar{y}_i.-\bar{y}_j.| \geqslant 9.6\}$，现 $|\bar{y}_1.-\bar{y}_2.|=2<9.6$，$|\bar{y}_1.-\bar{y}_3.|=4<9.6$，$|\bar{y}_2.-\bar{y}_4.|=14>9.6$，$|\bar{y}_3.-\bar{y}_4.|=8<9.6$，因此仅 μ_2 与 μ_4 间有显著差异，其他无显著差异。

当 $m_i=3, m_j=3$ 时，$c_{(3)}=\sqrt{3 \times 4.76 \times \left(\frac{1}{3}+\frac{1}{3}\right) \times 7.67}=8.5$，因而检验 H_0^{23} 的拒绝域为 $\{|\bar{y}_2.-\bar{y}_3.| \geqslant 8.5\}$，现 $|\bar{y}_2.-\bar{y}_3.|=6<8.5$，故 μ_2 与 μ_3 间无显著差异。

综上，A_4 这种包装的销售量明显高于 A_1、A_2 这两种包装的销售量，与 A_3 包装间的差异尚未达到显著水平，这说明 A_4 是最受欢迎的包装。

习题 7.2

1. 对习题 7.1.5 中三类人员的测验平均分作多重比较。（取 $\alpha=0.05$）
2. 对习题 7.1.7 中五种推销方法的月平均推销额作多重比较。（取 $\alpha=0.05$）
3. 对习题 7.1.9 各观察点上 SO_2 的平均含量作多重比较。（取 $\alpha=0.05$）
4. 对习题 7.1.6 中三种贮藏方法的平均含水率作多重比较。（取 $\alpha=0.05$）
5. 有人调查过美国某年不同工种的工人每小时的收入情况，见下表。

习题 7.2.5 的数据表

工种	每小时收入						
日用品	9.80	10.15	10.00	9.65	9.90	9.85	9.95
非日用品	9.40	9.00	9.15	9.20	9.15	9.30	
建筑业	11.40	11.40	10.80	11.45	10.80		
零售业	8.60	8.65	8.90	8.80	8.75	8.50	

假定四种工种的收入服从同方差的正态分布，那么在 $\alpha=0.05$ 水平上，这四种类型的工种的平均收入有无显著差异？若有显著差异请作多重比较。

*§ 7.3 方差齐性检验

在方差分析中要求所涉及的 r 个正态总体的方差相等，这一要求被简称为**方差齐性**，这里 r 是因子的水平数。如何检验方差齐性？这便是本节要讨论的方差齐性检验。

设有 r 个正态总体 $N(\mu_i, \sigma_i^2)$，$i=1,2,\cdots,r$，从第 i 个总体中抽取了容量为 m_i 的样本 $y_{i1}, y_{i2}, \cdots, y_{im_i}$，其样本均值为 $\bar{y}_i=\frac{1}{m_i}\sum_{j=1}^{m_i}y_{ij}$，样本无偏方差为 $s_i^2=\frac{1}{m_i-1}\sum_{j=1}^{m_i}(y_{ij}-\bar{y}_i)^2$，现要检验的假设为

$$H_0: \sigma_1^2=\sigma_2^2=\cdots=\sigma_r^2 \tag{7.3.1}$$

备择假设 $H_1: \sigma_1^2, \sigma_2^2, \cdots, \sigma_r^2$ 不全相等，它常略去不写。

下面分两种情况介绍检验方法。

7.3.1 样本容量相等的场合

记 $m_1 = m_2 = \cdots = m_r = m$,常用的有两种检验方法。

(1) 最大 F 检验(Hartley 检验)

检验统计量为

$$F_{\max} = \frac{\max\{s_1^2, s_2^2, \cdots, s_r^2\}}{\min\{s_1^2, s_2^2, \cdots, s_r^2\}} \tag{7.3.2}$$

从直观考虑,当假设(7.3.1)为真时,$s_1^2, s_2^2, \cdots, s_r^2$ 中的最大值与最小值不应相差过大,因而取下列拒绝域是合理的:

$$W = \{F_{\max} \geqslant c\}$$

在假设(7.3.1)为真时,对给定的显著水平 α,c 应满足 $P(F_{\max} \geqslant c) = \alpha$。为确定临界值 c,需要在 $\sigma_1^2 = \sigma_1^2 = \cdots = \sigma_r^2 \triangleq \sigma^2$ 的条件下求 $F_{\max}$ 的分布,注意到此时,$(m-1)s_i^2/\sigma^2 \sim \chi^2(m-1)$,$i = 1, 2, \cdots, r$,且它们相互独立,从而 $F_{\max}$ 变成 r 个相互独立的自由度为 $m-1$ 的 χ^2 变量的最大值与最小值之比,其分布与 $r, m-1$ 有关,其分位数在附表12中给出。若记 $c = F_{\max, 1-\alpha}(r, m-1)$,则检验问题(7.3.1)的水平为 α 的拒绝域为

$$W = \{F_{\max} \geqslant F_{\max, 1-\alpha}(r, m-1)\} \tag{7.3.3}$$

例 7.3.1 在显著性水平 $\alpha = 0.05$ 时检验例 7.1.3 中三个总体方差是否相等。

解:这里 $r = 3$,$m = 4$,在 $\alpha = 0.05$ 时,由附表12查得:

$$F_{\max, 0.95}(3, 3) = 27.8$$

因此用统计量(7.3.2)作检验的水平为 0.05 的拒绝域是

$$W = \{F_{\max} \geqslant 27.8\}$$

现由样本求得各总体的样本无偏方差为

$$s_1^2 = 26.0, \quad s_2^2 = 18.0, \quad s_3^3 = 18.7$$
$$\max\{s_i^2\} = 26.0, \quad \min\{s_i^2\} = 18.0$$

由此求得 $F_{\max} = 26.0/18.0 = 1.44 < 27.8$,样本落入不拒绝域,故在 $\alpha = 0.05$ 水平上可认为三个总体方差之间无显著差异。

(2) 最大方差检验(Cochran 检验)

当 $\min\{s_i^2\} \doteq 0$ 时,用检验统计量(7.3.2)将会导致犯第二类错误的概率很大,Cochran 提出了另一种检验统计量:

$$G_{\max} = \frac{\max\{s_1^2, s_2^2, \cdots, s_r^2\}}{\sum_{i=1}^{r} s_i^2} \tag{7.3.4}$$

同样,从直观上考虑,当假设(7.3.1)为真时,$\max\{s_i^2\}$ 在 $\sum_{i=1}^{r} s_i^2$ 中所占比例不会太大,因而

取下面的拒绝域

$$W = \{G_{\max} \geqslant c\}$$

是合理的。在 H_0 为真时，c 值使 $P(G_{\max} \geqslant c) = \alpha$，$G_{\max}$ 的分布也与 $r, m-1$ 有关，其分位数可从附表 13 中查出，若记 $c = G_{\max,1-\alpha}(r, f)$，$f = m-1$，则检验问题（7.3.1）的水平为 α 的拒绝域为

$$W = \{G_{\max} \geqslant G_{\max,1-\alpha}(r, m-1)\} \tag{7.3.5}$$

若对例 7.1.3 用 $G_{\max}$ 统计量去检验三个总体方差是否相等，则由 $r = 3, m = 4$，在 $\alpha = 0.05$ 时，从附表 13 可查得 $G_{\max,0.95}(3,3) = 0.7977$，其拒绝域为 $\{G_{\max} \geqslant 0.7977\}$。由例 7.3.1 中的数据可知 $\max\{s_i^2\} = 26.0$，$\sum_{i=1}^{3} s_i^2 = 62.7$，从而得 $G_{\max} = 26.0/62.7 = 0.415 < 0.7977$，样本落入不拒绝域，因此在 $\alpha = 0.05$ 水平上可认为三个总体方差相等。

7.3.2 样本容量不等的场合

在样本容量不等的场合可以采用下面的 Bartlett 检验。

大家知道，n 个数的几何平均数总不会超过其算术平均数，等号成立仅在 n 个数彼此相等时发生，Bartlett 检验正立论于此。

在单因子方差分析中有 r 个样本，设第 i 个样本（无偏）方差为

$$s_i^2 = \frac{1}{m_i - 1} \sum_{j=1}^{m_i} (y_{ij} - \bar{y}_i)^2 = \frac{Q_i}{f_i}, \quad i = 1, 2, \cdots, r$$

其中 Q_i 为第 i 个样本的偏差平方和（又称组内平方和），$f_i = m_i - 1$ 是其自由度，m_i 为第 i 个样本的容量（即重复数），此 r 个样本方差 $s_1^2, s_2^2, \cdots, s_r^2$ 的（加权）算术平均数不是别的，正是误差均方和 MS_e，即

$$MS_e = \sum_{i=1}^{r} \frac{f_i}{f_e} s_i^2 = \frac{1}{f_e} \sum_{i=1}^{r} Q_i$$

而相应的 r 个样本方差的加权几何平均数记为 GMS_e，它是

$$GMS_e = \left[(s_1^2)^{f_1} (s_2^2)^{f_2} \cdots (s_r^2)^{f_r} \right]^{1/f_e}$$

其中 $f_e = f_1 + f_2 + \cdots + f_r = \sum_{i=1}^{r} (m_i - 1) = n - r$。

由于几何平均数总不会超过算术平均数，故有：

$$GMS_e \leqslant MS_e \ \text{或} \ \frac{MS_e}{GMS_e} \geqslant 1$$

其中等号成立当且仅当 s_i^2 彼此相等。若 s_i^2 间的差异愈大，则此比值愈大；若 s_i^2 间的差异愈小，则此比值愈接近 1。反之，在比值 MS_e/GMS_e 较大时，就意味着诸样本方差差异较大，从而反映诸总体方差差异也较大，这时应该倾向于拒绝原假设（7.3.1），这一想法对此比值的对数也适用。从而检验原假设（7.3.1）的拒绝域应有如下形式：

$$W = \{\ln(MS_e/GMS_e) \geqslant d\}$$

Bartlett 证明了：在大样本场合，$\ln(MS_e/GMS_e)$ 的某个函数 B 近似服从自由度为 $r-1$ 的 χ^2 分布，其中

$$B = \frac{f_e}{C}(\ln MS_e - \ln GMS_e) = \frac{1}{C}\left[f_e \ln MS_e - \sum_{i=1}^r f_i \ln s_i^2 \right] \tag{7.3.6}$$

$$C = 1 + \frac{1}{3(r-1)}\left[\sum_{i=1}^r \frac{1}{f_i} - \frac{1}{f_e} \right]$$

若取 B 作为检验统计量，对给定的显著性水平 α，检验原假设(7.3.1)的拒绝域为

$$W = \{B \geqslant \chi^2_{1-\alpha}(r-1)\} \tag{7.3.7}$$

这就是 Bartlett 检验。它在样本容量不等或相等场合均可使用。

例 7.3.2 在显著性水平 $\alpha = 0.05$ 时检验例 7.1.1 中四个总体的方差是否一致。

解：这里 $m_1 = 2, m_2 = 3, m_3 = 3, m_4 = 2$，各 m_i 不全相等，故用统计量(7.3.6)作检验。

由于 $r = 4$，在 $\alpha = 0.05$ 时查 χ^2 分布表得 $\chi^2_{0.95}(3) = 7.815$，从而拒绝域为

$$W = \{\chi^2 \geqslant 7.815\}$$

现由样本求得各自的无偏方差分别为：

$$s_1^2 = 18, \quad s_2^2 = 1, \quad s_3^2 = 4, \quad s_4^2 = 18$$

又由例 7.1.1 知 $S_e = 46, f_e = 6$，则可求得

$$C = 1 + \frac{1}{3 \times 3}\left[\frac{1}{1} + \frac{1}{2} + \frac{1}{2} + \frac{1}{1} - \frac{1}{6} \right] = 1.3148$$

$$B = \frac{1}{1.3148}\left[6 \times \ln \frac{46}{6} - \ln 18 - 2\ln 1 - 2\ln 4 - \ln 18 \right] = 2.79$$

由于 $\chi^2 = 2.79 < 7.815$，这表明样本落在接受域内，因此在 $\alpha = 0.05$ 水平上可以认为四个总体的方差相同。

习题 7.3

1. 在 $\alpha = 0.05$ 水平上检验如下三个正态总体方差是否相同：
   (1) 从三个正态总体中各抽取容量为 8 的样本，各样本的无偏方差分别为 6.21，1.12，4.34；
   (2) 从三个正态总体中分别抽取容量为 9，6，5 的样本，各样本的无偏方差分别为 8.00，4.67，4.00。
2. 对习题 7.1.6 涉及的三个正态总体检验其方差是否相同。（取 $\alpha = 0.05$）
3. 对习题 7.1.9 涉及的四个正态总体检验其方差是否相同。（取 $\alpha = 0.05$）
4. 对习题 7.2.5 涉及的四个正态总体检验其方差是否相同。（取 $\alpha = 0.05$）

§ 7.4　一元线性回归

在一些实际问题中,经常需要我们从定量的角度去研究某些变量间的关系。一般讲,变量间的关系有两类:

一类是变量间具有完全确定的关系,它们可以用函数形式去表达。例如圆的面积 S 与半径 R 有关,一旦半径 R 确定,则面积 S 可通过函数 $f(R) = \pi R^2$ 求出,即 $S = \pi R^2$。

另一类是变量间有关系,但不能用函数形式表达。例如人的体重 y 与身高 x 有关,一般而言,较高的人体重较重,但同样身高的人体重却不会都相同;又如居民的储蓄存款额 y 与他的收入 x 有关,但同样收入的人储蓄存款额也不会相同。这种变量间的关系在统计上称为**相关关系**。

回归分析便是研究变量间相关关系的一种统计方法。

7.4.1　一元线性回归模型

为了讨论简便起见,假定有两个变量: x 是自变量,其值是可以控制或精确测量的,认为它是非随机变量; y 是因变量,对给定的 x 值, y 的取值事先不能确定,故 y 是随机变量。为了研究 y 与 x 间的关系,首先就要收集数据,下面通过一个例子来说明。

例 7.4.1　我们知道营业税税收总额 y 与社会商品零售总额 x 有关。为能从社会商品零售总额去预测税收总额,需要了解两者的关系。现收集了某地如下九组数据(表 7.4.1):

表 7.4.1　社会商品零售总额与税收总额　　　　　　　单位:亿元

序号	社会商品零售总额 x	营业税税收总额 y
1	142.08	3.93
2	177.30	5.96
3	204.68	7.85
4	242.88	9.82
5	316.24	12.50
6	341.99	15.55
7	332.69	15.79
8	389.29	16.39
9	453.40	18.45

通常将上述数据记为 (x_i, y_i), $i = 1, 2, \cdots, n$,本例 $n = 9$。为了直观起见,可将这 n 对数据作为平面直角坐标系中 n 个点,将它们点在 xOy 平面上得到一张"**散点图**"。本例的散点图见图 7.4.1。

观察 n 个点在图中的散布情况,发现本例的 9 个点散布在某直线 l 附近。从而我们可以认为观测值 y 由两部分叠加而成:一是随 x 的变化而呈线性变化的趋势,用 $\beta_0 + \beta_1 x$ 表示;二是其他随机因素影响的总和,用 ε 表示,故有 y_i 的数据结构式

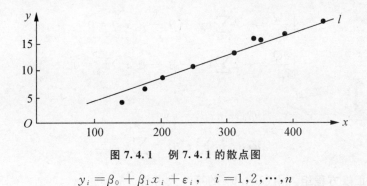

图 7.4.1　例 7.4.1 的散点图

$$y_i = \beta_0 + \beta_1 x_i + \varepsilon_i, \quad i = 1, 2, \cdots, n$$

其中 β_0, β_1 为未知参数,称它们为回归系数,有时还专称 β_0 为回归常数,各 ε_i 是不可观测其值的随机误差,通常假定 $\varepsilon_i \sim N(0, \sigma^2)$,且 $\varepsilon_1, \varepsilon_2, \cdots, \varepsilon_n$ 相互独立。综上所述,可得如下一元线性回归模型:

$$\begin{cases} y_i = \beta_0 + \beta_1 x_i + \varepsilon_i, & i = 1, 2, \cdots, n \\ \text{各 } \varepsilon_i \text{ 相互独立,且都服从 } N(0, \sigma^2) \end{cases} \tag{7.4.1}$$

由 (7.4.1) 可知,$y_i \sim N(\beta_0 + \beta_1 x_i, \sigma^2)$,$i = 1, 2, \cdots, n$,且 $y_1, y_2, \cdots, y_n$ 相互独立。这里 y_i 既表示随机变量,又表示其观察值,本节都是这样。

略去下标 i,则

$$E(y) = \beta_0 + \beta_1 x \tag{7.4.2}$$

这便是 y 关于 x 的一元**线性回归函数**,其在 xOy 平面上的图像是一条直线(如图 7.4.1 中记为 l 的直线),β_1 是直线的斜率,表示 x 增加一个单位时 $E(y)$ 的增加量,β_0 是直线 l 在 y 轴上的截距。由于 (7.4.2) 式中 β_0, β_1 未知,故需要我们从收集到的数据出发进行估计。若记 $\hat{\beta}_0, \hat{\beta}_1$ 为其估计,则称

$$\hat{y} = \hat{\beta}_0 + \hat{\beta}_1 x \tag{7.4.3}$$

为 y 关于 x 的一元**线性回归方程**。有了 $\hat{\beta}_0, \hat{\beta}_1$ 可将图 7.4.1 中的直线 l 画出来,它实际上是作为 (7.4.2) 式所代表的直线的一种估计。

7.4.2　回归系数的最小二乘估计

估计回归系数 β_0, β_1 的一个直观想法便是要求观测值 y_i 与其均值 $\beta_0 + \beta_1 x_i$ 的偏离越小越好,为避免正负偏差抵销,可要求如下的偏差平方和 Q 达到最小:

$$Q(\beta_0, \beta_1) = \sum_{i=1}^n (y_i - \beta_0 - \beta_1 x_i)^2 \tag{7.4.4}$$

即要求估计 $\hat{\beta}_0, \hat{\beta}_1$ 满足

$$Q(\hat{\beta}_0, \hat{\beta}_1) = \min_{\beta_0, \beta_1} Q(\beta_0, \beta_1)$$

由于 $Q(\beta_0, \beta_1)$ 是一个非负二次型,对 β_0, β_1 的偏导存在,因而可通过令 Q 对 β_0, β_1 的偏导为零来求。现有

$$\begin{cases} \dfrac{\partial Q}{\partial \beta_0} = -2\sum_{i=1}^{n}(y_i - \beta_0 - \beta_1 x_i) = 0 \\[2mm] \dfrac{\partial Q}{\partial \beta_1} = -2\sum_{i=1}^{n}(y_i - \beta_0 - \beta_1 x_i)x_i = 0 \end{cases} \qquad (7.4.5)$$

经整理有

$$\begin{cases} n\beta_0 + n\bar{x}\beta_1 = n\bar{y} \\[2mm] n\bar{x}\beta_0 + \sum_{i=1}^{n}x_i^2\beta_1 = \sum_{i=1}^{n}x_i y_i \end{cases} \qquad (7.4.6)$$

称 (7.4.6) 为**正规方程组**。由 (7.4.6) 的第一式可得

$$\beta_0 = \bar{y} - \beta_1 \bar{x}$$

将其代入 (7.4.6) 的第二式,有

$$\left(\sum_i x_i^2 - n\bar{x}^2\right)\beta_1 = \sum_i x_i y_i - n\bar{x}\bar{y}$$

(以后 "$\sum_{i=1}^{n}$" 常简记为 "$\sum_i$") 记

$$l_{xx} = \sum_i x_i^2 - n\bar{x}^2 = \sum_i (x_i - \bar{x})^2 = \sum_i x_i^2 - \frac{1}{n}\left(\sum_i x_i\right)^2$$

$$l_{xy} = \sum_i x_i y_i - n\bar{x}\bar{y} = \sum_i (x_i - \bar{x})(y_i - \bar{y}) \qquad (7.4.7)$$

$$= \sum_i x_i y_i - \frac{1}{n}\left(\sum_i x_i\right)\left(\sum_i y_i\right)$$

只要 $x_1, x_2, \cdots, x_n$ 不全相等,则 $l_{xx} \neq 0$,便可解得

$$\begin{cases} \hat{\beta}_1 = \dfrac{l_{xy}}{l_{xx}} \\[2mm] \hat{\beta}_0 = \bar{y} - \hat{\beta}_1 \bar{x} \end{cases} \qquad (7.4.8)$$

可验证 (7.4.8) 使 (7.4.4) 达到最小,故称 (7.4.8) 为 β_1, β_0 的最小二乘估计,也常简记为 LSE。

从 (7.4.8) 知,求 β_0, β_1 的最小二乘估计可按如下步骤进行:

(1) 求出 $\sum_i x_i$, $\sum_i y_i$ 及 $\bar{x}, \bar{y}$;

(2) 求出 $\sum_i x_i^2$, $\sum_i x_i y_i$,按 (7.4.7) 求出 l_{xx} 与 l_{xy};

(3) 按 (7.4.8) 求 $\hat{\beta}_1$ 与 $\hat{\beta}_0$,并写出回归方程

$$\hat{y} = \hat{\beta}_0 + \hat{\beta}_1 x$$

例 7.4.1 的计算常列成如表 7.4.2 那样的计算表格,其中 $l_{yy} = \sum_i (y_i - \bar{y})^2 = \sum_i y_i^2$ $- n\bar{y}^2 = \sum_i y_i^2 - \frac{1}{n}\left(\sum_i y_i\right)^2$ 是为了后面的需要而求的。

表 7.4.2 例 7.4.1 的计算表

$$\sum_i x_i = 2600.55 \qquad n = 9 \qquad \sum_i y_i = 106.24$$

$$\bar{x} = 288.95 \qquad\qquad\qquad \bar{y} = 11.8044$$

$$\sum_i x_i^2 = 837272.4111 \qquad \sum_i x_i y_i = 34876.7147 \qquad \sum_i y_i^2 = 1465.4326$$

$$\frac{1}{n}\left(\sum_i x_i\right)^2 \qquad \frac{1}{n}\left(\sum_i x_i\right)\left(\sum_i y_i\right) \qquad \frac{1}{n}\left(\sum_i y_i\right)^2$$

$$= 751428.9225 \qquad = 30698.0480 \qquad = 1254.1042$$

$$l_{xx} = 85843.4886 \qquad l_{xy} = 4178.6667 \qquad l_{yy} = 211.3284$$

$$\hat{\beta}_1 = \frac{l_{xy}}{l_{xx}} = 0.0487$$

$$\hat{\beta}_0 = \bar{y} - \hat{\beta}_1 \bar{x} = -2.2675$$

$$\text{故 } \hat{y} = -2.2675 + 0.0487x \tag{7.4.9}$$

从回归方程(7.4.9)可知,当社会零售总额增加 1 亿元时,营业税税收总额增加 0.0487 亿元,这便是 $\hat{\beta}_1$ 的含义。对本例来讲 $\hat{\beta}_0 < 0$ 不能作出实际解释,因为 $x = 0$ 时该方程是无意义的。故要注意(7.4.9)仅在 x 的某一范围内成立,通常在 $[x_{(1)}, x_{(n)}]$ 及其附近区域内方程是有意义的,而超出这范围要具体分析,其中 $x_{(1)}, x_{(n)}$ 分别为 $x_1, x_2, \cdots, x_n$ 中的最小值与最大值。

求出 β_0, β_1 的最小二乘估计后,可写出回归方程,它常有两种表示方式:

$$\hat{y} = \hat{\beta}_0 + \hat{\beta}_1 x = \bar{y} + \hat{\beta}_1 (x - \bar{x})$$

这表明回归直线必过两点 $(0, \hat{\beta}_0)$ 与 $(\bar{x}, \bar{y})$。

7.4.3 最小二乘估计的性质

设由数据 (x_i, y_i), $i = 1, 2, \cdots, n$,求得模型(7.4.1)中 β_0、β_1 的最小二乘估计 $\hat{\beta}_0, \hat{\beta}_1$,由此建立了回归方程 $\hat{y} = \hat{\beta}_0 + \hat{\beta}_1 x$,称 $\hat{y}_i = \hat{\beta}_0 + \hat{\beta}_1 x_i$ 为在 $x = x_i$ 处的拟合值(或回归值),称 $e_i = y_i - \hat{y}_i$ 为残差,$i = 1, 2, \cdots, n$,$S_E = \sum_i (y_i - \hat{y}_i)^2$ 称为残差平方和。它们有以下一些性质:

定理 7.4.1 在模型(7.4.1)下,有

$$(1)\hat{\beta}_1 \sim N\left(\beta_1, \frac{\sigma^2}{l_{xx}}\right) \tag{7.4.10}$$

$$(2)\hat{\beta}_0 \sim N\left(\beta_0, \left(\frac{1}{n} + \frac{\bar{x}^2}{l_{xx}}\right)\sigma^2\right) \tag{7.4.11}$$

$$(3)\text{Cov}(\hat{\beta}_0, \hat{\beta}_1) = -\frac{\bar{x}}{l_{xx}}\sigma^2 \tag{7.4.12}$$

证:利用 $\sum_i (x_i - \bar{x}) = 0$,可把 $\hat{\beta}_1$ 改写成 y_i 的线性组合形式,即

$$\hat{\beta}_1 = \frac{l_{xy}}{l_{xx}} = \sum_i \frac{x_i - \bar{x}}{l_{xx}} y_i$$

由此可见，$\hat{\beta}_1$ 是独立正态变量 $y_1, y_2, \cdots, y_n$ 的线性组合，因此 $\hat{\beta}_1$ 仍服从正态分布，由于正态分布仅由其均值与方差决定，它们是

$$E\hat{\beta}_1 = \sum_i \frac{x_i - \bar{x}}{l_{xx}} Ey_i = \sum_i \frac{x_i - \bar{x}}{l_{xx}} (\beta_0 + \beta_1 x_i)$$

$$= \beta_1 \cdot \sum_i \frac{x_i - \bar{x}}{l_{xx}} x_i = \beta_1$$

$$\mathrm{Var}(\hat{\beta}_1) = \sum_i \left(\frac{x_i - \bar{x}}{l_{xx}}\right)^2 \mathrm{Var}(y_i) = \frac{\sigma^2}{l_{xx}}$$

因而有(7.4.10)。同样也可改写 $\hat{\beta}_0$，

$$\hat{\beta}_0 = \bar{y} - \hat{\beta}_1 \bar{x} = \sum_i \left(\frac{1}{n} - \frac{x_i - \bar{x}}{l_{xx}} \cdot \bar{x}\right) y_i$$

可见，$\hat{\beta}_0$ 也是独立正态变量的线性组合，其均值与方差分别为

$$E\hat{\beta}_0 = E\bar{y} - E\hat{\beta}_1 \cdot \bar{x} = \beta_0 + \beta_1 \bar{x} - \beta_1 \bar{x} = \beta_0$$

$$\mathrm{Var}(\hat{\beta}_0) = \sum_i \left(\frac{1}{n} - \frac{x_i - \bar{x}}{l_{xx}} \bar{x}\right)^2 \mathrm{Var}(y_i)$$

$$= \left(\frac{1}{n} + \frac{\bar{x}^2}{l_{xx}}\right) \sigma^2$$

因而有(7.4.11)。利用协方差的运算性质有

$$\mathrm{Cov}(\hat{\beta}_0, \hat{\beta}_1) = \mathrm{Cov}\left(\sum_i \left(\frac{1}{n} - \frac{x_i - \bar{x}}{l_{xx}} \bar{x}\right) y_i, \sum_i \frac{x_i - \bar{x}}{l_{xx}} y_i\right)$$

$$= \sum_i \left(\frac{1}{n} - \frac{x_i - \bar{x}}{l_{xx}} \cdot \bar{x}\right) \cdot \frac{x_i - \bar{x}}{l_{xx}} \cdot \mathrm{Var}(y_i)$$

$$= -\frac{\bar{x}}{l_{xx}} \sigma^2$$

故(7.4.12)得证。

由以上三点可知 $\hat{\beta}_1$、$\hat{\beta}_0$ 分别是 β_1、β_0 的无偏估计，但除了 $\bar{x} = 0$ 外，通常估计量 $\hat{\beta}_0$ 与 $\hat{\beta}_1$ 是相关的，当 $\bar{x} > 0$ 时，$\hat{\beta}_0$ 与 $\hat{\beta}_1$ 负相关，当 $\bar{x} < 0$ 时，$\hat{\beta}_0$ 与 $\hat{\beta}_1$ 正相关。

定理 7.4.2　在模型(7.4.1)下，有

(1) $S_E / \sigma^2 \sim \chi^2(n-2)$；　　　　　　　　　　　　　　　　　　(7.4.13)

(2) $S_E, \hat{\beta}_1, \bar{y}$ 相互独立。　　　　　　　　　　　　　　　　　　(7.4.14)

证明：首先考察残差平方和 S_E，考虑到(7.4.1)和(7.4.8)，我们有

$$S_E = \sum_i (y_i - \hat{y}_i)^2 = \sum_i (y_i - \hat{\beta}_0 - \hat{\beta}_1 x_i)^2 = \sum_i [y_i - \bar{y} - \hat{\beta}_1 (x_i - \bar{x})]^2$$

$$= \sum_i (y_i - \bar{y})^2 - 2\hat{\beta}_1 \sum_i (x_i - \bar{x})(y_i - \bar{y}) + \hat{\beta}_1^2 \sum_i (x_i - \bar{x})^2$$

$$= \sum_i y_i^2 - n\bar{y}^2 - 2\frac{l_{xy}^2}{l_{xx}} + \frac{l_{xy}^2}{l_{xx}}$$

$$= \sum_i y_i^2 - \left(\frac{1}{\sqrt{n}} \sum_i y_i \right)^2 - \left(\sum_i \frac{x_i - \bar{x}}{\sqrt{l_{xx}}} y_i \right)^2$$

对 $y_1, y_2, \cdots, y_n$ 作线性变换,令

$$\begin{cases} Z_i = a_{i1} y_1 + a_{i2} y_2 + \cdots + a_{in} y_n & i = 1, 2, \cdots, n-2 \\ Z_{n-1} = \dfrac{x_1 - \bar{x}}{\sqrt{l_{xx}}} y_1 + \dfrac{x_2 - \bar{x}}{\sqrt{l_{xx}}} y_2 + \cdots + \dfrac{x_n - \bar{x}}{\sqrt{l_{xx}}} y_n \\ Z_n = \dfrac{1}{\sqrt{n}} y_1 + \dfrac{1}{\sqrt{n}} y_2 + \cdots + \dfrac{1}{\sqrt{n}} y_n \end{cases} \tag{7.4.15}$$

其中各 $a_{ij}, i = 1, 2, \cdots, n-2, j = 1, 2, \cdots, n$ 满足如下条件:

$$\begin{cases} \sum_{j=1}^n a_{ij} = 0, \ \sum_{j=1}^n a_{ij}^2 = 1, \ \sum_{j=1}^n a_{ij} x_j = 0 & i = 1, 2, \cdots, n-2 \\ \sum_{j=1}^n a_{ij} a_{kj} = 0 & i \neq k, \ i, k = 1, 2, \cdots, n-2 \end{cases} \tag{7.4.16}$$

则

$$\sum_i y_i^2 = \sum_i Z_i^2, \quad \left(\frac{1}{\sqrt{n}} \sum_i y_i \right)^2 = Z_n^2, \quad \left(\sum_i \frac{x_i - \bar{x}}{\sqrt{l_{xx}}} y_i \right)^2 = Z_{n-1}^2$$

从而

$$S_E = \sum_i Z_i^2 - Z_n^2 - Z_{n-1}^2 = \sum_{i=1}^{n-2} Z_i^2$$

由于 $y_1, y_2, \cdots, y_n$ 相互独立,都服从正态分布,所以各 Z_i 也都服从正态分布,下面计算各 Z_i 的期望、方差及协方差,利用(7.4.16) 有:

$$E(Z_i) = 0, \quad \text{Var}(Z_i) = \sigma^2, \quad i = 1, 2, \cdots, n-2$$

$$E(Z_{n-1}) = \beta_1 \sqrt{l_{xx}}, \quad \text{Var}(Z_{n-1}) = \sigma^2$$

$$E(Z_n) = \sqrt{n}(\beta_0 + \beta_1 \bar{x}), \quad \text{Var}(Z_n) = \sigma^2$$

$$\text{Cov}(Z_i, Z_j) = 0 \quad i \neq j, \quad i, j = 1, 2, \cdots, n$$

这表明 $Z_1, Z_2, \cdots, Z_n$ 相互独立,且 $Z_1, Z_2, \cdots, Z_{n-2}$ 都服从 $N(0, \sigma^2)$,从而 $\dfrac{Z_1}{\sigma}, \dfrac{Z_2}{\sigma}, \cdots, \dfrac{Z_{n-2}}{\sigma}$ 独立同分布,均服从 $N(0, 1)$,故有

$$S_E / \sigma^2 = \sum_{i=1}^{n-2} \left(\frac{Z_i}{\sigma} \right)^2 \sim \chi^2(n-2)$$

又 $Z_n = \dfrac{1}{\sqrt{n}} \sum_i y_i = \sqrt{n} \, \bar{y}$, $Z_{n-1} = \sum_i \dfrac{x_i - \bar{x}}{\sqrt{l_{xx}}} y_i = \hat{\beta}_1 \sqrt{l_{xx}}$,这表明 $\bar{y}$ 是 Z_n 的函数,$\hat{\beta}_1$ 是 Z_{n-1} 的函数,S_E 是 $Z_1, \cdots, Z_{n-2}$ 的函数,由 $Z_1, Z_2, \cdots, Z_n$ 的独立性知 $S_E, \hat{\beta}_1, \bar{y}$ 三者相互独立。

由这一定理的(7.4.13) 式,可知 $E(S_E / \sigma^2) = n-2$,从而

$$\hat{\sigma}^2 = \frac{S_E}{n-2} \tag{7.4.17}$$

是 σ^2 的无偏估计。

7.4.4 回归方程的显著性检验

从最小二乘估计表达式(7.4.8)知，只要给出了 n 组数据 (x_i, y_i)，$i=1,2,\cdots,n$，总可将它们代入(7.4.8)获得 β_0 与 β_1 的估计，从而写出回归方程。但这个回归方程是否有意义呢？当然可以从散点图去观察，当 n 个点散布在某直线附近时认为方程是有意义的。然而什么叫在某直线"附近"呢？用眼睛看会因人而异，为此需要有个检验准则。

为作检验，首先要建立假设。我们求回归方程的目的是要去反映 y 随 x 变化的统计规律，那么如果 $\beta_1 = 0$，从(7.4.2)可知，不管 x 如何变化，Ey 不会随之而改变，在这种情况下求出的回归方程(7.4.3)是无意义的。所以检验回归方程是否有意义的问题转化为检验下列假设是否为真：

$$H_0: \beta_1 = 0 \tag{7.4.18}$$

下面介绍三种常用的检验方法，使用时可选择其中之一。

7.4.4.1 F 检验

这一方法类似于 §7.1 介绍的方差分析的想法，也是从观察值的总偏差平方和分解入手。

（1）总平方和分解

我们观测到的 $y_1, y_2, \cdots, y_n$ 的差异可以用总偏差平方和表示：

$$S_T = \sum_i (y_i - \bar{y})^2, \quad f_T = n-1 \tag{7.4.19}$$

造成这一差异的原因有如下两个方面：

一是由于假设 $\beta_1 = 0$ 不真，从而对不同的 x 值，Ey 随 x 而变化。我们可以用下列偏差平方和来表示由此引起的差异：

$$S_R = \sum_i (\hat{y}_i - \bar{y})^2 \tag{7.4.20}$$

其中 $\hat{y}_i = \hat{\beta}_0 + \hat{\beta}_1 x_i = \bar{y} + \hat{\beta}_1 (x_i - \bar{x})$，$i=1,2,\cdots,n$。由于

$$S_R = \sum_i (\hat{y}_i - \bar{y})^2 = \sum_i [\hat{\beta}_1 (x_i - \bar{x})]^2 = \hat{\beta}_1^2 l_{xx} \tag{7.4.21}$$

从(7.4.10)式可知，其期望值

$$\begin{aligned}
ES_R &= E\hat{\beta}_1^2 \cdot l_{xx} = [(E\hat{\beta}_1)^2 + \mathrm{Var}(\hat{\beta}_1)] l_{xx} \\
&= \beta_1^2 l_{xx} + \sigma^2
\end{aligned} \tag{7.4.22}$$

这便表明 S_R 中除了误差波动外，还反映了由 $\beta_1 \neq 0$ 所引起的数据间的差异，称(7.4.20)为**回归平方和**，其自由度 $f_R = 1$。

二是由其他一切随机因素引起的差异，它可用残差平方和

$$S_E = \sum_i (y_i - \hat{y}_i)^2 \tag{7.4.23}$$

表示。由定理 7.4.2 知 $S_E/\sigma^2 \sim \chi^2(n-2)$，于是

$$E(S_E) = (n-2)\sigma^2 \qquad\qquad (7.4.24)$$

残差平方和也称**剩余平方和**，其自由度 $f_E = n-2$。

利用 (7.4.5) 有 $\sum_i (y_i - \hat{y}_i) = 0$，$\sum_i (y_i - \hat{y}_i)x_i = 0$，从而有下列平方和分解式：

$$
\begin{aligned}
S_T &= \sum_i (y_i - \bar{y})^2 = \sum_i (y_i - \hat{y}_i + \hat{y}_i - \bar{y})^2 \\
&= \sum_i (y_i - \hat{y}_i)^2 + \sum_i (\hat{y}_i - \bar{y})^2 \\
&= S_E + S_R \qquad\qquad (7.4.25)
\end{aligned}
$$

(2) 检验统计量与拒绝域

从 (7.4.22) 与 (7.4.24) 可知，在 $\beta_1 = 0$ 为真时，S_R 与 $S_E/(n-2)$ 都是 σ^2 的无偏估计，而在 $\beta_1 \neq 0$ 时，

$$E(S_R) = \beta_1^2 l_{xx} + \sigma^2 > \sigma^2 = E\left(\frac{S_E}{n-2}\right)$$

因而可采用检验统计量

$$F = \frac{S_R}{S_E/(n-2)} \qquad\qquad (7.4.26)$$

检验假设 (7.4.18) 时，取如下拒绝域是合适的：

$$\{F \geqslant c\}$$

对给定的显著性水平 α，在 $\beta_1 = 0$ 的假定下，c 应满足

$$P(F \geqslant c) = \alpha \qquad\qquad (7.4.27)$$

(3) 临界值的确定

由定理 7.4.1 知 $\hat{\beta}_1 \sim N\left(\beta_1, \frac{\sigma^2}{l_{xx}}\right)$，在 $\beta_1 = 0$ 时有

$$\frac{\hat{\beta}_1}{\sigma/\sqrt{l_{xx}}} \sim N(0,1)$$

即

$$\frac{\hat{\beta}_1^2 l_{xx}}{\sigma^2} = \frac{S_R}{\sigma^2} \sim \chi^2(1)$$

又由定理 7.4.2 知 $S_E/\sigma^2 \sim \chi^2(n-2)$，且由 S_E 与 $\hat{\beta}_1$ 的独立性可知 S_E 与 S_R 相互独立，从 F 分布的构造可知，在 $\beta_1 = 0$ 时有

$$\frac{\dfrac{S_R}{\sigma^2}}{\dfrac{S_E}{\sigma^2}/(n-2)} = \frac{S_R}{S_E/(n-2)} = F \sim F(1, n-2)$$

从而 (7.4.27) 式中的 $c = F_{1-\alpha}(1, n-2)$。由此可得检验假设 (7.4.18) 的 α 水平的拒绝域

为

$$\{F \geqslant F_{1-\alpha}(1, n-2)\} \tag{7.4.28}$$

以上求检验统计量 F 的值的过程也常常列成一张方差分析表（表 7.4.3）。

表 7.4.3　方差分析表

来　源	平方和	自由度	均方	F　比
回　归	S_R	$f_R = 1$	$MS_R = S_R / f_R$	$F = \dfrac{MS_R}{MS_E}$
残　差	S_E	$f_E = n-2$	$MS_E = S_E / f_E$	
总　计	S_T	$f_T = n-1$		

其中 f_R, f_E, f_T 分别称为 S_R, S_E, S_T 的自由度。其中各偏差平方和的计算可如下进行：

$$S_T = l_{yy} = \sum_i (y_i - \bar{y})^2 = \sum_i y_i^2 - \frac{1}{n} \left(\sum_i y_i\right)^2$$

$$S_R = \hat{\beta}_1^2 l_{xx} = \hat{\beta}_1 l_{xy} = \frac{l_{xy}^2}{l_{xx}}$$

$$S_E = S_T - S_R$$

下面我们对例 7.4.1 作回归方程的显著性检验。

由表 7.4.2 知

$$S_T = l_{yy} = 211.3284$$
$$S_R = \hat{\beta}_1 l_{xy} = 0.0487 \times 4178.6667 = 203.5011$$
$$S_E = 211.3284 - 203.5011 = 7.8273$$

其方差分析表见表 7.4.4。

表 7.4.4　例 7.4.1 的方差分析表

来　源	平方和	自由度	均方	F　比
回　归	203.5011	1	203.5011	181.99
残　差	7.8273	7	1.1182	
总　计	211.3284	8		

在 $\alpha = 0.05$ 时，$F_{0.95}(1,7) = 5.59$，故拒绝域为 $\{F \geqslant 5.59\}$，现样本落入拒绝域，故拒绝 $\beta_1 = 0$ 的假设，即认为回归方程有显著意义。

7.4.4.2　t 检验

由定理 7.4.1 知 $\hat{\beta}_1 \sim N\left(\beta_1, \dfrac{\sigma^2}{l_{xx}}\right)$，假设（7.4.18）相当于检验正态分布的均值是否为 0。在 $\beta_1 = 0$ 时，$\dfrac{\hat{\beta}_1}{\sigma / \sqrt{l_{xx}}} \sim N(0,1)$，但其中 σ 未知，常用估计 $\hat{\sigma}^2 = S_E / (n-2)$ 去代替，则根据定理 7.4.2 知 $S_E / \sigma^2 \sim \chi^2(n-2)$，又与 $\hat{\beta}_1$ 独立，从而在 $\beta_1 = 0$ 时

$$t = \frac{\hat{\beta}_1}{\hat{\sigma} / \sqrt{l_{xx}}} = \frac{\dfrac{\hat{\beta}_1}{\sigma / \sqrt{l_{xx}}}}{\sqrt{\dfrac{S_E}{\sigma^2} / (n-2)}} \sim t(n-2) \tag{7.4.29}$$

因此我们也可采用(7.4.29)式的 t 统计量作检验,对给定的显著性水平 α,拒绝域为

$$\{\mid t \mid \geqslant t_{1-\frac{\alpha}{2}}(n-2)\} \tag{7.4.30}$$

实质上 t 检验与 F 检验是等价的,这里 $t^2 = F$。

对例 7.4.1 来讲,若采用 t 检验,则在 $\alpha = 0.05$ 水平上,$t_{0.975}(7) = 2.365$,则拒绝域为 $\{\mid t \mid \geqslant 2.365\}$。现由表 7.4.2 知:$\hat{\beta}_1 = 0.0487, l_{xx} = 85843.4886$,由表 7.4.4 知 $\hat{\sigma} = \sqrt{1.1182} = 1.0574$,则

$$t = \frac{0.0487}{1.0574 / \sqrt{85843.4886}} = 13.49$$

由于 $\mid t \mid > 2.365$,故样本落入拒绝域,因此拒绝 $\beta_1 = 0$ 的假设,认为回归方程是显著的。

7.4.4.3　相关系数检验

二维样本 $(x_i, y_i), i = 1, 2, \cdots, n$ 的相关系数定义为

$$r = \frac{\sum\limits_i (x_i - \bar{x})(y_i - \bar{y})}{\sqrt{\sum\limits_i (x_i - \bar{x})^2 \sum\limits_i (y_i - \bar{y})^2}} = \frac{l_{xy}}{\sqrt{l_{xx} l_{yy}}}$$

这是一个统计量,我们也可以用 r 来检验假设 $H_0 : \beta_1 = 0$。

由于 r 与 $\hat{\beta}_1$ 间有如下关系:

$$r = \frac{l_{xy}}{\sqrt{l_{xx} l_{yy}}} = \frac{l_{xy}}{l_{xx}} \cdot \sqrt{\frac{l_{xx}}{l_{yy}}} = \hat{\beta}_1 \cdot \sqrt{\frac{l_{xx}}{l_{yy}}}$$

从直观上可知,当 H_0 为真时,$\mid \hat{\beta}_1 \mid$ 应较小,从而 $\mid r \mid$ 应较小,当 $\mid r \mid$ 较大时,就应拒绝 H_0,因而可取如下形式的拒绝域:

$$\{\mid r \mid \geqslant c\} \tag{7.4.31}$$

在给定的显著性水平 α 下,当 H_0 为真时,c 应满足 $P(\mid r \mid \geqslant c) = \alpha$。

由于统计量 r 与(7.4.26)式中给出的统计量 F 有如下关系:

$$r^2 = \frac{l_{xy}^2}{l_{xx} l_{yy}} = \frac{S_R}{S_T} = \frac{1}{\dfrac{S_R + S_E}{S_R}} = \frac{1}{1 + \dfrac{S_E / (n-2)}{S_R} \cdot (n-2)}$$

$$= \frac{1}{1 + \dfrac{n-2}{F}}$$

可见,r^2 是 F 的严增函数,因而临界值 c 可从 $F(1, n-2)$ 的分位数获得,它与 $n-2$ 有关。为方便起见,已将 r 分布的分位数制成了表(附表 14),记 $c = r_{1-\frac{\alpha}{2}}(n-2)$。

因而检验(7.4.18)的水平为 α 的拒绝域是

$$\{\mid r \mid \geqslant r_{1-\frac{\alpha}{2}}(n-2)\} \tag{7.4.32}$$

对例 7.4.1 来讲,用 r 作检验时,在 $\alpha = 0.05$ 水平上,查附表 14 得 $r_{0.975}(7) = 0.6664$,故拒

绝域是$\{|r|\geqslant 0.6664\}$,这表明:9对数据间的相关系数若不低于0.6664,那就在$\alpha=0.05$水平上,认为它们之间存在线性相关关系。现由表7.4.2可求得

$$r=\frac{4178.6667}{\sqrt{85843.4866\times211.3284}}=0.98$$

由于$0.98>0.6664$,故样本落入拒绝域,拒绝$\beta_1=0$的假设,认为回归方程是显著的。

从上述叙述可以看出,检验$H_0:\beta_1=0$的三种方法,彼此是等价的,使用时看哪一种方法计算量少,就用哪一个。当把一元线性回归推广到多元线性回归[12]时,方差分析便于推广到多元的场合,而另两种方法无推广余地。

7.4.5 利用回归方程作预测

当求得了回归方程$\hat{y}=\hat{\beta}_0+\hat{\beta}_1 x$,并经检验,方程是显著的,则可将该回归方程用于预测。

所谓预测是指当$x=x_0$时对相应的y的取值y_0所作的推断。由模型知,$y_0=\beta_0+\beta_1 x_0+\varepsilon_0$是一个随机变量,要预测随机变量的取值是不可能的,只能预测其期望值$E(y_0)$。譬如在例7.4.1中,当社会商品零售总额$x=300$亿元时营业税的税收总额是多少难以预测,但平均税收总额是可以预测的。这种统计推断有两类:一是给出$E(y_0)$的估计值,也称为**预测值**;另一个是给出y_0的一个**预测区间**。

由(7.4.10)~(7.4.12)式可知,在$x=x_0$处的回归值是$\hat{y}_0=\hat{\beta}_0+\hat{\beta}_1 x_0$,且

$$\hat{y}_0\sim N\left(\beta_0+\beta_1 x_0,\left(\frac{1}{n}+\frac{(x_0-\bar{x})^2}{l_{xx}}\right)\sigma^2\right)\qquad(7.4.33)$$

因而$\hat{y}_0$是相应的期望值$E(y_0)=\beta_0+\beta_1 x_0$的一个无偏估计,它就是预测值。

然而在$x=x_0$时,随机变量y_0的取值与预测值$\hat{y}_0$总会有一定的偏离,可要求这种绝对偏差$|y_0-\hat{y}_0|$不超过某个δ的概率为$1-\alpha$,其中α是事先给定的$(0<\alpha<1)$,即

$$P(|y_0-\hat{y}_0|\leqslant\delta)=1-\alpha$$

或

$$P(\hat{y}_0-\delta\leqslant y_0\leqslant\hat{y}_0+\delta)=1-\alpha$$

则称$[\hat{y}_0-\delta,\hat{y}_0+\delta]$为$y_0$的概率为$1-\alpha$的**预测区间**。在给定$\alpha$后,如何来求$\delta$呢? 首先注意到$y_0$与$y_1,y_2,\cdots,y_n$是相互独立且同方差的正态变量,并且还有如下结论:

(1) 由(7.4.33)知$y_0-\hat{y}_0\sim N\left(0,\left[1+\frac{1}{n}+\frac{(x_0-\bar{x})^2}{l_{xx}}\right]\sigma^2\right)$;

(2)$S_E/\sigma^2\sim\chi^2(n-2)$;

(3) 由于$\hat{y}_0=\hat{\beta}_0+\hat{\beta}_1 x_0=\bar{y}+\hat{\beta}_1(x_0-\bar{x})$,由前所证可知,$S_E$与$\hat{y}_0$独立,从而$S_E$与$y_0-\hat{y}_0$亦独立。

由此可构造一个t变量:

$$t = \frac{\dfrac{y_0 - \hat{y}_0}{\sigma\sqrt{1 + \dfrac{1}{n} + \dfrac{(x_0 - \bar{x})^2}{l_{xx}}}}}{\sqrt{\dfrac{S_E}{\sigma^2}/(n-2)}} = \frac{y_0 - \hat{y}_0}{\hat{\sigma}\sqrt{1 + \dfrac{1}{n} + \dfrac{(x_0 - \bar{x})^2}{l_{xx}}}} \sim t(n-2)$$

其中 $\hat{\sigma}^2 = \dfrac{S_E}{n-2}$，由（7.4.17）式知，它是 σ^2 的无偏估计，记 $\hat{\sigma} = \sqrt{\hat{\sigma}^2}$，从而由

$$P(|y_0 - \hat{y}_0| \leqslant \delta) = P\left[\left|\frac{y_0 - \hat{y}_0}{\hat{\sigma}\sqrt{1 + \dfrac{1}{n} + \dfrac{(x_0 - \bar{x})^2}{l_{xx}}}}\right|\right.$$

$$\left.\leqslant \frac{\delta}{\hat{\sigma}\sqrt{1 + \dfrac{1}{n} + \dfrac{(x_0 - \bar{x})^2}{l_{xx}}}}\right] = 1 - \alpha$$

查 t 分布表可得

$$\frac{\delta}{\hat{\sigma}\sqrt{1 + \dfrac{1}{n} + \dfrac{(x_0 - \bar{x})^2}{l_{xx}}}} = t_{1-\frac{\alpha}{2}}(n-2)$$

故

$$\delta = \delta(x_0) = t_{1-\frac{\alpha}{2}}(n-2)\hat{\sigma}\sqrt{1 + \frac{1}{n} + \frac{(x_0 - \bar{x})^2}{l_{xx}}} \tag{7.4.34}$$

由（7.4.34）式知，y_0 的概率为 $1-\alpha$ 的预测区间的长度 2δ 与样本量 n、x 的偏差平方和 l_{xx}、x_0 到 $\bar{x}$ 的距离 $|x_0 - \bar{x}|$ 有关。当 n 较大，l_{xx} 较大（这表示各 $x_1, x_2, \cdots, x_n$ 较为分散），$|x_0 - \bar{x}|$ 较小时，δ 也较小，此时预测的精度较高；当 x_0 离 $\bar{x}$ 越远，预测精度就越差，特别当 x_0 在 $[x_{(1)}, x_{(n)}]$ 区间外时，预测精度可能变得很差，这种情况也称为外推，需要特别小心；另外，若各 $x_1, x_2, \cdots, x_n$ 较为集中时，那么 l_{xx} 就较小，从而也会导致预测精度的降低。从这里可见，若要用回归方程作预测，在收集数据时要使各 $x_1, x_2, \cdots, x_n$ 尽量分散，这对提高预测精度有利。在不同的 x 值的预测区间的示意图见图 7.4.2。从图 7.4.2 可见，在 $x = \bar{x}$ 处预测区间长度最短，远离 $\bar{x}$ 的预测区间愈来愈长，其预测区域两头呈喇叭状。

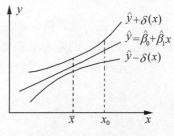

图 7.4.2　预测区间

当 n 较大时，$t_{1-\frac{\alpha}{2}}(n-2)$ 可用标准正态分布分位数 $u_{1-\frac{\alpha}{2}}$ 近似，若 $|x_0 - \bar{x}|$ 也较小，

那么在不同的 x_0 上有

$$\delta \doteq u_{1-\frac{\alpha}{2}}\hat{\sigma} \tag{7.4.35}$$

此时 y_0 的概率为 $1-\alpha$ 的预测区间的示意图见图 7.4.3,其预测区域呈带状。

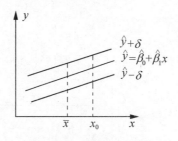

图 7.4.3　近似预测区间

现对例 7.4.1 预测社会商品零售总额 $x=300$ 亿元时的营业税的平均税收总额。由 (7.4.9) 可知预测值为

$$\hat{y}_0 = -2.2675 + 0.0487 \times 300 = 12.3425(\text{亿元})$$

在 $\alpha = 0.05$ 时,由 t 分布表查得 $t_{0.975}(7) = 2.365$,由表 7.4.2 知 $n=9, l_{xx}=85843.4886$,
$\bar{x}=288.95$,由表 7.4.4 知 $\hat{\sigma} = \sqrt{\dfrac{S_E}{f_E}} = \sqrt{1.1182} = 1.0574$,将它们代入(7.4.34)式有

$$\delta = 2.365 \times 1.0574 \times \sqrt{1 + \frac{1}{9} + \frac{(300-288.95)^2}{85843.4886}}$$
$$= 2.6377$$

则在 $x=300$ 时平均税收总额的概率为 0.95 的预测区间是

$$[12.3425 - 2.6377,\ 12.3425 + 2.6377] = [9.7048,\ 14.9802]$$

如按(7.4.35)式亦可求出近似的预测区间,在 $\alpha = 0.05$ 时,$u_{0.975} = 1.96$,则 $\delta \doteq 1.96 \times 1.0574 = 2.0725$,从而概率为 0.95 的近似预测区间为

$$[10.270,\ 14.415]$$

在本例中由于 $n=9$ 较小,故用近似的方法求得的概率为 0.95 的预测区间与精确的预测区间相差较大。

7.4.6　重复观察(试验)的情况

前面在检验回归方程的显著性时,仅仅告诉我们 x 的一次项对 y 的影响是重要的,但它并没有告诉我们 x^2, x^{-1} 或 e^{-x} 等是否对 y 的影响不重要。从这个意义上讲,回归方程是显著的还不等于讲用 y 关于 x 的一元线性回归方程拟合这 n 组数据已是最好的了。因而希望进一步检验假设

$$H_0: Ey = \beta_0 + \beta_1 x \tag{7.4.36}$$

当 H_0 为真时,可认为一元线性回归方程是拟合得好的,否则需要进一步去分析原因,或许要进一步去寻找 y 与 x 之间更合适的回归方程的形式,譬如 $E(y) = a + bx + cx^2$ 等。

为检验假设(7.4.36)需要在同一 x 下对 y 作重复试验或重复观测,记所得数据为

$$(x_i, y_{ij}) \qquad i=1,2,\cdots,n; \ j=1,2,\cdots,m_i$$

其中至少有一个 $m_i \geqslant 2$。又记 $N = \sum_{i=1}^{n} m_i$。

此时在假设 H_0 为真时模型为

$$\begin{cases} y_{ij} = \beta_0 + \beta_1 x_i + \varepsilon_{ij}, & i=1,2,\cdots,n; j=1,2,\cdots,m_i \\ \text{各 } \varepsilon_{ij} \text{ 相互独立,且都服从 } N(0,\sigma^2) \end{cases}$$

为讨论假设 H_0 是否可不拒绝,我们还是从总平方和分解入手。各 y_{ij} 间的差异可以用总偏差平方和 S_T 表示:

$$S_T = \sum_{i=1}^{n} \sum_{j=1}^{m_i} (y_{ij} - \bar{y})^2, \quad f_T = \sum_{i=1}^{n} m_i - 1 = N - 1 \tag{7.4.37}$$

其中 $\bar{y} = \frac{1}{N} \sum_{i=1}^{n} \sum_{j=1}^{m_i} y_{ij}$。可以将 S_T 做如下分解:

(1) 反映 x 在变动时引起各 y_{ij} 随它作线性变化的部分,记为 S_R:

$$S_R = \sum_{i=1}^{n} \sum_{j=1}^{m_i} (\hat{y}_i - \bar{y})^2 \tag{7.4.38}$$

其中 $\hat{y}_i$ 是根据这 N 组数据求得一元线性回归方程 $\hat{y} = \hat{\beta}_0 + \hat{\beta}_1 x$ 后得到的拟合值:$\hat{y}_i = \hat{\beta}_0 + \hat{\beta}_1 x_i, i=1,2,\cdots,n$。

(2) 残差平方和 $S_E = S_T - S_R$ 中包含了除 y 随 x 线性变化以外一切原因引起的波动,有真正的误差,也有 x 对 y 的非线性部分的影响,如 x^2, x^3, x^{-1}, e^x 等。为此我们将 S_E 再进行分解。由于在同一 x 下有重复数据,故组内偏差平方和反映了纯误差,记为 S_e:

$$S_e = \sum_{i=1}^{n} \sum_{j=1}^{m_i} (y_{ij} - \bar{y}_i)^2, \quad f_e = \sum_{i=1}^{n} (m_i - 1) = N - n \tag{7.4.39}$$

其中 $\bar{y}_i = \frac{1}{m_i} \sum_{j=1}^{m_i} y_{ij}, i=1,2,\cdots,n$,称 S_e 为纯误差平方和。在残差平方和中扣除了 S_e 后剩下的记为 S_{Lf}:

$$S_{Lf} = S_E - S_e, \quad f_{Lf} = f_E - f_e = n - 2 \tag{7.4.40}$$

它反映了 x 对 y 可能存在的非线性的影响部分,称 S_{Lf} 为**失拟平方和**,它表示用 y 关于 x 的一元线性回归方程去拟合这些数据拟合得不够的部分。

可采用检验统计量

$$F_{Lf} = \frac{S_{Lf}/f_{Lf}}{S_e/f_e} \tag{7.4.41}$$

其中 $f_e = N - n, f_{Lf} = f_E - f_e$。仍从直观考虑,当用线性回归拟合数据不好时,$S_{Lf}$ 必定相对于 S_e 来讲要大,故拒绝域取 $\{F_{Lf} \geqslant c\}$ 是合理的。在 H_0 为真时,对给定的显著性水平 α,c 应满足 $P(F_{Lf} \geqslant c) = \alpha$。可以证明在 H_0 为真时,$F_{Lf} \sim F(f_{Lf}, f_e)$,因而可取 $c = F_{1-\alpha}(f_{Lf}, f_e)$,从而检验(7.4.36)的 α 水平的拒绝域为

$$\{F_{Lf} \geqslant F_{1-\alpha}(f_{Lf}, f_e)\} \tag{7.4.42}$$

当样本落入拒绝域时,拒绝假设(7.4.36),这表明 Ey 与 x 的关系不是线性的,应进一步去寻找更合适的回归模型。当样本落入不拒绝域时,表明对 y 的影响除了 x 的线性函数外,没有其他非线性项或其他因子的影响,然后把 S_e 与 S_{Lf} 合并为 S_E,再用统计量(7.4.26)检验回归方程的显著性,若是显著的,则认为回归方程是拟合得好的。

例 7.4.2 某办公设备公司销售一种台式计算器,并对计算器实行维修业务。为了进行常规维修业务,需了解维修所花费的时间。现收集了18次服务记录,x 表示每次维修的计算器数量(单位:只),y 表示维修人员花费的时间(单位:分),数据如表7.4.5所列,试就 y 关于 x 的一元线性回归方程对数据的拟合好坏作出评价。

表 7.4.5　计算器维修数据

i	x	y	i	x	y	i	x	y
1	7	97	7	7	101	13	2	25
2	6	86	8	3	39	14	5	71
3	5	78	9	4	53	15	7	105
4	1	10	10	2	33	16	1	17
5	5	75	11	8	118	17	4	49
6	4	62	12	5	65	18	5	68

解:(1) 先用这18组数据建立 y 关于 x 的一元线性回归方程,计算过程见表7.4.6。

表 7.4.6　计算表

$\sum\limits_n x_i = 81$	$N = 18$	$\sum\limits_i y_i = 1152$
$\bar{x} = 4.5$		$\bar{y} = 64$
$\sum\limits_i x_i^2 = 439$	$\sum\limits_i x_i y_i = 6282$	$\sum\limits_i y_i^2 = 90232$
$\dfrac{1}{n}(\sum\limits_i x_i)^2 = 364.5$	$\dfrac{1}{n}(\sum\limits_i x_i)(\sum\limits_i y_i) = 5184$	$\dfrac{1}{n}(\sum\limits_i y_i)^2 = 73728$
$l_{xx} = 74.5$	$l_{xy} = 1098$	$l_{yy} = 16504$

$$\hat{\beta}_1 = \frac{1098}{74.5} = 14.74$$

$$\hat{\beta}_0 = 64 - 14.74 \times 4.5 = -2.33$$

$$\text{故 } \hat{y} = -2.33 + 14.74x \tag{7.4.43}$$

(2) 求出回归方程(7.4.43)对应的残差平方和。由表7.4.6知

$$S_T = l_{yy} = 16504, \qquad\qquad f_T = 17$$

$$S_R = \hat{\beta}_1 l_{xx} = \frac{l_{xy}^2}{l_{xx}} = 16182.6, \qquad\qquad f_R = 1$$

$$S_E = S_T - S_R = 321.4, \qquad\qquad f_E = 16$$

(3) 观察数据表7.4.5,发现在同一 x 下有多次观测,为作拟合检验需计算纯误差平方和 S_e 和失拟平方和 S_{Lf},为此将数据作一重新整理,并计算 S_e(见表7.4.7),得 $S_e = 286.4$,$S_{Lf} = S_E - S_e = 35.0$,其自由度 $f_e = N - n = 18 - 8 = 10$,$f_{Lf} = f_E - f_e = 16 - 10 = 6$。用 S_e 去检验 S_{Lf} 得 $F_{Lf} = \dfrac{35.0/6}{286.4/10} = 0.20$。

表 7.4.7 S_e 的计算表

x_i	y_{ij}	m_i	$\sum\limits_{j=1}^{m_i}(y_{ij}-\bar{y}_i)^2$
1	10, 17	2	24.5
2	33, 25	2	32.0
3	39	1	—
4	62, 53, 49	3	88.7
5	78, 75, 65, 71, 68	5	109.2
6	86	1	—
7	97, 101, 105	3	32.0
8	118	1	—
合　计		$N=18$	$S_e = 286.4$

(4) 在 $\alpha=0.05$ 水平下，$F_{0.95}(6,10)=3.22$，检验假设(7.4.36)的拒绝域为 $\{F_{Lf} \geqslant 3.22\}$，现 $F_{Lf}=0.20 < 3.22$，落入不拒绝域，故不拒绝假设(7.4.36)，认为 Ey 是 x 的线性函数。

(5) 把 S_e 与 S_{Lf} 合并再对回归方程作显著性检验，在 $\alpha=0.05$ 时，$F_{0.95}(1,16)=4.49$，故检验 $\beta_1=0$ 的拒绝域为 $\{F \geqslant 4.49\}$。现由样本求得

$$F=\frac{16182.6}{321.4/16}=805.6 > 4.49$$

故样本落入拒绝域，认为 $\beta_1 \neq 0$。

综上可知，方程(7.4.43)是拟合得好的。由于这里 x 在 $[1,8]$ 内取值，故方程在这一范围内是适合的，$x=0$ 不能用此方程，当 $x=9$ 时，y 的预测值是 130 分；当 $x=10$ 时，y 的预测值是 145 分；当 $x>10$ 时，能否用此回归方程作预测，要看实际情况而定，因为此时的误差已不小了。

习题 7.4

1. 现收集了 16 组合金钢中的碳含量 x 与相应的强度 y 的数据，已知它们满足一元线性回归的假定，并求得：

$$\bar{x}=0.125, \bar{y}=45.789, l_{xy}=0.3024, l_{xy}=25.5218, l_{yy}=2432.4566$$

(1) 建立 y 关于 x 的一元线性回归方程；

(2) 对所求得的回归方程作显著性检验；（取 $\alpha=0.05$）

(3) 在 $x_0=0.15$ 时求相应的强度的预测值及概率为 0.95 的预测区间。

2. 下表列出了六个工业发达国家在 1979 年的失业率 y 与国民经济增长率 x 的数据：

习题 7.4.2 的数据表

国　家	国民经济增长率 $x(\%)$	失业率 $y(\%)$
美　国	3.2	5.8
日　本	5.6	2.1
法　国	3.5	6.1
西　德	4.5	3.0
意大利	4.9	3.9
英　国	1.4	5.7

(1) 请研究 y 与 x 之间的关系；

(2) 建立 y 关于 x 的一元线性回归方程；

(3) 对所求得的回归方程作显著性检验，在检验时你做了哪些假定？（取 $\alpha = 0.05$）

(4) 若一个工业发达国家的国民经济增长率 $x_0 = 3\%$，请求其失业率的预测值及其概率为 0.95 的预测区间。

3. 在腐蚀刻线试验中，已知腐蚀深度 y 与腐蚀时间 x 有关，现收集到如下数据。

习题 7.4.3 的数据表

$x(s)$	5	10	15	20	30	40	50	60	70	90	120
$y(\mu m)$	6	10	10	13	16	17	19	23	25	29	46

(1) 作散点图，能否认为 y 与 x 之间有线性相关关系；

(2) 写出 y 关于 x 的一元线性回归模型；

(3) 建立 y 关于 x 的一元线性回归方程；

(4) 用 F 统计量对回归方程的显著性进行检验；（取 $\alpha = 0.05$）

(5) 求 y 与 x 之间的相关系数；

(6) 当腐蚀时间为 25s 时，求腐蚀深度的概率为 0.95 的预测区间。

4. 请给出一元线性回归方程 $\hat{y} = \hat{\beta}_0 + \hat{\beta}_1 x$ 中 $\hat{\beta}_0$ 与 $\hat{\beta}_1$ 的标准差的估计量。

5. 试给出一元线性回归方程 $\hat{y} = \hat{\beta}_0 + \hat{\beta}_1 x$ 中 $\hat{\beta}_0$ 与 $\hat{\beta}_1$ 的相关系数。

6. 证明一元线性回归方程 $\hat{y} = \hat{\beta}_0 + \hat{\beta}_1 x$ 代表的直线一定过 $(0, \hat{\beta}_0)$ 和 $(\bar{x}, \bar{y})$ 两点。

7. 在一元线性回归中相关系数 r 与服从 $F(1, n-2)$ 分布的变量 F 之间有如下关系 $r^2 = \left(1 + \dfrac{n-2}{F}\right)^{-1}$，请由 F 的分位数求 r^2 的分位数。

8. 合成纤维抽丝工段第一导丝盘的速度 y 对于丝的质量是一个重要参数，现发现它与电流周波 x 有密切关系，在生产中获得了如下数据：

习题 7.4.8 的数据表

x_i	y_{i1}	y_{i2}
49.0	16.5	16.7
49.3	16.8	16.8
49.5	16.8	16.9
49.8	16.9	17.0
50.0	17.0	17.1
50.3	17.0	17.1

(1) 建立 y 关于 x 的一元线性回归方程；

(2) 在正态性假定下对该方程的拟合程度作出检验。（取 $\alpha = 0.05$）

9. 某长途运输公司在同一类型的卡车中，对行驶公里数 y 与行驶天数 x 进行统计，得到如下数据：

习题 7.4.9 的数据表

x(天)	3.5	1.0	4.0	2.0	1.0	3.0	4.5	1.5	3.0	5.0
y(公里)	825	215	1070	550	480	920	1350	325	670	1215

从实际情况出发,这是一个过原点的回归模型,即

$$\begin{cases} y_i = \beta x_i + \varepsilon_i, i = 1, 2, \cdots, n \\ \text{各 } \varepsilon_i \text{ 相互独立,都服从 } N(0, \sigma^2) \end{cases}$$

试求 β 的最小二乘估计。用这一方法建立本题 y 关于 x 的过原点的回归方程。

§7.5　可化为一元线性回归的曲线回归

在一些实际问题中,变量间的关系并不都是线性的,那时就应该用曲线去进行拟合。

7.5.1　模型的确定

例 7.5.1　为了解百货商店销售额 x 与流通费率(这是反映商业活动的一个质量指标,指每元商品流转额所分摊的流通费用)y 之间的关系,收集了九个商店的有关数据(见表 7.5.1)。

表 7.5.1　销售额与流通费率数据

i	x:销售额(万元)	y:流通费率(%)
1	1.5	7.0
2	4.5	4.8
3	7.5	3.6
4	10.5	3.1
5	13.5	2.7
6	16.5	2.5
7	19.5	2.4
8	22.5	2.3
9	25.5	2.2

为了解两者的关系,先画一张散点图(见图 7.5.1)。观察这张散点图发现,这 9 个点在一条曲线附近,因而宜用曲线去拟合这批数据。

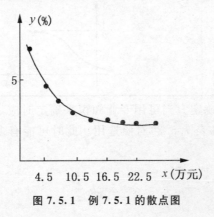

图 7.5.1　例 7.5.1 的散点图

表 7.5.2　典型的函数图形及线性化方法

函数名称	函数表达式	图　　象	线性化方法
双曲线 函数	$\dfrac{1}{y}=a+\dfrac{b}{x}$		$v=\dfrac{1}{y}$ $u=\dfrac{1}{x}$
幂函数	$y=ax^{b}$		$v=\ln y$ $u=\ln x$
指　数 函　数	$y=ae^{bx}$		$v=\ln y$ $u=x$
	$y=ae^{b/x}$		$v=\ln y$ $u=\dfrac{1}{x}$
对　数 函　数	$y=a+b\ln x$		$v=y$ $u=\ln x$
S　型 曲　线	$y=\dfrac{1}{a+be^{-x}}$		$v=\dfrac{1}{y}$ $u=e^{-x}$

　　回归曲线的形式如何确定？当可用专业知识来确定时应尽可能利用专业知识，此外也可与典型的函数图像（见表 7.5.2）对照选用。此时可能有多种选择方案，对本例来讲可选用

$$y=a+b\,\frac{1}{x} \tag{7.5.1}$$

也可选用

$$y = a \cdot x^b \tag{7.5.2}$$

等。

因此在用曲线去拟合数据时产生了两个问题：一是回归方程中的参数如何估计；二是几个曲线回归方程如何比较其优劣。

7.5.2　参数估计

诸如(7.5.1)、(7.5.2)等回归方程，估计参数的方法之一是"线性化"方法，即通过某种变换，使方程化为一元线性回归的形式。

譬如在(7.5.1)中，只要令 $u = \dfrac{1}{x}$，则(7.5.1)就化为

$$y = a + bu$$

从而可以采用一元线性回归方程来描述 y 与 u 间的统计规律性，继而可利用最小二乘估计(7.4.8)求出 a 和 b 的估计。

又如对(7.5.2)，可两边取对数，$\ln y = \ln a + b \ln x$，那么令 $v = \ln y$，$u = \ln x$，则(7.5.2)便化为

$$v = b_0 + bu$$

v 关于 u 的统计规律性可用一元线性回归描述，同样可用(7.4.8)求出 b_0 与 b 的最小二乘估计，这里 $a = e^{b_0}$。

一般讲，在一些特定场合，可令

$$v = f_1(y), \quad u = f_2(x) \tag{7.5.3}$$

使 v 与 u 的统计规律可用一元线性函数 $v = a + bu$ 去描述。从而由 (x_i, y_i)，$i = 1, 2, \cdots, n$，通过变换(7.5.3)得 (u_i, v_i)，$i = 1, 2, \cdots, n$，这里 $u_i = f_2(x_i)$，$v_i = f_1(y_i)$。再对 (u_i, v_i)，$i = 1, 2, \cdots, n$，用公式(7.4.8)求出 a 与 b 的估计，从而可得曲线回归方程。表 7.5.2 的各种场合都可采用这一方法。

下面我们对例 7.5.1 选用回归曲线(7.5.2)来叙述其计算过程。

先将原始数据作变换，令 $u = \ln x$，$v = \ln y$，变换后的数据列于表 7.5.3，计算过程列于表 7.5.4。

表 7.5.3　变换后的数据及拟合值与残值

i	x_i	y_i	$u_i = \ln x_i$	$v_i = \ln y_i$	$\hat{y}_i$	$e_i = y_i - \hat{y}_i$
1	1.5	7.0	0.4055	1.9459	7.1665	-0.1665
2	4.5	4.8	1.5041	1.5686	4.4885	0.3115
3	7.5	3.6	2.0149	1.2809	3.6109	-0.0109
4	10.5	3.1	2.3514	1.1314	3.1288	-0.0288
5	13.5	2.7	2.6027	0.9933	2.8112	-0.1112
6	16.5	2.5	2.8034	0.9163	2.5809	-0.0809
7	19.5	2.4	2.9704	0.8755	2.4037	-0.0037
8	22.5	2.3	3.1135	0.8329	2.2616	0.0384
9	25.5	2.2	3.2387	0.7885	2.1442	0.0558

表 7.5.4 计算表

$$\sum_i u_i = 21.0046 \qquad n = 9 \qquad \sum_i v_i = 10.3333$$

$$\bar{u} = 2.3338 \qquad\qquad\qquad \bar{v} = 1.1481$$

$$\sum_i u_i^2 = 55.6551 \qquad \sum_i u_i v_i = 21.2912$$

$$\frac{1}{n}\left(\sum_i u_i\right)^2 = 49.0215 \qquad \frac{1}{n}\left(\sum_i u_i\right)\left(\sum_i v_i\right) = 24.1163$$

$$l_{uu} = 6.6336 \qquad l_{uv} = -2.8251$$

$$b = \frac{l_{uv}}{l_{uu}} = -0.4259$$

$$b_0 = \bar{v} - b\bar{u} = 2.1421$$

$$\text{故 } \hat{v} = 2.1421 - 0.4259u \tag{7.5.4}$$

在方程(7.5.4)中用原变量代入，有

$$\ln\hat{y} = 2.1421 - 0.4259\ln x$$

即
$$\hat{y} = 8.5173 \cdot x^{-0.4259} \tag{7.5.5}$$

当选用曲线回归方程(7.5.1)时，类似可求得曲线回归方程：

$$\hat{y} = 2.2254 + 7.6213/x \tag{7.5.6}$$

7.5.3 回归曲线的比较

在例 7.5.1 中我们已求得了两个曲线回归方程(7.5.5)与(7.5.6)，当然我们还可选用其他形式。因此需要对它们加以比较，以选出较好的拟合方程，常用的准则有两个：

(1)相关指数 R

相关指数的定义类似于一元线性回归方程中的相关系数，定义为

$$R^2 = 1 - \frac{\sum_i (y_i - \hat{y}_i)^2}{\sum_i (y_i - \bar{y})^2} \tag{7.5.7}$$

R^2 大表示观测值 y_i 与拟合值 $\hat{y}_i$ 比较靠近，也就意味着从整体上看，n 个点的散布离曲线较近。因此选 R^2 大的方程为好，有的书上也称 R^2 为决定系数。显然 $R^2 \leqslant 1$。

(2)剩余标准差 s

剩余标准差的定义类似于一元线性回归方程中 σ 的估计，定义为

$$s = \sqrt{\frac{\sum_i (y_i - \hat{y}_i)^2}{n-2}} \tag{7.5.8}$$

我们可以将 s 看成是平均残差平方和的算术根，自然其值小的方程为好。

下面求例 7.5.1 中方程(7.5.5)对应的 R^2 与 s。为此必须先求出各个观测点上的拟合值 $\hat{y}_i = 8.5173 \cdot x_i^{-0.4259}$ 及对应的残差 $e_i = y_i - \hat{y}_i$，它们已一起列在表 7.5.3 中，从而得

$$\sum_i (y_i - \hat{y}_i)^2 = 0.1492$$

此外还可求得 $\sum_i (y_i - \bar{y})^2 = 20$，因而(7.5.5)对应的相关指数 R 的平方及剩余标准差 s 分别为

$$R^2 = 1 - \frac{0.1492}{20} = 0.9925$$

$$s = \sqrt{\frac{0.1492}{9-2}} = 0.1460$$

类似可求得(7.5.6)对应的残差平方和 $\sum_i (y_i - \hat{y}_i)^2 = 1.2854$，从而

$$R^2 = 0.9357, \quad s = 0.4285$$

从两者比较可知(7.5.5)对应的 R^2 大，s 小，故选用(7.5.5)比(7.5.6)为好。

其实上面两个准则所选方程总是一致的，因为 s 小必有残差平方和小，从而 R^2 必定大。不过，这两个量从两个不同的角度给出我们定量的概念。R^2 的大小给出了总体上拟合程度的好坏，s 给出了观测点与回归曲线偏离的一个量值。所以，通常在实际问题中将两者都求出，供使用者从不同角度去认识所拟合的曲线回归。

习题 7.5

1. 由实践经验知，7 月份平均气温 x（单位：℃）是影响第二代棉铃虫历期（完成某一虫期发育所需要的天数）y 的主要因素，现收集了 7 年的数据如下表：

习题 7.5.1 的数据表

序号	1	2	3	4	5	6	7
x（℃）	27.2	25.7	25.3	25.7	29.3	27.2	26.5
y（天）	33	40	41	36	33	34	37

从散点图看出，可用双曲线来建立 y 与 x 之间的回归方程。试用上述数据求出方程 $\frac{1}{y} = a + \frac{b}{x}$，并求出相关指数的平方 R^2 与剩余标准差 s。

2. 为了检验 X 射线的杀菌作用，用 220 千伏的 X 射线来照射细菌，每次照射 6 分钟，照射次数为 t，共照射 15 次，各次照射后所剩细菌数 y 如下表：

习题 7.5.2 的数据表

t	y	t	y	t	y
1	355	6	106	11	36
2	211	7	104	12	32
3	197	8	60	13	21
4	160	9	56	14	19
5	142	10	38	15	15

根据经验知可建立 y 关于 t 的曲线回归方程

$$\hat{y} = ae^{bt}$$

(1)试用适当的变换把上述曲线回归方程化为一元线性回归方程,并求出该回归方程;

(2)求出相关指数的平方 R^2 和剩余标准差 s;

(3)若采用曲线回归方程 $\hat{y} = at^b$,试与上述方程做一比较,哪个方程较好?

3. 设回归函数形为 $y = a + b\ln x$,请找出一个变换使其化为一元线性回归的形式。

4. 设回归函数形为 $y = \dfrac{1}{a + be^{-x}}$,请找出一个变换使其化为一元线性回归的形式。

5. 设回归函数形为 $y = \dfrac{x}{a + bx}$,请找出一个变换使其化为一元线性回归的形式。

6. 设回归函数形为 $y = 100 + ae^{-b/x}$,请找出一个变换使其化为一元线性回归的形式。

附　表

统计用表

附表 1   二项分布表 $\qquad\qquad\qquad\qquad\qquad\qquad\qquad\qquad P(X \leqslant x) =$

n	x	0.05	0.10	0.15	0.20	0.25	0.30	0.35	0.40	p 0.45
2	0	0.9025	0.8100	0.7225	0.6400	0.5625	0.4900	0.4225	0.3600	0.3025
	1	0.9975	0.9900	0.9775	0.9600	0.9375	0.9100	0.8775	0.8400	0.7975
3	0	0.8574	0.7290	0.6141	0.5120	0.4219	0.3430	0.2746	0.2160	0.1664
	1	0.9927	0.9720	0.9393	0.8960	0.8438	0.7840	0.7183	0.6480	0.5748
	2	0.9999	0.9990	0.9966	0.9920	0.9844	0.9730	0.9571	0.9360	0.9089
4	0	0.8145	0.6561	0.5220	0.4096	0.3164	0.2401	0.1785	0.1296	0.0915
	1	0.9860	0.9477	0.8905	0.8192	0.7383	0.6517	0.5630	0.4752	0.3910
	2	0.9995	0.9963	0.9880	0.9728	0.9492	0.9163	0.8735	0.8208	0.7585
	3	1.0000	0.9999	0.9995	0.9984	0.9961	0.9919	0.9850	0.9744	0.9590
5	0	0.7738	0.5905	0.4437	0.3277	0.2373	0.1681	0.1160	0.0778	0.0503
	1	0.9774	0.9185	0.8352	0.7373	0.6328	0.5282	0.4284	0.3370	0.2562
	2	0.9988	0.9914	0.9734	0.9421	0.8965	0.8369	0.7648	0.6826	0.5931
	3	1.0000	0.9995	0.9978	0.9933	0.9844	0.9692	0.9460	0.9130	0.8688
	4	1.0000	1.0000	0.9999	0.9997	0.9990	0.9976	0.9947	0.9898	0.9815
6	0	0.7351	0.5314	0.3771	0.2621	0.1780	0.1176	0.0754	0.0467	0.0277
	1	0.9672	0.8857	0.7765	0.6554	0.5339	0.4202	0.3191	0.2333	0.1636
	2	0.9978	0.9841	0.9527	0.9011	0.8306	0.7443	0.6471	0.5443	0.4415
	3	0.9999	0.9987	0.9941	0.9830	0.9624	0.9295	0.8826	0.8208	0.7447
	4	1.0000	0.9999	0.9996	0.9984	0.9954	0.9891	0.9777	0.9590	0.9308
	5	1.0000	1.0000	1.0000	0.9999	0.9998	0.9993	0.9982	0.9959	0.9917
7	0	0.6983	0.4783	0.3206	0.2097	0.1335	0.0824	0.0490	0.0280	0.0152
	1	0.9556	0.8503	0.7166	0.5767	0.4449	0.3294	0.2338	0.1586	0.1024
	2	0.9962	0.9743	0.9262	0.8520	0.7564	0.6471	0.5323	0.4199	0.3164
	3	0.9998	0.9973	0.9879	0.9667	0.9294	0.8740	0.8002	0.7102	0.6083
	4	1.0000	0.9998	0.9988	0.9953	0.9871	0.9712	0.9444	0.9037	0.8471
	5	1.0000	1.0000	0.9999	0.9996	0.9987	0.9962	0.9910	0.9812	0.9643
	6	1.0000	1.0000	1.0000	1.0000	0.9999	0.9998	0.9994	0.9984	0.9963
8	0	0.6634	0.4305	0.2725	0.1678	0.1001	0.0576	0.0319	0.0168	0.0084
	1	0.9428	0.8131	0.6572	0.5033	0.3671	0.2553	0.1691	0.1064	0.0632
	2	0.9942	0.9619	0.8948	0.7969	0.6785	0.5518	0.4278	0.3154	0.2201
	3	0.9996	0.9950	0.9786	0.9437	0.8862	0.8059	0.7064	0.5941	0.4770
	4	1.0000	0.9996	0.9971	0.9896	0.9727	0.9420	0.8939	0.8263	0.7396
	5	1.0000	1.0000	0.9998	0.9988	0.9958	0.9887	0.9747	0.9502	0.9115
	6	1.0000	1.0000	1.0000	0.9999	0.9996	0.9987	0.9964	0.9915	0.9819
	7	1.0000	1.0000	1.0000	1.0000	1.0000	0.9999	0.9998	0.9993	0.9983

$$\sum_{k=0}^{x} \binom{n}{k} p^k (1-p)^{n-k}$$

0.50	0.55	0.60	0.65	0.70	0.75	0.80	0.85	0.90	0.95
0.2500	0.2025	0.1600	0.1225	0.0900	0.0625	0.0400	0.0225	0.0100	0.0225
0.7500	0.6975	0.6400	0.5775	0.5100	0.4375	0.3600	0.2775	0.1900	0.0975
0.1250	0.0911	0.0640	0.0429	0.0270	0.0156	0.0080	0.0034	0.0010	0.0001
0.5000	0.4252	0.3520	0.2817	0.2160	0.1563	0.1040	0.0607	0.0280	0.0073
0.8750	0.8336	0.7840	0.7254	0.6570	0.5781	0.4880	0.3859	0.2710	0.1426
0.0625	0.0410	0.0256	0.0150	0.0081	0.0039	0.0016	0.0005	0.0001	0.0000
0.3125	0.2415	0.1792	0.1265	0.0837	0.0508	0.0272	0.0120	0.0037	0.0005
0.6875	0.6090	0.5248	0.4370	0.3483	0.2617	0.1808	0.1095	0.0523	0.0140
0.9375	0.9085	0.8704	0.8215	0.7599	0.6836	0.5904	0.4780	0.3439	0.1855
0.0313	0.0185	0.0102	0.0053	0.0024	0.0010	0.0003	0.0001	0.0000	0.0000
0.1875	0.1312	0.0870	0.0540	0.0308	0.0156	0.0067	0.0022	0.0005	0.0000
0.5000	0.4069	0.3174	0.2352	0.1631	0.1035	0.0579	0.0266	0.0086	0.0012
0.8125	0.7438	0.6630	0.5716	0.4718	0.3672	0.2627	0.1648	0.0815	0.0226
0.9688	0.9497	0.9222	0.8840	0.8319	0.7627	0.6723	0.5563	0.4095	0.2262
0.0156	0.0083	0.0041	0.0018	0.0007	0.0002	0.0001	0.0000	0.0000	0.0000
0.1094	0.0692	0.0410	0.0223	0.0109	0.0046	0.0016	0.0004	0.0001	0.0000
0.3438	0.2553	0.1792	0.1174	0.0705	0.0376	0.0170	0.0059	0.0013	0.0001
0.6563	0.5585	0.4557	0.3529	0.2557	0.1694	0.0989	0.0473	0.0159	0.0022
0.8906	0.8364	0.7667	0.6809	0.5798	0.4661	0.3446	0.2235	0.1143	0.0328
0.9844	0.9723	0.9533	0.9246	0.8824	0.8220	0.7379	0.6229	0.4686	0.2649
0.0078	0.0037	0.0016	0.0006	0.0002	0.0001	0.0000	0.0000	0.0000	0.0000
0.0625	0.0357	0.0188	0.0090	0.0038	0.0013	0.0004	0.0001	0.0000	0.0000
0.2266	0.1529	0.0963	0.0556	0.0288	0.0129	0.0047	0.0012	0.0002	0.0000
0.5000	0.3917	0.2898	0.1998	0.1260	0.0706	0.0333	0.0121	0.0027	0.0002
0.7734	0.6836	0.5801	0.4677	0.3529	0.2436	0.1480	0.0738	0.0257	0.0038
0.9375	0.8976	0.8414	0.7662	0.6706	0.5551	0.4233	0.2834	0.1497	0.0444
0.9922	0.9848	0.9720	0.9510	0.9176	0.8665	0.7903	0.6794	0.5217	0.3017
0.0039	0.0017	0.0007	0.0002	0.0001	0.0000	0.0000	0.0000	0.0000	0.0000
0.0352	0.0181	0.0085	0.0036	0.0013	0.0004	0.0001	0.0000	0.0000	0.0000
0.1445	0.0885	0.0498	0.0253	0.0113	0.0042	0.0012	0.0002	0.0000	0.0000
0.3633	0.2604	0.1737	0.1061	0.0580	0.0273	0.0104	0.0029	0.0004	0.0000
0.6367	0.5230	0.4059	0.2936	0.1941	0.1138	0.0563	0.0214	0.0050	0.0004
0.8555	0.7799	0.6846	0.5722	0.4482	0.3215	0.2031	0.1052	0.0381	0.0058
0.9648	0.9368	0.8936	0.8309	0.7447	0.6329	0.4967	0.3428	0.1869	0.0572
0.9961	0.9916	0.9832	0.9681	0.9424	0.8999	0.8322	0.7275	0.5695	0.3366

附表 1 （续 1）

n	x									p
		0.05	0.10	0.15	0.20	0.25	0.30	0.35	0.40	0.45
9	0	0.6302	0.3874	0.2316	0.1342	0.0751	0.0404	0.0207	0.0101	0.0046
	1	0.9288	0.7748	0.5995	0.4362	0.3003	0.1960	0.1211	0.0705	0.0385
	2	0.9916	0.9470	0.8591	0.7382	0.6007	0.4628	0.3373	0.2318	0.1495
	3	0.9994	0.9917	0.9661	0.9144	0.8343	0.7297	0.6089	0.4826	0.3614
	4	1.0000	0.9991	0.9944	0.9804	0.9511	0.9012	0.8283	0.7334	0.6214
	5	1.0000	0.9999	0.9994	0.9969	0.9900	0.9747	0.9464	0.9006	0.8342
	6	1.0000	1.0000	1.0000	0.9997	0.9987	0.9957	0.9888	0.9750	0.9502
	7	1.0000	1.0000	1.0000	1.0000	0.9999	0.9996	0.9986	0.9962	0.9909
	8	1.0000	1.0000	1.0000	1.0000	1.0000	1.0000	0.9999	0.9997	0.9992
10	0	0.5987	0.3487	0.1969	0.1074	0.0563	0.0282	0.0135	0.0060	0.0025
	1	0.9139	0.7361	0.5443	0.3758	0.2440	0.1493	0.0860	0.0464	0.0233
	2	0.9885	0.9298	0.8202	0.6778	0.5256	0.3828	0.2616	0.1673	0.0996
	3	0.9990	0.9872	0.9500	0.8791	0.7759	0.6496	0.5138	0.3823	0.2660
	4	0.9999	0.9984	0.9901	0.9672	0.9219	0.8497	0.7515	0.6331	0.5044
	5	1.0000	0.9999	0.9986	0.9936	0.9803	0.9527	0.9051	0.8338	0.7384
	6	1.0000	1.0000	0.9999	0.9991	0.9965	0.9894	0.9740	0.9452	0.8980
	7	1.0000	1.0000	1.0000	0.9999	0.9996	0.9984	0.9952	0.9877	0.9726
	8	1.0000	1.0000	1.0000	1.0000	1.0000	0.9999	0.9995	0.9983	0.9955
	9	1.0000	1.0000	1.0000	1.0000	1.0000	1.0000	1.0000	0.9999	0.9997
11	0	0.5688	0.3138	0.1673	0.0859	0.0422	0.0198	0.0088	0.0036	0.0014
	1	0.8981	0.6974	0.4922	0.3221	0.1971	0.1130	0.0606	0.0302	0.0139
	2	0.9848	0.9104	0.7788	0.6174	0.4552	0.3127	0.2001	0.1189	0.0652
	3	0.9984	0.9815	0.9306	0.8389	0.7133	0.5696	0.4256	0.2963	0.1911
	4	0.9999	0.9972	0.9841	0.9496	0.8854	0.7897	0.6683	0.5328	0.3971
	5	1.0000	0.9997	0.9973	0.9883	0.9657	0.9218	0.8513	0.7535	0.6331
	6	1.0000	1.0000	0.9997	0.9980	0.9924	0.9784	0.9499	0.9006	0.8262
	7	1.0000	1.0000	1.0000	0.9998	0.9988	0.9957	0.9878	0.9707	0.9390
	8	1.0000	1.0000	1.0000	1.0000	0.9999	0.9994	0.9980	0.9941	0.9852
	9	1.0000	1.0000	1.0000	1.0000	1.0000	1.0000	0.9998	0.9993	0.9978
	10	1.0000	1.0000	1.0000	1.0000	1.0000	1.0000	1.0000	1.0000	0.9998
12	0	0.5404	0.2824	0.1422	0.0687	0.0317	0.0138	0.0057	0.0022	0.0008
	1	0.8816	0.6590	0.4435	0.2749	0.1584	0.0850	0.0424	0.0196	0.0083
	2	0.9804	0.8891	0.7358	0.5583	0.3907	0.2528	0.1513	0.0834	0.0421
	3	0.9978	0.9744	0.9078	0.7946	0.6488	0.4925	0.3467	0.2253	0.1345
	4	0.9998	0.9957	0.9761	0.9274	0.8424	0.7237	0.5833	0.4382	0.3044
	5	1.0000	0.9995	0.9954	0.9806	0.9456	0.8822	0.7873	0.6652	0.5269
	6	1.0000	0.9999	0.9993	0.9961	0.9857	0.9614	0.9154	0.8418	0.7393
	7	1.0000	1.0000	0.9999	0.9994	0.9972	0.9905	0.9745	0.9427	0.8883
	8	1.0000	1.0000	1.0000	0.9999	0.9996	0.9983	0.9944	0.9847	0.9644
	9	1.0000	1.0000	1.0000	1.0000	1.0000	0.9998	0.9992	0.9972	0.9921
	10	1.0000	1.0000	1.0000	1.0000	1.0000	1.0000	0.9999	0.9997	0.9989
	11	1.0000	1.0000	1.0000	1.0000	1.0000	1.0000	1.0000	1.0000	0.9999

0.50	0.55	0.60	0.65	0.70	0.75	0.80	0.85	0.90	0.95
0.0020	0.0008	0.0003	0.0001	0.0000	0.0000	0.0000	0.0000	0.0000	0.0000
0.0195	0.0091	0.0038	0.0014	0.0004	0.0001	0.0000	0.0000	0.0000	0.0000
0.0898	0.0498	0.0250	0.0112	0.0043	0.0013	0.0003	0.0000	0.0000	0.0000
0.2539	0.1658	0.0994	0.0536	0.0253	0.0100	0.0031	0.0006	0.0001	0.0000
0.5000	0.3786	0.2666	0.1717	0.0988	0.0489	0.0196	0.0056	0.0009	0.0000
0.7461	0.6386	0.5174	0.3911	0.2703	0.1657	0.0856	0.0339	0.0083	0.0006
0.9102	0.8505	0.7682	0.6627	0.5372	0.3993	0.2618	0.1409	0.0530	0.0084
0.9805	0.9615	0.9295	0.8789	0.8040	0.6997	0.5638	0.4005	0.2252	0.0712
0.9980	0.9954	0.9899	0.9793	0.9596	0.9249	0.8658	0.7684	0.6126	0.3698
0.0010	0.0003	0.0001	0.0000	0.0000	0.0000	0.0000	0.0000	0.0000	0.0000
0.0107	0.0045	0.0017	0.0005	0.0001	0.0000	0.0000	0.0000	0.0000	0.0000
0.0547	0.0274	0.0123	0.0048	0.0016	0.0004	0.0001	0.0000	0.0000	0.0000
0.1719	0.1020	0.0548	0.0260	0.0106	0.0035	0.0009	0.0001	0.0000	0.0000
0.3770	0.2616	0.1662	0.0949	0.0473	0.0197	0.0064	0.0014	0.0001	0.0000
0.6230	0.4956	0.3669	0.2485	0.1503	0.0781	0.0328	0.0099	0.0016	0.0001
0.8281	0.7340	0.6177	0.4862	0.3504	0.2241	0.1209	0.0500	0.0128	0.0010
0.9453	0.9004	0.8327	0.7384	0.6172	0.4744	0.3222	0.1798	0.0702	0.0115
0.9893	0.9767	0.9536	0.9140	0.8507	0.7560	0.6242	0.4557	0.2639	0.0861
0.9990	0.9975	0.9940	0.9865	0.9718	0.9437	0.8926	0.8031	0.6513	0.4013
0.0005	0.0002	0.0000	0.0000	0.0000	0.0000	0.0000	0.0000	0.0000	0.0000
0.0059	0.0022	0.0007	0.0002	0.0000	0.0000	0.0000	0.0000	0.0000	0.0000
0.0327	0.0148	0.0059	0.0020	0.0006	0.0001	0.0000	0.0000	0.0000	0.0000
0.1133	0.0610	0.0293	0.0122	0.0043	0.0012	0.0002	0.0000	0.0000	0.0000
0.2744	0.1738	0.0994	0.0501	0.0216	0.0076	0.0020	0.0003	0.0000	0.0000
0.5000	0.3669	0.2465	0.1487	0.0782	0.0343	0.0117	0.0027	0.0003	0.0000
0.7256	0.6029	0.4672	0.3317	0.2103	0.1146	0.0504	0.0159	0.0028	0.0001
0.8867	0.8089	0.7037	0.5744	0.4304	0.2867	0.1611	0.0694	0.0185	0.0016
0.9673	0.9348	0.8811	0.7999	0.6873	0.5448	0.3826	0.2212	0.0896	0.0152
0.9941	0.9861	0.9698	0.9394	0.8870	0.8029	0.6779	0.5078	0.3026	0.1019
0.9995	0.9986	0.9964	0.9912	0.9802	0.9578	0.9141	0.8327	0.6826	0.4312
0.0002	0.0001	0.0000	0.0000	0.0000	0.0000	0.0000	0.0000	0.0000	0.0000
0.0032	0.0011	0.0003	0.0001	0.0000	0.0000	0.0000	0.0000	0.0000	0.0000
0.0193	0.0079	0.0028	0.0008	0.0002	0.0000	0.0000	0.0000	0.0000	0.0000
0.0730	0.0356	0.0153	0.0056	0.0017	0.0004	0.0001	0.0000	0.0000	0.0000
0.1938	0.1117	0.0573	0.0255	0.0095	0.0028	0.0006	0.0001	0.0000	0.0000
0.3872	0.2607	0.1582	0.0846	0.0386	0.0143	0.0039	0.0007	0.0001	0.0000
0.6128	0.4731	0.3348	0.2127	0.1178	0.0544	0.0194	0.0046	0.0005	0.0000
0.8062	0.6956	0.5618	0.4167	0.2763	0.1576	0.0726	0.0239	0.0043	0.0002
0.9270	0.8655	0.7747	0.6533	0.5075	0.3512	0.2054	0.0922	0.0256	0.0022
0.9807	0.9579	0.9166	0.8487	0.7472	0.6093	0.4417	0.2642	0.1109	0.0196
0.9968	0.9917	0.9804	0.9576	0.9150	0.8416	0.7251	0.5565	0.3410	0.1184
0.9998	0.9992	0.9978	0.9943	0.9862	0.9683	0.9313	0.8578	0.7176	0.4596

附表1 （续2）

n	x	0.05	0.10	0.15	0.20	0.25	0.30	0.35	0.40	0.45
13	0	0.5133	0.2542	0.1209	0.0550	0.0238	0.0097	0.0037	0.0013	0.0004
	1	0.8646	0.6213	0.3983	0.2336	0.1267	0.0637	0.0296	0.0126	0.0049
	2	0.9755	0.8661	0.6920	0.5017	0.3326	0.2025	0.1132	0.0579	0.0269
	3	0.9969	0.9658	0.8820	0.7473	0.5843	0.4206	0.2783	0.1686	0.0929
	4	0.9997	0.9935	0.9658	0.9009	0.7940	0.6543	0.5005	0.3530	0.2279
	5	1.0000	0.9991	0.9925	0.9700	0.9198	0.8346	0.7159	0.5744	0.4268
	6	1.0000	0.9999	0.9987	0.9930	0.9757	0.9376	0.8705	0.7712	0.6437
	7	1.0000	1.0000	0.9998	0.9988	0.9944	0.9818	0.9538	0.9023	0.8212
	8	1.0000	1.0000	1.0000	0.9998	0.9990	0.9960	0.9874	0.9679	0.9302
	9	1.0000	1.0000	1.0000	1.0000	0.9999	0.9993	0.9975	0.9922	0.9797
	10	1.0000	1.0000	1.0000	1.0000	1.0000	0.9999	0.9997	0.9987	0.9959
	11	1.0000	1.0000	1.0000	1.0000	1.0000	1.0000	1.0000	0.9999	0.9995
	12	1.0000	1.0000	1.0000	1.0000	1.0000	1.0000	1.0000	1.0000	1.0000
14	0	0.4877	0.2288	0.1028	0.0440	0.0178	0.0068	0.0024	0.0008	0.0002
	1	0.8470	0.5846	0.3567	0.1979	0.1010	0.0475	0.0205	0.0081	0.0029
	2	0.9699	0.8416	0.6479	0.4481	0.2811	0.1608	0.0839	0.0398	0.0170
	3	0.9958	0.9559	0.8535	0.6982	0.5213	0.3552	0.2205	0.1243	0.0632
	4	0.9996	0.9908	0.9533	0.8702	0.7415	0.5842	0.4227	0.2793	0.1672
	5	1.0000	0.9985	0.9885	0.9561	0.8883	0.7805	0.6405	0.4859	0.3373
	6	1.0000	0.9998	0.9978	0.9884	0.9617	0.9067	0.8164	0.6925	0.5461
	7	1.0000	1.0000	0.9997	0.9976	0.9897	0.9685	0.9247	0.8499	0.7414
	8	1.0000	1.0000	1.0000	0.9996	0.9978	0.9917	0.9757	0.9417	0.8811
	9	1.0000	1.0000	1.0000	1.0000	0.9997	0.9983	0.9940	0.9825	0.9574
	10	1.0000	1.0000	1.0000	1.0000	1.0000	0.9998	0.9989	0.9961	0.9886
	11	1.0000	1.0000	1.0000	1.0000	1.0000	1.0000	0.9999	0.9994	0.9978
	12	1.0000	1.0000	1.0000	1.0000	1.0000	1.0000	1.0000	0.9999	0.9997
	13	1.0000	1.0000	1.0000	1.0000	1.0000	1.0000	1.0000	1.0000	1.0000
15	0	0.4633	0.2059	0.0874	0.0352	0.0134	0.0047	0.0016	0.0005	0.0001
	1	0.8290	0.5490	0.3186	0.1671	0.0802	0.0353	0.0142	0.0052	0.0017
	2	0.9638	0.8159	0.6042	0.3980	0.2361	0.1268	0.0617	0.0271	0.0107
	3	0.9945	0.9444	0.8227	0.6482	0.4613	0.2969	0.1727	0.0905	0.0424
	4	0.9994	0.9873	0.9383	0.8358	0.6865	0.5155	0.3519	0.2173	0.1204
	5	0.9999	0.9977	0.9832	0.9389	0.8516	0.7216	0.5643	0.4032	0.2608
	6	1.0000	0.9997	0.9964	0.9819	0.9434	0.8689	0.7548	0.6098	0.4522
	7	1.0000	1.0000	0.9994	0.9958	0.9827	0.9500	0.8868	0.7869	0.6535
	8	1.0000	1.0000	0.9999	0.9992	0.9958	0.9848	0.9578	0.9050	0.8182
	9	1.0000	1.0000	1.0000	0.9999	0.9992	0.9963	0.9876	0.9662	0.9231
	10	1.0000	1.0000	1.0000	1.0000	0.9999	0.9993	0.9972	0.9907	0.9745
	11	1.0000	1.0000	1.0000	1.0000	1.0000	0.9999	0.9995	0.9981	0.9937
	12	1.0000	1.0000	1.0000	1.0000	1.0000	1.0000	0.9999	0.9997	0.9989
	13	1.0000	1.0000	1.0000	1.0000	1.0000	1.0000	1.0000	1.0000	0.9999
	14	1.0000	1.0000	1.0000	1.0000	1.0000	1.0000	1.0000	1.0000	1.0000

0.50	0.55	0.60	0.65	0.70	0.75	0.80	0.85	0.90	0.95
0.0001	0.0000	0.0000	0.0000	0.0000	0.0000	0.0000	0.0000	0.0000	0.0000
0.0017	0.0005	0.0001	0.0000	0.0000	0.0000	0.0000	0.0000	0.0000	0.0000
0.0112	0.0041	0.0013	0.0003	0.0001	0.0000	0.0000	0.0000	0.0000	0.0000
0.0461	0.0203	0.0078	0.0025	0.0007	0.0001	0.0000	0.0000	0.0000	0.0000
0.1334	0.0698	0.0321	0.0126	0.0040	0.0010	0.0002	0.0000	0.0000	0.0000
0.2905	0.1788	0.0977	0.0462	0.0182	0.0056	0.0012	0.0002	0.0000	0.0000
0.5000	0.3563	0.2288	0.1295	0.0624	0.0243	0.0070	0.0013	0.0001	0.0000
0.7095	0.5732	0.4256	0.2841	0.1654	0.0802	0.0300	0.0075	0.0009	0.0000
0.8666	0.7721	0.6470	0.4995	0.3457	0.2060	0.0991	0.0342	0.0065	0.0003
0.9539	0.9071	0.8314	0.7217	0.5794	0.4157	0.2527	0.1180	0.0342	0.0031
0.9888	0.9731	0.9421	0.8868	0.7975	0.6674	0.4983	0.3080	0.1339	0.0245
0.9983	0.9951	0.9874	0.9704	0.9363	0.8733	0.7664	0.6017	0.3787	0.1354
0.9999	0.9996	0.9987	0.9963	0.9903	0.9762	0.9450	0.8791	0.7458	0.4867
0.0001	0.0000	0.0000	0.0000	0.0000	0.0000	0.0000	0.0000	0.0000	0.0000
0.0009	0.0003	0.0001	0.0000	0.0000	0.0000	0.0000	0.0000	0.0000	0.0000
0.0065	0.0022	0.0006	0.0001	0.0000	0.0000	0.0000	0.0000	0.0000	0.0000
0.0287	0.0114	0.0039	0.0011	0.0002	0.0000	0.0000	0.0000	0.0000	0.0000
0.0898	0.0426	0.0175	0.0060	0.0017	0.0003	0.0000	0.0000	0.0000	0.0000
0.2120	0.1189	0.0583	0.0243	0.0083	0.0022	0.0004	0.0000	0.0000	0.0000
0.3953	0.2586	0.1501	0.0753	0.0315	0.0103	0.0024	0.0003	0.0000	0.0000
0.6047	0.4539	0.3075	0.1836	0.0933	0.0383	0.0116	0.0022	0.0002	0.0000
0.7880	0.6627	0.5141	0.3595	0.2195	0.1117	0.0439	0.0115	0.0015	0.0000
0.9102	0.8328	0.7207	0.5773	0.4158	0.2585	0.1298	0.0467	0.0092	0.0004
0.9713	0.9368	0.8757	0.7795	0.6448	0.4787	0.3018	0.1465	0.0441	0.0042
0.9935	0.9830	0.9602	0.9161	0.8392	0.7189	0.5519	0.3521	0.1584	0.0301
0.9991	0.9971	0.9919	0.9795	0.9525	0.8990	0.8021	0.6433	0.4154	0.1530
0.9999	0.9998	0.9992	0.9976	0.9932	0.9822	0.9560	0.8972	0.7712	0.5123
0.0000	0.0000	0.0000	0.0000	0.0000	0.0000	0.0000	0.0000	0.0000	0.0000
0.0005	0.0001	0.0000	0.0000	0.0000	0.0000	0.0000	0.0000	0.0000	0.0000
0.0037	0.0011	0.0003	0.0001	0.0000	0.0000	0.0000	0.0000	0.0000	0.0000
0.0176	0.0063	0.0019	0.0005	0.0001	0.0000	0.0000	0.0000	0.0000	0.0000
0.0592	0.0255	0.0093	0.0028	0.0007	0.0001	0.0000	0.0000	0.0000	0.0000
0.1509	0.0769	0.0338	0.0124	0.0037	0.0008	0.0001	0.0000	0.0000	0.0000
0.3036	0.1818	0.0950	0.0422	0.0152	0.0042	0.0008	0.0001	0.0000	0.0000
0.5000	0.3465	0.2131	0.1132	0.0500	0.0173	0.0042	0.0006	0.0000	0.0000
0.6964	0.5478	0.3902	0.2452	0.1311	0.0566	0.0181	0.0036	0.0003	0.0000
0.8491	0.7392	0.5968	0.4357	0.2784	0.1484	0.0611	0.0168	0.0023	0.0001
0.9408	0.8796	0.7827	0.6481	0.4845	0.3135	0.1642	0.0617	0.0127	0.0006
0.9824	0.9576	0.9095	0.8273	0.7031	0.5387	0.3518	0.1773	0.0556	0.0055
0.9963	0.9893	0.9729	0.9383	0.8732	0.7639	0.6020	0.3958	0.1841	0.0362
0.9995	0.9983	0.9948	0.9858	0.9647	0.9198	0.8329	0.6814	0.4510	0.1710
1.0000	0.9999	0.9995	0.9984	0.9953	0.9866	0.9648	0.9126	0.7941	0.5367

附表 1 （续 3）

n	x	0.05	0.10	0.15	0.20	0.25	0.30	0.35	0.40	p 0.45
16	0	0.4401	0.1853	0.0743	0.0281	0.0100	0.0033	0.0001	0.0003	0.0001
	1	0.8108	0.5147	0.2839	0.1407	0.0635	0.0261	0.0098	0.0033	0.0010
	2	0.9571	0.7892	0.5614	0.3518	0.1971	0.0994	0.0451	0.0183	0.0066
	3	0.9930	0.9316	0.7899	0.5981	0.4050	0.2459	0.1339	0.0651	0.0281
	4	0.9991	0.9830	0.9209	0.7982	0.6302	0.4499	0.2892	0.1666	0.0853
	5	0.9999	0.9967	0.9765	0.9183	0.8103	0.6598	0.4900	0.3288	0.1976
	6	1.0000	0.9995	0.9944	0.9733	0.9204	0.8247	0.6881	0.5272	0.3660
	7	1.0000	0.9999	0.9989	0.9930	0.9729	0.9256	0.8406	0.7161	0.5629
	8	1.0000	1.0000	0.9998	0.9985	0.9925	0.9743	0.9329	0.8577	0.7441
	9	1.0000	1.0000	1.0000	0.9998	0.9984	0.9929	0.9771	0.9417	0.8759
	10	1.0000	1.0000	1.0000	1.0000	0.9997	0.9984	0.9938	0.9809	0.9514
	11	1.0000	1.0000	1.0000	1.0000	1.0000	0.9997	0.9987	0.9951	0.9851
	12	1.0000	1.0000	1.0000	1.0000	1.0000	1.0000	0.9998	0.9991	0.9965
	13	1.0000	1.0000	1.0000	1.0000	1.0000	1.0000	1.0000	0.9999	0.9994
	14	1.0000	1.0000	1.0000	1.0000	1.0000	1.0000	1.0000	1.0000	0.9999
	15	1.0000	1.0000	1.0000	1.0000	1.0000	1.0000	1.0000	1.0000	1.0000
17	0	0.4181	0.1668	0.0631	0.0225	0.0075	0.0023	0.0007	0.0002	0.0000
	1	0.7922	0.4818	0.2525	0.1182	0.0501	0.0193	0.0067	0.0021	0.0006
	2	0.9497	0.7618	0.5198	0.3096	0.1637	0.0774	0.0327	0.0123	0.0041
	3	0.9912	0.9174	0.7556	0.5489	0.3530	0.2019	0.1028	0.0464	0.0184
	4	0.9988	0.9779	0.9013	0.7582	0.5739	0.3887	0.2348	0.1260	0.0596
	5	0.9999	0.9953	0.9681	0.8943	0.7653	0.5968	0.4197	0.2639	0.1471
	6	1.0000	0.9992	0.9917	0.9623	0.8929	0.7752	0.6188	0.4478	0.2902
	7	1.0000	0.9999	0.9983	0.9891	0.9598	0.8954	0.7872	0.6405	0.4743
	8	1.0000	1.0000	0.9997	0.9974	0.9876	0.9597	0.9006	0.8011	0.6626
	9	1.0000	1.0000	1.0000	0.9995	0.9969	0.9873	0.9617	0.9081	0.8166
	10	1.0000	1.0000	1.0000	0.9999	0.9994	0.9968	0.9880	0.9652	0.9174
	11	1.0000	1.0000	1.0000	1.0000	0.9999	0.9993	0.9970	0.9894	0.9699
	12	1.0000	1.0000	1.0000	1.0000	1.0000	0.9999	0.9994	0.9975	0.9914
	13	1.0000	1.0000	1.0000	1.0000	1.0000	1.0000	0.9999	0.9995	0.9981
	14	1.0000	1.0000	1.0000	1.0000	1.0000	1.0000	1.0000	0.9999	0.9997
	15	1.0000	1.0000	1.0000	1.0000	1.0000	1.0000	1.0000	1.0000	1.0000
	16	1.0000	1.0000	1.0000	1.0000	1.0000	1.0000	1.0000	1.0000	1.0000
18	0	0.3972	0.1501	0.0536	0.0180	0.0056	0.0016	0.0004	0.0001	0.0000
	1	0.7735	0.4503	0.2241	0.0991	0.0395	0.0142	0.0046	0.0013	0.0003
	2	0.9419	0.7338	0.4797	0.2713	0.1353	0.0600	0.0236	0.0082	0.0025
	3	0.9891	0.9018	0.7202	0.5010	0.3057	0.1646	0.0783	0.0328	0.0120
	4	0.9985	0.9718	0.8794	0.7164	0.5187	0.3327	0.1886	0.0942	0.0411
	5	0.9998	0.9936	0.9581	0.8671	0.7175	0.5344	0.3550	0.2088	0.1077
	6	1.0000	0.9988	0.9882	0.9487	0.8610	0.7217	0.5491	0.3743	0.2258
	7	1.0000	0.9998	0.9973	0.9837	0.9431	0.8593	0.7283	0.5634	0.3915
	8	1.0000	1.0000	0.9995	0.9957	0.9807	0.9404	0.8609	0.7368	0.5778
	9	1.0000	1.0000	0.9999	0.9991	0.9946	0.9790	0.9403	0.8653	0.7473
	10	1.0000	1.0000	1.0000	0.9998	0.9988	0.9939	0.9788	0.9424	0.8720

0.50	0.55	0.60	0.65	0.70	0.75	0.80	0.85	0.90	0.95
0.0000	0.0000	0.0000	0.0000	0.0000	0.0000	0.0000	0.0000	0.0000	0.0000
0.0003	0.0001	0.0000	0.0000	0.0000	0.0000	0.0000	0.0000	0.0000	0.0000
0.0021	0.0006	0.0001	0.0000	0.0000	0.0000	0.0000	0.0000	0.0000	0.0000
0.0106	0.0035	0.0009	0.0002	0.0000	0.0000	0.0000	0.0000	0.0000	0.0000
0.0384	0.0149	0.0049	0.0013	0.0003	0.0000	0.0000	0.0000	0.0000	0.0000
0.1051	0.0486	0.0191	0.0062	0.0016	0.0003	0.0000	0.0000	0.0000	0.0000
0.2272	0.1241	0.0581	0.0229	0.0071	0.0016	0.0002	0.0000	0.0000	0.0000
0.4018	0.2559	0.1423	0.0671	0.0257	0.0075	0.0015	0.0002	0.0000	0.0000
0.5982	0.4371	0.2839	0.1594	0.0744	0.0271	0.0070	0.0011	0.0001	0.0000
0.7728	0.6340	0.4728	0.3119	0.1753	0.0796	0.0267	0.0056	0.0005	0.0000
0.8949	0.8024	0.6712	0.5100	0.3402	0.1897	0.0817	0.0235	0.0033	0.0001
0.9616	0.9147	0.8334	0.7108	0.5501	0.3698	0.2018	0.0791	0.0170	0.0009
0.9894	0.9719	0.9349	0.8661	0.7541	0.5950	0.4019	0.2101	0.0684	0.0070
0.9970	0.9934	0.9817	0.9549	0.9006	0.8029	0.6482	0.4386	0.2108	0.0429
0.9997	0.9990	0.9967	0.9902	0.9939	0.9365	0.8593	0.7161	0.4853	0.1892
1.0000	0.9999	0.9997	0.9990	0.9967	0.9900	0.9719	0.9257	0.8147	0.5599
0.0000	0.0000	0.0000	0.0000	0.0000	0.0000	0.0000	0.0000	0.0000	0.0000
0.0001	0.0000	0.0000	0.0000	0.0000	0.0000	0.0000	0.0000	0.0000	0.0000
0.0012	0.0003	0.0001	0.0000	0.0000	0.0000	0.0000	0.0000	0.0000	0.0000
0.0064	0.0019	0.0005	0.0001	0.0000	0.0000	0.0000	0.0000	0.0000	0.0000
0.0245	0.0086	0.0025	0.0006	0.0001	0.0000	0.0000	0.0000	0.0000	0.0000
0.0717	0.0301	0.0106	0.0030	0.0007	0.0001	0.0000	0.0000	0.0000	0.0000
0.1662	0.0826	0.0348	0.0120	0.0032	0.0006	0.0001	0.0000	0.0000	0.0000
0.3145	0.1834	0.0919	0.0383	0.0127	0.0031	0.0005	0.0000	0.0000	0.0000
0.5000	0.3374	0.1989	0.0994	0.0403	0.0124	0.0026	0.0003	0.0000	0.0000
0.6855	0.5257	0.3595	0.2128	0.1046	0.0402	0.0109	0.0017	0.0001	0.0000
0.8338	0.7098	0.5522	0.3812	0.2248	0.1071	0.0377	0.0083	0.0008	0.0000
0.9283	0.8529	0.7361	0.5803	0.4032	0.2347	0.1057	0.0319	0.0047	0.0001
0.9755	0.9404	0.8740	0.7652	0.6113	0.4261	0.2418	0.0987	0.0221	0.0012
0.9936	0.9816	0.9536	0.8972	0.7981	0.6470	0.4511	0.2444	0.0826	0.0088
0.9988	0.9959	0.9877	0.9673	0.9226	0.8363	0.6904	0.4802	0.2382	0.0503
0.9999	0.9994	0.9979	0.9933	0.9807	0.9499	0.8818	0.7475	0.5182	0.2078
1.0000	1.0000	0.9998	0.9993	0.9977	0.9925	0.9775	0.9369	0.8332	0.5819
0.0000	0.0000	0.0000	0.0000	0.0000	0.0000	0.0000	0.0000	0.0000	0.0000
0.0001	0.0000	0.0000	0.0000	0.0000	0.0000	0.0000	0.0000	0.0000	0.0000
0.0007	0.0001	0.0000	0.0000	0.0000	0.0000	0.0000	0.0000	0.0000	0.0000
0.0038	0.0010	0.0002	0.0000	0.0000	0.0000	0.0000	0.0000	0.0000	0.0000
0.0154	0.0049	0.0013	0.0003	0.0000	0.0000	0.0000	0.0000	0.0000	0.0000
0.0481	0.0183	0.0058	0.0014	0.0003	0.0000	0.0000	0.0000	0.0000	0.0000
0.1189	0.0537	0.0203	0.0062	0.0014	0.0002	0.0000	0.0000	0.0000	0.0000
0.2403	0.1280	0.0576	0.0212	0.0061	0.0012	0.0002	0.0000	0.0000	0.0000
0.4073	0.2527	0.1347	0.0597	0.0210	0.0054	0.0009	0.0001	0.0000	0.0000
0.5927	0.4222	0.2632	0.1391	0.0596	0.0193	0.0043	0.0005	0.0000	0.0000
0.7597	0.6085	0.4366	0.2717	0.1407	0.0569	0.0163	0.0027	0.0002	0.0000

附表1 （续4）

n	x	0.05	0.10	0.15	0.20	0.25	0.30	0.35	0.40	p 0.45
	11	1.0000	1.0000	1.0000	1.0000	0.9998	0.9986	0.9938	0.9797	0.9463
	12	1.0000	1.0000	1.0000	1.0000	1.0000	0.9997	0.9986	0.9942	0.9817
	13	1.0000	1.0000	1.0000	1.0000	1.0000	1.0000	0.9997	0.9987	0.9951
	14	1.0000	1.0000	1.0000	1.0000	1.0000	1.0000	1.0000	0.9998	0.9990
	15	1.0000	1.0000	1.0000	1.0000	1.0000	1.0000	1.0000	1.0000	0.9999
	16	1.0000	1.0000	1.0000	1.0000	1.0000	1.0000	1.0000	1.0000	1.0000
	17	1.0000	1.0000	1.0000	1.0000	1.0000	1.0000	1.0000	1.0000	1.0000
19	0	0.3774	0.1351	0.0456	0.0144	0.0042	0.0011	0.0003	0.0001	0.0000
	1	0.7547	0.4203	0.1985	0.0829	0.0310	0.0104	0.0031	0.0008	0.0002
	2	0.9335	0.7054	0.4413	0.2369	0.1113	0.0462	0.0170	0.0055	0.0015
	3	0.9868	0.8850	0.6841	0.4551	0.2631	0.1332	0.0591	0.0230	0.0077
	4	0.9980	0.9648	0.8556	0.6733	0.4654	0.2822	0.1500	0.0696	0.0280
	5	0.9998	0.9914	0.9463	0.8369	0.6678	0.4739	0.2968	0.1629	0.0777
	6	1.0000	0.9983	0.9837	0.9324	0.8251	0.6655	0.4812	0.3081	0.1727
	7	1.0000	0.9997	0.9959	0.9767	0.9225	0.8180	0.6656	0.4878	0.3169
	8	1.0000	1.0000	0.9992	0.9933	0.9713	0.9161	0.8145	0.6675	0.4940
	9	1.0000	1.0000	0.9999	0.9984	0.9911	0.9674	0.9125	0.8139	0.6710
	10	1.0000	1.0000	1.0000	0.9997	0.9977	0.9895	0.9653	0.9115	0.8159
	11	1.0000	1.0000	1.0000	1.0000	0.9995	0.9972	0.9886	0.9648	0.9129
	12	1.0000	1.0000	1.0000	1.0000	0.9999	0.9994	0.9969	0.9884	0.9658
	13	1.0000	1.0000	1.0000	1.0000	1.0000	0.9999	0.9993	0.9969	0.9891
	14	1.0000	1.0000	1.0000	1.0000	1.0000	1.0000	0.9999	0.9994	0.9972
	15	1.0000	1.0000	1.0000	1.0000	1.0000	1.0000	1.0000	0.9999	0.9995
	16	1.0000	1.0000	1.0000	1.0000	1.0000	1.0000	1.0000	1.0000	0.9999
	17	1.0000	1.0000	1.0000	1.0000	1.0000	1.0000	1.0000	1.0000	1.0000
	18	1.0000	1.0000	1.0000	1.0000	1.0000	1.0000	1.0000	1.0000	1.0000
20	0	0.3585	0.1216	0.0388	0.0015	0.0032	0.0008	0.0002	0.0000	0.0000
	1	0.7358	0.3917	0.1756	0.0692	0.0243	0.0076	0.0021	0.0005	0.0001
	2	0.9245	0.6769	0.4049	0.2061	0.0913	0.0355	0.0121	0.0036	0.0009
	3	0.9841	0.8670	0.6477	0.4114	0.2252	0.1071	0.0444	0.0160	0.0049
	4	0.9974	0.9568	0.8298	0.6296	0.4148	0.2375	0.1182	0.0510	0.0189
	5	0.9997	0.9887	0.9327	0.8024	0.6172	0.4164	0.2454	0.1256	0.0553
	6	1.0000	0.9976	0.9781	0.9133	0.7858	0.6080	0.4166	0.2500	0.1299
	7	1.0000	0.9996	0.9941	0.9679	0.8982	0.7723	0.6010	0.4159	0.2520
	8	1.0000	0.9999	0.9987	0.9900	0.9591	0.8867	0.7624	0.5956	0.4143
	9	1.0000	1.0000	0.9998	0.9974	0.9861	0.9520	0.8782	0.7553	0.5914
	10	1.0000	1.0000	1.0000	0.9994	0.9961	0.9829	0.9468	0.8725	0.7507
	11	1.0000	1.0000	1.0000	0.9999	0.9991	0.9949	0.9804	0.9435	0.8692
	12	1.0000	1.0000	1.0000	1.0000	0.9998	0.9987	0.9940	0.9790	0.9420
	13	1.0000	1.0000	1.0000	1.0000	1.0000	0.9997	0.9985	0.9935	0.9786
	14	1.0000	1.0000	1.0000	1.0000	1.0000	1.0000	0.9997	0.9984	0.9936
	15	1.0000	1.0000	1.0000	1.0000	1.0000	1.0000	1.0000	0.9997	0.9985
	16	1.0000	1.0000	1.0000	1.0000	1.0000	1.0000	1.0000	1.0000	0.9997
	17	1.0000	1.0000	1.0000	1.0000	1.0000	1.0000	1.0000	1.0000	1.0000
	18	1.0000	1.0000	1.0000	1.0000	1.0000	1.0000	1.0000	1.0000	1.0000
	19	1.0000	1.0000	1.0000	1.0000	1.0000	1.0000	1.0000	1.0000	1.0000

0.50	0.55	0.60	0.65	0.70	0.75	0.80	0.85	0.90	0.95
0.8811	0.7742	0.6257	0.4509	0.2783	0.1390	0.0513	0.0118	0.0012	0.0000
0.9519	0.8923	0.7912	0.6450	0.4656	0.2825	0.1329	0.0419	0.0064	0.0002
0.9846	0.9598	0.9058	0.8114	0.6673	0.4813	0.2836	0.1206	0.0282	0.0015
0.9962	0.9880	0.9672	0.9217	0.8354	0.6943	0.4990	0.2798	0.0982	0.0109
0.9993	0.9975	0.9918	0.9764	0.9400	0.8647	0.7287	0.5203	0.2662	0.0581
0.9999	0.9997	0.9987	0.9954	0.9858	0.9605	0.9009	0.7759	0.5497	0.2265
1.0000	1.0000	0.9999	0.9996	0.9984	0.9944	0.9820	0.9464	0.8499	0.6028
0.0000	0.0000	0.0000	0.0000	0.0000	0.0000	0.0000	0.0000	0.0000	0.0000
0.0000	0.0000	0.0000	0.0000	0.0000	0.0000	0.0000	0.0000	0.0000	0.0000
0.0004	0.0001	0.0000	0.0000	0.0000	0.0000	0.0000	0.0000	0.0000	0.0000
0.0022	0.0005	0.0001	0.0000	0.0000	0.0000	0.0000	0.0000	0.0000	0.0000
0.0096	0.0028	0.0006	0.0001	0.0000	0.0000	0.0000	0.0000	0.0000	0.0000
0.0318	0.0109	0.0031	0.0007	0.0001	0.0000	0.0000	0.0000	0.0000	0.0000
0.0835	0.0342	0.0116	0.0031	0.0006	0.0001	0.0000	0.0000	0.0000	0.0000
0.1796	0.0871	0.0352	0.0114	0.0028	0.0005	0.0000	0.0000	0.0000	0.0000
0.3238	0.1841	0.0885	0.0347	0.0105	0.0023	0.0003	0.0000	0.0000	0.0000
0.5000	0.3290	0.1861	0.0875	0.0326	0.0089	0.0016	0.0001	0.0000	0.0000
0.6762	0.5060	0.3325	0.1855	0.0839	0.0287	0.0067	0.0008	0.0000	0.0000
0.8204	0.6831	0.5122	0.3344	0.1820	0.0775	0.0233	0.0041	0.0003	0.0000
0.9165	0.8273	0.6919	0.5188	0.3345	0.1749	0.0676	0.0163	0.0017	0.0000
0.9682	0.9223	0.8371	0.7032	0.5261	0.3322	0.1631	0.0537	0.0086	0.0002
0.9904	0.9720	0.9304	0.8500	0.7178	0.5346	0.3267	0.1444	0.0352	0.0020
0.9978	0.9923	0.9770	0.9409	0.8668	0.7369	0.5449	0.3159	0.1150	0.0132
0.9996	0.9985	0.9945	0.9830	0.9538	0.8887	0.7631	0.5587	0.2946	0.0665
1.0000	0.9998	0.9992	0.9969	0.9896	0.9690	0.9171	0.8015	0.5797	0.2453
1.0000	1.0000	0.9999	0.9997	0.9989	0.9958	0.9856	0.9544	0.8649	0.6226
0.0000	0.0000	0.0000	0.0000	0.0000	0.0000	0.0000	0.0000	0.0000	0.0000
0.0000	0.0000	0.0000	0.0000	0.0000	0.0000	0.0000	0.0000	0.0000	0.0000
0.0002	0.0000	0.0000	0.0000	0.0000	0.0000	0.0000	0.0000	0.0000	0.0000
0.0013	0.0003	0.0000	0.0000	0.0000	0.0000	0.0000	0.0000	0.0000	0.0000
0.0059	0.0015	0.0003	0.0000	0.0000	0.0000	0.0000	0.0000	0.0000	0.0000
0.0207	0.0064	0.0016	0.0003	0.0000	0.0000	0.0000	0.0000	0.0000	0.0000
0.0577	0.0214	0.0065	0.0015	0.0003	0.0000	0.0000	0.0000	0.0000	0.0000
0.1316	0.0580	0.0210	0.0060	0.0013	0.0002	0.0000	0.0000	0.0000	0.0000
0.2517	0.1308	0.0565	0.0196	0.0051	0.0009	0.0001	0.0000	0.0000	0.0000
0.4119	0.2493	0.1275	0.0532	0.0171	0.0039	0.0006	0.0000	0.0000	0.0000
0.5881	0.4086	0.2447	0.1218	0.0480	0.0139	0.0026	0.0002	0.0000	0.0000
0.7483	0.5857	0.4044	0.2376	0.1133	0.0409	0.0100	0.0013	0.0001	0.0000
0.8684	0.7480	0.5841	0.3990	0.2277	0.1018	0.0321	0.0059	0.0004	0.0000
0.9423	0.8701	0.7500	0.5834	0.3920	0.2142	0.0867	0.0219	0.0024	0.0000
0.9793	0.9447	0.8744	0.7546	0.5836	0.3828	0.1958	0.0673	0.0113	0.0003
0.9941	0.9811	0.9490	0.8818	0.7625	0.5852	0.3704	0.1702	0.0432	0.0026
0.9987	0.9951	0.9840	0.9556	0.8929	0.7748	0.5886	0.3523	0.1330	0.0159
0.9998	0.9991	0.9964	0.9879	0.9645	0.9087	0.7939	0.5951	0.3231	0.0755
1.0000	0.9999	0.9995	0.9979	0.9924	0.9757	0.9308	0.8244	0.6083	0.2642
1.0000	1.0000	1.0000	0.9998	0.9992	0.9968	0.9885	0.9612	0.8784	0.6415

附表 2　泊松分布表

$$P(X \leqslant x) = \sum_{k=0}^{x} e^{-\lambda} \frac{\lambda^k}{k!}$$

λ＼x	0	1	2	3	4	5	6	7	8	9
0.02	0.980	1.000								
0.04	0.961	0.999	1.000							
0.06	0.942	0.998	1.000							
0.08	0.923	0.997	1.000							
0.10	0.905	0.995	1.000							
0.15	0.861	0.990	0.999	1.000						
0.20	0.819	0.982	0.999	1.000						
0.25	0.779	0.974	0.998	1.000						
0.30	0.741	0.963	0.996	1.000						
0.35	0.705	0.951	0.994	1.000						
0.40	0.670	0.938	0.992	0.999	1.000					
0.45	0.638	0.925	0.989	0.999	1.000					
0.50	0.607	0.910	0.986	0.998	1.000					
0.55	0.577	0.894	0.982	0.998	1.000					
0.60	0.549	0.878	0.977	0.997	1.000					
0.65	0.522	0.861	0.972	0.996	0.999	1.000				
0.70	0.497	0.844	0.966	0.994	0.999	1.000				
0.75	0.472	0.827	0.959	0.993	0.999	1.000				
0.80	0.449	0.809	0.953	0.991	0.999	1.000				
0.85	0.427	0.791	0.945	0.989	0.989	1.000				
0.90	0.407	0.772	0.937	0.987	0.998	1.000				
0.95	0.387	0.754	0.929	0.984	0.997	1.000				
1.00	0.368	0.736	0.920	0.981	0.996	0.999	1.000			
1.1	0.333	0.699	0.900	0.974	0.995	0.999	1.000			
1.2	0.301	0.663	0.879	0.966	0.992	0.998	1.000			
1.3	0.273	0.627	0.857	0.957	0.989	0.998	1.000			
1.4	0.247	0.592	0.833	0.946	0.986	0.997	0.999	1.000		
1.5	0.223	0.558	0.809	0.934	0.981	0.996	0.999	1.000		
1.6	0.202	0.525	0.783	0.921	0.976	0.994	0.999	1.000		
1.7	0.183	0.493	0.757	0.907	0.970	0.992	0.998	1.000		
1.8	0.165	0.463	0.731	0.891	0.964	0.990	0.997	0.999	1.000	
1.9	0.150	0.434	0.704	0.875	0.956	0.987	0.997	0.999	1.000	
2.0	0.135	0.406	0.677	0.857	0.947	0.983	0.995	0.999	1.000	

附表 2 （续 1）

λ＼x	0	1	2	3	4	5	6	7	8	9
2.2	0.111	0.355	0.623	0.819	0.928	0.975	0.993	0.998	1.000	
2.4	0.091	0.308	0.570	0.779	0.904	0.964	0.989	0.997	0.999	1.000
2.6	0.074	0.267	0.518	0.736	0.877	0.951	0.983	0.995	0.999	1.000
2.8	0.061	0.231	0.469	0.692	0.848	0.935	0.976	0.992	0.998	0.999
3.0	0.050	0.199	0.423	0.647	0.815	0.916	0.966	0.988	0.996	0.999
3.2	0.041	0.171	0.380	0.603	0.781	0.895	0.955	0.983	0.994	0.998
3.4	0.033	0.147	0.340	0.558	0.744	0.871	0.942	0.977	0.992	0.997
3.6	0.027	0.126	0.303	0.515	0.706	0.844	0.927	0.969	0.988	0.996
3.8	0.022	0.107	0.269	0.473	0.668	0.816	0.909	0.960	0.984	0.994
4.0	0.018	0.092	0.238	0.433	0.629	0.785	0.889	0.949	0.979	0.992
4.2	0.015	0.078	0.210	0.395	0.590	0.753	0.867	0.936	0.972	0.989
4.4	0.012	0.066	0.185	0.359	0.551	0.720	0.844	0.921	0.964	0.985
4.6	0.010	0.056	0.163	0.326	0.513	0.686	0.818	0.905	0.955	0.980
4.8	0.008	0.048	0.143	0.294	0.476	0.651	0.791	0.887	0.944	0.975
5.0	0.007	0.040	0.125	0.265	0.440	0.616	0.762	0.867	0.932	0.968
5.2	0.006	0.034	0.109	0.238	0.406	0.581	0.732	0.845	0.918	0.960
5.4	0.005	0.029	0.095	0.213	0.373	0.546	0.702	0.822	0.903	0.951
5.6	0.004	0.024	0.082	0.191	0.342	0.512	0.670	0.797	0.886	0.941
5.8	0.003	0.021	0.072	0.170	0.313	0.478	0.638	0.771	0.867	0.929
6.0	0.002	0.017	0.062	0.151	0.285	0.446	0.606	0.744	0.847	0.916

λ＼x	10	11	12	13	14	15
2.8	1.000					
3.0	1.000					
3.2	1.000					
3.4	0.999	1.000				
3.6	0.999	1.000				
3.8	0.998	0.999	1.000			
4.0	0.997	0.999	1.000			
4.2	0.996	0.999	1.000			
4.4	0.994	0.998	0.999	1.000		
4.6	0.992	0.997	0.999	1.000		
4.8	0.990	0.996	0.999	1.000		
5.0	0.986	0.995	0.998	0.999	1.000	
5.2	0.982	0.993	0.997	0.999	1.000	
5.4	0.977	0.990	0.996	0.999	1.000	
5.6	0.972	0.988	0.995	0.998	0.999	1.000
5.8	0.965	0.984	0.993	0.997	0.999	1.000
6.0	0.957	0.980	0.991	0.996	0.999	0.999

附表 2 （续 2）

λ \ x	0	1	2	3	4	5	6	7	8	9
6.2	0.002	0.015	0.054	0.134	0.259	0.414	0.574	0.716	0.826	0.902
6.4	0.002	0.012	0.046	0.119	0.235	0.384	0.542	0.687	0.803	0.886
6.6	0.001	0.010	0.040	0.105	0.213	0.355	0.511	0.758	0.780	0.869
6.8	0.001	0.009	0.034	0.093	0.192	0.327	0.480	0.628	0.755	0.850
7.0	0.001	0.007	0.030	0.082	0.173	0.301	0.450	0.599	0.729	0.830
7.2	0.001	0.006	0.025	0.072	0.156	0.276	0.420	0.569	0.703	0.810
7.4	0.001	0.005	0.022	0.063	0.140	0.253	0.392	0.539	0.676	0.788
7.6	0.001	0.004	0.019	0.055	0.125	0.231	0.365	0.510	0.648	0.765
7.8	0.000	0.004	0.016	0.048	0.112	0.210	0.338	0.481	0.620	0.741
8.0	0.000	0.003	0.014	0.042	0.100	0.191	0.313	0.453	0.593	0.717
8.5	0.000	0.002	0.009	0.030	0.074	0.150	0.256	0.386	0.523	0.653
9.0	0.000	0.001	0.006	0.021	0.055	0.116	0.207	0.324	0.456	0.587
9.5	0.000	0.001	0.004	0.015	0.040	0.089	0.165	0.269	0.392	0.522
10.0	0.000	0.000	0.003	0.010	0.029	0.067	0.130	0.220	0.333	0.458

λ \ x	10	11	12	13	14	15	16	17	18	19
6.2	0.949	0.975	0.989	0.995	0.998	0.999	1.000			
6.4	0.939	0.969	0.986	0.994	0.997	0.999	1.000			
6.6	0.927	0.963	0.982	0.992	0.997	0.999	0.999	1.000		
6.8	0.915	0.955	0.978	0.990	0.996	0.998	0.999	1.000		
7.0	0.901	0.947	0.973	0.987	0.994	0.998	0.999	1.000		
7.2	0.887	0.937	0.967	0.984	0.993	0.997	0.999	0.999	1.000	
7.4	0.871	0.926	0.961	0.980	0.991	0.996	0.998	0.999	1.000	
7.6	0.854	0.915	0.954	0.976	0.989	0.995	0.998	0.999	1.000	
7.8	0.835	0.902	0.945	0.971	0.986	0.993	0.997	0.999	1.000	
8.0	0.816	0.888	0.936	0.966	0.983	0.992	0.996	0.998	0.999	1.000
8.5	0.763	0.849	0.909	0.949	0.973	0.986	0.993	0.997	0.999	0.999
9.0	0.706	0.803	0.876	0.926	0.959	0.978	0.989	0.995	0.998	0.999
9.5	0.645	0.752	0.836	0.898	0.940	0.967	0.982	0.991	0.996	0.998
10.0	0.583	0.697	0.792	0.864	0.917	0.951	0.973	0.986	0.993	0.997

λ \ x	20	21	22
8.5	1.000		
9.0	1.000		
9.5	0.999	1.000	
10.0	0.998	0.999	1.000

附表 2 （续 3）

λ＼x	0	1	2	3	4	5	6	7	8	9
10.5	0.000	0.000	0.002	0.007	0.021	0.050	0.102	0.179	0.279	0.397
11.0	0.000	0.000	0.001	0.005	0.015	0.038	0.079	0.143	0.232	0.341
11.5	0.000	0.000	0.001	0.003	0.011	0.028	0.060	0.114	0.191	0.289
12.0	0.000	0.000	0.001	0.002	0.008	0.020	0.046	0.090	0.155	0.242
12.5	0.000	0.000	0.000	0.002	0.005	0.015	0.035	0.070	0.125	0.201
13.0	0.000	0.000	0.000	0.001	0.004	0.011	0.026	0.054	0.100	0.166
13.5	0.000	0.000	0.000	0.001	0.003	0.008	0.019	0.041	0.079	0.135
14.0	0.000	0.000	0.000	0.000	0.002	0.006	0.014	0.032	0.062	0.109
14.5	0.000	0.000	0.000	0.000	0.001	0.004	0.010	0.024	0.048	0.088
15.0	0.000	0.000	0.000	0.000	0.001	0.003	0.008	0.018	0.037	0.070

λ＼x	10	11	12	13	14	15	16	17	18	19
10.5	0.521	0.639	0.742	0.825	0.888	0.932	0.960	0.978	0.988	0.994
11.0	0.460	0.579	0.689	0.781	0.854	0.907	0.944	0.968	0.982	0.991
11.5	0.402	0.520	0.633	0.733	0.815	0.878	0.924	0.954	0.974	0.986
12.0	0.347	0.462	0.576	0.682	0.772	0.844	0.899	0.937	0.963	0.979
12.5	0.297	0.406	0.519	0.628	0.725	0.806	0.869	0.916	0.948	0.969
13.0	0.252	0.353	0.463	0.573	0.675	0.764	0.835	0.890	0.930	0.957
13.5	0.211	0.304	0.409	0.518	0.623	0.718	0.798	0.861	0.908	0.942
14.0	0.176	0.260	0.358	0.464	0.570	0.669	0.756	0.827	0.883	0.923
14.5	0.145	0.220	0.311	0.413	0.518	0.619	0.711	0.790	0.853	0.901
15.0	0.118	0.185	0.268	0.363	0.466	0.568	0.664	0.749	0.819	0.875

λ＼x	20	21	22	23	24	25	26	27	28	29
10.5	0.997	0.999	0.999	1.000						
11.0	0.995	0.998	0.999	1.000						
11.5	0.992	0.996	0.998	0.999	1.000					
12.0	0.988	0.994	0.997	0.999	0.999	1.000				
12.5	0.983	0.991	0.995	0.998	0.999	0.999	1.000			
13.0	0.975	0.986	0.992	0.996	0.998	0.999	1.000			
13.5	0.965	0.980	0.989	0.994	0.997	0.998	0.999	1.000		
14.0	0.952	0.971	0.983	0.991	0.995	0.997	0.999	0.999	1.000	
14.5	0.936	0.960	0.976	0.986	0.992	0.996	0.998	0.999	0.999	1.000
15.0	0.917	0.947	0.967	0.981	0.989	0.994	0.997	0.998	0.999	1.000

附表2 （续4）

λ \ x	0	1	2	3	4	5	6	7	8	9
16	0.000	0.001	0.004	0.010	0.022	0.043	0.077	0.127	0.193	0.275
17	0.000	0.001	0.002	0.005	0.013	0.026	0.049	0.085	0.135	0.201
18	0.000	0.000	0.001	0.003	0.007	0.015	0.030	0.055	0.092	0.143
19	0.000	0.000	0.001	0.002	0.004	0.009	0.018	0.035	0.061	0.098
20	0.000	0.000	0.000	0.001	0.002	0.005	0.011	0.021	0.039	0.066
21	0.000	0.000	0.000	0.000	0.001	0.003	0.006	0.013	0.025	0.043
22	0.000	0.000	0.000	0.000	0.001	0.002	0.004	0.008	0.015	0.028
23	0.000	0.000	0.000	0.000	0.000	0.001	0.002	0.004	0.009	0.017
24	0.000	0.000	0.000	0.000	0.000	0.000	0.001	0.003	0.005	0.011
25	0.000	0.000	0.000	0.000	0.000	0.000	0.001	0.001	0.003	0.006

λ \ x	14	15	16	17	18	19	20	21	22	23
16	0.368	0.467	0.566	0.659	0.742	0.812	0.868	0.911	0.942	0.963
17	0.281	0.371	0.468	0.564	0.655	0.736	0.805	0.861	0.905	0.937
18	0.208	0.287	0.375	0.496	0.562	0.651	0.731	0.799	0.855	0.899
19	0.150	0.215	0.292	0.378	0.469	0.561	0.647	0.725	0.793	0.849
20	0.105	0.157	0.221	0.297	0.381	0.470	0.559	0.644	0.721	0.787
21	0.072	0.111	0.163	0.227	0.302	0.384	0.471	0.558	0.640	0.716
22	0.048	0.077	0.117	0.169	0.232	0.306	0.387	0.472	0.556	0.637
23	0.031	0.052	0.082	0.123	0.175	0.238	0.310	0.389	0.472	0.555
24	0.020	0.034	0.056	0.087	0.128	0.180	0.243	0.314	0.392	0.473
25	0.012	0.022	0.038	0.060	0.092	0.134	0.185	0.247	0.318	0.394

λ \ x	24	25	26	27	28	29	30	31	32	33
16	0.987	0.987	0.993	0.996	0.998	0.999	0.999	1.000		
17	0.959	0.975	0.985	0.991	0.995	0.997	0.999	0.999	1.000	
18	0.932	0.955	0.972	0.983	0.990	0.994	0.997	0.998	0.999	1.000
19	0.893	0.927	0.951	0.969	0.980	0.988	0.993	0.996	0.998	0.999
20	0.843	0.888	0.922	0.948	0.966	0.978	0.987	0.992	0.995	0.997
21	0.782	0.838	0.883	0.917	0.944	0.963	0.976	0.985	0.991	0.994
22	0.712	0.777	0.832	0.877	0.913	0.940	0.959	0.973	0.983	0.989
23	0.635	0.708	0.772	0.827	0.873	0.908	0.936	0.956	0.971	0.981
24	0.554	0.632	0.704	0.768	0.823	0.868	0.904	0.932	0.953	0.969
25	0.473	0.553	0.629	0.700	0.763	0.818	0.863	0.900	0.929	0.950

λ \ x	34	35	36	37	38	39	40	41	42	
19	0.999	1.000								
20	0.999	0.999	1.000							
21	0.997	0.998	0.999	0.999	1.000					
22	0.994	0.996	0.998	0.999	0.999	1.000				
23	0.989	0.993	0.996	0.997	0.999	0.999	1.000			
24	0.979	0.987	0.992	0.995	0.997	0.998	0.999	0.999	1.000	
25	0.966	0.978	0.985	0.991	0.994	0.997	0.998	0.999	1.000	

附表3 标准正态分布函数表

$$\Phi(x) = \int_{-\infty}^{x} \frac{1}{\sqrt{2\pi}} e^{-\frac{u^2}{2}} du$$

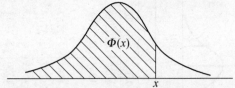

x	0.00	0.01	0.02	0.03	0.04	0.05	0.06	0.07	0.08	0.09
0.0	0.5000	0.5040	0.5080	0.5120	0.5160	0.5199	0.5239	0.5279	0.5319	0.5359
0.1	0.5398	0.5438	0.5478	0.5517	0.5557	0.5596	0.5636	0.5675	0.5714	0.5753
0.2	0.5793	0.5832	0.5871	0.5910	0.5948	0.5987	0.6026	0.6064	0.6103	0.6141
0.3	0.6179	0.6217	0.6255	0.6293	0.6331	0.6368	0.6406	0.6443	0.6480	0.6517
0.4	0.6554	0.6591	0.6628	0.6664	0.6700	0.6736	0.6772	0.6808	0.6844	0.6879
0.5	0.6915	0.6950	0.6985	0.7019	0.7054	0.7088	0.7123	0.7157	0.7190	0.7224
0.6	0.7257	0.7291	0.7324	0.7357	0.7389	0.7422	0.7454	0.7486	0.7517	0.7549
0.7	0.7580	0.7611	0.7642	0.7673	0.7704	0.7734	0.7764	0.7794	0.7823	0.7852
0.8	0.7881	0.7910	0.7939	0.7967	0.7995	0.8023	0.8051	0.8079	0.8106	0.8133
0.9	0.8159	0.8186	0.8212	0.8238	0.8264	0.8289	0.8315	0.8340	0.8365	0.8389
1.0	0.8413	0.8438	0.8461	0.8485	0.8508	0.8531	0.8554	0.8577	0.8599	0.8621
1.1	0.8643	0.8665	0.8686	0.8708	0.8729	0.8749	0.8770	0.8790	0.8810	0.8830
1.2	0.8849	0.8869	0.8888	0.8907	0.8925	0.8944	0.8962	0.8980	0.8997	0.9015
1.3	0.9032	0.9049	0.9066	0.9082	0.9099	0.9115	0.9131	0.9147	0.9162	0.9177
1.4	0.9192	0.9207	0.9222	0.9236	0.9251	0.9265	0.9279	0.9292	0.9306	0.9319
1.5	0.9332	0.9345	0.9357	0.9370	0.9382	0.9394	0.9406	0.9418	0.9429	0.9441
1.6	0.9452	0.9463	0.9474	0.9484	0.9495	0.9505	0.9515	0.9525	0.9535	0.9545
1.7	0.9554	0.9564	0.9573	0.9582	0.9591	0.9599	0.9608	0.9616	0.9625	0.9633
1.8	0.9641	0.9649	0.9656	0.9664	0.9671	0.9678	0.9686	0.9693	0.9700	0.9706
1.9	0.9713	0.9719	0.9726	0.9732	0.9738	0.9744	0.9750	0.9756	0.9761	0.9767
2.0	0.9773	0.9778	0.9783	0.9788	0.9793	0.9798	0.9803	0.9808	0.9812	0.9817
2.1	0.9821	0.9826	0.9830	0.9834	0.9838	0.9842	0.9846	0.9850	0.9854	0.9857
2.2	0.9861	0.9864	0.9868	0.9871	0.9875	0.9878	0.9881	0.9884	0.9887	0.9890
2.3	0.9893	0.9896	0.9898	0.9901	0.9904	0.9906	0.9909	0.9911	0.9913	0.9916
2.4	0.9918	0.9920	0.9922	0.9925	0.9927	0.9929	0.9931	0.9932	0.9934	0.9936
2.5	0.9938	0.9940	0.9941	0.9943	0.9945	0.9946	0.9948	0.9949	0.9951	0.9952
2.6	0.9953	0.9955	0.9956	0.9957	0.9959	0.9960	0.9961	0.9962	0.9963	0.9964
2.7	0.9965	0.9966	0.9967	0.9968	0.9969	0.9970	0.9971	0.9972	0.9973	0.9974
2.8	0.9974	0.9975	0.9976	0.9977	0.9977	0.9978	0.9979	0.9979	0.9980	0.9981
2.9	0.9981	0.9982	0.9983	0.9983	0.9984	0.9984	0.9985	0.9985	0.9986	0.9986

x	0.0	0.1	0.2	0.3	0.4	0.5	0.6	0.7	0.8	0.9
3.0	$0.9^2 8650$	$0.9^3 0324$	$0.9^3 3129$	$0.9^3 5166$	$0.9^3 6631$	$0.9^3 7674$	$0.9^3 8409$	$0.9^3 8922$	$0.9^4 2765$	$0.9^4 5190$
4.0	$0.9^4 6833$	$0.9^4 7934$	$0.9^4 8665$	$0.9^5 1460$	$0.9^5 4587$	$0.9^5 6602$	$0.9^5 7887$	$0.9^5 8699$	$0.9^6 2067$	$0.9^6 5208$
5.0	$0.9^6 7133$	$0.9^6 8302$	$0.9^7 0036$	$0.9^7 4210$	$0.9^7 6668$	$0.9^7 8101$	$0.9^7 8928$	$0.9^8 4010$	$0.9^8 6684$	$0.9^8 8192$
6.0	$0.9^9 0136$									

注：表中 $0.9^4 6833 = 0.99996833$，其他类推。

附表 4　t 分布分位数 $t_{1-\alpha}(n)$ 表

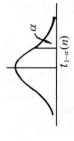

$$P\{t(n) > t_{1-\alpha}(n)\} = \alpha$$

n	α					
	0.25	0.10	0.05	0.025	0.01	0.005
1	1.0000	3.0777	6.3138	12.7062	31.8207	63.6574
2	0.8165	1.8866	2.9200	4.3027	6.9646	9.9248
3	0.7649	1.6377	2.3534	3.1824	4.5407	5.8409
4	0.7407	1.5332	2.1318	2.7764	3.7469	4.6041
5	0.7267	1.4759	2.0150	2.5706	3.3649	4.0322
6	0.7176	1.4398	1.9432	2.4469	3.1427	3.7074
7	0.7111	1.4149	1.8946	2.3646	2.9980	3.4995
8	0.7064	1.3968	1.8595	2.3060	2.8965	3.3554
9	0.7027	1.3830	1.8331	2.2622	2.8214	3.2498
10	0.6998	1.3722	1.8125	2.2281	2.7638	3.1698
11	0.6974	1.3634	1.7959	2.2010	2.7181	3.1058
12	0.6955	1.3562	1.7823	2.1788	2.6810	3.0545
13	0.6938	1.3502	1.7709	2.1604	2.6503	3.0123
14	0.6924	1.3450	1.7613	2.1448	2.6245	2.9768
15	0.6912	1.3406	1.7531	2.1315	2.6025	2.9467
16	0.6901	1.3368	1.7459	2.1199	2.5835	2.9208
17	0.6892	1.3334	1.7396	2.1098	2.5669	2.8982
18	0.6884	1.3304	1.7341	2.1009	2.5524	2.8784
19	0.6876	1.3277	1.7291	2.0930	2.5395	2.8609
20	0.6870	1.3253	1.7247	2.0860	2.5280	2.8453
21	0.6864	1.3232	1.7207	2.0796	2.5177	2.8314
22	0.6858	1.3212	1.7171	2.0739	2.5083	2.8188
23	0.6853	1.3195	1.7139	2.0687	2.4999	2.8073
24	0.6848	1.3178	1.7109	2.0639	2.4922	2.7969
25	0.6844	1.3163	1.7081	2.0595	2.4851	2.7874
26	0.6840	1.3150	1.7056	2.0555	2.4786	2.7787
27	0.6837	1.3137	1.7033	2.0518	2.4727	2.7707
28	0.6834	1.3125	1.7011	2.0484	2.4671	2.7633
29	0.6830	1.3114	1.6991	2.0452	2.4620	2.7564
30	0.6828	1.3104	1.6973	2.0423	2.4573	2.7500
31	0.6825	1.3095	1.6955	2.0395	2.4528	2.7440
32	0.6822	1.3086	1.6939	2.0369	2.4487	2.7385
33	0.6820	1.3077	1.6924	2.0345	2.4448	2.7333
34	0.6818	1.3070	1.6909	2.0322	2.4411	2.7284
35	0.6818	1.3062	1.6896	2.0301	2.4377	2.7238
36	0.6814	1.3055	1.6883	2.0281	2.4345	2.7195
37	0.6812	1.3049	1.6871	2.0262	2.4314	2.7154
38	0.6810	1.3042	1.6860	2.0244	2.4286	2.7116
39	0.6808	1.3036	1.6849	2.0227	2.4258	2.7079
40	0.6807	1.3031	1.6839	2.0211	2.4233	2.7045
41	0.6805	1.3025	1.6829	2.0195	2.4208	2.7012
42	0.6804	1.3020	1.6820	2.0181	2.4185	2.6981
43	0.6802	1.3016	1.6811	2.0167	2.4163	2.6951
44	0.6801	1.3011	1.6802	2.0154	2.4141	2.6923
45	0.6800	1.3006	1.6794	2.0141	2.4121	2.6896

附表 5 χ^2 分布的 α 分位数表

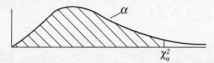

df	$\chi^2_{0.005}$	$\chi^2_{0.01}$	$\chi^2_{0.025}$	$\chi^2_{0.05}$	$\chi^2_{0.10}$	$\chi^2_{0.90}$	$\chi^2_{0.95}$	$\chi^2_{0.975}$	$\chi^2_{0.99}$	$\chi^2_{0.995}$
1	0.000039	0.00016	0.00098	0.0039	0.0158	2.71	3.84	5.02	6.63	7.88
2	0.0100	0.0201	0.0506	0.1026	0.2107	4.61	5.99	7.38	9.21	10.60
3	0.0717	0.115	0.216	0.352	0.584	6.25	7.81	9.35	11.34	12.84
4	0.207	0.297	0.484	0.711	1.064	7.78	9.49	11.14	13.28	14.86
5	0.412	0.554	0.831	1.15	1.61	9.24	11.07	12.83	15.09	16.75
6	0.676	0.872	1.24	1.64	2.20	10.64	12.59	14.45	16.81	18.55
7	0.989	1.24	1.69	2.17	2.83	12.02	14.07	16.01	18.48	20.28
8	1.34	1.65	2.18	2.73	3.49	13.36	15.51	17.53	20.09	21.96
9	1.73	2.09	2.70	3.33	4.17	14.68	16.92	19.02	21.67	23.59
10	2.16	2.56	3.25	3.94	4.87	15.99	18.31	20.48	23.21	25.19
11	2.60	3.05	3.82	4.57	5.58	17.28	19.68	21.92	24.73	26.76
12	3.07	3.57	4.40	5.23	6.30	18.55	21.03	23.34	26.22	28.30
13	3.57	4.11	5.01	5.89	7.04	19.81	22.36	24.74	27.69	29.82
14	4.07	4.66	5.63	6.57	7.79	21.06	23.68	26.12	29.14	31.32
15	4.60	5.23	6.26	7.26	8.55	22.31	25.00	27.49	30.58	32.80
16	5.14	5.81	6.91	7.96	9.31	23.54	26.30	28.85	32.00	34.27
18	6.26	7.01	8.23	9.39	10.86	25.99	28.87	31.53	34.81	37.16
20	7.43	8.26	9.59	10.85	12.44	28.41	31.41	34.17	37.57	40.00
24	9.89	10.86	12.40	13.85	15.66	33.20	36.42	39.36	42.98	45.56
30	13.79	14.95	16.79	18.49	20.60	40.26	43.77	46.98	50.89	53.67
40	20.71	22.16	24.43	26.51	29.05	51.81	55.76	59.34	63.69	66.77
60	35.53	37.48	40.48	43.19	46.46	74.40	79.08	83.30	88.38	91.95
120	83.85	86.92	91.57	95.70	100.62	140.23	146.57	152.21	158.95	163.64

对于大的自由度，近似有 $\chi^2_{\alpha} = \dfrac{1}{2}(u_{\alpha} + \sqrt{2V-1})^2$，其中 $V=$ 自由度，u_{α} 是标准正态分布的分位数。

附表 6　F 分布分位数 $F_{1-\alpha}(f_1, f_2)$ 表

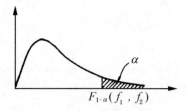

$$P(F \geqslant F_{1-\alpha}(f_1, f_2)) = \alpha$$

f_2	$1-\alpha$	f_1								
		1	2	3	4	5	6	7	8	9
1	.50	1.00	1.50	1.71	1.82	1.89	1.94	1.98	2.00	2.03
	.90	39.9	49.5	53.6	55.8	57.2	58.2	58.9	59.4	59.9
	.95	161	200	216	225	230	234	237	239	241
	.975	648	800	864	900	922	937	948	957	963
	.99	4052	5000	5403	5625	5764	5859	5928	5981	6022
	.995	16211	20000	21615	22500	23056	23437	23715	23925	24091
	.999	405280	500000	540380	562500	576400	585940	592870	598140	602280
2	.50	0.667	1.00	1.13	1.21	1.25	1.28	1.30	1.32	1.33
	.90	8.53	9.00	9.16	9.24	9.29	9.33	9.35	9.37	9.38
	.95	18.5	19.0	19.2	19.2	19.3	19.3	19.4	19.4	19.4
	.975	38.5	39.0	39.2	39.2	39.3	39.3	39.4	39.4	39.4
	.99	98.5	99.0	99.2	99.2	99.3	99.3	99.4	99.4	99.4
	.995	199	199	199	199	199	199	199	199	199
	.999	998.5	999.0	999.2	999.2	999.3	999.3	999.4	999.4	999.4
3	.50	0.585	0.881	1.00	1.06	1.10	1.13	1.15	1.16	1.17
	.90	5.54	5.46	5.39	5.34	5.31	5.28	5.27	5.25	5.24
	.95	10.1	9.55	9.28	9.12	9.01	8.94	8.89	8.85	8.81
	.975	17.4	16.0	15.4	15.1	14.9	14.7	14.6	14.5	14.5
	.99	34.1	30.8	29.5	28.7	28.2	27.9	27.7	27.5	27.3
	.995	55.6	49.8	47.5	46.2	45.4	44.8	44.4	44.1	43.9
	.999	167.0	148.5	141.1	137.1	134.6	132.8	131.6	130.6	129.9
4	.50	0.549	0.828	0.941	1.00	1.04	1.06	1.08	1.09	1.10
	.90	4.54	4.32	4.19	4.11	4.05	4.01	3.98	3.95	3.94
	.95	7.71	6.94	6.59	6.39	6.26	6.16	6.09	6.04	6.00
	.975	12.2	10.6	9.98	9.60	9.36	9.20	9.07	8.98	8.90
	.99	21.2	18.0	16.7	16.0	15.5	15.2	15.0	14.8	14.7
	.995	31.3	26.3	24.3	23.2	22.5	22.0	21.6	21.4	21.1
	.999	74.1	61.2	56.2	53.4	51.7	50.5	49.7	49.0	48.5

附表 6　（续 1）

f_2　$1-\alpha$	f_1								
	1	2	3	4	5	6	7	8	9
5　.50	0.528	0.799	0.907	0.965	1.00	1.02	1.04	1.05	1.06
.90	4.06	3.78	3.62	3.52	3.45	3.40	3.37	3.34	3.32
.95	6.61	5.79	5.41	5.19	5.05	4.95	4.88	4.82	4.77
.975	10.0	8.43	7.76	7.39	7.15	6.98	6.85	6.76	6.68
.99	16.3	13.3	12.1	11.4	11.0	10.7	10.5	10.3	10.2
.995	22.3	18.3	16.5	15.6	14.9	14.5	14.2	14.0	13.8
.999	47.2	37.1	33.2	31.1	29.8	28.8	28.2	27.6	27.2
6　.50	0.515	0.780	0.886	0.942	0.977	1.00	1.02	1.03	1.04
.90	3.78	3.46	3.29	3.18	3.11	3.05	3.01	2.98	2.96
.95	5.99	5.14	4.76	4.53	4.39	4.28	4.21	4.15	4.10
.975	8.81	7.26	6.60	6.23	5.99	5.82	5.70	5.60	5.52
.99	13.7	10.9	9.78	9.15	8.75	8.47	8.26	8.10	7.98
.995	18.6	14.5	12.9	12.0	11.5	11.1	10.8	10.6	10.4
.999	35.5	27.0	23.7	21.9	20.8	20.0	19.5	19.0	18.7
7　.50	0.506	0.767	0.871	0.926	0.960	0.983	1.00	1.01	1.02
.90	3.59	3.26	3.07	2.96	2.88	2.83	2.78	2.75	2.72
.95	5.59	4.74	4.35	4.12	3.97	3.87	3.79	3.73	3.68
.975	8.07	6.54	5.89	5.52	5.29	5.12	4.99	4.90	4.82
.99	12.2	9.55	8.45	7.85	7.46	7.19	6.99	6.84	6.72
.995	16.2	12.4	10.9	10.1	9.52	9.16	8.89	8.86	8.51
.999	29.2	21.7	18.8	17.2	16.2	15.5	15.0	14.6	14.3
8　.50	0.499	0.757	0.860	0.915	0.948	0.971	0.988	1.00	1.01
.90	3.46	3.11	2.92	2.81	2.73	2.67	2.62	2.59	2.56
.95	5.32	4.46	4.07	3.84	3.69	3.58	3.50	3.44	3.39
.975	7.57	6.06	5.42	5.05	4.82	4.65	4.53	4.43	4.36
.99	11.3	8.65	7.59	7.01	6.63	6.37	6.18	6.03	5.91
.995	14.7	11.0	9.60	8.81	8.30	7.95	7.69	7.50	7.34
.999	25.4	18.5	15.8	14.4	13.5	12.9	12.4	12.0	11.8
9　.50	0.494	0.749	0.852	0.906	0.939	0.962	0.978	0.990	1.00
.90	3.36	3.01	2.81	2.69	2.61	2.55	2.51	2.47	2.44
.95	5.12	4.26	3.86	3.63	3.48	3.37	3.29	3.23	3.18
.975	7.21	5.71	5.08	4.72	4.48	4.32	4.20	4.10	4.03
.99	10.6	8.02	6.99	6.42	6.06	5.80	5.61	5.47	5.35

附表 6 （续 2）

f_2 $1-\alpha$	f_1								
	1	2	3	4	5	6	7	8	9
.995	13.6	10.1	8.72	7.96	7.47	7.13	6.88	6.69	6.54
.999	22.9	16.4	13.9	12.6	11.7	11.1	10.7	10.4	10.1
10 .50	0.490	0.743	0.845	0.899	0.932	0.954	0.971	0.983	0.992
.90	3.29	2.92	2.73	2.61	2.52	2.46	2.41	2.38	2.35
.95	4.96	4.10	3.71	3.48	3.33	3.22	3.14	3.07	3.02
.975	6.94	5.46	4.83	4.47	4.24	4.07	3.95	3.85	3.78
.99	10.0	7.56	6.55	5.99	5.64	5.39	5.20	5.06	4.94
.995	12.8	9.43	8.08	7.34	6.87	6.54	6.30	6.12	5.97
.999	21.0	14.9	12.6	11.3	10.5	9.93	9.52	9.20	8.96
12 .50	0.484	0.735	0.835	0.888	0.921	0.943	0.959	0.972	0.981
.90	3.18	2.81	2.61	2.48	2.39	2.33	2.38	2.24	2.21
.95	4.75	3.89	3.49	3.26	3.11	3.00	2.91	2.85	2.80
.975	6.55	5.10	4.47	4.12	3.89	3.73	3.61	3.51	3.44
.99	9.33	6.93	5.95	5.41	5.06	4.82	4.64	4.50	4.39
.995	11.8	8.51	7.23	6.52	6.07	5.76	5.52	5.35	5.20
.999	18.6	13.0	10.8	9.63	8.89	8.38	8.00	7.71	7.48
15 .50	0.478	0.726	0.826	0.878	0.911	0.933	0.949	0.960	0.970
.90	3.07	2.70	2.49	2.36	2.27	2.21	2.16	2.12	2.09
.95	4.54	3.68	3.29	3.06	2.90	2.79	2.71	2.64	2.59
.975	6.20	4.77	4.15	3.80	3.58	3.41	3.29	3.20	3.12
.99	8.68	6.36	5.42	4.89	4.56	4.32	4.14	4.00	3.89
.995	10.8	7.70	6.48	5.80	5.37	5.07	4.85	4.67	4.54
.999	16.6	11.3	9.34	8.25	7.57	7.09	6.74	6.47	6.26
20 .50	0.472	0.718	0.816	0.868	0.900	0.922	0.938	0.950	0.959
.90	2.97	2.59	2.38	2.25	2.16	2.09	2.04	2.00	1.96
.95	4.35	3.49	3.10	2.87	2.71	2.60	2.51	2.45	2.39
.975	5.87	4.46	3.86	3.51	3.29	3.13	3.01	2.91	2.84
.99	8.10	5.85	4.94	4.43	4.10	3.87	3.70	3.56	3.46
.995	9.94	6.99	5.82	5.17	4.76	4.47	4.26	4.09	3.96
.999	14.8	9.95	8.10	7.10	6.46	6.02	5.69	5.44	5.24
24 .50	0.469	0.714	0.812	0.863	0.895	0.917	0.932	0.944	0.953
.90	2.93	2.54	2.33	2.19	2.10	2.04	1.98	1.94	1.91

附表 6 （续 3）

f_2 $1-\alpha$	f_1								
	1	2	3	4	5	6	7	8	9
.95	4.26	3.40	3.01	2.78	2.62	2.51	2.42	2.36	2.30
.975	5.72	4.32	3.72	3.38	3.15	2.99	2.87	2.78	2.70
.99	7.82	5.61	4.72	4.22	3.90	3.67	3.50	3.36	3.26
.995	9.55	6.66	5.52	4.89	4.49	4.20	3.99	3.83	3.69
.999	14.0	9.34	7.55	6.59	5.98	5.55	5.23	4.99	4.80
30 .50	0.466	0.709	0.807	0.858	0.890	0.912	0.927	0.939	0.948
.90	2.88	2.49	2.28	2.14	2.05	1.98	1.93	1.88	1.85
.95	4.17	3.32	2.92	2.69	2.53	2.42	2.33	2.27	2.21
.975	5.57	4.18	3.59	3.25	3.03	2.87	2.75	2.65	2.57
.99	7.56	5.39	4.51	4.02	3.70	3.47	3.30	3.17	3.07
.995	9.18	6.35	5.24	4.62	4.23	3.95	3.74	3.58	3.45
.999	13.3	8.77	7.05	6.12	5.53	5.12	4.82	4.58	4.39
60 .50	0.461	0.701	0.798	0.849	0.880	0.901	0.917	0.928	0.937
.90	2.79	2.39	2.18	2.04	1.95	1.87	1.82	1.77	1.74
.95	4.00	3.15	2.76	2.53	2.37	2.25	2.17	2.10	2.04
.975	5.29	3.93	3.34	3.01	2.79	2.63	2.51	2.41	2.33
.99	7.08	4.98	4.13	3.65	3.34	3.12	2.95	2.82	2.72
.995	8.49	5.80	4.73	4.14	3.76	3.49	3.29	3.13	3.01
.999	12.0	7.77	6.17	5.31	4.76	4.37	4.09	3.86	3.69
120 .50	0.458	0.697	0.793	0.844	0.875	0.896	0.912	0.923	0.932
.90	2.75	2.35	2.13	1.99	1.90	1.82	1.77	1.72	1.68
.95	3.92	3.07	2.68	2.45	2.29	2.18	2.09	2.02	1.96
.975	5.15	3.80	3.23	2.89	2.67	2.52	2.39	2.30	2.22
.99	6.85	4.79	3.95	3.48	3.17	2.96	2.79	2.66	2.56
.995	8.18	5.54	4.50	3.92	3.55	3.28	3.09	2.93	2.81
.999	11.4	7.32	5.78	4.95	4.42	4.04	3.77	3.55	3.38
∞ .50	0.455	0.693	0.789	0.839	0.870	0.891	0.907	0.918	0.927
.90	2.71	2.30	2.08	1.94	1.85	1.77	1.72	1.67	1.63
.95	3.84	3.00	2.60	2.37	2.21	2.10	2.01	1.94	1.88
.975	5.02	3.69	3.12	2.79	2.57	2.41	2.29	2.19	2.11
.99	6.63	4.61	3.78	3.32	3.02	2.80	2.64	2.51	2.41
.995	7.88	5.30	4.28	3.72	3.35	3.09	2.90	2.74	2.66
.999	10.8	6.91	5.42	4.62	4.10	3.74	3.47	3.27	3.10

附表 6 （续 4）

f_2	$1-\alpha$	f_1								
		10	12	15	20	24	30	60	120	∞
1	.50	2.04	2.07	2.09	2.12	2.13	2.15	2.17	2.18	2.20
	.90	60.2	60.7	61.2	61.7	62.0	62.3	62.8	63.1	63.1
	.95	242	244	246	248	249	250	252	253	254
	.975	969	977	985	993	997	1001	1010	1014	1018
	.99	6056	6106	6157	6209	6235	6261	6313	6339	6366
	.995	24224	24426	24630	24836	24940	25044	25253	25359	25464
	.999	605620	610670	615760	620910	623500	626100	631340	633970	636620
2	.50	1.34	1.36	1.38	1.39	1.40	1.41	1.43	1.43	1.44
	.90	9.39	9.41	9.42	9.44	9.45	9.46	9.47	9.48	9.49
	.95	19.4	19.4	19.4	19.4	19.5	19.5	19.5	19.5	19.5
	.975	39.4	39.4	39.4	39.4	39.5	39.5	39.5	39.5	39.5
	.99	99.4	99.4	99.4	99.4	99.5	99.5	99.5	99.5	99.5
	.995	199	199	199	199	199	199	199	199	200
	.999	999.4	999.4	999.4	999.4	999.5	999.5	999.5	999.5	999.5
3	.50	1.18	1.20	1.21	1.23	1.24	1.24	1.25	1.26	1.27
	.90	5.23	5.22	5.20	5.18	5.18	5.17	5.15	5.14	5.13
	.95	8.79	8.74	8.70	8.66	8.64	8.62	8.57	8.55	8.53
	.975	14.4	14.3	14.3	14.2	14.1	14.1	14.0	13.9	13.9
	.99	27.2	27.1	26.9	26.7	26.6	26.5	26.3	26.2	26.1
	.995	43.7	43.4	43.1	42.8	42.6	42.5	42.1	42.0	41.8
	.999	129.2	128.3	127.4	126.4	125.9	125.4	124.5	124.0	123.5
4	.50	1.11	1.13	1.14	1.15	1.16	1.16	1.18	1.18	1.19
	.90	3.92	3.90	3.87	3.84	3.83	3.82	3.79	3.78	3.76
	.95	5.96	5.91	5.86	5.80	5.77	5.75	5.69	5.66	5.63
	.975	8.84	8.75	8.66	8.56	8.51	8.46	8.36	8.31	8.26
	.99	14.5	14.4	14.2	14.0	13.9	13.8	13.7	13.6	13.5
	.995	21.0	20.7	20.4	20.2	20.0	19.9	19.6	19.5	19.3
	.999	48.1	47.4	46.8	46.1	45.8	45.4	44.7	44.4	44.1
5	.50	1.07	1.09	1.10	1.11	1.12	1.12	1.14	1.14	1.15
	.90	3.30	3.27	3.24	3.21	3.19	3.17	3.14	3.12	3.11
	.95	4.74	4.68	4.62	4.56	4.53	4.50	4.43	4.40	4.37
	.975	6.62	6.52	6.43	6.33	6.28	6.23	6.12	6.07	6.02

附表 6 （续 5）

f_2	$1-\alpha$	f_1								
		10	12	15	20	24	30	60	120	∞
	.99	10.1	9.89	9.72	9.55	9.47	9.38	9.20	9.11	9.02
	.995	13.6	13.4	13.1	12.9	12.8	12.7	12.4	12.3	12.1
	.999	26.9	26.4	25.9	25.4	25.1	24.9	24.3	24.1	23.8
6	.50	1.05	1.06	1.07	1.08	1.09	1.10	1.11	1.12	1.12
	.90	2.94	2.90	2.87	2.84	2.82	2.80	2.76	2.74	2.72
	.95	4.06	4.00	3.94	3.87	3.84	3.81	3.74	3.70	3.67
	.975	5.46	5.37	5.27	5.17	5.12	5.07	4.96	4.90	4.85
	.99	7.87	7.72	7.56	7.40	7.31	7.23	7.06	6.97	6.88
	.995	10.2	10.0	9.81	9.59	9.47	9.36	9.12	9.00	8.88
	.999	18.4	18.0	17.6	17.1	16.9	16.7	16.2	16.0	15.7
7	.50	1.03	1.04	1.05	1.07	1.07	1.08	1.09	1.10	1.10
	.90	2.70	2.67	2.63	2.59	2.58	2.56	2.51	2.49	2.47
	.95	3.64	3.57	3.51	3.44	3.41	3.38	3.30	3.27	3.23
	.975	4.76	4.67	4.57	4.47	4.42	4.36	4.25	4.20	4.14
	.99	6.62	6.47	6.31	6.16	6.07	5.99	5.82	5.74	5.65
	.995	8.38	8.18	7.97	7.75	7.65	7.53	7.31	7.19	7.08
	.999	14.1	13.7	13.3	12.9	12.7	12.5	12.1	11.9	11.7
8	.50	1.02	1.03	1.04	1.05	1.06	1.07	1.08	1.08	1.09
	.90	2.54	2.50	2.46	2.42	2.40	2.38	2.34	2.32	2.29
	.95	3.35	3.28	3.22	3.15	3.12	3.08	3.01	2.97	2.93
	.975	4.30	4.20	4.10	4.00	3.95	3.89	3.78	3.73	3.67
	.99	5.81	5.67	5.52	5.36	5.28	5.20	5.03	4.95	4.86
	.995	7.21	7.01	6.81	6.61	6.50	6.40	6.18	6.06	5.95
	.999	11.5	11.2	10.8	10.5	10.3	10.1	9.73	9.53	9.33
9	.50	1.01	1.02	1.03	1.04	1.05	1.05	1.07	1.07	1.08
	.90	2.42	2.38	2.34	2.30	2.28	2.25	2.21	2.18	2.16
	.95	3.14	3.07	3.01	2.24	2.90	2.86	2.79	2.75	2.71
	.975	3.96	3.87	3.77	3.67	3.61	3.56	3.45	3.39	3.33
	.99	5.26	5.11	4.96	4.81	4.73	4.65	4.48	4.40	4.31
	.995	6.42	6.23	6.03	5.83	5.73	5.62	5.41	5.30	5.19
	.999	9.89	9.57	9.24	8.90	8.72	8.55	8.19	8.00	7.81

附表 6 （续 6）

f_2	$1-\alpha$	f_1								
		10	12	15	20	24	30	60	120	∞
10	.50	1.00	1.01	1.02	1.03	1.04	1.05	1.06	1.06	1.07
	.90	2.32	2.28	2.24	2.20	2.18	2.16	2.11	2.08	2.06
	.95	2.98	2.91	2.84	2.77	2.74	2.70	2.62	2.58	2.54
	.975	3.72	3.62	3.52	3.42	3.37	3.31	3.20	3.14	3.08
	.99	4.85	4.71	4.56	4.41	4.33	4.25	4.08	4.00	3.91
	.995	5.85	5.66	5.47	5.27	5.17	5.07	4.86	4.75	4.64
	.999	8.75	8.45	8.13	7.80	7.64	7.47	7.12	6.94	6.76
12	.50	0.989	1.00	1.01	1.02	1.03	1.03	1.05	1.05	1.06
	.90	2.19	2.15	2.10	2.06	2.04	2.01	1.96	1.93	1.90
	.95	2.75	2.69	2.62	2.54	2.51	2.47	2.38	2.34	2.30
	.975	3.37	3.28	3.18	3.07	3.02	2.96	2.85	2.79	2.72
	.99	4.30	4.16	4.01	3.86	3.78	3.70	3.54	3.45	3.36
	.995	5.09	4.91	4.72	4.53	4.43	4.33	4.12	4.01	3.90
	.999	7.29	7.00	6.71	6.40	6.25	6.09	5.76	5.59	5.42
15	.50	0.977	0.989	1.00	1.01	1.02	1.02	1.03	1.04	1.05
	.90	2.06	2.02	1.97	1.92	1.90	1.87	1.82	1.79	1.76
	.95	2.54	2.48	2.40	2.33	2.29	2.25	2.16	2.11	2.07
	.975	3.06	2.96	2.86	2.76	2.70	2.64	2.52	2.46	2.40
	.99	3.80	3.67	3.52	3.37	3.29	3.21	3.05	2.96	2.87
	.995	4.42	4.25	4.07	3.88	3.79	3.69	3.48	3.37	3.26
	.999	6.08	5.81	5.54	5.25	5.10	4.95	4.64	4.48	4.31
20	.50	0.966	0.977	0.989	1.00	1.01	1.01	1.02	1.03	1.03
	.90	1.94	1.89	1.84	1.79	1.77	1.74	1.68	1.64	1.61
	.95	2.35	2.28	2.20	2.12	2.08	2.04	1.95	1.90	1.84
	.975	2.77	2.68	2.57	2.46	2.41	2.35	2.22	2.16	2.09
	.99	3.37	3.23	3.09	2.94	2.86	2.78	2.61	2.52	2.42
	.995	3.85	3.68	3.50	3.32	3.22	3.12	2.92	2.81	2.69
	.999	5.08	4.82	4.56	4.29	4.15	4.00	3.70	3.54	3.38
24	.50	0.961	0.972	0.983	0.994	1.00	1.01	1.02	1.02	1.03
	.90	1.88	1.83	1.78	1.73	1.70	1.67	1.61	1.57	1.53
	.95	2.25	2.18	2.11	2.03	1.98	1.94	1.84	1.79	1.73
	.975	2.64	2.54	2.44	2.33	2.27	2.21	2.08	2.01	1.94

附表 6 （续 7）

f_2 $1-\alpha$	f_1								
	10	12	15	20	24	30	60	120	∞
.99	3.17	3.03	2.89	2.74	2.66	2.53	2.40	2.31	2.21
.995	3.59	3.42	3.25	3.06	2.97	2.87	2.66	2.55	2.43
.999	4.64	4.39	4.14	3.87	3.74	3.59	3.29	3.14	2.97
30 .50	0.955	0.966	0.978	0.989	0.994	1.00	1.01	1.02	1.02
.90	1.82	1.77	1.72	1.67	1.64	1.61	1.54	1.50	1.46
.95	2.16	2.09	2.01	1.93	1.89	1.84	1.74	1.68	1.62
.975	2.51	2.41	2.31	2.20	2.14	2.07	1.94	1.87	1.79
.99	2.98	2.84	2.70	2.55	2.47	2.39	2.21	2.11	2.01
.995	3.34	3.18	3.01	2.82	2.73	2.63	2.42	2.30	2.18
.999	4.24	4.00	3.75	3.49	3.36	3.22	2.92	2.76	2.59
60 .50	0.945	0.956	0.967	0.978	0.983	0.989	1.00	1.01	1.01
.90	1.71	1.66	1.60	1.54	1.51	1.48	1.40	1.35	1.29
.95	1.99	1.92	1.84	1.75	1.70	1.65	1.53	1.47	1.39
.975	2.27	2.17	2.06	1.94	1.88	1.82	1.67	1.58	1.48
.99	2.63	2.50	2.35	2.20	2.12	2.03	1.84	1.73	1.60
.995	2.90	2.74	2.57	2.39	2.29	2.19	1.96	1.83	1.69
.999	3.54	3.32	3.08	2.83	2.69	2.55	2.25	2.08	1.89
120 .50	0.939	0.950	0.961	0.972	0.978	0.983	0.994	1.00	1.01
.90	1.65	1.60	1.55	1.48	1.45	1.41	1.32	1.26	1.19
.95	1.91	1.83	1.75	1.66	1.61	1.55	1.43	1.35	1.25
.975	2.16	2.05	1.95	1.82	1.76	1.69	1.53	1.43	1.31
.99	2.47	2.34	2.19	2.03	1.95	1.86	1.66	1.53	1.38
.995	2.71	2.54	2.37	2.19	2.09	1.98	1.75	1.61	1.43
.999	3.24	3.02	2.78	2.53	2.40	2.26	1.95	1.77	1.54
∞ .50	0.934	0.945	0.956	0.967	0.972	0.978	0.989	0.994	1.00
.90	1.60	1.55	1.49	1.42	1.38	1.34	1.24	1.17	1.00
.95	1.83	1.75	1.67	1.57	1.52	1.46	1.32	1.22	1.00
.975	2.05	1.94	1.83	1.71	1.64	1.57	1.39	1.27	1.00
.99	2.32	2.18	2.04	1.88	1.79	1.70	1.47	1.32	1.00
.995	2.52	2.36	2.19	2.00	1.90	1.79	1.53	1.36	1.00
.999	2.96	2.74	2.51	2.27	2.13	1.99	1.66	1.45	1.00

附表7　随机数表

53 74 23 99 67	61 32 28 69 84	94 62 67 86 24	98 33 41 19 95	47 53 53 38 09
63 38 06 86 54	99 00 65 26 94	02 82 90 23 07	79 62 67 80 60	75 91 12 81 19
35 80 53 21 46	06 72 17 10 94	25 21 31 75 96	49 28 24 00 49	55 65 79 78 07
63 43 36 82 69	65 51 18 37 88	61 38 44 12 45	32 92 85 88 65	54 34 81 85 35
98 25 37 55 26	01 91 82 81 46	74 71 12 94 97	24 02 71 37 07	03 92 13 66 75
02 63 21 17 69	71 50 80 89 56	38 15 70 11 48	43 40 45 86 98	00 83 26 91 03
64 55 22 21 82	48 22 28 06 00	61 54 13 43 91	82 78 12 23 29	06 66 24 12 27
85 07 26 13 89	01 10 07 82 04	59 63 69 36 03	69 11 15 83 80	13 29 54 19 28
58 54 16 24 15	51 54 44 82 00	62 61 65 04 69	38 18 65 18 97	85 72 13 49 21
35 85 27 84 87	61 48 64 56 26	90 18 48 13 26	37 70 15 42 57	65 65 80 39 07
03 92 18 27 46	57 99 16 96 56	30 33 72 85 22	84 64 38 56 98	99 01 30 98 64
62 63 30 27 59	37 75 41 66 48	86 97 80 61 45	23 53 04 01 63	45 76 08 64 27
08 45 93 15 22	60 21 75 46 91	93 77 27 85 42	23 88 61 08 84	69 62 03 42 73
07 08 55 18 40	45 44 75 13 90	24 94 96 61 02	57 55 66 83 15	73 42 37 11 61
01 85 89 95 66	51 10 19 34 88	15 84 97 19 75	12 76 39 46 78	64 63 91 08 25
72 84 71 14 35	19 11 58 49 26	50 11 17 17 76	86 31 57 20 18	95 60 78 46 75
88 78 28 16 84	13 52 53 94 53	75 45 69 30 96	73 89 65 70 31	99 17 43 48 76
45 17 75 65 57	23 40 19 72 12	25 12 74 75 67	60 40 60 81 19	24 62 01 61 16
96 76 28 12 54	22 01 11 94 25	71 96 16 16 83	68 64 36 74 45	19 59 50 88 92
43 31 67 72 30	24 02 94 03 63	38 32 36 66 02	69 36 38 25 39	48 03 45 15 22
50 44 66 44 21	66 06 53 05 62	68 15 54 35 02	42 35 48 96 32	14 52 41 52 48
22 66 22 15 86	26 63 75 41 99	58 42 36 72 24	58 37 52 18 51	03 37 18 39 11
96 24 40 14 51	23 22 30 88 57	95 67 47 29 83	94 69 40 06 07	18 16 36 78 86
31 73 91 61 19	60 20 72 93 48	98 57 07 23 69	65 95 39 69 58	56 80 30 19 44
78 60 73 99 84	43 89 94 36 45	56 69 47 07 41	90 22 91 07 12	78 35 34 08 72

附表 8　正态性检验统计量 W 的系数 $a_i(n)$ 的值

i \ n						8	9	10	
1						0.6052	0.5888	0.5739	
2						0.3164	0.3244	0.3291	
3						0.1743	0.1976	0.2141	
4					—	0.0561	0.0947	0.1224	
5		—	—	—	—	—	—	0.0399	

i \ n	11	12	13	14	15	16	17	18	19	20
1	0.5601	0.5475	0.5359	0.5251	0.5150	0.5056	0.4968	0.4886	0.4808	0.4734
2	0.3315	0.3325	0.3325	0.3318	0.3306	0.3290	0.3273	0.3253	0.3232	0.3211
3	0.2260	0.2347	0.2412	0.2460	0.2495	0.2521	0.2540	0.2553	0.2561	0.2565
4	0.1429	0.1586	0.1707	0.1802	0.1878	0.1939	0.1988	0.2027	0.2059	0.2085
5	0.0695	0.0922	0.1099	0.1240	0.1353	0.1447	0.1524	0.1587	0.1641	0.1686
6	—	0.0303	0.0539	0.0727	0.0880	0.1005	0.1109	0.1197	0.1271	0.1334
7	—	—	—	0.0240	0.0433	0.0593	0.0725	0.0837	0.0932	0.1013
8	—	—	—	—	—	0.0196	0.0359	0.0496	0.0612	0.0711
9	—	—	—	—	—	—	—	0.0163	0.0303	0.0422
10	—	—	—	—	—	—	—	—	—	0.0140

i \ n	21	22	23	24	25	26	27	28	29	30
1	0.4643	0.4590	0.4542	0.4493	0.4450	0.4407	0.4366	0.4328	0.4291	0.4254
2	0.3185	0.3156	0.3126	0.3098	0.3069	0.3043	0.3018	0.2992	0.2968	0.2944
3	0.2578	0.2571	0.2563	0.2554	0.2543	0.2533	0.2522	0.2510	0.2499	0.2487
4	0.2119	0.2131	0.2139	0.2145	0.2148	0.2151	0.2152	0.2151	0.2150	0.2148
5	0.1736	0.1764	0.1787	0.1807	0.1822	0.1836	0.1848	0.1857	0.1864	0.1870
6	0.1399	0.1443	0.1480	0.1512	0.1539	0.1563	0.1584	0.1601	0.1616	0.1630
7	0.1092	0.1150	0.1201	0.1245	0.1283	0.1316	0.1346	0.1372	0.1395	0.1415
8	0.0804	0.0878	0.0941	0.0997	0.1046	0.1089	0.1128	0.1162	0.1192	0.1219
9	0.0530	0.0618	0.0696	0.0764	0.0823	0.0876	0.0923	0.0965	0.1002	0.1036
10	0.0263	0.0368	0.0459	0.0539	0.0610	0.0672	0.0728	0.0778	0.0822	0.0862
11	—	0.0122	0.0228	0.0321	0.0403	0.0476	0.0540	0.0598	0.0650	0.0668
12	—	—	—	0.0107	0.0200	0.0284	0.0358	0.0424	0.0483	0.0537
13	—	—	—	—	—	0.0094	0.0178	0.0253	0.0320	0.0381
14	—	—	—	—	—	—	—	0.0084	0.0159	0.0227
15	—	—	—	—	—	—	—	—	—	0.0076

i \ n	31	32	33	34	35	36	37	38	39	40
1	0.4220	0.4188	0.4156	0.4127	0.4096	0.4068	0.4040	0.4015	0.3989	0.3964
2	0.2921	0.2898	0.2876	0.2854	0.2834	0.2813	0.2794	0.2774	0.2755	0.2737
3	0.2475	0.2463	0.2451	0.2439	0.2427	0.2415	0.2403	0.2391	0.2380	0.2368
4	0.2145	0.2141	0.2137	0.2132	0.2127	0.2121	0.2116	0.2110	0.2104	0.2098
5	0.1874	0.1878	0.1880	0.1882	0.1883	0.1883	0.1883	0.1881	0.1880	0.1878
6	0.1641	0.1651	0.1660	0.1667	0.1673	0.1678	0.1683	0.1686	0.1689	0.1691

附表 8 （续）

i \ n	31	32	33	34	35	36	37	38	39	40
7	0.1433	0.1449	0.1463	0.1475	0.1487	0.1496	0.1505	0.1513	0.1520	0.1526
8	0.1243	0.1265	0.1284	0.1301	0.1317	0.1331	0.1344	0.1356	0.1366	0.1376
9	0.1066	0.1093	0.1118	0.1140	0.1160	0.1179	0.1196	0.1211	0.1225	0.1237
10	0.0899	0.0931	0.0961	0.0988	0.1013	0.1036	0.1056	0.1075	0.1092	0.1108
11	0.0739	0.0777	0.0812	0.0844	0.0873	0.0900	0.0924	0.0947	0.0967	0.0986
12	0.0585	0.0629	0.0669	0.0706	0.0739	0.0770	0.0798	0.0824	0.0848	0.0870
13	0.0435	0.0485	0.0530	0.0572	0.0610	0.0645	0.0677	0.0706	0.0733	0.0759
14	0.0289	0.0344	0.0395	0.0441	0.0484	0.0523	0.0559	0.0592	0.0622	0.0651
15	0.0144	0.0206	0.0262	0.0314	0.0361	0.0404	0.0444	0.0481	0.0515	0.0546
16	—	0.0068	0.0131	0.0187	0.0239	0.0287	0.0331	0.0372	0.0409	0.0444
17	—	—	—	0.0062	0.0119	0.0172	0.0220	0.0264	0.0305	0.0343
18	—	—	—	—	—	0.0057	0.0110	0.0158	0.0203	0.0244
19	—	—	—	—	—	—	—	0.0053	0.0101	0.0146
20	—	—	—	—	—	—	—	—	—	0.0049

i \ n	41	42	43	44	45	46	47	48	49	50
1	0.3940	0.3917	0.3894	0.3872	0.3850	0.3830	0.3803	0.3789	0.3770	0.3751
2	0.2719	0.2701	0.2684	0.2667	0.2651	0.2635	0.2620	0.2604	0.2589	0.2574
3	0.2357	0.2345	0.2334	0.2323	0.2313	0.2302	0.2291	0.2281	0.2271	0.2260
4	0.2091	0.2085	0.2078	0.2072	0.2065	0.2058	0.2052	0.2045	0.2038	0.2032
5	0.1876	0.1874	0.1871	0.1868	0.1865	0.1862	0.1859	0.1855	0.1851	0.1847
6	0.1693	0.1694	0.1695	0.1695	0.1695	0.1695	0.1695	0.1693	0.1692	0.1691
7	0.1531	0.1535	0.1539	0.1542	0.1545	0.1548	0.1550	0.1551	0.1553	0.1554
8	0.1384	0.1392	0.1398	0.1405	0.1410	0.1415	0.1420	0.1423	0.1427	0.1430
9	0.1249	0.1259	0.1269	0.1278	0.1286	0.1293	0.1300	0.1306	0.1312	0.1317
10	0.1123	0.1136	0.1149	0.1160	0.1170	0.1180	0.1189	0.1197	0.1205	0.1212
11	0.1004	0.1020	0.1035	0.1049	0.1062	0.1073	0.1085	0.1095	0.1105	0.1113
12	0.0891	0.0909	0.0927	0.0943	0.0959	0.0972	0.0986	0.0998	0.1010	0.1020
13	0.0782	0.0804	0.0824	0.0842	0.0860	0.0876	0.0892	0.0906	0.0919	0.0932
14	0.0677	0.0701	0.0724	0.0745	0.0765	0.0783	0.0801	0.0817	0.0832	0.0846
15	0.0575	0.0602	0.0628	0.0651	0.0673	0.0694	0.0713	0.0731	0.0748	0.0764
16	0.0476	0.0506	0.0534	0.0560	0.0584	0.0607	0.0628	0.0648	0.0667	0.0685
17	0.0379	0.0411	0.0442	0.0471	0.0497	0.0522	0.0546	0.0568	0.0588	0.0608
18	0.0283	0.0318	0.0352	0.0383	0.0412	0.0439	0.0465	0.0489	0.0511	0.0532
19	0.0188	0.0227	0.0263	0.0296	0.0328	0.0357	0.0385	0.0411	0.0436	0.0459
20	0.0094	0.0136	0.0175	0.0211	0.0245	0.0277	0.0307	0.0335	0.0361	0.0386
21	—	0.0045	0.0087	0.0126	0.0163	0.0197	0.0229	0.0259	0.0288	0.0314
22	—	—	—	0.0042	0.0081	0.0118	0.0153	0.0185	0.0215	0.0244
23	—	—	—	—	—	0.0039	0.0076	0.0111	0.0143	0.0174
24	—	—	—	—	—	—	—	0.0037	0.0071	0.0104
25	—	—	—	—	—	—	—	—	—	0.0035

附表 9　正态性检验统计量 W 的 α 分位数表

n	α		n	α		n	α	
	0.01	0.05		0.01	0.05		0.01	0.05
			18	0.858	0.897	35	0.910	0.934
			19	0.863	0.901	36	0.912	0.935
			20	0.868	0.905	37	0.914	0.936
			21	0.873	0.908	38	0.916	0.938
			22	0.878	0.911	39	0.917	0.939
			23	0.881	0.914	40	0.919	0.940
			24	0.884	0.916	41	0.920	0.941
8	0.749	0.818	25	0.888	0.918	42	0.922	0.942
9	0.764	0.829	26	0.891	0.920	43	0.923	0.943
10	0.781	0.842	27	0.894	0.923	44	0.924	0.944
11	0.792	0.850	28	0.896	0.924	45	0.926	0.945
12	0.805	0.859	29	0.898	0.926	46	0.927	0.945
13	0.814	0.866	30	0.900	0.927	47	0.928	0.946
14	0.825	0.874	31	0.902	0.929	48	0.929	0.947
15	0.835	0.881	32	0.904	0.930	49	0.929	0.947
16	0.844	0.887	33	0.906	0.931	50	0.930	0.947
17	0.851	0.892	34	0.908	0.933			

附表 10　正态性检验统计量 T_{EP} 的 $1-\alpha$ 分位数表

n	$1-\alpha$			
	0.90	0.95	0.975	0.99
8	0.271	0.347	0.426	0.526
9	0.275	0.350	0.428	0.537
10	0.279	0.357	0.437	0.545
15	0.284	0.366	0.447	0.560
20	0.287	0.368	0.450	0.564
30	0.288	0.371	0.459	0.569
50	0.290	0.374	0.461	0.574
100	0.291	0.376	0.464	0.583
200	0.290	0.379	0.467	0.590

附表 11 多重比较的 $q_{1-\alpha}(r,f)$ 表

（$\alpha=0.10$）

f \ r	2	3	4	5	6	7	8	9	10	15	20
1	8.93	13.4	16.4	18.5	20.2	21.5	22.6	23.6	24.5	27.6	29.7
2	4.13	5.73	6.77	7.54	8.14	8.63	9.05	9.41	9.72	10.9	11.7
3	3.33	4.47	5.20	5.74	6.16	6.51	6.81	7.06	7.29	8.12	8.68
4	3.01	3.98	4.59	5.03	5.39	5.68	5.93	6.14	6.33	7.02	7.50
5	2.85	3.72	4.26	4.66	4.98	5.24	5.46	5.65	5.82	6.44	6.86
6	2.75	3.56	4.07	4.44	4.73	4.97	5.17	5.34	5.50	6.07	6.47
7	2.68	3.45	3.93	4.28	4.55	4.78	4.97	5.14	5.28	5.83	6.19
8	2.63	3.37	3.83	4.17	4.43	4.65	4.83	4.99	5.13	5.64	6.00
9	2.59	3.32	3.76	4.08	4.34	4.54	4.72	4.87	5.01	5.51	5.85
10	2.56	3.27	3.70	4.02	4.26	4.47	4.64	4.78	4.91	5.40	5.73
11	2.54	3.23	3.66	3.96	4.20	4.40	4.57	4.71	4.84	5.31	5.63
12	2.52	3.20	3.62	3.92	4.16	4.35	4.51	4.65	4.78	5.24	5.55
13	2.50	3.18	3.59	3.88	4.12	4.30	4.46	4.60	4.72	5.18	5.48
14	2.49	3.16	3.56	3.85	4.08	4.27	4.42	4.56	4.68	5.12	5.43
15	2.48	3.14	3.54	3.83	4.05	4.23	4.39	4.52	4.64	5.08	5.38
16	2.47	3.12	3.52	3.80	4.03	4.21	4.36	4.49	4.61	5.04	5.33
17	2.46	3.11	3.50	3.78	4.00	4.18	4.33	4.46	4.58	5.01	5.30
18	2.45	3.10	3.49	3.77	3.98	4.16	4.31	4.44	4.55	4.98	5.26
19	2.45	3.09	3.47	3.75	3.97	4.14	2.29	4.42	4.53	4.95	5.23
20	2.44	3.08	3.46	3.74	3.95	4.12	4.27	4.40	4.51	4.92	5.20
24	2.42	3.05	3.42	3.69	3.90	4.07	4.21	4.34	4.44	4.85	5.12
30	2.40	3.02	3.39	3.65	3.85	4.02	4.16	4.28	4.38	4.77	5.03
40	2.38	2.99	3.35	3.60	3.80	3.96	4.10	4.21	4.32	4.69	4.95
60	2.36	2.96	3.31	3.56	3.75	3.91	4.04	4.16	4.25	4.62	4.86
120	2.34	2.93	3.28	3.52	3.71	3.86	3.99	4.10	4.19	4.54	4.78
∞	2.33	2.90	3.24	3.48	3.66	3.81	3.93	4.04	4.13	4.47	4.69

附表 11 （续 1）　　　　　　　　　（$\alpha=0.05$）

f＼r	2	3	4	5	6	7	8	9	10	15	20
1	18.0	27.0	32.8	37.1	40.4	43.1	45.4	47.4	49.1	55.4	59.6
2	6.08	8.33	9.80	10.9	11.7	12.4	13.0	13.5	14.0	15.7	16.8
3	4.50	5.91	6.82	7.50	8.04	8.48	8.85	9.18	9.46	10.5	11.2
4	3.93	5.04	5.76	6.29	6.71	7.05	7.35	7.60	7.83	8.66	9.23
5	3.64	4.60	5.22	5.67	6.03	6.33	6.58	6.80	6.99	7.72	8.21
6	3.46	4.34	4.90	5.30	5.63	5.90	6.12	6.32	6.49	7.14	7.59
7	3.34	4.16	4.68	5.06	5.36	5.61	5.82	6.00	6.16	6.76	7.17
8	3.26	4.04	4.53	4.89	5.17	5.40	5.60	5.77	5.92	6.48	6.87
9	3.20	3.95	4.41	4.76	5.02	5.24	5.43	5.59	5.74	6.28	6.64
10	3.15	3.88	4.33	4.65	4.91	5.12	5.30	5.46	5.60	6.11	6.47
11	3.11	3.82	4.26	4.57	4.82	5.03	5.20	5.35	5.49	5.98	6.33
12	3.08	3.77	4.20	4.51	4.75	4.95	5.12	5.27	5.39	5.88	6.21
13	3.06	3.73	4.15	4.45	4.69	4.88	5.05	5.19	5.32	5.79	6.11
14	3.03	3.70	4.11	4.41	4.64	4.83	4.99	5.13	5.25	5.71	6.03
15	3.01	3.67	4.08	4.37	4.59	4.78	4.94	5.08	5.20	5.65	5.96
16	3.00	3.65	4.05	4.33	4.56	4.74	4.90	5.03	5.15	5.59	5.90
17	2.98	3.63	4.02	4.30	4.52	4.70	4.86	4.99	5.11	5.54	5.84
18	2.97	3.61	4.00	4.28	4.49	4.67	4.82	4.96	5.07	5.50	5.79
19	2.96	3.59	3.98	4.25	4.47	4.65	4.79	4.92	5.04	5.46	5.75
20	2.95	3.58	3.96	4.23	4.45	4.62	4.77	4.90	5.01	5.43	5.71
24	2.92	3.53	3.90	4.17	4.37	4.54	4.68	4.81	4.92	5.32	5.59
30	2.89	3.49	3.85	4.10	4.30	4.46	4.60	4.72	4.82	5.21	5.47
40	2.86	3.44	3.79	4.04	4.23	4.39	4.52	4.63	4.73	5.11	5.36
60	2.83	3.40	3.74	3.98	4.16	4.31	4.44	4.55	4.65	5.00	5.24
120	2.80	3.36	3.68	3.92	4.10	4.24	4.36	4.47	4.56	4.90	5.13
∞	2.77	3.31	3.63	3.86	4.03	4.17	4.29	4.39	4.47	4.80	5.01

附表 11　（续 2）　　　　　　　　　　($\alpha = 0.01$)

f \ r	2	3	4	5	6	7	8	9	10	15	20
1	90.0	135	164	186	202	216	227	237	246	277	298
2	14.0	19.0	22.3	24.7	26.6	28.2	29.5	30.7	31.7	35.4	37.9
3	8.26	10.6	12.2	13.3	14.2	15.0	15.6	16.2	16.7	18.5	19.8
4	6.51	8.12	9.17	9.96	10.6	11.1	11.5	11.9	12.3	13.5	14.4
5	5.70	6.98	7.80	8.42	8.91	9.32	9.67	9.97	10.2	11.2	11.9
6	5.24	6.33	7.03	7.56	7.97	8.32	8.61	8.87	9.10	9.95	10.5
7	4.95	5.92	6.54	7.01	7.37	7.68	7.94	8.17	8.37	9.12	9.65
8	4.75	5.64	6.20	6.62	6.96	7.24	7.47	7.68	7.86	8.55	9.03
9	4.60	5.43	5.96	6.35	6.66	6.91	7.13	7.33	7.49	8.13	8.57
10	4.48	5.27	5.77	6.14	6.43	6.67	6.87	7.05	7.21	7.81	8.22
11	4.39	5.14	5.62	5.97	6.25	6.48	6.67	6.84	6.99	7.56	7.95
12	4.32	5.04	5.50	5.84	6.10	6.32	6.51	6.67	6.81	7.36	7.73
13	4.26	4.96	5.40	5.73	5.98	6.19	6.37	6.53	6.67	7.19	7.55
14	4.21	4.89	5.32	5.63	5.88	6.08	6.26	6.41	6.54	7.05	7.39
15	4.17	4.84	5.25	5.56	5.80	5.99	6.16	6.31	6.44	6.93	7.26
16	4.13	4.79	5.19	5.49	5.72	5.92	6.08	6.22	6.35	6.82	7.15
17	4.10	4.74	5.14	5.43	5.66	5.85	6.01	6.15	6.27	6.73	7.05
18	4.07	4.70	5.09	5.38	5.60	5.79	5.94	6.08	6.20	6.65	6.97
19	4.05	4.67	5.05	5.33	5.55	5.73	5.89	6.02	6.14	6.58	6.89
20	4.02	4.64	5.02	5.29	5.51	5.69	5.84	5.97	6.09	6.52	6.82
24	3.96	4.54	4.91	5.17	5.37	5.54	5.69	5.81	5.92	6.33	6.61
30	3.89	4.45	4.80	5.05	5.24	5.40	5.54	5.65	5.76	6.14	6.41
40	3.82	4.37	4.70	4.93	5.11	5.26	5.39	5.50	5.60	5.96	6.21
60	3.76	4.28	4.60	4.82	4.99	5.13	5.25	5.36	5.45	5.78	6.01
120	3.70	4.20	4.50	4.71	4.87	5.01	5.12	5.21	5.30	5.61	5.83
∞	3.64	4.12	4.40	4.60	4.76	4.88	4.99	5.08	5.16	5.45	5.65

附表 12　F_max 的分位数表

F_{max} 的分位数表

$(\alpha = 0.05)$

f \ r	2	3	4	5	6	7	8	9	10	11	12
2	39.0	87.5	142	202	266	333	403	475	550	526	704
3	15.4	27.8	39.2	50.7	62.0	72.9	83.5	93.9	104	114	124
4	9.60	15.5	20.6	25.2	29.5	33.6	37.5	41.1	44.6	48.0	51.4
5	7.15	10.8	13.7	16.3	18.7	20.8	22.9	24.7	26.5	28.2	29.9
6	5.82	8.38	10.4	12.1	13.7	15.0	16.3	17.5	18.6	19.7	20.7
7	4.99	6.94	8.44	9.70	10.8	11.8	12.7	13.5	14.3	15.1	15.8
8	4.43	6.00	7.18	8.12	9.03	9.78	10.5	11.1	11.7	12.2	12.7
9	4.03	5.34	6.31	7.11	7.80	8.41	8.95	9.45	9.91	10.3	10.7
10	3.72	4.85	5.67	6.34	6.92	7.42	7.87	8.28	8.66	9.01	9.34
12	3.28	4.16	4.79	5.30	5.72	6.09	6.42	6.72	7.00	7.25	7.48
15	2.86	3.54	4.01	4.37	4.68	4.95	5.19	5.40	5.59	5.77	5.93
20	2.46	2.95	3.29	3.54	3.76	3.94	4.10	4.24	4.37	4.49	4.59
30	2.07	2.40	2.61	2.78	2.91	3.02	3.12	3.21	3.29	3.36	3.39
60	1.67	1.85	1.96	2.04	2.11	2.17	2.22	2.26	2.30	2.33	2.36
∞	1.00	1.00	1.00	1.00	1.00	1.00	1.00	1.00	1.00	1.00	1.00

$(\alpha = 0.01)$

f \ r	2	3	4	5	6	7	8	9	10	11	12
2	199	448	729	1036	1362	1705	2063	2432	2813	3204	3605
3	47.5	85	120	151	184	216	249	281	310	337	361
4	23.2	37	49	59	69	79	89	97	106	113	120
5	14.9	22	28	33	38	42	46	50	54	57	60
6	11.1	15.5	19.1	22	25	27	30	32	34	36	37
7	8.89	12.1	14.5	16.5	18.4	20	22	23	24	26	27
8	7.50	9.9	11.7	13.2	14.5	15.8	16.9	17.9	18.9	19.8	21
9	6.54	8.5	9.9	11.1	12.1	13.1	13.9	14.7	15.3	16.0	16.6
10	5.85	7.4	8.6	9.6	10.4	11.1	11.8	12.4	12.9	13.4	13.9
12	4.91	6.1	6.9	7.6	8.2	8.7	9.1	9.5	9.9	10.2	10.6
15	4.07	4.9	5.5	6.0	6.4	6.7	7.1	7.3	7.5	7.8	8.0
20	3.32	3.8	4.3	4.6	4.9	5.1	5.3	5.5	5.6	5.8	5.9
30	2.63	3.0	3.3	3.4	3.6	3.7	3.8	3.9	4.0	4.1	4.2
60	1.96	2.2	2.3	2.4	2.4	2.5	2.5	2.6	2.6	2.7	2.7
∞	1.00	1.0	1.0	1.0	1.0	1.0	1.0	1.0	1.0	1.0	1.0

附表 13　G_{max} 的分位数表

$(\alpha = 0.05)$

r \ f	1	2	3	4	5	6	7
2	0.9985	0.9750	0.9392	0.9057	0.8772	0.8534	0.8332
3	0.9669	0.8709	0.7977	0.7457	0.7071	0.6771	0.6530
4	0.9065	0.7679	0.6841	0.6287	0.5895	0.5598	0.5365
5	0.8412	0.6838	0.5981	0.5441	0.5065	0.4783	0.4564
6	0.7808	0.6161	0.5321	0.4803	0.4447	0.4184	0.3980
7	0.7271	0.5612	0.4800	0.4307	0.3974	0.3726	0.3535
8	0.6798	0.5157	0.4377	0.3910	0.3595	0.3362	0.3185
9	0.6385	0.4775	0.4027	0.3584	0.3286	0.3067	0.2901
10	0.6020	0.4450	0.3733	0.3311	0.3029	0.2823	0.2666
12	0.5410	0.3924	0.3264	0.2880	0.2624	0.2439	0.2299
15	0.4709	0.3346	0.2758	0.2419	0.2195	0.2034	0.1911
20	0.3894	0.2705	0.2205	0.1921	0.1735	0.1602	0.1501
24	0.3434	0.2354	0.1907	0.1656	0.1493	0.1374	0.1286
30	0.2929	0.1980	0.1593	0.1377	0.1237	0.1137	0.1061
40	0.2370	0.1576	0.1259	0.1082	0.0968	0.0887	0.0827
60	0.1737	0.1131	0.0895	0.0765	0.0682	0.0623	0.0583
120	0.0998	0.0632	0.0495	0.0419	0.0371	0.0337	0.0312
∞	0	0	0	0	0	0	0

r \ f	8	9	10	16	36	144	∞
2	0.8159	0.8010	0.7880	0.7341	0.6602	0.5813	0.5000
3	0.6333	0.6167	0.6025	0.5466	0.4748	0.4031	0.3333
4	0.5175	0.5017	0.4884	0.4366	0.3720	0.3093	0.2500
5	0.4387	0.4241	0.4118	0.3645	0.3066	0.2513	0.2000
6	0.3817	0.3682	0.3568	0.3135	0.2612	0.2119	0.1667
7	0.3384	0.3259	0.3154	0.2756	0.2278	0.1833	0.1429
8	0.3043	0.2926	0.2829	0.2462	0.2022	0.1616	0.1250
9	0.2768	0.2659	0.2568	0.2226	0.1820	0.1446	0.1111
10	0.2541	0.2439	0.2353	0.2032	0.1655	0.1308	0.1000
12	0.2187	0.2098	0.2020	0.1737	0.1403	0.1100	0.0833
15	0.1815	0.1736	0.1671	0.1429	0.1144	0.0889	0.0667
20	0.1422	0.1357	0.1303	0.1108	0.0879	0.0675	0.0500
24	0.1216	0.1160	0.1113	0.0942	0.0743	0.0567	0.0417
30	0.1002	0.0958	0.0921	0.0771	0.0604	0.0457	0.0333
40	0.0780	0.0745	0.0713	0.0595	0.0462	0.0347	0.0250
60	0.0552	0.0520	0.0497	0.0411	0.0316	0.0234	0.0167
120	0.0292	0.0279	0.0266	0.0218	0.0165	0.0120	0.0083
∞	0	0	0	0	0	0	0

附表 13 （续）　　　　　　　　　　　（α＝0.01）

r＼f	1	2	3	4	5	6	7
2	0.9999	0.9950	0.9794	0.9586	0.9373	0.9172	0.8988
3	0.9933	0.9423	0.8831	0.8335	0.7933	0.7606	0.7335
4	0.9676	0.8643	0.7814	0.7212	0.6761	0.6410	0.6129
5	0.9279	0.7885	0.6957	0.6329	0.5875	0.5531	0.5259
6	0.8828	0.7218	0.6258	0.5635	0.5195	0.4866	0.4608
7	0.8376	0.6644	0.5685	0.5080	0.4659	0.4347	0.4105
8	0.7945	0.6152	0.5209	0.4627	0.4226	0.3932	0.3704
9	0.7544	0.5721	0.4810	0.4251	0.3870	0.3592	0.3378
10	0.7175	0.5358	0.4469	0.3934	0.3572	0.3308	0.3106
12	0.6528	0.4751	0.3919	0.3428	0.3099	0.2861	0.2680
15	0.5747	0.4069	0.3317	0.2882	0.2593	0.2386	0.2228
20	0.4799	0.3297	0.2654	0.2288	0.2048	0.1877	0.1748
24	0.4247	0.2871	0.2295	0.1970	0.1759	0.1608	0.1495
30	0.3632	0.2412	0.1913	0.1635	0.1454	0.1327	0.1232
40	0.2940	0.1915	0.1508	0.1281	0.1135	0.1033	0.0957
60	0.2151	0.1171	0.1069	0.0902	0.0796	0.0722	0.0668
120	0.1225	0.0759	0.0585	0.0489	0.0429	0.0387	0.0357
∞	0	0	0	0	0	0	0

r＼f	8	9	10	16	36	144	∞
2	0.8823	0.8674	0.8539	0.7949	0.7067	0.6062	0.5000
3	0.7107	0.6912	0.6743	0.6059	0.5153	0.4230	0.3333
4	0.5897	0.5702	0.5536	0.4884	0.4057	0.3251	0.2500
5	0.5037	0.4854	0.4697	0.4094	0.3351	0.2644	0.2000
6	0.4401	0.4229	0.4084	0.3529	0.2858	0.2229	0.1667
7	0.3911	0.3751	0.3616	0.3105	0.2494	0.1929	0.1429
8	0.3522	0.3373	0.3248	0.2779	0.2214	0.1700	0.1250
9	0.3207	0.3067	0.2950	0.2514	0.1992	0.1521	0.1111
10	0.2945	0.2813	0.2704	0.2297	0.1811	0.1376	0.1000
12	0.2535	0.2419	0.2320	0.1961	0.1535	0.1157	0.0833
15	0.2104	0.2002	0.1918	0.1612	0.1251	0.0934	0.0667
20	0.1646	0.1567	0.1501	0.1248	0.0960	0.0709	0.0500
24	0.1406	0.1338	0.1283	0.1060	0.0810	0.0595	0.0417
30	0.1157	0.1100	0.1054	0.0867	0.0658	0.0480	0.0333
40	0.0898	0.0853	0.0816	0.0668	0.0503	0.0363	0.0250
60	0.0625	0.0594	0.0567	0.0461	0.0344	0.0245	0.0167
120	0.0334	0.0316	0.0302	0.0242	0.0178	0.0125	0.0083
∞	0	0	0	0	0	0	0

附表 14　检验相关系数 $\rho=0$ 的临界值表

$n-2$	α		$n-2$	α		$n-2$	α	
	5%	1%		5%	1%		5%	1%
1	0.997	1.000	16	0.468	0.590	35	0.325	0.418
2	0.950	0.990	17	0.456	0.575	40	0.304	0.393
3	0.878	0.959	18	0.444	0.561	45	0.288	0.372
4	0.811	0.917	19	0.443	0.549	50	0.273	0.354
5	0.754	0.874	20	0.423	0.537	60	0.250	0.325
6	0.707	0.834	21	0.413	0.526	70	0.232	0.302
7	0.666	0.798	22	0.404	0.515	80	0.217	0.283
8	0.632	0.765	23	0.396	0.505	90	0.205	0.267
9	0.602	0.735	24	0.388	0.496	100	0.195	0.254
10	0.576	0.708	25	0.381	0.487	125	0.174	0.228
11	0.553	0.684	26	0.374	0.478	150	0.159	0.208
12	0.532	0.661	27	0.367	0.470	200	0.138	0.181
13	0.514	0.641	28	0.361	0.463	300	0.113	0.143
14	0.497	0.623	29	0.355	0.456	400	0.098	0.123
15	0.482	0.606	30	0.349	0.449	1000	0.062	0.081

习题答案

习题 1.1

1. (1) $\Omega = \{(0,0,0),(0,0,1),(0,1,0),(1,0,0),(0,1,1),(1,0,1),(1,1,0),(1,1,1)\}$,
   其中 0 表示反面，1 表示正面；
   (2) $\Omega = \{(x,y,z),x,y,z=1,2,3,4,5,6\}$;
   (3) $\Omega = \{(1),(0,1),(0,0,1),(0,0,0,1),\cdots\cdots\}$;
   (4) $\Omega = \{0,1,2,\cdots\cdots\}$;
   (5) $\Omega = \{0,1,2,\cdots\cdots\}$;
   (6) $\Omega = \{x:x \geqslant 100\}$.

2. $A = \{(0,0,1),(0,1,0),(1,0,0),(0,1,1),(1,0,1),(1,1,0),(1,1,1)\}$,
   $B = \{(0,0,0),(0,0,1),(0,1,0),(1,0,0)\}$,
   $C = \{(0,0,1),(0,1,0),(1,0,0)\}$,
   $D = \{(0,0,0),(1,1,1)\}$.

3. $A \supset B$.

4. (c)(d) 正确。

5. $A \supset B$.

6. $A \bigcup B = \{1,2,3,4,6,8\}, AB = \{2,4\}, \overline{B} = \{1,3,5,7\}, A-B = \{1,3\}$,
   $B-A = \{6,8\}, BC \equiv \phi, \overline{B \bigcup C} = \phi, (A \bigcup B)C = \{1,3\}$.

7. (1) $\overline{A}_1\overline{A}_2\overline{A}_3\overline{A}_4$, (2) $A_1A_2A_3A_4$, (3) $A_1 \bigcup A_2 \bigcup A_3 \bigcup A_4$,
   (4) $A_1\overline{A}_2\overline{A}_3\overline{A}_4 \bigcup \overline{A}_1A_2\overline{A}_3\overline{A}_4 \bigcup \overline{A}_1\overline{A}_2A_3\overline{A}_4 \bigcup \overline{A}_1\overline{A}_2\overline{A}_3A_4$.

8. (1) $\overline{A} =$ "掷二枚硬币，至多出现一个正面"，
   (2) $\overline{B} =$ "射击三次，至少有一次没有命中"，
   (3) $\overline{C} =$ "加工四个产品，皆为次品"。

习题 1.2

1. (1) $P(A) = c$, (2) $P(B) = d$, (3) $P(C) = a$, (4) $P(D) = b$, (5) $P(E) = e$.

2. (1) 0.055222, (2) 0.390156, (3) 0.213493, (4) 0.010564, (5) 0.105498,
   (6) 0.000163, (7) 0.010372, (8) 0.000048, (9) 0.304250, (10) 0.110444.

3. 在返回场合：4/25；12/25；9/25。在无返回场合：0.1；0.6；0.3。

4. $P(A) = 0.0119$; $P(B) = 0.2381 \times 10^{-5}$; $P(C) = 0.0120$.

5. (1) 与 (5) 是允许的，(2)，(3)，(4) 是不允许的。

6. P(四面涂有红色) $= 0$; P(三面涂有红色) $= 1/125$; P(二面涂有红色) $= 12/125$;
   P(一面涂有红色) $= 48/125$; P(没有一面涂有红色) $= 64/125$。

7. 8/15.

8. $(1)P(A) = \binom{n}{r} \times r! \, /n^r, (2)P(B) = 1 - P(A)$。

9. 记 $B_r =$ "r 个人的生日至少有二人相同"，$P(B_{10}) = 0.12, P(B_{20}) = 0.41,$
$P(B_{30}) = 0.71, P(B_{40}) = 0.89, P(B_{50}) = 0.97$。

10. 0.2076×10^{-4}。

11. 0.1499。

12. 记 $B_i =$ "取出 4 只鞋中有 i 双"，$P(B_2) = 3/323, P(B_1) = 96/323, P(B_0) = 224/323$。

习题 1.3

1. $15/16$。

2. $2/7$。

3. $P(A\overline{B}) = 0.3$。

4. 0.1837。

5. $2/3$。

6. $P(AB) = 0; P(A \bigcup B) = p + q; P(A\overline{B}) = p; P(\overline{A}\overline{B}) = 1 - (p + q)$。

7. 在 200 名学生中有 175 名学生至少选修一门课。

8. 约有 15% 家庭没订阅一份报。

9. $5/9$。

10. $19/27$。

习题 1.4

1. $(1)0.2, (2)0.3, (3)0.7$。

2. 不相互独立。

3. 0.901。

4.

		规 格			
		S	M	L	
牌子	B_1	0.12	0.20	0.08	0.40
	B_2	0.18	0.30	0.12	0.60
		0.30	0.50	0.20	

5. $0.84, n = 6$。

6. 0.388。

7. $(1)0.612, (2)0.388, (3)0.003$。

8. 0.6682。

9. $P(B_k) = C_4^k(0.95)^k(1 - 0.95)^{4-k} = 0.9860$。

10. 0.3774。

11. 0.0064。

12. 0.3920。

13. $n = 299$。

习题 1.5

1. (1)5/13,(2)1/3,(3)10/19,(4)8/17。

2. (1)1/4,(2)5/12,(3)1/10,(4)39/50,(5)26/65,(6)4/15,(7)4/15,(8)4/65。

3. (1)0.3276,(2)0.6786。

4. 1/3 和 1/15。

5. 0.5。

6. 0.1458。

7. 0.0212。

8. (1)0.7580,(2)0.9077。

9. (1)0.068,(2)0.3529。

10. 0.9542。

11. 0.3623;0.4058;0.2319。

习题 2.1

1. (1)(4)(6) 是离散的,其他都是连续的。

2. X 是在 $[0,\sqrt{2}]$ 上取值的连续随机变量。

3. Y 是仅取偶数的离散随机变量。

4. (1)X 可取 3,4,5,6,7;(2)Y 可取 $-3,-2,-1,1,2,3$;(3)Z 可取 0,1,2;(4)W 可取 0, 1。

5.

X	1	2	3	4	5	6
P	11/36	9/36	7/36	5/36	3/36	1/36

$P(X \geqslant 4) = 1/4$

6. $P(Y = y) = \frac{1}{4}(\frac{3}{4})^{y-1}, y = 1, 2, \cdots, P(Y \leqslant 3) = 0.5781$。

7. (1)0.15,(2)0.29,(3)0.71,0.43,(4)0.78 与 0.43。

8. 0.45。

9. 0.632;0.189。

习题 2.2

1.

X	0	1	2	3	4
P	1/16	4/16	6/16	4/16	1/16

2. $C = 16/31$。

3. (1) $E(X) = 31$(秒)， (2)

Y	4000	6500	8000
P	0.1	0.3	0.6

$E(Y) = 7150$(元)。

4. 按字数支付，作者可得 15000 元，按版税制，作者可得 18480 元，后者有利作者，但作者要承担风险，若平均发行量不到 8800 册，譬如只售出 5000 册，作者要少得 4500 元。

5. $P(X = x) = \dfrac{3}{4}(\dfrac{1}{4})^{x-1}, x = 1, 2, \cdots, E(x) = \dfrac{4}{3}$。

6.

(1) 3 次； (2)

Y	130	230	330	430
P	0.1	0.2	0.3	0.4

$E(Y) = 330$(元)；

(3)

Z	30	120	270	480
P	0.1	0.2	0.3	0.4

$E(Z) = 300$(元)。

7. 49.985。

8. (1) 0.7735, (2) 0.4503, (3) 0.0991。

9. (1) 0.0072, (2) 0.0432, (3) 0.9487, (4) 0.0209；0.1330；0.9824。

10. 0.180。

11. 0.0002, 0.9048。

12. 0.3712。

13. $n = 8$。

14. (1) 0.607, (2) 0.090。

15. $n = 18$。

习题 2.3

1. (1) $p(x) = \begin{cases} 0.08, & 7.5 < x < 20 \\ 0, & \text{其他} \end{cases}$ (2) 0.36；(3) 0.4。

2. (1) 0.8438, (2) 0.6875, (3) $F(x) = \begin{cases} 0, & x \leqslant -1 \\ 0.5 + 0.75(x - x^3/3), & -1 < x < 1 \\ 1, & 1 \leqslant x \end{cases}$

3. (1) 0.3438, (2) 0.3750, (3) 0.5。

4. (1) 0.5488, (2) 0.6321。

5. (1) $F(x) = \begin{cases} 0, & x \leqslant 100 \\ 1 - 100/x, & x > 100 \end{cases}$, (2) 1/2, (3) 1/3。

6. $p(x) = \begin{cases} xe^{-x}, & x > 0 \\ 0, & x \leqslant 0 \end{cases}$, 0.2642 和 0.4060。

7. $p(y) = 2\lambda y e^{-\lambda y^2}, y > 0$。

8. $Y \sim N(a + b\mu, (b\sigma)^2)$，当 $X \sim N(10, 3^2)$ 时，$Y = 5X - 2 \sim N(48, 15^2)$。

9. X 与 $1 - X$ 同为 $U(0, 1)$。

10. $P(y) = \dfrac{1}{\sqrt{2\pi}\, y\sigma} \exp\left\{-\dfrac{(\ln y - \mu)^2}{2\sigma^2}\right\}, y > 0$。

11. $Y = X^2 \sim Ga\left(\dfrac{1}{2}, \dfrac{1}{2\sigma^2}\right)$。

12. (1)0.9909,(2)0.1267,(3)0.9996,(4)1。

13. (1)0.9772,(2)0.9987,(3)0.8185,(4)0.0456,(5)0.4987。

14. (1)0.8185,(2)0.0062,(3)0.0668。

15. 0.0620。

习题 2.4

1. 2.75；5.35。

2. (1)1/2；1/3；1/4；1/5,(2)1/12；0；1/80。

3. (1)σ^2；0；$3\sigma^4$,(2)0；$\sigma^{2k}(2k-1)!!$。

4. 250186(m^2)。

5. (1)$P(X = x) = \dbinom{5}{x}/2^5, x = 0, 1, 2, \cdots 5$,(2)2.5；1.25。

6. (1)338；13,(2)120；10,(3)24；4.8。

7. $\dfrac{a}{a+b}$；$\dfrac{ab}{(a+b)^2(a+b+1)}$。

8. $\exp\left\{\mu + \dfrac{\sigma^2}{2}\right\}$；$\exp\{2\mu + \sigma^2\}[\exp(\sigma^2) - 1]$。

10. 8/9。

11. $n \geqslant 15625$。

12. 0.89。

习题 2.5

1. $\sigma\sqrt{2/\pi}$。

2. $\mu_3 = 3\sigma^2\mu + \mu^3$；$\mu_4 = 3\sigma^4 + 6\sigma^2\mu^2 + \mu^4$。

3. (1)$C_v = 1$,(2)$\mu_3 = 6/\lambda^3$；$\nu_3 = 2/\lambda^3$；$\beta_S = 2$,(3)$\mu_4 = 24/\lambda^4$；$\nu_4 = 9/\lambda^4$；$\beta_k = 6$。

4. $\beta_S = 0$；$\beta_k = -1.5$。

5. (1)$\mu_3 = \dfrac{1}{4}(a^3 + a^2 b + ab^2 + b^3)$；$\nu_3 = 0$；$\beta_S = 0$；

$\quad$(2)$\mu_4 = \dfrac{1}{5}(a^4 + a^3 b + a^2 b^2 + ab^3 + b^4)$；$\nu_4 = (b-a)^4/80$；$\beta_k = -1.2$。

6. (1)$x_p = \eta[-\ln(1-p)]^{1/m}$,(2)$x_{0.1} = 223.08$；$x_{0.5} = 783.22$；$x_{0.8} = 1373.36$,(3)$m = 2.1389$，$\eta = 4840$。

7. $u_{0.1} = -1.282$；$u_{0.7} = 0.524$。

8. $x_{0.2}=7.474;x_{0.8}=12.526$。

9. $(1)x_a=\exp\{\mu+\mu_a\sigma\}$,$(2)x_{0.1}=1662$（小时），$(3)\sigma=1.527,\mu=9.799$。

10. $(1)x_{0.1}=0.211;x_{0.5}=1.386;x_{0.8}=3.219$。

11. $(1)x_{0.2}=4.594;x_{0.5}=7.344;x_{0.9}=13.362$,$(2)x'_{0.5}=15.507;x'_{0.1}=13.362$。

12. $(1)(\alpha-1)/\lambda$,$(2)(a-1)/(a+b-2)$。

13. $c=2.5308$。

14. 4099 公斤。

习题 3.1

1. $(1)0.21;0.15;0.40$。

(2)

X	0	1	2	3
P	0.21	0.12	0.50	0.17

Y	0	1	2	3	4	5
P	0.04	0.10	0.25	0.08	0.35	0.18

(3)

$x+y$	0	1	2	3	4	5	6	7	8
P	0.01	0.07	0.12	0.09	0.15	0.05	0.33	0.08	0.10

2. $P(X=x,Y=y)=\binom{2}{x}\binom{3}{y}\binom{4}{3-x-y}/\binom{9}{3}$,$x=0,1,2,y=0,1,2,3,x+y\leqslant3$

X \ Y	0	1	2	3	$P(X=x)$
0	4/84	18/84	12/84	1/84	35/84
1	12/84	24/84	6/84	0	42/84
2	4/84	3/84	0	0	7/84
$P(Y=y)$	20/84	45/84	18/84	1/84	1

3. (1) $P(X=x,Y=y)=p^2(1-p)^{y-2}$,$x=1,2,\cdots,y-1;y=x+1,x+2,\cdots$;

(2) $P(X=x)=p(1-p)^{x-1}$,$x=1,2,\cdots$;

$P(Y=x)=(y-1)p^2(1-p)^{y-2}$,$y=2,3,\cdots$。

4. $(1)A=20;(2)F(x,y)=\dfrac{1}{\pi^2}(\text{arctg}\dfrac{x}{4}+\dfrac{\pi}{2})(\text{arctg}\dfrac{y}{5}+\dfrac{\pi}{2})$,$-\infty<x,y<\infty$;

(3) $F(x)=\dfrac{1}{\pi}(\text{arctg}\dfrac{x}{4}+\dfrac{\pi}{2})$,$-\infty<x<\infty$,

$F(y)=\dfrac{1}{\pi}(\text{arctg}\dfrac{y}{5}+\dfrac{\pi}{2})$,$-\infty<y<\infty$。

5. 0.274。

6. (1) $9/16$,$(2)F(x,y)=\dfrac{1}{8}(2-\dfrac{1}{x})(4-\dfrac{1}{y^2})$,$x>\dfrac{1}{2},y>\dfrac{1}{2}$,其他 $F(x,y)=0$;

$F_x(x)=1-\dfrac{1}{2x}$,$x>\dfrac{1}{2}$; $F_y(x)=1-\dfrac{1}{4y^2}$,$y>\dfrac{1}{2}$,$(3)1/3$,$(4)y_{0.5}=0.707$。

7. $(1)15/64$,$(2)0$,$(3)1/2$,$(4)1/2$。

8. $(1)1/4$,$(2)1/24$,$(3)p(x)=2x,0<x<1;p(y)=y/2,0<y<2$。

9. 0.05814。

10. $(1)N(20,10,5^2,2^2,4/5),(2)N(0,0,1,1/2,\sqrt{2}/2),(3)N(0,5,1,1,1/2),$
    $(4)N(0,0,1,1,0)$。

11. 0.96。

12. 0.0907。

13. $F(u)=\begin{cases}0, & u\leqslant 0\\ u^3/(1+u)^3, & u>0\end{cases}$

习题 3.2

1. $(1),(2),(4)$ 中 X 与 Y 相互独立,(3) 与 (5) 中 X 与 Y 不相互独立。

2.

Y\X	0	1	2
0	1/6	1/8	1/24
1	1/3	1/4	1/12

$X+Y$	0	1	2	3	4
P	1/6	11/24	1/4	1/24	1/12

3. $(1)P(|X-Y|<z)=\begin{cases}0, & z\leqslant 0\\ 1-(1-z)^2, & 0<z<1\\ 1, & z\geqslant 1\end{cases}$

$(2)P(XY<z)=\begin{cases}0, & z\leqslant 0\\ z(1-\ln z), & 0<z<1\\ 1, & z\geqslant 1\end{cases}$

$(3)P(\frac{1}{2}(X+Y)<z)=\begin{cases}0, & z\leqslant 0\\ 2z^2, & 0<z\leqslant 1/2\\ 1-2(1-z)^2, & 1/2<z<1\\ 1, & z\geqslant 1\end{cases}$

4. $a=1/18,b=2/9,c=1/6$。

5. (1) $p_U(u)=\lambda_1 e^{-\lambda_1 u}+\lambda_2 e^{-\lambda_2 u}-(\lambda_1+\lambda_2)e^{-(\lambda_1+\lambda_2)u},u>0$。

$E(U)=\frac{1}{\lambda_1}+\frac{1}{\lambda_2}-\frac{1}{\lambda_1+\lambda_2},$

$(2)p_V(v)=(\lambda_1+\lambda_2)e^{-(\lambda_1+\lambda_2)v},v>0,E(V)=\frac{1}{\lambda_1+\lambda_2}$。

6. $(1)p_U(u)=36u^3-60u^4+24u^5,0<u<1,E(U)=0.6286$；

$(2)p_V(v)=-24v^5+60v^4-36v^3-12v^2+12v,E(V)=0.3714$。

7. $(1)X+Y\sim N(13.2),0.8426,(2)(X+Y)/2\sim N(6.5,\frac{1}{2}),0.5202$。

8. $k_1X_1+k_2X_2\sim N(k_2u_1+k_2u_2,k_1^2\sigma_1^2+k_2^2\sigma_2^2)$。

9. $p_Z(z)=\begin{cases}z, & 0<z<1\\ 2-z, & 1\leqslant z<2\\ 0, & 其他\end{cases}$

10. $p_Z(z)=\frac{\lambda_1\lambda_2}{\lambda_1-\lambda_2}(e^{-\lambda_2 z}-e^{-\lambda_1 z}),z>0$。

11. 0. 4082。

习题 3.3

1. $E(X) = 0.1; E(Y) = 2.65; E(XY) = 0$。

2. $E(X) = 3/4; E(Y) = 0; E(XY) = 0; E(XY^2) = 1/6$。

3. $(1) E(Z_1) = 0; \mathrm{Var}(Z_1) = 17; (2) E(Z_2) = 3; \mathrm{Var}(Z_2) = 8$。

4. $3.5n; 2.9167n$。

9. $(1)11; 228, (2)20, 389$。

12. $(1) \mathrm{Corr}(X,Y) = 0, (2) \mathrm{Corr}(X,Y) = -1/11$。

13. $\mathrm{Corr}(Z_1, Z_2) = \dfrac{\alpha^2 - \beta^2}{\alpha^2 + \beta^2}$。

习题 3.4

1.

j	1	2	3
$P(y=j \mid x=1)$	1/13	3/13	9/13
$P(y=j \mid x=2)$	4/24	7/24	13/24
$P(y=j \mid x=3)$	3/29	9/29	17/29
$P(y=j \mid x=4)$	2/34	1/34	31/24

i	1	2	3	4
$P(x=i \mid y=1)$	0.1	0.4	0.3	0.2
$P(x=i \mid y=2)$	3/20	7/20	9/20	1/20
$P(x=i \mid y=3)$	9/70	13/70	17/70	31/70

3. $P(X = k \mid x + y = n) = \dfrac{1}{n-1}, k = 1, 2, \cdots, n-1$。

4. $P(X = l) = \dfrac{(\lambda p)^l}{l!} e^{-\lambda p}, l = 0, 1, 2, \cdots$。

5. (1) 当 $0 < y < 1$ 时 $p(x \mid y) = 2(1 - x - y)/(1 - y)^2, 0 < x < 1 - y; p(x \mid Y = 1/2)$
   $= 4 - 8x, 0 < x < 1/2$;

   (2) 当 $0 < x < 1$ 时 $p(y \mid x) = 6y(1 - x - y)/(1 - x)^3, 0 < y < 1 - x; p(y \mid X = 1/2)$
   $= 24y(1 - 2y), 0 < y < 1/2$。

6. 当 $|y| < 1$ 时 $p(x \mid y) = \dfrac{1}{2\sqrt{1 - y^2}}, -\sqrt{1 - y^2} < x < \sqrt{1 - y^2}$,

   $p(x \mid y = 0) = \dfrac{1}{2}, -1 < x < 1$, 这是均匀分布 $U(-1, 1)$,

   $p(x \mid y = \dfrac{1}{2}) = \dfrac{\sqrt{3}}{3}, -\dfrac{\sqrt{3}}{2} < x < \dfrac{\sqrt{3}}{2}$, 这是均匀分布 $U(-\dfrac{\sqrt{3}}{2}, \dfrac{\sqrt{3}}{2})$。

7. $P(X > \dfrac{1}{2}) = \dfrac{47}{64}$。

8. $E(X \mid Y = i) = \begin{cases} 9/4, & i = 1 \\ 3/2, & i = 2 \\ 3/4, & i = 3 \\ 0, & i = 4 \end{cases}$

9. $E(X^2 \mid Y = y) = 2y^2, y > 0$。

10. $E(X) = 12$ 天。

11. $E(X) = 12.5$ 人。

习题 3.5

1. 0.9168。

2. 0.8686。

3. 0.6452。

4. 0.0008。

5. 0.0014。

6. 0.9510。

7. 0.9977。

8. 至少需安装 38 条外线。

9. 至少抽取 190 只灯泡。

10. 至少抽取 406 只小鸡。

11. 至少抽取 96 只产品。

12. 每盒应装 103 只螺钉。

13. $k = 500$。

习题 4.1

3. (1) 数据的茎叶图如下：

$$
\begin{array}{c|l}
2 & 9 \\
3 & 0012234455666677777 8889 \\
4 & 0011122233344445555566 67899
\end{array}
$$

4. 经验分布函数为

$$
F_n(x) = \begin{cases}
0, x < -0.5 \\
0.1, -0.5 \leqslant x < -0.2 \\
0.2, -0.2 \leqslant x < 0.2 \\
0.4, 0.2 \leqslant x < 0.5 \\
0.7, 0.5 \leqslant x < 0.7 \\
0.9, 0.7 \leqslant x < 1.5 \\
1, x \geqslant 1.5
\end{cases}
$$

6. 背靠背的茎叶图如下：

	3	59
4	4	0448
97	5	1224566777899
97665332110	6	011234688
98877766555554443332100	7	00113449
6655200	8	123345
632220	9	01146
	10	000

习题 4.2

1. (1) $P(X_1=x_1, X_2=x_2, \cdots, X_{10}=x_{10}) = p^{\sum\limits_{i=1}^{10} x_i}(1-p)^{10-\sum\limits_{i=1}^{10} x_i}$，各 $x_i=0$ 或 1，
   (2) T_1、T_4 是统计量。

2. 样本均值为 $\bar{x}=153.9$，样本标准差为 $s=8.03$。

3. 样本均值的近似值为 63.39，样本标准差的近似值 $s \doteq 8.02$。

4. $P(50.8 \leqslant \bar{X} \leqslant 53.8) = 0.8293$。

5. (1) $n=439$；(2) $n=200$；(3) 要以高保证概率保持高精度，则必须增加样本容量。降低保证概率或减少精度都可使样本量减少。

6. 至少应抛 68 次。

7. 样本均值为 $\bar{x}=10.16$，样本标准差为 $s=0.018$。

9. $\bar{x}_{16}=168.5, s_{16}=11.05$。

10. $E(S^2)=\sigma^2, \mathrm{Var}(S^2)=\dfrac{2\sigma^4}{n-1}$。

11. $E(\bar{X})=\lambda, \mathrm{Var}(\bar{X})=\dfrac{\lambda}{n}, E(S^2)=\lambda$。

12. $\bar{x}=163, s=9.23, SK=0.198, KU=-0.712$。

13. (1) $\bar{y}=\bar{x}+a, s_y^2=s_x^2$，(2) $\bar{z}=b\bar{x}, s_z^2=b^2 s_x^2$，(3) $\bar{w}=a+b\bar{x}, s_w^2=b^2 s_x^2$。

15. $\mu_{\bar{x}}=2, \sigma_{\bar{x}}=0.01$。

16. $\mu=20(\mathrm{mg}), \sigma=1.5(\mathrm{mg})$。

习题 4.3

1. (1) $X_{(1)}$ 与 $X_{(3)}$ 的分布如下：

$X_{(1)}$	0	1	2	3
P	37/64	19/64	7/64	1/64

$X_{(3)}$	0	1	2	3
P	1/64	7/64	19/64	37/64

(2) $(X_{(1)}, X_{(3)})$ 的联合分布列为

$X_{(1)}$ \ $X_{(3)}$	0	1	2	3
0	1/64	6/64	12/64	18/64
1	0	1/64	6/64	12/64
2	0	0	1/64	6/64
3	0	0	0	1/64

(3) $X_{(1)}$ 与 $X_{(3)}$ 不相互独立。

2. $X_{(1)}$ 的概率密度函数为：$p_1(x) = 15x^2(1-x^3)^4, 0 < x < 1$。

$X_{(5)}$ 的概率密度函数为 $p_5(x) = 15x^{14}, 0 < X < 1$。

3. 形状参数是 m，尺度参数为 $\dfrac{\eta}{\sqrt[m]{n}}$。

4. (1) 0.0007466 (2) 0.9352。

5. 样本极差 $R = 9, \hat{\sigma}_R = 2.924$。

6. $x_{(1)} = 29, x_{(50)} = 49, m_d = 40, Q_1 = 36, Q_3 = 45.25$。

7. (1) 茎叶图如下：

```
0 | 035567788888999999
1 | 0001111222333333344444444444455566666666666666677777777889999999
2 | 00000000011122345667779
```

(3) $\bar{x} = 15.24, s = 5.594, m_d = 16, Q_1 = 11.25, Q_3 = 19, R = 29, SK = 0.0392, KU = 0.1121$。

习题 5.1

1. $\hat{p} = \dfrac{1}{\overline{X}}$。

2. $\hat{N} = 2\overline{X} - 1$。

3. $\hat{a} = 3\overline{X}$。

4. $\hat{\theta} = \left(\dfrac{\overline{X}}{1 - \overline{X}}\right)^2$。

5. 总的错字个数的矩法估计为 $\hat{n} = \dfrac{AB}{C}$；未被发现的错字个数的矩法估计为 $\dfrac{AB}{C} - (A + B - C)$。

6. $\hat{a} = 2.24, \hat{b} = 22.38$。

习题 5.2

1. $C = \dfrac{1}{2(n-1)}$。

4. (2) λ^2 的无偏估计为 $\overline{X}^2 - \dfrac{1}{n}\overline{X}$。

5. $\hat{\mu}_3$ 的方差最小。

6.$(1)\hat{\mu}=\overline{X}-\overline{Y}$；(2) 当 $\dfrac{n}{m}=\dfrac{1}{2}$ 时，$\hat{\mu}$ 的方差达到最小。

7.$c=1/(n+1)$。

习题 5.3

1.$\hat{\lambda}=\overline{X}$。

2.β 的极大似然估计为 $\hat{\beta}_L=\dfrac{-n}{\sum\limits_{i=1}^{n}\ln X_i}-1$，其估计值为 $\hat{\beta}_L=0.3928$；

β 的矩法估计为 $\hat{\beta}_M=\dfrac{1}{1-\overline{X}}-2$，其估计值为 $\hat{\beta}_M=0.0619$。

3.$\hat{\sigma}=\dfrac{1}{n}\sum\limits_{i=1}^{n}\mid X_i\mid$。

4.$\hat{\mu}_1=\overline{X},\hat{\mu}_2=\overline{Y},\hat{\sigma}^2=\dfrac{1}{n+m}\Big[\sum\limits_{i=1}^{n}(X_i-\overline{X})^2+\sum\limits_{i=1}^{m}(Y_i-\overline{Y})^2\Big]$。

5.$\hat{\sigma}^2=\dfrac{1}{2n}\Big(\sum\limits_{i=1}^{n}X_i^2+\sum\limits_{i=1}^{n}Y_i^2\Big)$，$\hat{\rho}=\dfrac{2\sum\limits_{i=1}^{n}X_iY_i}{\sum\limits_{i=1}^{n}X_i^2+\sum\limits_{i=1}^{n}Y_i^2}$。

6.$\hat{\theta}_1=X_{(1)}$，$\hat{\theta}_2=\overline{X}-X_{(1)}$。

7.$\hat{p}=\dfrac{1}{\overline{X}}$，$\hat{E}(X)=\overline{X}$。

8.$(1)\hat{A}=1.645\hat{\sigma}+\hat{\mu}$，$(2)\hat{\theta}=1-\Phi\left(\dfrac{2-\hat{\mu}}{\hat{\sigma}}\right)$，其中 $\hat{\mu}=\overline{X}$，$\hat{\sigma}=\sqrt{\dfrac{1}{n}\sum\limits_{i=1}^{n}(X_i-\overline{X})^2}$。

9.$\hat{\sigma}=\sqrt{\dfrac{1}{n}\sum\limits_{i=1}^{n}(X_i-\mu)^2}$；渐近分布为 $N\left(\sigma,\dfrac{\sigma^2}{2n}\right)$。

10.$\hat{\lambda}=\dfrac{\alpha}{\overline{X}}$，渐近分布为 $N(\lambda,\lambda^2/(n\alpha))$。

习题 5.4

1.$[-0.354,0.754]$。

2. 至少应抽取 39 天。

3. $[6.117,6.583]$。

4. $c=\sqrt{3/2}$，自由度为 3。

5. 自由度为 $n-1$ 的 t 分布。

6. $[23.29,36.71]$。

7. $[54.74,75.54]$。

8. $[2.6317,3.9683]$。

9. $(1)[432.31,482.69]$ $(2)[25.69,57.94]$。

10. μ、σ^2、σ 的置信水平为 0.90 的置信区间分别为 $[0.6066,3.3934]$，$[3.0735$，$15.6391]$，$[1.7531,3.9546]$。

11. 0.6714。

12. $[-34.88,-7.12]$。

13. $[0.2810,2.8413]$。

14. $P(F<40) \doteq 0.9$。

15. $(1)[0.73,1.12]$，$(2)[-68.27,-11.73]$。

16. $(1)n=11$，$(2)n=16$，$(3)n=44$。

17. $[4.78,15.58]$。

习题 5.5

1. $[4.613,5.387]$，46500 公斤。

2. 294.9 千克。

3. $(1)40.69$；$(2)1.543$。

4. $\theta_L = X_{(1)} + \dfrac{1}{n}\ln\alpha$。

5. $\mu_{xU} = 3.2233$。

6. $\sigma_U = 18.82$。

7. 6.356 小时。

8. $[0.0057,0.2589]$。

习题 5.6

1. $[0.10,0.24]$。

2. $[0.62,0.68]$。

3. $[0.496,0.624]$。

4. $p_U = 0.28$。

6. $\lambda_L = 1.64$。

7. $[0.5059,1.0059]$。

8. $[0.0016,0.0027]$。

习题 5.7

1. $(1)\pi(\theta \mid x) = \dfrac{x}{(1-x)\theta^2}$，$x<\theta<1$，$(2)\pi(\theta \mid x) = \dfrac{1}{1-x}$，$x<\theta<1$。

2. $N(175.47,1.8018)$。

3. $U(11.5,12.5)$。

4. $U(11.2,11.4)$。

8. $\pi(\theta \mid x) = \dfrac{6 \times 8^6}{\theta^7}$，$\theta>8$。

9. $(1)\hat{\theta}_B = \dfrac{1}{3}$，$(2)\hat{\theta}_B = \dfrac{4}{15}$。

10. $\hat{\lambda}_B = 0.263, \hat{\theta}_B = 4.002$。

11. $\hat{\lambda}_B = \dfrac{11}{4}$。

12. $[2.02, 3.98]$。

13. $\left[\dfrac{\chi_{a/2}^2(2(a+n\bar{x}))}{2(b+n)}, \dfrac{\chi_{1-a/2}^2(2(a+n\bar{x}))}{2(b+n)} \right]$。

14. $(1)\hat{\theta}_B = \dfrac{(\beta+n)\theta_*}{\beta+n-1}, (2)\theta_U = \theta_* \cdot \alpha^{-1/(\beta+n)}$, 其中 $\theta_* = \max(\theta_0, x_{(n)})$。

习题 6.1

1. 认为当日包装机工作正常。

2. $(1)c = 1.176, (2)\beta = \Phi\left(\dfrac{1.176 + \mu_0 - \mu_1}{0.6}\right) - \Phi\left(\dfrac{-1.176 + \mu_0 - \mu_1}{0.6}\right)$。

3. $(1)0.75^n, (2)n$ 至少应取 11。

4. $0.0321, 0.4159$。

习题 6.2

1. 在 $\alpha = 0.05$ 水平上认为纤维的纤度与原设计均值 1.40 没有显著差异。

2. 在 $\alpha = 0.05$ 水平上认为均值的提高是工艺改进的结果。

3. 在 $\alpha = 0.01$ 水平上认为每周开工的平均成本有所下降。

4. 在 $\alpha = 0.05$ 水平上认为均值为 0.618。

5. 在 $\alpha = 0.05$ 水平上认为这批新弦线的抗拉强度比以往的有显著提高。

6. 在 $\alpha = 0.05$ 水平上认为该中药对治疗高血压有效。

7. 在 $\alpha = 0.05$ 水平上认为这批枪弹的初速有显著降低。

8. 在 $\alpha = 0.05$ 水平上认为说明书上所写的标准差可信。

9. 在 $\alpha = 0.05$ 水平上认为新设计的天平满足设计要求。

10. 在 $\alpha = 0.05$ 水平上认为新设计的仪器精度比进口仪器的精度显著地好。

11. 在 $\alpha = 0.05$ 水平上支持主要商品价格的波动甲地比乙地高的说法。

12. 在 $\alpha = 0.05$ 水平上认为镍合金铸件比铜合金铸件的硬度没有明显提高。

13. 在 $\alpha = 0.05$ 水平上可以认为处理后降低了含脂率。

14. 在 $\alpha = 0.01$ 水平上可以认为两者方差相等,均值相等。

15. 在 $\alpha = 0.05$ 水平上认为两者方差不等,两者均值有显著差异。

16. 在 $\alpha = 0.05$ 水平上认为两者方差不等,两者均值有显著差异。

17. 在 $\alpha = 0.05$ 水平上还不能认为该道工序对提高参数值有用。

18. 在 $\alpha = 0.05$ 水平上认为两种材料一样耐穿。

习题 6.3

1. 在 $\alpha = 0.05$ 水平上认为该人的看法合适。

2. 在 $\alpha = 0.05$ 水平上的拒绝域是 $\{T \geqslant 2\}$。

3. 在 $\alpha = 0.05$ 水平上不支持该研究者的观点。

4. 在 $\alpha = 0.01$ 水平上可以认为女性色盲比例比男性低。

5. 在 $\alpha = 0.01$ 水平上认为两种肥料的效果有显著差异。

6. 在 $\alpha = 0.05$ 水平上认为废品率与制造方法有关。

习题 6.4

1. 在 $\alpha = 0.05$ 水平上可以认为单位时间内平均呼唤次数不超过 1.8 次。

2. 在 $\alpha = 0.05$ 水平上可以认为平均断头次数超过 0.6 次。

3. 在 $\alpha = 0.05$ 水平上不能否定"年平均发病人数未上升"的假设。

习题 6.5

1. 0.2112。

2. 0.0016。

3. 0.0013。

4. 0.2022。

习题 6.6

1. 在 $\alpha = 0.05$ 水平上认为这颗骰子是均匀的。

2. 在 $\alpha = 0.05$ 水平上认为 $0,1,\cdots,9$ 这十个数字的是等可能出现的。

3. 在 $\alpha = 0.10$ 水平上认为 X 服从泊松分布。

4. 在 $\alpha = 0.05$ 水平上认为相继两次地震间隔天数 X 服从指数分布。

5. 在 $\alpha = 0.05$ 下认为估计最后一位数字不具有随机性。

6. 在 $\alpha = 0.01$ 水平上认为驾驶员的年龄对发生交通事故的次数没有影响。

7. 在 $\alpha = 0.05$ 水平上认为广告与人们对产品质量的评价无影响。

8. 在 $\alpha = 0.05$ 水平上该城市居民各年对社会热点问题的看法有变化。

10. 在 $\alpha = 0.01$ 水平上认为高血压与冠心病间有联系。

11. 在 $\alpha = 0.05$ 水平上,认为废品率与制造方法有关。

习题 6.7

1. 在 $\alpha = 0.05$ 水平上可以认为服从正态分布。

2. 在 $\alpha = 0.05$ 水平上可以认为服从正态分布。

习题 7.1

1. $S_e = 28, S_A = 40, S_T = 68, f_T = 14, F_A = 2, f_e = 12$。

2. $f_T = 25, f_A = 3, f_e = 22$。

3. $S_e = 20.5, \hat{\sigma}^2 = 2.5625$。

4. 在显著性水平 $\alpha = 0.05$ 下,因子 A 是显著的。

5. (1) 在 $\alpha = 0.05$ 水平上三类人员的测验平均分有显著差异。

   (2) 优等职工的平均分的估计为 89.2,其 0.95 的置信区间为 $[83.38, 95.02]$。

6.（1）在 $\alpha = 0.05$ 水平上三种贮藏方法的含水率有显著差异。

（2）三种储藏方法平均含水率 0.95 的置信区间分别为 $[7.11, 8.85]$，$[5.50, 7.76]$，$[8.00, 10.26]$。

7.（1）统计模型为 $\begin{cases} y_{ij} = \mu + a_i + \varepsilon_{ij}, i = 1, 2, 3, j = 1, 2, \cdots, 7 \\ \sum_{i=1}^{3} a_i = 0 \\ 各 \varepsilon_{ij} 相互独立, 都服从 N(0, \sigma^2) \end{cases}$

（2）在 $\alpha = 0.05$ 水平上五种推销方法的月平均推销额有显著差异。

（3）第五种推销方法的一个月的平均推销额最高，其平均值为 27.986，0.95 的置信区间是 $[25.67, 30.30]$。

8.（1）在 $\alpha = 0.05$ 水平上七种纤维的强度无显著差异。

（2）平均强度的 0.95 的置信区间为 $[6.31, 7.01]$。

9. 在 $\alpha = 0.05$ 水平上四个观察点上 SO_2 的平均含量有显著差异。

习题 7.2

1. 三类人员中任两类的测验平均分在 $\alpha = 0.05$ 水平上都有显著差异。

2. 在 $\alpha = 0.05$ 水平上，μ_1 与 μ_5、μ_2 与 μ_4、μ_3 与 μ_5、μ_4 与 μ_5 间有显著差异。

3. 在 $\alpha = 0.05$ 水平上，除 μ_3 与 μ_2、μ_3 与 μ_4 外，其他水平均值两两间都有显著差异。

4. 在 $\alpha = 0.05$ 水平上 μ_1 与 μ_2、μ_1 与 μ_3 之间无显著差异，μ_2 与 μ_3 之间有显著差异。

5. 在 $\alpha = 0.05$ 水平上四种类型工种的平均收入有显著差异。在 $\alpha = 0.05$ 水平上各工种的平均收入两两间都有显著差异。

习题 7.3

1.（1）在 $\alpha = 0.05$ 水平上可以认为方差相等；（2）在 $\alpha = 0.05$ 水平上可以认为方差相等。

2. 在 $\alpha = 0.05$ 水平上可以认为方差相等。

3. 在 $\alpha = 0.05$ 水平上可以认为方差相等。

4. 在 $\alpha = 0.05$ 水平上可以认为方差相等。

习题 7.4

1.（1）$\hat{y} = 35.2393 + 84.3975x$ （2）在 $\alpha = 0.05$ 下认为方程是显著的。

（3）在 $x_0 = 0.15$ 时的预测值为 47.90，概率为 0.95 的预测区间是 $[38.03, 57.77]$。

2.（1）失业率 y 有随国民经济增长率 x 的增长而减少的趋势。

（2）$\hat{y} = 7.94 - 0.91x$。

（3）在假定 $y_1, y_2, \cdots, y_6$ 相互独立，且 $y_i \sim N(\beta_0 + \beta_1 x_i, \sigma^2), i = 1, 2, \cdots, 6$ 的条件下进行回归方程的显著性检验，在 $\alpha = 0.05$ 水平上认为回归方程是显著的。

（4）预测值为 5.21，概率为 95% 的预测区间是 $[1.84, 8.58]$。

3.（1）y 与 x 之间存在线性相关关系；

（2）$\begin{cases} y_i = \beta_0 + \beta_1 x_i + \varepsilon_i, i = 1, 2, \cdots, 11 \\ 各 \varepsilon_i 相互独立, 都服从 N(0, \sigma^2) \end{cases}$

(3)$\hat{y} = 5.3444 + 0.3043x$；(4) 在 $\alpha = 0.05$ 水平上认为回归方程是显著的；

(5)$r = 0.9820$；(6)$[7.58, 18.32]$。

4. $\hat{\beta}_0$ 的标准差的估计为 $\hat{\sigma} \cdot \sqrt{\dfrac{1}{n} + \dfrac{\bar{x}^2}{l_{xx}}}$；$\hat{\beta}_1$ 的标准差的估计为 $\dfrac{\hat{\sigma}}{\sqrt{l_{xx}}}$，其中 $\hat{\sigma} = \sqrt{\dfrac{S_E}{n-2}}$。

5. $-\dfrac{\bar{x}}{\sqrt{\dfrac{1}{n}\sum\limits_{i=1}^{n} x_i^2}}$。

7. $r_{1-\alpha}^2 = \left(1 + \dfrac{n-2}{F_{1-\alpha}(1, n-2)}\right)^{-1}$。

8. (1)$\hat{y} = -0.3849 + 0.3480x$；(2) 在 $\alpha = 0.05$ 水平上回归方程拟合是好的，并且是显著的。

9. $\hat{y} = 264.36x$。

习题 7.5

1. $\hat{y} = \dfrac{x}{0.0688x - 1.0947}$，$R^2 = 0.7089$，$s = 1.9187$。

2. (1)$\hat{y} = 390.1378e^{-0.2179t}$；(2)$R^2 = 0.9683$，$s = 17.6707$；

(3)$\hat{y} = 606.7153t^{-1.1746}$，$R^2 = 0.4142$，$s = 75.9787$。所以(1)中的方程较好。

3. 令 $v = y$，$u = \ln x$。

4. 令 $v = \dfrac{1}{y}$，$u = e^{-x}$。

5. 令 $v = \dfrac{1}{y}$，$u = \dfrac{1}{x}$。

6. 令 $v = \ln(y - 100)$，$u = \dfrac{1}{x}$。

参考文献

［1］　克拉梅．统计学数学方法．上海科技出版社,1966.

［2］　陈希孺．概率论与数理统计．中国科学技术大学出版社,1992.

［3］　复旦大学编．概率论(第一册概率论基础)．人民教育出版社,1979.

［4］　魏宗舒等编．概率论与数理统计教程．高等教育出版社,1983.

［5］　王铭文主编．概率论与数理统计．辽宁人民出版社,1983.

［6］　陈家鼎等编．概率统计讲义．人民教育出版社,1980.

［7］　谢尔登·罗斯．概率论初级教程．人民教育出版社,1981.

［8］　茆诗松,王静龙编．数理统计．华东师范大学出版社,1990.

［9］　傅权,胡蓓华．基本统计方法教程．华东师范大学出版社,1989.

[10]　维恩堡·G·H．数理统计初级教程．山西人民出版社,1986.

[11]　中国科学院数学研究所统计组．方差分析．科学出版社,1977.

[12]　周纪芗．回归分析．华东师范大学出版社,1993.

[13]　华东师范大学数学系．概率论与数理统计习题集．人民教育出版社,1982.

[14]　施皮格尔·M·P．概率统计的理论和习题．上海科学技术出版社,1988.

[15]　张尧庭,陈汉峰．贝叶斯统计推断．科学出版社,1991.

[16]　特罗高夫切夫·A等．概率论习题集．上海翻译出版公司,1989.

[17]　项可风,吴启光．试验设计与数据分析．上海科学技术出版社,1989.

[18]　徐钟济．蒙特卡罗方法．上海科学技术出版社,1985.

[19]　统计方法应用国家标准汇编(2)．中国标准出版社,1989.

[20]　陈希孺．数理统计学简史．湖南教育出版社,2002.

[21]　陈善林,张浙．统计发展史．立信会计图书用品社,1987.

[22]　李贤平．概率论基础(第二版)．高等教育出版社,1997.

[23]　茆诗松,程依明,濮晓龙．概率论与数理统计教程．高等教育出版社,2004.

[24]　茆诗松,周纪芗,陈颖．试验设计．中国统计出版社,2004.